普通高等教育“十三五”土木工程系列规划教材

土木工程施工

主　编　张健为　朱敏捷
副主编　于洪伟　张　莉　苗　峰
参　编　朱公志　刘红石　王世栋

机械工业出版社

本书根据土木工程、工程管理等专业教学指导委员会的关于“土木工程施工”课程开设的指导意见，结合工程项目在施工阶段的工程内容和其间的工艺逻辑关系，按照现行的相关规范和标准，从工程发展趋势和技术进步的角度，分别就土木工程施工技术和施工组织两个方面进行展开，最后介绍了土木工程施工新技术。

本书围绕上述编写原则，主要包括岩土工程技术、辅助工程施工技术、工程主体施工技术、施工组织设计、工程专项施工技术五篇内容。土木工程施工技术部分主要包括岩土工程技术、辅助工程施工技术（脚手架及吊装工程等）、工程主体施工技术等，其中工程主体施工技术主要包括砌筑工程、混凝土结构工程、钢结构工程、防水工程、装饰装修工程、安装工程技术等；施工组织部分包括流水施工、网络计划技术、施工组织概论、单位工程施工组织设计等。

本书可作为工科类土木工程专业、工程管理专业、房地产专业及其他相关专业的师生教学用书，也可供土木类科研、设计、施工、监理等技术人员学习和参考。

图书在版编目（CIP）数据

土木工程施工/张健为，朱敏捷主编. —北京：机械工业出版社，2016.12（2023.1重印）

普通高等教育“十三五”土木工程系列规划教材

ISBN 978-7-111-55381-6

Ⅰ.①土… Ⅱ.①张… ②朱… Ⅲ.①土木工程-工程施工-高等学校-教材 Ⅳ.①TU7

中国版本图书馆CIP数据核字（2016）第276442号

机械工业出版社（北京市百万庄大街22号 邮政编码100037）
策划编辑：马军平 责任编辑：马军平 郭克学 林 辉
责任校对：张晓蓉 封面设计：张 静
责任印制：常天培
固安县铭成印刷有限公司印刷
2023年1月第1版第4次印刷
184mm×260mm · 27.5印张 · 675千字
标准书号：ISBN 978-7-111-55381-6
定价：69.80元

电话服务 网络服务
客服电话：010-88361066 机 工 官 网：www.cmpbook.com
010-88379833 机 工 官 博：weibo.com/cmp1952
010-68326294 金 书 网：www.golden-book.com
封底无防伪标均为盗版 机工教育服务网：www.cmpedu.com

前　言

鉴于土木工程专业具有极强的实践性特点，同时土木工程施工也是工程项目开展过程中主要的工程实践阶段，土木工程施工课程必然是土木工程及其相关专业的一门主要专业课程。该课程的主要研究内容包括土木工程施工技术和施工组织的一般规律，土木工程中主要工种施工工艺及工艺原理，工程项目科学的组织和管理，土木工程施工中新技术、新材料、新工艺的发展和应用等。

土木工程施工课程实践性强、知识面广、综合性强、发展速度快，本书结合实际情况，参考了最新的施工及验收规范，将大量工程施工中的图片引入书中，综合运用有关学科的基本理论和知识，理论联系实际，侧重于应用；着重基本理论、基本原理和基本方法的学习和应用，注意保证生产质量、安全生产、提高生产率和节约成本。

本书由张健为、朱敏捷主编，于洪伟、张莉、苗峰担任副主编，朱公志、刘红石、王世栋参与了编写。具体编写分工如下：张健为编写第一、二、七章和第十五章，朱敏捷编写第十一至十四章，于洪伟编写第三、四章，张莉编写第五、六章，苗峰编写第八、九章，朱公志编写第十章，刘红石编写第十六章，王世栋编写第十七、十八章。全书由张健为统稿。

本书在编写过程中，参考和引用了许多专家、学者的著作及相关材料，在此对相关作者表示衷心的感谢！限于编者水平，书中难免存在不足之处，恳切希望读者批评指正。

编　者

目录

第一篇 岩土工程技术

岩土工程的工程内容非常多，其主要的研究方向也非常明确，目前已基本发展为独立学科，而且应用非常广泛。

本篇主要根据土木工程开展的一般顺序，结合岩土工程施工的主要内容进行介绍。因为，岩土工程的其他工程内容已经在相关的专业基础课程、方向课程中有过相关介绍。之所以将岩土工程作为开篇，不仅仅因为其工程内容基本是土木工程开展的首先程序，更为主要的是希望读者能够理解开展土木工程教学所需要的专业知识基础，理解构成土木工程施工的专业技术体系，清楚土木工程施工开展的专业逻辑关系，掌握土木工程施工作为专业平台（方向）课程的知识体系构成。

鉴于此，本篇在衔接系统专业技术和基础知识的基础上，仅就土方工程施工技术和基础工程内容进行展开。在回顾土方工程性质的基础上主要介绍了场地平整、基坑工程施工、土方调配、机械化施工等，以及关于地基处理技术、预制桩基础施工技术和灌注桩施工技术等工程内容。

第一章 土方工程技术

第一节　岩土工程概述

土木工程中所指的岩土工程通常是指运用工程地质学、土力学、岩石力学原理解决各类工程中关于岩石、土的工程技术问题的科学，是土木工程专业的所属分支。岩土工程是欧美国家于20世纪60年代在土木工程实践中建立起来的一种新的技术体制。它主要研究岩体与土体工程问题，包括地基与基础、边坡和地下工程等问题。

通常将地上、地下和水中的各类工程统称为土木工程，而土木工程中涉及岩石、土、地下、水中的部分称为岩土工程。按照工程建设阶段划分，岩土工程的工作内容可以分为：岩土工程勘察、岩土工程设计、岩土工程治理、岩土工程监测、岩土工程检测等。

随着我国经济的繁荣与发展，各种建筑工程拔地而起。在土建工程中，岩土工程占有十分重要的地位。岩土工程是以土力学、岩体力学及工程地质学为理论基础，运用各种勘探测试技术对岩土体进行综合整治改造和利用而进行的系统性工作。这一学科在国外某些国家和地区被称为“大地工程”或“土质工程”。岩土工程是土木工程的一个重要组成部分，它包括岩土工程勘察、设计、试验、施工和监测，涉及工程建设的全过程，在房屋、市政、能源、水利、道路、航运、矿山、国防等各种建设中，都有十分重要的意义。

岩土工程的主要研究方向包括以下几个方面：

1. 城市地下空间与地下工程

它以城市地下空间为主体，研究地下空间开发利用过程中的各种环境岩土工程问题，地下空间资源的合理利用策略，以及各类地下结构的设计、计算方法和地下工程的施工技术（如浅埋暗挖、盾构法、冻结法、降水排水法、沉管法、TBM法等）及其优化措施等。

2. 边坡与基坑工程

边坡与基坑工程重点研究基坑开挖（包括基坑降水）对邻近既有建筑和环境的影响，基坑支护结构的设计计算理论和方法，基坑支护结构的优化设计和可靠度分析技术，边坡稳定分析理论，以及新型支护技术的开发应用等。

3. 地基与基础工程

地基与基础工程重点研究地基模型及其计算方法、参数，地基处理新技术、新方法和检测技术，建筑基础（如柱下条形基础、十字交叉基础、筏形基础、箱形基础及桩基础等）与上部结构的共同作用机理和规律等。

岩土工程研究的对象是岩体和土体。岩体在其形成和存在的整个地质历史过程中，经受

了各种复杂的地质作用，因而有着复杂的结构和地应力场环境。而不同地区不同类型的岩体，由于经历的地质作用过程不同，其工程性质往往具有很大的差别。岩石露出地表后，经过风化作用而形成土，它们或留存在原地，或经过风、水及冰川的剥蚀和搬运作用在异地沉积形成土层。在各地质时期，各地区的风化环境、搬运和沉积的动力学条件均存在差异性。因此，土体不但工程性质复杂，而且其性质的区域性和个性很强。

岩石和土的强度特性、变形特性和渗透特性都是通过试验测定的。在室内试验中，原状试样的代表性、取样过程中不可避免的扰动及初始应力的释放、试验边界条件与地基中实际情况不同等客观原因所带来的误差，使室内试验结果与地基中岩土的实际性状发生差异。在原位试验中，现场测点的代表性、埋设测试元件时对岩土体的扰动，以及测试方法的可靠性等所带来的误差也难以估计。

岩土材料及其试验的上述特性决定了岩土工程学科的特殊性。岩土工程是一门应用科学，在进行岩土工程分析时不仅需要运用综合理论知识、室内外测试成果，还需要应用工程师的经验，才能获得满意的结果。在开展岩土工程教学工作时需要重视岩土工程学科的特殊性以及岩土工程问题分析方法的特点。

第二节　土方工程概述

土方工程是土木工程施工的主要分部或分项工程之一。场地平整和基坑开挖往往是土木工程施工开展的最早工序和工程内容。特别是高层建筑的深基坑工程，土方工程的质量对整个建筑工程的影响非常大，有时甚至是关键性的。土方工程包括一切土的爆破、挖掘、填筑、运输平整和压实等主要过程，以及排水、降水、土壁支撑等准备工作和辅助工程。在土木工程中，最常见的土方工程有：场地平整、基坑（槽）开挖、地坪填土、路基填筑及基坑回填土等。

土方工程的施工特点如下：

1）工程量大，施工工期长。有些大型土木建设项目的土方量可达几十万到数百万立方米，且面积大、挖掘深，因此，合理选择施工方法及施工机械对于降低成本、缩短工期有着重要意义。

2）施工条件复杂。土方工程施工多为露天作业，受建设地点的周围环境、气候条件、工程地质、水文地质条件的影响大，不确定因素多，因此，在组织土方工程施工前，应详细分析与核对各项技术资料，进行现场调查，并根据现有施工条件制订出技术可行、经济合理的施工设计方案。

3）劳动强度大。土方工程施工由于条件限制很难完全实现机械化作业，需要大量的人力进行作业，因此在土方工程施工前要合理选择施工方案，尽量降低工人的劳动强度。

土方工程主要包括以下两类：

1）场地平整，达到开工所要求的“三通一平”。如设计报告的确定，土方量的计算，土方调配，以及挖、运、填的机械化施工。

2）建（构）筑物和其他地下工程的开挖与回填。如支护结构的设计与施工，开挖前的降水和开挖后的排水，土方机械化开挖，以及回填土的压实或夯实等。

一、土的工程分类

土的种类繁多，其分类方法也很多，如根据土的颗粒级配或塑性指数，将土分为碎石类土、砂土和黏性土；根据土的沉积年代，将黏性土分为老黏性土、一般黏性土和新近沉积黏性土；根据土的工程特性，将土分出特殊性土，如软土、人工填土、黄土、膨润土、红黏土、盐渍土和冻土。

从土木工程施工的角度，按土的开挖难易程度不同，可将土石分为八类，见表1-1。各类土的工程性质将直接影响支护结构设计、施工方法、劳动量消耗和工程费用。可根据土的工程分类选择适当的施工方法并确定劳动量，为计算劳动力、机具及工程费用提供依据。

表1-1 土的工程分类

类别	土的名称	开挖方法及工具	可松性系数	
			K_s	K'_s
第一类（松软土）	砂，粉土，冲积砂土层，种植土，泥炭（淤泥）	用锹、锄头挖掘	1.08~1.17	1.01~1.04
第二类（普通土）	粉质黏土，潮湿的黄土，夹有碎石、卵石的砂，种植土，填筑土和粉土	用锹、锄头挖掘，少许用镐翻松	1.14~1.28	1.02~1.05
第三类（坚土）	软及中等密实黏土，重粉质黏土，粗砾石，干黄土及含碎石、卵石的黄土、粉质黏土，压实的填筑土	主要用镐，少许用锹、锄头，部分用撬棍	1.24~1.30	1.04~1.07
第四类（砾砂坚土）	重黏土及含碎石、卵石的黏土，粗卵石，密实的黄土，天然级配砂石，软泥灰岩及蛋白石	先用镐、撬棍，然后用锹挖掘，部分用楔子及大锤	1.26~1.37	1.06~1.09
第五类（软石）	硬质黏土，中等密实的页岩、泥灰岩、白垩土，胶结不紧的砾岩，软的石灰岩	用镐或撬棍、大锤，部分用爆破方法	1.30~1.45	1.10~1.20
第六类（次坚石）	泥岩，砂岩，砾岩，坚实的页岩、泥灰岩，密实的石灰岩，风化花岗岩、片麻岩	用爆破方法，部分用风镐	1.30~1.45	1.10~1.20
第七类（坚石）	大理岩，辉绿岩，玢岩，粗、中粒花岗岩，坚实的白云岩、砾岩、砂岩、片麻岩、石灰岩，微风化的安山岩、玄武岩	用爆破方法	1.30~1.45	1.10~1.20
第八类（特坚石）	安山岩，玄武岩，花岗片麻岩，坚实的细粒花岗岩、闪长岩、石英岩、辉长岩、辉绿岩，玢岩	用爆破方法	1.45~1.50	1.20~1.30

注：K_s—最初可松性系数；K'_s—最终可松性系数。

二、土的工程性质

1. 土的可松性

天然状态下的土经开挖后，其体积因松散而增大，以后虽经回填压实，仍不能完全恢复到原来的体积，土的这种性质称为土的可松性。土的可松性程度用可松性系数表示，即

$$K_s = \frac{V_2}{V_1} \tag{1-1}$$

$$K_s' = \frac{V_3}{V_1} \tag{1-2}$$

式中　K_s——土的最初可松性系数；

K_s'——土的最终可松性系数；

V_1——土在天然状态下的体积（m^3）；

V_2——土经开挖后的松散体积（m^3）；

V_3——土经回填压实后的体积（m^3）。

由于土方工程量是以自然状态的体积来计算的，所以在进行土方的平衡调配、计算填方所需挖方体积、确定基坑（槽）开挖时的留弃土量，以及计算运土机具数量时，应考虑土的可松性。在土木工程施工过程中，K_s 是计算挖方工程量、运输工具数量和挖土机械生产率的重要参数；K_s'是计算场地平整标高和填方所需挖方工程量的重要参数。

2. 土的天然含水量

在天然状态下，土中水的质量与土的固体颗粒质量之比的百分率，称为土的含水量，用 ω 表示。它表示土的干湿程度，其计算公式为

$$\omega = \frac{m_w}{m_s} \times 100\% \tag{1-3}$$

式中　m_w——土中水的质量（kg），为含水状态时土的质量与烘干后土的质量之差；

m_s——土中固体颗粒的质量（kg），为烘干后土的质量。

土的含水量影响土方施工方法的选择和填土的质量。土的含水量过高（25%~30%）给机械施工带来困难，而在回填土时则要求土具有最佳含水量。土的含水量对土方边坡稳定性也有一定影响。

3. 原状土经机械压实后的沉降量

原状土经机械往返压实或其他压实措施后，会产生一定的沉降，根据不同的土质，其沉降量为 3~30cm。沉降量计算的经验公式为

$$S = \frac{P}{C} \tag{1-4}$$

式中　S——原状土经机械压实后的沉降量；

P——机械压实的有效作用力；

C——原状土的抗陷系数，可按表 1-2 取值。

表 1-2　不同土的抗陷系数 C

原状土质	C/MPa	原状土质	C/MPa
沼泽土	0.01~0.015	大块胶结的砂、潮湿黏土	0.035~0.06
凝滞的土、细粒砂	0.018~0.025	坚实的黏土	0.1~0.125
松砂、松湿黏土、耕土	0.025~0.035	泥灰石	0.13~0.18

4. 土的渗透性

土的渗透性是指土体被水所透过的性质，也称土的透水性。土的渗透性一般用渗透系数 k 表示。土体孔隙中的自由水在重力作用下会发生流动，当基坑开挖至地下水位以下，地下水在土中渗透时受到土颗粒的阻力，其大小与土的渗透性及地下水渗流路线长短有关。法国

学者达西根据图 1-1 所示的砂土渗透试验，发现渗流速度 v 与水力坡度 i 成正比，即

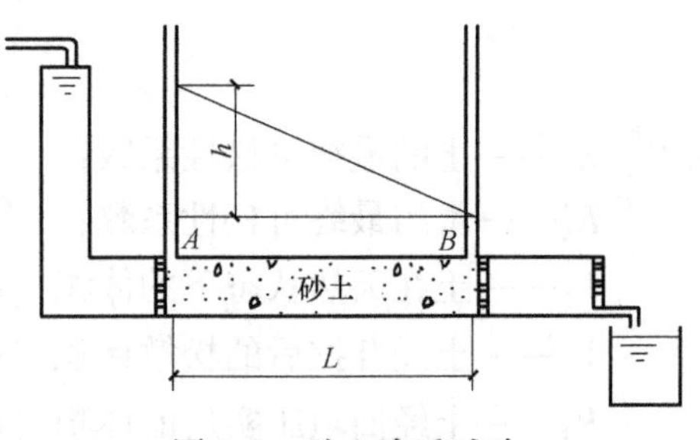

图 1-1 砂土渗透试验

$$v=ki=k\frac{h}{L} \tag{1-5}$$

式中 k——土的渗透系数（m/d）；

h——水位差；

L——试样（砂土）长。

渗透系数是反映土体渗透性强弱的一个指标。土的渗透性主要取决于土体的孔隙特征和水力坡度，不同的土其渗透性不同。当基坑开挖至地下水位以下时，需采用人工降水，降水方法的选择与渗透系数有关。渗透系数 k 可以通过室内渗透试验或现场抽水试验测定，表 1-3 的数值可供参考。

表 1-3 土壤的渗透系数 k

土壤的种类	k/(m/d)	土壤的种类	k/(m/d)
亚黏土、黏土	<0.1	含黏土的中砂及纯细砂	20~25
亚黏土	0.1~0.5	含黏土的细砂及纯中砂	35~50
含亚黏土的粉砂	0.5~1.0	纯粗砂	50~75
纯粉砂	1.5~5.0	粗砂夹砾石	50~100
含黏土的细砂	10~15	砾石	100~200

5. 土的其他性质

土的其他性质中，也有的对土方工程施工产生影响，如土的压缩性、土的密实度、土的抗剪强度、土压力等，这些内容在土力学中有详细分析，在此不再赘述。

【例 1-1】 某建筑物外墙为条形毛石基础，基础平均截面面积为 3.0m，基槽截面如图 1-2 所示，地基土为三类土（$K_s=1.30$ $K_s'=1.05$），计算 100m 长基槽土挖方量、填方量和弃土量。

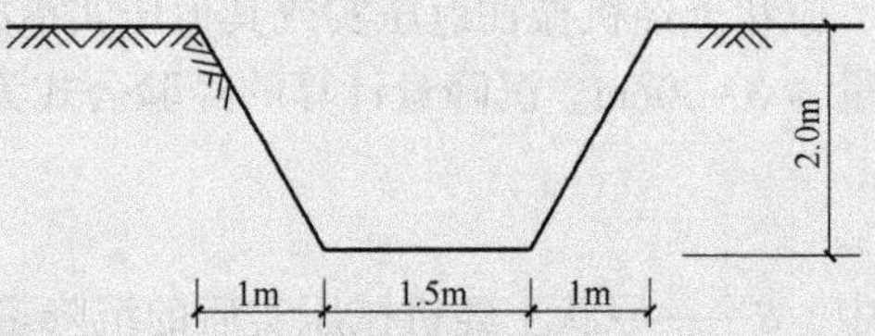

图 1-2 【例 1-1】图

解：（1）计算挖方量

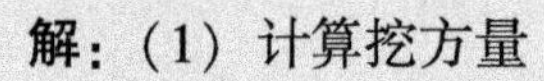

$$V_1=(1.5+1/2\times2.0)\times2.0\times100\text{m}^3=500\text{m}^3$$

（2）计算填方量

$$V_2=\frac{500-3\times100}{1.05}\text{m}^3=190\text{m}^3$$

（3）计算弃土量

$$V_3=(500-190)\times1.30\text{m}^3=403\text{m}^3$$

第三节 场地平整

土木工程开工之前一般都要进行场地平整。场地平整就是将自然地面平整为工程所要求

的平面。场地平整前，要确定场地设计标高。计算挖方和填方的土方量，确定挖方和填方的平衡调配方案，并根据工程规模、工期要求、土的性质以及现有的机械设备条件，选择土方机械，拟订施工方案。

一、确定场地设计标高

场地平整首先需要确定场地的设计标高。确定场地的设计标高时应考虑以下因素：应满足规划要求和生产工艺及运输的要求；尽量利用地形，以减少填挖土方的数量；根据具体条件，争取场区内的挖填方平衡，使土方运输费用最少；有一定的泄水坡度，满足排水要求。考虑到市政排水、道路和城市规划等因素，应按照设计文件中明确规定的设计标高进行场地平整。若设计文件无规定时，可采用“挖填土方量平衡法”或“最佳设计平面法”来确定。

（一）初步确定场地设计标高

1. “挖填土方量平衡法”确定场地设计标高

对于小型场地平整，当原地形比较平缓，且对场地设计标高无特殊要求时，可按“挖填土方量平衡法”确定场地设计标高。此法只能使挖方量与填方量平衡，而不能保证总土方量最小，但由于其计算简便，精度也能满足一般施工要求，所以实际施工时经常采用。用“挖填土方量平衡法”确定场地设计标高，可参照下述步骤和方法。

计算前先将场地平面划分成若干方格网，并根据地形图将每个方格的角点标高标注于图上。根据挖填平衡的原则计算场地的设计标高，即：总挖方量等于总填方量，平整前后的土方量相等。具体步骤如下：

1）将场地平面划分成方格网（方格网边长 $a=10\sim40\text{m}$），如图 1-3 所示。

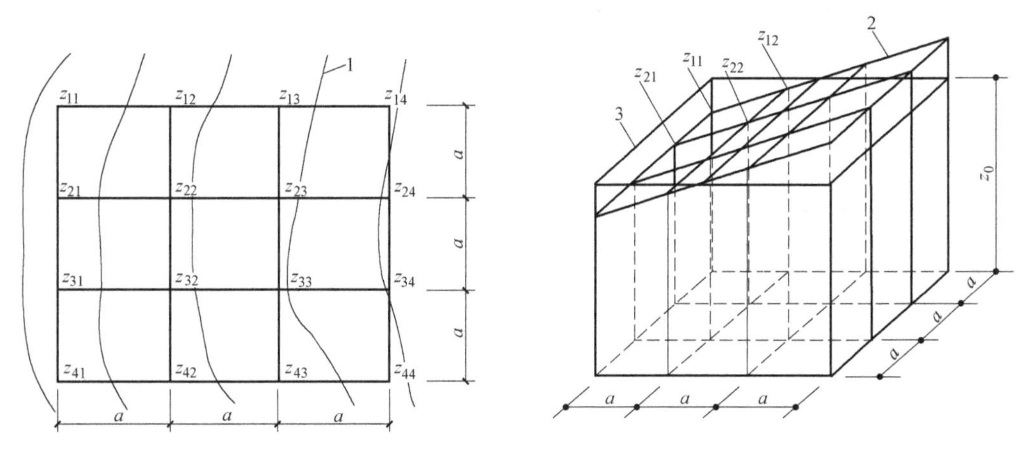

图 1-3　场地设计标高计算简图

1—等高线　2—自然地面　3—设计标高平面

2）确定出各方格角点的自然地面标高。在地形平坦时，可根据地形上相邻两条等高线的高程，用线插入法求得；当地形起伏大，用插入法有较大误差，或者无地形图时，可在现场用木桩打好方格网，然后用实地测量的方法求得。

3）按照挖填平衡的原则，场地设计标高的计算公式为

$$na^2z_0 = \sum_{i=1}^{n}\left(a^2\frac{z_{11}+z_{12}+z_{13}+z_{14}}{4}\right) \tag{1-6}$$

$$z_0=\frac{1}{4n}(\sum z_{11}+2\sum z_{12}+3\sum z_{13}+4\sum z_{14})$$

$$z_0=\frac{1}{4n}(\sum z_1+2\sum z_2+3\sum z_3+4\sum z_4)$$

式中　n——方格数；

z_0——所计算场地的设计标高（m）；

z_{11}、z_{12}、z_{13}、z_{14}——1方格四个角点的标高（m）；

z_1——一个方格仅有的角点标高（m）；

z_2——两个方格共有的角点标高（m）；

z_3——三个方格共有的角点标高（m）；

z_4——四个方格共有的角点标高（m）。

2. “最佳设计平面法”确定场地设计标高

当进行大型场地平整，并要求使挖填方平衡且总的土方量最小时，应采用“最佳设计平面法”。“最佳设计平面法”就是应用最小二乘法的原理，将场地划分成方格网，使场地内方格网各角点施工高度的平方和为最小，由此计算出的设计平面，既可满足挖方量与填方量平衡，又能保证总的土方量最小，因此称为“最佳设计平面”。

当地形比较复杂时，可根据工艺要求和地形，预先把场区划分成几个平面，分别计算出各最佳设计平面的各个参数；然后适当修正各设计平面交界处的标高，使场区平面的变化缓和且连续。由此可见，确定每个平面的最佳设计平面是“最佳设计平面法”确定场地设计标高的基础。

设计平面是一个三维问题，如图1-4所示，按照解析几何学，一个平面在空间中的位置用直角坐标系可表示为

$$\frac{x}{a}+\frac{y}{b}+\frac{z}{c}=1 \tag{1-7}$$

式中　a、b、c——平面与直角坐标系相交点到坐标原点的距离。

式（1-7）两边同时乘以c，有

$$x\frac{c}{a}+y\frac{c}{b}+z=c$$

设设计平面同坐标平面在x轴、y轴的夹角分别为α、β，则

$$\tan\alpha=i_x=-\frac{c}{a}$$
$$\tan\beta=i_y=-\frac{c}{b} \tag{1-8}$$

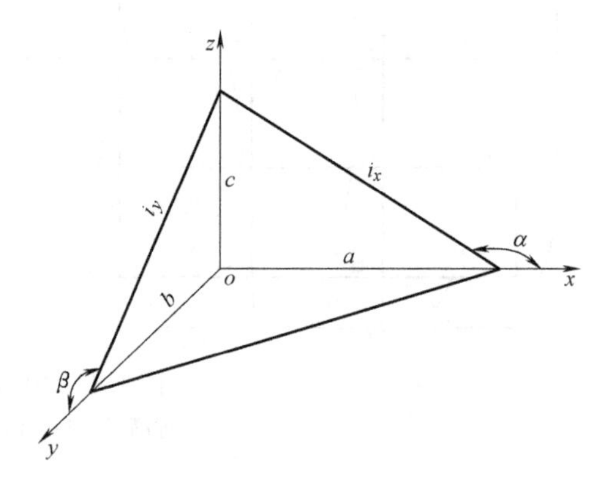

图1-4　平面的空间位置

式中　i_x及i_y——设计平面沿坐标x及y的坡度。

则有

$$z=c+xi_x+yi_y \tag{1-9}$$

假设在工程中需要平整的场区内有若干点，它们的坐标分别为 $1(x_1, y_1, z_1)$，$2(x_2, y_2, z_2)$，…，$n(x_n, y_n, z_n)$，当参数 c、i_x 及 i_y 已知时，则场区上相应点的设计标高为

$$
\begin{aligned}
z_1' &= c+x_1 i_x+y_1 i_y \\
z_2' &= c+x_2 i_x+y_2 i_y \\
&\vdots \\
z_n' &= c+x_n i_x+y_n i_y
\end{aligned} \tag{1-10}
$$

由此可得设计平面上各相应点的施工高度（即填挖深度）为

$$
\begin{aligned}
H_1 &= c+x_1 i_x+y_1 i_y-z_1 \\
H_2 &= c+x_2 i_x+y_2 i_y-z_2 \\
&\vdots \\
H_n &= c+x_n i_x+y_n i_y-z_n
\end{aligned} \tag{1-11}
$$

式（1-11）中，H_i 为各角点施工高度，计算结果为正值则表示该点的设计标高大于地面标高，即该点应是填土区；反之，则应是挖土区。

根据最小二乘法原理，该设计平面能满足土方工程量最小并保证填挖方量相等的最佳条件，则

$$
\sigma = \sum_{i=1}^{n} P_i H_i^2 = P_1 H_1^2 + P_2 H_2^2 + \cdots + P_n H_n^2 = \text{最小} \tag{1-12}
$$

式中　P_i——方格网各点施工高度在计算土方量时被应用的次数。

将式（1-11）代入式（1-12），并对参数 c、i_x 及 i_y 分别求偏导数，令其等于0，整理成准则方程为

$$
\begin{aligned}
[P]c+[P_x]i_x+[P_y]i_y-[P_z] &= 0 \\
[P_x]c+[P_{xx}]i_x+[P_{xy}]i_y-[P_{xz}] &= 0 \\
[P_y]c+[P_{xy}]i_x+[P_{yy}]i_y-[P_{yz}] &= 0
\end{aligned} \tag{1-13}
$$

式中　$[P]=P_1+P_2+\cdots+P_n$

$[P_x]=P_1x_1+P_2x_2+\cdots+P_nx_n$

$[P_{xx}]=P_1x_1x_1+P_2x_2x_2+\cdots+P_nx_nx_n$

$[P_{xy}]=P_1x_1y_1+P_2x_2y_2+\cdots+P_nx_ny_n$

根据式（1-13）便可求出最佳设计平面的三个参数 c、i_x 及 i_y，然后根据式（1-11）计算出各点的施工高度 H_i。在实际计算时，可采用列表方法（表 1-4），表中最后一列的和 $[PH]$ 可用于检验计算结果，当 $[PH]=0$ 时，则计算无误。

表 1-4　最佳设计平面计算表

1	2	3	4	5	6	7	8	9	10	11	12	13	14	15
点号	y	x	z	P	P_x	P_y	P_z	P_{xx}	P_{xy}	P_{yy}	P_{xz}	P_{yz}	H	PH
0	…	…	…	…	…	…	…	…	…	…	…	…	…	…
1	…	…	…	…	…	…	…	…	…	…	…	…	…	…
2	…	…	…	…	…	…	…	…	…	…	…	…	…	…
3	…	…	…	…	…	…	…	…	…	…	…	…	…	…
⋮	…	…	…	…	…	…	…	…	…	…	…	…	…	…
				$[P]$	$[P_x]$	$[P_y]$	$[P_z]$	$[P_{xx}]$	$[P_{xy}]$	$[P_{yy}]$	$[P_{xz}]$	$[P_{yz}]$		$[PH]$

（二）场地设计标高的调整

理论上确定了场地的设计标高 z_0后，在实际工程中，还应考虑以下因素进行调整。

1）考虑土的可松性影响，土方开挖后其体积会增大，按设计标高 z_0进行施工填土将有剩余，因此需相应提高设计标高，以求达到实际挖填土方量平衡，如图 1-5 所示。

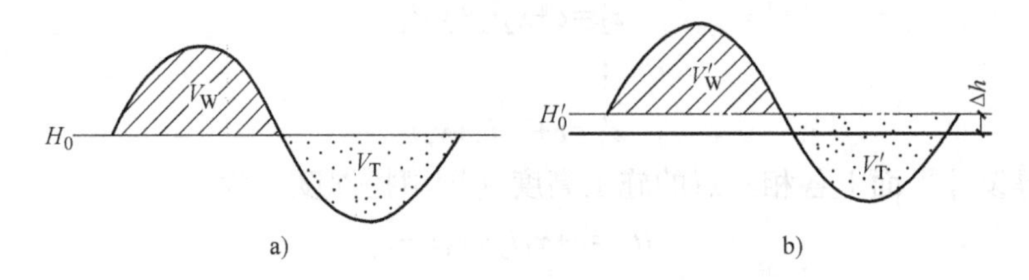

图 1-5　土的可松性对设计标高的影响

设 Δh 为考虑土的可松性而引起的设计标高的增加值，则总挖方体积 V_W 应减少 $F_W\Delta h$，即

$$V'_W = V_W - F_W\Delta h \tag{1-14}$$

式中　V'_W——设计标高调整后的总挖方体积（m^3）；

V_W——设计标高调整前的总挖方体积（m^3）；

F_W——设计标高调整前的挖方区总面积（m^2）。

根据土的可松性进行场地设计标高调整后，总填方体积变为

$$V'_T = V'_W K'_s = (V_W - F_W\Delta h) K'_s \tag{1-15}$$

同时，填方区标高也与挖方区的标高一样提高 Δh，因此可求得设计标高增加值为

$$\Delta h = \frac{V'_T - V_T}{F_T} = \frac{(V_W - F_W\Delta h) K'_s - V_T}{F_T} = \frac{V_W (K'_s - 1)}{F_T + F_W K'_s} \tag{1-16}$$

式中　V'_T——设计标高调整后的总填方体积（m^3）；

V_T——设计标高调整前的总填方体积（m^3）；

F_T——设计标高调整前的填方区总面积（m^2）。

故考虑土的可松性后，调整后场区的设计标高为

$$z'_0 = z_0 + \Delta h \tag{1-17}$$

2）由于设计标高以上的各种填方工程而影响设计标高的降低，或者由于设计标高以下的各种挖方工程而影响设计标高的提高，因此应考虑工程余土和工程用土，相应提高或降低设计标高。

3）根据经济比较结果，如采用场外就近取土或场外就近弃土的施工方案，引起挖填土方量的变化，需将设计标高进行调整。

（三）考虑泄水坡度最后确定场地设计标高

按上述计算和调整后的设计标高得到的设计平面为一水平面，实际场地都有排水要求，因此均应有一定的泄水坡度。工程中应根据场地泄水坡度要求，计算出场地内各方格角点实际施工时所采用的设计标高。平整后场地的泄水坡度应符合设计要求，如无设计要求时，应沿排水方向做成不小于 0.2%的泄水坡度。

（1）单向泄水　在图 1-6 中，泄水方向仅为 x 方向或者仅为 y 方向时，场地内采取单向

泄水的方式。单向泄水时，场地各方格角点的设计标高为

$$z_i' = z_0' \pm li \tag{1-18}$$

（2）双向泄水　在图1-6中，在 x 方向和 y 方向同时进行泄水时，则场地内采取双向泄水的方式。双向泄水时，场地各方格角点的设计标高为

$$z_i' = z_0' \pm l_x i_x \pm l_y i_y \tag{1-19}$$

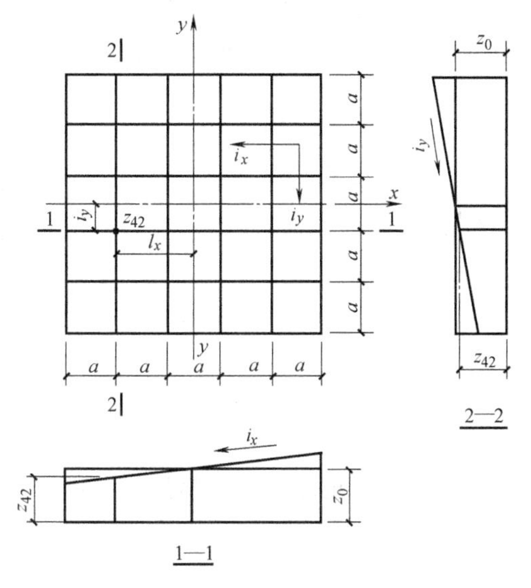

图1-6　场地泄水坡度

二、场地平整土方量的计算

场地平整土方量的计算，通常采用“方格网法”。计算过程中，根据方格网各方格角点的自然地面标高和实际采用的设计标高，求出相应的角点填挖高度（即施工高度）后，计算每一个方格的土方量，并计算出场地边坡的土方量。这样便可求得整个场地的填挖土方总量，具体计算步骤如下。

（一）计算各方格角点的施工高度 H_i

$$H_i = z_i' - z_i \tag{1-20}$$

式中　H_i——角点施工高度，“+”为填方高度，“-”为挖方高度；

z_i'、z_i——角点的设计标高、自然地面标高。

（二）计算零点位置，确定零线

零点位置就是在一个方格网上，施工高度为零的点的位置。连接零点就得到零线，零线即挖方区与填方区的交线，在零线上，施工高度为零。

要确定零线，应先确定零点，当方格的两个角点一挖一填时，如图1-7所示，两角点连线上的挖填分界点即为零点，其位置计算公式为

$$x = \frac{aH_1}{H_1 + H_2}$$

将方格网各相邻边线上的零点连接起来，即为零线。在实际工作中，为了省略计算，零点也可用图解法直接求得，即用尺子按比例相连，直接找到零点位置，此法甚为方便，同时可以避免计算或查表出错。

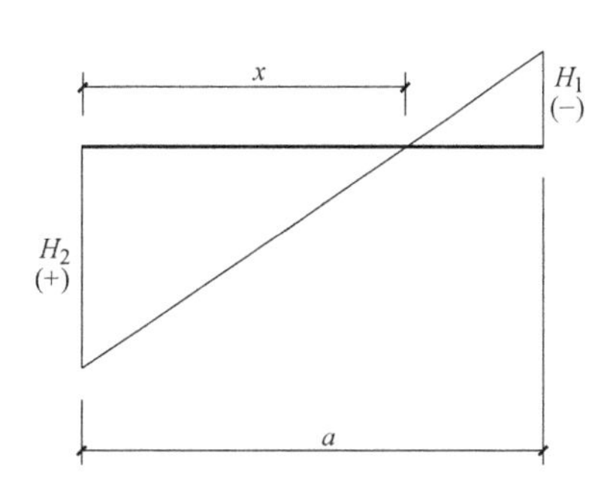

图1-7　零点位置确定示意图

（三）计算各方格挖填土方量

场区土方量的计算方法有“四角棱柱体法”和“三角棱柱体法”。

1. 四角棱柱体法

1）方格四个角点全部为填或全部为挖（图1-8a）时，计算公式为

$$V = \frac{a^2}{4}(H_1 + H_2 + H_3 + H_4) \tag{1-21}$$

式中　V——挖方或填方体积（m^3）；
H_1、H_2、H_3、H_4——方格四个角点的填挖高度，均取绝对值（m）。

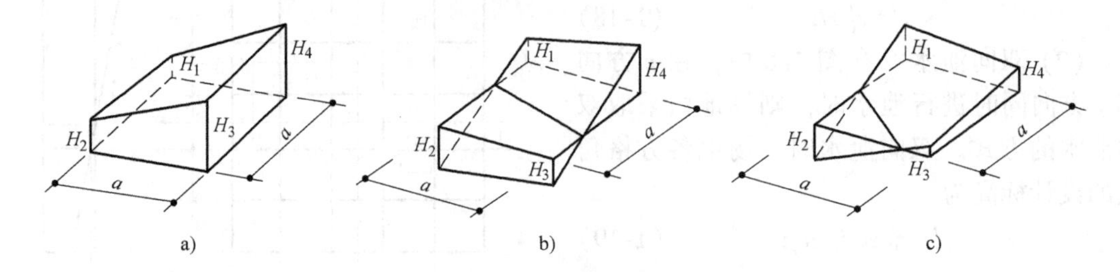

图 1-8　四角棱柱体的体积计算
a）角点全填或全挖　b）角点二填二挖　c）角点一填（挖）三挖（填）

2）方格四个角点，部分是挖方，部分是填方（图 1-8b、c）时，计算公式为

$$V_{填}=\frac{a^2}{4}\frac{(\sum H_{填})^2}{\sum H} \tag{1-22}$$

$$V_{挖}=\frac{a^2}{4}\frac{(\sum H_{挖})^2}{\sum H} \tag{1-23}$$

式中　$\sum H_{填(挖)}$——方格角点中填（挖）方施工高度的总和，取绝对值（m）；
$\sum H$——方格四角点施工高度总和，取绝对值（m）。

2. 三角棱柱体法

计算时先顺地形等高线将方格网中的各个方格划分成三角形。根据各角点施工高度符号的不同，零线可能将三角形划分为两种情况，即全部为挖方（或填方）区和部分挖方部分填方区。

1）当三角形三个角点全部为挖或全部为填时（图 1-9a），计算公式为

$$V=\frac{a^2}{6}(H_1+H_2+H_3) \tag{1-24}$$

式中　H_1、H_2、H_3——三角形各角点的施工高度（m），均取绝对值。

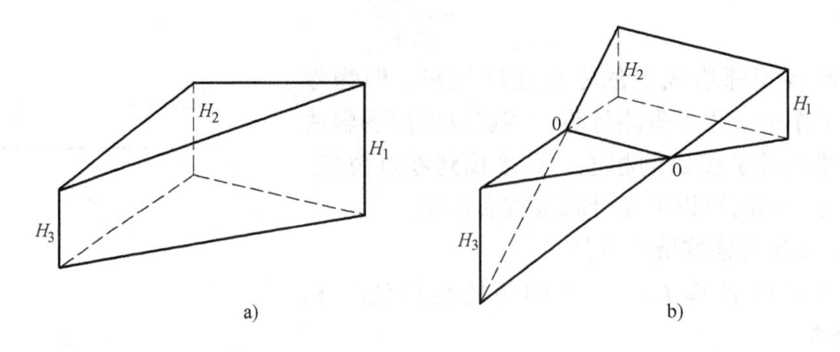

图 1-9　三角棱柱体的体积计算
a）全填或全挖　b）锥体部分为填方

2）三角形三个角点有填有挖时，零线将三角形分成两部分，一个是底面为三角形的锥体，一个是底面为四边形的楔体（图 1-9b）。

锥体部分的体积为 $$V_{锥}=\frac{a^2}{6}\frac{H_3^3}{(H_1+H_3)(H_2+H_3)} \tag{1-25}$$

楔体部分的体积为 $$V_{楔}=\frac{a^2}{6}\left[\frac{H_3^3}{(H_1+H_3)(H_2+H_3)}-H_3+H_2+H_1\right] \tag{1-26}$$

式中　H_1、H_2、H_3——三角形各角点的施工高度（m），取绝对值，其中 H_3 指的是锥体顶点的施工高度。

（四）计算场地边坡土方量

为了保持土体的稳定和施工安全，挖方和填方的边沿均应做成一定坡度的边坡。边坡的土方量可分为两种近似几何形体，即三角棱锥体和三角棱柱体。

三角棱锥体体积为 $$V=\frac{1}{3}Fl \tag{1-27}$$

三角棱柱体体积为 $$V=\frac{F_1+F_2}{2}l \tag{1-28}$$

式中　F——边坡的端面积（m^2）；

l——边坡的长度（m）；

F_1、F_2——边坡两端横断面面积相差较大时，边坡两端的端面积（m^2）。

（五）计算总土方量

将挖方区（或填方区）的所有方格土方量和边坡土方量汇总后即得到场地平整挖（填）方的工程量。

【例 1-2】　一建筑场地方格网及各方格角点标高如图 1-10 所示，方格网边长为 20m，双向泄水坡度 $i_x=0.3\%$，$i_y=0.2\%$，试按挖填平衡的原则确定场地设计标高（不考虑可松性的影响），并计算场地平整的土方量（不考虑边坡土方量）。

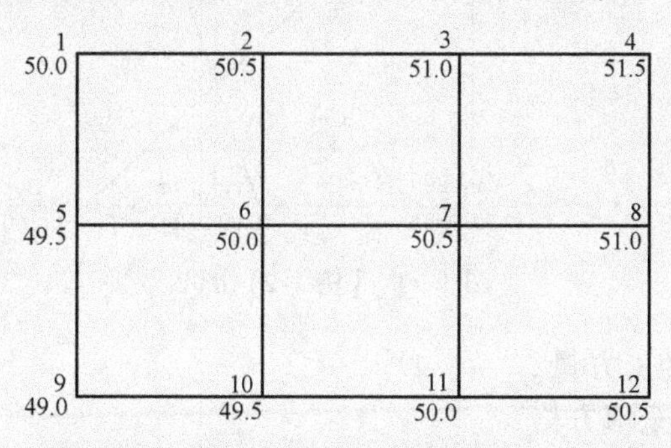

图 1-10　建筑场地方格网及各方格角点标高（【例 1-2】图 1）

解： 1）确定场地内各方格角点的设计标高。

$$z_0=\frac{\sum z_1+2\sum z_2+3\sum z_3+4\sum z_4}{4n}$$

$$\sum z_1=(50.0+51.5+49.0+50.5)\text{m}=201\text{m}$$

$$2\sum z_2=2\times(50.5+51.0+49.5+51.0+49.5+50.0)\text{m}=603\text{m}$$

$$3\sum z_3=0$$

$$4\sum z_4=4\times(50.0+50.5)\,\text{m}=402\text{m}$$

$$z_0=\frac{201+603+402}{4\times6}\text{m}=50.25\text{m}$$

由 $z_i'=z_0\pm l_x i_x\pm l_y i_y$ 得：$z_1'=(50.25-30\times0.3\%+20\times0.2\%)\,\text{m}=50.20\text{m}$

同理

$z_2'=50.26\text{m}$　$z_3'=50.32\text{m}$　$z_4'=50.38\text{m}$　$z_5'=50.16\text{m}$　$z_6'=50.22\text{m}$　$z_7'=50.28\text{m}$

$z_8'=50.34\text{m}$　$z_9'=50.12\text{m}$　$z_{10}'=50.18\text{m}$　$z_{11}'=50.24\text{m}$　$z_{12}'=50.30\text{m}$

2）计算各角点的施工高度，标出场地零线。

由 $H_i=z_i'-z_i$ 得

$$H_1=(50.20-50.00)\,\text{m}=0.20\text{m}$$

同理

$H_2=-0.24\text{m}$　$H_3=-0.68\text{m}$　$H_4=-1.12\text{m}$　$H_5=0.66\text{m}$　$H_6=0.22\text{m}$　$H_7=-0.22\text{m}$

$H_8=-0.66\text{m}$　$H_9=1.12\text{m}$　$H_{10}=0.68\text{m}$　$H_{11}=0.24\text{m}$　$H_{12}=-0.20\text{m}$

用图解法确定零线，如图 1-11 所示。

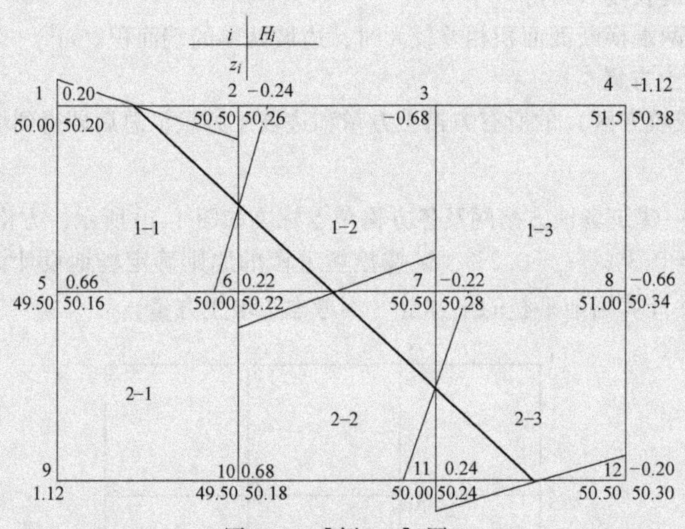

图 1-11 【例 1-2】图 2

3）计算场地平整的土方量。

图 1-11 中，2-1 为全填方格

$$V_{2-1}=\frac{a^2}{4}(H_1+H_2+H_3+H_4)=\frac{20^2}{4}\times(0.66+0.22+0.68+1.12)\,\text{m}^3=268\text{m}^3(+)$$

1-3 为全挖方格

$$V_{1-3}=\frac{20^2}{4}\times(0.68+1.12+0.66+0.22)\,\text{m}^3=268\text{m}^3(-)$$

1-1 为三填一挖方格

$$V_{1-1\text{填}}=\frac{a^2}{4}\frac{(\sum H_{\text{填}})^2}{\sum H}=\frac{20^2}{4}\times\frac{(0.20+0.66+0.22)^2}{0.20+0.66+0.22+0.24}\text{m}^3=88.36\text{m}^3(+)$$

$$V_{1-1挖}=\frac{a^2}{4}\frac{(\sum H_{挖})^2}{\sum H}=\frac{20^2}{4}\times\frac{0.24^2}{0.20+0.66+0.22+0.24}\text{m}^3=4.36\text{m}^3(-)$$

1-2 为三挖一填方格

$$V_{1-2挖}=\frac{a^2}{4}\frac{(\sum H_{挖})^2}{\sum H}=\frac{20^2}{4}\times\frac{(0.24+0.68+0.22)^2}{0.24+0.68+0.22+0.22}\text{m}^3=95.56\text{m}^3(-)$$

$$V_{1-2填}=\frac{a^2}{4}\frac{(\sum H_{填})^2}{\sum H}=\frac{20^2}{4}\times\frac{0.22^2}{0.24+0.68+0.22+0.22}\text{m}^3=3.56\text{m}^3(+)$$

2-2 为三填一挖方格

$$V_{2-2填}=V_{1-2挖}=95.56\text{m}^3(+)$$

$$V_{2-2挖}=V_{1-2填}=3.56\text{m}^3(-)$$

2-3 为三挖一填方格

$$V_{2-3挖}=V_{1-1填}=88.36\text{m}^3(-)$$

$$V_{2-3填}=V_{1-1挖}=4.36\text{m}^3(+)$$

平整场地总土方量为

$$\sum V_{填}=(268+88.36+3.56+95.56+4.36)\text{m}^3=459.84\text{m}^3(+)$$

$$\sum V_{挖}=(268+4.36+95.56+3.56+88.36)\text{m}^3=459.84\text{m}^3(-)$$

三、土方调配

土方调配就是在土方总运输量（$m^3 \cdot m$）最小或土方运输成本（元）最低的条件下，确定填挖方区土方的调配方向和数量，从而达到缩短工期和降低成本的目的。进行土方调配，必须综合考虑工程和现场情况、有关技术资料、进度要求和土方施工方法。经过全面研究，确定调配原则之后，即可着手进行土方调配工作：划分土方调配区、计算土方的平均运距（或单位土方的施工费用）、确定土方的最优调配方案。

（一）土方调配原则

1）应力求达到挖方与填方基本平衡和就近调配，使挖方量与运距的乘积之和尽可能为最小，即土方运输量或费用最小。

2）土方调配应考虑近期施工与后期利用相结合的原则，考虑分区与全场相结合的原则，还应尽可能与大型地下建筑物的施工相结合，以避免重复挖运和场地混乱。

3）合理布置挖填分区线，选择恰当的调配方向、运输线路，使土方机械和运输车辆能得到充分发挥。

4）好土用在回填质量要求高的地区。

总之，在进行土方调配时，必须根据现场具体情况、有关技术资料、工期要求、土方施工方法与运输方法综合考虑，并按上述原则，经过计算比较，来选择经济合理的调配方案。

（二）土方调配区的划分，平均运距和土方施工单价的确定

1. 调配区的划分原则

进行土方调配，首先要划分调配区，划分调配区时应注意：

1）调配区的划分应与拟建工程的位置相协调，并考虑其施工顺序和分区施工的要求。

2）调配区的大小应满足主导施工机械（铲运机、挖土机等）的行进操作要求。

3）调配区的范围应与测量方格网相协调，通常由若干个方格组成一个调配区。

4）如需就近取土或就近弃土，取土区或弃土区都可作为一个调配区。

2. 平均运距的确定

当采用铲运机或推土机平土时，平均运距为某一挖土调配区到某一填方调配区的土方重心的距离。一般情况下，为便于计算，都是假定调配区平面的几何中心即为其体积的重心，以近似计算。

若挖填方调配区之间距离较远，采用汽车等运输机械沿现场道路运土时，其运距按实际情况计算。

3. 土方施工单价的确定

若采用汽车或其他专用运土工具运土时，可根据预算定额确定调配区之间的运土单价；若采用多种运土机械施工时，应根据运填配套机械的施工单价，确定一个综合单价。

（三）用“线性规划法”确定最优土方调配方案

1. “线性规划法”简介

整个场地可以划分为 m 个挖方区 $A_i(i=1,\ 2,\ \cdots,\ m)$ 和 n 个填方区 $B_j(j=1,\ 2,\ \cdots,\ n)$，相应的挖方量为 $a_i(i=1,\ 2,\ \cdots,\ m)$，填方量为 $b_j(i=1,\ 2,\ \cdots,\ n)$。从挖方区 A_i 到填方区 B_j 的单位土方施工费用或运距为 c_{ij}，调配的土方量为 x_{ij}，见表 1-5。

表 1-5　土方调配表

挖方区 \ 填方区	B_1	B_2		B_j		B_n	挖方量
A_1	c_{11} x_{11}	c_{12} x_{12}		c_{1j} x_{1j}		c_{1n} x_{1n}	a_i
A_2	c_{21} x_{21}	c_{22} x_{22}		c_{2j} x_{2j}		c_{2n} x_{2n}	a_i
A_i	c_{i1} x_{i1}	c_{i2} x_{i2}		c_{ij} x_{ij}		c_{in} x_{in}	a_i
A_m	c_{m1} x_{m1}	c_{m2} x_{m2}		c_{mj} x_{mj}		c_{mn} x_{mn}	a_i
填方量	b_1	b_2		b_j		b_n	$\sum_{i=1}^{m} a_i = \sum_{j=1}^{n} b_j$

则土方调配问题可以得到一个数学模型，即要求求出一组 x_{ij}，使得目标函数 $Z = \sum_{i=1}^{m}\sum_{j=1}^{n} c_{ij}x_{ij}$ 为最小，而且 x_{ij} 应满足下列约束条件

$$\sum_{j=1}^{n} x_{ij} = a_i \quad (i = 1,2,\cdots,m)$$

$$\sum_{i=1}^{m} x_{ij} = b_i \quad (j = 1,2,\cdots,n)$$

$$x_{ij} \geqslant 0$$

根据约束条件可知，变量有 $m \times n$ 个，而方程数量有 $m+n$ 个，由于挖填平衡，所以独立方程的数量实际上只有 $m+n-1$ 个。因此，方程组有无穷多个解。我们的目的是要求出一组最优解，显然这是线性规划中的运输问题，可以用“表上作业法”来求解。

2. 用“表上作业法”进行土方调配

“表上作业法”直接在土方调配表上进行，这种方法既简便又科学。“表上作业法“的思路是：先令 $mn-(m+n-1)$ 个未知量为 0，则可求出第一组 $(m+n-1)$ 个未知量的值，并可求出与之相应的目标函数值，若非最优解，则可在解中取一个 x_{ij} 令其为 0，重新求解，此时若目标函数值小于前一解，则继续调整，直至目标函数值最小，便得到最优解。

【例 1-3】 图 1-12 为一矩形广场，图中小方格的数字为各调配区的土方量，箭杆上的数字为各调配区之间的平均运距。试求土方调配最优方案。

解：用“表上作业法”进行土方调配，步骤如下：

1）根据图 1-12 编制土方调配表，见表 1-6。

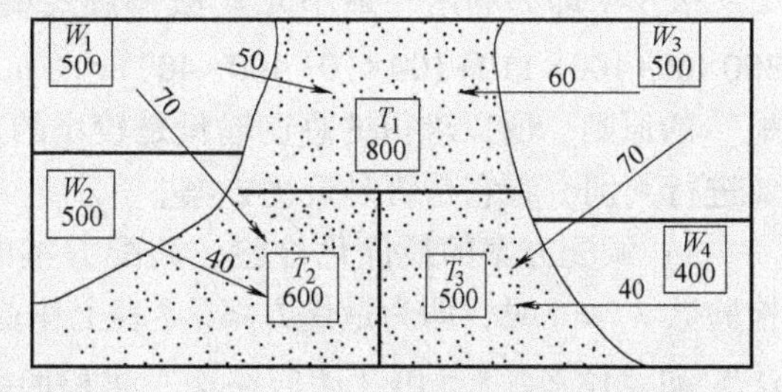

图 1-12　矩形广场各调配区的土方量和平均运距

2）编制初始调配方案。采用“最小元素法”编制初始方案，即对应于运距 c_{ij} 最小的土方调配量取最大值。首先，在土方调配表（表 1-6）中找到一个最小的运距（如 $c_{22}=c_{43}=40$ 最小），选取任意一个（如 $c_{43}=40$），使其土方调配量尽可能的大，即 $x_{43}=\min(400,\ 500)=400$。由于 W_4 挖方区的土方全部调配到了 T_3 填方区里，所以 $x_{41}=x_{42}=0$。然后在剩下的没有数字的方格里再选择一个最小运距，即 $c_{22}=40$，此时使 x_{22} 值尽量大，所以 $x_{22}=\min(500,\ 600)=500$。同理，由于 W_2 挖方区的土方全部调配到了 T_2 填方区里，所以 $x_{21}=x_{23}=0$。重复以上步骤，可得到表 1-7。

表 1-6　土方调配表

填方区 / 挖方区	T_1		T_2		T_3		挖方量/m^3
W_1	x_{11}	$c_{11}=50$	x_{12}	$c_{12}=70$	x_{13}	$c_{13}=100$	500
		c'_{11}		c'_{12}		c'_{13}	
W_2	x_{21}	$c_{21}=70$	x_{22}	$c_{22}=40$	x_{23}	$c_{23}=90$	500
		c'_{21}		c'_{22}		c'_{23}	
W_3	x_{31}	$c_{31}=60$	x_{32}	$c_{32}=110$	x_{33}	$c_{33}=70$	500
		c'_{31}		c'_{32}		c'_{33}	
W_4	x_{41}	$c_{41}=80$	x_{42}	$c_{42}=100$	x_{43}	$c_{43}=40$	400
		c'_{41}		c'_{42}		c'_{43}	
填方量/m^3	800		600		500		1900

表 1-7　初始调配方案

填方区 挖方区	T_1		T_2		T_3		挖方量 /m³
W_1	500	$c_{11}=50$	0	$c_{12}=70$	0	$c_{13}=100$	500
		c'_{11}		c'_{12}		c'_{13}	
W_2	0	$c_{21}=70$	500	$c_{22}=40$	0	$c_{23}=90$	500
		c'_{21}		c'_{22}		c'_{23}	
W_3	300	$c_{31}=60$	100	$c_{32}=110$	100	$c_{33}=70$	500
		c'_{31}		c'_{32}		c'_{33}	
W_4	0	$c_{41}=80$	0	$c_{42}=100$	400	$c_{43}=40$	400
		c'_{41}		c'_{42}		c'_{43}	
填方量/m³	800		600		500		1900

表 1-7 即为利用“最小元素法”确定的初始方案，目标函数 $Z=(500\times50+500\times40+300\times60+100\times110+100\times70+400\times40)\text{m}^3\cdot\text{m}=97000\text{m}^3\cdot\text{m}$。该方案优先考虑了“就近调配”的原则，所以求得的总运输量是较小的。但这并不能保证总的运输量最小，因此还需要进行判别，看它是否是最优方案。

3）调配方案的最优化检验。调配方案的最优化检验可采用“假想价格系数法”。当检验数 $\lambda_{ij}\geqslant0$ 时，即为最优方案。“表上作业法”中求检验数 λ_{ij} 有两种方法，即“闭回路法”和“位势法”。用“闭回路法”求检验数 λ_{ij} 的步骤如下：

① 求出表中各方格的假想价格系数 c'_{ij}。有调配量的方格 $c'_{ij}=c_{ij}$；无调配量的方格 $c'_{cf}+c'_{pq}=c'_{eq}+c'_{pf}$，即构成任一矩形的四格方格内对角线上的假想价格系数之和相等。据此逐个求出未知的 c'_{ij}，见表 1-8。

表 1-8　假想价格系数表

填方区 挖方区	T_1		T_2		T_3		挖方量 /m³
W_1	500	50	0	70	0	100	500
		50		100		60	
W_2	0	70	500	40	0	90	500
		−10		40		0	
W_3	300	60	100	110	100	70	500
		60		110		70	
W_4	0	80	0	100	400	40	400
		30		80		40	
填方量/m³	800		600		500		1900

② 求出无调配量方格的检验数。计算公式为：$\lambda_{ij}=c_{ij}-c'_{ij}$，将计算结果的正负号填入表中，见表 1-9。若计算结果出现负值，说明初始方案并非最优，需要进一步调整。

表 1-9　无调配量方格的检验数

填方区 挖方区	T_1		T_2		T_3		挖方量/m³
W_1	0	50 50	—	70 100	+	100 60	500
W_2	+	70 −10	0	40 40	+	90 0	500
W_3	0	60 60	0	110 110	0	70 70	500
W_4	+	80 30	+	100 80	0	40 40	400
填方量/m³	800		600		500		1900

4）方案的调整。

① 在所有负检验数中挑选最小的一个为调整对象，本例为 x_{12}。

② 找出 x_{12} 的闭回路，见表 1-10。

表 1-10　求解闭回路

填方区 挖方区	T_1	T_2	T_3
W_1	500	←　x_{12}	
W_2	↓	500 ↑	
W_3	300　→	100	100
W_4			400

③ 调整：x_{32} 的价格系数大于 x_{12}，故将 x_{32} 调入 x_{12}，并进行相应调整，见表 1-11。

表 1-11　调整后的新调配方案

填方区 挖方区	T_1		T_2		T_3		挖方量/m³
W_1	400	50 50	100	70 70	+	100 60	500
W_2	+	70 20	500	40 40	+	90 30	500
W_3	400	60 60	+	110 80	100	70 70	500
W_4	+	80 30	+	100 50	400	40 40	400
填方量/m³	800		600		500		1900

对新方案仍要用前述检验方法进行检验，如 λ_{ij} 出现负值，仍需调整。经检验 $\lambda_{ij} \geqslant 0$，故为最优方案。

目标函数 $Z=(400\times50+100\times70+500\times40+400\times60+100\times70+400\times40)\mathrm{m}^3\cdot\mathrm{m}=94000\mathrm{m}^3\cdot\mathrm{m}$

5）绘出土方调配图。

第四节 基 坑 工 程

场区平整完成后，利用设计提供的基点坐标经过定位放线之后，就可进行基坑开挖。基坑开挖方法取决于基坑深度、周围环境、土的物理力学性能等因素。为缩短工期，减少工人劳动繁重程度，应尽可能利用机械开挖。尤其在多雨季节或地区，尽量缩短挖土时间，对工程非常有利。在基坑开挖时，需解决好降水、排水、支护等问题。

在地下水位高的地区开挖深基坑时，需要事先降低地下水位以利施工。对设有支护结构的深基坑，为降低土壤含水量以利用机械下坑开挖，有时也需要降水疏干土壤。

当周围环境允许且开挖基坑不太深时，基坑宜放坡开挖，比较经济。放坡开挖时需注意边坡的稳定，尤其对于较深的基坑。当基坑深度较大且周围环境不允许放坡开挖时，需事先做好支护结构后再进行开挖。施工支护结构需支出较多的费用，且需进行详细合理的计算和设计。

对于大型基坑，事先要拟定好详细的开挖方案，要全面考虑挖土顺序、挖土方法、运土方法和与支护结构施工的配合，以期顺利地进行土方开挖，为后续工作创造条件。

一、土方边坡及其稳定

在基坑（槽）及地下结构工程施工时，应保持基坑（槽）土壁的稳定，防止塌方事故的发生。一旦塌方，不仅妨碍土方工程施工，造成人员伤亡，还会危及邻近建筑物、道路和地下管线的安全，后果严重。为了保持土壁的稳定，可采用放坡开挖或支护开挖的方式。

当基坑所在的场地较大、周边环境较简单时，基坑（槽）的开挖可以采用放坡开挖形式，这样比较经济，而且施工较简单。

1. 土方边坡坡度

常见的边坡形式有：直线形、折线形、踏步形，如图 1-13 所示。

$$\text{土方边坡坡度}=\frac{H}{B}=\frac{1}{B/H}=\frac{1}{m} \tag{1-29}$$

式中　m——坡度系数，$m=\dfrac{B}{H}$。

土方边坡坡度应根据土质条件、开挖深度、施工工期、地下水水位、坡顶荷载及气候条件因素确定。若地下水水位低于基底标高，在湿度正常的土层中开挖基坑或管沟，如敞露时间不长，开挖深度在一定限度内可挖成直壁，不加支撑。若地质条件好，土质均匀，地下水位低于基坑底面标高，开挖深度在 5m 以内时，可按经验确定边坡坡度。对于开挖深度较深或土质条件较差的基坑，在施工前应进行基坑土壁稳定验算，确定其放坡坡度。土方边坡的大小，与土质、基坑开挖深度、基坑开挖方法、基坑开挖后留置时间的长短、附近有无堆载及排水情况等有关。

2. 土方边坡的稳定

土方边坡一定范围内的土体由于重力作用具有沿某一滑动面向下和向外移动的趋势，即

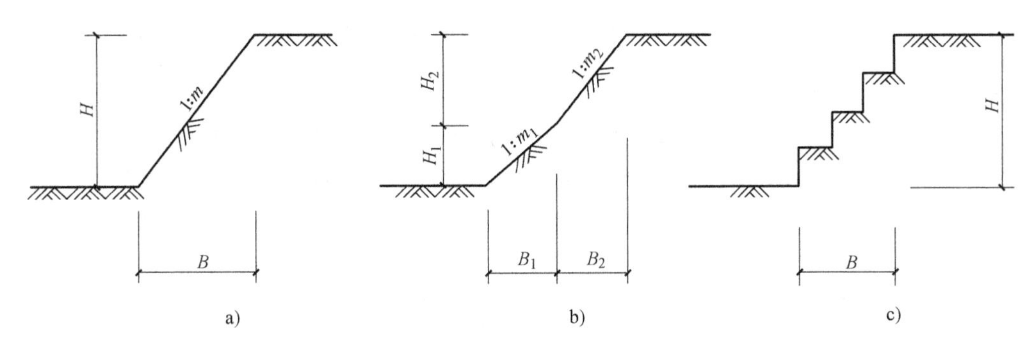

图 1-13　土方边坡的形式

a）直线形边坡　b）折线形边坡　c）踏步形边坡

沿着某一滑动面存在着促使土体下滑的剪应力。土方边坡的稳定，主要是由于土体内土颗粒间存在摩阻力和内聚力，使土体具有抗剪强度，抗剪强度的大小与土质有关。当土体中的剪应力大于其抗剪强度时，边坡就将因失稳而塌方。

基坑开挖后，如果边坡土体中的剪应力大于土的抗剪强度，则边坡就会滑动失稳。因此，凡是造成土体内下滑力增加和抗剪强度降低的因素，均为影响边坡稳定性的因素。

引起下滑力增加的因素主要有：坡顶上堆物、行车等荷载；雨水或地面水渗入土中，使土的含水量提高而使土的自重增加；地下水渗流产生一定的动水压力；土体竖向裂缝中的积水产生侧向静水压力等。

引起土体抗剪强度降低的因素主要有：气候的影响使土质松软；土体内含水量增加而产生润滑作用；饱和的细砂、粉砂受振动而液化等。

因此，在土方施工中，要预估各种可能出现的情况，采取必要的措施护坡防坍，特别要注意及时排除雨水、地面水，防止坡顶集中堆载及振动。必要时可采用钢丝网细石混凝土护坡面层加固。若为永久性土方边坡，则应做好永久性加固措施。

二、土壁支护

开挖基坑（槽）时，如地质条件及周围环境许可，采用放坡开挖是较经济的方法。但在建筑稠密地区施工，或有地下水渗入基坑（槽），受环境限制不能采用放坡开挖时，就需要采用直立边坡加支撑的施工方法，以保证施工的顺利和安全，并减少对相邻建筑、管线等的不利影响。在基坑开挖前，需进行支护结构的设计与施工。

基坑（槽）支护结构的主要作用是支撑土壁，有些支护结构还兼有不同程度的隔水作用。

（一）基槽支护

市政工程施工时，常需在地下敷设管沟，因此需开挖沟槽。开挖较窄的沟槽，多用横撑式土壁支撑。横撑式土壁支撑根据挡土板的不同，分为水平挡土板式（图 1-14a）以及垂直挡土板式（图 1-14b）两类。前者挡土板的布置又分为间断式和连续式两种。湿度小的黏性土挖土深度小于 3m 时，可用间断式水平挡土板支撑；对松散、湿度大的土可用连续式水平

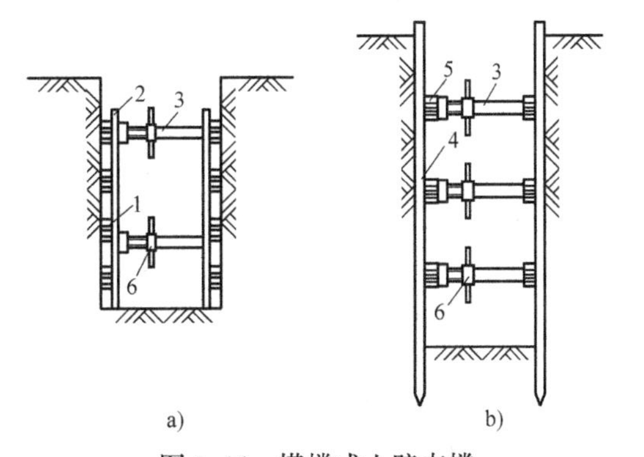

图 1-14　横撑式土壁支撑

a）间断式水平挡土板支撑　b）垂直挡土板支撑

1—水平挡土板　2—立柱　3—工具式横撑

4—垂直挡土板　5—横楞木　6—调节螺钉

挡土板支撑，挖土深度可达5m。对松散和湿度很高的土可用垂直挡土板式支撑，其挖土深度不限。

支撑所承受的荷载为土压力。土压力的分布不仅与土的性质、土坡高度有关，还与支撑的形式及变形有关。由于沟槽的支护多为随挖、随铺、随撑，且支撑构件的刚度不同，撑紧的程度又难以一致，故作用在支撑上的土压力不能按库仑或朗肯土压力理论计算。实测资料表明，作用在横撑式土壁支撑上的土压力分布很复杂，也很不规则。工程中通常按图1-15所示的几种简化图形进行计算。

挡土板、立柱及横撑的强度、变形及稳定等可根据实际布置情况进行结构计算。对较宽的沟槽，不适于采用横撑式土壁支撑，此时的土壁支护可采用类似于基坑的支护方法。

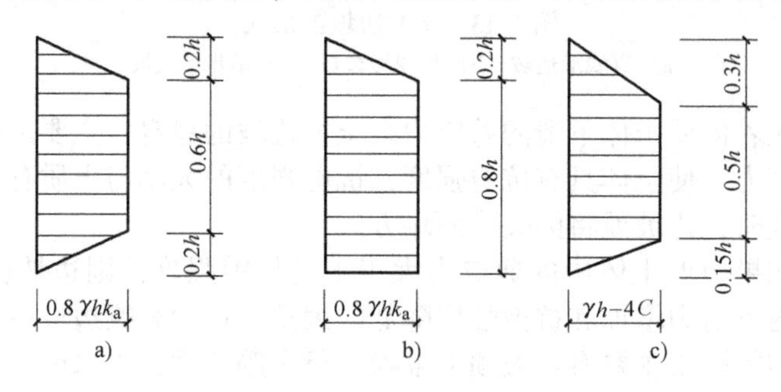

图1-15　支撑计算土压力

a）密砂　b）松砂　c）黏土

注：图中γ表示土的重度，C表示土的黏聚力，h表示基坑深度，k_a表示主动土压力系数。

（二）基坑支护

基坑支护结构一般根据地质条件、基坑开挖深度及周边环境选用。在选择基坑支护结构形式时，首先应考虑周边环境的保护要求，其次要满足本工程地下结构施工的要求，再则应尽可能降低造价、便于施工。

常用的支护结构形式有：重力式水泥土墙支护结构、板桩式支护结构、土钉墙支护结构、地下连续墙支护结构等。

1. 重力式水泥土墙支护结构

水泥土搅拌桩（又称为深层搅拌桩）支护结构是近年来发展起来的一种重力式支护结构。它是通过搅拌桩机将水泥与土进行搅拌，形成柱状的水泥加固土（搅拌桩）。用于支护结构的水泥土，其水泥掺量通常为12%~15%（单位水泥土中的水泥与土的重度之比），水泥土的强度可达0.8~1.2MPa，其渗透系数很小，一般不大于10^{-6}cm/s。由水泥土搅拌桩搭接而形成水泥土墙。它既具有挡土作用，又兼有隔水作用，适用于4~6m深的基坑，最大基坑深度可达8m。

水泥土墙通常布置成格栅式，格栅的置换率（加固土的面积：水泥土墙的总面积）为0.6~0.8。墙体的宽度b、插入深度h_d，可根据基坑开挖深度h估算，一般$b=(0.6\sim0.8)h$，$h_d=(0.8\sim1.2)h$，如图1-16所示。

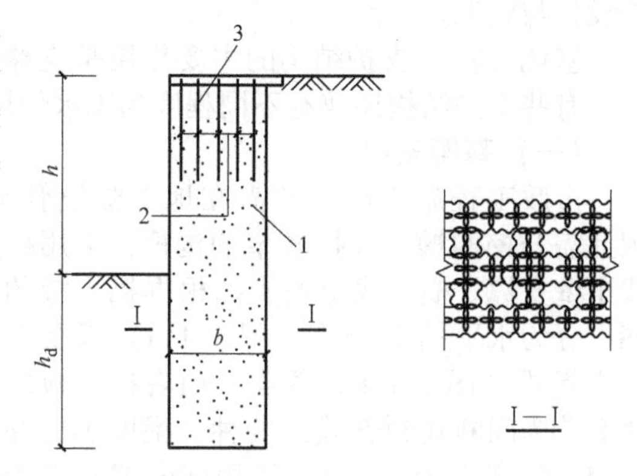

图1-16　水泥土墙

1—搅拌桩　2—插筋　3—面板

深层搅拌桩机常用的机架有三种形式：塔架式、桅杆式及履带式。前两种构造简便、易

于加工，在我国应用较多，但其搭设及行走较困难。履带式的机械化程度高，塔架高度大，钻进深度大，但机械费用较高。

水泥土搅拌桩成桩可采用“一次喷浆、二次搅拌”或“二次喷浆、三次搅拌”工艺，主要依据水泥掺入比及土质情况而定。水泥掺量较小、土质较松时，可用前者，反之可用后者。“一次喷浆、二次搅拌”的施工工艺流程如图 1-17 所示。当采用“二次喷浆、三次搅拌”工艺时，可在图示步骤 e）作业时也进行注浆，以后再重复 d）与 e）的过程。

水泥土搅拌桩施工中应注意水泥浆配合比及搅拌制度、水泥浆喷射速率与提升速度的关系及每根桩的水泥浆喷注量，以保证注浆的均匀性与桩身强度。施工中还应注意控制桩的垂直度以及桩的搭接等，以保证水泥土墙的整体性与抗渗性。

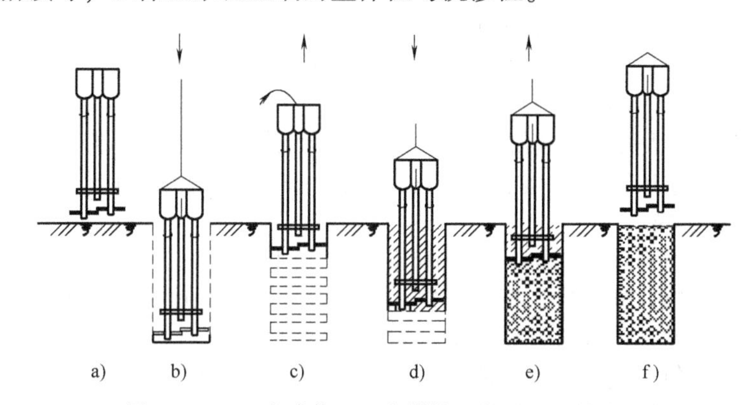

图 1-17 “一次喷浆、二次搅拌”的施工工艺流程

a）定位　b）预埋下沉　c）提升喷浆搅拌　d）重复下沉搅拌　e）重复提升搅拌　f）成桩结束

2. 板桩式支护结构

（1）钢板桩支护　钢板桩支护包括大规格的槽钢和热轧锁口钢板桩。前者是一种简易的钢板桩挡墙，由于抗弯能力较弱，也不能挡水，多用于深度不超过 4m 的基坑，坑顶设一道拉锚或支撑。

常用的钢板桩是热轧锁口钢板桩。热轧锁口钢板桩是由带锁口的热轧型钢制成的，钢板桩之间通过锁口互相连接，形成一道连续的挡墙。常用的是 U 形，称为拉森钢板桩，可用于开挖深度为 5~10m 的基坑。由于其一次性投资较大，多以租赁方式租用，用后拔出归还。其施工特点有：

1）由于锁口连接使钢板桩连接牢固形成整体，具有较好的隔水能力。

2）材料质量可靠，打设方便，可多次重复使用。

3）一次性投资较大，成本较高。

4）拔除时易带土，处理不当会引起土体移动。

例如，上海希尔顿酒店，其基坑深度为 7m，土质为粉质黏土、淤泥质粉质黏土，采用拉森钢板桩支护，桩长 15~20m。

（2）灌注桩支护　灌注桩支护包括钻孔灌注桩和人工挖孔灌注桩。

1）钻孔灌注桩支护是将直径为 600~1000mm 的钻孔灌注桩间隔连续排列，做成排桩挡墙，顶部设钢筋混凝土圈梁，中部设支撑体系或土层锚杆。多用于基坑安全等级为一、二、三级，深度为 7~15m 的基坑。当基坑深度小于 5m 时，可做成悬臂式，超过 5m 则应设内支撑或锚杆。其施工特点有：

① 刚度大，抗弯能力强，变形较小。

② 施工简便，无噪声、无振动、无挤土，应用最广泛。

③ 桩间至少留100~150mm的缝隙，不能挡水，如地下水位在基坑底面以上，需另设止水帷幕或采用人工降低地下水位。

④ 基础施工完毕，灌注桩将永远留在土中，可能为日后的地下工程施工造成障碍。

例如，长春光大银行办公大楼，其基坑深度为13.5m，土质为粉质黏土、黏土，采用桩锚支护，设两道土层锚杆，偏于安全。

2）人工挖孔灌注桩支护是将人工挖孔灌注桩间隔排列，形成排桩挡墙。其成孔方法为人工挖土，应边挖土边支护（多为喷射混凝土护壁），地下水位高时，需采用人工降水方法，宜用于土质较好的地区。其施工特点有：

① 由于人下到孔底开挖，便于检验土层，容易扩孔。

② 可多桩同时施工，施工速度较快。

③ 多为大直径桩，承载力大，刚度大，可不设或少设支撑。

④ 挖孔劳动强度高，施工条件差，如支护不当，有一定危险性。

例如，北京亮马河大厦，其基坑深度为10.65m，土质为杂填土、粉质黏土，采用人工挖孔灌注桩支护，桩径为1000mm，桩长16.5m，间距1.5m，在距桩顶4.5m处设一道土层锚杆。

3. 土钉墙支护结构

土钉墙是一种边坡稳定式结构。它是基于主动加固机制，在土体内设置一定长度和密度的土钉，使土钉与土体共同工作，形成了能大大提高原状土强度和刚度的复合土体，显著提高了土体的整体稳定性，使基坑开挖后坡面保持稳定。

土钉墙施工时，每开挖1.5m左右，钻孔插入钢筋或钢管并灌浆，然后在坡面挂钢筋网，喷射细石混凝土面层（厚50~100mm），依次进行直到坑底，土钉墙支护适用于基坑侧壁安全等级为二、三级的非软土场地，基坑深度不宜大于12m，当地下水位高于基坑底面时，应采取降水或截水措施。其施工特点有：

1）土钉墙支护的施工是采用边开挖边支护的方式，土钉墙的变形较小，安全程度较高。

2）材料用量及工程量少，工程造价低，经济效益好。

3）施工设备简单，操作方法简便，施工速度快，对周围环境干扰小。

4）施工不需单独占用场地，能在狭小的场地内施工。

例如，长春市北方大厦，其基坑深度为11.2m，土质为粉质黏土、黏土，采用土钉墙支护，取得了良好的经济效益。

4. 地下连续墙支护结构

地下连续墙是深基坑的主要支护结构形式之一，既能挡土又能挡水，在我国一些著名高层建筑的深基坑中应用较多。尤其是地下水位高的软土地基地区，当基坑深度大且邻近的建（构）筑物、道路和地下管线相距甚近时，往往是首先考虑的支护方案。地铁的车站施工中也经常采用地下连续墙支护。当地下连续墙与“逆作法”结合应用时，可省去挖土后地下连续墙的内部支撑，还能使上部结构及早投入施工或使道路等及早恢复使用，对深度大、地下结构层数多的深基础的施工十分有利。

逆作法施工，是先沿地下室轴线施工地下连续墙或其他支护结构，同时在建筑物内部的有关位置浇筑或打入中间支撑柱，作为施工期间于底板封底之前承受上部结构自重和施工荷载的支撑，然后浇筑地面层的楼盖结构，作为地下连续墙等的刚度很大的支撑，随后逐层向下开挖土方和浇筑各层地下结构，直至底板封底。与此同时，由于地面层的楼盖结构已浇筑，为上部结构施工创造了条件，所以同时可向上逐层施工地上结构，如此地面上下同时进行施工，直至工程结束。但在浇筑底板之前，上部结构允许施工的高度由计算确定。

三、降水

当基坑开挖至地下水位以下时，由于土的含水层被切断，地下水将会不断渗入基坑内。这样不仅会使施工条件恶化，无法进行土方开挖，而且当土被水浸泡后，还将导致边坡塌方和地基承载力下降。因此，为了保证工程质量和施工安全，必须进行基坑降水，以保持开挖土体的干燥。工程中常用的降水方法有集水井降水和轻型井点降水。集水井降水法一般适用于降水深度较小且土层为粗粒土层或渗水量小的黏性土层。当基坑开挖较深，又采用刚性土壁支护结构挡土并形成止水帷幕时，基坑内降水也多采用集水井降水法。如降水深度较大，或土层为细砂、粉砂及软土地区时，宜采用轻型井点降水法降水；但仍有局部区域降水深度不足时，可辅以集水井降水。无论采用何种降水方法，均应持续到基础施工完毕，且土方回填后方可停止降水。

（一）集水井降水

1. 降水方法

集水井降水法是在基坑开挖过程中，沿坑底周围或中央开挖有一定坡度的排水沟，并在排水沟上每隔一定距离设置集水井，使水在重力作用下经排水沟流入集水井，然后用水泵抽出基坑外的降水方法。排水沟的截面一般为500mm×500mm，坡度为0.3%~0.5%；集水井的直径一般为600~800mm，间距为20~40m，其深度随着挖土的加深而加深，并保持低于挖土面700~1000mm，坑壁可用竹木材料等简易加固。当基坑挖至设计标高后，集水坑底应低于基坑底面1.0~2.0m，并铺设碎石滤水层（厚0.3m）或下部砾石（厚0.1m）上部粗砂（厚0.1m）的双层滤水层，以免由于抽水时间过长而将泥砂抽出，并防止坑底土被扰动。四周的排水沟及集水井一般应设置在基础范围以外，地下水流的上游。基坑面积较大时，可在基坑范围内设置盲沟排水。根据地下水量、基坑平面形状及水泵能力，集水井每隔20~40m设置一个。

集水井降水法适用于面积较小，降水深度不大的基坑（槽）开挖工程；不适用于软土、淤泥质土或土层中含有细砂、粉砂的情况。因为，采用集水坑降水法时，将产生自下而上或从边坡向基坑方向的动水压力，容易导致流砂现象或边坡塌方。

2. 流砂现象

若采用集水井降水法，当基坑开挖到达地下水位以下，而土质又为细砂、粉砂时，坑底的土可能会形成流动状态，随地下水涌入基坑，这种现象称为“流砂现象”。

地下水在土体内渗流，土颗粒对水流将产生阻力，同时水流也将对土颗粒产生压力作用（作用力与反作用力），此压力称为动水压力。动水压力的大小与水力坡度成正比，即水位差越大，动水压力越大；而渗流路线越长，则动水压力越小。动水压力的作用方向与水流方向相同。当水流在水位差作用下对土颗粒产生向上的压力时，动水压力不但使土颗粒受到水的浮力，而且还使土颗粒受到向上的压力，当动水压力等于或大于土的浸水重度时，则土颗粒失去自重，处于悬浮状态，土的抗剪强度等于零，土颗粒随着渗流的水一起流动，形成流砂现象。

一旦发生流砂现象，基底土将完全丧失承载能力，土边挖边冒，施工条件极端恶化，甚至危及邻近建筑物的安全。

由于在细颗粒、松散、饱和的非黏性土中发生流砂现象的主要条件是动水压力的大小和方向，当动水压力方向向上且足够大时，土转化为流砂；而动水压力方向向下时，又可将流砂转化成稳定土。因此，在基坑开挖中，防治流砂的原则是“治流砂必先治水”。

防治流砂的主要途径有：减少或平衡动水压力；设法使动水压力方向向下；截断地下水

流。其具体措施有：

1）枯水期施工法。枯水期地下水位较低，基坑内外水位差小，动水压力小，不易产生流砂。

2）抢挖并抛大石块法。分段抢挖土方，使挖土速度超过冒砂速度，在挖至标高后立即铺竹、芦席，并抛大石块，以平衡动水压力，将流砂压住。此法适用于治理局部的或轻微的流砂。

3）设止水帷幕法。将连续的止水支护结构（如连续板桩、深层搅拌桩、密排灌注桩等）打入基坑底面以下一定深度，形成封闭的止水帷幕，从而使地下水只能从支护结构下端向基坑渗流，增加地下水从坑外流入基坑内的渗流路径，减小水力坡度，从而减小动水压力，防止流砂产生。

4）人工降低地下水位法。采用井点降水法（如轻型井点、管井井点、喷射井点等），使地下水位降低至基坑底面以下，地下水的渗流向下，则动水压力的方向也向下，从而水不能渗流入基坑内，可有效地防止流砂的产生。因此，此法应用广泛且较可靠。

此外，还可采用地下连续墙、压密注浆法、土壤冻结法等阻止地下水流入基坑，以防止流砂产生。

（二）轻型井点降水

井点降水法，就是在基坑开挖前预先在基坑四周埋设一定数量的滤水管（井），利用抽水设备，在基坑开挖前和开挖过程中不断地抽出地下水，使地下水位降低到坑底以下，直至基础工程施工完毕为止。

井点降水法的种类有：轻型井点、喷射井点、电渗井点、管井井点及深井井点等。各自适用范围见表1-12。施工时可根据土的渗透系数、要求降低水位的深度、工程特点、设备条件及经济性等具体条件选择。其中轻型井点降水应用最广泛。轻型井点降低地下水位，是沿基坑周围以一定间距埋入井点管（下端为滤管）至蓄水层内，井点管上端通过弯联管与地面上水平铺设的集水总管相连接，利用真空原理，通过抽水设备将地下水从井点管内不断抽出，使原有地下水位降至坑底以下。

表1-12 井点的类别及适用范围

井点类别		土的渗透性/(m/d)	降水深度/m
轻型井点	一级轻型井点	0.1~50	3~6
	多级轻型井点	0.1~50	视井点级数而定
	喷射井点	0.1~50	8~20
	电渗井点	<0.1	视选用的井点而定
管井类	管井井点	20~200	3~5
	深井井点	10~250	>15

1. 轻型井点设备

轻型井点设备由管路系统和抽水设备组成。管路系统包括井点管、滤管、弯联管及总管。

井点管的直径为50mm，长度为5~7m，上端用弯联管（透明硬塑料管）与总管相连，下端用螺丝套筒与滤管相连。滤管的直径为50mm，长度为1~1.5m，管壁上钻有ϕ12~ϕ19mm星状排列的滤孔，外包两层滤网，为使水流畅通，在骨架与滤网之间用塑料细管或钢丝绕成螺旋状，将其隔开，滤网外面再用粗钢丝网保护。

总管为直径 100~127mm 的无缝钢管，每段长 4m，其上装有与井点管连接的短接头，间距为 0.8m 或 1.2m。

抽水设备有干式真空泵、射流泵及隔膜泵等，常用 W5、W6 型干式真空泵，其抽吸深度为 5~7m，最大负荷长度分别为 100m 和 120m。

2. 轻型井点系统布置

轻型井点系统的布置，应根据基坑或沟槽的平面形状和尺寸、深度、土质、地下水位高低与流向、降水深度要求等因素综合确定。

（1）平面布置

1）当基坑或沟槽宽度小于 6m，且降水深度不大于 5m 时，可用单排线状井点，布置在地下水流的上游一侧，两端延伸长度一般以不小于基坑（沟槽）宽度为宜，如图 1-18a 所示。

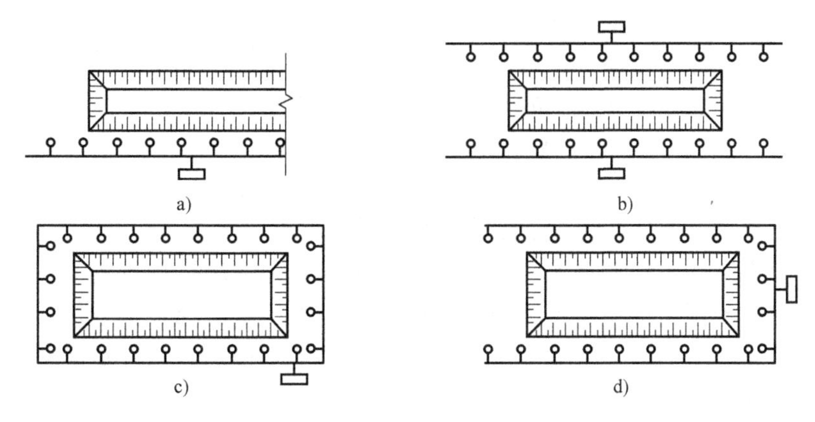

图 1-18　轻型井点的平面布置

2）当宽度大于 6m，或土质不良、渗透系数较大时，则宜采用双排线状井点，如图 1-18b所示。

3）面积较大的基坑宜采用环状井点，如图 1-18c 所示；有时也可布置为 U 形，如图 1-18d所示，以利于挖土机械和运输车辆出入基坑。

（2）高程布置　轻型井点的降水深度在考虑设备水头损失后，不超过 6m。井点管距离基坑壁一般为 0.7~1.0m，以防止局部发生漏气，如图 1-19 所示。

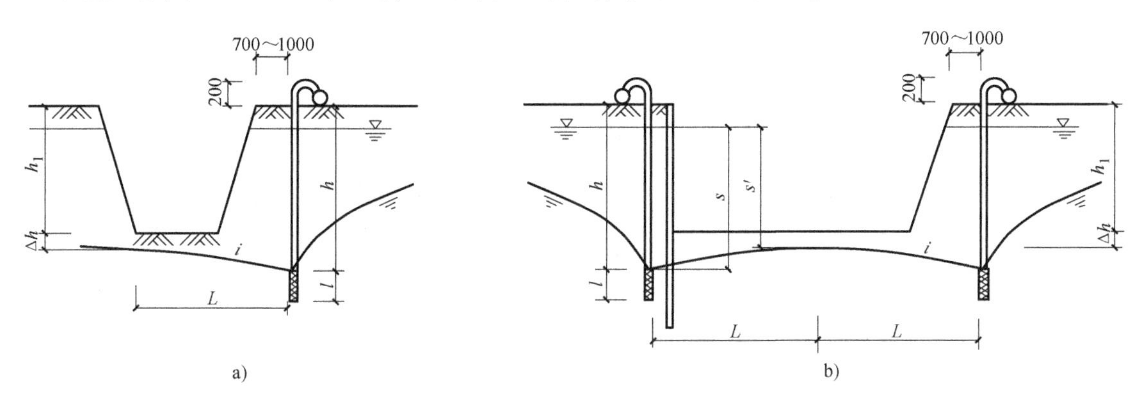

图 1-19　轻型井点高程布置图

a）单排布置　b）双排或环状布置

井点管的埋设深度 h（不包括滤管长）计算公式为

$$h \geqslant h_1 + \Delta h + iL \tag{1-30}$$

式中　h_1——井管埋设面至基坑底的距离（m）；

Δh——基坑中心处基坑底面（单排井点时，为远离井点一侧坑底边缘）至降低后地下水位的距离，一般为 $\Delta h \geqslant 1.0\text{m}$；

i——地下水降落坡度，环状井点为1/10，单排线状井点为1/4，双排线状井点为1/7；

L——井点管至基坑中心的水平距离（m），在单排井点中，为井点管至基坑另一侧的水平距离。

其计算结果尚应满足

$$h \leqslant h_{pmax} \tag{1-31}$$

式中　h_{pmax}——抽水设备的最大抽吸深度。

确定井点管埋置深度还要考虑到井点管应露出地面0.2m，通常井点管均为定型的，可根据给定的井点管长度验算 Δh，$\Delta h \geqslant 1.0\text{m}$ 即满足要求。

$$\Delta h = h - 0.2 - h_1 - iL \geqslant 1.0\text{m} \tag{1-32}$$

若计算出的 h 值不满足要求，则应降低井点管的埋置面（以不低于地下水位为准）以适应降水深度的要求，但任何情况下滤管必须埋设在含水层内。

当一级井点系统达不到降水深度要求时，可根据具体情况采用其他方法降水（如上层土的土质较好时，先用集水井排水法挖去一层土再布置井点系统）或采用二级井点（即先挖去第一级井点所疏干的土，然后再在其底部装设第二级井点），使降水深度增加。

3. 轻型井点计算

（1）涌水量计算　确定井点管数量时，需要确定井点系统的涌水量。井点系统的涌水量可按法国水力学家裘布依的水井理论进行计算。按水井理论计算井点系统涌水量时，首先要判定水井的类型。水井分为四种类型，如图1-20所示。无压完整井：水井布置在潜水含水层（地下水无压力），且井底到达不透水层；无压非完整井：水井布置在潜水含水层（地下水无压力），井底未到达不透水层；承压完整井：水井布置在承压含水层（地下水充满在两层不透水层之间，具有一定压力），且井底到达不透水层；承压非完整井：水井布置在承压含水层，井底未到达不透水层。

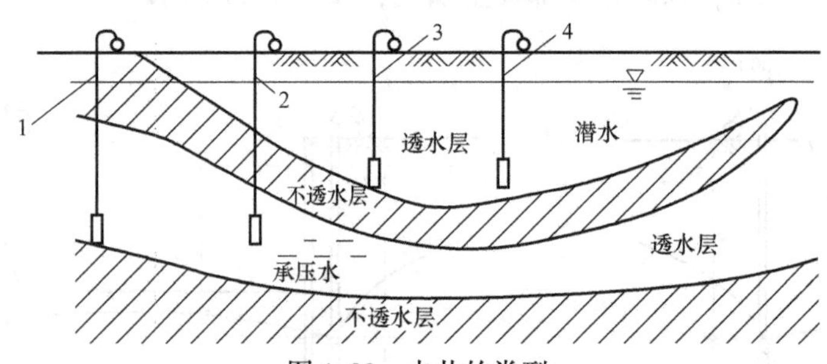

图1-20　水井的类型

1—承压完整井　2—承压非完整井　3—无压完整井　4—无压非完整井

1）无压完整井涌水量计算。根据裘布依水井理论，可推导出单井涌水量计算公式为

$$Q = 1.364k\frac{(2H-S)S}{\lg R - \lg r} \tag{1-33}$$

式中　Q——无压完整井的涌水量（m^3/d）；

k——土的渗透系数（m/d）；

H——含水层厚度（m）；

S——井水处水位降落值（m）；

R——单井的降水影响半径（m）；

r——水井的直径（m）。

轻型井点系统为群井共同工作，群井涌水量的计算，可把由各井点管组成的群井系统视为一口大的圆形单井。其涌水量计算公式为

$$Q=1.364k\frac{(2H-S)S}{\lg(R+x_0)-\lg x_0} \tag{1-34}$$

式中　S——井点管处水位降落高度（m）；

R——群井的抽水影响半径，$R=1.95S\sqrt{Hk}$（m）；

x_0——由井点管围成水井的半径（m）。

当基坑长宽比不大于 5 时，环形布置的井点系统可近似用假想半径 x_0代替水井半径。

$$x_0=\sqrt{\frac{F}{\pi}} \tag{1-35}$$

式中　F——环行井点所包围的面积（m^2）。

渗透系数 k 值对计算结果影响较大，可用现场抽水试验或通过实验室测定。

2）无压非完整井涌水量的计算。在实际工程中往往会遇到无压非完整井的井点系统，此时地下水不仅从井的侧面流入，还从井底渗入。因此，其涌水量要比完整井大，精确计算比较复杂。为简化计算，可用有效含水深度 H_0 代替含水层厚度 H，即

$$Q=1.364k\frac{(2H_0-S)S}{\lg(R+x_0)-\lg x_0} \tag{1-36}$$

H_0可根据表 1-13 确定，当算得的 $H_0>H$ 时，取 $H_0=H$。

表 1-13　有效含水深度 H_0

$\frac{S}{S+l}$	0.2	0.3	0.5	0.8
H_0	$1.3(S+l)$	$1.5(S+l)$	$1.7(S+l)$	$1.8(S+l)$

注：表中 l 为滤管长度。

（2）井点管数量与井距的确定　井点管数量取决于井点系统涌水量 Q 及单根井点管的最大出水量 q。单根井点管的最大出水量计算公式为

$$q=65\pi dl\sqrt[3]{k} \tag{1-37}$$

式中　q——单根井点管的最大出水量（m^3/d）；

d——滤管直径（m）；

l——滤管长度（m）。

井点管的最少数量为

$$n'=1.1\frac{Q}{q} \tag{1-38}$$

式中，1.1 为备用系数，主要考虑井点管堵塞等因素影响抽水效果。

井点管的最大间距为

$$D'=\frac{L}{n'} \tag{1-39}$$

式中　L——总管长度（m）。

井点管的实际间距应满足 $D<D'$，且与总管上的接头尺寸相适应，一般采用 0.8m、1.2m、1.6m、2.0m。井点管在总管四角部分应适当加密。

4. 抽水设备的选择

一般采用真空泵抽水设备。W5 型真空泵的总管长度不大于 100m；W6 型真空泵的总管长度不大于 120m。

采用多套抽水设备时，井点系统应分段，各段长度应大致相等。分段地点宜选择在基坑转弯处，以减少总管弯头数量，提高水泵的抽吸能力。水泵宜设置在各段总管中部，使泵两边水流平衡。分段处应设阀门或将总管断开，以免管内水流紊乱，影响抽水效果。

5. 轻型井点的施工

（1）准备工作　包括设备、动力、水源及必要材料的准备，排水沟的开挖，附近建筑物的标高观测以及防止附近建筑物沉降措施的实施。

（2）井点系统的埋设

1）挖土至总管埋设面，排放总管。

2）水冲法冲孔，边冲边沉冲管，冲孔直径为 300mm，保证砂滤层深度比滤管底深 0.5m。

3）拔出冲管，插入井点管，填灌粗砂滤层，填至滤管顶 1～1.5m；黏土封口，以防漏气。

4）用弯联管将井点管与总管相连接。

5）安装抽水设备。

6）试抽，检查有无漏气现象；开始抽水后，应细水长流，不应停抽。

7）加强观测，采取措施，防止周围地面的不均匀沉降。

【例 1-4】　某设备基础基坑，基坑宽 8m，长 12m，深 4.5m，四面放坡，放坡系数为 1∶0.5，地面标高为±0.00m，地下水位标高为−1.5m。土层分布：自然地面以下 1m 为粉质黏土；其下 8m 厚为细砂层，渗透系数 $k=5\text{m/d}$；再下为不透水层。采用轻型井点降水，试进行轻型井点系统设计。

解：1）井点设备选择。井点管选用直径 50mm、长 6m 的钢管；选用直径 50mm、长度为 1m 的滤管；总管选用直径 100mm 的无缝钢管。

2）井点系统布置。先开挖 0.5m 深的沟槽，将总管埋设在地面以下 0.5m 处。基坑上口尺寸为 12m×16m；采用环形井点系统，井点管距基坑边缘为 1.0m。

总管长度：$L=(12+2+16+2)\times2\text{m}=64\text{m}$

采用一级轻型井点，井点管露出地面 0.2m，其埋置深度应满足：

$$h\geqslant h_1+\Delta h+iL$$

$\Delta h=h'-0.2-h_1-iL=[6-0.2-4.0-1/10\times(14/2)]\text{m}=1.1\text{m}>1.0\text{m}$ 满足要求。

3）基坑涌水量计算。滤管下端距不透水层为 $(9-0.5-5.8-1.0)\text{m}=1.7\text{m}$，该井为无压非完整井。

$$Q=1.364k\frac{(2H_0-S)S}{\lg(R+x_0)-\lg x_0}$$

$$\frac{S}{S+l}=\frac{4.8}{4.8+1.0}=0.83$$

$H_0=1.8(S+l)=1.8\times(4.8+1.0)\text{m}=10.44\text{m}>7.5\text{m}$，取 $H_0=H=7.5\text{m}$

$$R=1.95S\sqrt{H_0k}=1.95\times4.8\sqrt{7.5\times5}\text{m}=57.32\text{m}$$

$$x_0=\sqrt{\frac{F}{\pi}}=\sqrt{\frac{14\times18}{3.14}}\text{m}=8.96\text{m}$$

$$Q=1.364\times5\times\frac{(2\times7.5-4.8)\times4.8}{\lg(57.32+8.96)-\lg8.96}\text{m}^3/\text{d}=372.66\text{m}^3/\text{d}$$

4）井点管数量和井距计算。

$$q=65\pi dl\sqrt[3]{k}=65\times3.14\times0.05\times10\sqrt[3]{5}\text{m}^3=17.45\text{m}^3$$

$$n'=1.1\frac{Q}{q}=1.1\times\frac{372.66}{17.45}\text{根}=23.49\text{ 根}\approx24\text{ 根}$$

$$D'=\frac{L}{n'}=\frac{64}{24}\text{m}=2.67\text{m}$$

取井点管间距为2.0m，井点管实际数量为（64/2.0）根=32根。

5）选择抽水设备。总管长度为64m，选用W5型干式真空泵抽水设备。

（三）喷射井点

当基坑开挖所需降水深度超过6m时，一级的轻型井点就难以达到预期的降水效果，这时如果场地许可，可以采用二级甚至多级轻型井点以增加降水深度，达到设计要求。但是这样一来会增加基坑土方施工工程量、增加降水设备用量并延长工期，二来也扩大了井点降水的影响范围而对环境不利。为此，可考虑采用喷射井点。

根据工作流体的不同，以压力水作为工作流体的称为喷水井点；以压缩空气作为工作流体的称为喷气井点，两者的工作原理是相同的。喷射井点系统主要由喷射井点、高压水泵（或空气压缩机）和管路系统组成，如图1-21所示。喷射井管由内管和外管组成，在内管的下端装有喷射扬水器与滤管相连。当喷射井点工作时，由地面高压离心水泵供应的高压工作水经过内外管之间的环行空间直达底端，在此处工作流体由特制内管的两侧进水孔至喷嘴喷出，在喷嘴处由于断面突然收缩变小，使工作流体具有极高的流速（30~60m/s），在喷口附近造成负压（形成真空），将地下水经过滤管吸入，吸入的地下水在混合室与工作水混合，然后进入扩散室，水流在强大压力的作用下把地下水同工作水一同扬升出地面，经排水管道系统排至集水池或水箱，一部分用低压泵排走，另一部分供高压水泵压入井管外管内作为工作水流。如此循环作业，将地下水不断从井点管中抽走，使地下水渐渐下降，达到设计要求的降水深度。

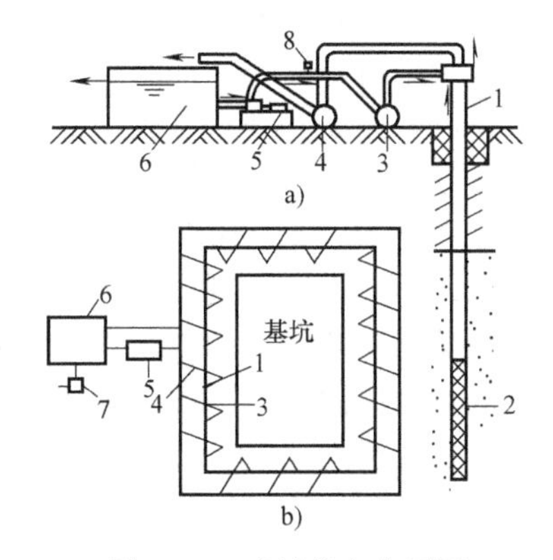

图1-21　喷射井点布置图
a）喷射井点设备简图
b）喷射井点平面布置图
1—喷射井管　2—滤管　3—供水总管
4—排水总管　5—高压离心水泵　6—水池
7—排水泵　8—压力表

喷射井点用作深层降水，在粉土、极细砂和粉砂中

较为适用。在较粗的砂粒中，由于出水量较大，循环水流就显得不经济，这时宜采用深井泵。一般一级喷射井点可降低地下水位8~20m，甚至20m以上。

（四）电渗井点

在黏土和粉质黏土中进行基坑开挖施工，由于土体的渗透系数较小，为加速土中水分向井点管中流入，提高降水施工的效果，除了应用真空产生抽吸作用以外，还可加用电渗。

电渗井点一般与轻型井点或喷射井点结合使用，利用轻型井点或喷射井点管本身作为阴极，金属棒（钢筋、钢管、铝棒等）作为阳极。通入直流电（采用直流发电机或直流电焊机）后，带有负电荷的土粒即向阳极移动（即电泳作用），而带有正电荷的水则向阴极方向集中，产生电渗现象。在电渗与井点管内的真空双重作用下，强制黏土中的水由井点管快速排出，井点管连续抽水，从而地下水位渐渐降低。

因此，对于渗透系数较小（小于0.1m/d）的饱和黏土，特别是淤泥和淤泥质黏土，单纯利用井点系统的真空产生的抽吸作用可能较难将水从土体中抽出排走，利用黏土的电渗现象和电泳作用特性，一方面加速土体固结，增加土体强度，另一方面也可以达到较好的降水效果。电渗井点的原理如图1-22所示。

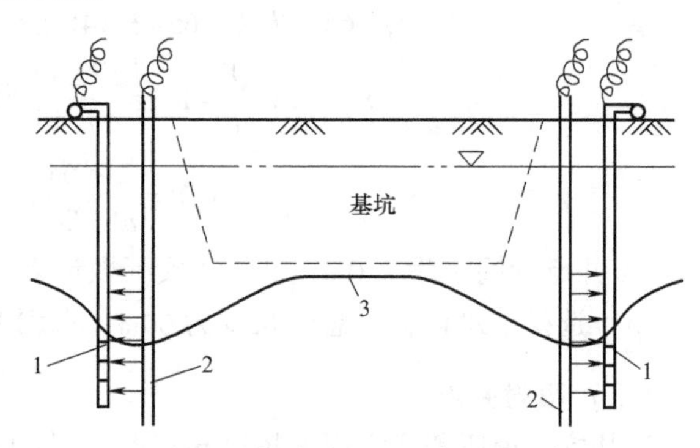

图1-22 电渗井点的原理图
1—井点管 2—金属棒 3—地下水降落曲线

（五）管井井点和深井井点

对于渗透系数为20~200m/d且地下水丰富的土层、砂层，用明排水造成土颗粒大量流失，引起边坡塌方，用轻型井点难以满足排降水的要求。这时候可采用管井井点。管井井点就是沿基坑每隔一定距离设置一个管井，或在坑内降水时每隔一定距离设置一个管井，每个管井单独用一台水泵不断抽取管井内的水来降低地下水位。管井井点具有排水量大、排水效果好、设备简单、易于维护等特点，其降水深度为3~5m，可代替多组轻型井点。

对于渗透系数大、涌水量大、降水较深的砂类土，以及用其他井点降水不易解决的深层降水，可采用深井井点系统。深井井点降水是在深基坑的周围埋置深于基坑的井管，通过设置在井管内的潜水泵将地下水抽出，使地下水位低于坑底的降水方法。本方法排水量大，降水深（可达50m），不受吸程限制，排水效果好；井距大，对平面布置的干扰小；可用于各种情况，不受土层限制；成孔（打井）用人工或机械均可，较易于解决；井点制作、降水设备及操作工艺、维护均较简单，施工速度快；如果井点管采用钢管、塑料管，可以整根拔出重复使用。但其一次性投资大，成孔质量要求严格；降水完毕，井管拔出较困难。它适用于渗透系数较大（10~250m/d）、土质为砂类土、地下水丰富、降水深、面积大、时间长的情况，在有流砂和重复挖填土方区使用，效果更佳。

第五节 土方的填筑与压实

一、土料的选用与处理

填土土料应符合设计要求，保证填方的强度和稳定性。选择的填料应为强度高、压缩性小、水稳定性好、便于施工的土石料。如无设计要求时，应符合下列规定：

1）碎石类土、砂土和爆破石渣可用于表层以下的填料。

2）含水量符合压实要求的黏性土，可作为各层的填料。但不宜用于路基填料，若用于路基填料，必须充分压实并设有良好的排水设施。

3）一般不能选用淤泥和淤泥质土、膨胀土、有机质含量大于8%的土、含水溶性硫酸盐大于5%的土、含水量不符合压实要求的黏性土作为填料。

填土应严格控制含水量，施工前应进行检验。当含水量过大时，应采用翻松、晾晒、风干等方法降低含水量，或采取掺入干土、打石灰桩等措施；如含水量偏低，则可预先洒水湿润，否则难以压实。

二、填土的方法及要求

1. 填土方法

1）人工填土：一般用手推车运土，用锹、耙、锄等工具进行填筑，适用于小型土方工程。

2）机械填土：可用推土机、铲运机或自卸汽车进行填筑。自卸汽车填土，需用推土机推平。采用机械填土时，可利用行驶的机械进行部分压实工作。

2. 填土要求

1）填土应从最低处开始，由下向上整个宽度分层铺填碾压或夯实。

2）填方应分层进行并尽量采用同类土填筑。

3）应在相对两侧或四周同时进行回填与夯实。

4）当天填土，应在当天压实。

三、压实方法

填土的压实方法一般有：碾压法、夯实法和振动压实法等。

1. 碾压法

碾压法适用于大面积填土工程。碾压机械有平碾、羊足碾和气胎碾。应用最普遍的是刚性平碾；羊足碾只能用于压实黏性土；气胎碾工作时是弹性体，给土的压力较均匀，填土质量较好。

2. 夯实法

夯实法主要用于小面积填土，其优点是可以压实较厚的土层。夯实机械有夯锤、内燃夯土机、蛙式打夯机和振动压实机。夯锤借助起重机提起并落下，其质量大于1.5t，落距为2.5~4.5m，夯土影响深度可超过1m，常用于夯实湿陷性黄土杂填土以及含有石块的填土。内燃夯土机的作用深度为0.4~0.7m，蛙式打夯机的作用深度一般为0.2~0.3m，二者均为应用较广泛的夯实机械。振动压实机主要用于压实非黏性土。

四、影响填土压实的因素

影响填土压实质量的主要因素有压实功、土的含水量以及每层铺土厚度。

1. 压实功的影响

填土压实后的密度与压实机械在其上所施加的功有一定的关系，如图1-23所示。当土的含水量一定，则在开始压实时，土的密度急剧增加，待到接近土的最大密度时，压实功虽然增加许多，但土的密度则变化甚小。在实际施工中，对于砂土只需碾压或夯击两三遍，粉质黏土只需三四遍，粉土或黏土只需五六遍。此外，松土不宜用重型碾压机械直接滚压，否则土层有强烈起伏现象，效率不高。如果先用轻碾压实，再用重碾压实就会取得较好效果。

2. 含水量的影响

在同一压实功条件下，填土的含水量对压实质量有直接影响。较为干燥的土，由于土颗粒之间的摩擦阻力较大，因而不易压实。当含水量超过一定限度时，土颗粒之间的孔隙由水填充而呈饱和状态，压实功不能有效地作用在土颗粒上，同样不能得到较好的压实效果。只有当填土具有适当含水量时，水起了润滑作用，土颗粒之间的摩擦阻力减小，土才易被压实。每种土都有其最佳含水量。土在这种含水量条件下，使用同样的压实功进行压实，所得到的密度最大（图 1-24）。工地简单检验黏性土的方法一般是以“手握成团、落地开花”为适宜。为了保证填土在压实过程中的最佳含水量，当土过湿时，应予翻松晾干，也可掺入同类干土或吸水性土料；当土过干时，则应洒水湿润。

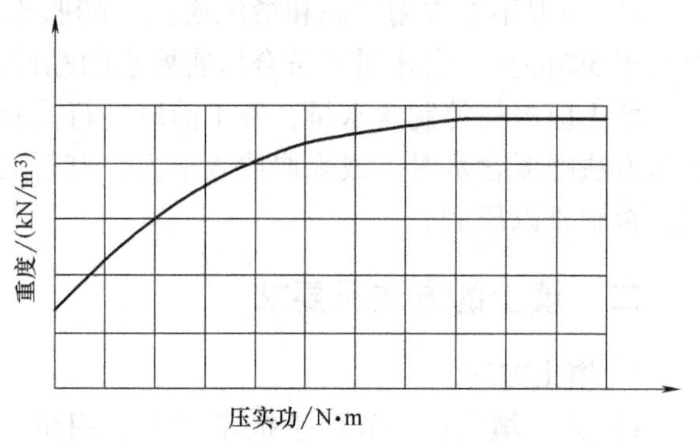

图 1-23　土的重度与压实功的关系示意图

3. 铺土厚度的影响

土在压实功的作用下，其应力随深度增加而逐渐减小，其影响深度与压实机械、土的性质和含水量等有关。铺土厚度应小于压实机械压土时的作用深度，铺得过厚，要压很多遍才能达到规定的密实度；铺得过薄，同样要增加机械的总压实遍数。最优的铺土厚度应能使土方压实而机械的功耗最少。

上述三方面影响因素之间是互相关联的。为了保证压实质量，提高压实机械的生产率，重要工程应根据土质和所选用的压实机械在施工现场进行压实试验，以确定达到规定密实度所需的压实遍数、铺土厚度及最佳含水量。一般情况下，填土的每层铺土厚度及压实遍数可参考表 1-14 选择。

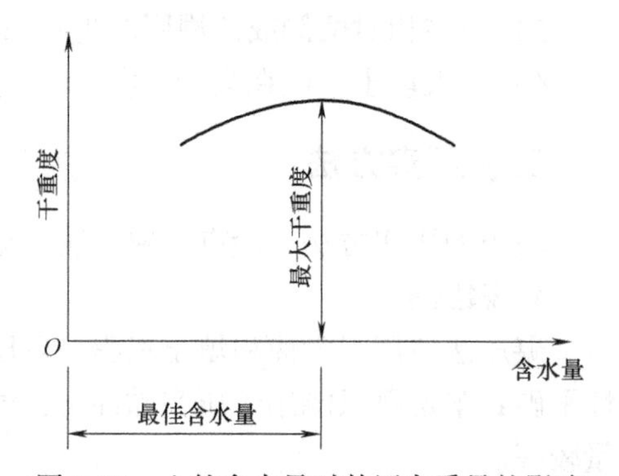

图 1-24　土的含水量对其压实质量的影响

表 1-14　填土的每层铺土厚度及压实遍数

压实机具	每层铺土厚度/mm	每层压实遍数
平碾	250~300	6~8
振动压实机	250~300	3~4
柴油打夯机	200~250	3~4
人工打夯	<200	3~4

五、填土压实的质量检查

填土压实后应达到一定的密实度及含水量的要求。密实度要求一般由设计根据工程结构性质、使用要求及土的性质确定。填土的密实度以压实系数 λ_c 控制，其计算公式为

$$\lambda_c=\frac{\rho_d}{\rho_{dmax}} \tag{1-40}$$

式中　ρ_d、ρ_{dmax}——施工控制干密度、土的最大干密度。

施工前，应求出现场各种填料的最大干密度 ρ_{dmax}，土的最大干密度可由击实试验确定。然后乘以设计的压实系数 λ_c，求得施工控制干密度 ρ_d，作为检查施工质量的依据。

填土压实后，可用“环刀法”取土样，取样组数应符合规范的规定。试样取出后，先测定土的湿密度及含水量，然后用下式计算土的实际干密度 ρ_0。

$$\rho_0=\frac{\rho}{1+0.01W} \tag{1-41}$$

式中　ρ——土的湿密度（g/cm^3）；

W——土的含水量（%）。

若 $\rho_0 \geqslant \rho_d$，则压实质量合格；若 $\rho_0 \leqslant \rho_d$，则压实不够，应采取相应措施提高压实质量。

第六节　土方的机械化施工

一、推土机

推土机是在拖拉机上安装推土板等工作装置而成的机械，是场地平整工程中土方施工的主要机械之一，如图 1-25 所示。推土机是集铲、运、平、填于一身的综合性机械，由于推土机具有操纵灵活、运转方便、所需工作面小、行驶速度快、易于转移、能爬 30°左右的缓坡等优点，因此应用十分广泛。

推土机的适用范围：推土机开挖的基本作业是铲土、运土和卸土三个工作行程和空载回驶行程。多用于场地清理和平整开挖深度 1.5m 以内的基坑，填平沟坑，以及配合铲运机、挖土机工作等。在推土机后面可安装松土装置，也可拖挂羊足碾进行土方压实工作。推土机可以推挖一~三类土，四类土以上需经预松后才能作业。推土机的经济运距在 100m 以内，效率最高的运距为 60m。

推土机的生产率主要决定于推土机推移土的体积及切土、推土、回程等工作的循环时间。为提高生产率，可采用下坡推土、并列推土、槽形推土等施工方法。

图 1-25　推土机作业

二、铲运机

铲运机是一种能独立完成铲土、运土、卸土、填筑、整平的土方机械，如图 1-26 所示。铲运机管理简单，生产率高，且运转

费用低，在土方工程中常应用于大面积场地平整、填筑路基和堤坝等。最适用于开挖含水量不超过27%的松土和普通土，坚土（三类土）和砂砾坚土（四类土）需用松土机预松后才能开挖。自行式铲运机的运距在800~1500m时效率最高，拖式铲运机的运距在200~350m时效率最高。

铲运机的生产率主要取决于铲斗装土容量和铲土、运土、卸土、回程的工作循环时间。为提高生产率，可采用下坡铲土、推土机助铲等方法，以缩短装土时间并使铲斗装满。

铲运机的开行路线主要有环形路线和“8”字形路线两种形式。铲运机运行路线应根据填方、挖方区的分布情况并结合当地具体条件进行合理选择。环形路线是一种简单又常用的路线。当地形起伏不大，施工地段较短时，多采用环形路线。根据铲土与卸土的相对位置不同，分为两种情况，每一循环只完成一次铲土和卸土，如图1-27a、b所示。当挖填交替且挖填方之间的距离又较短时，则可采用大循环路线。一个循环能完成多次铲土和卸土，如图1-27c所示，可减少铲运机的转弯次数，提高工作效率。“8”字形路线是装土、运土和卸土，轮流在两个工作面上进行，每一循环完成两次铲土和两次卸土作业，如图1-27d所示。这种运行路线，装土、卸土沿直线开行，上下坡时斜向行驶，比环形路线运行时间短，减少了转弯次数和空驶距离；同时每次循环两次转弯方向不同，可避免机械行驶时的单侧磨损；适用于取土坑较长（300~500m）的路基填筑或地形起伏较大的场地平整。

图1-26　铲运机作业

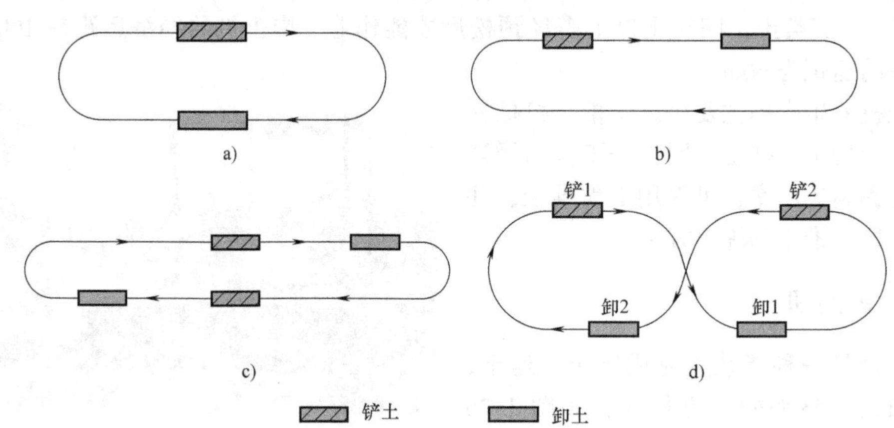

图1-27　铲运机运行路线

三、单斗挖土机

1. 正铲挖土机

如图 1-28 所示，正铲挖土机的特点是“前进向上，强制切土”。它适用于开挖停机面以上的一~四类土和经爆破的岩石、冻土。与运土汽车配合能完成整个挖运任务，可用于大型干燥基坑以及土丘的开挖。正铲挖土机的开挖方式有正向挖土、侧向卸土和正向挖土、后方卸土两种。

正向挖土、侧向卸土是挖土机沿前进方向挖土，运输工具在挖土机一侧开行和装土。采用这种作业方式，挖土机卸土时铲臂回转角度小，装车方便，循环时间短，生产效率高而且运输车辆行驶方便，避免了倒车和小转弯，因此应用最广泛。

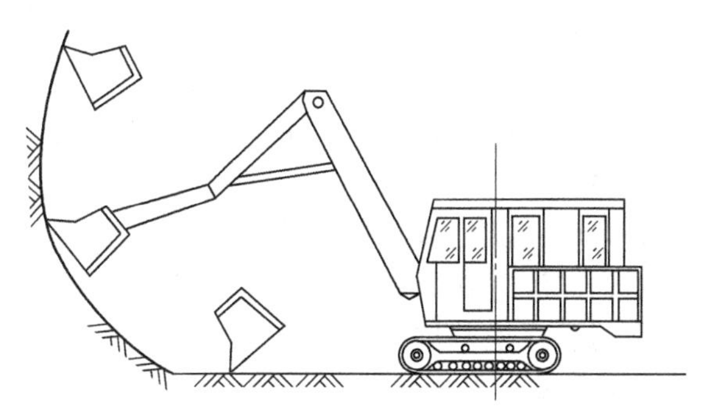

图 1-28　正铲挖土机外形及工作状况

由于正铲挖土机作业于坑下，无论采用哪种卸土方式，都应先挖掘出口坡道，坡道的坡度为 1∶(7~10)。

正向挖土、后方卸土是挖土机沿前进方向挖土，运输工具停在挖土机后方装土。这种作业方式的工作面较大，但挖土机卸土时铲臂回转角度大，运输车辆要倒车驶入，增加工作循环时间，生产效率降低。一般只宜用于开挖工作面较狭窄且较深的基坑（槽）、沟渠和路堑等。

2. 反铲挖土机

如图 1-29 所示，反铲挖土机的特点是“后退向下，强制切土”。它适用于开挖停机面以下的一~三类土，适用于开挖深度不大的基坑、基槽或管沟等及含水量大或地下水位较高的土方。反铲挖土机可以与自卸汽车配合，装土运走，也可弃土于坑槽附近。反铲挖土机的开挖方式有沟端开挖和沟侧开挖两种。

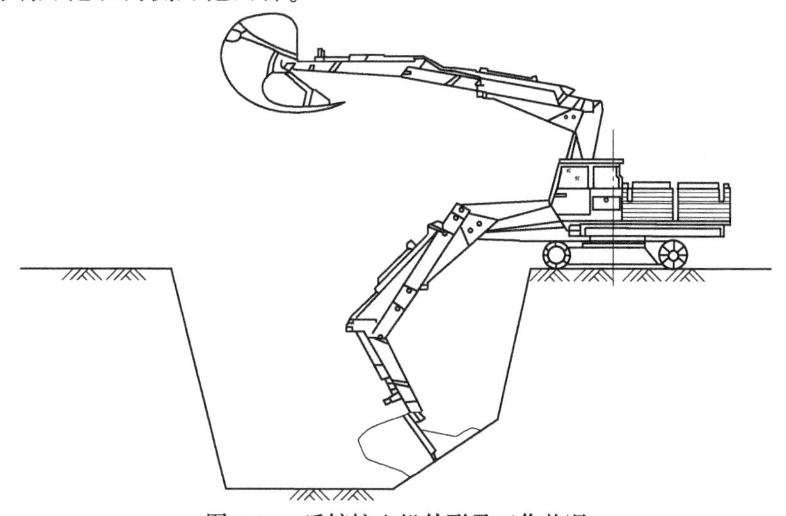

图 1-29　反铲挖土机外形及工作状况

沟侧开挖是挖土机沿沟槽一侧直线移动，边走边挖，运输车辆停在机旁装土或直接将土卸在沟槽的一侧。卸土时铲臂回转半径小，能将土弃于距沟边较远的地方，但挖土宽度（一般为0.8R，R为挖掘半径）和深度较小，边坡不易控制。由于机身停在沟边工作，边坡稳定性差。因此只在无法采用沟端开挖方式或挖出的土不需运走时采用。

沟端开挖是挖土机停在基槽（坑）的一端，向后倒退着挖土，汽车停在两旁装车运土，也可直接将土甩在基槽（坑）的两边堆土。此方法的优点是挖掘宽度不受挖土机械最大挖掘半径的限制，铲臂回转半径小，开挖的深度可达到最大挖土深度。

3. 抓铲挖土机

如图1-30所示，抓铲挖土机的特点是“直上直下，自重切土”。它适用于开挖停机面以下的一~二类土，如挖窄而深的基坑、疏通旧有渠道以及挖取水中淤泥等，或用于装卸碎石、矿渣等松散材料。在软土地基的地区，常用于开挖基坑、沉井等。开挖方式有沟侧开挖和定位开挖两种。

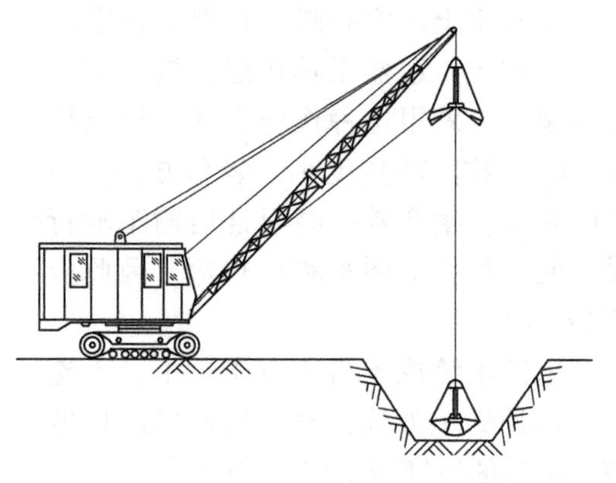

图1-30 抓铲挖土机外形及工作状况

沟侧开挖是抓铲挖土机沿基坑边移动挖土，适用于边坡陡直或有支护结构的基坑开挖。定位开挖是抓铲挖土机立于基坑一侧抓土，对较宽的基坑，则在两侧或四周抓土。挖淤泥时，抓斗易被淤泥吸住，应避免用力过猛，以防翻车。

4. 拉铲挖土机

如图1-31所示，拉铲挖土机的特点是“后退向下，自重切土”。它适用于开挖停机面以下的一~二类土，适用于开挖较深较大的基坑（槽）、沟渠，挖取水中泥土以及填筑路基、修筑堤坝等。拉铲挖土机大多将土直接卸在基坑（槽）附近堆放，或配备自卸汽车装土运走，但工效较低。拉铲挖土机的开挖方式有沟端开挖和沟侧开挖两种。

四、挖土机与运土车辆的配合计算

当挖土机挖出的土方需用运土车辆运走时，挖土机的生产率不仅取决于本身的技术性能，还取决于辅助运输机械是否与挖土机相互配套，协调工作。

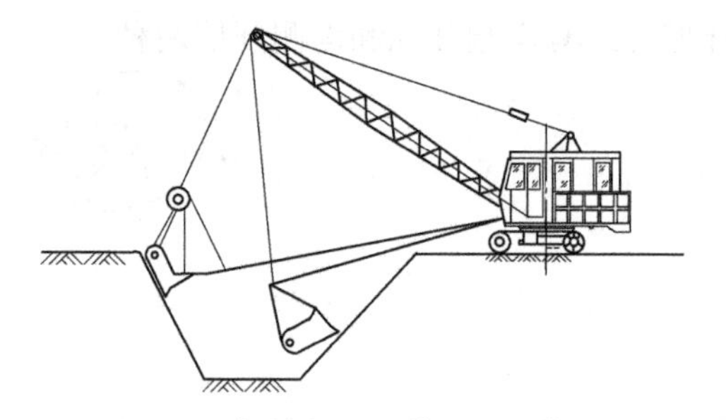

图1-31 拉铲挖土机外形及工作状况

单斗挖土机挖土配以自卸汽车运土时，其配套计算如下：

（1）挖土机数量N的确定

$$N=\frac{Q}{P}\frac{1}{TCK} \tag{1-42}$$

式中 Q——基坑土方量（m^3）；

T——计划工期（d）；

C——每天工作班数；

K——单班时间利用系数；

P——挖土机单机生产率（m^3/台班）。可查定额确定或按下式计算

$$P=\frac{8\times3600}{t}q\frac{K_C}{K_s}\gamma \tag{1-43}$$

式中　t——挖土机每次作业循环的延续时间；

q——挖土机土斗容量；

K_C——土斗充盈系数；

K_s——土的最初可松性系数；

γ——土的重度。

（2）自卸汽车数量 N' 的计算　自卸汽车的数量 N' 应能保证挖土机连续工作，其计算公式为

$$N'=\frac{T}{t_1+t_2} \tag{1-44}$$

式中　T——自卸汽车每一工作循环延续时间（s），由装车、重车运输、卸车、空车返回及等待时间组成；

t_1——运输车辆掉头而使挖土机等待时间（s）；

t_2——运输车辆装满一车土的时间（s），按式（1-45）及式（1-46）计算

$$t_2=nt \tag{1-45}$$

$$n=\frac{10Q}{q\frac{K_C}{K_s}\gamma} \tag{1-46}$$

式中　n——运土车辆每车装土次数；

Q——运土车辆的载质量（t）；

q——挖土机的斗容量（m^3）；

γ——土的重度（kN/m^3）。

t——挖土机每次作业循环的延续时间。

复习思考题

1. 土方工程分为哪两类？各包括哪些内容？
2. 影响土方施工的土的工程性质有哪些？各有什么影响？
3. 只要求场地平整前后土方量相等，其设计标高如何计算？
4. 何谓“最佳设计平面”？用什么方法求得？
5. 试述用“表上作业法”进行土方调配的步骤和方法，以及土方调配的原则。
6. 土方边坡的大小与什么有关？边坡稳定的影响因素有哪些？
7. 常用的基槽支护结构形式有哪些？各适用于什么情况？
8. 常用的基坑支护结构形式有哪些？各适用于什么情况？
9. 基坑降水方法有哪几种？各适用于什么情况？
10. 流砂是如何形成的？如何防治？
11. 试述轻型井点系统的组成及设备。

12. 轻型井点的平面和高程如何布置？
13. 如何区分水井类型？
14. 试述轻型井点的计算内容和方法。
15. 土方的填筑宜用哪些填料？
16. 填土如何进行压实？
17. 影响填土压实的主要因素有哪些？
18. 土方施工的常用机械有哪些？各有哪些适用范围？

习　　题

1-1　一建筑场地方格网及各方格顶点标高如图 1-32 所示，方格网边长为 20m，场地表面要求的泄水坡度 $i_x=0.3\%$，$i_y=0.2\%$。试求：

1）按挖填平衡的原则确定场地设计标高（不考虑土的可松性）；

2）各方格角点的施工高度，并标出零线；

3）计算场地平整的土方量（不考虑边坡土方量）。

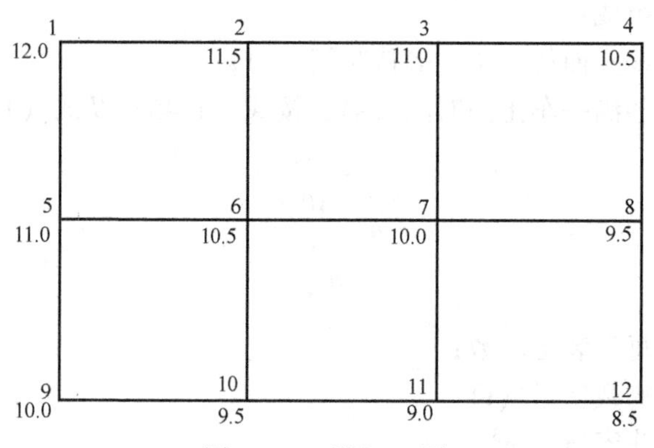

图 1-32　习题 1-1 图

1-2　用“表上作业法”计算表 1-15 所示的土方调配最优方案，并计算其运输工程量（$m^3\cdot m$）。

表 1-15　习题 1-2 表

填方区 / 挖方区	T_1	T_2	T_3	T_4	挖方量/m^3
W_1	30	30	70	80	200
W_2	50	60	120	70	700
W_3	20	80	30	40	700
填方量/m^3	400	300	400	500	1600

注：方框内右上角数字为运距（m）。

1-3　某基础底部尺寸为 30m×40m，基础埋深为 4.5m，基坑底部尺寸每边比基础底部

放宽 1m，室外地坪标高为±0. 00m，地下水位标高为−1. 00m。已知−10. 00m 以上为黏质粉土，渗透系数为 5m/d，−10. 00m 以下为不透水的黏水层。基坑开挖为四边放坡，边坡坡度为 1∶0. 5。采用轻型井点降水，滤管长度为 1m。试求：

1）确定该井点的平面与高程布置；

2）计算涌水量；

3）确定井点管的数量及间距。

1-4　一基坑长 50m，宽 40m，深 5. 5m，四面放坡，边坡坡度为 1∶0. 5，问挖土土方量为多少？如混凝土基础的体积为 3000m^3，则回填土方量为多少？多余土方外运量为多少？如用斗容量 3m^3 的汽车运土，需运多少次？（已知土的最初可松性系数 $K_s=1.14$，最终可松性系数 $K_s'=1.05$）

第二章
地基与基础工程

第一节　概　　述

任何建筑物都必须有可靠的地基和基础。建筑物的全部重力最终通过基础传给地基。所以，对某些地基的处理及加固就成为基础工程施工中的一项重要内容。当地质条件较好时，建筑物多采用天然基础，它造价低、施工简便。当天然浅土层较弱，不符合设计要求时，可采用机械压实、强夯、堆载预压、深层搅拌、化学加固等方法进行人工加固，形成人工地基。如果深部土层也软弱，或建筑物的上部荷载较大，或对沉降有严格要求的高层建筑、地下建筑以及桥梁基础等，则需采用深基础。

一、常用的地基处理方法简介

常用的地基处理方法有换填垫层法、强夯法、砂石桩法、振冲法、水泥土搅拌法、高压喷射注浆法、预压法、夯实水泥土桩法、水泥粉煤灰碎石桩（CFG 桩）法、石灰桩法、灰土挤密桩法和土挤密桩法、柱锤冲扩桩法、单液硅化法和碱液法等。

1. 换填垫层法

当建筑物基础下的持力层比较软弱，不能满足上部荷载对地基的要求时，常采用换土垫层来处理软弱地基。需先将基础下一定范围内的土层挖去，然后回填强度较大的砂、碎石或灰土等，并夯实。适用于浅层软弱地基（如一般的三、四层房屋，路堤，油罐和水闸等的地基）及不均匀地基的处理。其主要作用是提高地基承载力，减少沉降量，加速软弱土层的排水固结，防止冻胀和消除膨胀土的胀缩。换填垫层法按其回填的材料可分为砂垫层、碎（砂）石垫层、灰土垫层等。

2. 强夯法

强夯法是用起重机械将重锤吊起从高处自由落下，给地基以冲击力和振动，从而提高地基土的强度并降低其压缩性的一种有效的地基加固方法。它适用于处理碎石土、砂土、低饱和度的粉土与黏性土、湿陷性黄土、杂填土和素填土等地基。强夯置换法适用于高饱和度的粉土、软-流塑的黏性土等地基上对变形控制不严的工程，在设计前必须通过现场试验确定其适用性和处理效果。强夯法和强夯置换法主要用来提高土的强度，减少压缩性，改善土体抵抗振动液化能力和消除土的湿陷性。对饱和黏性土宜结合堆载预压法和垂直排水法使用。

3. 砂石桩法

砂石桩法适用于挤密松散砂土、粉土、黏性土、素填土、杂填土等地基，提高地基的承

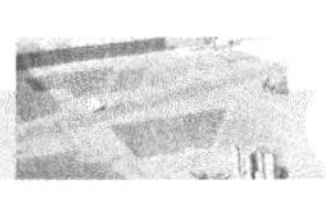

载力和降低压缩性，也可用于处理可液化地基。对饱和黏土地基上变形控制不严的工程也可采用砂石桩置换处理，使砂石桩与软黏土构成复合地基，加速软土的排水固结，提高地基承载力。

4. 振冲法

振冲法分为加填料和不加填料两种。加填料的通常称为振冲碎石桩法。振冲法适用于处理砂土、粉土、粉质黏土、素填土和杂填土等地基。对于处理不排水抗剪强度不小于 20kPa 的黏性土和饱和黄土地基，应在施工前通过现场试验确定其适用性。不加填料振冲加密法适用于处理黏粒含量不大于 10% 的中粗砂地基。振冲碎石桩主要用来提高地基承载力，减少地基沉降量，还可用来提高土坡的抗滑稳定性或提高土体的抗剪强度。

5. 水泥土搅拌法

水泥土搅拌法分为浆液深层搅拌法（简称湿法）和粉体喷搅法（简称干法），适用于处理正常固结的淤泥与淤泥质土、黏性土、粉土、饱和黄土、素填土以及无流动地下水的饱和松散砂土等地基；不宜用于处理泥炭土、塑性指数大于 25 的黏土、地下水具有腐蚀性以及有机质含量较高的地基，若需采用时必须通过试验确定其适用性。当地基的天然含水量小于 30%（黄土含水量小于 25%）、大于 70%或地下水的 pH 值小于 4 时不宜采用此法。连续搭接的水泥搅拌桩可作为基坑的止水帷幕，受其搅拌能力的限制，该法在地基承载力大于 140kPa 的黏性土和粉土地基中的应用有一定难度。

6. 高压喷射注浆法

高压喷射注浆法适用于处理淤泥、淤泥质土、黏性土、粉土、砂土、人工填土和碎石土地基。当地基中含有较多的大粒径块石、大量植物根茎或较高的有机质时，应根据现场试验结果确定其适用性。对地下水流速度过大、喷射浆液无法在注浆套管周围凝固等情况不宜采用。高压旋喷桩的处理深度较大，除地基加固外，也可作为深基坑或大坝的止水帷幕，目前最大处理深度已超过 30m。

7. 预压法

预压法适用于处理淤泥、淤泥质土、冲填土等饱和黏性土地基。按预压方法分为堆载预压法及真空预压法。堆载预压分为塑料排水带、砂井地基堆载预压和天然地基堆载预压。当软土层厚度小于 4m 时，可采用天然地基堆载预压法处理；当软土层厚度超过 4m 时，应采用塑料排水带、砂井等竖向排水预压法处理。对于真空预压工程，必须在地基内设置排水竖井。预压法主要用来解决地基的沉降及稳定问题。

8. 夯实水泥土桩法

夯实水泥土桩法适用于处理地下水位以上的粉土、素填土、杂填土、黏性土等地基。该法施工周期短、造价低、施工文明、造价容易控制，目前在北京、河北等地的旧城区危改小区工程中得到不少成功的应用。

9. 水泥粉煤灰碎石桩（CFG 桩）法

水泥粉煤灰碎石桩法适用于处理黏性土、粉土、砂土和已自重固结的素填土等地基。对淤泥质土应根据地区经验或现场试验确定其适用性。基础和桩顶之间需设置一定厚度的褥垫层，保证桩、土共同承担荷载形成复合地基。该法适用于条形基础、独立基础、箱形基础、筏式基础，可用来提高地基承载力和减少变形。对可液化地基，可采用碎石桩和水泥粉煤灰碎石桩多桩型复合地基，达到消除地基土的液化和提高承载力的目的。

10. 石灰桩法

石灰桩法适用于处理饱和黏性土、淤泥、淤泥质土、杂填土和素填土等地基。用于地下水位以上的土层时，可采取减少生石灰用量和增加掺合料含水量的办法提高桩身强度。该法不适用于地下水位以下的砂类土。

11. 灰土挤密桩法和土挤密桩法

灰土挤密桩法和土挤密桩法适用于处理地下水位以上的湿陷性黄土、素填土和杂填土等地基，可处理的深度为5~15m。当用来消除地基土的湿陷性时，宜采用土挤密桩法；当用来提高地基土的承载力或增强其水稳定性时，宜采用灰土挤密桩法；当地基土的含水量大于24%、饱和度大于65%时，不宜采用这种方法。灰土挤密桩法和土挤密桩法在消除土的湿陷性和减少渗透性方面效果基本相同，土挤密桩法地基的承载力和水稳定性不及灰土挤密桩法。

12. 其他方法

柱锤冲扩桩法适用于处理杂填土、粉土、黏性土、素填土和黄土等地基，对地下水位以下的饱和松软土层，应通过现场试验确定其适用性，地基处理深度不宜超过6m；单液硅化法和碱液法适用于处理地下水位以上渗透系数为0.1~2m/d的湿陷性黄土等地基。在自重湿陷性黄土场地，对Ⅱ级湿陷性地基，应通过试验确定碱液法的适用性。

在确定地基处理方案时，宜选取多种方法进行比选。对复合地基而言，方案选择是针对不同土的性质、设计要求的承载力提高幅度，选取适宜的成桩工艺和增强体材料。

二、基础工程简介

基础是建筑物和地基之间的连接体。它把建筑物竖向体系传来的荷载传给地基。从平面上可见，竖向结构体系将荷载集中于点，或分布成线形，但作为最终支承机构的地基，提供的是一种分布的承载能力。

房屋基础设计应根据工程地质和水文地质条件、建筑体型与功能要求、荷载大小和分布情况、相邻建筑基础情况、施工条件和材料供应以及地区抗震烈度等因素综合考虑，选择经济合理的基础形式。

一般情况下，砌体结构优先采用刚性条形基础，当基础宽度大于2.5m时，可采用钢筋混凝土扩展基础即（柔性基础）。框架结构、无地下室、地基较好、荷载较小时可采用单独柱基；无地下室、地基较差、荷载较大时为增强整体性，减小不均匀沉降，可采用十字交叉梁条形基础。如采用上述基础不能满足地基基础强度和变形要求，又不宜采用桩基或人工地基时，可采用筏板基础（有梁或无梁）。框架结构、有地下室、上部结构对不均匀沉降要求严、防水要求高、柱网较均匀时，可采用箱形基础；柱网不均匀时，可采用筏形基础。有地下室，无防水要求，柱网、荷载较均匀、地基较好时，可采用独立柱基，抗震设防区加柱基拉梁，或采用钢筋混凝土交叉条形基础及筏形基础。筏形基础上的柱荷载不大、柱网较小且均匀时，可采用板式筏基。当柱荷载不同、柱距较大时，宜采用梁板式筏基。无论采用何种基础都要处理好基础底板与地下室外墙的连接节点。框剪结构无地下室、地基较好、荷载较均匀时，可选用单独柱基、墙下条基，抗震设防地区柱基下设拉梁并与墙下条基连接在一起。无地下室、地基较差、荷载较大时，柱下可选用交叉条形基础并与墙下条基连接在一起，以加强整体性，如还不能满足地基承载力或变形要求，可采用筏形基础。当剪力墙结构无地下室或有地下室但无防水要求、地基较好时，宜选用交叉条形基础；当有地下室且有防

水要求时，可选用筏形基础或箱形基础。高层建筑一般都设有地下室，可采用筏形基础；如果地下室设置有均匀的钢筋混凝土隔墙时，采用箱形基础。当地基较差，为满足地基强度和沉降要求，可采用桩基础或人工处理地基，其中桩基础是常用的一种基础形式。

三、桩基础工程的分类

桩基础由桩和桩顶承台组成，如图 2-1 所示。按照不同的分类方法，有以下几种形式。

1. 按承载性状分类

按承载性状可分为摩擦型桩和端承型桩，如图 2-2 所示。前者又分为摩擦桩、端承摩擦桩；后者又分为端承桩、摩擦端承桩。摩擦桩在极限承载力状态下，桩顶荷载由桩侧阻力承受；端承摩擦桩桩顶荷载则主要由桩侧阻力承受。端承桩在极限承载力状态下，桩顶荷载由桩端阻力承受；摩擦端承桩桩顶荷载则主要由桩端阻力承受。

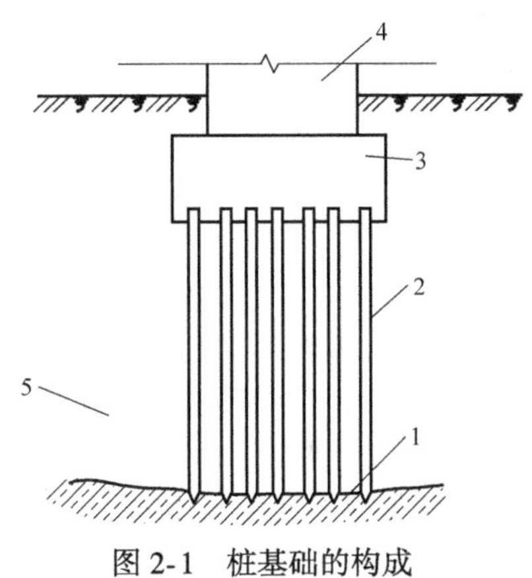

图 2-1　桩基础的构成

1—坚硬土层　2—桩　3—桩顶台

4—上部结构　5—软弱土层

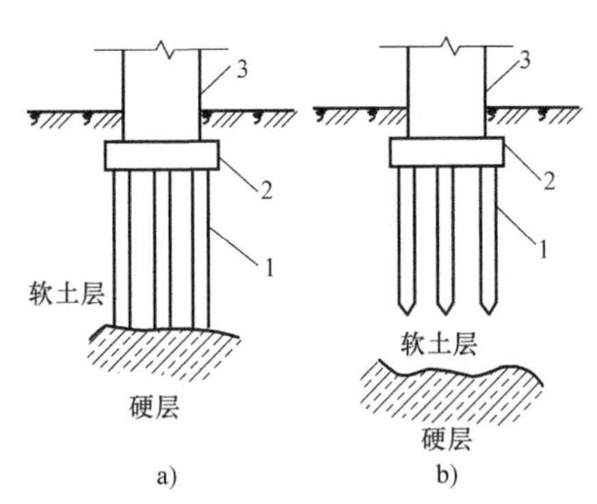

图 2-2　端承型桩与摩擦型桩

a）端承型桩　b）摩擦型桩

1—桩　2—承台　3—上部结构

2. 按施工方法分类

按施工方法的不同，桩可分为预制桩和灌注桩。预制桩是在工厂或施工现场制成的各种形式的桩，然后用锤击、静压、振动或水冲沉入等方法打桩入土。灌注桩是就地成孔，而后再钻孔中放置钢筋笼、灌注混凝土成桩。灌注桩根据成孔的方法，又可分为钻孔、挖孔、冲孔及沉管成孔等形式。

第二节　浅埋式钢筋混凝土基础施工

一般工业与民用建筑在基础设计中多采用天然浅基础，其造价低、施工简便。常用的浅基础类型有板式基础、杯形基础、筏形基础和箱形基础等。

一、板式基础

板式基础包括柱下钢筋混凝土独立基础和墙下钢筋混凝土条形基础。这种基础的抗弯和抗剪性能良好，可在竖向荷载较大、地基承载力不高以及承受水平力和力矩荷载等情况下使用。因高度不受台阶宽高比的限制，故适宜在需要“宽基浅埋”的场合下采用。板式基础施工时应满足下列要求：

1）基坑（槽）应进行验槽，局部软弱土层应除去，用灰土或砂砾分层回填夯实至基底。基坑（槽）内浮土、积水、淤泥、垃圾、杂物应清除干净。验槽后垫层混凝土应立即浇筑，以免地基土被扰动。

2）垫层达到一定强度后，在其上弹线、支模。铺放钢筋网片时底部用与混凝土保护层同厚度的水泥砂浆垫塞，以保证其位置正确。

3）在浇筑混凝土前，应清除模板上的垃圾、泥土和钢筋上的油污等杂物，模板应浇水加以湿润。

4）基础混凝土宜分层连续浇筑完成，阶梯形基础的每一台阶高度内应整分浇捣层，每浇筑完一个台阶应稍停0.5~1.0h，待其初步获得沉实后，再浇筑上层，以防止下台阶混凝土溢出，在上台阶根部形成“烂脖子”，台阶表面应基本抹平。

5）锥形基础的斜面部分模板应随混凝土浇捣分段支设并顶压紧，以防模板上浮变形，边角处的混凝土应注意捣实。严禁斜面部分不支撑，用铁锹拍实。

6）基础上有插筋时，要加以固定，保证插筋位置的准确，防止浇捣混凝土发生移位，混凝土浇筑完毕后，外露表面应覆盖浇水养护。

二、杯形基础

杯形基础常用作钢筋混凝土预制柱基础，基础中预留凹槽（即杯口），插入预制柱临时固定后，即在四周空隙中灌细石混凝土。其形式一般有杯口基础、双杯口基础和高杯口基础等。杯形基础施工时除参照板式基础的施工要求外，还应满足以下要求：

1）混凝土应按台阶分层浇筑，对高杯口基础的高台阶部分按整段分层浇筑。

2）杯口模板可做成二半式的定型模板，中间各加一块楔形板。拆模时，先取出楔形板，然后分别将两半杯口模板取出。为便于周转，宜做成工具式的。支模时杯口模板要固定牢固并压浆。

3）浇筑杯口混凝土时，应注意四侧要对称均匀进行，避免将杯口模板挤向一侧。

4）施工时应先浇筑杯底混凝土并捣实，注意在杯底一般有50mm厚的细石混凝土找平层，应仔细留出。待杯底混凝土沉实后，再浇筑杯口周围混凝土。基础浇捣完毕，在混凝土初凝后终凝前将杯口模板取出，并将杯口内侧表面混凝土凿毛。

5）施工高杯口基础时，可采用后安装杯口模板的方法施工，即当混凝土浇捣接近杯口底时，再安装固定杯口模板，继续浇筑杯口四周混凝土。

三、筏形基础

筏形基础由钢筋混凝土底板、梁等组成，适用于地基承载力较低而上部结构荷载很大的场合。其外形和构造上像倒置的钢筋混凝土楼盖，整体刚度较大，能有效将各柱子的沉降调整得较为均匀。筏形基础一般可分为梁板式和平板式两类，其施工应满足以下要求：

1）施工前，如地下水位较高，可采用人工降低地下水位至基坑底不少于500mm，以保证在无水情况下进行基坑开挖和基础施工。

2）施工时，可先在垫层上绑扎底板、梁的钢筋和柱子锚固插筋，浇筑底板混凝土，待

达到设计程度的25%后，再在地板上支梁模板，继续浇筑完梁部分混凝土；也可将底板和梁模板一次同时支好，混凝土一次连续浇筑完成，梁侧模板采用支架支撑并固定牢固。

3）混凝土浇筑时一般不留施工缝，必须留设时，应按施工缝要求处理，并应设置止水带。

4）基础浇筑完毕，表面应覆盖和洒水养护，并防止地基被水浸泡。

四、箱形基础

箱形基础是由钢筋混凝土底板、顶板、外墙以及一定数量的内隔墙构成的封闭箱体，基础中部可在内隔墙开门洞做地下室。该基础具有整体性好，刚度大，调整不均匀沉降能力及抗震能力强，可消除因地基变形使建筑物开裂的可能性，减少基底处原有地基自重应力，降低总沉降量等特点；适用于软弱地基上的面积较小、平面形状简单、上部结构荷载大且分布不均匀的高层建筑物的基础和对沉降有严格要求的设备基础或特种构筑物基础。箱形基础施工时应满足以下要求：

1）基坑开挖，如地下水位较高，应采取措施降低地下水位至基坑底以下500mm处，并尽量减少对基坑底土的扰动。当采用机械开挖基坑时，在基坑底面以上200~400mm厚的土层应进行人工挖除，基坑验槽后，应立即进行基础施工。

2）施工时，基础底板、内外墙和顶板的支模、钢筋绑扎和混凝土浇筑，可采取分块进行的方式，其施工缝的留设位置和处理应符合《钢筋混凝土工程施工及验收规范》要求，外墙接缝应设止水带。

3）基础的底板、内外墙和顶板宜连续浇筑完毕。为防止出现温度收缩裂缝，一般应设置贯通后浇带，带宽不宜小于800mm，在后浇带处钢筋应贯通，顶板浇筑后，相隔2~4周，用比设计强度高一级的细石混凝土将后浇带填灌密实，并加强养护。

4）基础施工完毕，应立即进行回填土，停止降水时，应验算基础的抗浮稳定性。

第三节 钢筋混凝土预制桩的施工

钢筋混凝土预制桩由于能承受较大的荷载、坚固耐久、施工速度快，因此是工程广泛应用的桩型之一。但另一方面由于其造价高，打桩噪声大，污染环境，限制了其应用的推广。钢筋混凝土预制桩有混凝土实心方桩和预应力混凝土空心管桩两大类。

一、预制桩的制作

混凝土实心方桩的截面边长多为250~550mm，如在工厂制作，单节长度不宜超过12m，如在现场预制，长度不宜超过30m。混凝土强度等级不宜低于C30 。

（1）钢筋混凝土预制桩的制作程序　场地平整、压实→场地地坪做三七灰土或浇筑混凝土→支模→绑扎钢筋骨架、安设吊环→浇筑混凝土→养护至设计强度的30%拆模→支间隔桩端头模板、设隔离层、绑钢筋→浇筑间隔桩混凝土→同法间隔制作第二层桩→养护至设计强度的70%起吊→强度达到100%后运输。

（2）钢筋混凝土预制桩的制作要求

1）叠浇法施工，重叠层数取决于地面允许荷载和施工条件，一般不宜超过4层。

2）预制桩的混凝土浇筑，应由桩顶向桩尖连续进行，严禁中断。

3）上层桩或邻桩的浇筑，必须在下层桩或邻桩的混凝土达到设计强度的30%以后方可进行。

4）水平方向可采用间隔施工的方法，但桩与桩间应做好隔离层，桩与邻桩、下层桩、底模间的接触面不得发生黏结。

二、预制桩的起吊、运输

1. 预制桩的起吊

规范规定：混凝土预制桩须在混凝土强度达到设计强度的70%方可起吊；达到100%方可运输和打桩。如提前起吊，必须采取措施并经验算合格方可进行。

预制桩在起吊和搬运时，必须平稳，并且不得损坏。吊点设置应按照起吊后桩的正负弯矩基本相等的原则，如图2-3所示。

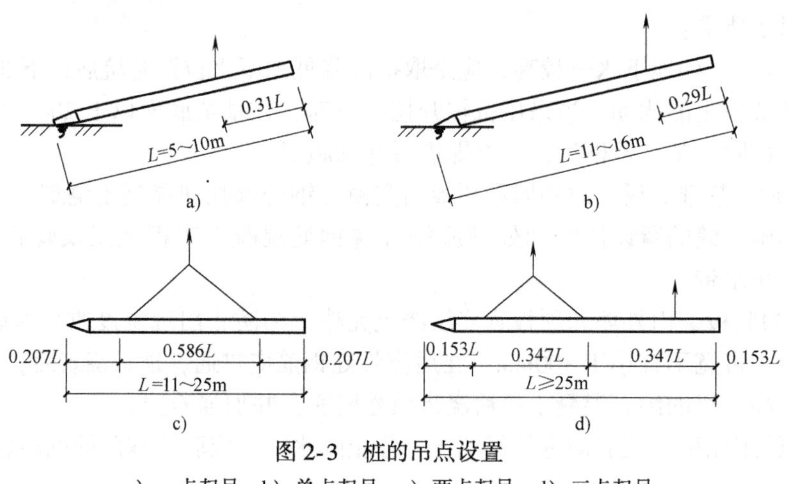

图2-3　桩的吊点设置

a）一点起吊　b）单点起吊　c）两点起吊　d）三点起吊

2. 预制桩的运输

预制桩运输时的强度应达到设计强度标准值的100%。桩的运输距离比较短时，可直接用起重机吊运或桩下垫滚筒托运；运输距离比较长时可采用大平板车或轻便轨道平台车运输。

钢桩在运输中对两端应适当保护，防止桩体撞击而造成桩端、桩体损坏。

三、预制桩的堆放

预制桩的堆放场地必须平整、坚实，排水畅通；垫木间距应与吊点位置相同，各层垫木应位于同一垂直线上；在现场，桩的堆放层数不宜太多。对于混凝土桩，堆放层数不宜超过4层；对不同规格的桩应分别堆放，以便于施工。

四、预制桩的沉桩方法

预制桩常用的沉桩方法有锤击法和静压法。

1. 锤击法

（1）锤击沉桩机　锤击沉桩机由桩锤、桩架及动力装置三部分组成，施工时需选择合

适的桩锤与桩架。

1）桩锤。桩锤有落锤、柴油锤、蒸汽锤、液压锤等。

① 落锤。落锤用人力或卷扬机拉起桩锤，然后使其自由下落，利用锤的重力夯击桩顶，使之入土。落锤装置简单，使用方便，费用低，但施工速度慢，效率低，且桩顶易被打坏。落锤适用于施打小直径的钢筋混凝土预制桩，在软土层中应用较多。

② 柴油锤。柴油锤是以柴油为燃料，利用设在筒形汽缸内的冲击体的冲击力与燃烧压力，推动锤体跳动夯击桩体。其体积小、锤击能量大、锤击速度快、施工性能好。柴油锤施工时有振动大、噪声大、废气飞散等严重污染。它适用于各种土层及各类桩型，也可打斜桩。但这种方法在过软的土中往往会由于贯入度过大，燃油不易爆发，桩锤不能反跳，造成工作循环中断。

③ 蒸汽锤。蒸汽锤是利用蒸汽的动力进行锤击，它需要配备一套锅炉设备对桩锤外供蒸汽。根据其工作情况又可分为单动式汽锤与双动式汽锤。单动式汽锤的冲击体只在上升时耗用动力，下降依靠自重；双动式汽锤的冲击体升降均由蒸汽推动。单动式汽锤的冲击较大，可以打各种桩，每分钟锤击数为25~30次，常用锤重为3~10t。双动式汽锤的外壳是固定在桩头上的，而锤在外壳内上下运动；因其冲击频率高（100~200次/min），所以工作效率高，锤重一般为0.6~6t，适用于打各种桩，也可在水下打桩并用于拔桩。

④ 液压锤。液压锤的冲击块通过液压装置提升至预定高度后再快速释放，以自由落体方式打击桩体；也有在冲击块提升至预定高度后再以液压系统施加作用力，使冲击块获得加速度，以提高冲击速度和冲击能量，后者亦称为双作用液压锤。液压锤具有很好的工作性能，且无烟气污染、噪声较小，在软土中的起动性比柴油锤有很大改善，但它结构复杂、维修保养的工作量大、价格高、作业效率比柴油锤低。

选择桩锤时，应根据地质条件、桩的类型、桩身结构强度、桩的长度、桩群密集程度以及施工条件等因素来确定，其中尤以地质条件影响最大，宜采用“重锤低击”方法。桩锤过轻，锤击能很大一部分被桩身吸收，桩头易打碎而桩不易入土。重锤低击时，对桩顶的冲量小动量大，桩顶不易被打碎，大部分能量用于克服桩身摩擦力与桩尖阻力，而且使桩身反弹小，不致使桩身受拉破坏。实践证明：当桩锤重大于桩重的1.5~2倍时，能取得较好的效果。锤重可根据土质、桩的规格等参考表2-1进行选择，如能进行锤击应力计算则更为科学。

表2-1　桩锤的类型及选择

锤　型	锤击动力	适用性	优缺点	
			优　点	缺　点
落锤	重力	小型桩工程	构造简单、使用方便	效率低、桩身易损坏
柴油锤	燃油爆炸能量	适用面广、可用于大型混凝土桩和钢管桩等	结构简单、使用方便；不需要从外部供应能源	过软的土中会使工作循环中断；污染大
蒸汽锤	蒸汽动力	适用面广	冲击力较大；无污染	需配备锅炉设备
液压锤	液压作用	适合水下打桩	能获得较大的贯入度	构造复杂、造价高

2）桩架。桩架是悬吊桩锤支持桩身，并为桩锤导向，同时还能起吊桩并可在小范围内移动桩位的打桩设备。桩架的形式多种多样，常用的通用桩架有两种基本形式：一种是沿轨

道行驶的多功能桩架；另一种是装在履带底盘上的打桩架。

① 多功能桩架：由立柱、斜撑、回转工作台、底盘及传动机构组成，如图 2-4 所示。它的机动性和适应性很大，在水平方向可做 360°回转，立柱可前后倾斜，底盘下装有铁轮，可在轨道上行走。这种桩架可适应各种预制桩及灌注桩施工。其缺点是机构较庞大，现场组装和拆迁比较麻烦。桩架高度是选择桩架时需考虑的一个重要问题。

桩架高度≥桩长+滑轮组高度+桩锤高度+桩帽高度+起锤移位高度。

② 履带式桩架：以履带式起重机为底盘，增加立桩和斜撑用以打桩，如图 2-5 所示。其性能较多功能桩架灵活，移动方便，适用范围较广，可适应各种预制桩及灌注桩施工。

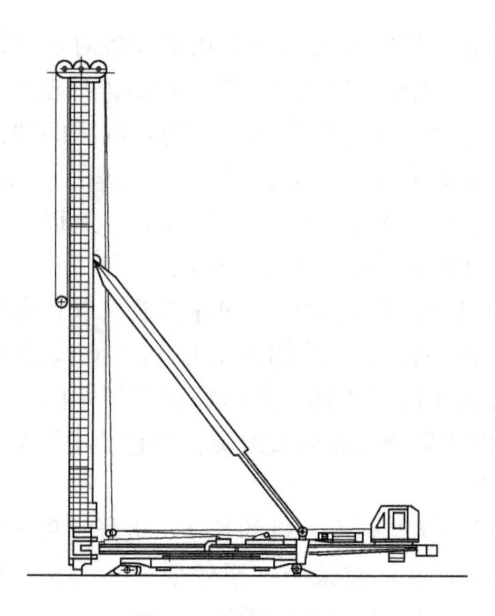

图 2-4　多功能桩架

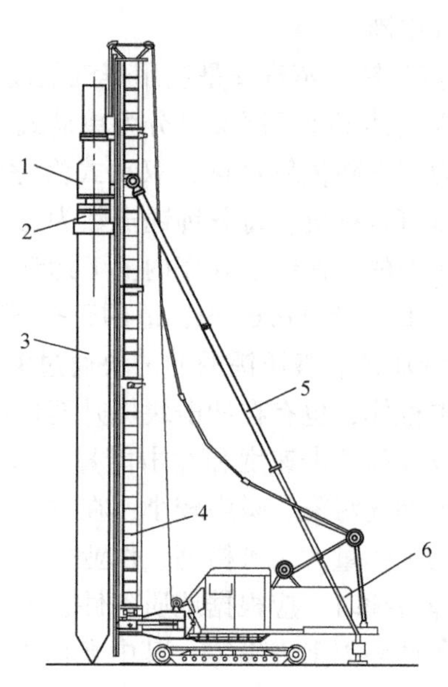

图 2-5　履带式桩架

1—桩锤　2—桩帽　3—桩　4—立柱　5—斜撑　6—车体

（2）打桩施工

1）打桩前的准备工作。打桩前宜做好以下准备工作：清除妨碍施工的地上和地下障碍物，平整施工场地；定位放线，桩基轴线的定位点及水准点应设置在不受打桩影响的地点，水准点设置不少于 2 个，施工过程中可据此检查桩位的偏差以及桩的入土深度；设置供电、供水系统；安装打桩机。

打桩顺序合理与否将影响打桩速度、打桩质量及周围环境。当桩的中心距小于 4 倍桩径时，打桩顺序尤为重要。此外，打桩顺序还影响挤土方向。打桩向哪个方向推进，则向哪个方向挤土。根据桩群的密集程度，可选用下述打桩顺序：由一侧向单一方向进行（图 2-6a）；自中间向两个方向对称进行（图 2-6b）；自中间向四周进行（图 2-6c）。第一种打桩顺序，其打桩推进方向宜逐排改变，以免土朝一个方向挤压，而导致土壤挤压不均匀，对于同一排桩，必要时还可采用间隔跳打的方式。对于大面积的桩群，宜采用后两种打桩顺序，以免土壤受到严重挤压，使桩难以打入，或使先打入的桩受挤压而倾斜。大面积的桩群，宜分成几个区域，由多台打桩机采用合理的顺序同时进行打桩。

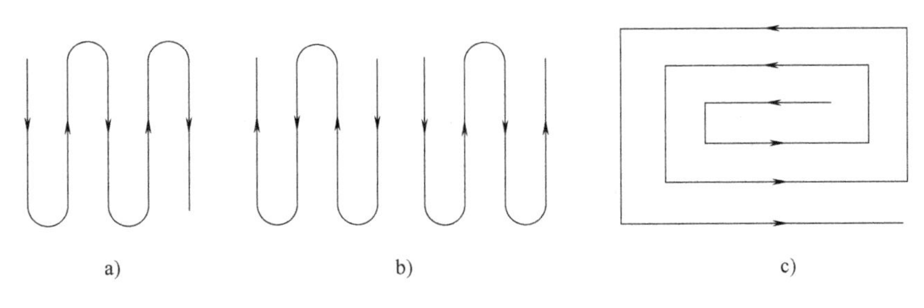

图 2-6　打桩顺序

a）由一侧向单一方向进行　b）由中间向两个方向对称进行　c）由中间向四周进行

打桩时要进行试桩，以检验设备和工艺是否符合要求。按照规范的规定，试桩不得少于2 根。

2）打桩方法。打桩机就位后，将桩锤和桩帽吊起来，然后吊桩并将其送至导杆内，垂直对准桩位缓缓送下插入土中，垂直度偏差不得超过 0.5%；之后固定桩帽和桩锤，使桩、桩帽、桩锤在同一垂线上，确保桩能垂直下沉。在桩锤和桩帽之间应加弹性衬垫，桩帽和桩顶四周应有 5~10mm 的间隙，以防损伤桩顶。其具体施工要求如下：

① 打桩时，应用导板夹具或桩箍将桩嵌固在桩架内，经水平度和垂直度校正后将桩锤和桩帽压在桩顶，开始沉桩。

② 在桩锤和桩帽之间应加弹性衬垫，一般可用硬木、麻袋、草垫等，如图 2-7 所示。

③ 打桩开始时，应以小落距轻打，待桩入土至一定深度且稳定后，再按规定的落距锤击。

④ 宜用“重锤低击”的方法，落锤或单动汽锤的最大落距不宜大于 1m；用柴油锤时，应使锤跳动正常。

⑤ 在打桩过程中，遇有贯入度剧变、桩身突然发生倾斜、位移或有严重回弹、桩顶或桩身出现严重裂缝及破碎等异常情况时，应暂停打桩，及时研究处理。

⑥ 做好打桩记录。开始打桩时需统计桩身每沉落 1m 所需锤击的次数。当桩下沉接近设计标高时，则应实测其最后贯入度。贯入度值为每 10 击桩入土深度的平均值。最后贯入度为最后 3 阵桩的平均入土深度。

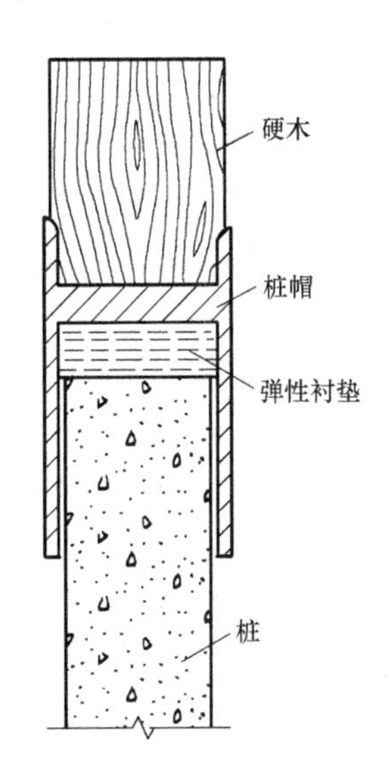

图 2-7　桩头处理

3）接桩。预制桩施工中，由于受到场地、运输及桩机设备等的限制，而将长桩分为多节进行制作。目前混凝土桩的接桩可用焊接、法兰连接以及硫黄胶泥锚接三种方法，如图 2-8 所示。前两种适用于各类土层，后一种适用于软弱土层。

4）打桩质量控制。打桩的质量视打入后的偏差是否在允许范围之内，最后贯入度与沉桩标高是否满足设计要求，桩顶、桩身是否完好以及对周围环境有无造成严重危害而定。

桩的垂直偏差应控制在 1%之内。平面位置的允许偏差，对于建筑物桩基，单排或双排桩的条形桩基，垂直于条形桩基纵轴线方向为 100mm，平行于条形桩基纵轴线方向为 150mm；桩数为 1~3 根桩基中的桩为 100mm；桩数为 4~16 根桩基中的桩为 1/3 桩径或 1/3 边长；桩数大于 16 根桩基中的桩，最外边的桩为 1/3 桩径或 1/3 边长，中间桩为 1/2 桩径

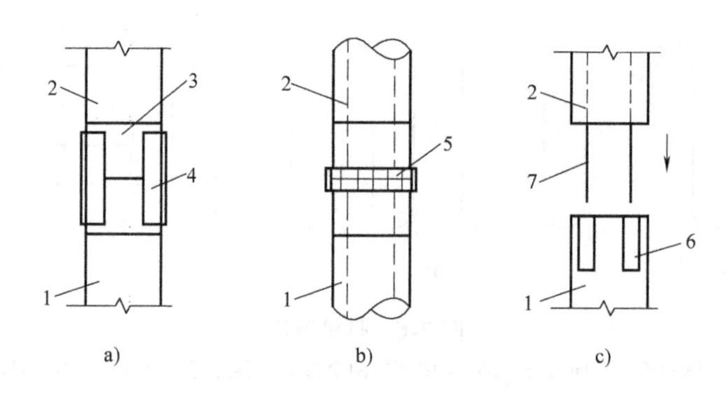

图 2-8　混凝土预制桩的接桩
a）焊接　b）法兰连接　c）硫黄胶泥锚接
1—下节桩　2—上节桩　3—桩帽　4—连接角钢　5—连接法兰　6—预留锚筋孔　7—预埋锚接钢筋

或边长。

打桩的控制，对于桩尖位于坚硬土层的端承型桩，以贯入度控制为主，以桩尖进入持力层的深度或桩尖标高作为参考。如贯入度已达到要求而桩尖标高未达到时，应继续锤击 3 阵，每阵 10 击的平均贯入度不应大于规定的数值。桩尖位于软土层的摩擦型桩，应以桩尖设计标高控制为主，以贯入度作为参考。如控制指标已符合要求，而其他指标与要求相差较大时，应会同有关单位研究解决。设计与施工中所控制的贯入度以合格的试桩数据为准，如无试桩资料，可参考类似土的贯入度，由设计规定。测量最后贯入度应在下列正常条件下进行：桩顶没有破坏；锤击没有偏心；锤的落距符合规定；桩帽和弹性垫层正常；汽锤的蒸汽压力符合规定。如果沉桩尚未达到设计标高，而贯入度突然变小，则可能土层中夹有硬土层，或遇到孤石等障碍物，此时切勿盲目施打，应会同设计勘察部门共同研究解决。此外，由于土的固结作用，打桩过程中断，会使桩难以打入，因此应保证施打的连续进行。

打桩时，桩顶破碎或桩身出现严重裂缝，应立即暂停，在采取相应的技术措施后，方可继续施打。除了注意桩顶与桩身由于桩锤冲击受到的破坏外，还应注意桩身受锤击拉应力而导致的水平裂缝。在软土中打桩，在桩顶以下 1/3 桩长范围内常会因反射的张力波使桩身受拉而引起水平裂缝。开裂的地方往往出现在吊点和混凝土缺陷处，这些地方容易形成应力集中。采用重锤低速击桩和较软的桩垫可减少锤击拉应力。

打桩时，引起桩区及附近地区的土体隆起和水平位移虽然不属于打桩本身的质量问题，但由于邻桩相互挤压导致桩位偏移，会影响整个工程质量。如在已有建筑群中施工，打桩还会引起邻近已有地下管线、地面交通道路和建筑物的损坏等。为此，在邻近建筑物（构筑物）打桩时，应采取适当的措施，如挖防振沟、砂井排水（或塑料排水板排水）、预钻孔取土打桩、采取合理打桩顺序、控制打桩速度等。

5）施工中常遇到的质量问题

① 桩顶、桩身被打坏：与桩顶和桩轴线不垂直、桩尖通过过硬土层、锤的落距过大、桩锤过轻等有关。

② 桩位偏斜：当桩顶不平、桩尖偏心、接桩不正、土中有障碍物时，都容易发生桩位偏斜。

③ 桩打不下：与土层中夹有较厚砂层或其他硬土层以及钢渣、孤石等障碍物有关。打

桩过程中，停歇一段时间后再打，则由于土的固结作用，桩也往往不能顺利地被打入土中。

④ 一桩打下邻桩上升：桩贯入土中，使土体受到急剧挤压和扰动，其靠近地面的部分将在地表隆起和水平移动。当桩较密、打桩顺序又欠合理时，土体被压缩到极限，就会发生一桩打下，周围土体带动邻桩上升的现象。

2. 静力压桩

静力压桩是在均匀软弱土中利用压桩架（型钢制作）的自重和配重，通过卷扬机的牵引传到桩顶，将桩逐节压入土中的一种沉桩方法。这种沉桩方法无振动、无噪声、对周围环境影响小，适合在城市中施工。压桩一般为分节压入，逐段接长，第一节桩压入土中，其上端距地面2m左右时，将第二节桩接上，继续压入。压同一根桩，各工序应连续施工。施工中还应满足以下要求：

1）压桩施工时应随时注意使桩保持轴心受压，接桩时也应保证上下接桩的轴线一致。

2）接桩时间应尽可能缩短，以避免间歇时间过长由于压桩阻力过大导致发生压不下去的事故。当桩接近设计标高时，不可过早停压。

3）压桩过程中，当桩尖碰到夹砂层时，压桩阻力可能突然增大，这时可以最大的压桩力作用在桩顶，采取停车再开、忽停忽开的办法，使桩有可能缓慢下沉穿过砂层。

4）如果工程中有少量桩确实不能压至设计标高而相差不多时，可以采取截去桩顶的办法。

3. 水冲法沉桩（射水沉桩）

射水沉桩方法往往与锤击（或振动）法同时使用，具体选择应视土质情况而定：在砂夹卵石层或坚硬土层中，一般以射水为主，以锤击或振动为辅；在粉质黏土或黏土中，为避免降低承载力，一般以锤击或振动为主，以射水为辅，并应适当控制射水时间和水量。下沉空心桩，一般用单管内射水。当下沉较深或土层较密实时，可用锤击或振动，配合射水；下沉实心桩，将射水管对称地装在桩的两侧，并能沿着桩身上下自由移动，以便在任何高度上射水冲土。必须注意，不论采取任何射水施工方法，在沉入最后阶段1~1.5m至设计标高时，应停止射水，用锤击或振动法沉入至设计深度，以保证桩的承载力。

射水沉桩的设备包括：水泵、水源、输水管路和射水管。射水管内射水的长度（L）应为桩长（L_1）、射水嘴伸出桩尖外的长度（L_2）和射水管高出桩顶以上高度（L_3）之和，即$L=L_1+L_2+L_3$。水压与流量根据地质条件、桩锤或振动机具、沉桩深度和射水管直径、数目等因素确定，通常在沉桩施工前经过试桩选定。

射水沉桩的施工要点有：吊插桩时要注意及时引送输水胶管，防止拉断与脱落；桩插正立稳后，压上桩帽桩锤，开始用较小水压，使桩靠自重下沉。初期控制桩身下沉不应过快，以免阻塞射水管嘴，并注意随时控制和校正桩的垂直度。下沉渐趋缓慢时，可开锤轻击。沉至一定深度（8~10m）已能保持桩身稳定度后，可逐步加大水压和锤的冲击动能。沉桩至距设计标高一定距离（1~1.5m）应停止射水，拔出射水管，进行锤击或振动，使桩下沉至设计要求标高。

4. 振动法沉桩

振动法是利用振动锤沉桩，将桩与振动锤连接在一起，振动锤产生的振动力通过桩身带动土体振动，使土体的内摩擦角减小、强度降低而将桩沉入土中。该方法在砂土中施工效率较高。

第四节　灌注桩施工

灌注桩是直接在桩位上就地成孔，然后在孔内安放钢筋笼、灌注混凝土的一种成桩方法。根据成孔工艺不同，可分为钻孔灌注桩、挖孔灌注桩、套管成孔灌注桩和爆扩成孔灌注桩等。

与预制桩相比，由于避免了锤击应力，桩的混凝土强度及配筋只要满足使用要求就可以，因而具有节约材料、成本低廉、施工不受地层变化的限制、无须接桩及截桩等优点。但也存在着技术间隔时间长，不能立即承受荷载，操作要求严，在软土地基中易缩颈、断裂，冬期施工较困难等缺点。

一、钻孔灌注桩

钻孔灌注桩是利用钻孔机在桩位成孔，然后在桩孔内放入钢筋骨架再灌混凝土而成的就地灌注桩。能在各种土质条件下施工，具有无振动、对土体无挤压的特点。根据地质条件的不同可分为干作业成孔灌注桩和湿作业成孔灌注桩。

干作业成孔灌注桩是用螺旋钻机在桩位处钻孔，然后在孔内放入钢筋笼，再浇筑混凝土成桩。钻孔机械一般采用螺旋钻机（图2-9），它由主机、滑轮组、螺旋钻杆、钻头、滑动支架、出土装置等组成。螺旋钻机成孔效率高、无振动、无噪声，宜用于匀质黏土层，也能穿透砂层，适用于成孔深度内没有地下水的情况，成孔时不必采取护壁措施而直接取土成孔。

螺旋钻机成孔灌注桩是利用动力旋转钻杆，使钻头的螺旋叶片旋转削土，土块沿螺旋叶片上升排出孔外。在软塑土层，含水量大时，可用疏纹叶片钻杆，以便较快地钻进；在可塑或硬塑黏土中，或含水量较小的砂土中应用密纹叶片钻杆，缓慢均匀地钻进。操作时要求钻杆垂直，钻孔过程中如发现钻杆摇晃或难钻进时，可能是遇到石块等异物，应立即停机检查。全叶片螺旋钻机成孔直径一般为300~600mm，钻孔深度为8~20m。钻进速度应根据电流值变化及时调整。在钻进过程中，应随时清理孔口积土，遇到塌孔、缩孔等异常情况，应及时研究解决。

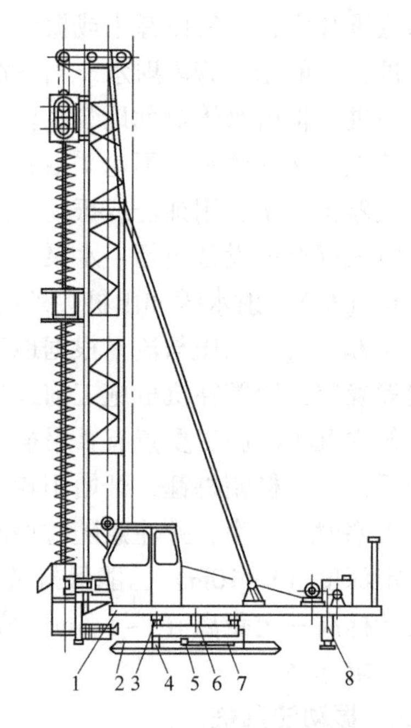

图2-9　步履式螺旋钻机

1—上底盘　2—下底盘　3—回转滚轮　4—行车滚轮　5—钢丝滑轮　6—回转轴　7—行车油缸　8—支架

当螺旋钻机钻至设计标高时，在原位空转清土，停钻后提出钻杆弃土，钻出的土应及时清除，不可堆在孔口。钢筋骨架绑好后，一次整体吊入孔内。如过长也可分段起吊，两段焊接后再徐徐沉放孔内。钢筋笼吊放完毕，再次测量孔内虚土厚度。混凝土应连续浇筑，每次浇筑高度不得大于1.5m，灌注时应分层捣实。

二、泥浆护壁钻孔灌注桩

泥浆护壁成孔是用泥浆保护孔壁并排出土渣而成孔，不论地下水位高或低的土层皆适用，多用于含水量高的软土地区。泥浆具有保护孔壁、防止塌孔、排出土渣以及冷却与润滑钻头的作用。泥浆一般需专门配制，当在黏土中成孔时，也可用孔内钻渣原土自造泥浆。成孔机械有回转钻机、潜水钻机、冲击钻等，其中以回转钻机应用最多。

（一）回转钻机成孔

回转钻机是由动力装置带动钻机的回转装置转动，并带动带有钻头的钻杆转动，由钻头切削土壤。切削形成的土渣，通过泥浆循环排出桩孔。根据泥浆循环方式的不同，分为正循环和反循环，如图 2-10 所示。正循环回转钻机成孔的工艺如图 2-10a 所示，泥浆由钻杆内部注入，并从钻杆底部喷出，携带钻下的土渣沿孔壁向上流动，由孔口将土渣带出流入沉淀池，经沉淀的泥浆流入泥浆池再注入钻杆，由此进行循环，沉淀的土渣用泥浆车运出排放；反循环回转钻机成孔的工艺如图 2-10b 所示，泥浆由钻杆与孔壁间的环状间隙流入钻孔，然后由砂石泵在钻杆内形成真空，使钻下的土渣由钻杆内腔吸出至地面而流向沉淀池，沉淀后再流入泥浆池。反循环工艺的泥浆上流的速度较高，排放土渣的能力强。应根据桩型、钻孔深度、土层情况、泥浆排放条件、允许沉渣厚度等进行选择，但对孔深大于 30m 的端承型桩，宜采用反循环。

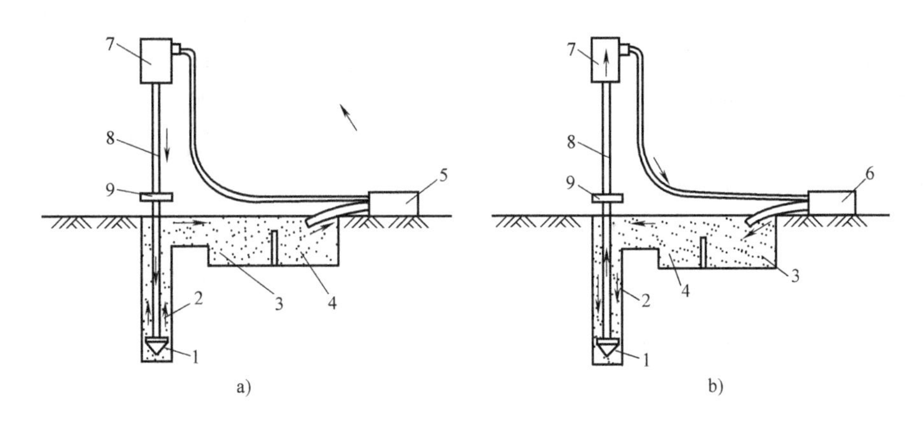

图 2-10　泥浆循环成孔工艺

a）正循环　b）反循环

1—钻头　2—泥浆循环方向　3—沉淀池　4—泥浆池　5—泥浆泵　6—砂石泵　7—水龙头　8—钻杆　9—钻机回转装置

回转钻机成孔灌注桩的施工工艺过程为：测定桩位→埋设护筒→制备泥浆→成孔→清孔→下钢筋笼→水下浇筑混凝土。

1. 埋设护筒

钻孔前，应先在孔口处埋设护筒，护筒的作用是固定桩孔位置、保护孔口、防止塌孔、增加桩孔内水压。护筒由 3～5mm 厚的钢板制成，其内径比钻头直径大 100mm，埋在桩位处，其顶面应高出地面或水面 400～600mm，埋入土中深度通常不宜小于 1.0～1.5m，特殊情况下埋深需要更大，周围用黏土填实。在护筒顶部应开设 1～2 个溢浆口。在钻孔过程中，

应保持护筒内泥浆液面高于地下水位。

2. 护壁泥浆

护壁泥浆是由高塑性黏土或膨润土和水拌和的混合物，也可在其中掺入加重剂、分散剂、增黏剂和堵漏剂等掺合剂。

泥浆的制备通常在挖孔前搅拌好，钻孔时输入孔内；有时也采用向孔内输入清水，一边钻孔，一边使清水与钻削下来的泥土拌和形成泥浆。泥浆的性能指标（如相对密度、黏度、含砂量、pH 值、稳定性等）要符合规定的要求。泥浆的选料既要考虑护壁效果，又要考虑经济性，尽可能使用当地材料。在黏土中钻孔，可采用自造泥浆护壁；在砂土中钻孔，则应注入制备泥浆。注入的泥浆相对密度控制在 1.1 左右，排出泥浆的相对密度宜为 1.2~1.4。钻孔达到要求的深度后，测量沉渣厚度，进行清孔。以原土造浆的钻孔，清孔可用射水法，此时钻具只钻不进，待泥浆相对密度降到 1.1 左右即认为清孔合格；注入制备泥浆的钻孔，可采用换浆法清孔，至换出泥浆的相对密度小于 1.15 时方为合格，在特殊情况下，泥浆相对密度可以适当放宽。

泥浆的作用是将土中空隙渗填密实，避免孔内漏水，同时泥浆比水重，也加大了护筒内水压，对孔壁起到支撑作用，因而可以防止塌孔。另外，泥浆还能起到携渣、冷却机具和切土润滑等作用。

3. 成孔方法

（1）正循环成孔　正循环成孔设备简单、操作方便、工艺成熟。当孔深不大，孔径小于 800cm 时钻进效率高。当桩径较大时，钻杆与孔壁间的环形断面较大，泥浆循环时返流速度低，排渣能力弱。如使泥浆返流速度增大到 0.20~0.35m/s，则泥浆泵的排量需要很大，有时难以达到，此时不得不提高泥浆的相对密度和黏度。但如果泥浆相对密度过大，稠度大，难以排出钻渣，孔壁泥皮厚度大，影响成桩和清孔。

（2）反循环成孔　反循环成孔机械由于钻杆内腔断面面积比钻杆与孔壁间的环状断面面积小得多，因此，泥浆的上返速度大，一般可达 2~3m/s，是正循环工艺泥浆上返速度的数十倍，因而可以提高排渣能力，保持孔内清洁，减少钻渣在孔底重复破碎的机会，能大大提高成孔效率。这种成孔工艺是目前大直径成孔施工的一种有效先进的成孔工艺，因而应用较多。

4. 清孔

钻孔达到要求的深度后，为防止灌注桩沉降加大、承载力降低，要清除孔底沉淀物（沉渣等），这个过程称为清孔。

1）当孔壁土质较好，不易塌孔时，可用空气吸泥机清孔，同时注入清水，清孔后泥浆相对密度应控制在 1.1 左右。

2）孔壁土质较差时，宜用泥浆循环清孔，清孔后的泥浆相对密度控制在 1.15~1.25 之间。施工及清孔过程中应经常测定泥浆的相对密度。

钻孔灌注桩的桩孔钻成并清孔后，应尽快吊放钢筋骨架并灌注混凝土。在无水或少水的浅桩孔中灌注混凝土时，应分层浇筑振实，每层高度一般为 0.5~0.6m，不得大于 1.5m。混凝土坍落度在一般黏性土中宜为 50~70mm；砂类土中为 70~90mm；黄土中为 60~90mm。水下灌注混凝土时，常用垂直导管灌注法进行水下施工。水下灌注混凝土至桩顶时，应适当超过桩顶设计标高，以保证在凿除含有泥浆的桩段后，桩顶标高和质量能符合设计要求。施工后的灌注桩平面位置及垂直度都应满足规范的规定。灌注桩在施工前，宜进行试成孔。

（二）潜水钻机成孔

潜水钻机是一种旋转式钻孔机械，其动力、变速机构和钻头连在一起，加以密封，因而可以下放至孔中地下水位以下进行切削土壤成孔（图2-11）。用正循环工艺输入泥浆，进行护壁并将钻下的土渣排出孔外。潜水钻机成孔，也需先埋设护筒，其他施工过程皆与回转钻机成孔相似。

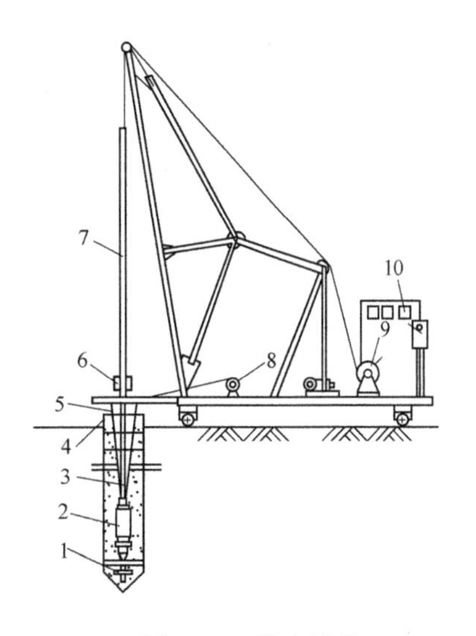

图2-11　潜水钻机
1—钻头　2—潜水钻机　3—电缆　4—护筒　5—水管　6—滚轮支点　7—钻杆　8—电缆盘　9—卷扬机　10—控制箱

（三）冲击钻成孔

冲击钻主要用于在岩土层中成孔，成孔时将冲锥式钻头提升一定高度后以自由下落的冲击力来破碎岩层，然后用掏渣筒来掏取孔内的渣浆（图2-12）。

还有一种冲抓锥（图2-13），锥头内有重铁块和活动抓片，下落时松开卷扬机制动，抓片张开，锥头自由下落冲入土中，然后开动卷扬机拉升锥头，此时抓片闭合抓土，将冲抓锥整体提升至地面卸土，依次循环成孔。

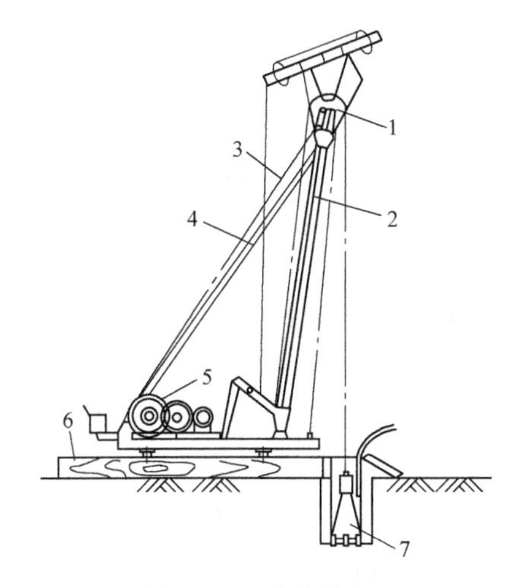

图2-12　冲击钻机
1—滑轮　2—主杆　3—拉索　4—斜撑　5—卷扬机　6—垫木　7—钻头

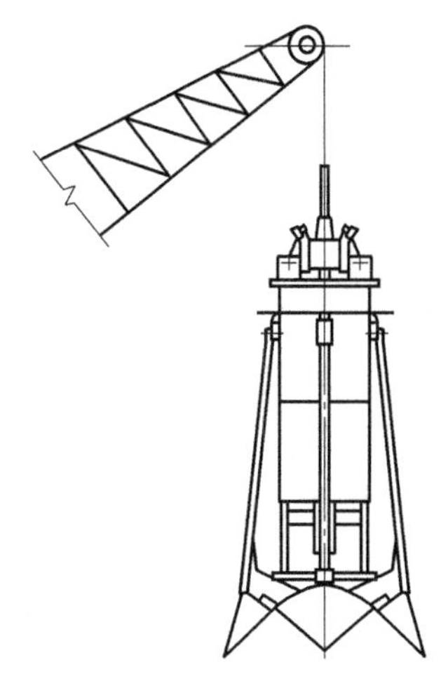
图2-13　冲抓锥

三、套管成孔灌注桩

套管成孔灌注桩又称为打拔管灌注桩，是利用锤击或振动的方法将带有活瓣桩尖或预制钢筋混凝土桩尖的钢管沉入土中，然后将钢筋笼放入钢管内，再灌注混凝土，并随灌随将钢管拔出，利用拔管时的振动将混凝土捣实。

锤击沉管灌注桩采用落锤或蒸汽锤将钢管打入土中；振动沉管灌注桩是将钢管上端与振

动沉桩机刚性连接，利用振动力将钢管打入土中。

钢管下端有两种构造，一种是开口，在沉管时套以钢筋混凝土预制桩尖，拔管时，桩尖留在桩底土中；另一种是管端带有活瓣桩尖，其构造如2-14所示，沉管时，桩尖活瓣闭合，灌注混凝土及拔管时活瓣打开。沉管灌注桩施工过程如图2-15所示。

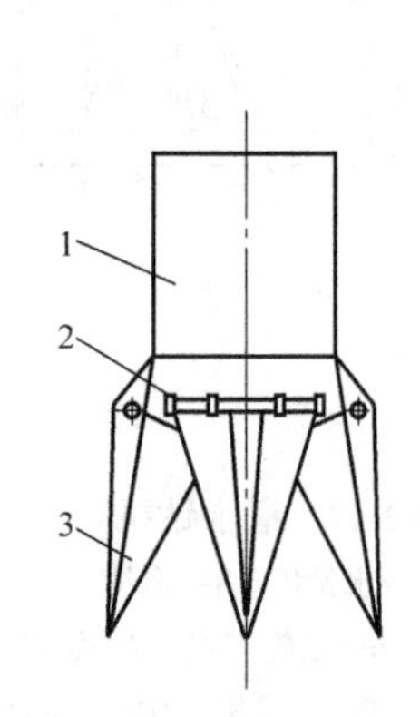

图2-14　活瓣桩尖
1—桩管　2—锁轴　3—活瓣

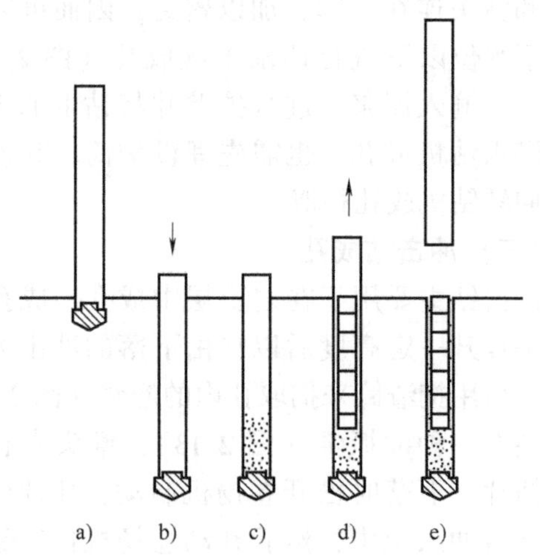

图2-15　沉管灌注桩施工过程
a）就位　b）沉套管　c）初灌混凝土
d）放置钢筋笼、灌注混凝土　e）拔管成桩

1. 锤击沉管

锤击灌注桩施工时，用桩架吊起钢套管，关闭活瓣或对准预先设在桩位处的预制混凝土桩靴，套入桩靴。套管与桩靴连接处要垫以麻草绳，以防止地下水渗入管内。然后缓缓放下套管，压进土中。套管上端扣上桩帽，检查套管与桩锤是否在一垂直线上，套管偏斜不大于0.5%时，即可起锤沉套管。先用低锤轻击，观察后如无偏移，才正常施打，直至符合设计要求的贯入度或沉入标高，并检查管内有无泥浆或水进入，即可灌注混凝土。套管内混凝土应尽量灌满，然后开始拔管。拔管要均匀，不宜拔管过高。拔管时应保持连续密锤低击不停。控制拔出速度，对一般土层，以不大于1m/min为宜；在软弱土层及软硬土层交界处，应控制在0.8m/min以内。桩锤冲击频率视锤的类型而定：单动汽锤采用倒打拔管，频率不低于70次/min；自由落锤轻击不得少于50次/min。在管底未拔到桩顶设计标高之前，倒打或轻击不得中断。拔管时还要经常探测混凝土落下的扩散情况，注意使管内的混凝土保持略高于地面，这样一直到全管拔出为止。桩的中心距小于5倍桩管外径或小于2m时，均应跳打。中间空出的桩须待邻桩混凝土达到设计强度的50%以后方可施打，以防止因挤土而使前面的桩发生桩身断裂。

为了提高桩的质量和承载能力，常采用复打扩大灌注桩。其施工顺序如下：在第一次灌注桩施工完毕，拔出套管后，清除管外壁上的污泥和桩孔周围地面的浮土，立即在原桩位再埋预制桩靴或合好活瓣第二次复打沉套管，使未凝固的混凝土向四周挤压扩大桩径，然后第二次灌注混凝土。拔管方法与初打时相同。施工时要注意：前后两次沉管的轴线应重合；复打施工必须在第一次灌注的混凝土初凝之前进行，也有采用内夯管进行夯扩的施工方法。复打施工时要注意：前后两次沉管的轴线应重合；复打施工必须在第一次灌注的混凝土初凝之前进行。复打法第一次灌注混凝土前不能放置钢筋笼，如配有钢筋，应在第二次灌注混凝土前放置。

锤击灌注桩宜用于一般黏性土、淤泥质土、砂土和人工填土地基。

2. 振动沉管

振动灌注桩采用振动锤或振动冲击锤沉管，其设备如图 2-16 所示。施工前，先安装好桩机，将桩管下端活瓣合起来或套入桩靴，对准桩位，徐徐放下套管，压入土中，勿使之偏斜，即可开动激振器沉管。桩管受振后与土体之间的摩阻力减小，同时利用振动锤自重在套管上加压，套管即能沉入土中。沉管时，必须严格控制最后的贯入速度，其值按设计要求或根据试桩和当地的施工经验确定。

振动灌注桩可采用单打法、反插法或复打法施工。单打施工时，在沉入土中的套管内灌满混凝土，开动激振器，振动 5～10s，开始拔管，边振边拔。每拔 0.5～1m，停拔振动 5～10s，如此反复，直到套管全部拔出。在一般土层内拔管速度宜为 1.2～1.5m/min，在较软弱土层中，不得大于 0.8m/min。反插法施工时，在套管内灌满混凝土后，先振动再开始拔管，每次拔管高度为 0.5～1.0m，向下反插深度为 0.3～0.5m。如此反复进行并始终保持振动，直至套管全部拔出地面。反插法能使桩的截面增大，从而提高桩的承载能力，宜在较差的软土地基上应用。复打法的要求与锤击灌注桩相同。

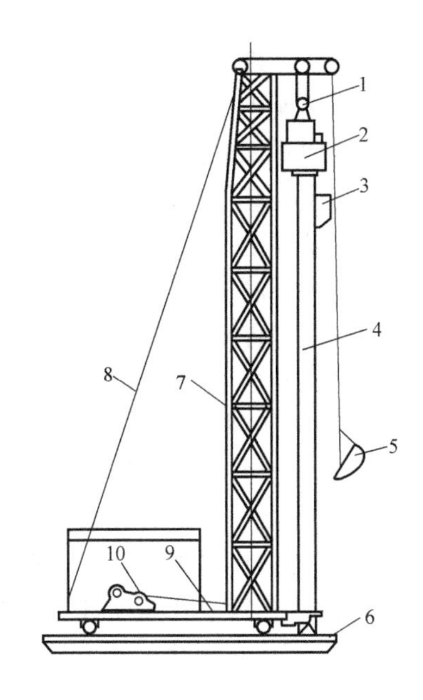

图 2-16　沉管灌注桩设备
1—滑轮组　2—振动器　3—漏斗　4—桩管
5—吊斗　6—枕木　7—机架
8—拉索　9—架底　10—卷扬机

振动灌注桩的适用范围除与锤击灌注桩相同外，还适用于稍密及中密的碎石土地基。

3. 常出现的质量问题

（1）灌注桩混凝土中部有空隔层或泥水层、桩身不连续　灌注桩混凝土中部有空隔层或泥水层、桩身不连续的主要原因是钢管的管径较小，混凝土集料粒径过大，和易性差，拔管速度过快等。预防措施：应严格控制混凝土的坍落度为 5～7cm，集料粒径不超过 3cm，拔管速度不大于 2m/min，拔管时应密振慢拔。

（2）缩颈　缩颈是指桩身某处桩径缩减，小于设计断面。多数发生在黏性土、土质软弱、含水量高，特别是饱和的淤泥或淤泥质软土层中。产生缩颈的主要原因是在含水量很高的软土层中沉管时，土受挤压产生很高的空隙水压，拔管后挤向新灌的混凝土，造成缩颈。预防措施：施工时应严格控制拔管速度，并使桩管内保持不少于 2m 高的混凝土，以保证有足够的扩散压力，使混凝土出管压力扩散正常。

（3）断桩　断桩一般都发生在地面以下软硬土层的交界处，并多数发生在黏性土中，砂土及松土中则很少出现。产生断桩的主要原因有：桩中心距过近，打邻近桩时受挤压；混凝土终凝不久就受振动和外力作用；软硬土层间传递水平力大小不同，对桩产生剪应力等。预防措施：施工时为消除邻近沉桩的相互影响，避免引起土体竖向或横向位移，最好控制桩的中心距不小于4倍桩的直径。如不能满足时，则应采用跳打法或相隔一定技术间歇时间后再打邻近的桩。处理方法：经检查有断桩后，应将断桩段拔去，略增大桩的截面面积或加箍筋后，再重新浇筑混凝土。

（4）吊脚桩　吊脚桩是指桩底部混凝土隔空或混进泥砂而形成松软层。其产生的主要原因有：预制钢筋混凝土桩尖承载力或钢活瓣桩尖刚度不够，沉管时被破坏或变形，因而水或泥砂进入桩管；拔管时桩靴未脱出或活瓣张开，混凝土未及时从管内流出等。处理方法：应拔出桩管，填砂后重打；或者可采取密振慢拔，开始拔管时先反插几次再正常拔管等预防措施。

复习思考题

1. 地基处理方法一般有哪几种？各有什么特点？
2. 简述换土垫层法的适用情况和施工要点。
3. 浅埋式钢筋混凝土基础主要有哪几种？
4. 简述桩基的作用和分类。
5. 钢筋混凝土预制桩的起吊、运输及堆放应注意哪些问题？
6. 简述预制桩的沉桩方法及原理。
7. 打桩工程质量评定的主要项目有哪些？
8. 打桩顺序一般应如何确定？
9. 桩锤有哪些种类？各适用于什么范围？
10. 混凝土与钢筋混凝土灌注桩的成孔方法有哪几种？各适用于什么范围？
11. 简述泥浆护壁成孔灌注桩的施工工艺流程及埋设护筒应注意事项。
12. 回转钻机泥浆循环方式有哪几种？
13. 简述套管成孔灌注桩的施工工艺。
14. 套管成孔灌注桩施工常见问题及其处理方法有哪些？

第二篇 辅助工程施工技术

土木工程施工的辅助工程内容很多，辅助工程是完成土木工程施工必不可少的技术环节。不仅如此，辅助工程技术的水平和质量也往往是保证工程质量、工程安全的主要技术保障，同样反映施工技术的水平，反映对于土木工程施工技术的掌控能力。

本篇主要根据土木工程开展的一般顺序，结合土木工程施工在各个施工技术环节所涉及的主要辅助工程内容进行介绍。考虑篇章的设置，以及其他辅助工程内容介绍的逻辑关系和工程内容的相关性，本篇主要介绍脚手架工程和结构吊装工程两个方面。

脚手架作为主要的辅助工程内容，在土木工程施工过程中无处不见，而脚手架工程的内容和质量是施工过程、施工质量、施工安全的保障。所以，本章主要就脚手架的类型和施工关键技术节点进行展开。结构吊装工艺、垂直运输技术是土木工程施工中的主要技术和工艺环节。本章主要介绍垂直运输机具的类型和使用技术、构件吊装工艺等。

鉴于此，作为第二篇的主要内容，编者不仅希望专业学习人员能够理解其设置的逻辑关系及其重要性；更希望学习者能够清楚：尽管辅助工程不是构成工程主体的工程材料，但是，作为土木工程施工中的主要环节，其工程体量相当大。

第三章 脚手架工程

第一节 脚手架概述

脚手架是土木工程施工必须使用的重要设施，是为保证高处作业安全、顺利进行施工而搭设的工作平台或作业通道。在结构施工、装修施工和设备管道的安装施工中，都需要按照操作要求搭设脚手架。

一、脚手架的发展

我国脚手架工程的发展大致经历了三个阶段。第一阶段是解放初期到 20 世纪 60 年代，脚手架主要利用竹木材料；20 世纪 60 年代末到 20 世纪 70 年代，出现了钢管扣件式脚手架、各种钢制工具式里脚手架与竹木脚手架并存的第二阶段；20 世纪 80 年代以后至今，随着土木工程的发展，国内一些研究、设计、施工单位在从国外引入的新型脚手架基础上，经多年研究、应用，开发出一系列新型脚手架，进入了多种脚手架并存的第三阶段。

二、脚手架的种类

脚手架的种类很多，按其搭设位置分为外脚手架和里脚手架两大类；按其所用材料分为木脚手架、竹脚手架与金属脚手架；按其构造形式分为多立杆式、框式、桥式、吊式、挂式、升降式以及用于层间操作的工具式脚手架；按搭设高度分为高层脚手架和普通脚手架。目前，脚手架的发展趋势是采用金属制作的、具有多种功用的组合式脚手架，可以适用不同情况作业的要求。

1. 外脚手架按设置方式的分类

外脚手架按建筑物立面上的设置状态分为落地式、悬挑式、吊挂式、附着升降四种基本形式。

① 落地式脚手架搭设在建筑物外围地面上，主要搭设方法为立杆双排搭设。因受立杆承载力限制，加之材料耗用量大、占用时间长，所以这种脚手架的搭设高度多控制在 40m 以下。在房屋砖混结构施工中，该脚手架兼作砌筑、装修和防护之用；在多层框架结构施工中，该脚手架主要作装修和防护之用。

② 悬挑式脚手架搭设在建筑物外边缘向外伸出的悬挑结构上，将脚手架荷载全部或部分传递给建筑结构。悬挑支撑结构有用型钢焊接制作的三角桁架下撑式结构以及用钢丝绳斜拉住水平型钢挑梁的斜拉式结构两种主要形式。在悬挑结构上搭设的双排外脚手架与落地式

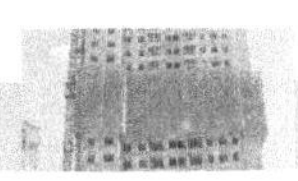

脚手架相同，分段悬挑脚手架的高度一般控制在25m以内。该形式的脚手架作装修和防护之用，应用在闹市区需要做全封闭的高层建筑施工中，以防坠物伤人。

③ 吊挂式脚手架在主体结构施工阶段为外挂脚手架，随主体结构逐层向上施工，用塔式起重机吊升，悬挂在结构上。在装饰施工阶段，该脚手架改为从屋顶吊挂，逐层下降。吊挂式脚手架的吊升单元（吊篮架子）宽度宜控制在5~6m，高度为一个或一个半楼层，每一吊升单元的自重宜在1t以内。该形式的脚手架适用于高层框架和剪力墙结构施工。

④ 附着式升降脚手架是指搭设一定高度并附着于建筑结构上，依靠自身设备和装置随结构逐步爬升或下降的外脚手架。在主体结构施工阶段，附着式升降脚手架以电动或手动环链葫芦为提升设备，两个部件互为利用，交替松开、固定，交替爬升，其爬升原理同爬升模板。在装饰施工阶段，交替下降。该形式的脚手架搭设高度为3~4个楼层，不占用塔式起重机，相对一落到底的外脚手架，省材料、省人工、适用于高层框架和剪力墙结构的快速施工。

2. 脚手架搭设高度的限制

脚手架搭设高度的限制见表3-1。

表3-1　脚手架搭设高度的限制

序　次	类　别	形　式	高度限值/m	备　注
1	木脚手架	单排	30	架高≥30m时，立杆纵距≤1.5m
		双排	60	
2	竹脚手架	单排	25	
		双排	50	
3	扣件式钢管脚手架	单排	20	
		双排	50	
4	碗扣式钢管脚手架	单排	25	架高≥30m时，立杆纵距≤1.5m
		双排	60	
5	门式钢管脚手架	轻载	60	施工总荷载≤3kN/m²
		普通	45	施工总荷载≤5kN/m²

三、脚手架的要求

对脚手架的基本要求是：其宽度应满足工人操作、材料堆置和运输的需要，坚固稳定，装拆简便，能多次周转使用。

脚手架虽然是临时设施，但对其安全性应给予足够的重视。脚手架的不安全因素一般有：

① 不重视脚手架施工方案设计，对超常规的脚手架仍按经验搭设。

② 不重视外脚手架连墙件的设置及地基基础的处理。

③ 对脚手架的承载力了解不够，施工荷载过大。

所以，脚手架的搭设应该严格遵守安全技术要求。

1. 一般要求

① 架子工作业时，必须戴安全帽、系安全带、穿软底鞋。脚手架材料应堆放平稳，工

具应放入工具袋内，上下传递物件时不得抛掷。

② 不得使用腐朽和严重开裂的竹木脚手板，或虫蛀、枯脆、劈裂的材料。

③ 在雨、雪、冰冻的天气施工，架子上要有防滑措施，并在施工前将积雪、冰碴清除干净。

④ 复工工程应对脚手架进行仔细检查，发现立杆沉陷、悬空、节点松动、架子歪斜等情况，应及时处理。

2. 脚手架的搭设要求

① 脚手架的搭设应符合规范的规定，并且与墙面之间应设置足够和牢固的拉结点，不得随意加大脚手杆距离或不设拉结。脚手架的地基应整平夯实或加设垫木、垫板，使其具有足够的承载力，以防止发生整体或局部沉陷。

② 脚手架斜道外侧和上料平台必须设置 1m 高的安全栏杆和 18cm 高的挡脚板（或挂防护立网），并随施工升高而升高。

③ 脚手板的铺设要满铺、铺平或铺稳，不得有悬挑板。

④ 脚手架的搭设过程中要及时设置连墙杆、剪刀撑，以及必要的拉绳和吊索，避免搭设过程中发生变形、倾倒。

3. 防电、避雷要求

脚手架与电压为 1~20kV 以下架空输电线路的距离应不小于 2m，同时应有隔离防护措施。脚手架应有良好的防电避雷装置。钢管脚手架、钢塔架应有可靠的接地装置，每 50m 长应设一处，经过钢脚手架的电线要严格检查，谨防破皮漏电。施工照明线路通过钢脚手架时，应使用 12V 以下的低压电源。电动机具与钢脚手架接触时，必须要有良好的绝缘措施。

第二节　扣件式钢管脚手架

多立杆式外脚手架由立杆、大横杆、小横杆、斜撑、脚手板等组成，其特点是每步架高可根据施工需要灵活布置，取材方便，钢、木、竹等均可应用（图 3-1）。

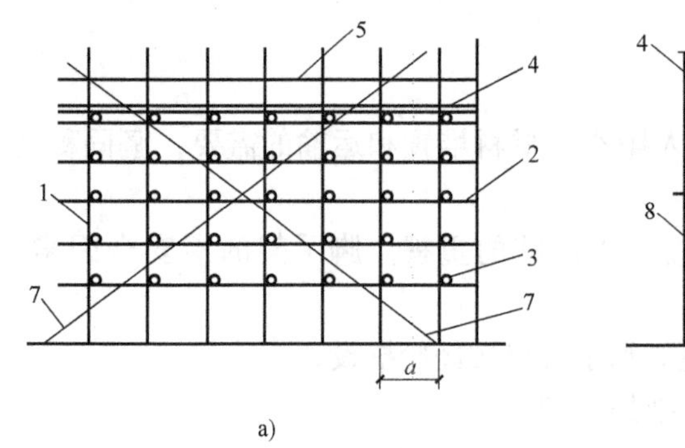

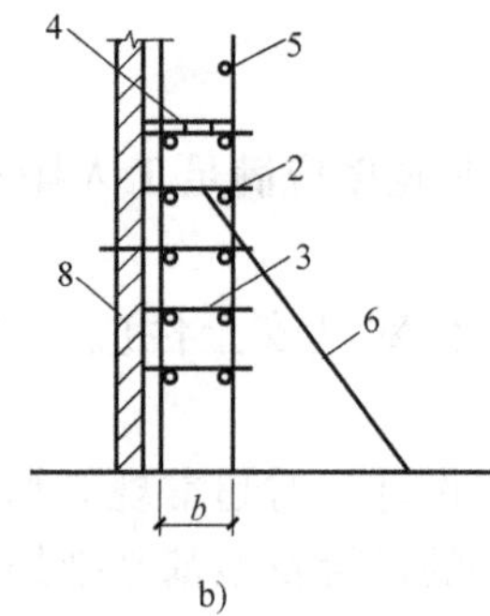

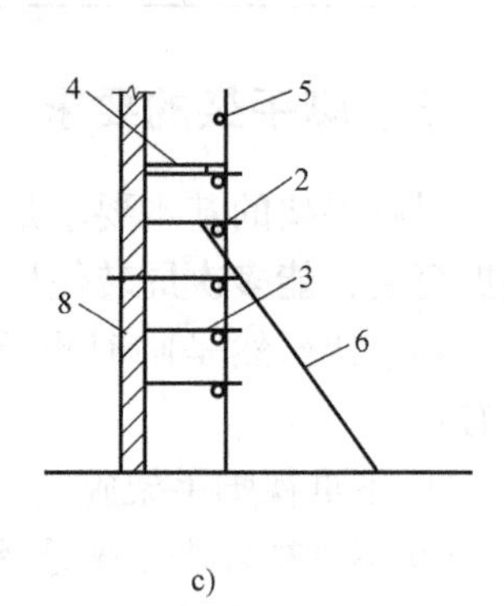

图 3-1　多立杆式外脚手架

a）立面　b）侧面（双排）　c）侧面（单排）

1—立杆　2—大横杆　3—小横杆　4—脚手板　5—栏杆　6—抛撑　7—斜撑　8—墙体

扣件式钢管脚手架属于多立杆式外脚手架中的一种。其特点有：杆配件数量少；装卸方便，利于施工操作；搭设灵活，能搭设高度大；坚固耐用，使用方便。扣件式钢管脚手架是由标准的钢管杆件（立杆、横杆、斜杆）和特制扣件组成的脚手架骨架与脚手板、防护构件、连墙件等构成的，是目前最常用的一种脚手架。

一、构配件

1. 钢管杆件

钢管杆件一般采用外径为48mm、壁厚为3.5mm的焊接钢管或无缝钢管，也有外径为50~51mm，壁厚为3~4mm的焊接钢管或其他钢管。用于立杆、大横杆、斜杆的钢管最大长度不宜超过6.5m，最大重力不宜超过250N，以便适合人工搬运。用于小横杆的钢管长度宜为1.5~2.5m，以适应脚手板的宽度。

2. 扣件

扣件用可锻铸铁铸造或用钢板压成，其基本形式有三种（图3-2）：供两根成任意角度相交钢管连接用的回转扣件；供两根成垂直相交钢管连接用的直角扣件和供两根对接钢管连接用的对接扣件。扣件质量应符合有关的规定，当扣件螺栓拧紧力矩达20N · m时，扣件不得破坏。

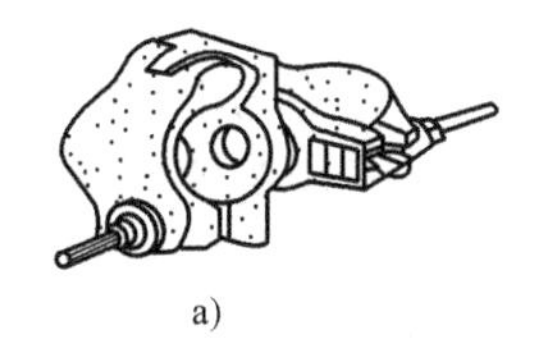
a)

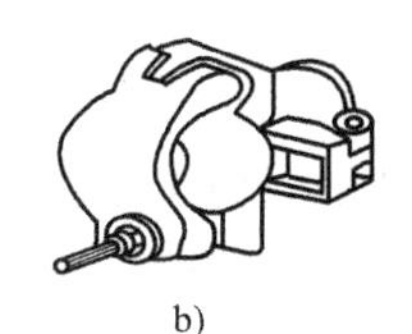
b)

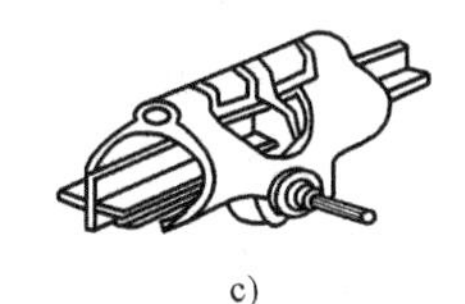
c)

图3-2 扣件形式

a）回转扣件 b）直角扣件 c）对接扣件

3. 脚手板

脚手板一般用厚2mm的钢板压制而成，长度为2~4m，宽度为250mm，表面应有防滑措施。也可采用厚度不小于50mm的杉木板或松木板，长度为3~6m，宽度为200~250mm；或者采用竹脚手板，有竹笆板和竹片板两种形式。

4. 连墙件

连墙件将立杆与主体结构连接在一起，可用钢管、型钢或粗钢筋等，其间距见表3-2。

表3-2 连墙件的布置间距

脚手架类型	脚手架高度/m	垂直间距/m	水平间距/m
双排	≤60	≤6	≤6
	>50	≤4	≤6
单排	≤24	≤6	≤6

每个连墙件抗风荷载的最大面积应小于40m²。连墙件需从底部第一根纵向水平杆处开始设置，附墙件与结构的连接应牢固，通常采用预埋件连接。

5. 底座

底座一般采用厚8mm、边长150~200mm的钢板做底板，其上焊150~200mm高的钢管。

底座形式有内插式和外套式两种（图 3-3），内插式的外径 D_1 比立杆内径小 2mm，外套式的内径 D_2 比立杆外径大 2mm。

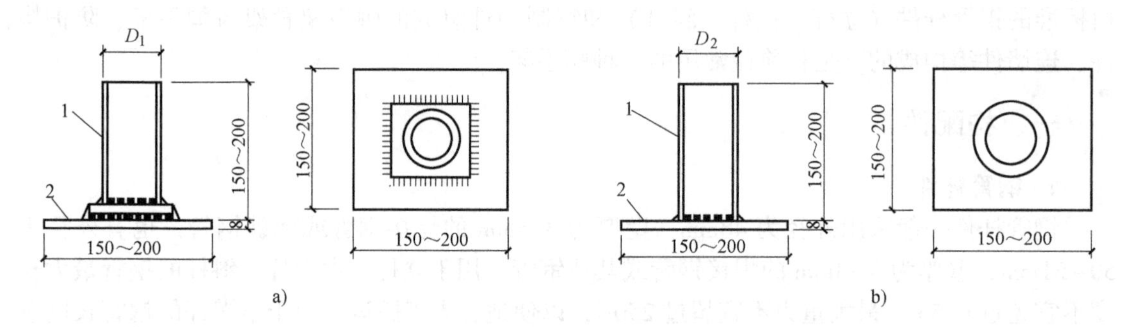

图 3-3　扣件式钢管脚手架底座
a）内插式底座　b）外套式底座
1—承插钢管　2—钢板底座

二、搭设要求

扣件式钢管脚手架搭设中应注意地基平整坚实，设置底座和垫板，并有可靠的排水措施，防止积水浸泡地基。

立杆之间的纵向间距，当为单排设置时，立杆距墙 1.2~1.4m；当为双排设置时，里排立杆距墙 0.4~0.5m，里外排立杆之间间距为 1.5m 左右。相邻立杆接头要错开，对接时需用对接扣件连接，也可用长度为 400mm、外径等于立杆内径，中间焊法兰的钢管套管连接。立杆的垂直偏差不得大于架高的 1/200。

上下两层相邻大横杆之间的间距为 1.8m 左右。大横杆杆件之间的连接应位置错开，并用对接扣件连接，如采用搭接连接，搭接长度不应小于 1m，并用三个回转扣件扣牢。与立杆之间应用直角扣件连接，纵向水平高差不应大于 50mm。

小横杆的间距不大于 1.5m。当为单排设置时，小横杆的一头搁入墙内不少于 240mm，一头搁于大横杆上，至少伸出 100mm；当为双排设置时，小横杆端头距墙 50~100mm。小横杆与大横杆之间用直角扣件连接。每隔三步的小横杆应加长，并注意与墙的拉结。

纵向支撑的斜杆与地面的夹角宜为 45°~60°。斜杆的搭设是利用回转扣件将一根斜杆扣在立杆上，另一根斜杆扣在小横杆的伸出部分上，这样可以避免两根斜杆相交时把钢管别弯。斜杆用扣件与脚手架扣紧的连接接头距脚手架节点（即立杆和横杆的交点）不大于 200mm。除两端扣紧外，中间尚需增加 2~4 个扣节点。为保证脚手架的稳定，斜杆最下面的一个连接点距地面不宜大于 500mm。斜杆的接长宜采用对接扣件的对接连接，当采用搭接时，搭接长度不小于 400mm，并用两个回转扣件扣牢。

三、扣件式钢管脚手架设计原则

脚手架根据承载能力极限状态的要求，要计算下列内容：脚手板、横向水平杆、纵向水平杆等受弯构件的强度；轴心受压构件的稳定性；脚手架与主体结构的连接强度；脚手架地基基础的承载力。

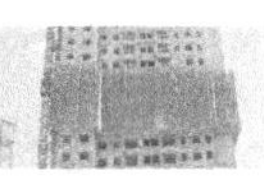

各构件均不进行疲劳强度验算。受弯构件应根据正常使用极限状态的要求验算强度。计算构件的强度、稳定性和连接强度时，应采用荷载设计值，它等于荷载标准值乘以荷载分项系数。永久荷载的分项系数为 1.2，可变荷载的分项系数为 1.4。验算构件变形时，采用荷载标准值。

当横向水平杆、纵向水平杆的轴线对立柱的偏心距不大于 55mm 时，立柱稳定性按轴心受压构件计算。

受弯构件的容许挠度，脚手板、横向水平杆、纵向水平杆为 $l/150$（l 为受弯构件的计算跨度）且不大于 10mm；竖向分段悬挑结构的受弯构件为 $l/400$。受压、受拉构件的长细比应符合规范规定。

扣件的抗滑移承载力设计值：对接扣件抗滑，一个扣件为 2.5kN；直角扣件、旋转扣件抗滑，一个扣件为 6.0kN，两个扣件为 11.0kN。

螺栓、焊缝连接的强度设计值，按国家规范《冷弯薄壁型钢结构技术规范》（GB 50018—2002）中规定的强度设计值乘以 0.75 采用。

第三节　碗扣式钢管脚手架

碗扣式钢管脚手架是我国参考国外经验自行研制的一种多功能脚手架，其杆件节点处采用碗扣连接，由于碗扣是固定在钢管上的，构件全部轴向连接，力学性能好，其连接可靠，组成的脚手架整体性好，不存在扣件丢失问题。碗扣式钢管脚手架在我国近年来发展较快，现已广泛用于房屋、桥梁、涵洞、隧道、烟囱、水塔、大坝、大跨度棚架等多种工程施工中，取得了显著的经济效益。

一、基本构造

碗扣式钢管脚手架由钢管立杆、横杆、碗扣接头等组成。其基本构造和搭设要求与扣件式钢管脚手架类似，不同之处主要在于碗扣接头。碗扣接头（图 3-4）由上碗扣、下碗扣、横杆接头和上碗扣的限位销等组成。在立杆上焊接下碗扣和上碗扣的限位销，将上碗扣套入立杆内。在横杆和斜杆上焊接插头。组装时，将横杆和斜杆插入下碗扣内，压紧和旋转上碗扣，利用限位销固定上碗扣。碗扣间距为 600mm，碗扣处可同时连接 9 根横杆，可以互相垂直或偏转一定角度，可组成直线形、曲线形、直角交叉形等多种形式。

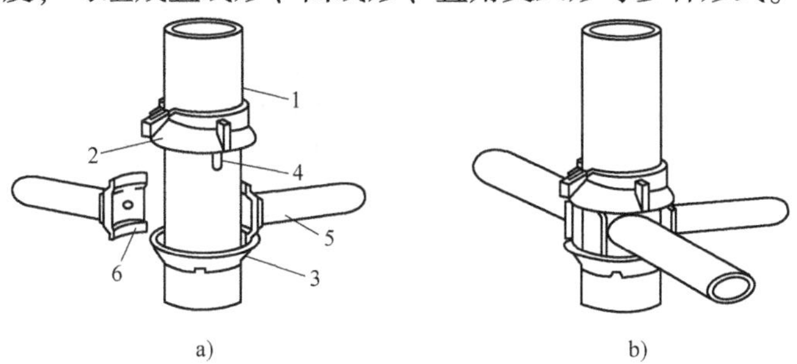

图 3-4　碗扣接头

a）连接前　b）连接后

1—立杆　2—上碗扣　3—下碗扣　4—限位销　5—横杆　6—横杆接头

二、搭设要求

碗扣式钢管脚手架立柱横距为1.2m，纵距根据脚手架荷载可为1.2m、1.5m、1.8m、2.4m，步距为1.8m、2.4m。搭设时立杆的接长缝应错开，第一层立杆应用长1.8m和3.0m的立杆错开布置，往上均用3.0m长杆，至顶层再用1.8m和3.0m两种长度找平。高30m以下的脚手架垂直度应在1/200以内，高30m以上的脚手架垂直度应控制在1/400~1/600，总高垂直度偏差应不大于100mm。

第四节 门式钢管脚手架

门式钢管脚手架是一种工厂生产、现场搭设的脚手架，是当今国际上应用最普遍的脚手架之一。它不仅可作为外脚手架，也可作为内脚手架或满堂脚手架。门式钢管脚手架因其几何尺寸标准化、结构合理、受力性能好、施工中装拆容易、安全可靠、经济实用等特点，广泛应用于建筑、桥梁、隧道、地铁等工程施工，若在门架下部安放轮子，也可以作为机电安装、油漆粉刷、设备维修、广告制作的活动工作平台。

门式钢管脚手架的搭设一般只要根据产品目录所列的使用荷载和搭设规定进行施工即可，不必再进行验算。如果实际使用情况与规定有所不同，则应采用相应的加固措施或进行验算。通常门式钢管脚手架的搭设高度限制在45m以内，采取一定措施后可达到80m左右。施工荷载取值一般为：均布荷载1.8kN/m^2，或作用于脚手板跨中的集中荷载2kN。

一、基本构造

门式钢管脚手架是用普通钢管材料制成工具式标准件，在施工现场组合而成的。其基本单元由一副门式框架、两副剪刀撑、一副水平梁架和四个连接器组合而成（图3-5）。若干基本单元通过连接器在竖向叠加，扣上臂扣，组成一个多层框架。在水平方向，用加固杆和水平梁架使相邻单元连成整体，加上斜梯、栏杆柱和横杆组成上下步相通的外脚手架。

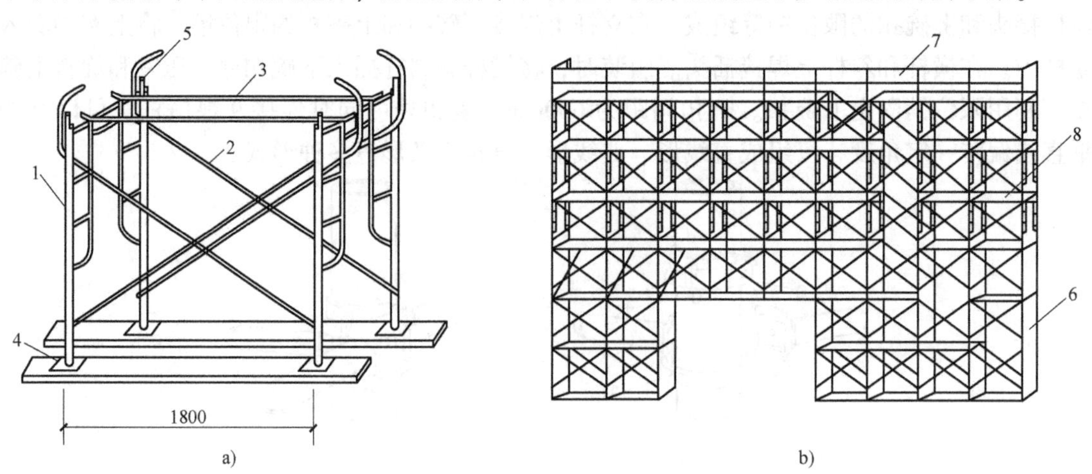

图3-5 门式钢管脚手架

a）基本单元 b）门式外脚手架

1—门式框架 2—剪刀撑 3—水平梁架 4—螺旋基脚 5—连接器 6—梯子 7—栏杆 8—脚手板

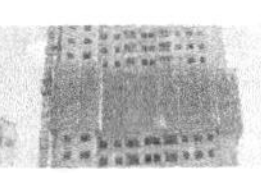

二、搭设要求

门式钢管脚手架的搭设高度一般不超过45m，每5层至少应架设一道水平架，垂直和水平方向每隔4~6m应设一扣附墙管（水平连接器）与外墙连接，整幅脚手架的转角应用钢管通过扣件扣紧在相邻两个门式框架上（图3-6a、b）。脚手架搭设后，应用水平加固杆加强，加固杆采用直径为42.7mm的钢管，通过扣件扣紧在每个门式框架上，形成一个水平闭合圈。一般在10层门式框架以下，每3层设一道，在10层门式框架以上，每5层设一道，最高层顶部和最低层底部应各加设一道，同时还应在两道水平加固杆之间加设直径为42.7mm的交叉加固杆，其与水平加固杆之间的夹角应不大于45°。门式钢管脚手架架设超过10层，应加设辅助支撑，一般在高8~11层门式框架之间，宽在5个门式框架之间，加设一组，使部分荷载由墙体承受（图3-6c）。

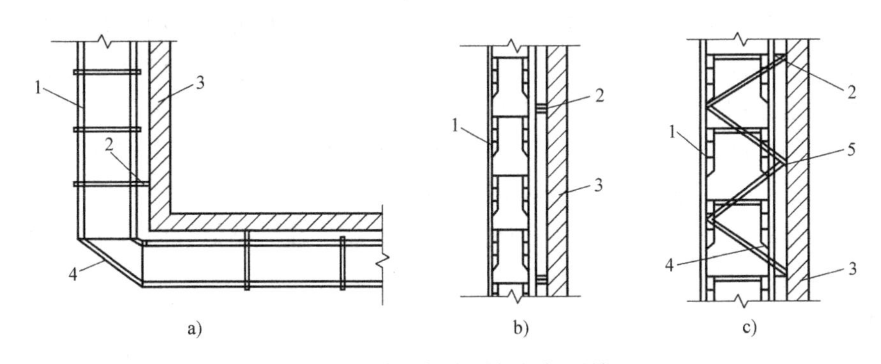

图3-6　门式钢管脚手架的加固处理

a）转角用钢管扣紧　b）用附墙管与墙体锚固　c）用钢管与墙撑紧

1—门式钢管脚手架　2—附墙管　3—墙体　4—钢管　5—混凝土板

第五节　附着式升降脚手架

附着式升降脚手架是沿结构外表面满搭的脚手架，在结构和装修工程施工中应用较为方便，但费料耗工，一次性投资大，工期长。因此，近年来在高层建筑及筒仓、竖井、桥墩等施工中发展了多种形式的外挂脚手架，其中应用较为广泛的附着升降脚手架，包括自升降式、互升降式、整体升降式三种类型。

附着式升降脚手架的主要特点有：脚手架不需满搭，只搭设满足施工操作及安全各项要求的高度；地面不需做支撑脚手架的坚实地基，也不占施工场地；脚手架及其上承担的荷载传给与之相连的结构，对这部分结构的强度有一定要求；随施工进程，脚手架可随之沿外墙升降，结构施工时由下往上逐层提升，装修施工时由上往下逐层下降。

一、自升降式脚手架

自升降式脚手架的升降运动是通过手动或电动倒链交替对活动架和固定架进行升降来实现的。从升降架的构造来看，活动架和固定架之间能够进行上下相对运动。当脚手架工作时，活动架和固定架均用附墙螺栓与墙体锚固，两架之间无相对运动；当脚手架需要升降时，活动架与固定架中的一个架子仍然锚固在墙体上，使用倒链对另一个架子进行升降，两架之间便产生相对运动。通过活动架和固定架交替附墙，互相升降，脚手架即可沿着墙体上的预留孔逐层升降（图 3-7），其具体操作过程如下。

1. 施工前准备

按照脚手架的平面布置图和升降架附墙支座的位置，在混凝土墙体上设置预留孔。预留孔尽可能与固定模板的螺栓孔结合布置，孔径一般为 40~50mm。为使升降顺利进行，预留孔中心必须在一直线上。脚手架爬升前，应检查墙上预留孔位置是否正确，如有偏差，应预先修正，墙面突出严重时，也应预先修平。

2. 安装

该脚手架的安装在起重机配合下按脚手架平面图进行。先把上、下固定架用临时螺栓连接起来，组成一片，附墙安装。一般每 2 片为一组，每步架上用 4 根 ϕ48mm×3.5mm 钢管作为大横杆，把 2 片升降架连接成一跨，组装成一个与邻跨没有牵连的独立升降单元体。附墙支座的附墙螺栓从墙外穿入，待架子校正后，在墙内紧固。对壁厚的筒仓或桥墩等，也可预埋螺母，然后用附墙螺栓将架子固定在螺母上。脚手架工作时，每个单元体共有 8 个附墙螺栓与墙体锚固。为了满足结构工程施工，脚手架应超过结构一层的安全作业需要。在升降脚手架上墙组装完毕后，用 ϕ48mm×3.5mm 钢管和对接扣件在上固定架上面再接高一步。最后在各升降单元体的顶部扶手栏杆处设临时连接杆，使之成为整体，内侧立杆用钢管扣件与模板支撑系统拉结，以增强脚手架整体稳定性。

3. 爬升

爬升可分段进行，视设备、劳动力和施工进度而定，每个爬升过程提升 1.5~2m，分两步进行（图 3-7）。

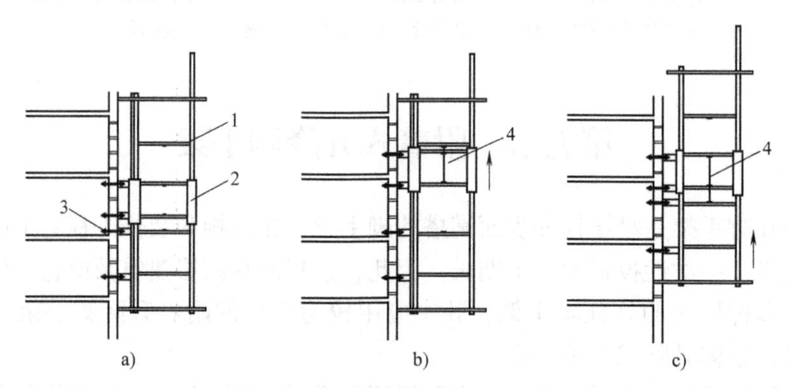

图 3-7 自升降式脚手架爬升过程

a）爬升前的位置 b）活动架爬升（半个层高） c）固定架爬升（半个层高）

1—活动架 2—固定架 3—附墙螺栓 4—倒链

（1）爬升活动架 解除脚手架上部的连接杆，在一个升降单元体两端升降架的吊钩处，各配置一只倒链，倒链的上、下吊钩分别挂入固定架和活动架的相应吊钩内。操作人员位于活动架上，倒链受力后卸去活动架附墙支座的螺栓，活动架即被倒链挂在固定架上，然后在两端同步提升，活动架即呈水平状态徐徐上升。爬升到达预定位置后，将活动架用附墙螺栓与墙体锚固，卸下倒链，活动架爬升完毕。

（2）爬升固定架 同爬升活动架相似，在吊钩处用倒链的上、下吊钩分别挂入活动架和固定架的相应吊钩内，倒链受力后卸去固定架附墙支座的附墙螺栓，固定架即被倒链挂吊在活动架上。然后在两端同步抽动倒链，固定架即徐徐上升，同样爬升至预定位置后，将固定架用附墙螺栓与墙体锚固，卸下倒链，固定架爬升完毕。

至此，脚手架完成了一个爬升过程。待爬升一个施工高度后，重新设置上部连接杆，脚手架进入工作状态，以后按此循环操作，脚手架即可不断爬升，直至结构顶端。

4. 下降

与爬升操作顺序相反，顺着爬升时用过的墙体预留孔倒行，脚手架即可逐层下降，同时把留在墙面上的预留孔修补完毕，最后脚手架返回地面。

5. 拆除

拆除时设置警戒区，有专人监护，统一指挥。先清理脚手架上的垃圾杂物，然后自上而下逐步拆除。拆除升降架可用起重机、卷扬机或倒链。升降架拆下后要及时清理整修和保养，以便重复使用，运输和堆放均应设置地楞，防止变形。

二、互升降式脚手架

互升降式脚手架将脚手架分为甲、乙两种单元，通过倒链交替对甲、乙两单元进行升降。当脚手架需要工作时，甲单元与乙单元均用附墙螺栓与墙体锚固，两架之间无相对运动；当脚手架需要升降时，一个单元仍然锚固在墙体上，使用倒链对相邻一个架子进行升降，两架之间便产生相对运动。通过甲、乙两单元交替附墙，相互升降，脚手架即可沿着墙体上的预留孔逐层升降。

互升降式脚手架的性能特点有：结构简单，易于操作控制；架子搭设高度低，用料省；操作人员不在被升降的架体上，增加了操作人员的安全性；脚手架结构刚度较大，附墙的跨度大。它适用于框架剪力墙结构的高层建筑、水坝、筒体等施工，其具体操作过程如下。

1. 施工前的准备

施工前应根据工程设计和施工需要进行布架设计，绘制设计图。编制施工组织设计，制订施工安全操作规定。在施工前还应将互升降式脚手架所需要的辅助材料和施工机具准备好，并按照设计位置预留附墙螺栓孔或设置好预埋件。

2. 安装

互升降式脚手架的组装可有两种方式：在地面组装好单元脚手架，再用塔式起重机吊装就位；或在设计爬升位置搭设操作平台，在平台上逐层安装。爬架组装固定后的允许偏差应满足：沿架子纵向垂直偏差不超过30mm；沿架子横向垂直偏差不超过20mm；沿架子水平偏差不超过30mm。

3. 爬升

脚手架爬升前应进行全面检查，检查的主要内容有：预留附墙连接点的位置是否符合要求，预埋件是否牢靠；架体上的横梁设置是否牢固；升降单元的导向装置是否可靠；升降单元与周围的约束是否解除，升降有无障碍；架子上是否有杂物；所适用的提升设备是否符合要求等。

当确认以上各项都符合要求后方可进行爬升（图3-8），提升到位后，应及时将架子同结构固定；然后，用同样的方法对与之相邻的单元脚手架进行爬升操作，待相邻的单元脚手架升至预定位置后，将两单元脚手架连接起来，并在两单元操作层之间铺设脚手板。

4. 下降

与爬升操作顺序相反，利用固定在墙体上的架子对相邻的单元脚手架进行下降操作，同时把留在墙面上的预留孔修补完毕，最后脚手架返回地面。

5. 拆除

爬架拆除前应清理脚手架上的杂物。拆除爬架有两种方式：一种是同常规脚手架拆除方式，采用自上而下的顺序，逐步拆除；另一种是用起重设备将脚手架整体吊至地面拆除。

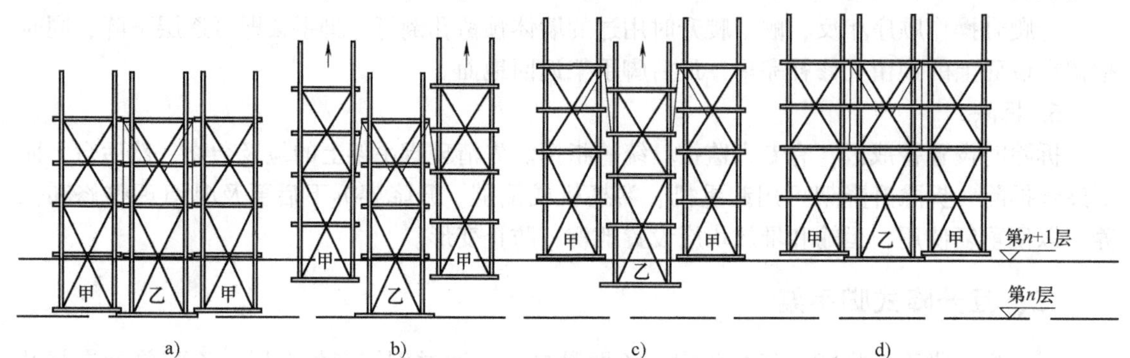

图 3-8 互升降式脚手架爬升过程

a）第 n 层作业 b）提升甲单元 c）提升乙单元 d）第 n+1 层作业

三、整体升降式脚手架

在超高层建筑的主体施工中，整体升降式脚手架有明显的优越性，它结构整体好、升降快捷方便、机械化程度高、经济效益显著，是一种很有推广使用价值的超高建（构）筑物外脚手架，是住建部重点推广的十项新技术之一。

整体升降式脚手架以电动倒链为提升机，使整个外脚手架沿建筑物外墙或柱整体向上爬升。搭设高度依建筑物施工层的层高而定，一般取建筑物标准层 4 个层高加 1 步安全栏的高度为架体的总高度。脚手架为双排，宽以 0.8～1m 为宜，里排杆离建筑物净距为 0.4～0.6m。脚手架的横杆和立杆间距都不宜超过 1.8m，可将 1 个标准层高分为 2 步架，以此步距为基数确定架体横杆、立杆的间距。

架体设计时可将架子沿建筑物外围分成若干单元，每个单元的宽度参考建筑物的开间而定，一般为 5～9m，其具体操作如下。

1. 施工前的准备

按平面图先确定承力架及电动倒链挑梁安装的位置和个数，在相应位置上的混凝土墙或梁内预埋螺栓或预留螺栓孔。各层的预留螺栓或预留孔位置要求上下误差不超过 10mm。

加工制作型钢承力架、挑梁、斜拉杆，准备电动倒链、钢丝绳、脚手管、扣件、安全网、木板等材料。

因整体升降式脚手架的高度一般为 4 个施工层层高，在建筑物施工时，由于建筑物的最下几层层高往往与标准层不一致，且平面形状也往往与标准层不同，所以一般在建筑物主体施工到 3～5 层时开始安装整体升降式脚手架。下面几层施工时往往要先搭设落地外脚手架。

2. 安装

先安装承力架，承力架内侧用 M25～M30 的螺栓与混凝土边梁固定，承力架外侧用斜拉杆与上层边梁拉结固定，用斜拉杆中部的花篮螺栓将承力架调平；再在承力架上面搭设架子，安装承力架上的立杆；然后搭设下面的承力桁架。再逐步搭设整个架体，随搭随设置拉结点，并设斜撑。在比承力架高2层的位置安装工字钢挑梁，挑梁与混凝土边梁的连接方法与承力架相同。电动倒链挂在挑梁下，并将电动倒链的吊钩挂在承力架的花篮挑梁上。在架体上每个层高满铺厚木板，架体外面挂安全网。

3. 爬升

短暂开动电动倒链，将电动倒链与承力架之间的吊链拉紧，使其处在初始受力状态。松开架体与建筑物的固定拉结点。松开承力架与建筑物相连的螺栓和斜拉杆，开动电动倒链开始爬升，爬升过程中应随时观察架子的同步情况，如发现不同步应及时停机进行调整。爬升到位后，先安装承力架与混凝土边梁的紧固螺栓，并将承力架的斜拉杆与上层边梁固定，然后安装架体上部与建筑物的各拉结点。待检查符合安全要求后，脚手架方可开始使用，进行上一层的主体施工。在新一层主体施工期间，将电动倒链及其挑梁摘下，用滑轮或手动倒链转至上一层重新安装，为下一层爬升做准备，如图3-9所示。

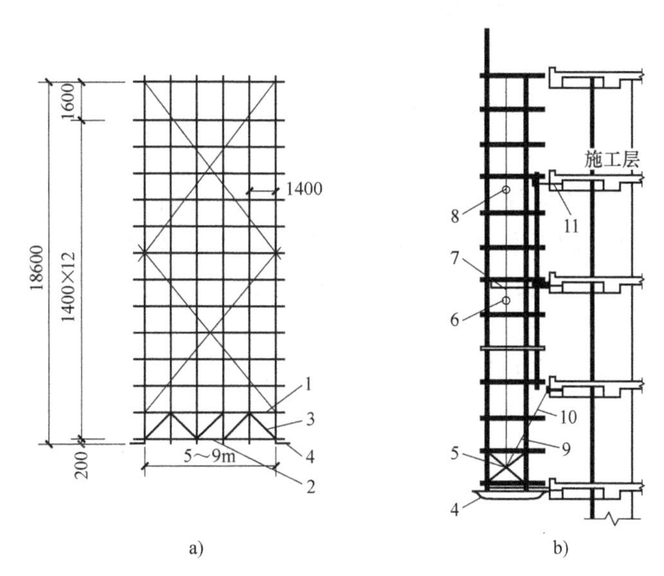

图3-9　整体升降式脚手架

a）立面图　b）侧面图

1—上弦杆　2—下弦杆　3—承力桁架　4—承力架　5—斜撑　6—电动倒链　7—挑梁　8—倒链　9—花篮螺栓　10—拉杆　11—螺栓

4. 下降

与爬升操作顺序相反，利用电动倒链顺着爬升用的墙体预留孔倒行，脚手架即可逐层下降，同时把留在墙面上的预留孔修补完毕，最后脚手架返回地面。

5. 拆除

爬架拆除前应清理脚手架上的杂物。拆除方式与互升降式脚手架类似。

另有一种液压提升整体式的脚手架-模板组合体系（图3-10），它通过设在建（构）筑物内部的支撑立柱及立柱顶部的平台桁架，利用液压设备进行脚手架的升降，同时也可升降建筑的模板。

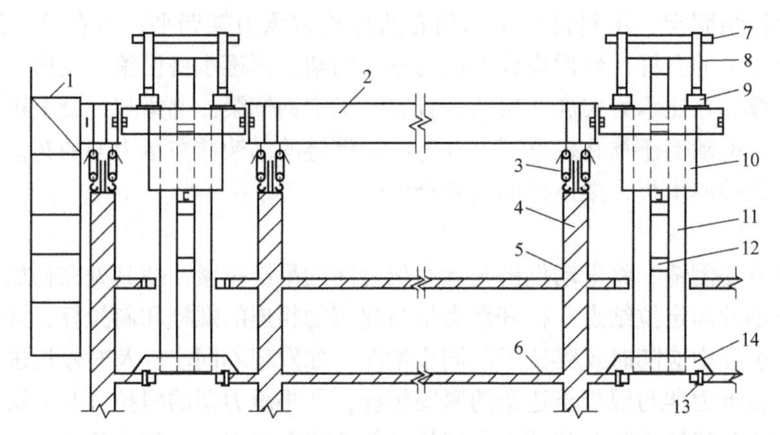

图 3-10　液压提升整体式的脚手架-模板组合体系

1—吊脚手架　2—平台桁架　3—手拉倒链　4—墙板　5—大模板

6—楼板　7—支撑挑架　8—提升支撑杆　9—千斤顶　10—提升导向架

11—支撑立柱　12—连接板　13—螺栓　14—底座

第六节　里脚手架

里脚手架搭设于建筑物内部，每砌完一层墙后，即将其转移到上一层楼面，进行新的一层墙体砌筑。里脚手架也用于室内装饰施工。里脚手架装拆较频繁，有轻便灵活，装拆方便的要求，通常将其做成工具式的，结构形式有折叠式、支柱式和门架式。

如图 3-11 所示为角钢折叠式里脚手架，其架设间距，砌墙时不超过 2m，粉刷时不超过 2.5m。根据施工层高，沿高度可以搭设两步脚手架，第一步高约 1m，第二步高约 1.65m。

如图 3-12 所示为套管式支柱，它是支柱式里脚手架的一种，将插管插入立管中，以销孔间距调节高度，在插管顶端的凹形支托内搁置方木横杆，横杆上铺设脚手架。架设高度为 1.5~2.1m。

门架式里脚手架由两片 A 形支架与门架组成（图 3-13）。其架设高度为 1.5~2.4m，两片 A 形支架间距为 2.2~2.5m。

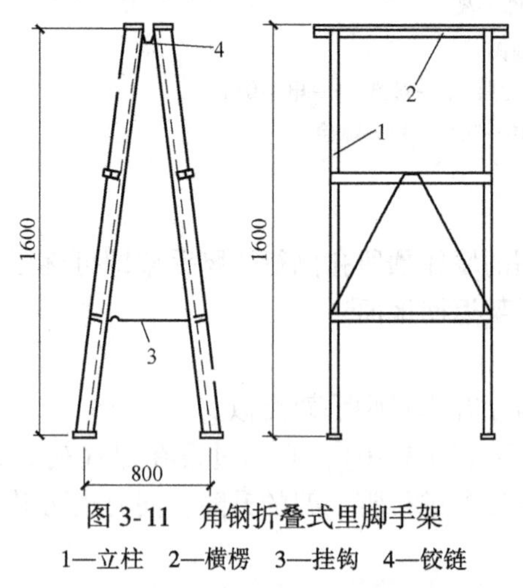

图 3-11　角钢折叠式里脚手架

1—立柱　2—横楞　3—挂钩　4—铰链

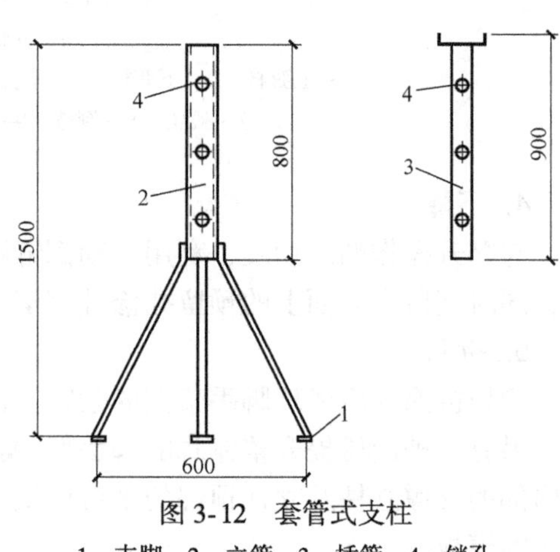

图 3-12　套管式支柱

1—支脚　2—立管　3—插管　4—销孔

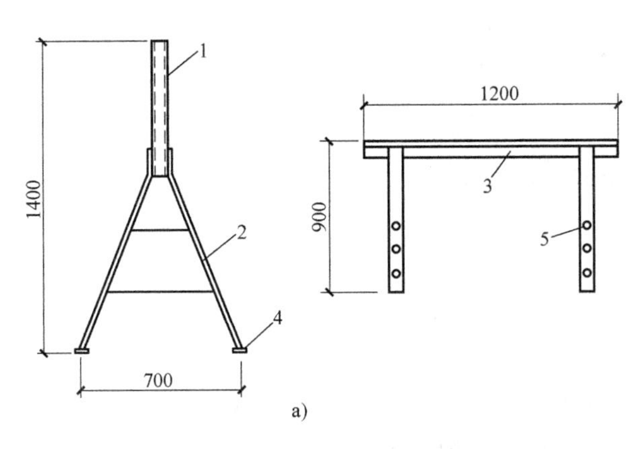

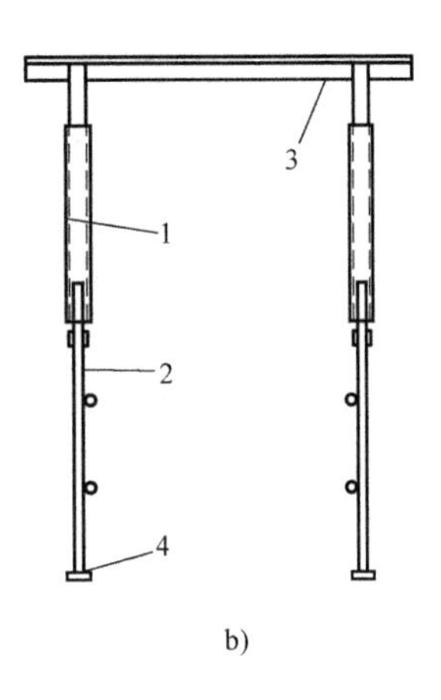

图 3-13　门架式里脚手架
a）A 形支架与门架　b）安装示意图
1—立管　2—支脚　3—门架　4—垫板　5—销孔

里脚手架分为砌筑脚手架、墙面装修脚手架和顶棚装修脚手架等，其一般构造要求见表 3-3。

表 3-3　里脚手架的一般构造要求　（单位：m）

项目名称	砌筑脚手架	墙面装修脚手架	顶棚装修脚手架
架宽	1.0~1.2	0.50~0.75	满堂
架高	每步架高 1.5~1.8	每步架高 1.5~1.8	距顶棚 1.8~2.0
脚手板与墙间隙	<0.15	0.20~0.30	—
立杆(架)纵距	1.5~1.8	1.8~2.0	1.8~2.2

复习思考题

1. 简述外脚手架的类型、构造特点及适用范围。
2. 脚手架有哪些架设要求？
3. 脚手架的支撑体系包括哪些？如何设计？
4. 脚手架有哪些安全防护措施？
5. 常用里脚手架有哪些类型？各有何特点？
6. 扣件式脚手架的设计内容包括哪些？

第四章 结构吊装工程

结构吊装工程部分主要介绍起重机械的类型、性能、适用范围及选择；单层厂房安装准备工作，施工工艺，选择起重机械及吊装方案；预制阶段与吊装阶段构件的平面布置等内容。

结构吊装工程是指将许多单个构件分别在预制工厂与施工现场预制成型，然后用起重机械按照设计要求进行拼装，以构成一幢完整的建筑物或构筑物的施工过程。

结构安装是装配式结构施工中的一个主导分部工程。它的工作好坏将直接影响到工程质量、施工进度、工程造价等各个方面。

在现场或工厂预制的结构构件或构件组合，用起重机械在施工现场把它们吊起并安装在设计位置上，这样形成的结构称为装配式结构。结构吊装工程就是有效地完成装配式结构构件的吊装任务。

结构吊装工程是装配式结构工程施工的主导工种工程，其施工特点如下：

① 受预制构件的类型和质量影响大。预制构件的外形尺寸、埋件位置是否正确、强度是否达到要求以及预制构件类型的多少，都直接影响吊装进度和工程质量。

② 正确选用起重机具是完成吊装任务的主导因素。构件的吊装方法取决于所采用的起重机械。

③ 构件所处的应力状态变化多。构件在运输和吊装时，因吊点或支撑点使用不同，其应力状态也会不一致，甚至完全相反，必要时应对构件进行吊装验算，并采取相应措施。

④ 高空作业多，容易发生事故，必须加强安全教育，并采取可靠措施。

第一节 建筑起重机具

一、卷扬机

卷扬机又称绞车，按驱动方式可分为手动卷扬机和电动卷扬机。卷扬机是结构吊装最常用的工具。

用于结构吊装的卷扬机多为电动卷扬机。电动卷扬机主要由电动机、卷筒、电磁制动器和减速机构等组成，如图 4-1 所示，分为快速和慢速两种。快速电动卷扬机主要用于垂直运输和打桩作业；慢速电动卷扬机主要用于结构吊装、钢筋冷拉、预应力筋张拉等作业。

使用卷扬机时应当注意以下几点：

① 为使钢丝绳能自动在卷筒上往复缠绕，卷扬机的安装位置与第一个导向滑轮的距离 l

应为卷筒长度 a 的15倍，即当钢丝绳在卷筒边时，与卷筒中垂线的夹角不大于2°，如图4-2所示。

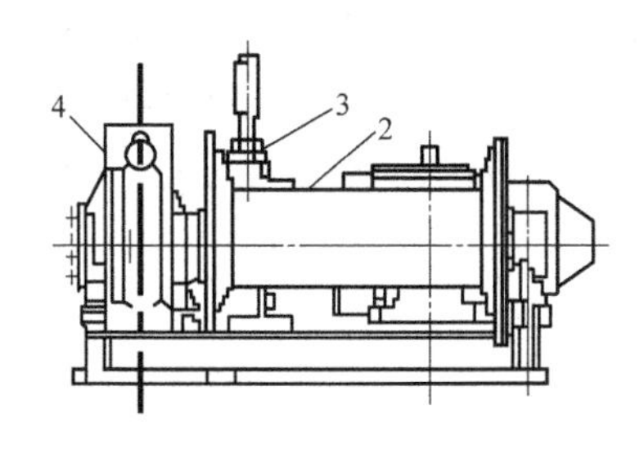

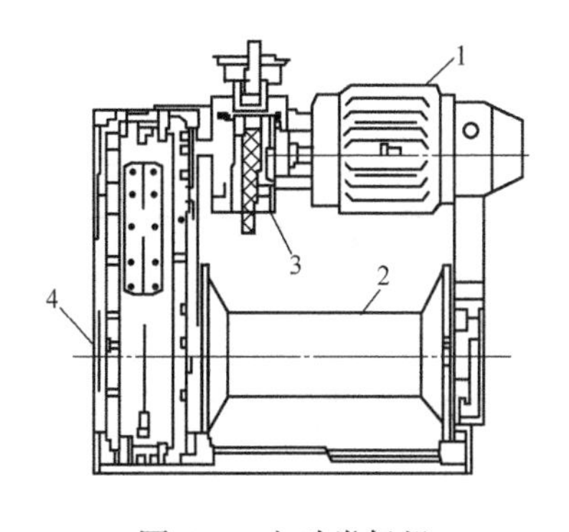

图4-1　电动卷扬机
1—电动机　2—卷筒　3—电磁制动器　4—减速机构

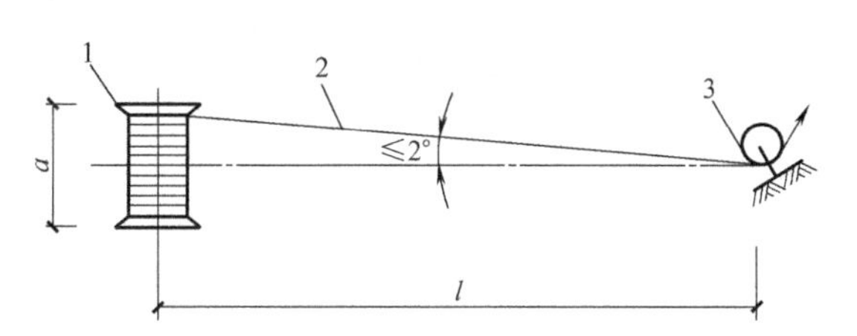

图4-2　卷扬机与第一个导向滑轮的布置
1—卷筒　2—钢丝绳　3—第一个导向滑轮

② 钢丝绳引入卷筒时应接近水平，并应从卷筒的下面引入，以减小卷扬机的倾覆力矩。

③ 卷扬机在使用时必须做可靠的固定，如做基础固定、压重物固定、设锚碇固定或利用树木、构筑物等做固定。

二、钢丝绳

钢丝绳是起重机械中用于悬吊、牵引或捆缚重物的物件。它是由许多根直径为0.4~2mm、抗拉强度为1200~2200MPa的钢丝按一定规则捻制成的。按照捻制方法不同，钢丝绳分为单绕、双绕和三绕，建筑施工中常用的是双绕钢丝绳，它是由钢丝捻成股，再由多股围绕绳芯绕成绳。双绕钢丝绳按照捻制方向分为同向绕、交叉绕和混合绕三种，如图4-3所示。同向绕是指钢丝捻成股的方向与股捻成绳的方向相同，这种绳的挠性好、表面光滑磨损小，但易松散和扭转，不宜用来悬吊重物。交叉绕是指钢丝捻成股的方向与股捻成绳的方向相反，这种绳不易松散和扭转，宜作为起吊绳，但挠性差。混合绕是指相邻两股的钢丝绕向相反，其性能介于另外两者之间，制造复杂，用得较少。

钢丝绳的表示方法：以6×19+1为例，是指共有6股，每股由19根细钢丝拧成，另加

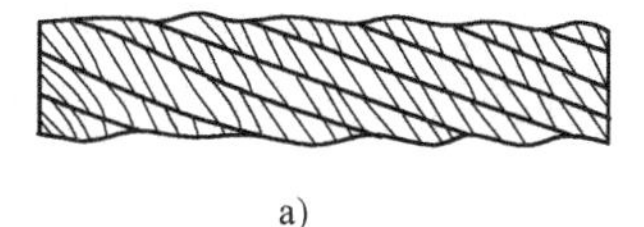

a)

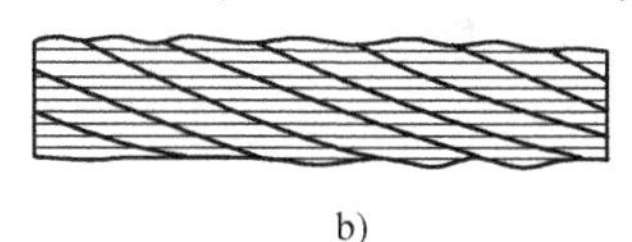

b)

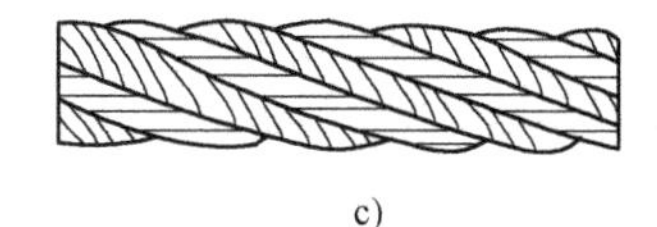

c)

图4-3　双绕钢丝绳的绕向
a）同向绕　b）交叉绕　c）混合绕

一根油麻芯。每股内钢丝绳数量越多，每根钢丝的直径就越细，钢丝绳越柔软。

钢丝绳按每股钢丝数量的不同又可分为6×19，6×37和6×61三种。6×19钢丝绳在绳的直径相同的情况下，钢丝粗，比较耐磨，但较硬，不易弯曲，一般用作缆风绳；6×37钢丝绳比较柔软，可用作穿滑车组和吊索；6×61钢丝绳质地软，主要用于重型起重机械中。

钢丝绳在选用时应考虑多根钢丝的受力不均匀性及其用途，钢丝绳的允许拉力 $[F_g]$ 的计算公式为

$$[F_g]=\frac{\alpha F_g}{K} \tag{4-1}$$

式中 F_g——钢丝绳的钢丝破断拉力总和（kN）；

α——换算系数（考虑钢丝受力不均匀性），见表4-1；

K——安全系数，见表4-2。

表4-1 钢丝绳破断拉力换算系数 α

钢丝绳结构	换算系数 α
6×19	0.85
6×37	0.82
6×61	0.80

表4-2 钢丝绳的安全系数 K

用途	安全系数 K	用途	安全系数 K
作缆风绳	3.5	作吊索、无弯曲时	6~7
用于手动起重设备	4.5	作捆绑吊索	8~10
用于电动起重设备	5~6	用于载人的升降机	14

三、吊索具

吊机或吊物主体与被吊物体之间的连接件（涵盖吊索和吊具）统称吊索具。吊索具主要有金属吊索具和合成纤维吊索具两大类。

金属吊索具主要有：钢丝绳吊索类、链条吊索类、卸扣类、吊钩类、吊（夹）钳类、磁性吊具类等。

合成纤维吊索具主要有：以锦纶、丙纶、涤纶、高强高模聚乙烯纤维为材料生产的绳类和带类吊索具。

当选择吊索具规格时，必须考虑负载的尺寸、重量、外形，以及准备采用的吊装方法等，给出极限工作力的要求，同时还要考虑工作环境及负载的种类，必须选择既有足够能力，又能满足使用方式的恰当长度的吊索具。同时使用多个吊索具起吊负载时，必须选用同样类型的吊索具；扁平吊索具的原料不能受到环境或负载影响。无论是否需要附件或软吊耳，都必须保证吊索具的末段和辅助附件及起重设备相匹配，严禁超负荷使用。使用吊索具时，必须按照要求使用，无标记的吊索具未经确认，不得使用；吊索具组合部件上的部件按要求定期检查；不得采用锤击的方法纠正已扭曲的吊具；禁止抛掷吊索具；不要从重物下面拉拽或让重物在吊索具上滚动。

吊具和吊索不能混同一谈，具体区别如下：

吊具是起重吊运作业的刚性取物装置，如吊钩、吊环、吊钳、永磁起重器等。它的额定起重量通常指吊具在垂直悬挂时所允许承受物体的最大重量。

吊索是指吊运物体时，系结、钩挂在物品上具有挠性的取物装置，如钢丝绳索具、吊装带、麻绳等。它的最大安全工作荷载是指除垂直悬挂使用外，吊索吊点与物品间存在着夹角，使吊索受力产生变化，在特定吊挂方式下允许承载的最大重量。

四、卡环

卡环（卸甲）用于吊索之间或吊索构件之间的连接，可固定和扣紧吊索。它由弯环和销子两部分组成，分为螺栓式和活络式两种类型。

五、横吊梁

横吊梁又称铁扁担，主要用于柱和屋架等的吊装。常用的横吊梁包括以下几种：

1）滑轮横吊梁：用于8t以下的柱子吊装，能够保证在起吊和直立柱子时，使吊索受力均匀，柱子易于垂直，便于就位。

2）钢板横吊梁：用于10t以下的柱子吊装。

3）桁架横吊梁：用于双机台吊安装柱子，能够使吊索受力均匀，柱子吊直后能够绕转轴旋转，便于就位。

4）钢管横吊梁：用于屋架吊装，能够降低起吊高度，减小吊索的水平分力对屋架产生的压力。

六、锚碇

锚碇又称地锚，是用来固定缆风绳和卷扬机的，它是保证系缆构件稳定的重要组成部分，一般有桩式锚碇和水平锚碇两种。桩式锚碇是用木桩或型钢打入土中而成；水平锚碇可承受较大荷载，分为无板栅锚碇和有板栅锚碇两种，如图4-4所示。

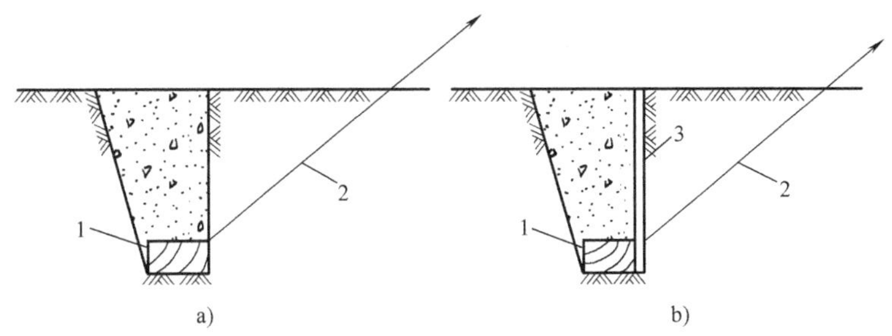

图4-4 水平锚碇

a）无板栅锚碇 b）有板栅锚碇

1—横梁 2—钢丝绳（或拉杆） 3—板栅

水平锚碇的计算内容有：在垂直分力作用下锚碇的稳定性；在水平分力作用下侧向土壤的强度；锚碇横梁计算。

1. 锚碇的稳定性计算

锚碇的稳定性（图4-5）计算公式为

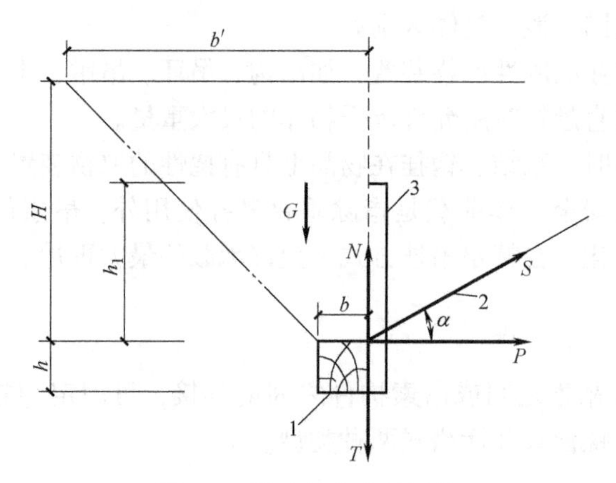

图 4-5 锚碇的稳定性计算

1—横梁 2—钢丝绳 3—板栅

$$\frac{G+T}{N}\geqslant K \tag{4-2}$$

式中 K——安全系数，一般取 2；

N——锚碇所受荷载的垂直分力；

G——土的自重；

T——摩擦力，$T=fP$，其中 f 为摩擦系数，对无板栅锚碇取 0.5，对有板栅锚碇取 0.4，P 为锚碇拉力 S 的水平分力，$P=S\cos\alpha$。

$$G=\frac{b+b'}{2}Hl\gamma \tag{4-3}$$

式中 l、b——横梁长度、宽度；

γ——土的重度；

b'——有产压力区宽度，与土壤内摩擦角有关，即

$$b'=b+H\tan\phi \tag{4-4}$$

式中 ϕ——土壤内摩擦角，松土取 15°~20°，一般土取 20°~30°，坚硬土取 30°~40°；

H——锚碇埋置深度。

2. 侧向土壤强度

对于无板栅锚碇

$$[\sigma]\eta\geqslant\frac{P}{hl} \tag{4-5}$$

对于有板栅锚碇

$$[\sigma]\eta\geqslant\frac{P}{(h+h_1)l} \tag{4-6}$$

式中 $[\sigma]$——深度 H 处土的容许压应力；

η——降低系数，可取 0.5~0.7；

h——横梁高度；

$(h+h_1)$——板栅高度。

3. 锚碇横梁计算

当使用一根吊索（图 4-6a），横梁为圆形截面时，可按单向弯曲构件计算；横梁为矩形截面时，按双向弯曲构件计算。

使用两根吊索的横梁，按偏心双向受压构件计算（图 4-6b）。

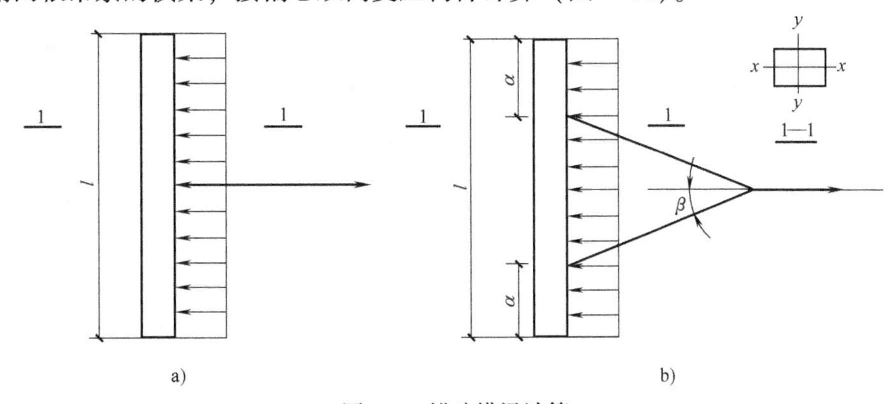

图 4-6　锚碇横梁计算

a）一根吊索的横梁计算图　b）两根吊索的横梁计算图

第二节　建筑起重机械

一、桅杆式起重机

桅杆式起重机具有制作简单、装拆方便、起重量大（可达 1000kN 以上）、受地形限制小等特点。但它的灵活性较差，工作半径小，移动较困难，并需要拉设较多的缆风绳，故一般只适用于安装工程量比较集中的工程。

桅杆式起重机可分为独脚把杆、人字把杆、悬臂把杆和牵缆式桅杆起重机。

1. 独脚把杆

独脚把杆由把杆、起重滑轮组、卷扬机、缆风绳和锚碇等组成，如图 4-7a 所示。使用时，把杆应保持不大于 10°的倾角，以便吊装构件时不致撞击把杆。把杆底部要设置拖子以便移动。把杆的稳定主要依靠缆风绳，绳的一端固定在桅杆顶端，另一端固定在锚碇上，缆风绳一般设 4~8 根。根据制作材料的不同，把杆可分为以下几种：

① 木独脚把杆：常用独根圆木做成，圆木梢径为 20~32cm，起重高度一般为 8~15m，起重量为 30~100kN。

② 钢管独脚把杆：常用钢管直径为 200~400mm，壁厚为 8~12mm，起重高度可达 30m，起重量可达 450kN。

③ 金属格构式独脚把杆：起重高度可达 75m，起重量可达 1000kN 以上。格构式独脚把杆一般用四个角钢做主肢，并由横向和斜向缀条联系而成，截面多呈正方形，常用截面为 450mm×450mm~1200mm×1200mm 不等，整个把杆由多段拼成。

2. 人字把杆

人字把杆是由两根圆木或两根钢管以钢丝绳绑扎或铁件铰接而成的，如图 4-7b 所示。两杆在顶部相交成 20°~30°角，底部设有拉杆或拉绳，以平衡把杆本身的水平推力。其中一根把杆的底部装有一导向滑轮组，起重索通过它连到卷扬机，另用一钢丝绳连接到锚碇，以保证在起重时底部稳固。人字把杆是前倾的，但倾斜度不宜超过 1/10，并在前后面各用两根缆风绳拉结。

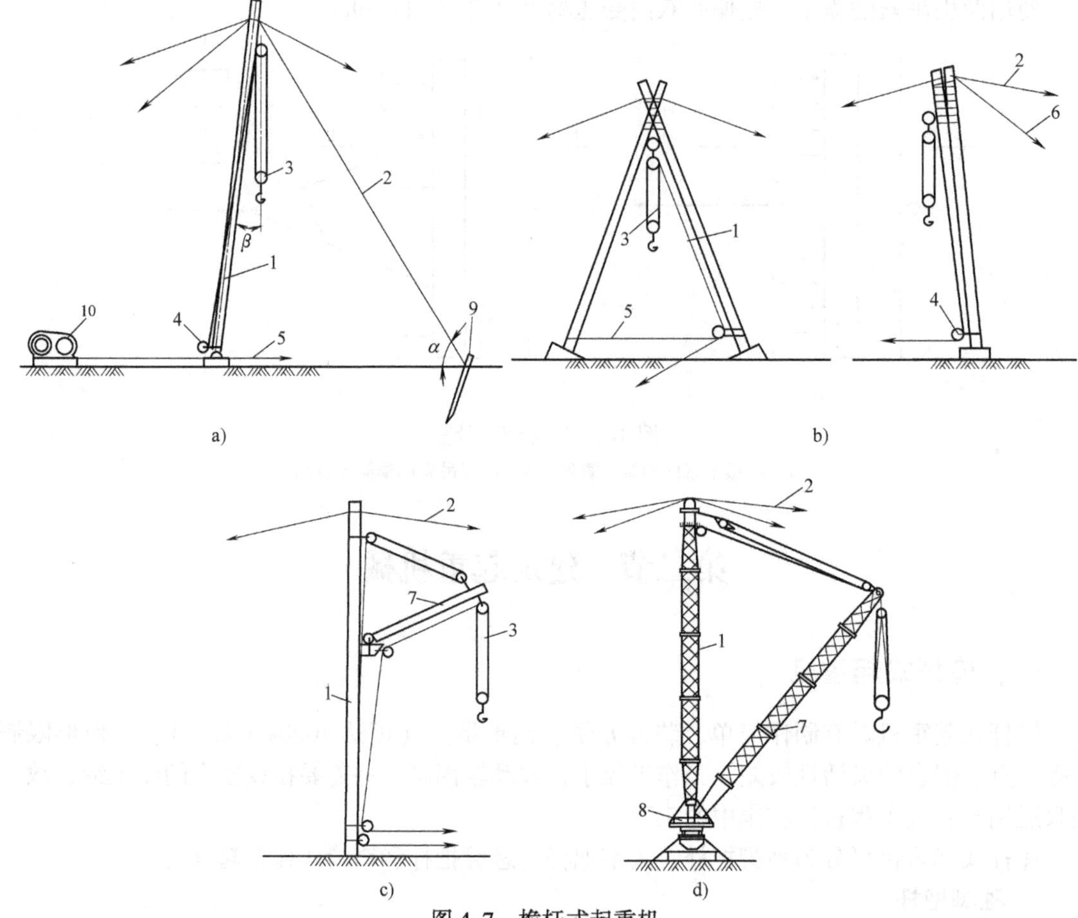

图 4-7 桅杆式起重机

a）独脚把杆 b）人字把杆 c）悬臂把杆 d）牵缆式桅杆起重机

1—把杆 2—缆风绳 3—起重滑轮组 4—导向装置 5—拉索

6—主缆风绳 7—起重臂 8—回转盘 9—锚碇 10—卷扬机

人字把杆的优点是侧向稳定性较好，缆风绳较少；缺点是起吊构件的活动范围小，故一般仅用于安装重型柱或其他重型构件。

3. 悬臂把杆

在独脚把杆的中部或2/3高度处装上一根起重臂，即形成悬臂把杆。起重杆可以回转和起伏变幅，如图4-7c所示。

悬臂把杆的特点是能够获得较大的起重高度，起重杆能左右摆动1200~2700mm，适用于吊装高度较大的构件。

4. 牵缆式桅杆起重机

牵缆式桅杆起重机是在独脚把杆的下端装上一根可以360°回转和起伏的起重杆而成的，如图4-7d所示。它具有较大的起重半径，能把构件吊送到有效起重半径内的任何位置。格构式截面的桅杆起重机，起重量可达600kN，起重高度可达80m，其缺点是缆风绳较多。

二、自行式起重机

自行式起重机具有灵活性大、移动方便等特点，但其稳定性较差，多用于单层工业厂房的结构吊装。它包括履带式起重机、汽车起重机、轮胎式起重机等。

1. 履带式起重机

履带式起重机是一种具有履带行走装置的转臂起重机。其起重量和起重高度较大，常用的起重量为100~500kN，目前最大起重量达3000kN，最大起重高度达135m。由于履带接地面积大，起重机能在较差的地面上行驶和工作，可负载移动，并可原地回转，故多用于单层工业厂房及旱地桥梁等的结构吊装。但其自重大，行走速度慢，远距离转移时需要其他车辆运载。

履带式起重机主要由底盘、机身和起重臂三部分组成，如图4-8所示。

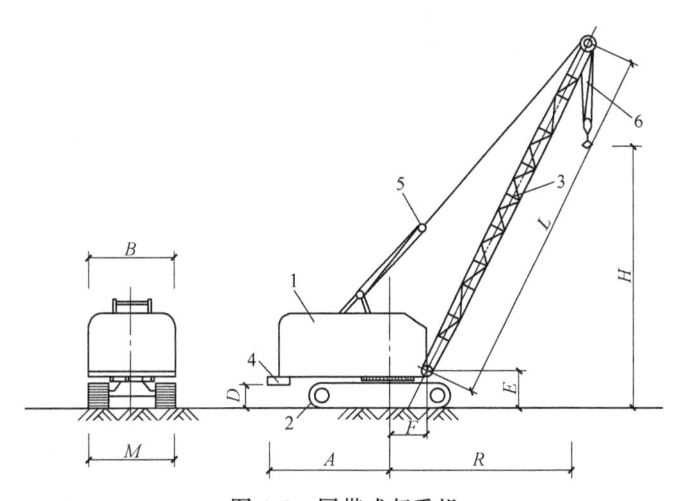

图4-8　履带式起重机

1—机身　2—行走装置（履带）　3—起重杆　4—平衡重　5—变幅滑轮组　6—起重滑轮组

H—起重高度　R—起重半径　L—起重杆长度

土木工程中常用的履带式起重机主要有W1—50型、W1—100型、W1—200型等，其技术性能见表4-3。

表4-3　国产履带式起重机的技术性能

项目		W1—50		W1—100		W1—200		
最大起重量/kN		100		150		500		
整机工作质量/t		23.11		39.79		75.79		
接地平均压力/MPa		0.071		0.087		0.122		
吊臂长度/m		10	18	13	23	15	30	40
最大起升高度/m		9	17	11	19	12	26.5	36
最小幅度/m		3.7	4.5	4.5	6.5	4.5	8	10
主要外形尺寸/mm	*A*	2900		3300		4500		
	B	2700		3120		3200		
	D	1000		1095		1190		
	E	1555		1700		2100		
	F	1000		1300		1600		
	M	2850		3200		4050		

履带式起重机的主要技术参数有三个：起重量 Q、起重高度 H 和起重半径 R。图 4-9 所示为 W1—100 型履带式起重机的工作性能曲线，可见起重量、起重高度和起重半径的大小与起重臂长度均相互有关。当起重臂长度一定时，随着仰角的增大，起重量和起重高度的增加，而起重半径减小；当起重臂长度增加时，起重半径和起重高度增加而起重量减小。

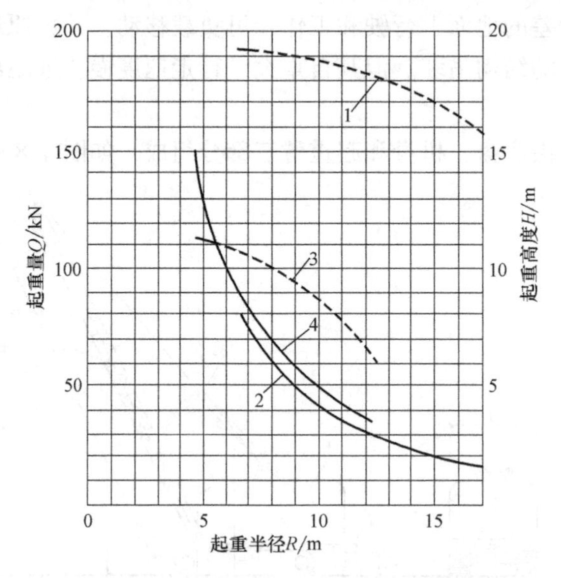

图 4-9　W1—100 型履带式起重机的工作性能曲线

1—起重臂长 23m 时的 H-R 曲线　2—起重臂长 23m 时的 Q-R 曲线

3—起重臂长 13m 时的 H-R 曲线　4—起重臂长 13m 时的 Q-R 曲线

2. 汽车起重机

汽车起重机是一种将起重作业部分安装在汽车通用或专用底盘上、具有载重汽车行驶性能的轮式起重机。根据吊臂结构可分为定长臂、接长臂和伸缩臂三种，前两种多采用桁架结构臂，后一种采用箱形结构臂；根据动力传动，又可分为机械传动、液压传动和电力传动三种。因其机动灵活性好，能够迅速转移场地，广泛用于土木工程。

现在普遍使用的汽车起重机多为液压伸缩臂汽车起重机，液压伸缩臂一般有 2~4 节，最下（最外）一节为基本臂，吊臂内装有液压伸缩机构控制其伸缩。图 4-10 所示为 QY—8 型汽车起重机，该机采用黄河牌 JN150C 型汽车底盘，由起升、变幅、回转、吊臂伸缩和支腿机构等组成，全部为液压传动。

汽车起重机作业时必须先打支腿，以增大机械的支撑面积，保证必要的稳定性。因此，汽车起重机不能负荷行驶。汽车起重机的主要技术性能有最大起重量、整机质量、吊臂全伸

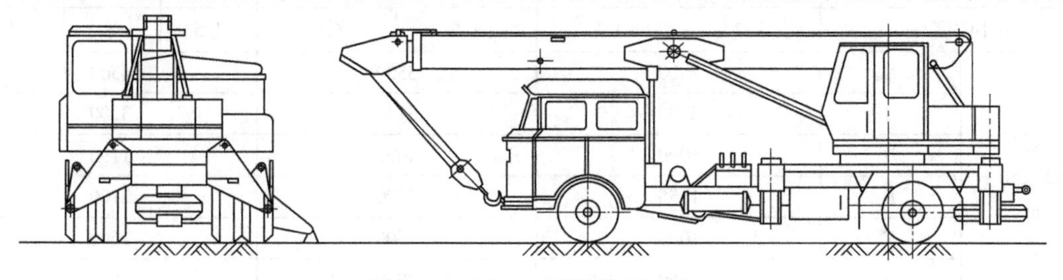

图 4-10　QY—8 型汽车起重机

长度、吊臂全缩长度、最大起升高度、最小工作半径、起升速度、最大行驶速度等，分为重型（起重量在 500kN 以上）、轻型（起重量在 200kN 以下）、中型（起重量在 200kN ~ 500kN）三种。

3. 轮胎式起重机

轮胎式起重机的组成基本与履带式起重机相同，仅行走部分为轮胎，起重时为保护轮胎，在底盘上装有可收缩的支腿。它具有与汽车起重机相同的特点，主要适用于轻型工业厂房安装。

三、塔式起重机

塔式起重机是土木工程中使用最广泛的起重机械之一，根据有无行走机构，可以分为固定式和移动式；按回转形式，可以分为上回转和下回转；按变幅方式，可以分为水平臂架小车变幅和动臂变幅；按安装形式，可以分为自升式、整体快速拆装和拼装式。

1. 轨道式塔式起重机

轨道式塔式起重机是土木工程中使用最广泛的一种，它可带重物行走，作业范围大，非生产时间少，生产效率高。

常用的轨道式塔式起重机有 QT1—2 型、QT1—6 型、QT—60/80 型、QT1—15 型、QT—25 型等多种。其主要技术性能有：吊臂长度、起重幅度、起重量、起升速度及行走速度等。

QT—60/80 型塔式起重机由塔身、底架、塔顶、塔帽、吊臂、平衡臂和起升、变幅、回射、行走机构及电气系统等组成。其特点是塔身可以按需要增减互换节而改变长度，并且可以转弯行驶。图 4-11 所示为 QT—60/80 型塔式起重机，它是一种上旋式塔式起重机，起重量为 30 ~ 80kN、起重幅度为 7.5 ~ 20m，是建筑工地上用得较多的一种塔式起重机。

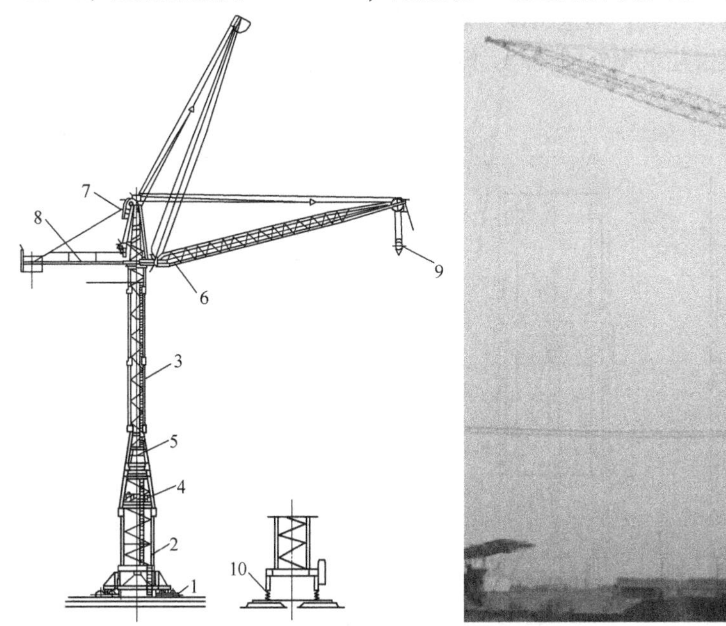

图 4-11　QT—60/80 型塔式起重机

1—从动台车　2—下节塔身　3—上节塔身　4—卷扬机构　5—操纵室
6—吊臂　7—塔顶　8—平衡臂　9—吊钩　10—驱动台车

2. 爬升式塔式起重机

爬升式塔式起重机又称内爬式塔式起重机，通常安装在建筑物的电梯井或特设的开间内，也可安装在筒形结构内，依靠爬升机构随着结构的升高而升高，一般是每建造 3～8m，起重机就爬升一次，塔身自身高度只有 20m 左右，起重高度随施工高度而定。

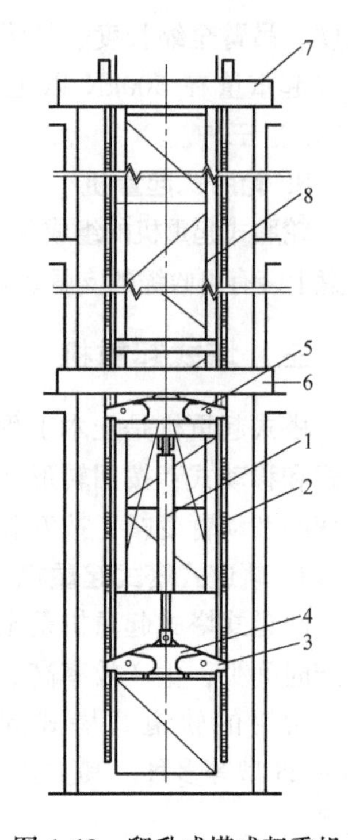

图 4-12　爬升式塔式起重机的液压爬升机构

1—液压缸　2—爬升梯架
3—塔身支腿　4—爬升横梁
5—横梁支腿　6—下承重梁
7—上承重梁　8—塔身

爬升机构有液压式和机械式两种，如图 4-12 所示为液压爬升机构，由爬升梯架、液压缸、爬升横梁和支腿等组成。爬升梯架由上、下承重梁构成，两者相隔两层楼，工作时用螺栓固定在筒形结构的墙或边梁上，梯架两侧有踏步。其承重梁对应于起重机塔身的四根主肢，装有 8 个导向滚子，在爬升时起导向作用。塔身套装在爬升梯架内，顶升液压缸的缸体铰接于塔身横梁上，而下端（活塞杆端）铰接于活动的下横梁中部。塔身两侧装支腿，活动横梁两侧也装支腿，依靠这两对支腿轮流支撑在爬梯踏步上，使塔身上升。

图 4-13 所示为液压爬升机构的爬升过程。爬升横梁 4 的支腿 3 支撑在爬梯 2 下面的踏步上（图 4-13a），顶升液压缸 1 进油，将塔身 8 向上顶升（图 4-13b），顶到一定高度以后，塔身两侧的支腿 3 支撑在爬梯的上面踏步上（图 4-13c），液压缸回缩，将爬升横梁提升到上一级踏步，并张开支腿 3 支撑于上一级踏步上（图 4-13d）。如此重复，使起重机上升。

爬升式塔式起重机的优点有：起重机以建筑物做支撑，塔身短，起重高度大，而且不占建筑物外围空间；缺点是驾驶员作业

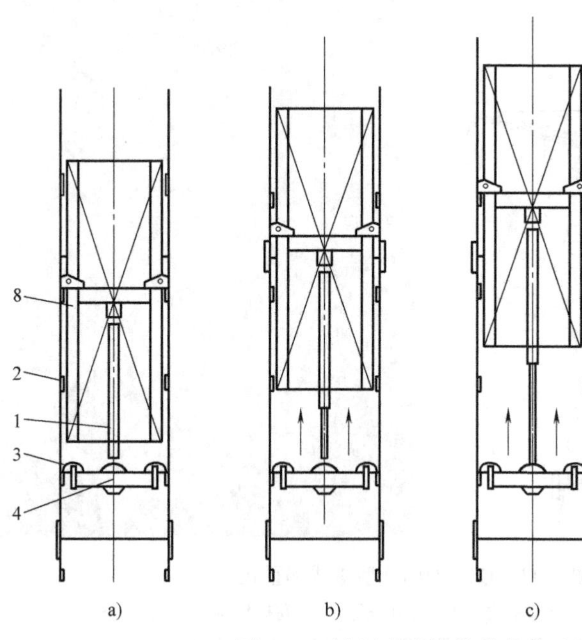

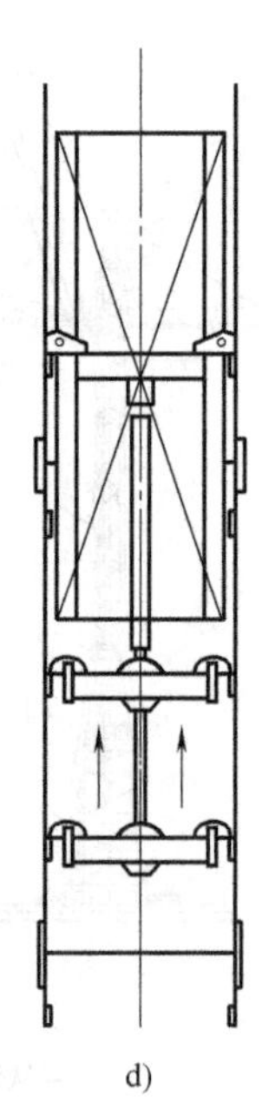

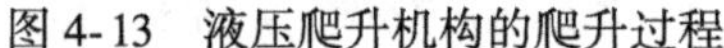
图 4-13　液压爬升机构的爬升过程

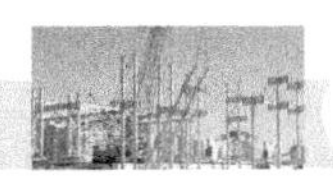

往往不能看到起吊全过程，需靠信号指挥；施工结束后拆卸复杂，一般需设辅助起重机拆卸。

3. 附着式塔式起重机

附着式塔式起重机又称自升塔式起重机，直接固定在建筑物或构筑物近旁的混凝土基础上，随着结构的升高，不断自行接高塔身，使起重高度不断增大，为了塔身稳定，塔身每隔20m高度左右用系杆与结构锚固。

附着式塔式起重机多为小车变幅，因起重机装在结构近旁，驾驶员能看到吊装的全过程，自身的安装与拆卸不妨碍施工过程。

（1）顶升原理　附着式塔式起重机的自升接高目前主要是利用液压缸顶升，采用较多的是外套架液压缸侧顶式。图4-14所示为其顶升过程，可分为以下五个步骤：

1）将标准节吊到摆渡小车上，并将过渡节与塔身标准节联接的螺栓松开，准备顶升（图4-14a）。

2）开动液压千斤顶，将塔式起重机上部结构（包括顶升套架）向上顶升到超过一个标准节的高度，然后用定位销将套架固定。于是塔式起重机上部结构的重量就通过定位销传递到塔身（图4-14b）。

3）液压千斤顶回缩，形成引进空间，此时将装有标准节的摆渡小车开到引进空间内（图4-14c）。

4）利用液压千斤顶稍微提起标准节，退出摆渡小车，然后将标准节平衡地落在下面的塔身上，并用螺栓加以联接（图4-14d）。

5）拔出定位销，下降过渡节，使之与已接高的塔身联成整体（图4-14e）。如一次要接高若干节塔身标准节，则可重复以上工序。

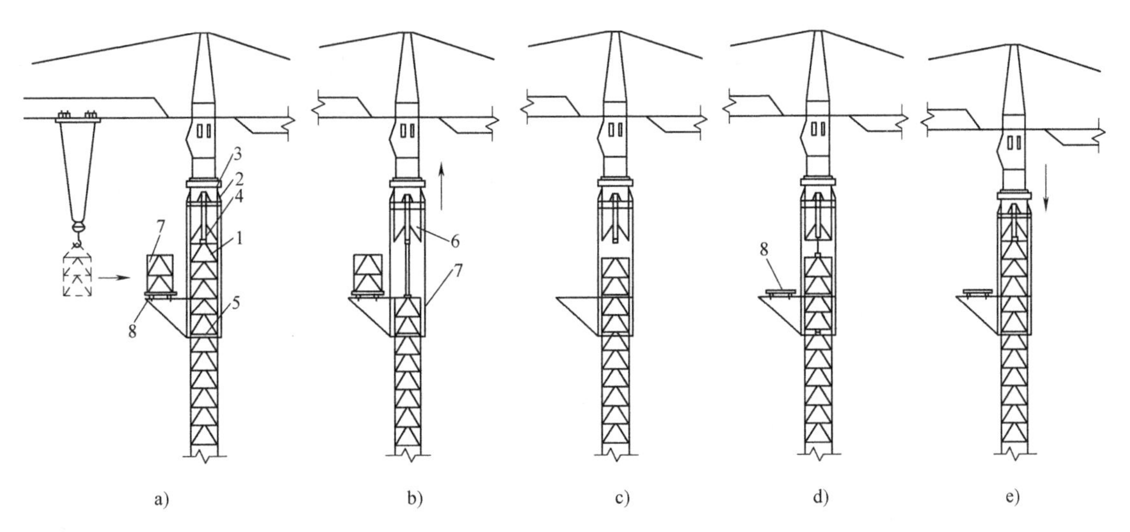

图4-14　QT4—10型起重机的顶升过程

a）准备状态　b）顶升塔顶　c）推入塔身标准节　d）安装塔身标准节　e）塔顶与塔身联成整体

1—顶升套架　2—液压千斤顶　3—承座　4—顶升横梁　5—定位销　6—过渡节　7—标准节　8—摆渡小车

（2）技术性能　如图4-15所示为QT4—10型附着式塔式起重机。其最大起重量为100kN，最大起重力矩为1600kN·m，最大起重幅度为30m，装有轨轮，也可固定装在混凝土基础上。

附着式塔式起重机的主要技术性能有：吊臂长度、工作半径、最大起重量、附着式最大起升高度、起升速度、爬升机构顶升速度及附着间距等。

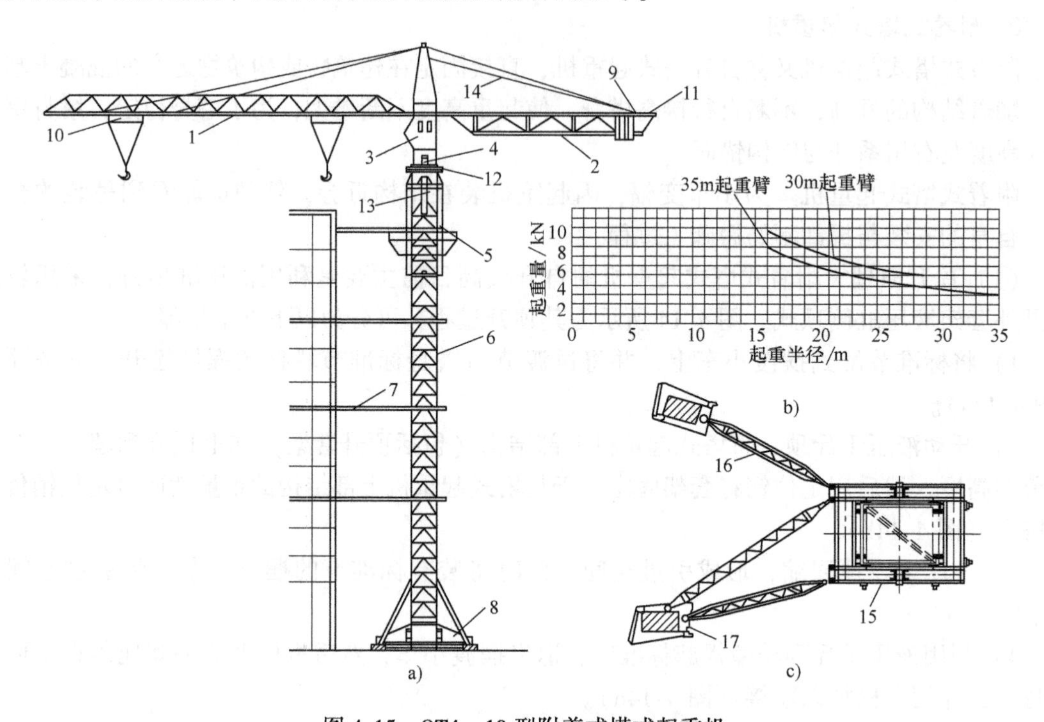

图 4-15 QT4—10 型附着式塔式起重机

a）全貌图 b）起重性能曲线 c）锚固装置构造

1—起重臂 2—平衡臂 3—操纵室 4—转台 5—顶升套架 6—塔身标准节 7—锚固装置 8—底架及支腿 9—起重小车 10—平衡重 11—支撑回转装置 12—液压千斤顶 13—塔身套箍 14—撑杆 15—附着套箍 16—附墙杆 17—附墙连接杆

4. 塔式起重机的发展

（1）国外塔式起重机的发展 目前，世界塔式起重机市场的竞争异常激烈，各著名厂家竞相开发具有吸引力的塔式起重机新产品，其总的发展趋势如下：

1）向大、重发展。塔式起重机正向大型化和超重型发展，其起重量越来越大，起重臂越来越长。下回转式塔式起重机的起重量已达 3000t · m，丹麦克洛尔公司已制造出10000t · m的塔式起重机。

2）向多功能发展。塔式起重机不仅可视施工要求装配成固定式、行走（轨道）式、附着式或内爬式，而且还可利用臂杆作为灵活的混凝土布料装置，塔身也可作为外用电梯的一部分。

3）向高工作速度发展。提高塔式起重机的工作速度，如法国 Potain 公司的 Topkit 系列的 H3/28、H3/32 的提升速度已超过 100m/min；在变速方面则向无级调速发展。

4）向组合的变形塔式起重机发展。采用组合设计，以少量通用标准件组成多种可满足不同施工需要的变形塔式起重机。德国的 Liebherr、Lineden、Poiner 和法国的 Potain 等公司均有各自整套的组合设计体系。例如 Potain 公司的 Topkit 塔式起重机系列，14 种型号塔式起重机的构件均可彼此组合和互换，塔身、大车底盘、塔帽、起重臂和操作机构均可视需要加以组合和延伸扩展。

5）向自动控制和遥控发展。Liebherr、Potain 等公司都不同程度地在塔式起重机上使用自控和遥控技术，如采用电脑控制的力矩限位器，具有力矩、变幅、荷载极限报警等功能；Potain 塔式起重机回转机构采用 OMD 系统等。

此外，在液压顶升机构已使塔式起重机高度的发展不成问题的情况下，各厂家普遍转向扩大幅度，使俯仰变幅臂架向小车变幅臂架或两者兼容的方向发展。

在上述发展趋势的引导之下，各著名塔式起重机生产厂家纷纷推出新产品。法国 Potain 公司推出了动臂式自升塔式起重机和汽车式快装塔式起重机；德国 Liebherr 公司推出了经济型塔式起重机的改进型 EC—H 系列和 HB 系列动臂型塔式起重机的发展型 HC—L 系列（吊臂可在 15°~87°之间进行俯仰变幅）。法国的 BPR 公司推出了 2000 系列，从 100t · m 到 250t · m 共 12 种型号。其中 Potain 公司推出的 Topmatic MD 系列最为引人注目：共有 9 种型号，每一种型号兼有 4. 5m 和 6. 0m 两种轨距和两种不同的最大起重量（8~10t），最大幅度达 55~65m；起升机构采用调压调速技术，从高速下降到慢速就位可连续变速，运行按加减速曲线进行并可用操纵杆调控；提升机构装有排绳装置，完全排除乱绳的可能性；塔式起重机的电脑监控系统能自动进行信息数据的处理，发出减速指令，若驾驶员未及时做出反应，计算机会强制塔式起重机停止运行。此外，还配有故障诊断系统和计算机辅助保养系统。

总之，这些塔式起重机新产品均具有“城市塔式起重机”的下列特征：臂长，臂头起重量可达 1. 2~2t，采用单小车 2 倍率或双小车 4 倍率固定不变，工作性能稳定，生产功效高。

（2）国内塔式起重机的发展　我国自 20 世纪 80 年代开始生产出 QTP60、QT80A、QTF80 等新机型，与此同时，在建设部组织下，北京、四川、沈阳等地单位分别引进了法国 Potain 公司的塔式起重机技术，主要有三种机型：GTMR360B 小型下回转塔式起重机、FO/23B 中型上回转塔机、H3/36B 大型上回转塔机，其主要零件已实现国产化。此后，随着生产技术迅速发展，已能生产各种可适应高层、超高层建筑施工需要的自升式塔式起重机，有外墙附着和内爬两种：国产外墙附着式上回转自升塔式起重机主要有 QT4—10、QT4—10A、QT80（A）、Z80、ZF120 和 QTZ—200；国产内爬式塔式起重机则有 QTP—60、QT5—4/20。

中建二局在同济大学协助下，开发试制成功了 QTG25S 型电梯式塔式起重机（图 4-16），它由 1 台常用的小车变幅附着式自升塔式起重机和双笼人货电梯组成，塔身兼作梯笼轨道，一机两用，其主要技术性能见表 4-4。

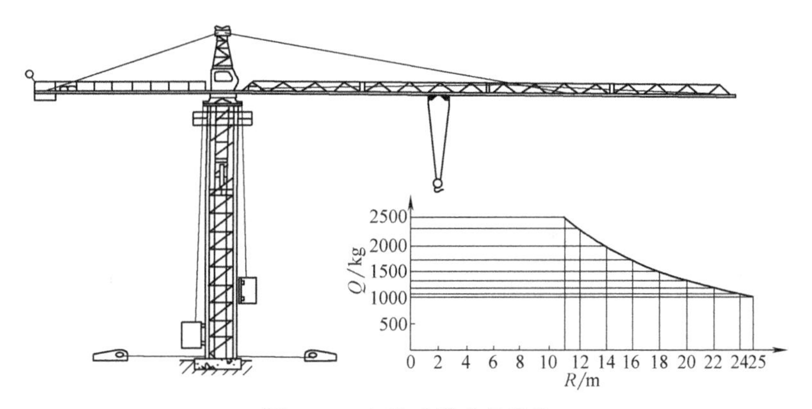

图 4-16　电梯式塔式起重机

表 4-4 电梯式塔式起重机的技术性能

序次	项目	性能指标	序次	项目	性能指标
一	塔式起重机部分		3	货笼起升速度/(m/min)	60
1	起重力矩/(kN·m)	250	4	客货笼起升速度/(m/min)	40
2	最大起重量/kN(tf)	24.5(2.5)	三	整机工作参数	
3	最大起升高度/m	100	1	附着间隔/m	6.12
4	工作幅度/m	1.35~25	2	第一道附着点高度/m	9
5	自由高度/m	18	3	总功率/kW	46.5
6	起升速度/(m/min)	5~26		整机自重/kN(tf)	
7	回转速度/(r/min)	0.39/0.52/0.79	4	(100m,包括配重)	294.2(30)
8	顶升速度/(m/min)	0.38		工作风压/(N/m²)	
二	升降机部分		5	非工作风压/(N/m²)	150
1	货笼起重量/kN(tf)	9.8(1)	6	最大附墙力/kN	600
2	客货笼起重量/kN(tf)	9.8(1)			

该机塔身采用片式结构和轴瓦式接头，运输和存放体积较标准节减少一半；操纵部分采用组合式联动台，便于操作。塔式起重机和电梯均可单独操作而互不影响；可在狭小工地安装使用；吊梯、吊钩升降和吊臂回转采用多级变速，梯笼可在笼内或地面操纵升降；安全装置方面，塔式起重机设有力矩限制器，起重量限制器、高度限制器、幅度限制器、风速显示器等；电梯部分则设有断绳保护、限速器和高度行程限制器等。适于现浇混凝土量大的高层建筑工程使用。

此外，我国也生产多种新型的小型塔式起重机，其中有 QTK10A 型快速安装小型塔式起重机、QTL10D 型轮胎式小型塔式起重机、QW6 型微型乡村起重机等。

（3）高层施工塔式起重机的选择　在高层建筑施工中，应根据工程的不同情况和施工要求，选择适合的塔式起重机。选择时应主要考虑以下几个方面：

1）塔式起重机的主要参数应满足施工需要。其主要参数包括工作幅度、起升高度、起重量和起重力矩。工作幅度为塔式起重机回转中心线至吊钩中心线的水平距离。最大工作幅度 R_{max} 为最远吊点至回转中心的距离，可按图 4-17 确定。其中，附着式外塔的 B_2 点可定在

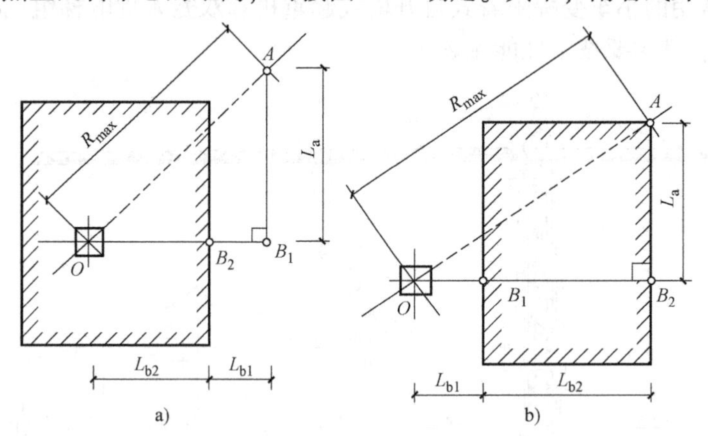

图 4-17 塔式起重机所需的最大工作幅度

a）内爬式　b）附着式

建筑物的外墙线上或其内外一定距离。

塔式起重机的起重高度应不小于建筑物总高度加上构件（或吊斗、料笼）、吊索（吊物顶面至吊钩）和安全操作高度（一般为2~3m）。当塔式起重机需要越过超过建筑物顶面的脚手架、井架或其他障碍物时（其超越高度一般应不小于1m），尚应满足此最大超越高度的需要。

起重量包括吊物（包括笼斗和其他容器）、吊具（铁扁担、吊架）和索具等作用于塔式起重机起重吊钩上的全部重量。起重力矩为起重量乘以工作幅度，工作幅度大者起重量小，以不超过其额定起重力矩为限。因此塔式起重机的技术参数中一般都给出最小工作幅度时的最大起重量和最大工作幅度时的（最小）起重量。应当注意的是，大多数的塔式起重机都不宜长时间处于其额定起重力矩的工作状态之下，一般宜控制在其额定起重力矩的75%之下。这不但对于确保吊装和垂直运输作业的安全很重要，而且对于确保塔式起重机本身的安全和延长其使用寿命也很重要。

2）塔式起重机的生产率应满足施工需要。塔式起重机的台班生产率 P（t/h）等于8h乘以额定起重量 Q（t）、吊次 n（次/h）、额定起重量利用系数 K_q 和工作时间利用系数 K_t，即

$$P=8QnK_qK_t \tag{4-7}$$

但实际确定时，由于施工需要和安排的不同，常需按以下不同情况来考虑：

① 塔式起重机以满足结构安装施工为主，服务垂直运输为辅。其又分为以下几种情况：a 在吊装作业进行时段，不能承担垂直运输任务；b 在吊装作业时段，可以利用吊装的间隙承担部分垂直运输任务；c 在不进行吊装作业的时段，可全部用于垂直运输；d 结构安装工程阶段结束后，塔式起重机转入以承担垂直运输为主，部分零星吊装为辅。

在a、b两种情况下，均不能对塔式起重机服务于垂直运输方面做出任何定时和定量的要求，需要另行考虑垂直运输设施。在c情况下，除非施工安排和控制均有把握将全部或大部分的垂直运输作业放在不进行结构吊装的时段内进行，否则仍需考虑另设垂直运输设施，以确保施工的顺利进行。

塔式起重机生产率，在a、c和d三种情况下分别按承担吊装或垂直运输的工作情况用式（4-7）确定；而在b情况下，则应采用下式确定，即

$$P=[t_1n_1K_{q_1}K_{t_1}+(8-t_1)n_2K_{q_2}K_{t_2}]Q \tag{4-8}$$

式中　t_1、n_1、K_{q_1}、K_{t_1}——承担吊装工作的时间、吊次、额定起重量利用系数和工作时间利用系数；

n_2、K_{q_2}、K_{t_2}——承担垂直运输工作的吊次、额定起重量利用系数和工作时间利用系数。

在式（4-7）和式（4-8）中，$Qk_q=\bar{Q}$ 为实际的平均吊重量，$nK_t=\bar{n}$ 为实际的平均吊次，将 $\bar{Q}$、$\bar{n}$ 代入以上二式中，可得简化计算式，即

$$P=8\bar{Q}\bar{n} \tag{4-9}$$

$$P=\bar{Q}\,\bar{n}_1+\overline{Q_2}\bar{n}_2 \tag{4-10}$$

② 塔式起重机以满足垂直运输为主，以零星结构安装为辅。例如，采用现浇混凝土结

构的工程，塔式起重机以承担钢筋、模板、混凝土和砂浆等材料的垂直运输为主，可采用式（4-7）确定其生产率是否能满足施工的需要。当不能满足时，应选择供应能力适合的塔式起重机或考虑增加其他垂直运输设施。

3）综合考虑、择优选用。当塔式起重机主要参数和生产率指标均可满足施工要求时，还应综合考虑、择优选用性能好、工效高和费用低的塔式起重机。

在一般情况下，13 层以下的建筑工程可选用轨道式上回转或下回转式塔式起重机，如 TQ60/80 或 QTG60，且以采用快速安装的下回转式塔式起重机为最佳；13 层以上的建筑工程可选用轨道式或附着式上回转塔式起重机，如 QTZ120、QT80、QT80A、280；而 30 层以上的高层建筑应优先采用内爬式塔式起重机，如 QTP60 等。

外墙附着式自升塔式起重机的适应性强，装拆方便且不影响内部施工，但塔身接高和附墙装置随高度增加、台班费用较高；而内爬式塔式起重机适用于小型施工现场，其装设成本低，台班费用低，但装拆麻烦，爬升洞的结构需适当加固。因此，应综合比较其利弊后择优选用。

四、其他形式的起重机

1. 龙门架（龙门扒杆、龙门吊机）

龙门架是一种最常用的垂直起吊设备。在龙门架顶横梁上设行车时，可横向运输重物、构件；在龙门架两腿下缘设有滚轮并置于铁轨上时，可在轨道上纵向运输；在两腿下缘设能转向的滚轮时，可进行任何方向的水平运输。龙门架通常设于构件预制场吊移构件，或设在桥墩顶、墩旁安装大梁构件，常用的龙门架种类有钢木混合构造龙门架、拐脚龙门架和装配式钢桥桁节（贝雷）拼制的龙门架。图 4-18 所示是利用公路装配式钢桥桁节（贝雷）拼制的龙门架。

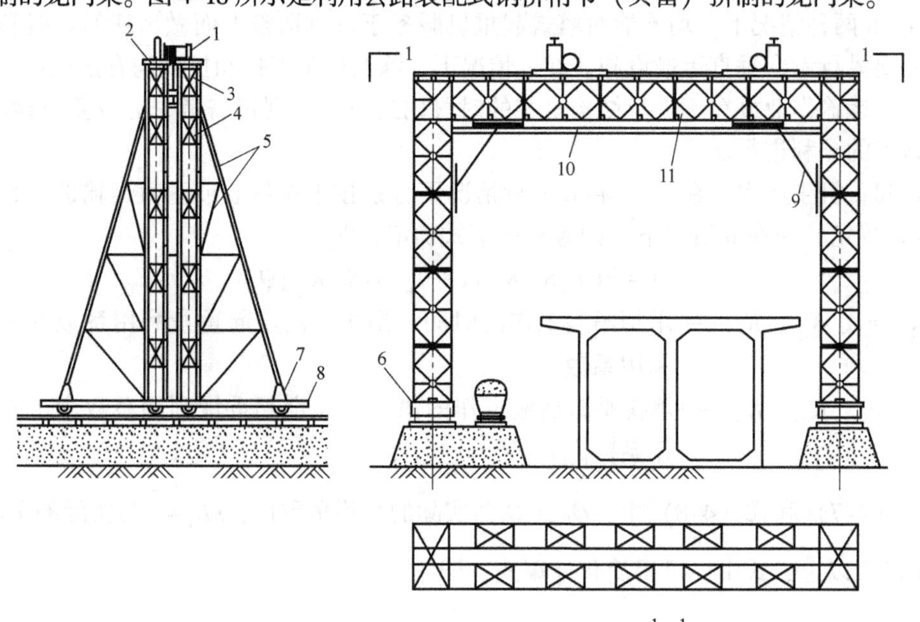

图 4-18　利用公路装配式钢桥桁节（贝雷）拼制的龙门架

1—单筒慢速卷扬机　2—行道板　3—枕木　4—贝雷桁片　5—斜撑
6—端桩　7—底梁　8—轨道平车　9—角撑　10—加强吊杆　11—单轨

2. 浮吊

在通航河流上建桥时，浮吊船是重要的工作船。常用的浮吊有铁驳轮船浮吊和用木船、型钢及人字扒杆等拼成的简易浮吊。我国目前使用的最大浮吊船的起重量已达5000kN。

通常简单浮吊可以利用两只民用木船组拼成门船，用木料加固底舱，舱面上安装型钢组成的底板构架，上铺木板，其上安装人字扒杆制成。起重动力可使用双筒电动卷扬机一台，安装在门船后部中线上。制作人字扒杆的材料可用钢管或圆木，并用两根钢丝绳分别固定在民船尾端两舷旁钢构件上。吊物平面位置的变动由门船移动来调节，另外还需配备电动卷扬机绞车、钢丝绳、锚链、铁锚作为移动及固定船位用。

3. 缆索起重机

缆索起重机适用于高差较大的垂直吊装和架空纵向运输，吊运量从数十吨至数百吨，纵向运距从几十米至几百米。

缆索起重机由主索、天线滑车、起重索、牵引索、起重及牵引绞车、主索地锚、塔架、风缆、主索平衡滑轮、电动卷扬机、手摇绞车、链滑车及各种滑轮等部件组成。在吊装拱桥时，缆索吊装系统除了上述各部件外，还有扣索、扣索排架、扣索地锚、扣索绞车等部件。其布置方式如图4-19所示。

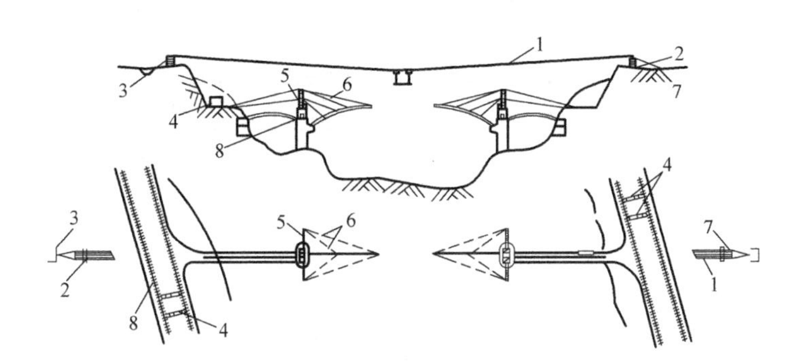

图4-19　缆索吊装布置示例

1—主索　2—主索塔架　3—主索地垄　4—构件运输龙门架
5—万能杆件缆风架　6—扣索　7—主索收紧装置　8—龙门架轨道

4. 扣件式钢管井架

井式垂直运输架统称井架或井字架（图4-20），是施工中最常用的、最为简便的垂直运输设施。它的稳定性好、运输量大，除用型钢或钢管加工的定型井架之外、还可采用许多种脚手架材料搭设起来，而且可以搭设较高的高度（达50m以上）。

一般的井架多为单孔井架，但也可构成两孔或多孔井架。

井架内设吊盘（也可在吊盘下加设混凝土料斗）；两孔或三孔井架可以分别设置吊盘或料斗，以满足同时运输多种材料的需要。

井架上可视需要设置拔杆，其起重量一般为0.5~1.5t，回转半径可达10m。

使用井架时应特别注意以下两个方面：确保井架的承载性能和结构稳定性；确保料盘或料斗升降的安全。

随着高层和超高层建筑的发展，搭设高度超过100m的附着式高层井架应运而生，已越来越多地得到应用并已取得很好的效果。

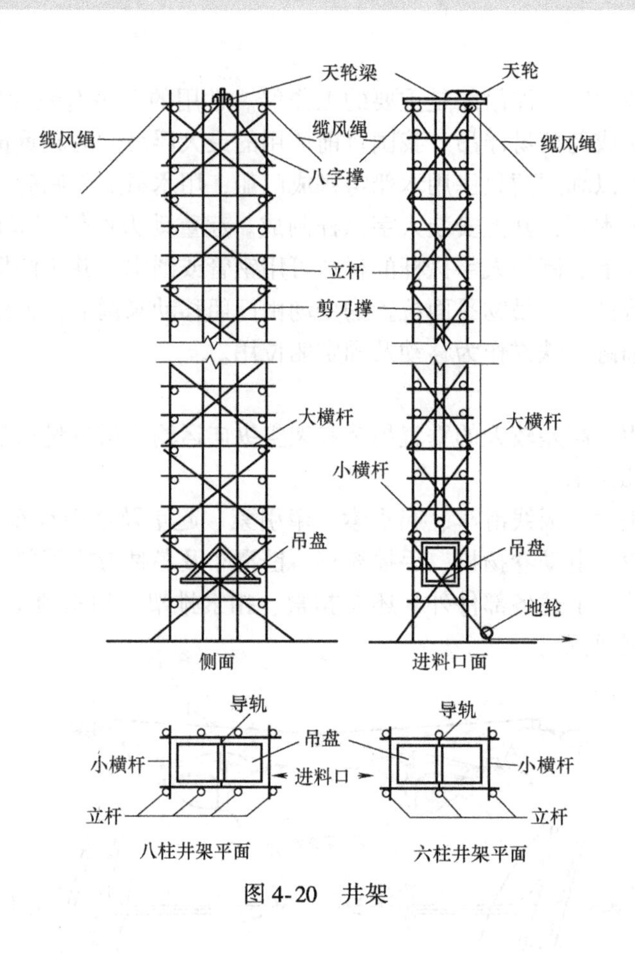

图4-20 井架

第三节 建筑构件吊装工艺

建筑物的结构构件包括很多，本节主要以单层工业厂房为例进行介绍，因为它在构件吊装工艺方面具有一定的代表性。按照由下向上的顺序，单层工业厂房通常包括杯形基础、柱、吊车梁、屋架、连系梁、天窗架、屋面板等构件。一般施工方法是：基础通常现浇；吊车梁、连系梁、地梁、天窗架、屋面板等构件由工厂预制；柱、屋架等构件根据现场条件，可以在现场地面进行现场预制。

一、构件的制作和运输

预制构件如柱、屋架、梁、桥面板等一般在现场预制或工厂预制。在许可的条件下，预制时尽可能采用叠浇法，重叠层数由地基承载能力和施工条件确定，一般不超过4层，上下层间应做好隔离层，上层构件的浇筑应等到下层构件混凝土达到设计强度的30%以后才可进行，整个预制场地应平整夯实，不可因受荷载、浸水而产生不均匀沉陷。

工厂预制的构件需在吊装前运至工地，构件运输宜选用载重量较大的载重汽车和半拖式或全拖式的平板拖车，将构件直接运到工地构件堆放处。

对构件运输时的混凝土强度要求是：如设计无规定时，不应低于设计的混凝土强度标准值的75%。在运输过程中构件的支撑位置和方法，应根据设计的吊（垫）点设置，不应引

起超应力和使构件损伤。叠放运输构件之间必须用隔板或垫木隔开。上下垫木应保持在同一垂直线上，支垫数量要符合设计要求，以免构件受折；运输道路要有足够的宽度和转弯半径。图 4-21 所示为构件运输示意图。

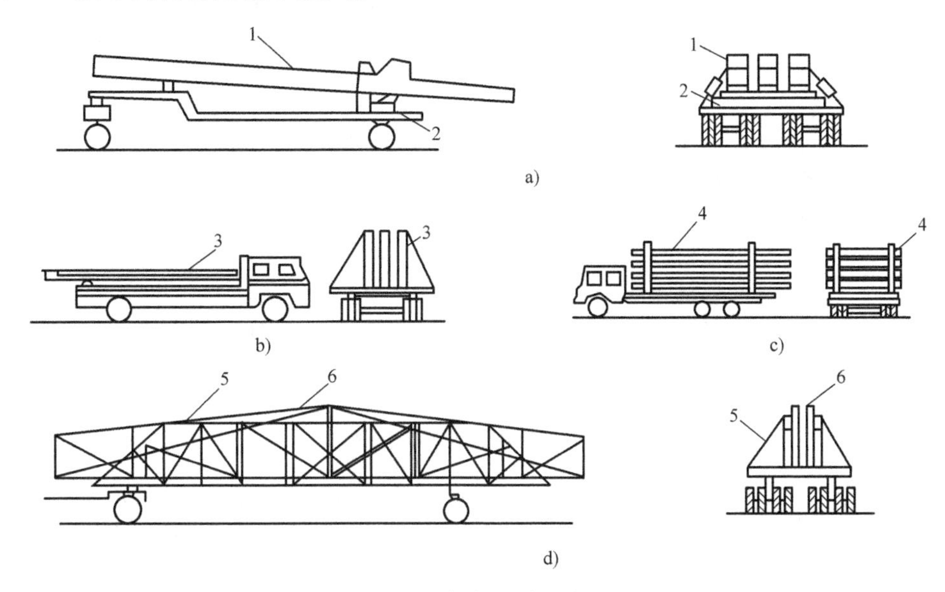

图 4-21 构件运输示意图

a）拖车运输柱 b）运输梁 c）运送大型预制板 d）用钢拖架运输桁架

1—柱 2—垫木 3—大型梁 4—预制板 5—钢拖架 6—大型桁架

二、吊装前的构件堆放

预制构件的堆放应考虑便于吊升及吊升后的就位，特别是大型构件，如房屋建筑中的柱、屋架，桥梁工程中的箱梁、桥面板等，应做好构件堆放的布置图，以便一次吊升就位，减少起重设备负荷开行。对于小型构件，则可考虑布置在大型构件之间，也应以便于吊装，减少二次搬运为原则。但小型构件常采用随吊随运的方法，以便减少对施工场的地的占用。下面以单层厂房屋架为例说明预制构件的临时堆放原则。

预制屋架布置在跨之内，以 3~4 榀为一叠，为了适应在吊装阶段吊装屋架的工艺要求，首先需要用起重机将屋架由平卧转为直立，这一工作称为屋架的扶直（或称翻身、起板）。

屋架扶直后，随即用起重机将屋架吊起并转移到吊装前的堆放位置。屋架的堆放方式一般有两种，即屋架的斜向堆放（图 4-22）和纵向堆放（图 4-23）。各榀屋架之间保持不小于 20cm 的间距，各榀屋架都必须支撑牢靠，防止倾倒。对于纵向堆放的屋架，要避免在已吊装好的屋架下面进行绑扎和吊装。

这两种堆放方式以斜向堆放为宜，由于扶直后堆放的屋架放在 *PQ* 线之间（图 4-22），屋架扶直后的位置可保证其吊升后直接放置在对应的轴线上，如 *H* 轴屋架的吊升，起重机位于 O_2 点处，吊钩位于 *PQ* 线之间的 *H* 轴屋架中点，起升后转向 *H* 轴，即可将屋架安装至 *H* 轴的柱顶（图 4-22）。如采用纵向堆放，则屋架在起吊后不能直接转向安装轴线就位，而需起重机负荷开行一段后再安装就位。但是斜向堆放法占地较大，而纵向堆放法则占地较小。

小型构件运至现场后，按平面布置图安排的部位，依编号、吊装顺序进行就位和集中堆

放。小型构件的就位位置，一般在其安装位置附近，有时也可从运输车上直接起吊。采用叠放的构件，如屋面板、箱梁等，可以多块为一叠，以减少堆场用地。

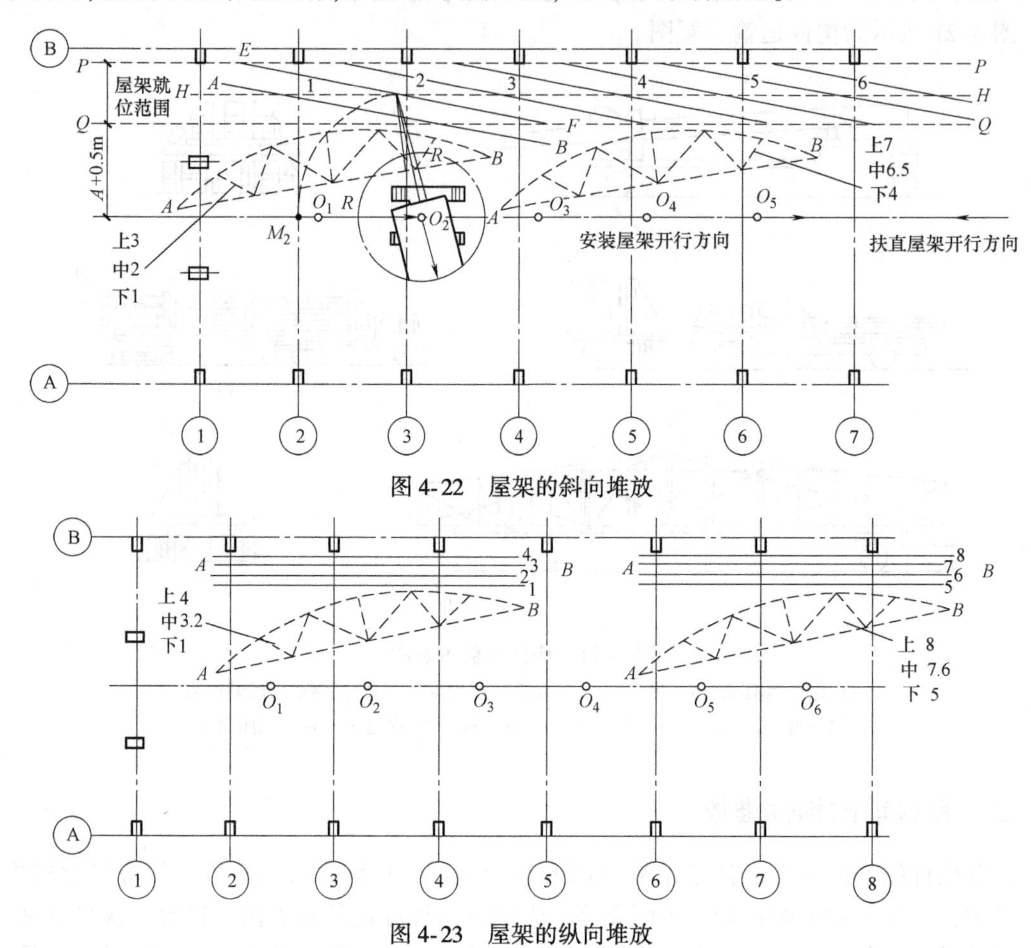

图 4-22 屋架的斜向堆放

图 4-23 屋架的纵向堆放

三、构件安装前的准备工作

1. 场地清理、铺设道路

按现场施工平面布置图，标出起重机的开行路线；检查构件运输与堆放，压实平整道路，敷设水电管线，做好道路排水（雨期）。

2. 构件的质量检查

1）吊装前复查：构件型号与数量、构件的外形尺寸。

2）混凝土强度。构件运输时，混凝土强度一般不低于设计强度等级的 70%。构件安装时，混凝土强度一般不低于设计强度等级的 70%。大型构件，混凝土强度应达到设计强度的 100%。

3. 构件的弹线与编号

构件的全面检查、弹线及编号，杯口基础的顶面标线和杯底找平；屋架上弦顶面上应弹出几何中心线，并将中心线延至屋架两端下部，再从跨度中央向两端分别弹出天窗架、屋面板的安装定位线。在吊车梁的两端及顶面弹出安装中心线。

四、构件吊装工艺

预制构件的绑扎和吊升对于不同构件各有特点和要求，现就单层工业厂房预制柱和钢筋混凝土屋架的绑扎和吊升进行阐明，其他构件的施工方法与此类似。

1. 柱的绑扎和起吊

(1) 柱的绑扎　柱身绑扎点和绑扎位置，要保证柱身在吊装过程中受力合理，不发生变形和裂断。一般中小型柱绑扎一点；重型柱或配筋少而细长的柱绑扎两点甚至两点以上，以减少柱的吊装弯矩。必要时，需经吊装应力和裂缝控制计算后确定。一点绑扎时，绑扎位置一般由设计确定。

按柱吊起后柱身是否能保持垂直状态，分为斜吊法和直吊法，相应的绑扎方法有：斜吊绑扎法（图 4-24），它对起重杆要求较小，用于柱的宽面抗弯能力满足吊装要求时，此法无需将预制柱翻身，但因起吊后柱身与杯底不垂直，对线就位较难；直吊绑扎法（图 4-25），它适用于柱宽面抗弯能力不足，必须将预制柱翻身后窄面向上，以增大刚度，再绑扎起吊，此法因吊索需跨过柱顶，需要较长的起重杆。

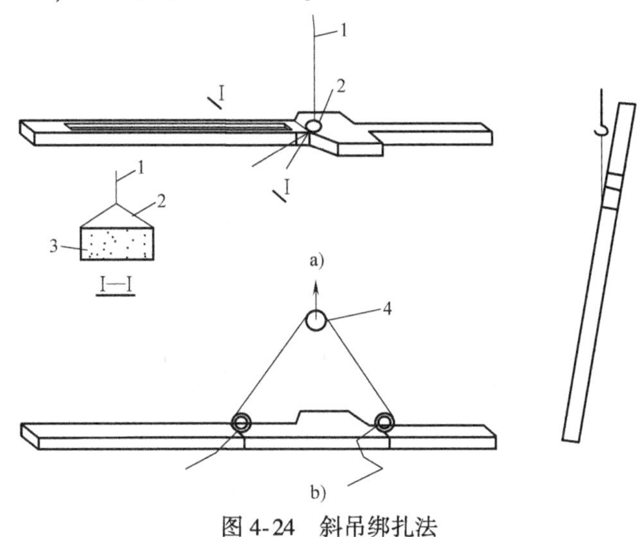

图 4-24　斜吊绑扎法

a) 一点绑扎　b) 两点绑扎

1—第一支吊索　2—第二支吊索　3—活络卡环　4—铁扁担

排架柱翻身起吊　　叠层平卧柱翻身起吊　　柱直吊绑扎

图 4-25　柱的绑扎与起吊现场

(2) 柱的起吊　柱的起吊方法，按柱在吊升过程中柱身运动的特点分为旋转法和滑行法；按采用起重机的数量，分为单机起吊和双机起吊。单机吊装柱的常用方法有旋转法和滑行法；双机抬吊的常用方法有滑行法和递送法。

1) 单机起吊的工艺

① 旋转法。起重机边起钩、边旋转，使柱身绕柱脚旋转而逐渐吊起的方法称为旋转法(图4-26)。其要点是保持柱脚位置不动，并使柱的吊点、柱脚中心和杯口中心三点共圆。其特点是柱吊升过程中所受振动较小，但构件布置要求高，占地较大，对起重机的机动性要求高，要求能同时进行起升与回转两个动作。一般常采用自行式起重机。

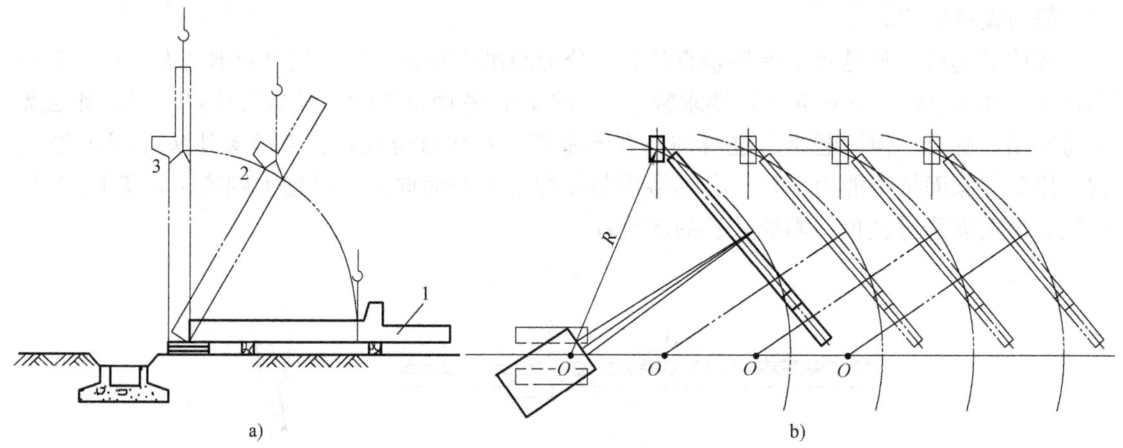

图4-26　旋转法吊柱

a) 旋转过程　b) 平面布置

1—柱子平卧时　2—起吊中途　3—直立

② 滑行法。起吊时起重机不旋转，只起升吊钩，使柱脚在吊钩上升过程中沿着地面逐渐向吊钩位置滑行，直到柱身直立的方法称为滑行法（图4-27）。其要点是柱的吊点要布置

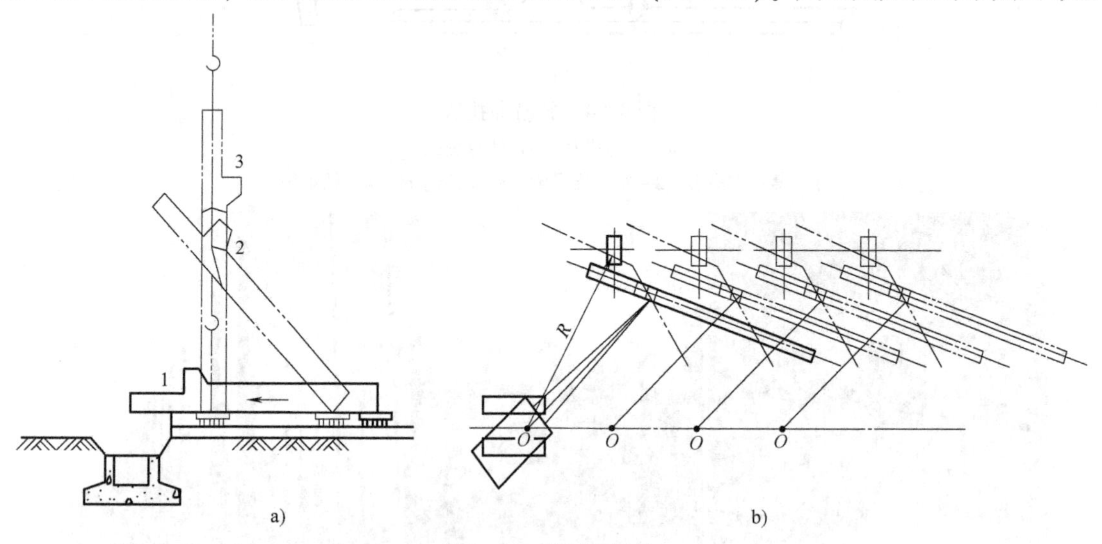

图4-27　滑行法吊柱

a) 滑行过程　b) 平面布置

1—柱子平卧时　2—起吊中途　3—直立

在杯口旁，并与杯口中心两点共圆弧。其特点是起重机只需起升吊钩即可将柱吊直，然后稍微转动吊杆，即可将柱子吊装就位，构件布置方便、占地小，对起重机性能要求较低，但滑行过程中柱子受振动。故通常在起重机及场地受限时才采用此法。

在屋架吊升至柱顶后，使屋架两端两个方向的轴线与柱顶轴线重合，屋架临时固定后起重机才能脱钩。

其他形式的桁架结构在吊装中都应考虑绑扎点及吊索与水平面的夹角，以防桁架弦杆在受力平面外的破坏。必要时，还应在桁架两侧用型钢、圆木做临时加固。

2）双机起吊的工艺

① 滑行法（图4-28）。柱应斜向布置，起吊绑扎点尽量靠近基础杯口。吊装步骤为：柱翻身就位→柱脚下设置托板、滚筒，铺好滑道→两机相对而立、同时起钩将柱吊离地面→同时落钩、将柱插入基础杯口。

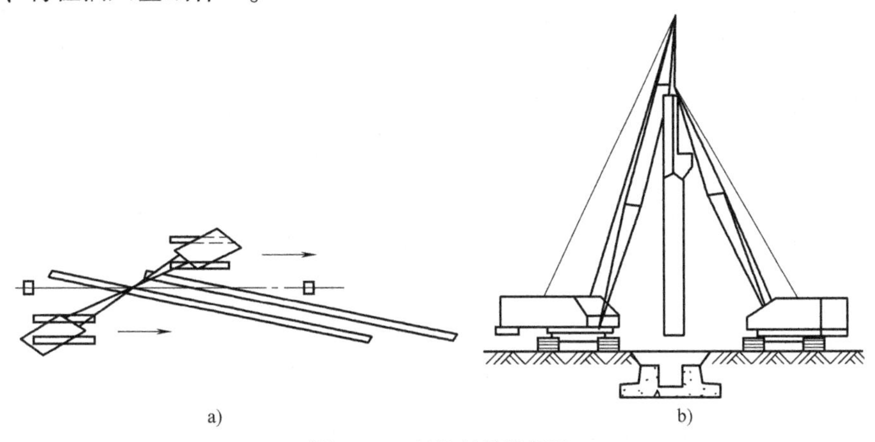

图4-28　双机起吊滑行法

a）平面布置　b）将柱吊离地面

② 递送法（图4-29）。柱斜向布置，起吊绑扎点尽量靠近杯口。主机起吊上柱，副机起吊柱脚。随着主机起吊，副机进行跑吊和回转，将柱脚递送至杯口上方，主机单独将柱就位。

（3）对位和临时固定

① 对位：采用直吊法时，应将柱在悬离杯底30~50mm处对位；采用斜吊法时，则需将柱送至杯底，在吊索的一侧杯口插入两个楔子，再通过起重机回转使其对位。对位时，在柱四周向杯口内放入8只楔子，用撬棍拨动柱脚，使吊装准线对准杯口上的吊装准线。

② 临时固定：对位后，应将塞入的8只楔子逐步打紧做临时固定，以防对好线的柱脚移动。细长柱子的临时固定应增设缆风绳。

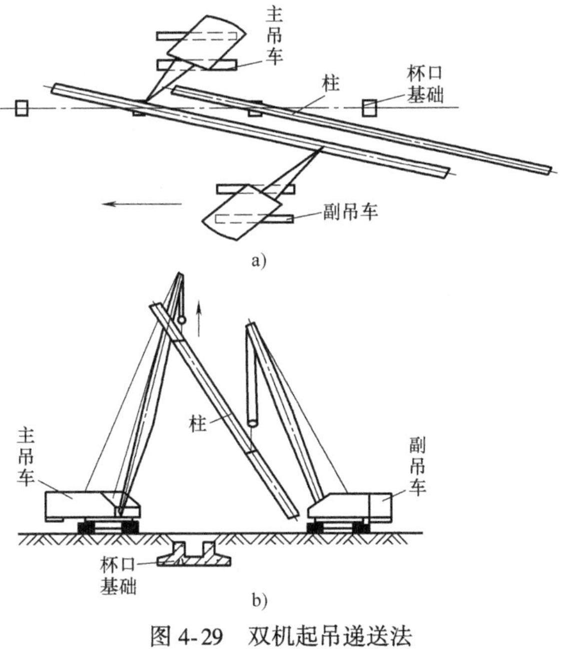

图4-29　双机起吊递送法

a）平面布置　b）递送过程

(4) 校正　标高在吊装前已通过调整杯底标高进行校正；定位轴线在临时固定前已通过对位进行校正。柱的校正主要是垂直度的校正，用两台经纬仪从柱的两个垂直方向同时观测柱的正面和侧面中心线进行校正。柱的平面位置校正主要有反推法、钢钎法两种方法，如图 4-30 所示。

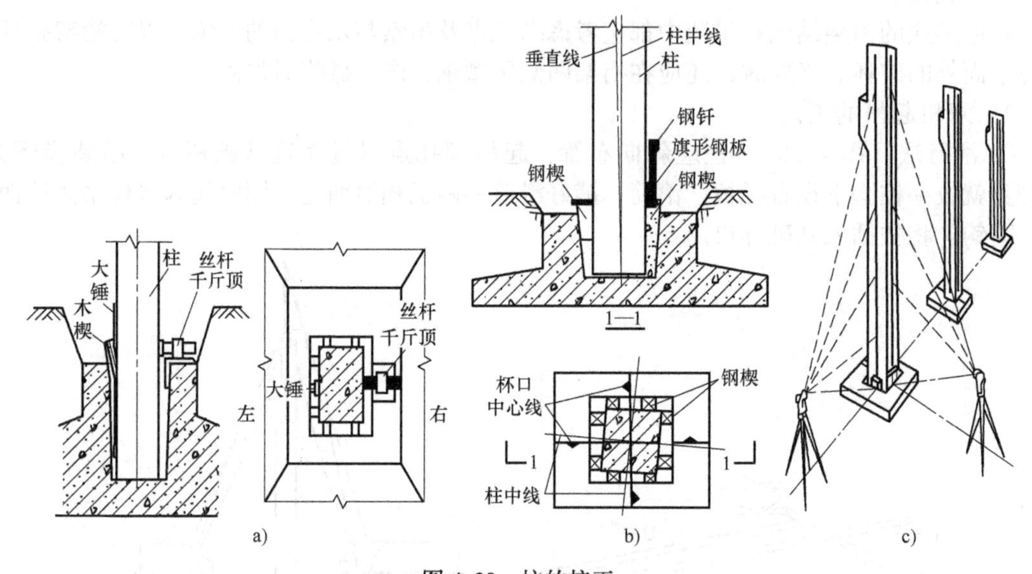

图 4-30　柱的校正

a) 反推法　b) 钢钎法　c) 柱的垂直度校正

垂直度校正的常用方法有螺旋千斤顶校正法（平顶、斜顶、立顶）、敲打楔块法、钢管撑杆校正法、缆风绳校正法等，如图 4-31 所示。

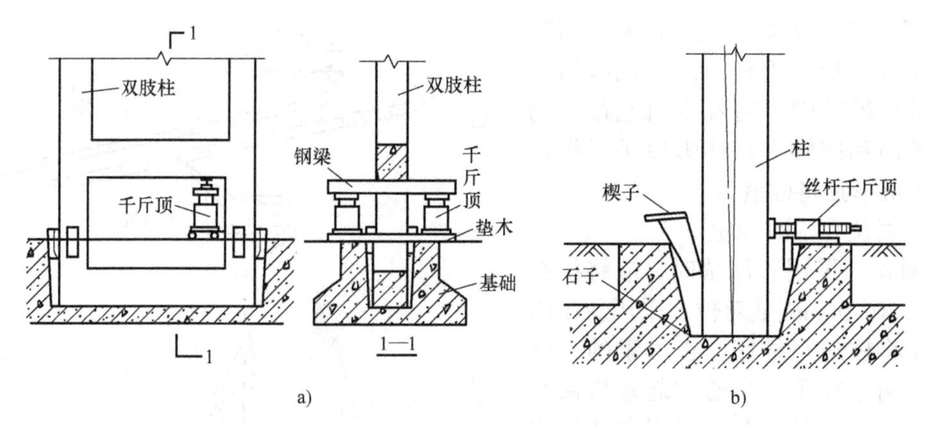

图 4-31　螺旋千斤顶校正法

a) 立顶法　b) 平顶法

(5) 最后固定　校正完后应及时在柱底四周与基础杯口的空隙之间浇筑细石混凝土，捣固密实，使柱完全嵌固在基础内作为最后固定。浇筑工作分两次进行，第一次浇至楔块底面，待混凝土强度达到设计强度的 25% 以后，拔出楔块再第二次浇筑混凝土至杯口顶面，如图 4-32 所示。

a) b)

图 4-32 柱的最后固定

2. 吊车梁的吊装

吊车梁的吊装（图 4-33）必须在基础杯口二次灌浆的混凝土强度达设计强度的 70% 以上方可进行。吊车梁应两点绑扎、对称起吊，两端用溜绳控制。就位时缓慢落钩，一次对好纵轴线，避免在纵轴线方向撬动吊车梁而导致柱偏斜。吊车梁的标高误差可在轨道安装时调整。

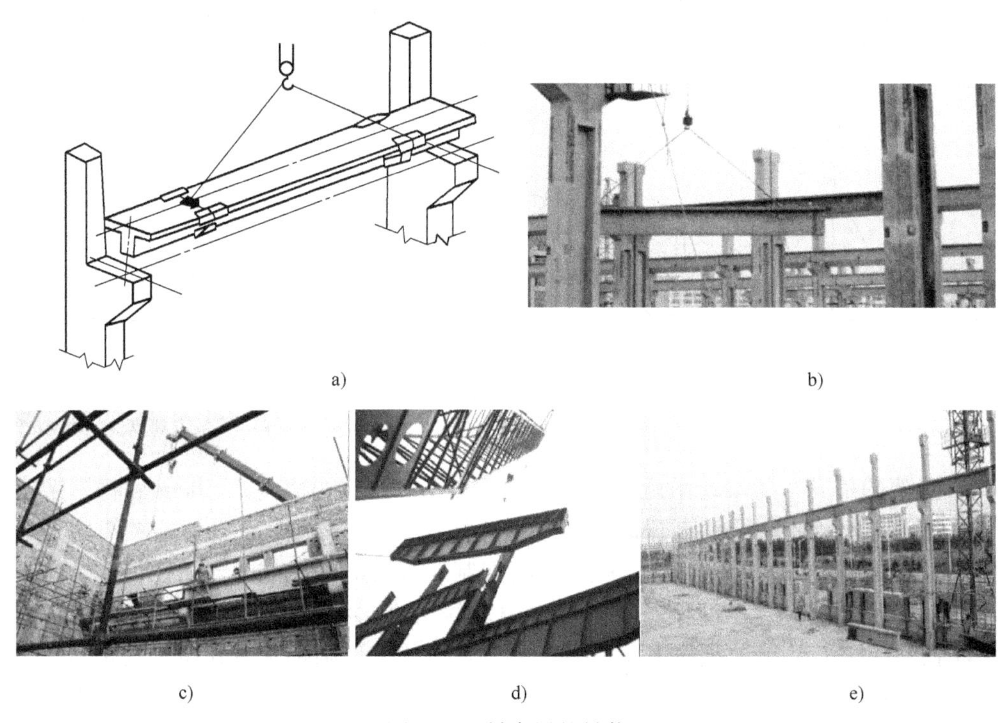

a) b) c) d) e)

图 4-33 吊车梁的吊装

3. 屋架的吊装

（1）屋架的翻身扶直　屋架均为平卧生产，吊装前必须先翻身扶直（图 4-34）。由于屋架平面刚度差，翻身中易损坏，18m 以上的屋架应在屋架两端用方木搭设井字架，高度与下一榀屋架上平面相同，以便屋架扶直后搁置其上。扶直方法有正向扶直和反向扶直，应尽可

能采用正向扶直。24m 以上的屋架，当验算抗裂度不够时，可在屋架下弦中节点处设置垫点，使屋架在翻身过程中下弦中节点始终着实。扶直后，下弦的两端应着实、中部则悬空，因此中垫点的厚度应适中。屋架高度大于 1.7m 时，应加绑木、竹或钢管横杆，以加强屋架平面刚度。

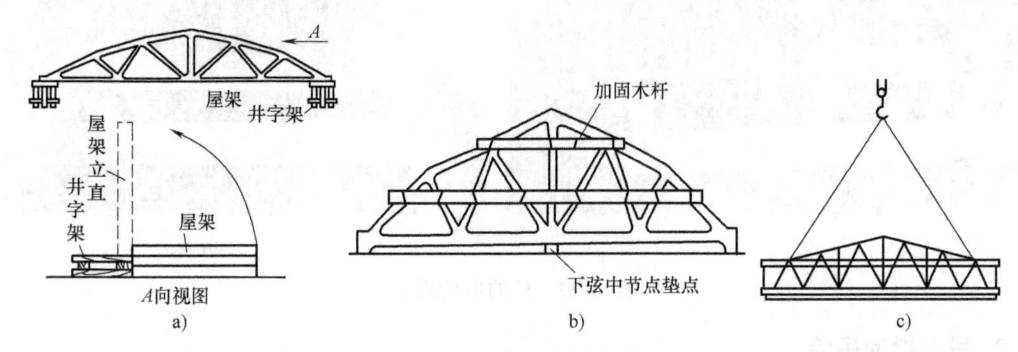

图 4-34 屋架的翻身扶直

a）屋架重叠生产的翻身扶直 b）屋架设置中垫点的翻身扶直 c）屋架的绑扎加固方法

（2）屋架的绑扎方法 屋架绑扎点应设在上弦节点处，左右对称。吊点的数目及位置一般由设计确定，设计无规定时应经吊装验算确定。当屋架跨度小于等于 18m 时采用两点绑扎；屋架跨度为 18～24m 时采用四点绑扎；跨度为 30～36m 时采用 9m 横吊梁、四点绑扎，如图 4-35 所示。吊索与水平面的夹角不小于 45°。

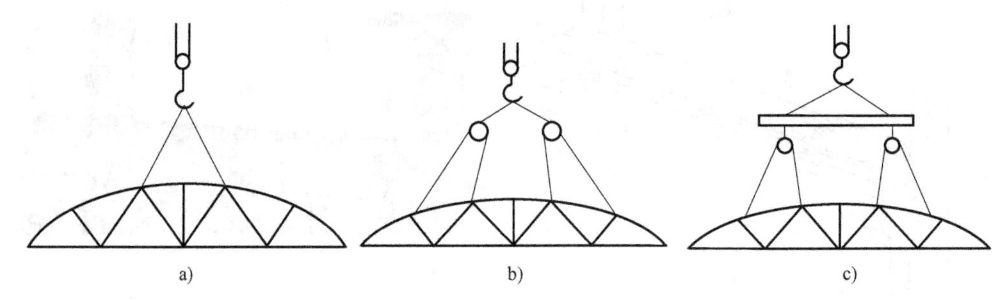

图 4-35 屋架的绑扎方法

a）两点绑扎（跨度≤18m） b）四点绑扎（跨度为 18～24m） c）用横吊梁四点绑扎（跨度为 30～36m）

（3）屋架的吊升 屋架起吊后保持水平，不晃动倾翻，吊离地面 50cm 后将屋架中心对准安装位置中心，然后徐徐垂直升钩，吊升超过柱顶约 30cm，用溜绳旋转屋架使其对准柱顶，落钩时应缓慢进行，并在屋架接触柱顶时即制动进行对位，如图 4-36 所示。

（4）对位及临时固定 屋架对位应以定位轴线为准。第一榀屋架就位后在其两侧用四根缆风绳临时固定，并用缆风绳来校正垂直度。其他屋架用两根工具式屋架校正器撑牢在前一榀屋架上。15m 跨以内的屋架用 1 根校正器，18m 以上的屋架用 2 根校正器。临时固定稳妥后起重机方能脱钩，如图 4-37 所示。

（5）校正与最后固定 屋架的垂直偏差可用锤球或经纬仪检查，在屋架的中间和两端设置三处卡尺。挑出屋架中心线 50cm，观测三个卡尺的标志是否在同一垂直面上，存在误差时，转动工具式屋架校正器上的螺栓加以校正，在屋架两端的柱底上嵌入斜垫铁（图4-38）校正无误后立即用电焊固定，焊接时应在屋架的两侧同时对角施焊，不得同侧同时施焊。

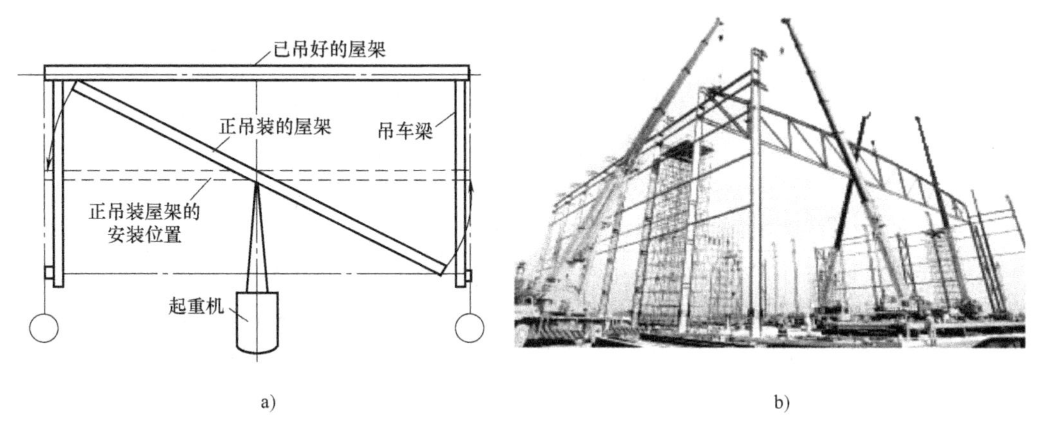

图 4-36　屋架的吊升

a）升钩时屋架对准跨度中心　b）屋架的多机抬吊

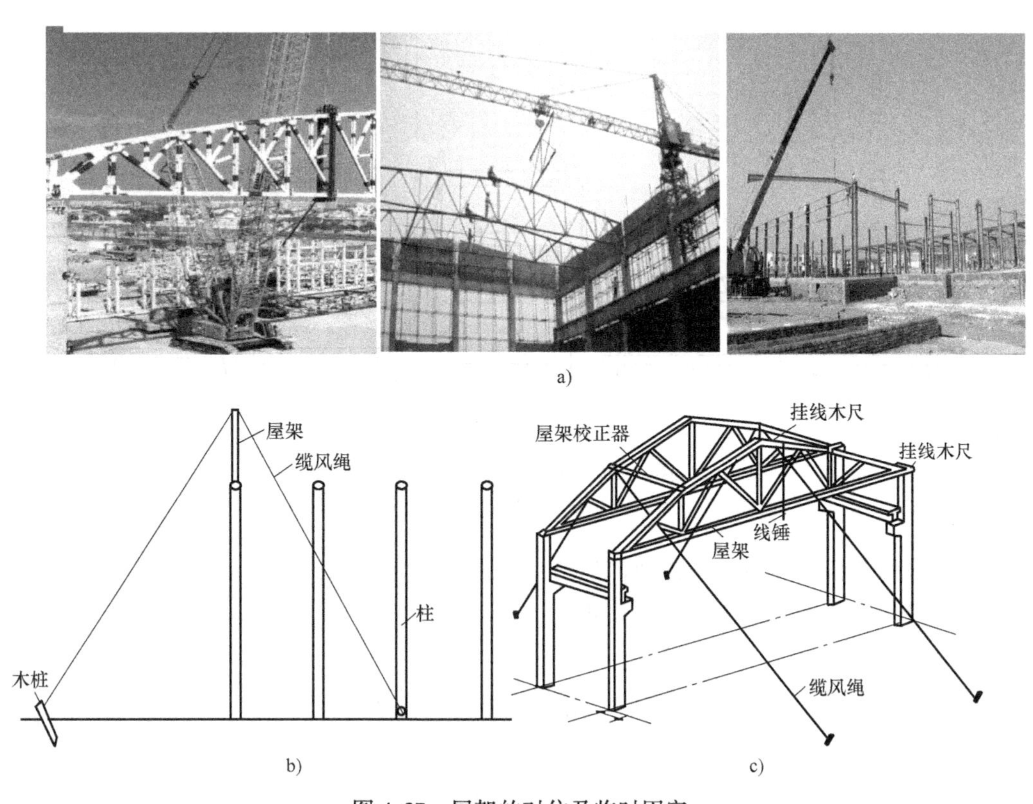

图 4-37　屋架的对位及临时固定

a）屋架对位　b）第一榀屋架用缆风绳临时固定　c）其他屋架的临时固定

4. 天窗架、屋面板吊装

天窗架常用单独吊装，也可与屋架拼装成整体同时吊装（图 4-39a）。单独吊装时，应待屋架两侧屋面板吊装后进行，采用两点或四点绑扎，并用工具式夹具或圆木进行临时加固。

屋面板多采用一钩多块叠吊或平吊法，以发挥起重机的效能（图 4-39b、c）。吊装顺序

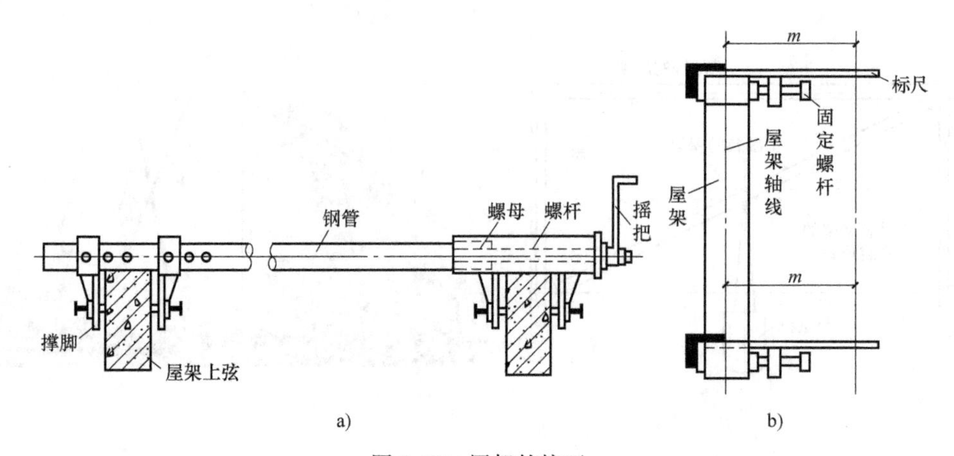

图 4-38　屋架的校正

a）屋架校正器　b）屋架垂直度校正

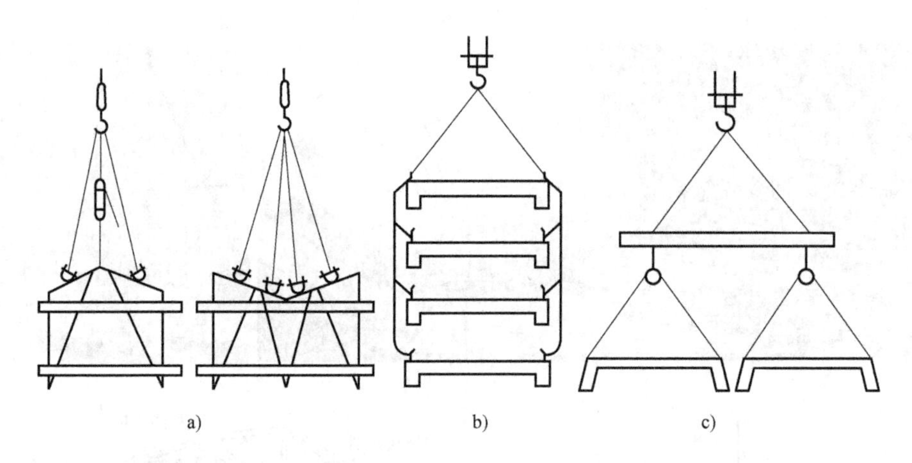

图 4-39　天窗架、屋面板吊装

a）天窗架的绑扎、吊装　b）屋面板多块叠吊　c）屋面板多块平吊

为：由两边檐口开始，左右对称逐块向屋脊安装，避免屋架承受半跨荷载。屋面板对位后应立即焊接牢固，每块板不少于三个角点焊接。

第四节　建筑结构吊装方案

结构吊装方案的内容包括起重机的选择、单位工程吊装方法和主要构件吊装方法的选择、吊装工程顺序安排和构件平面布置等问题。

一、起重机的选择

起重机的选择包括起重机类型选择、起重机型号选择和起重机数量的确定。

1. 起重机类型的选择

选择起重机类型需综合考虑的因素有：结构的跨度、高度、构件重量和吊装工程量；施工现场条件；工期要求；施工成本要求；本企业或本地区现有起重设备状况。

一般来说，吊装工程量较大的单层装配式结构宜选用履带式起重机；工程位于市区或工程量较小的装配式结构宜选用汽车起重机；道路遥远或路况不佳的偏僻地区吊装工程则可考虑独脚、人字扒杆或桅杆式起重机等简易起重机械。

对于多层装配式结构，常选用大起重量的履带式起重机或塔式起重机；对于高层或超高层装配式结构则，需选用附着式或内爬式塔式起重机。

2. 起重机型号的选择

选择原则：所选起重机的三个参数，即起重量 Q、起重高度 H、工作幅度（起重半径）R 均需满足结构吊装要求。

（1）起重量　单机吊装起重量计算公式为

$$Q \geqslant Q_1 + Q_2$$

Q_1——构件质量（t）；

Q_2——索具质量（t）。

（2）起重高度　起重机的起重高度（停机面至吊钩的距离）H 计算公式为

$$H \geqslant h_1 + h_2 + h_3 + h_4$$

h_1——安装支座表面高度（m）；

h_2——安装间隙，应不小于 0.3m；

h_3——绑扎点至构件起吊后底面的距离（m）；

h_4——索具高度（m），即绑扎点至吊钩的距离。

（3）起重半径　当起重机的停机位不受限制时，对起重半径没有要求；当起重机的停机位受限制时，需根据起重量、起重高度和起重半径三个参数查阅起重机性能曲线来选择起重机的型号及臂长；当起重机的起重臂需跨过已安装的结构去吊装构件时，为避免起重臂与已安装结构相碰，应采用数解法或图解法求出起重机的最小臂长及起重半径。

二、结构吊装方法

单层工业厂房的结构吊装有分件吊装法和综合吊装法两种。

1. 分件吊装法（大流水法）

起重机每开行一次，仅吊装一种或两种构件。第一次开行，吊完全部柱子，并完成校正和最后固定工作；第二次开行，安装吊车梁、连系梁及柱间支撑等；第三次开行，按节间吊装屋架、天窗架、屋面支撑及屋面板等，如图 4-40 所示。

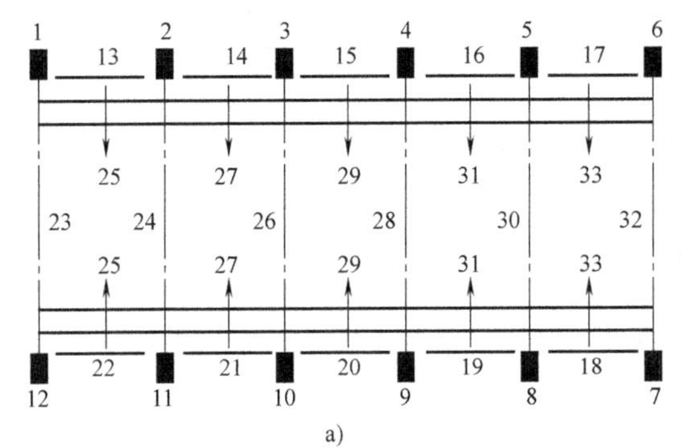

a)

b)

图 4-40　分件吊装法

分件吊装的优点是构件可分批进场，更换吊具少，吊装速度快；缺点是起重机开行路线长，不能为后续工作及早提供工作面。

2. 综合吊装法

综合吊装法是将多层房屋划分为若干施工层，起重机在每一施工层只开行一次，先吊装一个节间的全部构件，再依次安装其他节间等，待一层全部安装完再安装上一层构件，如图4-41所示。

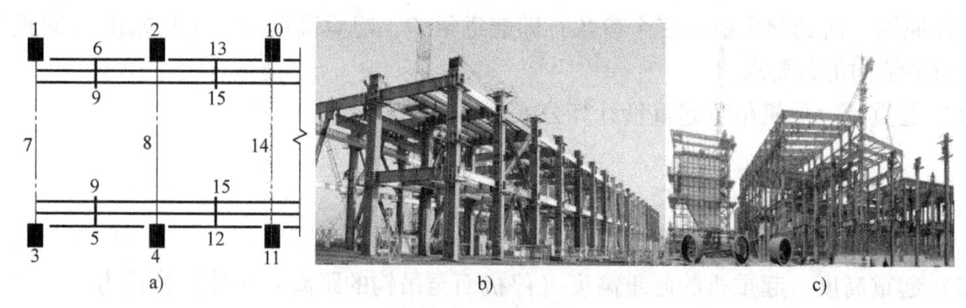

图4-41　综合吊装法

三、起重机的开行路线及停机位置

吊装屋架及屋面板时，起重机大多沿跨中开行。吊装柱时，则应视跨度大小、构件尺寸、重量及起重机性能，沿跨中开行或跨边开行。当柱布置在跨外时，起重机一般沿跨外开行，停机位置与跨边开行相似。图4-42为某单跨厂房的起重机开行路线及停机位置。

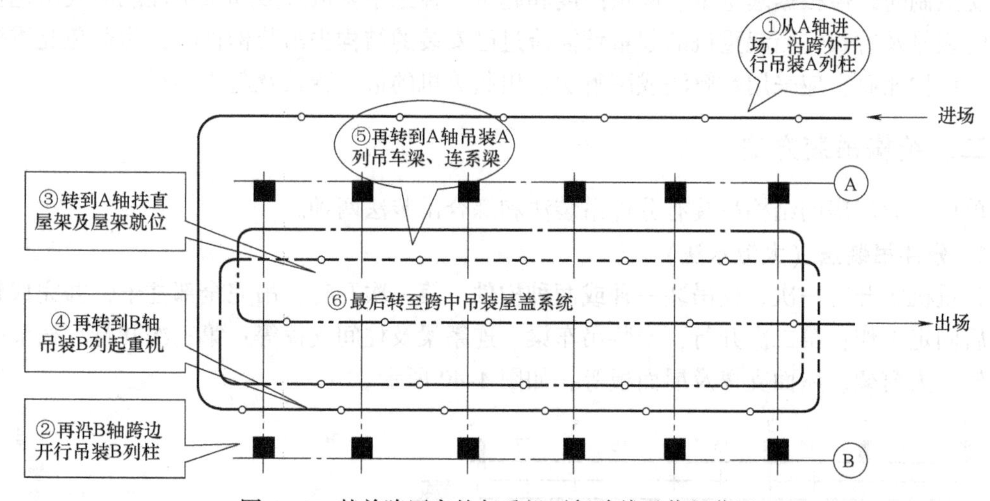

图4-42　某单跨厂房的起重机开行路线及停机位置

吊装柱子时，当起重半径$R \geqslant L/2$（L为厂房跨度）时，起重机沿跨中开行，每个停机位可吊两根柱子；当$R \geqslant \sqrt{(L/2)^2+(b/2)^2}$时，则可吊四根柱子；当$R<L/2$时，起重机沿跨边开行，每个停机位可吊一根柱子；当$R \geqslant \sqrt{a^2+(b/2)^2}$时，可吊两根柱子，如图4-43所示。

四、大跨度结构吊装

大跨度结构可分为平面结构和空间结构两大类。平面结构有桁架、刚架与拱等；空间结

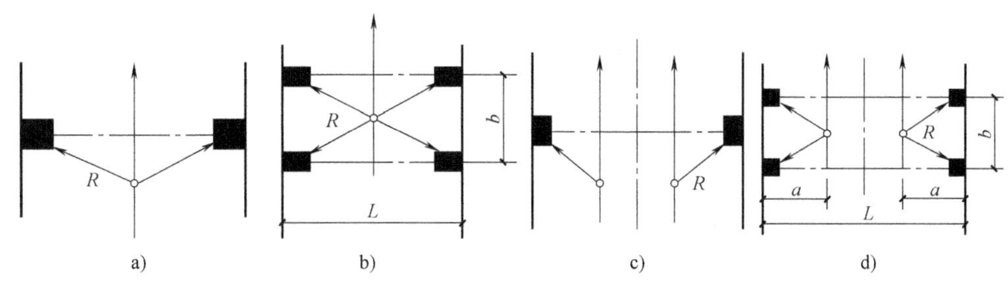

图 4-43　起重机吊装方法

a) $R \geqslant L/2$ 时　b) $R \geqslant \sqrt{(L/2)^2+(b/2)^2}$ 时　c) $R<L/2$ 时　d) $R \geqslant \sqrt{a^2+(b/2)^2}$ 时

构则有网架、薄壳、悬索等。大跨度结构的特点是跨度大、构件重、安装位置高。

1）分条（块）吊装法：是把网架分成条状或块状单元，分别吊装就位拼成整体的安装方法。

2）整体吊装法：是将网架在地面错位拼装后，起重机吊装、高空旋转就位安装的方法。

3）高空滑移法：按滑移方式分为逐条滑移法和逐条累积滑移法两种；按摩擦方式可分为滚动式滑移和滑动式滑移两种。北京五棵松体育馆的屋顶结构为双向正交桁架体系，跨度为120m×120m，26榀钢桁架支撑于沿建筑物四周布置的20根混凝土柱上，柱顶标高为29.3m，采用三组平行滑道、累积滑移的安装工艺，滑移总质量为3300t，滑移距离为120m。

4）整体提升法：是在地面将承重结构拼装后，利用提升设备将其整体提升到设计标高安装就位。北京航空航天大学教学科研楼的空中钢结构连廊跨度为60m，在地面拼装成整体，总质量为900t，提升高度为46m，液压提升一次安装就位。

复习思考题

1. 简述结构吊装工程的特点。
2. 使用卷扬机时，应注意哪些问题。
3. 吊具与吊索有什么区别？
4. 试绘出水平锚碇稳定性计算简图。
5. 简述桅杆式、自行式、塔式起重机械的特点。
6. 简述附着式搭式起重机的顶升原理。
7. 高层建筑施工中，选择搭式起重机应考虑哪些问题？
8. 简述柱的吊装过程，并说明注意事项。
9. 简述屋架的吊装过程，并说明注意事项。

第三篇 工程主体施工技术

本篇主要根据土木工程开展的一般顺序展开，主要包括建筑主体工程施工技术和安装工程施工技术，共六部分内容。

砌筑工程主要介绍砌筑工艺和质量要求；混凝土结构工程包括模板、钢筋、混凝土工程三个分项工程施工技术以及预应力混凝土施工工艺，并且在最后介绍了钢筋混凝土构件施工；钢结构工程主要介绍了钢结构的加工、连接和预拼装等工艺技术；此外，还介绍了防水工程和装饰装修工程技术，最后集中介绍了安装工程的概念、技术特点以及分类。

本篇是土木工程施工的主要章节，是构成工程主体的主要和重要环节，是施工技术的主要部分。

第五章 砌筑工程

砌筑工程是指普通黏土砖、硅酸盐类砖、石块和各种砌块的施工。

砖石建筑在我国有悠久的历史，目前在土木工程中仍占有相当大的比重。这种结构虽然取材方便、施工简单、成本低廉，但它的施工仍以手工操作为主，劳动强度大、生产率低，而且烧制黏土砖占用大量农田，因而采用新型墙体材料，改善砌体施工工艺是砌筑工程改革的重点。

通过本章学习，要求掌握砌筑工程中各环节的基本施工方法和质量要求，应掌握砖、石和中小型砌块施工的质量要求。可结合“砖石结构”课程学习的内容，以加深理解有关砖、石、砌块的组砌特点及质量要求。砖、石和中小型砌块的施工目前还停留在手工操作的水平上，在学习中主要了解其施工工艺流程。

第一节　砌筑主要材料

一、砌体材料

砌筑工程所用的材料主要有砖、石、砌块以及砌筑砂浆。

常温下砌砖时，普通黏土砖、空心砖的含水率宜为 10%~15%，一般应提前 0.5~1d 浇水润湿，避免砖吸收砂浆中过多的水分而影响黏结力，并可除去砖面上的粉末。但浇水过多会产生砌体走样或滑动。气候干燥时，石料也应先洒水润湿。但灰砂砖、粉煤灰砖不宜浇水过多，其含水率控制在 5%~8%为宜。

二、砌筑砂浆

砌筑砂浆包括水泥砂浆、石灰砂浆和混合砂浆。砂浆的种类及其等级，应根据设计要求确定。

水泥砂浆和混合砂浆可用于砌筑潮湿环境和强度要求较高的砌体，但对于基础一般只用水泥砂浆。

石灰砂浆宜用于砌筑干燥环境中以及强度要求不高的砌体，不宜用于潮湿环境的砌体及基础，因为石灰属于气硬性胶凝材料，在潮湿环境中，石灰膏不但难以结硬，而且会出现溶解流散现象。

制备混合砂浆和石灰砂浆用的石灰膏，应经筛网过滤并在化灰池中熟化不少于 7d，严禁使用脱水硬化的石灰膏。

砂浆的拌制一般用砂浆搅拌机，要求拌和均匀。为改善砂浆的保水性可掺入黏土、电石膏、粉煤灰等塑化剂。砂浆应随拌随用，常温下，水泥砂浆和混合砂浆必须分别在搅拌后3h和4h内使用完毕，如气温在30℃以上，则必须分别在2h和3h内用完。

砂浆稠度的选择主要根据墙体材料、砌筑部位及气候条件而定。一般对于实心砖墙和柱，砂浆的流动性宜为70~100mm；砌筑平拱过梁、毛石及砌块时，砂浆的流动性宜为50~70mm；对于空心砖墙和柱，砂浆的流动性宜为60~80mm。

第二节　砌筑工艺

一、砖墙砌筑工艺

砌砖施工通常包括抄平、放线、摆砖样、立皮数杆、挂准线、铺灰砌砖等工序。如为清水墙，则还要进行勾缝。下面以房屋建筑砖墙砌筑为例，说明各工序的具体做法。

1. 抄平

砌砖墙前，先在基础面或楼面上按标准的水准点定出各层标高，并用水泥砂浆或C10细石混凝土找平。

2. 放线

建筑物底层墙身可以龙门板上轴线定位钉为准拉麻线，沿麻线挂下线锤，将墙身中心轴线放到基础面上，并以此墙身中心轴线为准弹出纵横墙身边线，定出门洞口位置。为保证各楼层墙身轴线的重合，并与基础定位轴线一致，可利用预先引测在外墙面上的墙身中心轴线，借助于经纬仪把墙身中心轴线引测到楼层上去；或用线锤挂，对准外墙面上的墙身中心轴线，从而向上引测。轴线的引测是放线的关键，必须按图样要求尺寸用钢皮尺进行校核。然后，按楼层墙身中心线，弹出各墙边线，划出门窗洞口位置。

3. 摆砖样

按选定的组砌方法，在墙基顶面放线位置试摆砖样（生摆，即不铺灰），尽量使门窗垛符合砖的模数，偏差小时可通过竖缝调整，以减小斩砖数量，并保证砖及砖缝排列整齐、均匀，以提高砌砖效率。摆砖样在清水墙砌筑中尤为重要。

4. 立皮数杆

立皮数杆（图5-1）可以控制每皮砖砌筑的竖向尺寸，并使铺灰、砌砖的厚度均匀，保证砖皮水平。皮数杆上划有每皮砖和灰缝的厚度，以及门窗洞、过梁、楼板等的标高。它立于墙的转角处，其基准标高用水准仪校正。如墙的长度很大，可每隔10~20m再立一根。

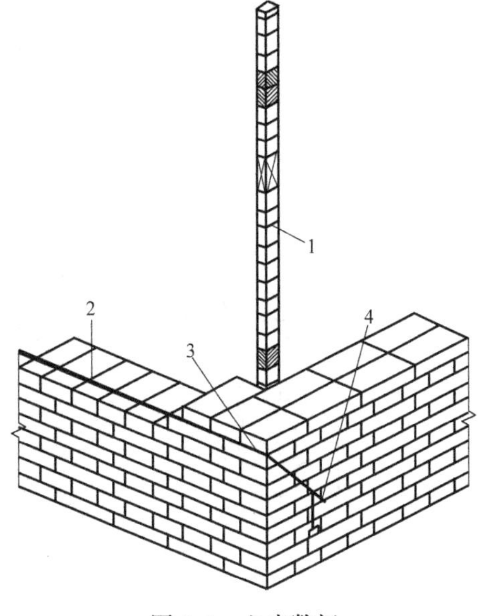

图5-1　立皮数杆
1—皮数杆　2—准线　3—竹片　4—圆铁钉

5. 铺灰砌砖

铺灰砌砖的操作方法很多，与各地区的操作习惯、使用工具有关。常用的有满刀灰砌筑法

（又称提刀灰），夹灰器、大铲铺灰及单手挤浆法，铺灰器、灰瓢铺灰及双手挤浆法。实心砖砌体大多数采用一顺一顶、三顺一顶、梅花顶等组砌方法。砖柱不得采用包心砌法。每层承重墙的最上一皮砖或梁、梁垫下面，或砖砌体的台阶水平面上及挑出部分最上一皮砖均应采用丁砌层砌筑。

砖墙砌筑通常先在墙角以皮数杆进行盘角，然后将准线挂在墙侧，作为墙身砌筑的依据，每砌一皮或两皮，准线向上移动一次。

土木工程中其他砖砌体的施工工艺与房屋建筑砌筑工艺基本一致。

二、砖砌体的质量要求

砌筑工程质量的基本要求有：横平竖直、砂浆饱满、灰缝均匀、上下错缝、内外搭砌、接槎牢固。

对于砌砖工程，要求每一皮砖的灰缝横平竖直、砂浆饱满。上面砌体的重力主要通过砌体之间的水平灰缝传递到下面，水平灰缝不饱满往往会使砖块折断。为此，规定实心砖砌体水平灰缝的砂浆饱满度不得低于 80%。竖向灰缝的饱满程度影响砌体抗透风和抗渗水的性能。水平缝厚度和竖缝宽度规定为 10mm±2mm，过厚的水平灰缝容易使砖块浮滑，墙身侧倾，过薄的水平灰缝会影响砌体之间的黏结能力。

上下错缝是指砖砌体上下两皮砖的竖缝应当错开，以避免上下通缝。在垂直荷载作用下，砌体会由于“通缝”丧失整体性而影响砌体强度。同时，内外搭砌使同皮的里外砌体通过相邻上下皮的砖块搭砌而组砌得牢固。

“接槎”是指相邻砌体不能同时砌筑而设置的临时间断，它可便于先砌砌体与后砌砌体之间的接合。为使接槎牢固，须保证接槎部分的砌体砂浆饱满，砖砌体应尽可能砌成斜槎，斜槎的长度不应小于高度的 2/3（图 5-2a）。临时间断处的高度差不得超过 1 步脚手架的高度。当留斜槎确有困难时，可从墙面引出不小于 120mm 的直槎（图 5-2b），并沿高度方向间距不大于 500mm 处加设拉结筋，拉结筋每 120mm 墙厚放置 1 根 ϕ6mm 钢筋，埋入墙的长度每边均不小于 500mm。但砌体的 L 形转角处，不得留直槎。

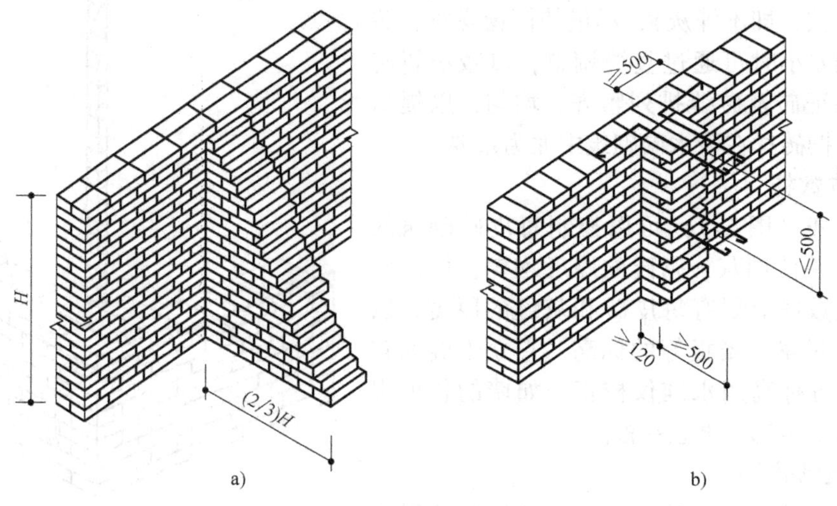

图 5-2 接槎

a）斜槎砌筑 b）直槎砌筑

砖墙或砖柱顶面尚未安装楼板或屋面板时，如有可能遇到大风，其允许自由高度不得超过表5-1的规定，否则应采取可靠的临时加固措施。

表5-1　墙和柱的允许自由高度

墙(柱)厚/cm	墙和柱的允许自由高度/m					
	砌体重度>16kN/m³(石墙、空心石墙)			砌体重度>13kN/m³(空心砖墙、空斗墙)		
	风载　kN/m²			风载　kN/m²		
	0.30(大致相当于7级风)	0.40(大致相当于8级风)	0.60(大致相当于9级风)	0.30(大致相当于7级风)	0.40(大致相当于8级风)	0.60(大致相当于9级风)
19	—	—	—	1.4	1.1	0.7
24	2.8	2.1	1.4	2.2	1.7	1.1
37	5.2	3.9	2.6	4.2	3.2	2.1
49	8.6	6.5	4.3	7.0	5.2	3.5
62	14.0	10.5	7.0	11.4	8.6	5.71

注：本表适用于施工处标高（H）在10m范围内的情况，当$10m<H\leqslant15m$、$15m<H\leqslant20m$和$H>20m$时，表内的允许自由高度值应分别乘以系数0.9、0.8和0.75；若所砌筑的墙有横墙或其他结构与其连接，而且间距小于表中自由高度限值的2倍，砌筑高度可不受本表规定的限制。

第三节　砌块工艺

一、中小型砌块的施工机械

中小型砌块在我国房屋工程中已得到广泛应用。砌块按材料分为粉煤灰硅酸盐砌块、普通混凝土空心砌块、煤矸石硅酸盐空心砌块等。砌块的规格不一，一般高度为380~940mm，长度为高度的1.5~2.5倍，厚度为180~300mm，每块砌体质量为50~200kg。

砌块墙的施工特点是砌块数量多，吊次也相应地增多，但砌块的质量不是很大，通常采用的吊装方案有两种：一是塔式起重机进行砌块、砂浆的运输，以及楼板等构件的吊装，由台灵架吊装砌块，台灵架在楼层上的转移由塔式起重机来完成；二是以井架进行材料的垂直运输、杠杆车进行楼板吊装，所有预制构件及材料的水平运输则用砌块车和手推车，台灵架负责砌块的吊装（图5-3）。

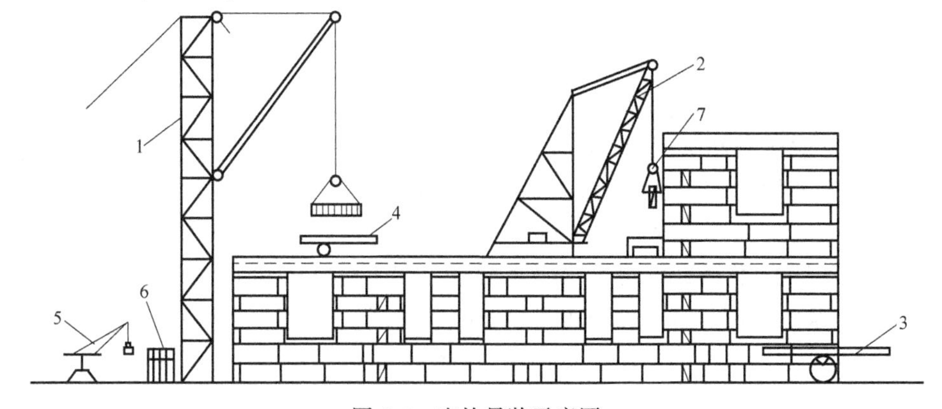

图5-3　砌块吊装示意图

1—井架　2—台灵架　3—杠杆车　4—砌块车　5—少先吊　6—砌块　7—砌块夹

二、砌块施工技术要求

由于中小型砌块体积较大且较重，不如砖块可以随意搬动，因此在吊装前应绘制砌块排列图，以指导吊装砌筑施工。砌块排列图按每片纵、横墙分别绘制（图 5-4），要求做到：

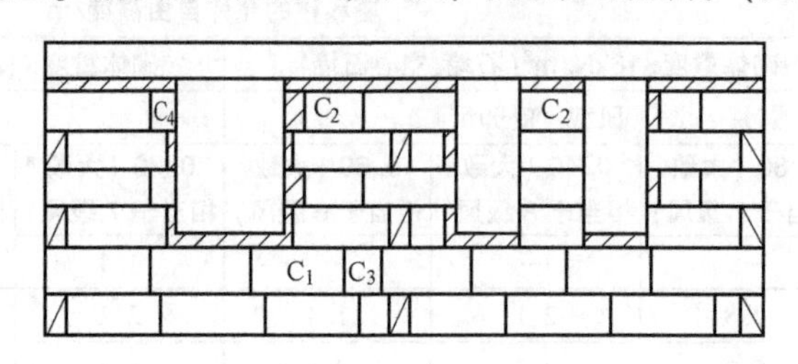

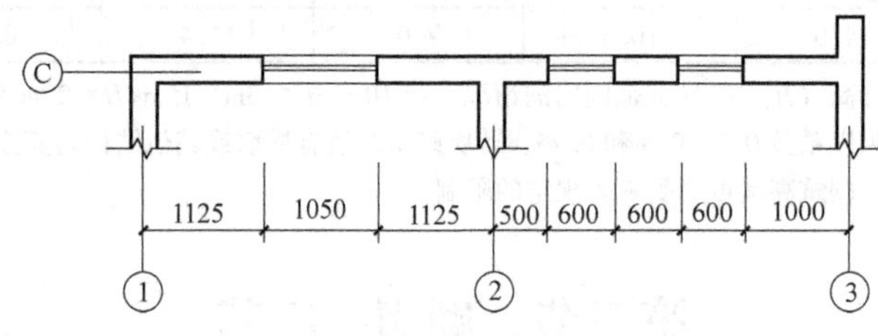

图 5-4　砌块排列图

1）尽量采用主规格砌块，减少镶砖。

2）错缝搭砌，搭接长度不小于砌块高度的 1/3，并不小于 150mm。外墙转角处及纵横墙交接处应用砌块互相搭接，如不能互相搭接，则每两皮应设置一道拉结钢筋网片。

3）水平灰缝一般为 10～20mm，有配筋的水平灰缝为 20～25mm。竖缝宽度为 15～20mm，当竖缝宽度大于 40mm 时，应用与砌块同强度的细石混凝土填实；当竖缝大于 100mm 时，应用黏土砖镶砌。

4）当楼层高度不是砌块（包括水平灰缝）的整数倍时，用黏土砖镶砌。

三、砌块结构冬期施工

当预计连续 10d 的气温低于 5℃时，砖石工程的施工应按冬期施工的要求进行砌筑。冬期施工所用的材料应符合如下规定：

1）砖和石材在砌筑前，应清除冰霜。

2）砂浆宜采用普通硅酸盐水泥拌制。

3）石灰膏、黏土膏和电石膏等应防止受冻，如遭冻应融化后使用。

4）拌制砂浆所用的砂，不得含有冰块和直径大于 1cm 的冰结块。

5）拌和砂浆时，水的温度不得超过 80℃，砂的温度不得超过 40℃。

普通砖在正温度条件下砌筑应适当浇水润湿；在负温度条件下砌筑时，如浇水有困难，则须适当加大砂浆的稠度，且不得使用无水泥配制砂浆。

砖基础的施工和回填土前，均应防止地基遭受冻结。

砖石工程的冬期施工应以采用掺盐砂浆法为主。对保温、绝缘、装饰等方面有特殊要求的工程，可采用冻结法或其他施工方法。

冬期施工中，每日砌筑后应在砌体表面覆盖保温材料。

第四节　砌筑相关工艺

一、砖柱的组砌形式

无论哪种砌法，都应使柱面上下皮的竖缝相互错开 1/2 砖长或 1/4 砖长，在柱心无通天缝，少打砖，并尽量利用二分头砖。严禁采用包心砌法（即先砌四周后填心的砌法）。砖柱的组砌形成及方法如图 5-5~图 5-7 所示。

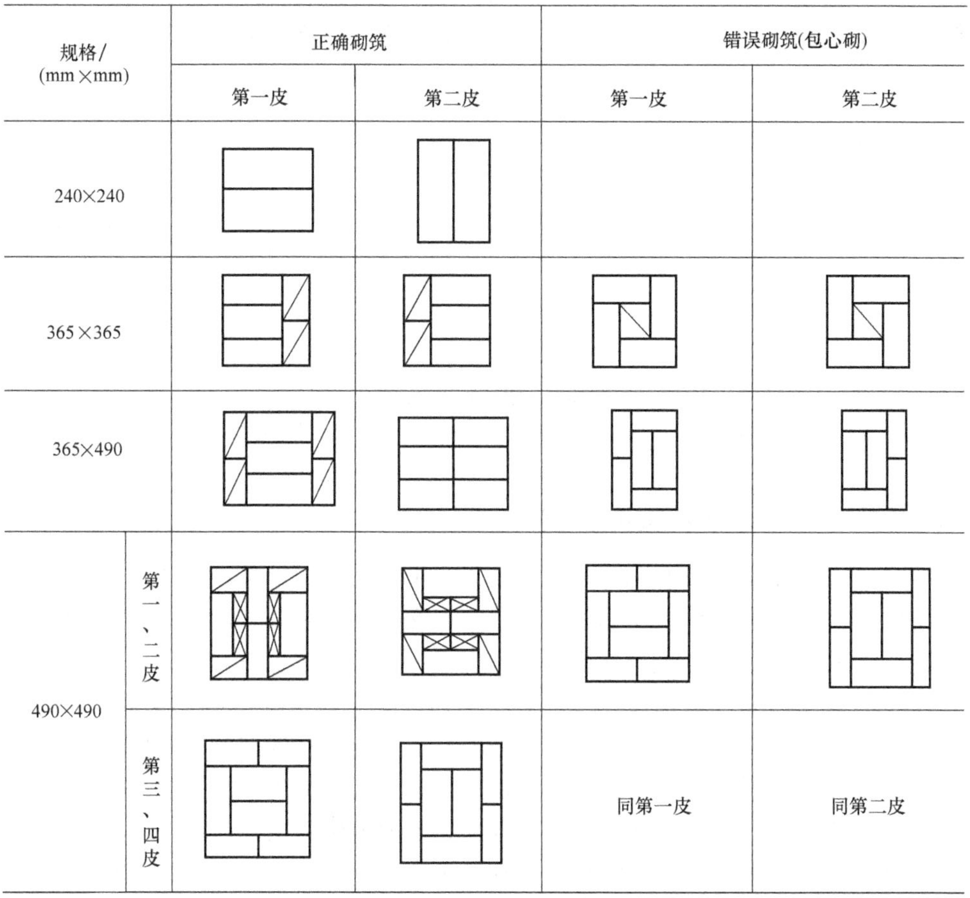

规格/
(mm×mm)
正确砌筑
错误砌筑(包心砌)
第一皮
第二皮
第一皮
第二皮
240×240
365×365
365×490
490×490
第一、二皮
第三、四皮
同第一皮
同第二皮

图 5-5　砖柱的组砌形式

第一皮
第二皮

图 5-6　圆形柱砌法

此部分的砖块在砌一皮
后要求旋转90°免同缝
90°
(第一、三、五、七皮)
(第二、六皮)
(第四、八皮)

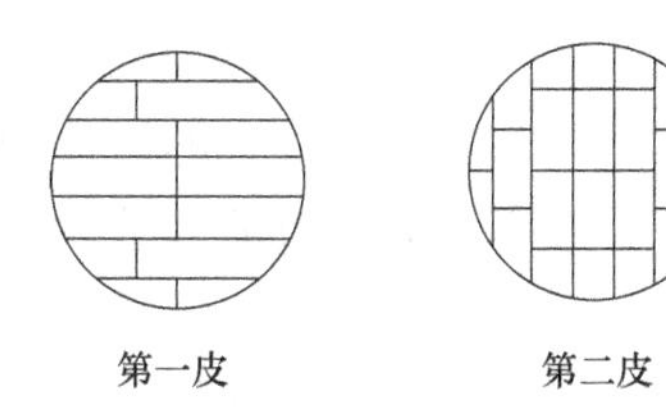

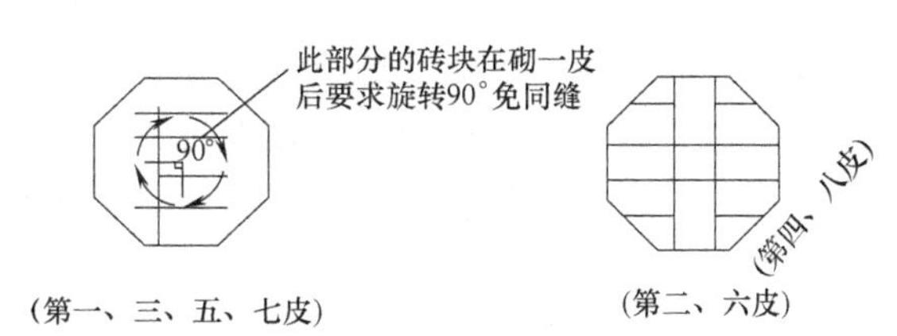

图 5-7　多角形柱砌法

二、砖垛的砌法

砖垛砌筑前的准备与实心砖墙相同。砖垛宜用烧结普通砖与水泥混合砂浆砌筑。砖的强度等级不应低于 MU7.5，砂浆强度等级不应低于 M2.5。砖垛截面尺寸不应小于 125mm×240mm。

砖垛的砌筑方法，应根据不同墙厚及垛的大小而定。无论哪种砌法，都应使垛与墙体逐皮搭砌，切不可分离砌筑。搭砌长度不少于1/2砖长（个别情况下至少1/4砖长）。垛根据错缝需要，可加砌七分头砖或半砖。砖垛砌筑应与墙体同时砌起，不能先砌墙后砌垛或先砌垛后砌墙。

图5-8为一砖墙附几种砖垛的砌法。砖垛灰缝要求同实心砖墙。砖垛上不得留设脚手眼。砖垛每日砌筑高度应与相附墙体砌筑高度相等，不可一高一低。

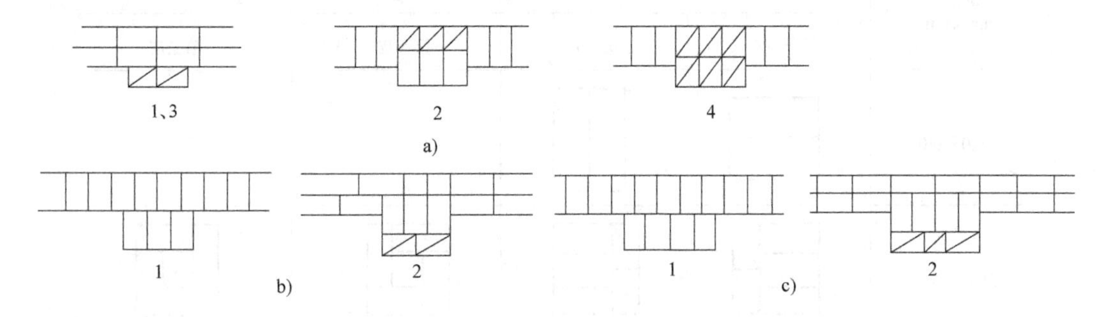

图5-8　砖墙附砖垛砌法

a）附365mm×365mm砖垛　b）附365mm×490mm砖垛　c）附490mm×490mm砖垛

三、砖砌体地基沉降裂缝的防治

房屋的全部荷载最终通过基础传给地基后，这个压力便向地基深处传递，同时随着传递深度的增加，扩散的面积越大，土的压力越小。而在同一深度处，压应力总是中间大，向两端逐渐减小。因此，即使地基地层非常均匀，房屋的荷载分布也非常均匀，房屋的地基压力分布仍然是不均匀的，从而使房屋地基产生不均匀沉降，即房屋中部沉降多，两端沉降少，形成微微向下凹的盆状曲线沉降分布。在土质较好、较均匀且房屋的长高比不大时，房屋地基不均匀沉降的差值比较小，对房屋的安全使用影响不大。但当房屋修建在淤泥土质或软塑状态的黏性土上时，由于土的强度低，压缩性大，房屋的绝对沉降量和相对不均匀沉降量都可能较大，如果房屋长高比较大，结构刚度和施工质量差时，便在纵墙的两端，多数在窗口的两个对角发生较严重的、呈“正八字”的斜向裂缝（图5-9）。

当房屋地基土层分布不均匀、土质判别较大时，则往往在土层分布变化处或土质判别处出现较明显的不均匀沉降，造成墙体开裂（图5-10）。

在房屋高差较大或荷载差异较大时，也容易在高低和轻重的交接部位产生较大的不均匀沉降。此时，裂缝多产生在层数低、荷载轻的部分，并向上朝着层数高、荷载重的部分倾斜（图5-11）。

当房屋两端土质压缩性大，中部土质压缩性小时，沉降分布曲线将呈凸形。此时，往往在纵墙两端出现“倒八字”裂缝，在纵墙顶部出现竖向裂缝（图5-12）。

在多层房屋中，当底层窗口过宽时，由于窗间墙承受较大集中荷载后，地基下沉较大，窗台起反梁作用，因而反向变形大，而窗台墙变形小，故常在窗台下产生垂直裂缝（图5-13）。有时因地基的冻胀作用，也在窗台处发生这类裂缝。

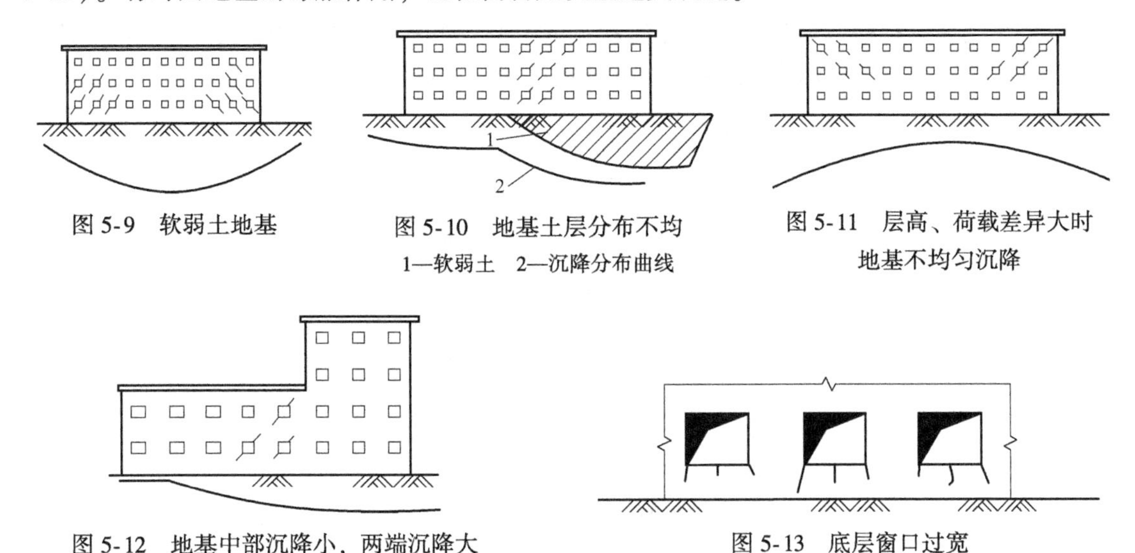

图5-9　软弱土地基

图5-10　地基土层分布不均
1—软弱土　2—沉降分布曲线

图5-11　层高、荷载差异大时地基不均匀沉降

图5-12　地基中部沉降小，两端沉降大

图5-13　底层窗口过宽

当高低建筑物相邻时，高者地基沉降大，低者受其影响而产生斜向裂缝；新建的高、重建筑物与早已建成的低、轻旧建筑相邻时，新建建筑物下沉，也常会使旧建筑物产生斜向裂缝。

防治地基沉降裂缝的措施如下：

1）认真处理好地基，对高低差过大、建筑物过长、平面形状复杂、地基处理方法不同（如部分为桩基，部分为天然地基）、分期建筑的建筑物，应在房屋可能产生过大不均匀沉降的地方设置沉降缝，将房屋划分成若干个独立的长高比小、整体刚度好、自成沉降体系的单元。沉降缝应有适当的宽度，一般可采用30~50mm，缝中不得夹有碎砖、砂浆或杂物。施工时应先建重单元，后建轻单元。

2）加强上部结构刚度（如设置地梁、圈梁），注意保证砌筑质量，提高砌体抗剪强度。

3）对荷载大的窗间墙及宽大窗口下部应适当设置通长钢筋或加设钢筋混凝土梁，以防止窗台处产生竖直裂缝。

4）当两相邻建筑物相距过近时，如“影响建筑物”的平均沉降量小于70mm，或“被影响建筑物”具有较好刚度，其长宽比小于或等于1.5时，可不考虑相邻建筑物的影响。否则，应采取适当措施，如将相邻建筑物隔开一定距离（3~15 m），或减少“影响建筑物”沉降量（加强地基探槽工作，对软弱地基进行加固处理）和增强“被影响建筑物”的结构刚度等。

对一般性裂缝，如不再发展，用砂浆堵抹即可；对影响安全使用的裂缝，则应进行结构加固处理。

四、中型砌块吊装路线的选择

中型砌块（包括粉煤灰砌块和混凝土空心中型砌块）砌体工程施工时，吊装路线的选择是一项重要的工作，可以根据工程的具体情况和建筑物的平面布置情况、起重机械设备的配备条件和性能选择砌块的吊装路线。在一般情况下，有后退法、合拢法、循环法三种。

1. 后退法

砌块吊装从工程的一端开始，后退至另一端收头。如施工的工程类似于图 5-14 的情况时，且井架设在工程的两端或使用塔式起重机时，可选用此法。

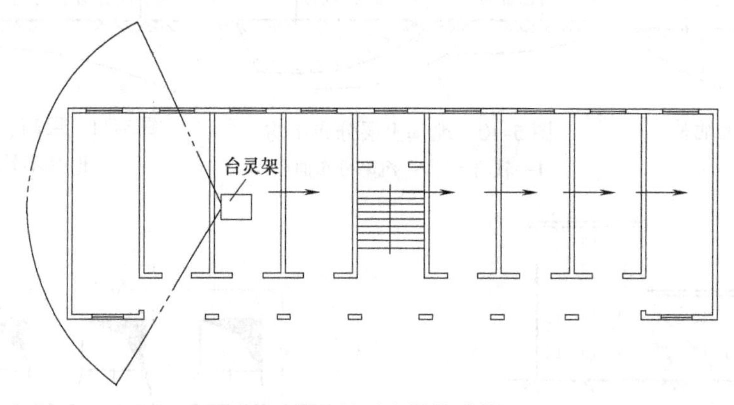

图 5-14　后退法吊装路线

2. 合拢法

当施工工程情况与上述情况相同，但井架设在工程的中间时，吊装路线可以从工程的一端开始吊装到井架处，再将台灵架（或滑轨爬移式楼面起重机）移到工程的另一端进行吊装，最后退到井架处收头，如图 5-15 所示。

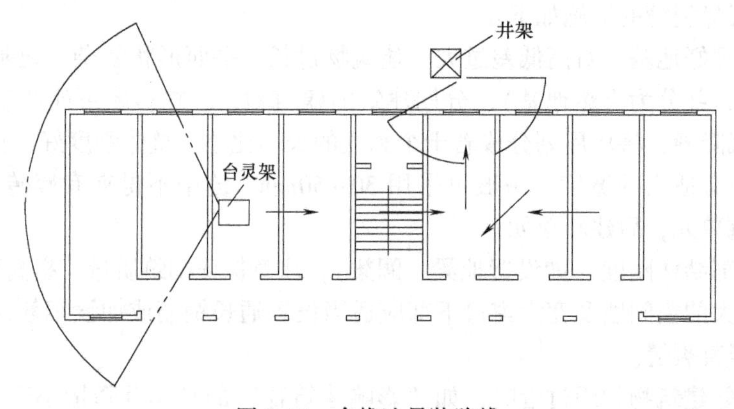

图 5-15　合拢法吊装路线

3. 循环法

当施工工程宽度为 7~9 m 时，井架位置在工程一侧的中间，吊装通常先从工程的一端转角处开始，依次吊装循环至另一端转角处，最后至井架处结束；如用塔式起重机时，可以在任何一端开始循环吊装，如图 5-16 所示。吊装路线可以根据工程的具体情况和设备条件进行选择。

五、砌块施工工艺流程

砌块施工工艺流程如图 5-17 所示。

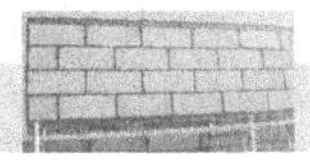

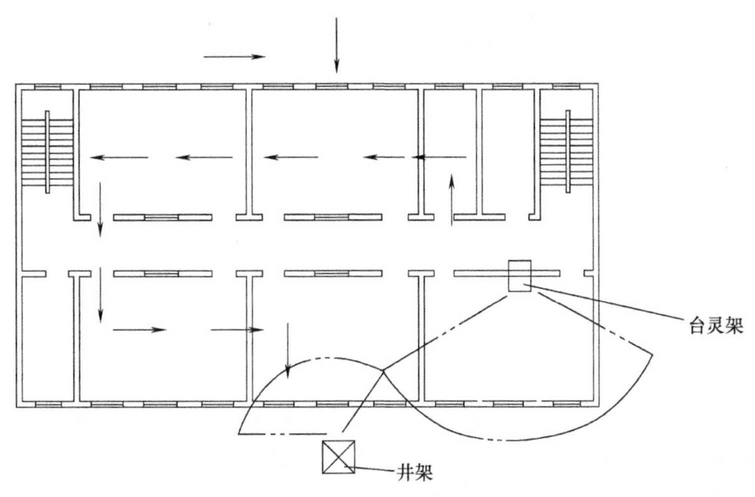

图 5-16　循环法吊装路线

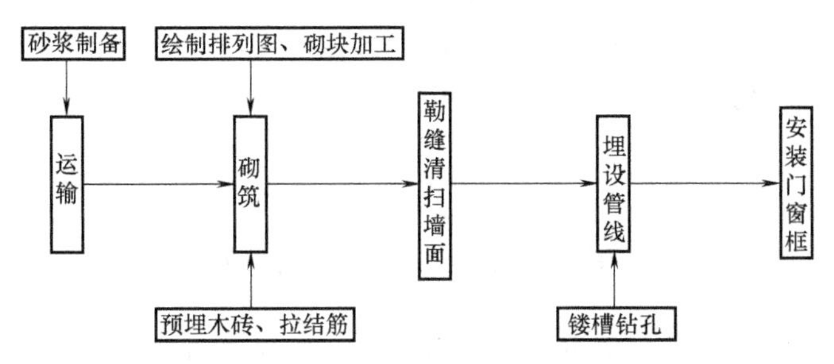

图 5-17　砌块施工工艺流程

【例 5-1】 试画出一砖墙附 365mm×365mm 砖垛的组砌方法。

解： 组砌方法如图 5-18 所示。

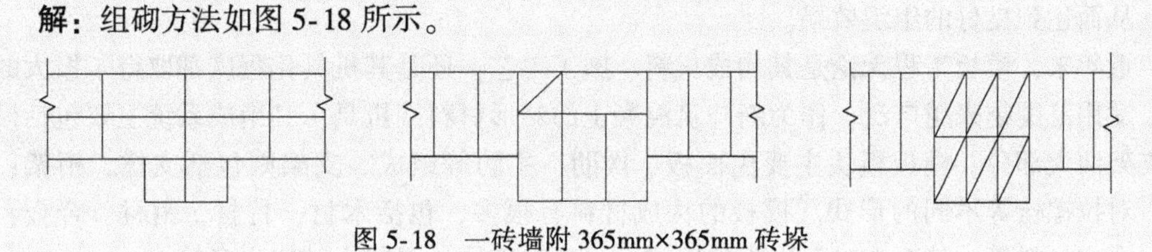

图 5-18　一砖墙附 365mm×365mm 砖垛

复习思考题

1. 简述砖墙砌筑的施工过程。
2. 砌块砌筑的施工工艺流程及基本原则各是什么？
3. 砌块施工的操作要点有哪些？
4. 标准砖的组砌形式有哪几种？
5. 砌筑工程的垂直运输机具有哪几种？

第六章 混凝土结构工程

混凝土结构工程施工在土木工程施工中处于主导地位，它对工程的人力、物力消耗以及对工期均有很大的影响。混凝土结构工程从施工工艺的角度可以划分为现浇混凝土结构施工、采用装配式预制混凝土构件的工厂化施工和预应力混凝土施工等几个方面。

混凝土结构工程主要由钢筋、模板、混凝土等多个专业化的分项工程组成，由于施工过程多、工艺复杂、周期长及建筑行业迅速发展而导致的对混凝土施工的不同要求，因而要加强混凝土的施工管理，做到统筹安排、合理组织，以达到保证质量、提高效率和降低造价的目的。

第一节 模 板 工 程

模板工程是混凝土工程的重要分项工程之一，是混凝土结构施工中重要的施工材料和机具，对混凝土结构施工的质量、安全、进度、费用具有十分重要的影响。所以，在混凝土结构施工中应根据具体的结构情况和施工条件，选用合理的模板形式、模板结构以及施工方法，从而达到良好的组织效果。

近年来，模板工程无论是其构成材料、施工工艺，还是其机具化程度都取得了极大的进步，适用范围越来越广泛。作为新浇筑混凝土的塑形材料或机具，其组成系统主要包括模板和支架两大部分。模板板块主要由面板、次肋、主肋等组成。支架则包括支撑、桁架、系杆、对拉螺栓等不同的形式。模板的构成材料有很多，包括木材、竹材、钢材、合金、塑料、合成材料等，甚至有时可以就地取材，包括砖砌体、混凝土结构本身等。

一、模板的形式与构造

（一）木模板

木模板、胶合板模板在一些工程上应用广泛。这类模板一般为散装散拆式模板，也有的加工成基本元件（拼板），在现场进行拼装，拆除后仍可周转使用。

拼板由一些板条用拼条钉拼而成（胶合板模板则用整块胶合板进行加工制作成需要的形状），板的厚度一般为 25~50mm，板的宽度不宜超过 200mm，以保证干缩时缝隙均匀，浇水后易于弥缝。但不限制梁底板的板条宽度，以减少漏浆。拼板的拼条（次肋）间距取决于新浇混凝土的侧压力和板条的厚度（多为 400~500mm）。

土木工程施工中不同的结构构件常用的木模板的构造及支撑方法：

1. 基础模板

基础模板安装时，要保证上下模板不发生相对位移。如有杯口，还要在其中放入杯口模板。图 6-1 为阶梯形基础模板。

2. 柱模板

柱模板的拼板用拼条连接，两两相对组成矩形。为承受混凝土侧压力，拼板外要设柱箍，其间距与混凝土侧压力、拼板厚度有关，因而柱模板下部柱箍较密。

柱模板底部开有清理孔，沿高度每隔约 2m 开有浇筑孔。柱底的混凝土上一般设有木框，用以固定柱模板的位置。柱模板顶部根据需要可开有与梁模板连接的缺口。图 6-2 为柱模板。

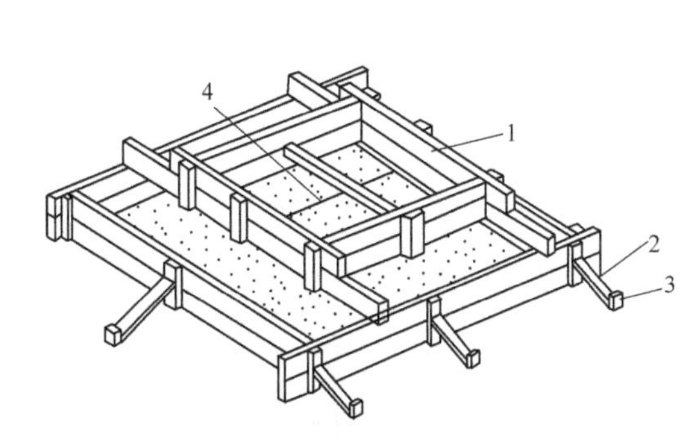

图 6-1　阶梯形基础模板

1—拼板　2—斜撑　3—木桩　4—钢丝

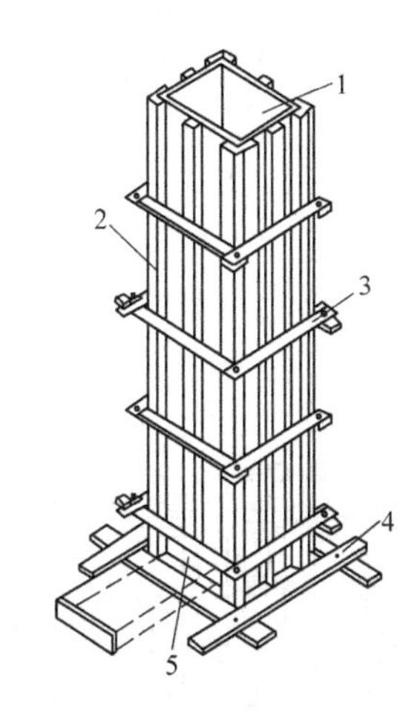

图 6-2　柱模板

1—内拼板　2—外拼板　3—柱箍
4—梁缺口　5—清理孔

3. 梁模板、楼板模板

梁模板由底模板和侧模板组成。底模板承受垂直荷载，一般较厚，下面有支撑（或桁架）承托。支撑多为伸缩式，可调整高度，底部应支撑在坚实地面或楼面上，下垫木楔。如地面松软，则底部应垫以木板。在多层建筑施工中，应使上下层的支撑在同一条竖向直线上，否则，要采取措施保证上层支撑的荷载能传到下层支撑上。支撑间应用水平和斜向拉杆拉牢，以增强整体稳定性。当层间高度大于 5m 时，宜用桁架支模或多层支架支模。

梁跨度在 4m 或 4m 以上时，底模板应起拱，如设计无具体规定，一般可取结构跨度的 1/1000~3/1000，木模板可取偏大值，钢模板可取偏小值。

梁侧模板承受混凝土侧压力，底部用钉在支撑顶部的夹条夹住，顶部可由支撑楼板模板的格栅顶住，或用斜撑顶住。

楼板模板多用定型模板或胶合板，它放置在格栅上，格栅支撑在梁侧模板外的横楞上。图 6-3 为梁模板及楼板模板。

桥梁墩台木模板如图 6-4 所示。墩台一般向上收小，其模板为斜面和斜圆锥面，由面板、楞木、立柱、支撑、拉杆等组成。立柱安放在基础枕梁上，两端用钢拉杆拉紧，以保证模板刚度和不产生位移，楞木（直线形和拱形）固定在立柱上，木面板则竖向布置在楞木上。如桥墩较高，要加设斜撑、横撑木和拉索。图 6-5 为稳定桥墩模板的措施。

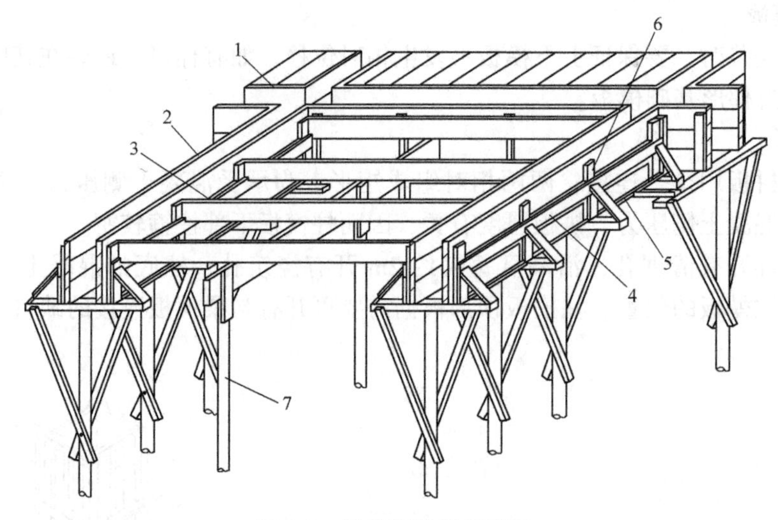

图 6-3　梁模板及楼板模板

1—楼板模板　2—梁侧模板　3—格栅　4—横楞　5—夹条　6—小肋　7—支撑

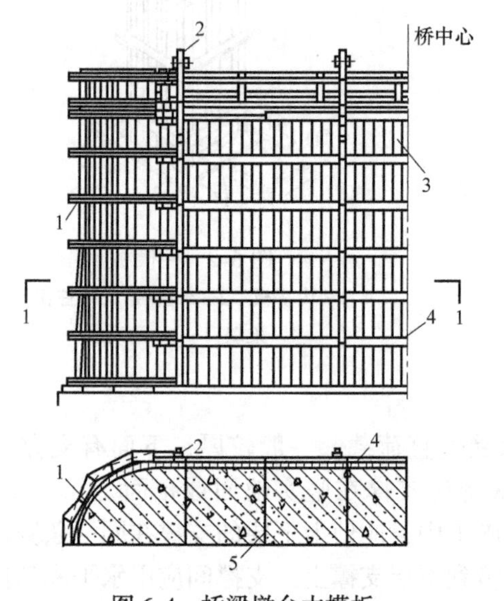

图 6-4　桥梁墩台木模板

1—拱形肋木　2—立柱　3—面板　4—水平楞木　5—拉杆

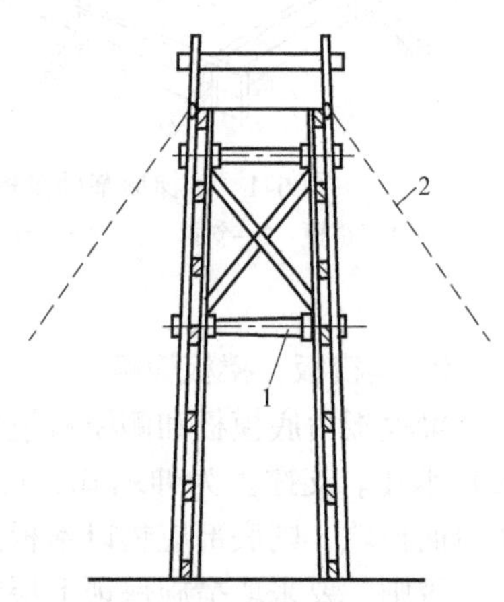

图 6-5　稳定桥墩模板的措施

1—临时撑木　2—拉索

（二）组合模板

组合模板是一种工具式模板，是工程施工用得最多的一种模板。它由具有一定模数的若干类型的板块、角模、支撑和连接件组成（图 6-6），用它可以拼出多种尺寸和几何形状，以适应多种类型建筑物的梁、柱、板、墙、基础和设备基础等施工的需要，也可用它拼成大模板、隧道模和台模等。施工时可以在现场直接组装，也可以预拼装成大块模板或构件模板用起重机吊运安装。组合模板的板块有钢的，也有钢框木（竹）胶合板的。组合模板广泛应用于建筑工程、桥梁工程、地下工程中。

1. 板块与角模

板块是定型组合模板的主要组成构件，它由边框、面板和纵横肋构成。我国所用的钢模

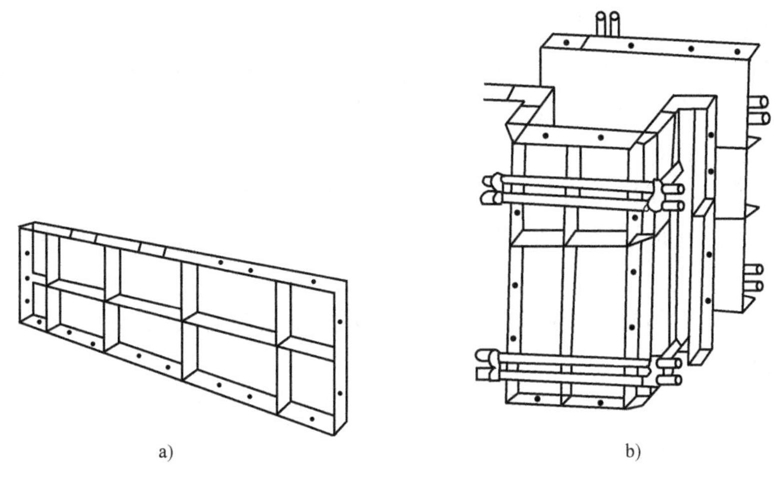

图 6-6　组合模板

a）板块　b）拼装的附壁柱模板

板多以 2.75~3.00mm 厚的钢板为面板，55mm 或 70mm 高、3mm 厚的扁钢为纵横肋，边框高度与纵横肋相同。钢框木（竹）胶合板模板（图 6-7）的板块，由钢边框内镶可更换的木胶合板或竹胶合板组成。胶合板两面涂塑，经树脂覆膜处理，所有边缘和孔洞均经有效的密封材料处理，以防吸水受潮变形。

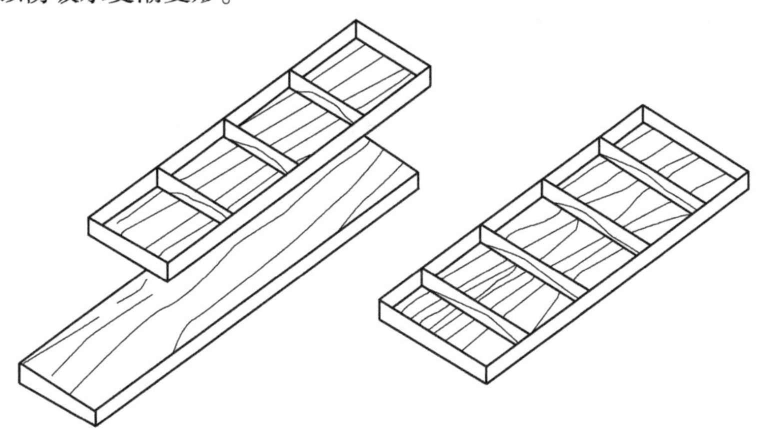

图 6-7　钢框木（竹）胶合板模板

为了和组合钢模板形成相同系列，以达到可以同时使用的目的，钢框木（竹）胶合板模板的型号尺寸基本与组合钢模板相同，但由于钢框木（竹）胶合板模板的自重轻，其平面模板的长度最大可达 2400mm，宽度最大可达 1200mm，板块尺寸大，模板拼缝少，所以拼装和拆除效率高，浇出的混凝土表面平整光滑。钢框木（竹）胶合板的转角模板和异形模板由钢材压制成形，其配件与组合钢模板相同。

板块的模数尺寸关系到模板的使用范围，是设计定型组合模板的基本问题之一。确定时应以数理统计方法确定结构各种尺寸使用的频率，充分考虑我国的模数制，并使最大尺寸板块的重量便于工人安装。目前我国应用的组合钢模板板块长度有 1500mm、1200mm、900mm 等，板块的宽度有 600mm、300mm、250mm、200mm、150mm、100mm 等。各种型号的模板有所不同，进行配板设计时，如出现不足 50mm 的空缺，则用木方补缺，用钉子或螺栓将木

方与板块边框上的孔洞进行连接。

组合钢模板的面板由于和肋是焊接的，计算时，一般按四面支撑板计算；纵横肋视其与面板的焊接情况，确定是否考虑其与面板共同工作；如果边框与面板一次轧成，则边框可按与面板共同工作进行计算。

为便于板块之间的连接，边框上有连接孔，边框不论长向和短向，其孔距都为150mm，以便横竖都能拼接。孔形取决于连接件。板块的连接件有钩头螺栓、U形卡、L形插销、紧固螺栓（拉杆）。

角模有阴角模、阳角模和连接角模之分，用来混凝土结构成型的阴阳角，也是两个板块拼装成90°角的连接件。

定型组合模板虽然具有较大的灵活性，但并不能适应一切情况。为此，对特殊部位仍需在现场配制少量木板填补。

2. 支撑件

支撑件包括支撑墙模板的支撑梁（多用钢管和冷弯薄壁型钢）和斜撑；支撑梁模板、板模板的支撑桁架和顶撑等。

梁、板的支撑有梁托架、支撑桁架和顶撑（图6-8），还可用多功能门架式脚手架来支撑。桥梁工程由于高度大，多用工具式支撑架支撑。梁托架可用钢管或角钢制作。支撑桁架的种类有很多，一般包括由角钢、扁钢和钢管焊成的整榀式桁架或由两个半榀桁架组成的拼装式桁架，还有可调节跨度的伸缩式桁架。

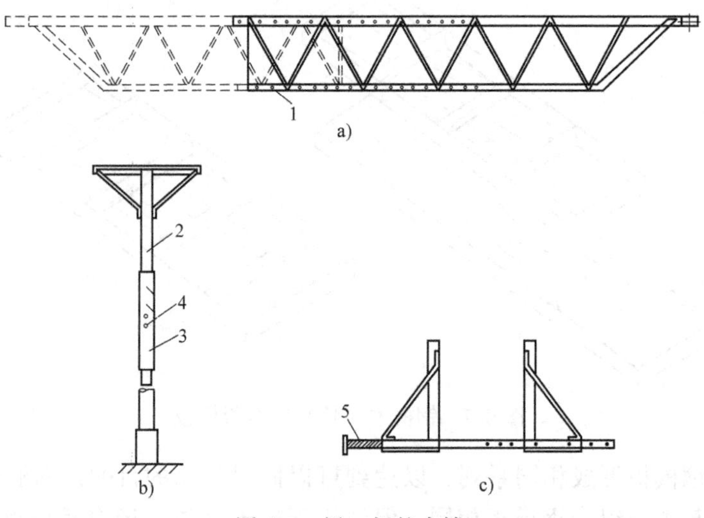

图6-8 梁、板的支撑

a）支撑桁架 b）钢管顶撑 c）梁托架

1—桁架伸缩销孔 2—内套钢管 3—外套钢管 4—插销孔 5—调节螺栓

顶撑皆采用不同直径的钢套管，通过套管的抽拉可以调整到各种高度。近年来发展了模板快拆体系，在顶撑顶部设置早拆柱头（图6-9），可以使楼板混凝土浇筑后模板下落提早拆除，而顶撑仍撑在楼板底面。

对整体式多层房屋，分层支模时，上层支撑应对准下层支撑，并铺设垫板。

3. 配板设计

采用定型组合模板时需进行配板设计。同一面积的模板可以用不同规格的板块和角模组

成各种配板方案，而配板设计就是从中找出最佳组配方案。进行配板设计之前，先绘制结构构件的展开图，据此作为构件的配板图。在配板图上要标明所配板块和角模的规格、位置及数量。

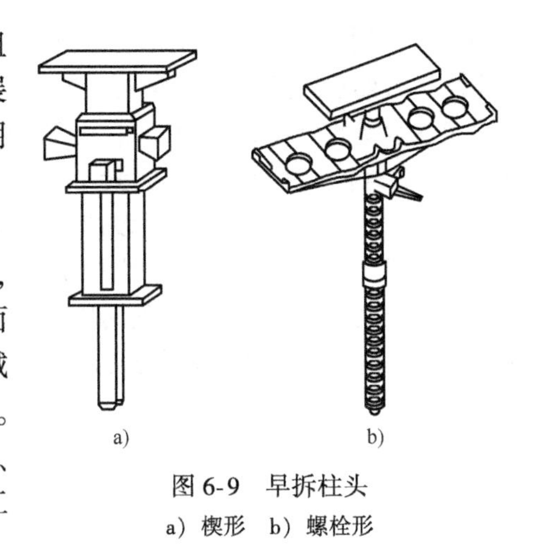

图6-9　早拆柱头

a）楔形　b）螺栓形

（三）大模板

大模板在建筑、桥梁及地下工程中应用广泛，它是大尺寸的工具式模板，如建筑工程中一块墙面用一块大模板。因为其质量大，装拆皆需起重机械吊装，可提高机械化程度，减少用工量和缩短工期。大模板是目前我国剪力墙和筒体体系的高层建筑、桥墩、筒仓等施工用得较多的一种模板，已形成工业化模板体系。

一块大模板由面板、次肋、主肋、支撑桁架、稳定机构及附件组成（图6-10）。

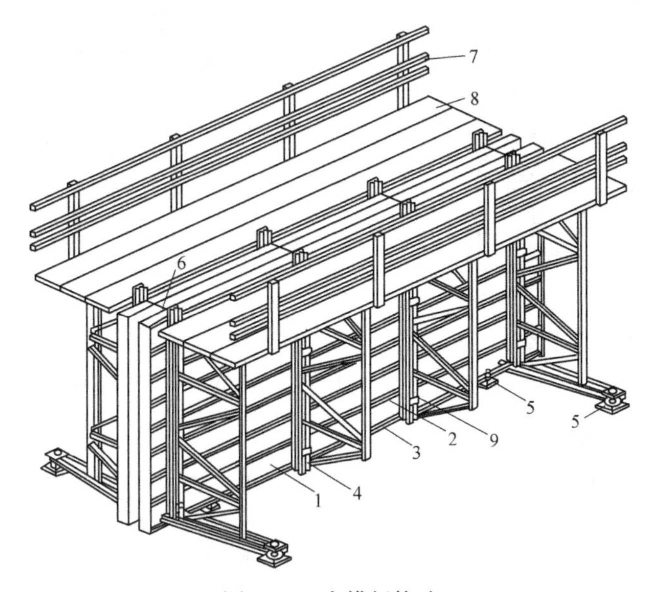

图6-10　大模板构造

1—面板　2—次肋　3—支撑桁架　4—主肋　5—调整螺旋　6—卡具　7—栏杆　8—脚手板　9—对销螺栓

面板要求平整、刚度好，可用钢板或胶合板制作。钢面板厚度根据次肋的布置而定，一般为3~5mm，可重复使用200次以上。胶合板面板常用7层或9层胶合板，板面用树脂处理，可重复使用50次以上。面板设计一般由刚度控制，按照加劲肋布置的方式，分为单向板和双向板。图6-10为单向板面板，其加工容易，但刚度小，耗钢量大；双向板面板刚度大，结构合理，但加工复杂、焊缝多、易变形。单向板面板的大模板在计算面板时，取1m宽的板条为计算单元，次肋视作支撑，按连续板计算，强度和挠度都要满足要求。双向板面板的大模板在计算面板时，取一个区格作为计算单元，其四边支撑情况取决于混凝土浇筑情况，在实际施工中，可取三边固定、一边简支的情况进行计算。

次肋的作用是固定面板，把混凝土侧压力传递给主肋。面板若按双向板计算，则不分主次肋。单向板的次肋一般用∟65角钢或[65槽钢，间距一般为300~500mm。次肋受面板传来的荷载作用，主肋为其支撑，按连续梁计算。为降低耗钢量，设计时应考虑使之与面板共同作用，按组合截面计算截面抵抗矩，验算强度和挠度。

主肋承受的荷载由次肋传来，由于次肋布置一般较密，可视为均布荷载以简化计算。主肋的支撑为对拉螺栓。主肋也按连续梁计算。一般用相对的两根⊏65 或⊏80 槽钢，间距约为 1~1.2m。

此外，也可用组合模板拼装成大模板，用后拆卸仍可用于其他构件，虽然其质量较大，但机动灵活，目前应用较多。大模板的转角处多用小角模连接（图 6-11）。

大模板之间的固定，相对的两块平模用对拉螺栓连接，顶部的对拉螺栓也可用卡具代替。建筑物外墙及桥墩等单侧大模板通常是将大模板支撑在附壁式支撑架上。图 6-12 为外大模安装。

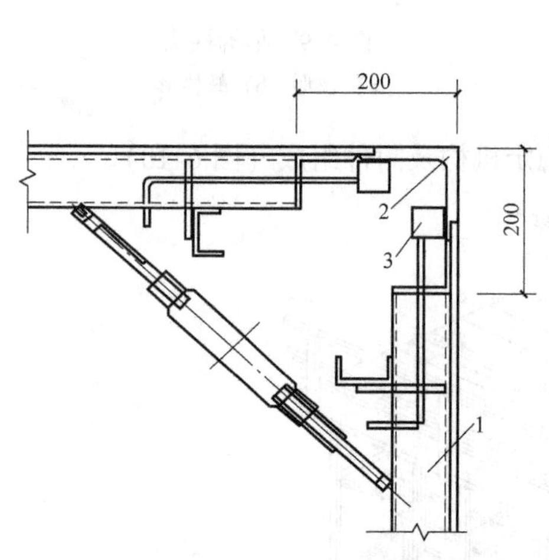

图 6-11　小角模连接

1—大模板　2—小角模　3—偏心压杆

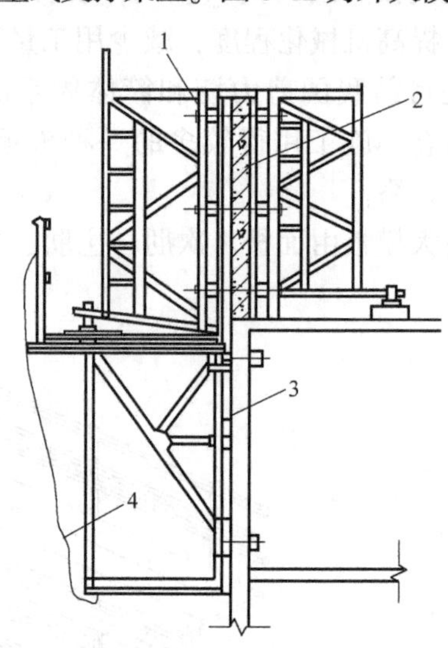

图 6-12　外大模安装

1—外墙的外模　2—外墙的内模　3—附墙支撑架　4—防护网

大模板堆放时要防止倾倒伤人，应将板面后倾一定角度。大模板板面需喷涂脱模剂以利脱模，常用的脱模剂有海藻酸钠脱模剂、油类脱模剂、甲基树脂脱模剂和石蜡乳液脱模剂等。

此外，对于电梯井、小直径筒体结构等的浇筑，有时利用由大模板组成的筒模（图 6-13）。筒模四面模板用铰链连接，可整体安装和脱模，脱模时旋转花篮螺栓脱模器，使相对的两片大模板向内移动，单轴铰链折叠收缩，模板脱离墙体；支模时，反转花篮螺栓脱模器，使相对的两片大模板向外推移，单轴铰链伸张，达到支模的目的。

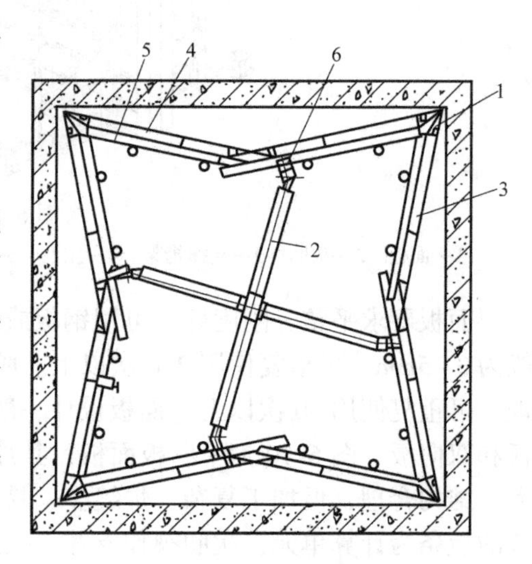

图 6-13　筒模

1—单轴铰链　2—花篮螺栓脱模器

3—平面大模板　4—主肋

5—次肋　6—连接板

（四）滑升模板

滑升模板是一种工业化模板，用于现场浇筑高耸构筑物和建筑物等的竖向结构，如烟囱、筒仓、高桥墩、电视塔、竖井、沉井、双曲线冷却塔和高层建筑等。

滑升模板的施工特点为：在构筑物或建筑物底部，沿其墙、柱、梁等构件的周边组装高1.2m左右的滑升模板，随着向模板内不断地分层浇筑混凝土，用液压提升设备使模板不断地沿埋在混凝土中的支撑杆向上滑升，直到需要浇筑的高度为止。用滑升模板施工，可以节省模板和支撑材料，加快施工速度和保证结构的整体性，但模板一次性投资多、耗钢量大，对立面造型和构件断面变化有一定的限制，施工时宜连续作业，施工组织要求较严。

1. 滑升模板的组成

滑升模板（图6-14）由模板系统、操作平台系统和液压系统三部分组成。

（1）模板系统　模板系统包括模板、围圈和提升架等。模板用于混凝土成型，承受新浇混凝土的侧压力，多用钢模板或钢木组合模板。模板的高度取决于滑升速度和混凝土达到出模强度（0.2~0.4N/mm^2）所需的时间，一般高1.0~1.2m。模板呈上口小、下口大的锥形，单面锥度约为0.2%~0.5%，以模板上口以下2/3模板高度处的净间距为结构断面的厚度。围圈用于支撑和固定模板。一般情况下，模板上下各布置一道围圈，它承受模板传来的水平侧压力（混凝土的侧压力和浇筑混凝土时的水平冲击力）和由摩阻力、模板与围圈自重（如操作平台支撑在围圈上，还包括平台自重和施工荷载）等产生的竖向力。围圈可视为以提升架为支撑的双向弯曲的多跨连续梁，材料多用角钢或槽钢，以其受力最不利情况计算确定其截面。提升架的作用是固定围圈，把模板系统和操作平台系统连成整体，承受整个模板系统和操作平台系统的全部荷载并将其传递给液压千斤顶。提升架分为单横梁式与双横梁式两种，多用型钢制作，其截面按框架计算确定。

（2）操作平台系统　操作平台系统包括操作平台、内外吊脚手架和外挑脚手架，是施工操作的场所。操作平台系统的承重构件（平台桁架、钢梁、铺板、吊杆等）的计算可根据其受力情况按一般的钢结构进行。

（3）液压系统　液压系统包括支撑杆、液压千斤顶和操纵装置等，是使滑升模板向上滑升的动力装置。支撑杆既是液压千斤顶向上爬升的轨道，又是滑升模板的承重支柱，它承受施工过程中的全部荷载。其规格要与选用的千斤顶相适应，用钢珠做卡头的千斤顶，支撑杆需用HPB300级圆钢筋；用楔块做卡头的千斤顶，支撑杆用HPB300~HRB500级钢筋皆可；如用体外滑升模板（支撑杆在浇筑墙体的外面，不埋在混凝土内），支撑杆多用钢管。

2. 滑升模板的滑升原理

目前滑升模板所用的液压千斤顶，有以钢珠做卡头的GYD—35型和以楔块做卡头的QYD—35型等起重力为35kN的小型液压千斤顶，还有起重力为60kN及100kN的中型液压千斤顶（YL50—10型等）。其中，GYD—35型（图6-15）目前仍应用较多。施工时，将液压千斤顶安装在提升架横梁上与之连成一体，支撑杆穿入千斤顶的中心孔内。当高压油压入活塞与缸盖之间时（图6-16a），在高压油作用下，由于上卡头（与活塞相连）内的小钢珠与支撑杆产生自锁作用，使上卡头与支撑杆锁紧，因而，活塞不能下行。于是在油压力作用下，迫使缸体连带底座和下卡头一起向上升起，由此带动提升架等整个滑升模板上升。当上升到下卡头紧碰上卡头时，即完成一个工作进程（图6-16b）。此时排油弹簧处于压缩状态，上卡头承受滑升模板的全部荷载。当回油时，油压力消失，在排油弹簧的弹力作用下，把活塞与上卡头一起推向上，油即从进油口排出。在排油开始的瞬间，下卡头又由于其小钢珠与支撑杆间的自锁作用而锁紧，使缸筒和底座不能下降，下卡头接替上卡头所承受的荷载（图6-16c）。当活塞上升到极限后，排油工作完毕，千斤顶便完成一个上升的工作循环，一

次上升的行程为20~30mm。排油时，千斤顶保持不动。如此不断循环，千斤顶就沿着支撑杆不断上升，模板也就被带着不断向上滑升。

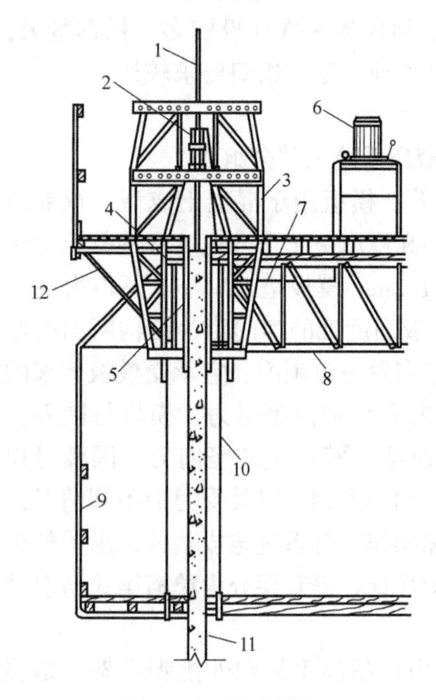

图6-14 滑升模板

1—支撑杆 2—液压千斤顶 3—提升架 4—围圈 5—模板 6—高压油泵 7—油管 8—操作平台桁架 9—外吊脚手架 10—内脚手架吊杆 11—混凝土墙体 12—外挑脚手架

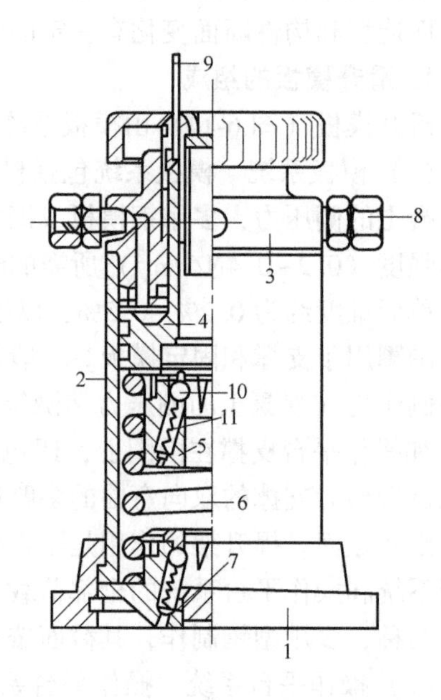

图6-15 GYD—35型液压千斤顶

1—底座 2—缸体 3—缸盖 4—活塞 5—上卡头 6—排油弹簧 7—下卡头 8—油嘴 9—行程指示杆 10—钢珠 11—卡头小弹簧

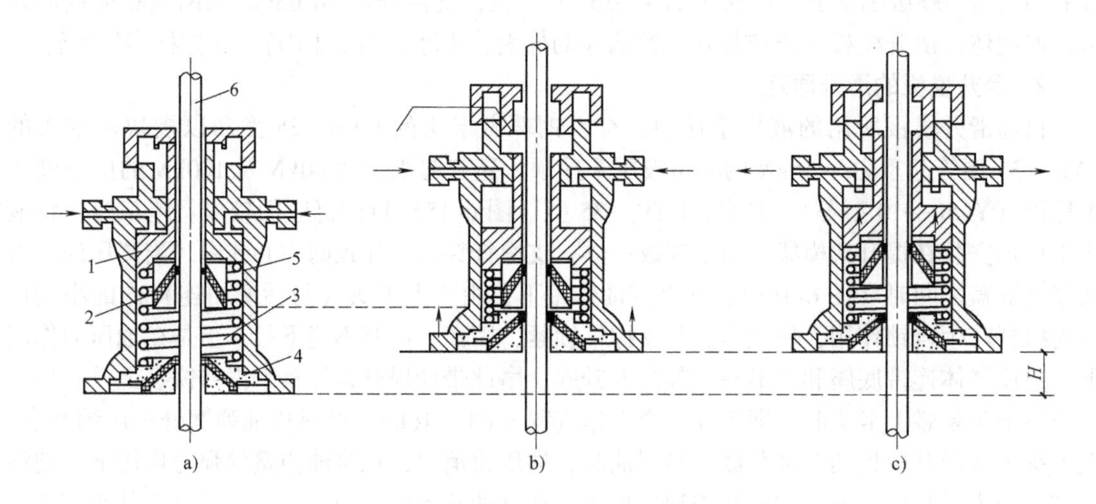

图6-16 液压千斤顶工作原理

1—活塞 2—上卡头 3—排油弹簧 4—下卡头 5—缸体 6—支撑杆

采用钢珠式的上下卡头，其优点是体积小、结构紧凑、动作灵活，但钢珠对支撑杆的压痕较深，这样不仅不利于支撑杆拔出重复使用，还会出现千斤顶上升后的“回缩”下降现象。此外，钢珠还有可能被杂质卡死在斜孔内，导致卡头失效。楔块式卡头则利用四瓣楔块锁固支撑杆，具有加工简单、起重量大、卡头下滑量小、锁紧能力强、压痕小等优点，它不仅适用于光圆钢筋支撑杆，还可用于螺纹钢筋支撑杆。

（五）爬升模板

爬升模板简称爬模，是施工剪力墙和筒体结构的混凝土结构高层建筑及桥墩、桥塔等的一种有效的模板体系，在我国已推广应用。由于模板能自爬，不需起重运输机械吊运，减少了施工中起重运输机械的工作量，能避免大模板受大风的影响。由于自爬的模板上还可悬挂脚手架，所以可省去结构施工阶段的外脚手架，因此其经济效益较好。

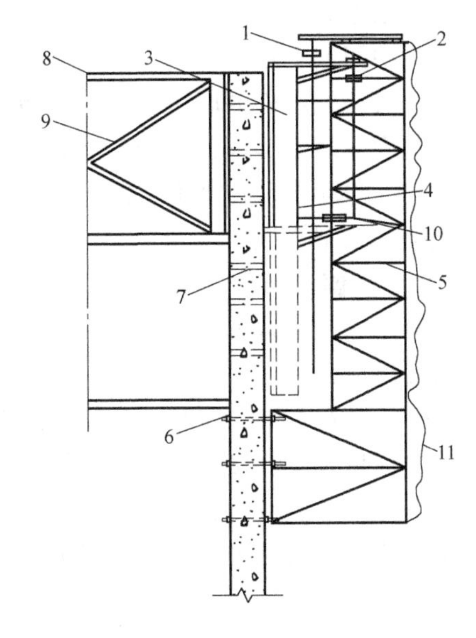

图 6-17　爬架爬模

1—提升外模板的葫芦　2—提升外爬架的葫芦　3—外爬升模板　4—预留孔　5—外爬架（包括支撑架和附墙架）　6—螺栓　7—外墙　8—楼板模板　9—楼板模板支撑　10—模板校正器　11—安全网

爬升模板分为爬架爬模和无爬架爬模两类。爬架爬模由爬升模板、爬架和爬升设备三部分组成（图 6-17）。

爬架是一格构式钢架，用来提升外爬模，由下部附墙架和上部支撑架两部分组成，高度应大于每次爬升高度的 3 倍。附墙架用螺栓固定在下层墙壁上；支撑架高度大于两层模板的高度，坐落在附墙架上，与之成为整体。支撑架上端有挑横梁，用以悬吊提升爬升模板用的葫芦，通过葫芦起动模板提升。

模板顶端装有提升外爬架用的葫芦。在模板固定后，通过它提升爬架。由此，爬架与模板相互提升，向上施工。爬升模板的背面还可悬挂外脚手架。

爬升设备可为手拉葫芦、电动葫芦、液压千斤顶或电动千斤顶。手拉葫芦简单易行，由人力操纵。如用液压千斤顶，则爬架、爬升模板各用一台油泵供油。爬杆用 ϕ25mm 圆钢，用螺帽和垫板固定在模板或爬架的挑横梁上。

桥墩和桥塔混凝土浇筑用的模板，也可用有爬架的爬升模板，如桥墩和桥塔为斜向的，则爬架与爬升模板也应斜向布置，进行斜向爬升以适应桥墩和桥塔的倾斜及截面变化的需要。

无爬架爬模取消了爬架，模板由甲、乙两类模板组成，爬升时两类模板间隔布置、互为依托，通过提升设备使两类相邻模板交替爬升，如图 6-18 所示。

甲、乙两类模板中，甲型模板为窄板，高度大于两个提升高度；乙型模板按混凝土浇筑高度配置，与下层墙体应有搭接，以免漏浆。两类模板交替布置，甲型模板布置在转角处或较长的墙中部。内外模板用对销螺栓拉结固定。

爬升装置由三角爬架、爬杆和液压千斤顶组成。三角爬架插在模板上口两端的套筒内，套筒与背楞连接，三角爬架可自由回转，用以支撑爬杆。爬杆为 ϕ25mm 的圆钢，上端固定

在三角爬架上。每块模板上装有两台液压千斤顶，乙型模板装在模板上口两端，甲型模板安装在模板中间偏上处。

爬升时，先放松穿墙螺栓，并使墙外侧的甲型模板与混凝土脱离；调整乙型模板上三角爬架的角度，装上爬杆，爬杆下端穿入甲型模板中间的液压千斤顶中，然后拆除甲型模板的穿墙螺栓，起动千斤顶将甲型模板爬升至预定高度，待甲型模板爬升结束并固定后，再用甲型模板爬升乙型模板。

（六）台模（飞模、桌模）

台模是一种大型工具式模板，主要用于浇筑平板式或带边梁的水平结构，如用于建筑施工的楼面模板，它是一个房间用一块台模，有时甚至更大。台模按其支撑形式分为支腿式（图 6-19）和无支腿式两类，前者又有伸缩式支腿和折叠式支腿之分；后者悬架于墙上或柱顶，故也称悬架式。支腿式台模由面板（胶合板或钢板）、支撑框架、檩条等组成。支撑框架的支腿底部一般带有轮子，以便移动。浇筑后待混凝土达到规定强度，落下台面，将台模推出墙面放在临时挑台上，再用起重机整体吊运至上层或其他施工段；也可不用挑台，推出墙面后直接吊运。

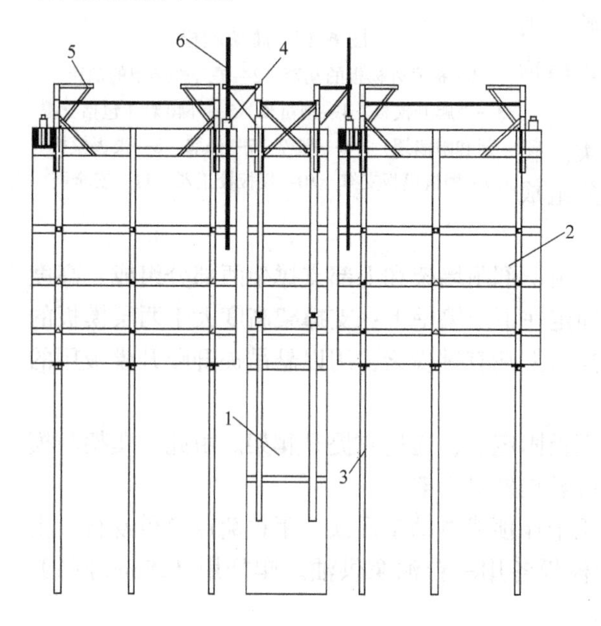

图 6-18　无爬架爬模

1—甲型模板　2—乙型模板　3—背楞

4—液压千斤顶　5—三角爬架　6—爬杆

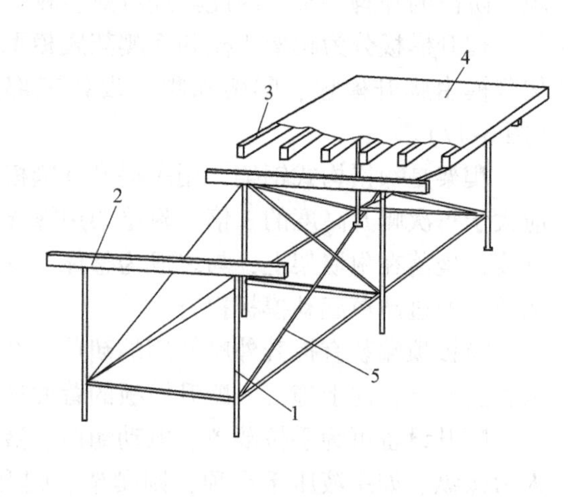

图 6-19　支腿式台模

1—支腿　2—可伸缩的横梁　3—檩条

4—面板　5—斜撑

（七）隧道模

隧道模是用于同时整体浇筑竖向和水平结构的大型工具式模板，用于建筑物墙与楼板的同步施工，它能将各开间沿水平方向逐段整体浇筑，故施工的结构整体性好、抗震性能好、施工速度快，但模板的一次性投资大，模板起吊和转运需较大的起重机。

隧道模有全隧道模（整体式隧道模）和双拼式隧道模（图 6-20）两种。前者自重大，推移时多需铺设轨道，目前已逐渐减少使用；后者由两个半隧道模对拼而成，两个半隧道模的宽度可以不同，再增加一块插板，即可以组合成各种开间需要的宽度。

混凝土浇筑后，待其强度达到7N/mm²左右时，即可先拆除半边的隧道模，推出墙面放在临时挑台上，再用起重机转运至上层或其他施工段。拆除模板处的楼板临时用竖撑加以支撑，再养护一段时间（视气温和养护条件而定），待混凝土强度达到20N/mm²以上时，再拆除另半边的隧道模，但保留中间的竖撑，以减小施工期间楼板的弯矩。

（八）其他常用模板

近年来，随着各种土木工程和施工机械化的发展，新型模板不断出现，国内外目前常用的还有以下几种。

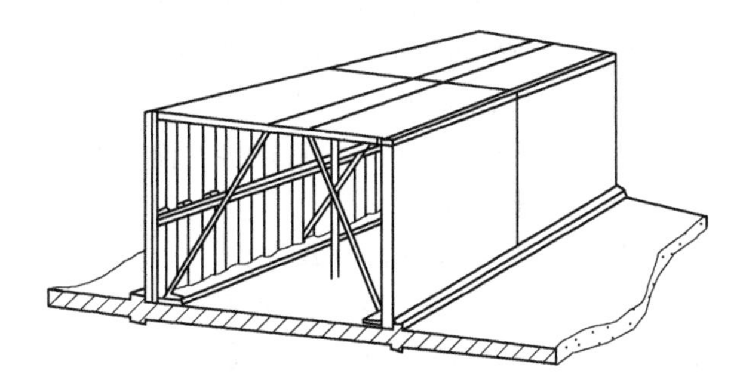

图6-20　双拼式隧道模

1. 永久式模板

永久式模板是一些施工时起模板作用而浇筑混凝土后又是结构本身组成部分之一的预制模板，有异形（波形、密肋形等）金属薄板（也称压型钢板）、预应力混凝土薄板、玻璃纤维水泥模板、小梁填块（小梁为倒T形，填块放在梁底凸缘上，再浇混凝土）、钢桁架型混凝土板等。预应力混凝土薄板已在我国一些高层建筑中应用，铺设后稍加支撑，然后在其上铺放钢筋浇筑混凝土形成楼板，施工简便，效果较好。压型钢板在我国土木工程施工中也有应用，其施工简便，速度快，但耗钢量较大。

（1）压型钢板　压型钢板是采用镀锌或经防腐处理的薄钢板，经成型机冷轧成具有梯波形截面的槽形钢板或开口式方盒状钢壳的一种工程模板材料。压型钢板具有加工容易，重量轻，安装速度快，操作简便和取消支、拆模板的烦琐工序等优点。

（2）压型钢板的种类及适用范围　压型钢板按其结构功能分为组合板的压型钢板和非组合板的压型钢板；按其外形结构可分为敞开式压型钢板和封闭式压型钢板，如图6-21所示。

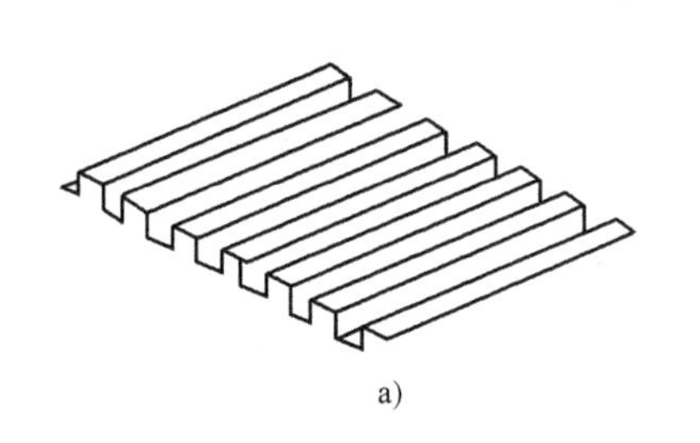

a)

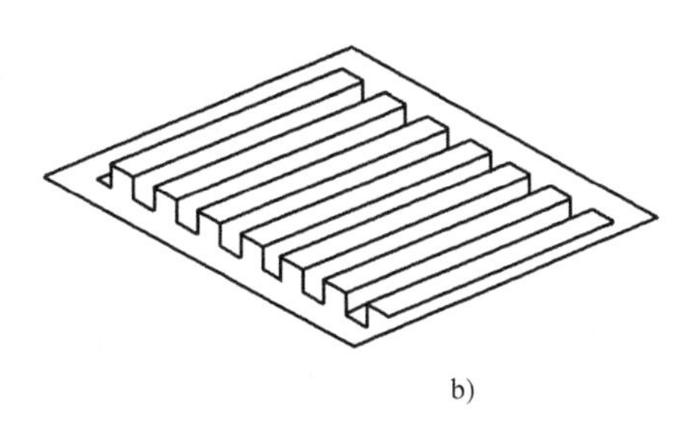

b)

图6-21　压型钢板
a）敞开式压型钢板　b）封闭式压型钢板

1）组合板的压型钢板：既是模板又用作现浇楼板底面受拉钢筋。压型钢板不但在施工阶段承受施工荷载和现浇层钢筋混凝土的自重，而且在楼板使用阶段还承受使用荷载，从而构成楼板结构受力的组成部分。此种压型钢板主要用于钢结构房屋的现浇钢筋混凝土有梁式密肋楼板工程。

2）非组合板的压型钢板：只作模板用，即压型钢板在施工阶段只承受施工荷载和现浇层的钢筋混凝土自重，而在楼板使用阶段不承受使用荷载，只构成楼板结构非受力的组成部分。此种模板一般用于钢结构或钢筋混凝土结构房屋的有梁式或无梁式现浇密肋楼板工程。

（3）压型钢板的材料与规格

1）压型钢板的材料。

① 压型钢板一般采用0.75~1.6mm厚的Q235薄钢板冷轧制成。用于组合板的压型钢板，其净厚度（不包括镀锌层或饰面层的厚度）不小于0.75mm。

② 用于组合板和非组合板的压型钢板，均应采用镀锌钢板。用作组合板的压型钢板，其镀锌厚度尚应满足在使用期间不致锈蚀的要求。

③ 压型钢板与钢梁采用栓钉连接的栓钉钢材，一般与其连接的钢梁材质相同。

2）压型钢板的规格。

① 单向受力压型钢板，其截面一般为梯波形，其规格一般为：板厚0.75~1.6mm，最厚达3.2mm；板宽610~760mm，最宽达1200mm；板肋高35~120mm，最高达160mm，肋宽52~100mm；板的跨度一般为1500~4000mm，最经济的跨度为2000~3000mm，最大跨度达12000mm；板的质量为9.6~38kg/m^2。

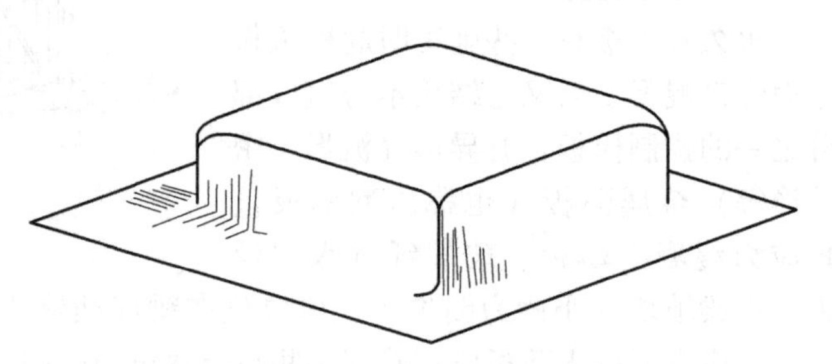

图6-22 双向受力压型钢模壳

② 双向受力压型钢模壳如图6-22所示，一般由0.75~1mm厚的Q235薄钢板冷轧制成方盒状的壳体，其规格根据楼板结构设计确定。

③ 用于组合板的压型钢板，浇筑混凝土的槽（肋）平均宽度不应小于50mm。当在槽内设置栓钉时，压型钢板的总高度不应超过80mm。

④ 压型钢板的截面和跨度尺寸根据楼板结构设计确定，目前常用的压型钢板截面和参数见表6-1。

表6-1 常用的压型钢板截面和参数

型号/(mm×mm)	截面简图	板厚/mm	质量	
			/(kg/m)	/(kg/m^2)
M型 270×50	81 100 51 40 100 80 51	1.20 1.60	3.80 5.06	14.00 18.70
N型 640×51	51 35 166.5 35 35 640	0.90 0.70	6.71 4.75	10.50 7.40

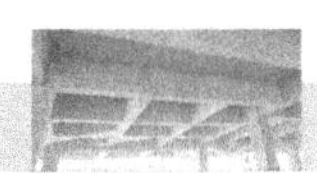

（续）

型　号/(mm×mm)	截　面　简　图	板　厚 /mm	质　　量	
			/(kg/m)	/(kg/m²)
V 型 620×110	90 220 110 30 250 60 250 30	0.75 1.00	6.30 8.30	10.20 13.40
V 型 670×43	41 81 43 41 40 80 670	0.80	7.20	10.70
V 型 600×60	111 110 61 120 81 600	1.20 1.60	8.77 11.60	14.60 19.30
U 型 600×75	135 65 75 58 142 58 600	1.20 1.60	9.88 13.00	16.50 21.70
U 型 690×75	135 95 75 142 88 690	1.20 1.60	10.80 14.20	15.70 20.60
W 型 300×120	61 91 120 52 98 300	1.60 2.30 3.20	9.39 13.50 18.80	31.30 45.10 62.70

2. 密肋楼板模壳

模壳是进行现浇密肋楼板施工的一种工业化模板。目前，模壳由两种材料制成（即玻璃纤维增强塑料和聚丙烯塑料），以下简称玻璃钢模壳和塑料模壳。它的支撑系统主要由钢支柱（或门架）、钢（或木）龙骨、角钢（或木支撑）三部分组成。

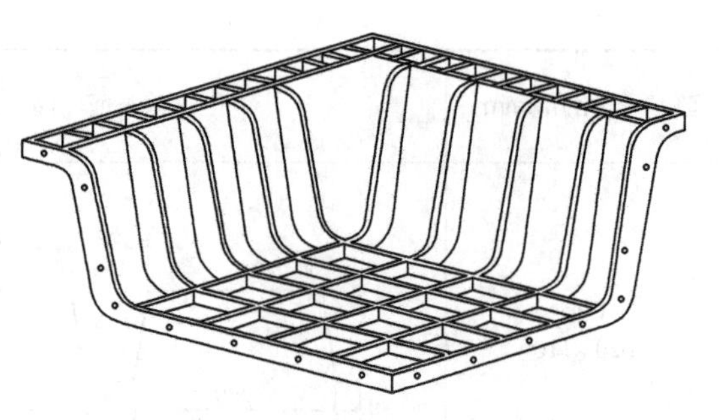

图 6-23　四分之一聚丙烯塑料模壳

（1）塑料模壳　塑料模壳是以改性聚丙烯塑料为基材，采用模压注塑成型工艺制成的。由于受注塑机容量的限制，采取多块（4 块）组装成钢塑结合的整体大型模壳，如图 6-23 所示，其规格见表 6-2。

表 6-2　塑料模壳的规格

系　列		序号	规格（外形尺寸）长×宽×高/（mm×mm×mm）	生产厂家
300mm 肋高现浇密肋型塑料模壳	双向	T1	1200 ×1125 ×330	某塑料厂
		T2	1200 ×825 ×330	
		T3	1125 ×9000 ×330	
		T4	900 ×825 ×330	
	单向	T5	1125 ×1125 ×330	
		T6	1125 ×825 ×330	
		T7	825 ×825 ×330	
400mm 肋高现浇密肋型塑料模壳	双向	F1	1200 ×1125 ×430	
		F2	1200 ×825 ×430	
		F3	1125 ×900 ×430	
		F4	900 ×825 ×430	
	单向	F5	1125 ×1125 ×430	
		F6	1125 ×825 ×430	
		F7	825 ×825 ×430	

（2）玻璃钢模壳　玻璃钢模壳是用中碱方格玻璃丝布做增强材料，不饱和聚酯树脂做黏结材料，手糊阴模成形，采用薄壁加肋构造形式，制成满足设计要求尺寸的整体大型模壳。玻璃钢模壳的规格见表 6-3。

表 6-3　玻璃钢模壳的规格

图　　例	小肋间距/（mm×mm）	a/mm	b/mm	c/mm	d/mm	h/mm
h　1:5　d　c　c　a×b 模壳规格 肋高h　肋底宽　小肋间距 密肋楼盖	1500 ×1500	1400	1400	40~50	50	300~500
	1200 ×1200	1100	1100	40~50	50	300~500
	1100 ×1100	1000	1000	40~50	50	300~500
	1000 ×1000	900	900	40~50	50	300~500
	900 ×900	800	800	40~50	50	300~500
	800 ×800	700	700	40~50	50	300~500
	600 ×600	500	500	40~50	50	300~500

二、模板设计

模板和支架的设计包括选型、选材、荷载计算、结构计算、拟定制作安装和拆除方案、绘制模板图。

一般情况下，模板由面板、次肋、主肋、对销螺栓、支撑系统等几部分组成，作用于模板的荷载传递路线一般为：面板→次肋→主肋→对拉螺栓（支撑系统）。设计时可根据荷载作用状况及各部分构件的结构特点进行计算。

（一）模板设计荷载及其组合

以下介绍《混凝土结构工程施工质量验收规范》（GB 50204—2015）中有关模板设计的荷载及有关规定，它适用于工业与民用房屋和一般构筑物的混凝土工程，但不适用于特殊混凝土或有特殊要求的混凝土结构工程。

1. 模板及支架自重

模板及支架的自重，可按图样或实物计算确定，或参考表 6-4 中楼板模板自重标准值。

表 6-4　楼板模板自重标准值

模板构件	木模板/(kN/m^2)	定型组合钢模板/(kN/m^2)
平板模板及小楞自重	0.30	0.50
楼板模板自重(包括梁模板)	0.50	0.75
楼板模板及支架自重(楼层高度 4m 以下)	0.75	1.00

2. 新浇筑混凝土的自重标准值

普通混凝土的自重标准值为 24kN/m^3，其他混凝土根据实际重度确定。

3. 钢筋自重标准值

钢筋自重标准值根据设计图样确定。一般梁板结构每立方米混凝土结构的钢筋自重标准值为：楼板 1.1kN；梁 1.5kN。

4. 施工人员及设备荷载标准值

计算模板及直接支撑模板的小楞时取均布活荷载 2.5kN/m^2，另以集中荷载 2.5kN 进行验算，取两者中较大的弯矩值；计算支撑小楞的构件时取均布活荷载 1.5kN/m^2；计算支架立柱及其他支撑结构构件时取均布活荷载 1.0kN/m^2。

对大型浇筑设备（上料平台等）、混凝土泵等按实际情况计算。木模板板条宽度小于 150mm 时，集中荷载可以考虑由相邻两块板共同承受。当混凝土堆积料的高度超过 100mm 时，则按实际情况计算。

5. 新浇筑混凝土对模板侧面的压力标准值

影响混凝土侧压力的因素有很多，如与混凝土组成有关的集料种类、配筋数量、水泥用量、外加剂、坍落度等都有影响。此外还有外界影响，如混凝土的浇筑速度、混凝土的温度、振捣方式、模板情况、构件厚度等。

混凝土的浇筑速度是一个重要影响因素，最大侧压力一般与其成正比。但当其达到一定速度后，再提高浇筑速度，则对最大侧压力的影响就不再明显。混凝土的温度影响混凝土的凝结速度，温度低，凝结慢，混凝土侧压力的有效压头高，最大侧压力就大；反之，最大侧压力就小。模板情况和构件厚度影响拱作用的发挥，因而对侧压力也有影响。

由于影响混凝土侧压力的因素有很多，想用一个计算公式全面加以反映是有一定困难的。国内外研究混凝土侧压力，都是抓住几个主要影响因素，通过典型试验或现场实测取得数据，再用数学方法分析归纳后提出公式。

我国目前采用的计算公式：当采用内部振动器时，新浇筑的混凝土作用于模板的最大侧压力按式（6-1）和式（6-2）计算，并取两式中的较小值，图6-24为混凝土侧压力计算分布图。

$$F=0.22\gamma_c t_0 \beta_1 \beta_2 V^{1/2} \tag{6-1}$$

$$F=\gamma_c H \tag{6-2}$$

式中 F—— 新浇筑混凝土对模板的最大侧压力（kN/m^2）；

γ_c—— 混凝土的重度（kN/m^3）；

t_0—— 新浇筑混凝土的初凝时间（h），可按实测确定，当缺乏试验资料时，可采用$t_0=200/(t+15)$计算（t为混凝土的温度，℃）；

V—— 混凝土的浇筑速度（m/h）；

H—— 混凝土侧压力计算位置处至新浇筑混凝土顶面的总高度（m）；

β_1——外加剂影响修正系数，不掺外加剂时取1.0，掺具有缓凝作用的外加剂时取1.2；

β_2——混凝土坍落度影响修正系数，当坍落度小于30mm时，取0.85；当坍落度为50~90mm时，取1.0；当坍落度为110~150mm时，取1.15。

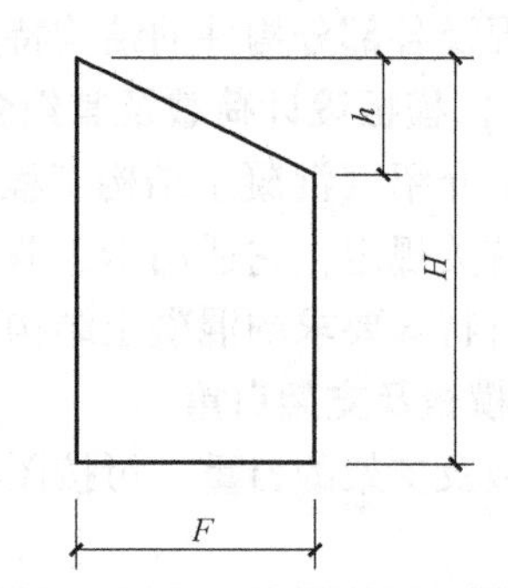

图6-24 混凝土侧压力计算分布图

注：h—有效压头高度（m），$h=F/\gamma_c$。

6. 倾倒混凝土时产生的荷载标准值

倾倒混凝土时对垂直面模板产生的水平荷载标准值按表6-5采用。

表6-5 倾倒混凝土时对垂直面模板产生的水平荷载标准值

项 次	向模板中供料方法	水平荷载标准/(kN/m^2)
1	用溜槽、串筒或由导管输出	2
2	用容量<0.2 m^3的运输器具倾倒	2
3	用容量为0.2~0.8m^3的运输器具倾倒	4
4	用容量>0.8m^3的运输器具倾倒	6

注：作用范围在有效压头高度以内。

计算模板及其支架时的荷载设计值，应采用荷载标准值乘以相应的荷载分项系数求得，荷载分项系数按表6-6采用。

表6-6 荷载分项系数

项次	荷 载 类 别	γ_i
1	模板及支架自重	1.2
2	新浇筑混凝土自重	
3	钢筋自重	
4	施工人员及施工设备荷载	1.4
5	振捣混凝土时产生的荷载	
6	新浇筑混凝土对模板侧面的压力	1.2
7	倾倒混凝土时产生的荷载	1.4

7. 荷载组合

参与模板及其支架荷载效应组合的各项荷载应符合表6-7的规定。

表6-7　参与模板及其支架荷载效应组合的各项荷载

模板类别	参与组合的荷载项	
	计算承载能力	验算刚度
平板和薄壳的模板及支架	1,2,3,4	1,2,3
梁和拱模板的底板及支架	1,2,3,5	1,2,3
梁、拱、柱(边长≤300mm)、墙(厚≤100mm)的侧面模板	5,6	6
大体积结构、柱(边长>100mm)、墙(厚>100mm)的侧面模板	6,7	6

(二) 模板设计的有关计算规定

计算钢模板、木模板及支架时应遵守相应的设计规范。

验算模板及其支架的刚度时，其最大变形值不得超过下列允许值：对结构表面外露的模板，为模板构件计算跨度的1/400；对结构表面隐蔽的模板，为模板构件计算跨度的1/250；对支架的压缩变形值或弹性挠度，为相应结构计算跨度的1/1000~3/1000。

支架的立柱或桁架应保持稳定，并用撑拉杆件固定。验算模板及其支架在自重和风荷载作用下的抗倾倒稳定性时，应符合相关规定

三、模板的安装与拆除

模板安装应按照流水施工原理分层分段组织流水作业，协调横向和垂直方向的施工，确定安装顺序，以便模板拆除。

竖向模板和支架的支撑部分，当安装在基土上时应加设垫板，且基土必须坚实并有排水措施，对湿陷性黄土必须有防水措施，对冻胀性土必须有防冻融措施。模板及其支架在安装过程中必须设置防倾覆的临时固定设施。

现浇钢筋混凝土梁板，当跨度等于或大于4m时，模板应起拱，当设计无具体要求时，起拱高度宜为全跨长度的1/1000~3/1000。

对于大模板、滑升模板、爬升模板等工业模板体系，施工安装应严格按照安装顺序与操作规程进行。

现场拆除模板时应遵守下列规则：拆模前应制订拆模顺序、方法以及安全措施；先拆除侧面模板，再拆除承重模板；大型模板宜整体拆除，并应采用机械化施工；支撑件和连接件应逐件拆除，模板应逐块拆卸传递，侧模拆除时的混凝土强度应能保证其表面及棱角不受损伤；拆除时，不应对楼地面造成冲击荷载；拆除下来的模板应分类堆放、及时清运；模板及其支架在拆除时，混凝土强度应符合设计要求；设计无具体要求时，可参照《混凝土结构工程施工质量验收规范》执行。

第二节　钢筋工程

土木工程混凝土结构及预应力混凝土结构施工中常用的钢材有钢筋、钢丝和钢绞线三类。钢筋按其化学成分分为碳素钢钢筋（低碳钢钢筋、中碳钢钢筋、高碳钢钢筋）和普通低合金钢钢筋（在碳素钢成分中加入锰、钛、钒等合金元素以改善性能）；按生产加工工艺可分为热轧钢筋、冷拉钢筋、冷拔低碳钢丝、热处理钢筋、冷轧扭钢筋、精轧螺旋钢筋、刻

痕钢丝及钢绞线等。其中，热轧钢筋按强度分为 HPB300、HRB335、HRB400、RRB400 四个级别，热处理钢筋分为 $40Si_2Mn$、$48Si_2Mn$、$45Si_2Cr$ 三个级别，钢筋的强度和硬度逐级升高，但塑性逐级降低。

钢筋按轧制外形可分为光面钢筋和变形钢筋（螺纹、人字纹及月牙纹）。HPB300 级钢筋的表面光圆，HRB335、HRB400 级钢筋表面为人字纹、月牙纹或螺纹。对于钢筋混凝土结构中的钢筋及预应力钢筋混凝土中的非预应力钢筋，宜采用 HRB335 和 HRB400 级钢筋，也可采用 HPB300 和 RRB400 级钢筋，其拉力和抗压强度设计值为 210~360N/mm^2。对于预应力筋，宜采用预应力钢绞线。钢丝，也可采用热处理钢筋。常用的预应力钢绞线种类有 1×3（直径为 8.6mm，10.8mm，12.9mm）及 1×7（直径为 9.5mm，11.1mm，12.7mm，15.2mm）等，预应力钢丝有光面、螺旋肋和三面刻痕的消除应力的钢丝，热处理钢筋的直径为 6mm、8.2mm、10mm，预应力钢绞线、钢丝、热处理钢筋的抗拉强度设计值为 1110~1320N/mm^2，抗压强度设计值为 390~410N/mm^2。

钢筋按直径大小又分为钢丝（直径为 3 ~5mm）、细钢筋（直径为 6 ~10mm）、中粗钢筋（直径为 12 ~20mm）和粗钢筋（直径大于 20mm）。为便于运输，直径为 6 ~9mm 的钢筋常卷成圆盘，直径大于 12mm 的钢筋则轧成 6 ~12m 长一根。常用的钢丝有刻痕钢丝、碳素钢丝和冷拔低碳钢丝三类，而冷拔低碳钢丝又分为甲级和乙级，一般皆卷成圆盘。

钢绞线一般由 7 根圆钢丝捻成，钢丝为高强钢丝。

目前，我国重点发展屈服强度标准值为 400MPa 的钢筋和屈服强度为 1720~1860MPa 的低松弛、高强度钢丝的钢绞线，同时辅以小直径（直径为 4~12mm）的冷轧带肋螺纹钢筋。此外，我国还大力推广焊接钢筋网和以普通低碳钢热轧盘条经冷轧扭工艺制成的冷轧扭钢筋。

钢筋按在结构中的作用不同可分为受力钢筋、架立钢筋和分布钢筋。

钢筋进场时，应按照国家现行标准的规定抽取试件做力学性能检验，其质量必须符合有关标准规定。当发现钢筋有脆断、焊接性能不良或力学性能显现不正常等现象时，应对该批钢筋进行化学成分检验和专项检验。

钢筋一般在钢筋车间或工地的钢筋加工棚加工，然后运至现场安装或绑扎。钢筋加工过程取决于成品种类，一般加工过程有冷拉、冷拔、调直、剪切、镦头、弯曲、焊接、绑扎等。

钢筋的连接是钢筋工程施工中十分关键的工序，在施工现场的连接方式有绑扎、焊接及机械连接等。对钢筋绑扎的质量验收通常是通过尺量、观察等现场评定的方式来进行；对于焊接和机械连接，则应按照国家现行标准的规定抽取钢筋机械连接接头、焊接接头试件做力学性能检验，保证钢筋的连接质量要求。

一、钢筋冷加工

钢筋冷拉是在常温下对热轧钢筋进行强力拉伸，其拉应力超过钢筋的屈服强度，使钢筋产生塑性变形，以达到调直钢筋、提高强度、节约钢材的目的，同时，对焊接接长的钢筋也起到了检验焊接接头质量的作用。冷拉 HPB300 级钢筋多用于结构中的受拉钢筋，冷拉 HRB335、HRB400、RRB400 级钢筋多用作预应力构件中的预应力筋。

由于钢材在加工时产生塑性变形所致，当晶体在外力作用下，在弹性阶段金属原子偏离平衡位置产生的变形，在外力去除后可以恢复，此为弹性变形；当外力继续增大，使晶格的歪曲程度超过弹性变形之后，晶格产生滑移，造成永久性变形。由于晶粒表面的畸变及滑动

平面的细小碎屑，使晶体在该平面上继续滑动产生困难，抵抗变形的能力增大，因而屈服极限及硬度提高。

由于塑性变形后钢材可能产生滑移的区域几乎均已滑动，因此塑性降低；由于塑性变形中产生了内应力，故钢材的弹性模量降低。

将经过冷拉的钢筋于常温下存放 15~20d 或加热到 100~200℃并保持一定时间，这个过程称为时效处理，前者称为自然时效，后者称为人工时效。

高温下固溶在 α—Fe 中的氮和氧的原子，在温度降低后溶解度下降，但未完全析出，在存放过程中逐渐析出并扩散到晶粒缺陷处，形成固体微粒，阻碍晶粒发生滑移，从而提高了对塑性变形的抵抗能力。

冷拉以后再经过时效处理的钢筋，其屈服强度进一步提高，抗拉极限强度也有所增长，塑性继续降低。由于时效强化处理过程中内应力的消减，故弹性模量可基本恢复。工地或预制构件厂常利用这一原则对钢筋或低碳钢盘条按一定程度进行冷拉或冷拔加工，以提高屈服强度，节约钢材。

（一）冷拉工艺

钢筋冷拉的主要工序包括钢筋上盘、放圈、切断、夹紧夹具、冷拉开始、观察控制值、停止冷拉、放松夹具、捆扎堆放。

钢筋冷拉工艺有两种：一种是采用卷扬机带动滑轮组作为冷拉动力的机械式冷拉工艺；另一种是采用长行程（1500mm 以上）的专用液压千斤顶（如 YPD—60S 型液压千斤顶）和高压油泵的液压冷拉工艺。目前我国仍以前者为主，但后者更有发展前途。

机械式冷拉工艺的冷拉设备主要由拉力设备、承力结构、回程装置、测量设备和钢筋夹具组成。拉力设备为卷扬机和滑轮组，多用 30~50kN 的慢速卷扬机，通过滑轮组增大牵引力。冷拉长度测量可用标尺，测力计可用电子秤、附有油表的液压千斤顶或弹簧测力计，承力结构可采用钢筋混凝土压杆，当拉力较小或为临时工程时，可采用地锚。

设备冷拉能力要大于所需最大拉力，所需最大拉力等于进行冷拉的最大拉力，同时还要考虑滑轮与地面的摩擦阻力及回程装置的阻力。设备冷拉能力可按式（6-3）和式（6-4）进行计算。

$$Q=S/K'-F \tag{6-3}$$

$$K'=f^{n-1}(f-1)/f^{n-1} \tag{6-4}$$

式中 Q——设备冷拉能力（kN）；

S——卷扬机拉力（kN）；

F——设备阻力（kN），包括冷拉滑轮与地面的摩阻力和回程装置的阻力等，可实测确定；

K'——滑轮组的省力系数；

f——单个滑轮的阻力系数；

n——滑轮组的工作绳数。

承力结构可采用地锚，冷拉力大时宜采用钢筋混凝土冷拉槽。图 6-25 为冷拉设备。回程装置可用荷重架回程或卷扬机滑轮组回程。测力设备常用液压千斤顶或用装有传感器和示力仪的电子秤。

如在负温下进行冷拉，温度不宜低于-20℃。当用冷拉应力控制时，由于钢筋的屈服强

度随温度降低而提高，冷拉控制应力应较常温时提高 30N/mm^2。如用冷拉率控制，则与常温相同。

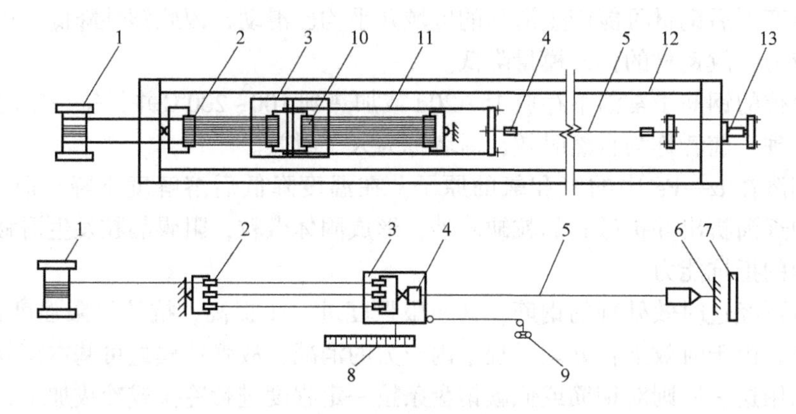

图 6-25 冷拉设备

1— 卷扬机 2—滑轮组 3—冷拉小车 4—夹具 5—被冷拉的钢筋 6—地锚
7—防护壁 8—标尺 9—回程荷重架 10—回程滑轮组 11—传力架 12—冷拉槽 13—液压千斤顶

为安全起见，冷拉时钢筋应缓缓拉伸，缓缓放松，并应防止斜拉，正对钢筋两端不允许站人，冷拉时人员不得跨越钢筋。

(二) 冷拉控制

钢筋冷拉可利用冷拉应力控制法或冷拉率控制法。对不能分清炉批号的热轧钢筋，不应采取冷拉率控制。

钢筋的冷拉应力和冷拉率是影响钢筋冷拉质量的两个主要参数。钢筋的冷拉率就是钢筋冷拉时包括其弹性和塑性变形的总伸长值与钢筋原长的比（%）。在一定限度范围内，冷拉应力与冷拉率越大，则屈服强度提高越大，而塑性降低。但钢筋冷拉后仍有一定的塑性，其屈服强度和抗拉强度之比（屈服比）不宜太大，以使钢筋冷拉后仍有一定的强度储备。其中，冷拉应力=冷拉力/钢筋公称面积；冷拉率=钢筋冷拉伸长值/钢筋原有长度；钢筋冷拉伸长值为钢筋冷拉后长度与钢筋原有长度之差。

1. 冷拉应力控制法

采用控制应力的方法控制冷拉钢筋时，其钢筋冷拉的冷拉控制应力和最大冷拉率应符合表 6-8 的规定。对抗拉强度较低的热轧钢筋，当拉到符合标准的冷拉应力时，其冷拉率已超过限值，将对结构使用非常不利，故规定其最大冷拉率限值。加工时按冷拉控制应力进行冷拉，冷拉后检查钢筋的冷拉率，如小于表中规定的数值，则为合格；如超过表中规定的数值，则应进行力学性能试验。

表 6-8 钢筋冷拉的冷拉控制应力和最大冷拉率

钢筋级别	钢筋直径/mm	冷拉控制应力/MPa	最大冷拉率(%)
HPB300	≤12	280	10.0
HRB335	≤25	450	5.5
	28~40	430	
HRB400	8~40	500	5.0
HRB500	10~28	700	4.0

2. 冷拉率控制法

钢筋冷拉以冷拉率控制时，其控制值由试验确定。对同炉批钢筋，测定的试件不宜少于4个，每个试件都按表6-9规定的冷拉应力值在万能试验机上测定相应的冷拉率，取其平均值作为该炉批钢筋的实际冷拉率。当钢筋强度偏高，平均冷拉率低于1%时，仍按1%进行冷拉。

表6-9　测定冷拉率时钢筋的冷拉应力

钢筋级别	钢筋直径/mm	冷拉应力/MPa
HPB300	≤12	310
HRB335	≤25 28~40	480 460
HRB400	8~40	530
HRB500	10~28	730

由于控制冷拉率为间接控制法，试验统计资料表明，同炉批钢筋按平均冷拉率冷拉后的抗拉强度的标准离差 σ 为 15~20N/mm^2，为满足95%的保证率，应按冷拉控制应力增加 1.645σ，约为30N/mm^2。因此，用冷拉率控制法冷拉钢筋时，钢筋的冷拉应力比冷拉应力控制法高。

不同炉批的钢筋，不宜用控制冷拉率的方法进行钢筋冷拉。多根连接的钢筋，用控制应力的方法进行冷拉时，其控制应力和每根的冷拉率均应符合表6-8的规定；当用控制冷拉率的方法进行冷拉时，冷拉率可按总长计，但冷拉后每根钢筋的冷拉率不得超过表6-8的规定。钢筋的冷拉速度不宜过快。

（三）钢筋冷拉速度的控制

钢筋的冷拉速度要适宜，其计算公式为

$$V=\frac{\pi Dm}{n} \tag{6-5}$$

式中　V——冷拉速度（m/min）；

D——卷扬机卷筒直径（m）；

m——卷扬机卷筒转速（r/min）；

n——滑轮组的工作线数。

（四）钢筋冷拉的质量

冷拉钢筋主要用作受拉钢筋，一般不用作受压钢筋。即使用作受压钢筋，也不利用冷拉后提高的强度。在冲击荷载的动力设备基础、吊环及负温度条件下，不得使用冷拉钢筋。

冷拉后，钢筋表面不应发生裂纹或局部缩颈现象，并按施工规范要求在每批冷拉钢筋（直径小于12mm的同钢号和同直径钢筋每10t为一批，大于14mm的每20t为一批）中，任意两根钢筋上各取两个试件分别进行拉伸试验和冷弯试验，其质量应符合表6-10的规定。冷弯试验时不得有裂纹、鳞落和断裂现象，如有一项达不到规定的指标值，则要加倍取样试验，如果仍有一项指标达不到规定值，则判定该批钢筋为不合格品。

当冷拉钢筋为多根焊接时，宜分别测定每根钢筋的分段冷拉率，其不应超过规定的限值。冷拉后的钢筋应放置一段时间（至少24h），使提高的屈服强度稳定后再使用。

表 6-10 冷拉钢筋的力学性能

项次	钢筋级别	钢筋直径/mm	屈服强度/MPa	抗拉强度/MPa	伸长率 δ_{10}(%)	冷弯	
			不小于			弯曲角度	弯曲直径
1	HPB300	≤12	280	370	11	180°	3*d*
2	HRB335	≤25 28~40	450 430	510 490	10 10	90° 90°	3*d* 4*d*
3	HRB400	8~40	500	570	8	90°	5*d*

(五) 钢筋冷拔

冷拔是使直径为 6~8mm 的 HPB300 钢筋在常温下强力通过特制的直径逐渐减小的钨合金拔丝模进行强力冷拔。钢筋通过拔丝模时，受到轴向拉伸与径向压缩的作用，使钢筋内部晶格变形而产生塑性变形，以改变其物理力学性能。钢筋冷拔后，横向压缩纵向拉伸，内部晶格产生位移，因而抗拉强度提高（可提高 40%~90%），塑性降低，硬度提高。这种经冷拔加工后的光圆钢筋称为“冷拔低碳钢丝”。

相比而言，冷拉只有拉伸应力，而冷拔既有拉伸应力，又有压缩应力。冷拔后，冷拔低碳钢丝没有明显的屈服现象，按照材质特性分为甲、乙两级。甲级钢丝适用于做预应力筋，乙级钢丝适用于做焊接网、焊接骨架、箍筋和构造钢筋。

钢筋冷拔的工艺过程为：轧头→剥壳→通过润滑剂进入拔丝模冷拔。

钢筋表面常有一硬渣层，易损坏拔丝模，并使钢筋表面产生沟纹，因而冷拔前要进行剥壳，其方法是使钢筋通过 3~6 个上下排列的辊子以剥除渣壳。润滑剂常用石灰、动植物油、肥皂、白蜡和水按一定配比制成。

冷拔用的拔丝机有立式（图 6-26）和卧式两种。其鼓筒直径一般为 500mm，冷拔速度约为 0.2~0.3m/s，速度过大易断丝。

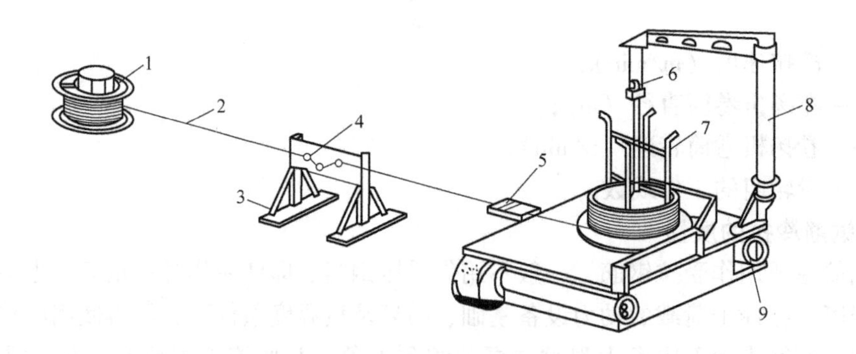

图 6-26 立式单鼓筒冷拔机

1—盘圆架 2—钢筋 3—剥壳装置 4—槽轮 5—拔丝模 6—滑轮 7—绕丝筒 8—支架 9—电动机

影响冷拔低碳钢丝质量的主要因素有原材料的质量和冷拔总压缩率。

冷拔低碳钢丝都是用普通低碳热轧光圆钢筋拔制的，按现行国家标准《低碳钢热压圆盘条》（GB/T 701—2008）的规定，光圆钢筋都是用 1~3 号乙类钢轧制的，因而强度变化较大，直接影响冷拔低碳钢丝的质量。为此，应严格控制原材料。冷拔低碳钢丝分甲、乙两

级，对主要用作预应力筋的甲级冷拔低碳钢丝，宜用符合Ⅰ级钢标准的3号钢圆盘条进行拔制。

冷拔总压缩率（β）是光圆钢筋拔成钢丝时的横截面缩减率。若原材料光圆钢筋直径为d_0，冷拔后成品钢丝直径为d，则总压缩率计算公式为

$$\beta=\frac{d_0^2-d^2}{d_0^2} \tag{6-6}$$

总压缩率越大，则抗拉强度提高越多，而塑性下降越多，故β不宜过大。直径为5mm的冷拔低碳钢丝，宜用直径为8mm的圆盘条拔制；直径小于等于4mm者，宜用直径为6.5mm的圆盘条拔制。

冷拔低碳钢丝有时是经过多次冷拔而成的，一般不是经过一次冷拔就达到总压缩率。每次冷拔的压缩率也不宜太大，否则拔丝机的功率过大，拔丝模易损耗，且易断丝。一般前道钢丝和后道钢丝的直径之比以1∶0.87为宜。冷拔次数也不宜过多，否则易使钢丝变脆。

冷拔低碳钢丝经调直机调直后，其抗拉强度降低8%~10%，塑性有所改善，使用时应注意。

二、钢筋的焊接

钢筋焊接分为压焊和熔焊两种形式。压焊包括闪光对焊、电阻点焊和气压焊；熔焊包括电弧焊和电渣压力焊。此外，钢筋与预埋件（T形接头）的焊接应采用埋弧压力焊，也可用电弧焊或穿孔塞焊，但焊接电流不宜过大，以防烧伤钢筋。

（一）闪光对焊

闪光对焊广泛用于钢筋连接及预应力筋与螺钉端杆的焊接。热轧钢筋的焊接宜优先采用闪光对焊。

钢筋闪光对焊是利用对焊机使两段钢筋接触，通过低电压的强电流，待钢筋被加热到一定温度变软后，进行轴向加压顶锻，形成对焊接头。常用的钢筋闪光对焊工艺有连续闪光焊、预热闪光焊和闪光—预热—闪光焊。对HRB500级钢筋有时在焊接后还进行通电热处理。

1. 连续闪光焊

这种焊接的工艺过程是待钢筋夹紧在电极钳口上后，闭合电源，使两钢筋端面轻微接触。由于钢筋端部不平，开始只有一点或数点接触，接触面小而电流密度和接触电阻很大，接触点很快熔化并产生金属蒸气飞溅，形成闪光现象。闪光一开始就徐徐移动钢筋，使之形成连续闪光过程，同时接头也被加热。待接头烧平、闪去杂质和氧化膜、白热熔化时，随即施加轴向压力迅速进行顶锻，使两根钢筋焊牢。连续闪光焊适用于焊接直径在25mm以下的HPB300、HRB335、HRB400级钢筋，对焊接直径较小的钢筋最适用。

连续闪光焊的工艺参数有调伸长度、烧化留量、顶锻留量及变压器级数等。

2. 预热闪光焊

当钢筋直径较大、端面比较平整时，宜用预热闪光焊。它与连续闪光焊的不同之处在于前面增加一个预热时间，先使大直径钢筋预热后再连续闪光烧化进行加压顶锻。

3. 闪光—预热—闪光焊

端面不平整的大直径钢筋连接采用半自动或自动对焊机，焊接大直径钢筋宜采用闪光—

预热—闪光焊。这种焊接的工艺过程是进行连续闪光，使钢筋端部烧化平整；再使接头处做周期性闭合和断开，形成断续闪光使钢筋加热；接着连续闪光，最后进行加压顶锻。

闪光—预热—闪光焊的工艺参数有调伸长度、一次烧化留量、预热留量和预热时间、二次烧化留量、顶锻留量及变压器级数等。

钢筋闪光对焊后，应对接头进行外观检查，对焊后钢筋应无裂纹和烧伤，接头弯折不大于4°，接头轴线偏移量不大于0.1d（d为钢筋直径），且不大于2mm。此外，还应按规定进行抗拉试验和冷弯试验。

（二）电弧焊

电弧焊是利用弧焊机使焊条与焊件之间产生高温，电弧使焊条和电弧燃烧范围内的焊件熔化，待其凝固便形成焊缝或接头。电弧焊广泛用于钢筋接头、钢筋骨架焊接、装配式结构接头的焊接、钢筋与钢板的焊接及各种钢结构焊接。

钢筋电弧焊的接头形式有搭接焊接头（单面焊缝或双面焊缝）、帮条焊接头（单面焊缝或双面焊缝）、剖口焊接头（平焊或立焊）和熔槽帮条焊接头，如图6-27所示。

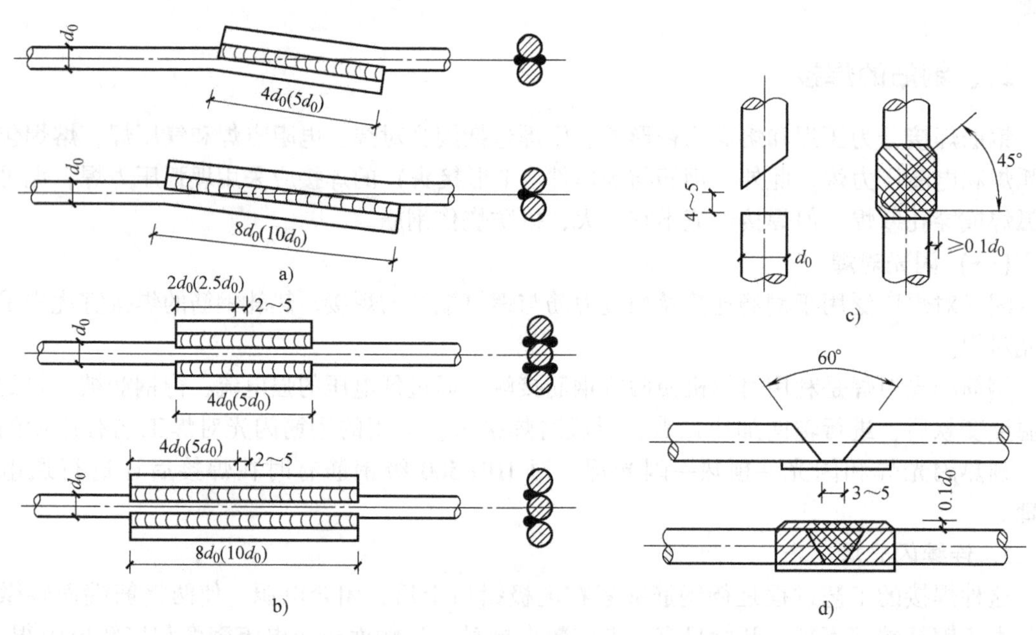

图6-27 钢筋电弧焊的接头形式

a）搭接焊 b）帮条焊 c）立焊的剖口焊 d）平焊的剖口焊

焊接接头的质量检查除了外观检查外，还需抽样做拉伸试验。如对焊接质量有怀疑或发现异常情况，还可进行非破损检验（X射线、γ射线、超声波探伤等）。

1. 帮条焊

帮条焊宜采用双面焊，当不能进行双面焊时，可采用单面焊。帮条长度L应符合表6-11的规定。当帮条钢筋级别与主筋相同时，帮条直径可与主筋相同或小一个规格；当帮条直径与主筋相同时，帮条钢筋级别可与主筋相同或低一个级别。

帮条焊接头的焊缝厚度不应小于主筋直径的0.3倍；焊缝宽度b不应小于主筋直径的0.7倍。帮条焊时，两主筋端面的间隙应为2~5mm。

表 6-11　钢筋帮条长度

钢筋种类	焊缝形式	帮条长度 L
HPB300	单面焊	$\geqslant 8d$
	双面焊	$\geqslant 4d$
HRB335 及 HRB400	单面焊	$\geqslant 10d$
	双面焊	$\geqslant 5d$

2. 搭接焊

搭接焊可用于 HPB300、HRB335 及 HRB400 级钢筋，焊接时宜采用双面焊。当不能进行双面焊时，可采用单面焊。搭接长度、焊缝厚度均与帮条长度相同。搭接焊时，焊接端钢筋应预弯，并应使两钢筋的轴线在同一直线上。

3. 坡口焊

坡口焊施工前在焊接钢筋端部切口形成坡口。坡口面应平顺，切口边缘不得有裂纹、钝边和缺棱。坡口平焊时，坡口角度宜为 55°~65°；坡口立焊时，坡口角度宜为 40°~55°，其中，下钢筋宜为 0°~10° ，上钢筋宜为 35°~45°。钢筋根部间隙，坡口平焊时宜为 4~6mm；坡口立焊时宜为 3~5mm；其最大间隙均不宜超过 10mm。钢垫板厚度宜为 4~6mm，长度宜为 40~60mm。坡口平焊时，垫板宽度应为钢筋直径加 10mm；坡口立焊时，垫板宽度宜等于钢筋直径。

4. 窄间隙焊

钢筋窄间隙焊是将两钢筋安放成水平对接形式，并置于铜模内，中间留有少量间隙，用焊条从接头根部引弧，连续向上焊接完成的一种电弧焊方法。

窄间隙焊宜用于直径为 16mm 及以上钢筋的现场水平连接。焊接时，钢筋应置于铜模中，并应留出一定间隙，用焊条连续焊接，熔化钢筋端面，使熔敷金属填充间隙，形成接头。焊接时，钢筋端面应平整，应选用低氢型碱性焊条。焊缝余高不得大于 3mm，且应平缓过渡至钢筋表面。

5. 熔槽帮条焊

熔槽帮条焊宜用于直径为 20mm 及以上钢筋的现场安装焊接。焊接时应加角钢做垫板模。接头形式、角钢尺寸和焊接工艺应符合下列要求：

1）角钢边长宜为 40~60mm，长度宜为 80~100mm。

2）钢筋端头应加工平整；两钢筋端面的间隙应为 10~16mm。

3）从接缝处垫板引弧后应连续施焊，并应使钢筋端部熔合，防止未焊透、产生气孔或夹渣。

4）焊接过程中应停焊清渣一次。焊平后，再进行焊缝余高的焊接，其高度不得大于 3mm。

5）钢筋与角钢垫板之间应加焊侧面焊缝 1~3 层，焊缝应饱满，表面应平整。

6. 预埋件钢筋电弧焊

预埋件钢筋电弧焊 T 形接头可分为角焊和穿孔塞焊两种，如图 6-28 所示。一般情况下，钢板厚度 δ 不宜小于钢筋直径的 0.6 倍，且不应小于 6mm；钢筋应采用 HPB300 或 HRB335 级钢筋；受力锚固钢筋的直径不宜小于 8mm；构造锚固钢筋的直径不宜小于 6mm；当采用 HPB300 级钢筋时，角焊缝焊脚 k 不得小于钢筋直径的 0.5 倍；采用 HRB335 级钢筋时，焊

脚 k 不得小于钢筋直径的 0.6 倍。

（三）电渣压力焊

电渣压力焊在施工中多用于现浇混凝土结构构件内竖向或斜向（倾斜度在 4∶1 范围内）钢筋的焊接接长。电渣压力焊有自动和手工电渣压力焊两类。与电弧焊相比，它的工效高、成本低，可进行竖向连接，故在工程中应用较普遍。

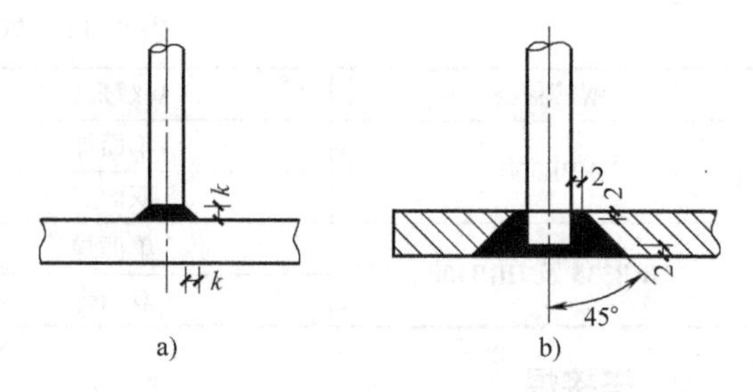

图 6-28 预埋件钢筋电弧焊 T 形接头

a）角焊 b）穿孔塞焊

电渣压力焊构造原理图如图 6-29 所示，在进行电渣压力焊时，宜选用合适的焊接变压器。夹具需灵巧，上下钳口同心，保证上下钢筋的轴线最大偏移量不大于 0.1d，同时不大于 2mm。焊接时，先将钢筋端部约 120mm 范围内的铁锈除尽，将夹具夹牢在下部钢筋上，并将上部钢筋扶直夹牢于活动电极中（自动电渣压力焊时还需在上下钢筋间放置引弧用的钢丝圈等）；再装上药盒，装满焊药，接通电路，用手柄使电弧引燃（引弧）；然后稳定一段时间，使之形成渣池并使钢筋熔化（稳弧），随着钢筋的熔化，用手柄使上部钢筋缓缓下送；当稳弧达到规定时间后，在断电同时用手柄进行加压顶锻（顶锻），以排除夹渣和气泡，形成接头；待冷却一定时间后，拆除药盒，回收焊药，拆除夹具并清除焊渣。引弧、稳弧、顶锻三个过程连续进行。

（四）电阻点焊

电阻点焊主要用于小直径钢筋的交叉连接，如用来焊接近年来推广应用的钢筋网片、钢筋骨架等。它的生产效率高、节约材料，应用广泛。

电阻点焊的工作原理如图 6-30 所示，当钢筋交叉点焊时，接触点只有一点，且接触电阻较大，在接触的瞬间，电流产生的全部热量都集中在一点上，因而使金属受热熔化，同时在电极加压下使焊点金属得到焊合。

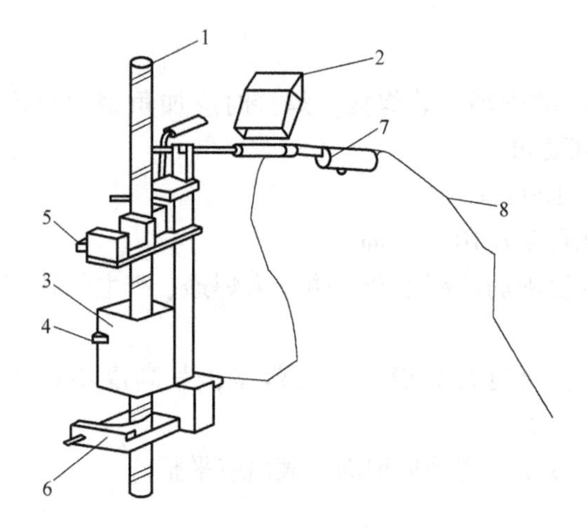

图 6-29 电渣压力焊构造原理图

1—钢筋 2—监控仪表 3—焊剂盒 4—焊剂盒扣环 5—活动夹具 6—固定夹具 7—操作手柄 8—控制电缆

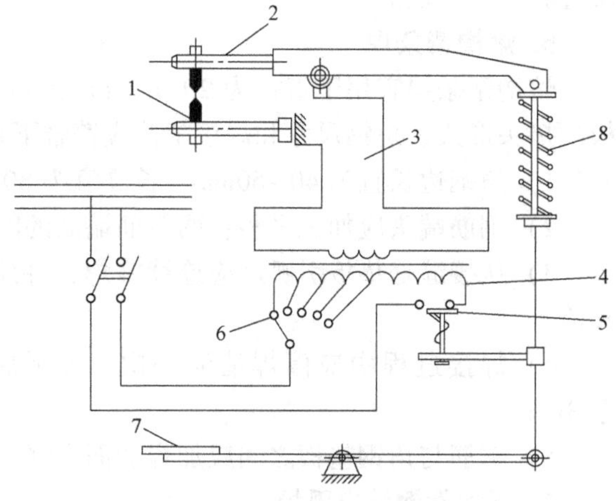

图 6-30 电阻点焊的工作原理

1—电极 2—电极臂 3—变压器的次级线圈 4—变压器的初级线圈 5—断路器 6—变压器的调节开关 7—踏板 8—压紧机构

电阻点焊不同直径钢筋时，如较小钢筋的直径小于10mm，则大小钢筋直径之比不宜大于3；如较小钢筋的直径为12mm或14mm，则大小钢筋直径之比不宜大于2。应根据较小直径的钢筋选择焊接工艺参数。

焊点应进行外观检查和强度试验。热轧钢筋的焊点应进行抗剪试验。冷加工钢筋的焊点除进行抗剪试验外，还应进行拉伸试验。

（五）气压焊

气压焊接钢筋是利用乙炔、氧气混合气体燃烧的高温火焰对已有初始压力的两根钢筋端面接合处加热，使钢筋端部产生塑性变形，并促使钢筋端面的金属原子互相扩散，当钢筋加热到1250~1350℃时进行加压顶锻，使钢筋焊接在一起。

钢筋气压焊接属于热压焊。在焊接加热过程中，加热温度只为钢材熔点的0.8~0.9倍，且加热时间较短，所以不会出现钢筋材质劣化倾向。另外，其设备轻巧、使用灵活、效率高、节省电能、焊接成本低，可进行全方位（竖向、水平和斜向）焊接，所以在我国逐步得到推广。

气压焊接设备（图6-31）主要包括加热系统与加压系统两部分。

加热系统中的加热能源是氧气和乙炔。用流量计来控制氧气和乙炔的输入量，焊接不同直径的钢筋要求不同的流量。加热器用来将氧气和乙炔混合后，从喷火嘴喷出火焰加热钢筋，要求火焰能均匀加热钢筋，有足够的温度和功率并安全可靠。

加压系统中的压力源为电动油泵，其目的是使加压顶锻的压力平稳。压接器是气压焊的主要设备之一，要求其能准确、方便地将两根钢筋固定在同一轴线上，并将油泵产生的压力均匀地传递给钢筋达到焊接目的。

气压焊接的钢筋要用砂轮切割机断料，要求端面与钢筋轴线垂直。焊接前应打磨钢筋端面，清除氧化层和污物，使之现出金属光泽，并随即喷涂一薄层焊接活化剂保护端面不再氧化。

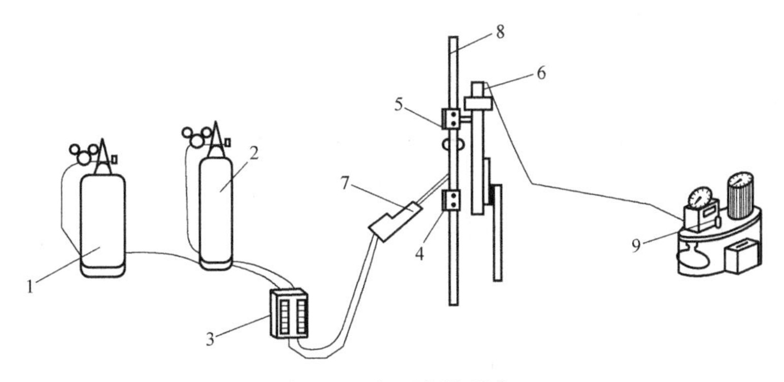

图6-31　气压焊接设备

1—乙炔　2—氧气　3—流量计　4—固定卡具　5—活动卡具
6—压接器　7—加热器与焊炬　8—被焊接的钢筋　9—加压油泵

三、钢筋的机械连接

钢筋机械连接技术是一项新型钢筋连接工艺，被称为继绑扎、电焊之后的“第三代钢筋接头”，具有接头强度高于钢筋母材、速度比电焊快5倍、无污染、节省20%钢材等优点。钢筋机械连接包括挤压连接、螺纹套管连接、熔融金属充填套管接头、水泥灌浆充填套管接头以及受压钢筋面平接头等。其中，挤压连接、螺纹套管连接是近年来大直径钢筋现场连接的主要方法。

(一) 钢筋挤压连接

钢筋挤压连接也称钢筋套筒冷压连接。套筒挤压连接接头是通过挤压力使连接件钢套筒产生塑性变形并与带肋钢筋紧密咬合形成的接头，有径向挤压连接和轴向挤压连接两种形式。由于轴向挤压连接在现场施工不方便且接头质量不够稳定，因此没有得到推广；而径向挤压连接接头得到了大面积推广使用。现在工程中使用的套筒挤压连接接头，均为径向挤压连接。由于其优良的质量，套筒挤压连接接头在我国20世纪90年代初至今被广泛应用于建筑工程中。

钢筋挤压连接适用于竖向、横向及其他方向较大直径变形钢筋的连接。与焊接相比，它具有节省电能、不受钢筋焊接性好坏影响、不受气候影响、无明火、施工简便和接头可靠度高等优点。连接时将需变形钢筋插入特制钢套筒内，利用液压驱动的挤压机进行径向或轴向挤压，使钢套筒产生塑性变形，紧紧咬住变形钢筋实现连接（图6-32）。

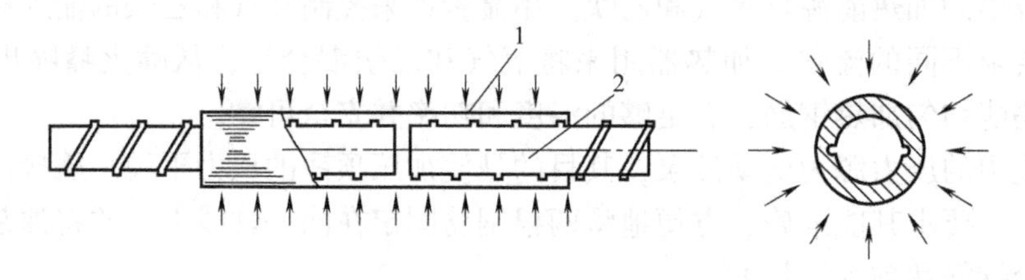

图6-32　钢筋径向挤压连接

1—钢套筒　2—被连接的钢筋

钢筋挤压连接的工艺参数主要有压接顺序、压接力和压接道数。压接顺序应从中间逐道向两端压接；压接力要能保证套筒与钢筋紧密咬合；压接力和压接道数取决于钢筋直径、套筒型号和挤压机型号。

(二) 钢筋螺纹套管连接

钢筋螺纹套管连接分为锥螺纹连接与直螺纹连接两种。用于这种连接的钢套管内壁，用专用机床加工有锥螺纹或直螺纹，钢筋的对接端头也在套螺纹机上加工有与套管匹配的螺纹。连接时，经过螺纹检查无油污和损伤后，先用手旋入钢筋，然后用扭矩扳手紧固至规定的扭矩即完成连接（图6-33）。钢筋螺纹套管施工速度快，不受气候影响，质量稳定，易对中，已在我国广泛应用。

由于钢筋的端头在套螺纹机上加工有螺纹，截面有新削弱，为达到连接接头与钢筋强度等级相同的目的，目前有两种方法：一种是将钢筋端头先镦粗后再套螺纹，使连接接头处截面不削弱；另一种是采用冷轧的方法轧制螺纹，接头处经冷轧后强度有所提高，也可达到等强度的目的。

1. 钢筋锥螺纹连接

锥螺纹连接接头是通过钢筋端头特制的锥形螺纹和连接件锥形螺纹咬合形成的接头。锥螺纹连接技术的诞生克服了套筒挤压连接技术存在的不足。锥螺纹丝头完全是提前预制，现场连接，占用工期短，现场只需用力矩扳手操作，不需搬动设备和拉扯电线，深受各施工单

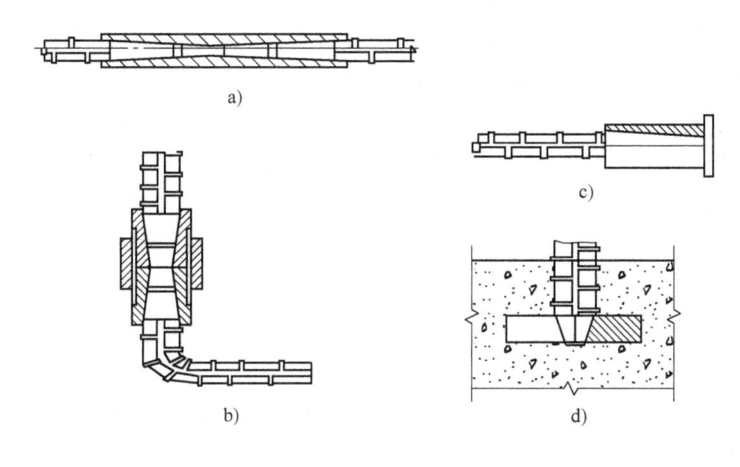

图 6-33　钢筋螺纹套管连接

a）直钢筋连接　b）直、弯钢筋连接　c）在钢板上连接钢筋　d）混凝土构件中插接钢筋

位的好评。但是锥螺纹连接接头的质量不够稳定。由于加工螺纹的小径减小了母材的横截面面积，从而降低了接头强度，一般只能达到母材实际抗拉强度的85%～95%。此外，我国的锥螺纹连接技术和国外相比还存在一定差距，其中，最突出的一个问题就是螺距单一，直径16～40mm 钢筋采用的螺距均为2.5mm，而2.5mm 螺距最适于直径22mm 钢筋的连接，太粗或太细的钢筋连接的强度都不理想，尤其是直径为36mm、40mm 钢筋的锥螺纹连接，很难达到母材实际抗拉强度的0.9倍。许多生产单位自称达到钢筋母材标准强度，是利用了钢筋母材超强的性能，即钢筋实际抗拉强度大于钢筋抗拉强度的标准值。由于锥螺纹连接技术具有施工速度快、接头成本低的特点，自20世纪90年代初推广以来也得到了较大范围的推广使用，但由于存在的缺陷较大，逐渐被直螺纹连接接头所代替。

2. 钢筋直螺纹连接

等强度直螺纹连接接头是20世纪90年代钢筋连接的国际最新潮流，接头质量稳定可靠，连接强度高，可与套筒挤压连接接头相媲美，而且又具有锥螺纹接头施工方便、速度快的特点，因此直螺纹连接技术的出现给钢筋连接技术带来了质的飞跃。目前我国直螺纹连接技术呈现出百花齐放的景象，出现了多种直螺纹连接形式。

直螺纹连接接头主要有镦粗直螺纹连接接头和滚压直螺纹连接接头两类。这两种工艺采用不同的加工方式来增强钢筋端头螺纹的承载能力，达到接头与钢筋母材等强度的目的。

（1）镦粗直螺纹连接接头　镦粗直螺纹连接接头是指通过钢筋端头镦粗后制作的直螺纹和连接件螺纹咬合形成的接头。其工艺是：先将钢筋端头通过镦粗设备镦粗，再加工出螺纹，其螺纹小径不小于钢筋母材直径，使接头与母材达到等强度。国外镦粗直螺纹连接接头，其钢筋端头有热镦粗又有冷镦粗。热镦粗主要是消除镦粗过程中产生的内应力，但加热设备投入费用高。我国的镦粗直螺纹连接接头，其钢筋端头主要是冷镦粗，对钢筋的延性要求高；而对于延性较低的钢筋，镦粗质量较难控制，易产生脆断现象。

镦粗直螺纹连接接头的优点是强度高，现场施工速度快，工人劳动强度低，钢筋直螺纹丝头全部提前预制，现场连接为装配作业。其不足之处在于镦粗过程中易出现镦偏现象，一旦镦偏必须切掉重镦；镦粗过程中产生内应力，钢筋镦粗部分延性降低，易产生脆断现象，螺纹加工需要两道工序两套设备完成。

（2）滚压直螺纹连接接头　滚压直螺纹连接接头是指通过钢筋端头直接滚压、挤（碾）压肋滚压或剥肋后滚压制作的直螺纹和连接件螺纹咬合形成的接头。其基本原理是利用了金属材料塑性变形后冷作硬化增强金属材料强度的特性，而仅在金属表层发生塑变、冷作硬化，金属内部仍保持原金属的性能，因而使钢筋接头与母材达到等强度。

目前，国内常见的滚压直螺纹连接接头有三种类型：直接滚压直螺纹、挤（碾）压肋滚压直螺纹、剥肋滚压直螺纹。这三种形式连接接头获得的螺纹精度及尺寸不同，接头质量也存在一定差异。

① 直接滚压直螺纹连接接头。其优点为螺纹加工简单，设备投入少；不足之处在于螺纹精度差，存在虚假螺纹现象。由于钢筋粗细不均，公差大，加工的螺纹直径大小不一致，给现场施工造成困难，使套筒与丝头配合松紧不一致，有个别接头出现拉脱现象。由于钢筋直径变化及横纵肋的影响，使滚丝轮寿命降低，增加接头的附加成本，现场施工易损件更换频繁。

② 挤（碾）压肋滚压直螺纹连接接头。这种连接接头是用专用挤压设备先将钢筋的横肋和纵肋进行预压平处理，然后再滚压螺纹，目的是减轻钢筋肋对成型螺纹精度的影响。其特点是：成型螺纹精度相对直接滚压有一定提高，但仍不能从根本上解决钢筋直径大小不一致对成型螺纹精度的影响，而且螺纹加工需要两道工序、两套设备完成。

③ 剥肋滚压直螺纹连接接头。其工艺是先将钢筋端部的横肋和纵肋进行剥切处理后，使钢筋滚丝前的柱体直径达到同一尺寸，然后再进行螺纹滚压成型。

剥肋滚压直螺纹连接技术是由中国建筑科学研究院建筑机械化研究分院研制开发的钢筋等强度直螺纹连接接头的一种新形式，为国内外首创。通过对现有 HRB335、HRB400 级钢筋进行的型式试验、疲劳试验、耐低温试验以及大量的工程应用，证明接头性能不仅达到了《钢筋机械连接技术规程》（JGJ 107—2010）中Ⅰ级接头性能要求，实现了等强度连接，而且接头还具有优良的抗疲劳性能和抗低温性能。接头通过 200 万次疲劳强度试验，接头处无破坏，在-40℃低温下试验，接头仍能达到与母材等强度连接。剥肋滚压直螺纹连接技术不仅适用于直径为 16~40mm（近期又扩展到直径为 12~50mm）HRB335、HRB400 级钢筋在任意方向和位置的同、异径连接，而且还可应用于要求充分发挥钢筋强度和对接头延性要求高的混凝土结构以及对疲劳性能要求高的混凝土结构中，如机场、桥梁、隧道、电视塔、核电站、水电站等。

剥肋滚压直螺纹连接接头与其他滚压直螺纹连接接头相比，具有如下特点：螺纹牙型好，精度高，牙齿表面光滑；螺纹直径大小一致性好，容易装配，连接质量稳定可靠；滚丝轮寿命长，接头附加成本低。滚丝轮可加工 5000~8000 个丝头，比直接滚压寿命提高了 3~5 倍；接头通过 200 万次疲劳强度试验，接头处无破坏；在-40℃低温下试验，其接头仍能达到与母材等强度，抗低温性能好。

四、钢筋接头质量检验

为确保钢筋连接质量，钢筋接头应按有关规程规定进行质量检查与评定验收。

采用焊接连接的接头，评定验收其质量时，除按《钢筋焊接及验收规程》（JGJ 18—2012）中规定的方法检查其外观质量外，还必须进行拉伸或弯曲试验。

对闪光对焊接头，要求从同批成品中切取6个试件，3个进行拉伸试验，3个进行弯曲试验做拉伸试验的试件，其抗拉强度均不得低于该级别钢筋规定的抗拉强度值，或至少有两个试件断于焊缝之外，呈延性断裂。做弯曲试验的试件，在规定的弯心直径下，弯曲至90°时，不得在焊缝或热影响区发生破断。

对电弧焊接头，要求从成品中每批（现场安装条件下，每一楼层中以300个同类型接头为一批）切取3个试件做拉伸试验，其试验结果要求同闪光对焊。

对电渣压力焊接头，要求从每批成品（在现浇混凝土框架结构中，每一楼层中以300个同类型接头为一批；不足300个时，仍作为一批）中切取3个试件进行拉伸试验，其试验结果均不得低于该级别钢筋规定的抗拉强度值。

对套筒冷压接头，要求从每批成品（每500个相同规格、相同制作条件的接头为一批，不足500个仍为一批）中切取3个试件做拉伸试验，每个试件实测的抗拉强度值均为不应小于该级别钢筋的抗拉强度标准值的1.05倍或该试件钢筋母材的抗拉强度。

对锥形螺纹钢筋接头，要求从每批成品（每300个相同规格接头为一批，不足300个仍为一批）中取3个试件做拉伸试验，每个试件的屈服强度实测不小于钢筋的屈服强度标准值，并且抗拉强度实测值与钢筋屈服强度标准值的比值不小于1.35倍。

五、钢筋配料及加工

（一）钢筋的配料

钢筋配料是根据构件的配筋图计算构件各钢筋的直线下料长度、根数及重量，然后编制钢筋配料单，作为钢筋备料加工的依据。

构件配筋图中注明的尺寸一般是钢筋外轮廓尺寸（即从钢筋外皮到外皮量得的尺寸），称为外包尺寸。在钢筋加工时，一般也按外包尺寸进行验收。钢筋加工前直线下料。如果下料长度按钢筋外包尺寸的总和来计算，则加工后的钢筋尺寸将大于设计要求的外包尺寸或者弯钩平直段太长造成材料的浪费。这是由于钢筋弯曲时中轴线长度不变，外皮伸长，内皮缩短。只有按钢筋轴线长度尺寸下料加工，才能使加工后的钢筋形状、尺寸符合设计要求。

钢筋外包尺寸和轴线长度之间存在的差值称为“量度差值”。钢筋的直线段外包尺寸等于轴线长度，两者无量度差值；而钢筋弯曲段，外包尺寸大于轴线长度，两者间存在量度差值。因此，钢筋下料是指其下料长度应为各段外包尺寸之和减去弯曲处的量度差值，再加上两端弯钩的增长值，即

$$\text{钢筋下料长度}=\sum\text{外包尺寸}-\sum\text{量度差值}+\sum\text{弯钩增长值}$$

1. 钢筋中部弯曲处的量度差值

钢筋中部弯曲处的量度差值与钢筋弯心直径 D 及弯曲角度 α 有关，按图6-34进行计算。从图中可以看出，在弯曲处有

$$\text{量度差值}=\text{外包尺寸}-\text{轴线尺寸}=(AB+BC)-ABC=2AB-ABC=2(D/2+d)\tan\frac{\alpha}{2}-\pi(D+d)\alpha/360\text{。}$$

根据规范规定，钢筋做不大于90°的弯折，弯折处的弯弧内直径 D 不应小于钢筋直径 d 的5倍，则可以计算出量度差值的理论值，考虑到实际和理论的差异，可采用经验数据，对于分别为30°、45°、60°、90°的钢筋弯曲角度，分别取 $0.35d$、$0.5d$、$0.85d$、$2d$ 钢筋弯曲调整值。

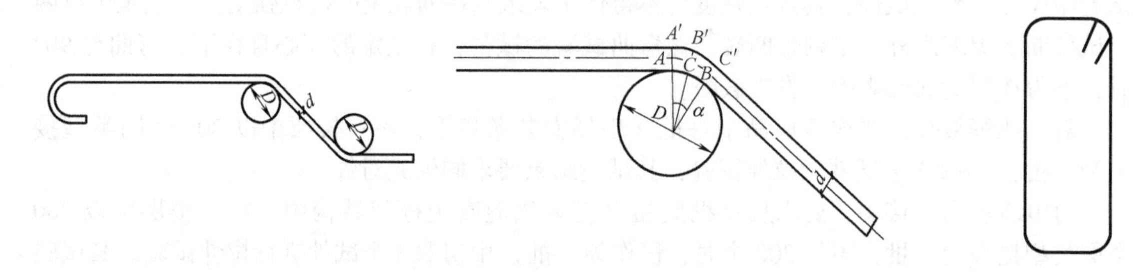

图 6-34 钢筋量度差值计算示意图

2. 钢筋末端弯钩时下料长度的增长值

（1）HPB300 级钢筋末端做 180°弯钩时下料长度的增长值 HPB300 级钢筋末端做 180°弯钩，其弯弧内直径不应小于钢筋直径 d 的 2.5 倍，弯钩的弯后平直部分长度不应小于钢筋直径 d 的 3 倍。当弯曲直径 $D=2.5d$ 时，可以算出，对于每一个 180°弯钩，钢筋下料长度的增长值为 $6.25d$（包括量度差值和平直部分长度）。

（2）钢筋末端做 135°弯钩时下料长度的增长值 当钢筋末端做 135°弯钩时，HPB300 级、HRB400 级钢筋弯弧内直径不应小于钢筋直径 d 的 4 倍，弯钩的弯后平直部分长度应符合设计要求。当弯曲直径 $D=4d$ 时，可以算出，对于每一个 135°弯钩，钢筋下料长度的理论增长值（不包括弯钩的弯后平直部分长度），根据实际经验近似取 $2.5d$。

（3）箍筋调整 箍筋的末端应做成弯钩，箍筋弯钩的形式应符合设计要求，当设计无要求时，弯折角度要求不小于 90°；对有抗震设防要求的结构，应为 135°，如图 6-34 所示。要求箍筋弯钩的弯弧内直径不小于受力钢筋直径；且弯折角度为 135°时，对 HRB335、HRB400 级钢筋应不小于钢筋直径的 4 倍。箍筋弯后平直部分的长度，对有抗震要求的结构，不小于箍筋直径的 10 倍；对一般结构，不小于箍筋直径的 5 倍。

箍筋的下料长度应根据现场钢筋的实际性能（确定弯曲半径）、箍筋弯后平直部分的长度的要求确定。

（二）钢筋加工

钢筋的表面应洁净、无损伤，在使用前应将油污和铁锈等清洗干净。带有颗粒状或片状老锈的钢筋不得使用。

在施工中，钢筋的品种、级别和规格应按设计要求采用。当遇有钢筋的品种、级别和规格与设计要求不符而需要代换时，应办理设计变更文件，按变更后的要求加工安装。

为确保钢筋加工的形状、尺寸必须符合设计要求，在加工之前必须根据结构施工图，做好钢筋节点放样，明确墙、柱、梁、板钢筋的连接方式、位置、连接和锚固构造，确定梁柱节点、梁梁节点、梁与板之间钢筋的穿插顺序。根据配筋图和节点大样图，绘制各部分构件单根钢筋简图并加以编号，计算下料长度和根数，填写配料单，以备加工。加工后的半成品钢筋要分部位、分层、分段和构件名称分类堆放，并挂牌标示。

钢筋的加工包括调直、除锈、剪切、弯曲等。

钢筋的调直宜采用机械方法，也可采用冷拉方法。直径为 4～14mm 的钢筋可采用钢筋调直机进行调直，它具有钢筋除锈、调直和切断三项功能。粗钢筋还可以采用锤直和扳直的方法调直。当采用冷拉方法调直钢筋时，HPB300 级钢筋的冷拉率不宜大于 4%；HRB335、HRB400 级和 RRB400 级钢筋的冷拉率不宜大于 1%。钢筋除锈可用钢丝刷、砂盘和酸洗等方法，目前常用电动除锈机除锈或喷砂除锈。经机械或冷拉调直的钢筋，一般不必再除锈，当保管不良，产生鳞片状锈蚀时，仍应进行除锈。

钢筋下料时须按下料长度进行剪切。钢筋断料时应注意长短搭配，尽量减少剩余废钢筋头，降低损耗。钢筋剪切可采用钢筋切断机和电动机切割。直径大于 40mm 的钢筋需用氧气乙炔火焰或电弧切割。

钢筋弯曲时，应按弯曲设备的特点及工地习惯画线，以便弯曲成所规定的（外包）尺寸。当弯曲形状比较复杂的钢筋时，可先放出实样，再进行弯曲。钢筋弯曲可采用钢筋弯曲机、钢筋箍筋弯曲机、成型机进行。当直径小于 25mm 时，现场也可采用板钩弯曲。

钢筋加工误差应符合规范的规定，受力钢筋顺长度方向全场的净尺寸加工允许偏差为±10mm；弯起钢筋弯折位置加工的允许偏差为±20mm；箍筋内净尺寸加工的允许偏差为±5mm。

钢筋加工成型后应按指定位置堆放，下设垫木，堆放高度不宜过高，以防钢筋被压弯变形。

（三）钢筋的绑扎与安装

绑扎目前仍为钢筋连接的主要手段之一。其工艺过程所采用的主要材料机具包括钢丝、垫块以及主要机具等。垫块用水泥砂浆制成，50mm 见方，厚度同保护层，垫块内预埋 20~22 号火烧丝，或用塑料卡、拉筋、支撑筋等。钢丝可采用 20~22 号钢丝（火烧丝）或镀锌钢丝（铅丝），其切段长度要求满足使用要求。主要机具包括钢筋钩子、撬棍、板子、绑扎架、钢丝刷子、手推车、粉笔、尺子等。

钢筋绑扎前，应检查有无锈蚀，除锈后再运至绑扎位置；熟悉图样，按照设计要求检查已加工好的钢筋规格、形状、数量是否正确。钢筋绑扎时，钢筋交叉点用钢丝扎牢；板和墙的钢筋网，除外围两行钢筋的相交点全部扎牢外，中间部分交叉点可相隔交错扎牢，保证受力钢筋位置不产生偏移；梁和柱的箍筋应与受力钢筋垂直设置，弯钩叠合处应沿受力钢筋方向错开设置。受拉钢筋和受压钢筋接头的搭接长度及接头位置应符合施工及验收规范的规定。

钢筋安装或现场绑扎应与模板安装配合。柱钢筋现场绑扎时，一般在模板安装前进行；柱钢筋采用预制时，可先安装钢筋骨架，然后安装柱模，或先安装三面模板，待钢筋骨架安装后再钉第四面模板。梁的钢筋一般在梁模板安装好后再安装或绑扎，梁断面高度较大或跨度较大、钢筋较密的大梁，可留一面侧模板，待钢筋绑扎或安装后再钉；楼板钢筋绑扎应在楼板模板安装后进行，并应按设计先画线，然后摆料、绑扎。

钢筋在混凝土中应有一定厚度的保护层（一般指从主筋外表面到构件外表面的厚度）。

第三节　混凝土工程

混凝土工程质量的形成、质量的保证在于对工艺流程的控制，包括对混凝土组成材料的计量、混凝土拌合物的制备、运输、浇筑捣实和养护等施工过程的控制，各个施工过程相互联系和影响，任一施工过程处理不当都会影响混凝土工程的最终质量。

一、混凝土质量的初步控制

（一）原材料的质量控制

水泥、砂石料、掺合料、外加剂及拌合水等混凝土组成材料的质量均应符合现行国家标准的规定。材料进入施工现场后必须进行检查及材料性能的复查。水泥进场时应对其强度、安定性及其他必要的性能指标进行复验。当在使用中对水泥质量有怀疑或水泥出厂超过三个月（快硬硅酸盐水泥超过一个月）时，应进行复验，并按复验结果使用。集料应根据需要应按批检验其颗粒级配、含泥量及粗集料的针片状颗粒含量，对海砂还应按批检验其氯盐含量。混凝土用的粗集料，其最大颗粒粒径不得超过构件截面最小尺寸的1/4，且不得超过钢筋最小净间距的3/4。对混凝土实心板，集料的最大粒径不宜超过板厚的1/3，且不得超过40mm。拌制混凝土宜采用饮用水，当采用其他水源时，水质应符合国家现行标准的规定。不得使用海水拌制钢筋混凝土和预应力混凝土。不宜用海水拌制有饰面要求的素混凝土。

在混凝土结构、预应力混凝土结构中，严禁使用含氯化物的水泥。在预应力混凝土结构中严禁使用含氯化物的外加剂。混凝土中氯化物和碱的总含量应根据环境情况予以具体控制，对于设计合理使用年限为50年的结构，可参照规范标准执行。

（二）混凝土的和易性及强度

混凝土的和易性及强度是衡量混凝土质量的两个重要指标。

1. 混凝土的和易性

和易性是指新拌水泥混凝土易于各工序施工操作（搅拌、运输、浇灌、捣实等）并能获得质量均匀、成型密实的性能。

和易性是一项综合的技术性质，它与施工工艺密切相关，通常包括流动性、保水性和黏聚性三个方面。流动性是指新拌混凝土在自重或机械振捣的作用下，能产生流动，并均匀密实地填满模板的性能。黏聚性是指新拌混凝土的组成材料之间有一定的黏聚力，在施工过程中，不致发生分层和离析现象的性能。保水性是指新拌混凝土具有一定的保水能力，在施工过程中，不致产生严重泌水现象的性能。

新拌混凝土的和易性是流动性、黏聚性和保水性的综合体现，三者之间互相联系，又常存在矛盾。因此，在一定施工工艺的条件下，新拌混凝土的和易性是以上三方面性质的矛盾统一。

目前还没有能够全面反映混凝土拌合物和易性的简单测定方法。通常，通过试验测定流动性，以目测和经验评定黏聚度和保水度。混凝土的流动性用稠度表示，其测定方法有坍落度与坍落扩展法和维勃稠度法两种。

影响混凝土和易性的主要因素包括水泥浆的数量与稠度、砂率、水泥品种和集料性质、外加剂、时间和温度等。

2. 混凝土的强度

混凝土具有较高的抗压强度，其抗拉、抗弯、抗剪强度均较小，故以抗压强度作为控制和评定混凝土质量的主要指标。

混凝土抗压强度是按照标准试验方法，用边长为150mm的立方体试件，在标准条件下养护28d后做抗压试验测得的抗压强度。混凝土按照立方体抗压强度标准值（N/mm^2）划分为C7.5、C10、C15、C20、C25、C30、C35、C40、C45、C50、C55、C60共12个强度等级。

混凝土拌合物根据其坍落度大小，可以分为 4 级（表 6-12）。根据混凝土试件在抗渗试验中所能承受的最大水压力，混凝土的抗渗性能可划分为 S4、S6、S8、S10、S12 等 5 个等级。

表 6-12　混凝土坍落度分级

级别	名称	坍落度/mm
T1	低塑性混凝土	10~40
T2	塑性混凝土	50~90
T3	流动性混凝土	100~150
T4	大流动性混凝土	≥160

影响混凝土强度的因素有很多，但主要因素有混凝土的构成材料、施工中振捣密实强度及混凝土强度增长过程中的养护条件。混凝土的组成材料包括水泥、集料（粗、细集料）、水，分析如下。

（1）水对混凝土强度的影响　水胶比是决定混凝土强度的关键，混凝土水胶比越大，孔隙率越大，强度越低；反之，水胶比越小，孔隙率越小，强度越高。

（2）水泥对混凝土强度的影响　水泥强度等级对混凝土强度的作用是人们所熟知的，同样配合比，水泥强度等级越高，混凝土强度越高；水泥强度等级越低，混凝土强度越低。

（3）集料对混凝土强度的影响　集料本身强度一般都高于混凝土强度，所以集料强度对混凝土强度没有不利影响。但是集料的一些物理性质，特别是集料的表面情况、颗粒形状（针片状）等对混凝土强度有较大的影响，相对地讲，对混凝土的抗拉强度影响更大一些。集料中所含的有害物质，如泥土、粉尘、有机物、硫酸盐等，对混凝土强度都是有害的，所以应尽量减少集料中的有害物质。

（4）振捣密实对混凝土强度的影响　振捣是配制混凝土的一个重要工艺过程。振捣的目的是施加某种外力，抵消混凝土拌合物的黏聚力，强制各种材料互相贴近渗透，排除空气，使之形成均匀密实的混凝土构件或构筑物，以期达到最高的强度。

为获得密实的混凝土，所使用的捣实方法有人工捣实和机械振实两种。由于人工捣实弊端很多，一般很少应用，主要采用机械振实。

现在使用的振动器的振速、振幅、振频等参数往往都是固定的，所以应按照具有不同参数的振动器和混凝土拌合物的流动性及结构特性，决定振动时间。如果振动时间太少，则密实效果不好；相反，振动时间过长，会使颗粒大的石子沉底，上部多是水泥砂浆或水泥浆及浮水，形成离析现象，造成上下不均匀，降低混凝土强度。由此可见，只要振幅保持在一个适当的范围之内，则振频对混凝土的密实起主要作用。

（5）养护的种类　所谓混凝土养护，就是使混凝土在一定的温度、湿度条件下，保证凝结硬化的正常进行。混凝土养护有自然养护、湿热养护、干湿热养护、电热养护和红外线养护等，养护经历的时间称为养护周期。

此外，温度、湿度、养护龄期、施工过程控制等均会对混凝土的质量造成一定的影响。

另外，可以通过采用高强度等级水泥、采用干硬性混凝土拌合物、采用湿热处理（蒸汽养护和蒸压养护）、改进施工工艺、加强搅拌和振捣（采用混凝土拌合用水磁化、混凝土裹石搅拌法等新技术）、加入外加剂（如加入减水剂和早强剂等）等措施提高混凝土的强度。

(三) 混凝土的施工配制

混凝土应根据混凝土设计强度等级、耐久性和工作性要求进行配合比设计。对于具有特殊要求的混凝土，其配合比设计应符合专门的规定。

混凝土的施工配合比，应保证结构设计对混凝土强度等级及施工对混凝土和易性的要求，并应符合合理使用材料、节约水泥的原则。必要时，还应符合抗冻性、抗渗性等要求。

1. 混凝土配料的一般规定

在制备混凝土之前按下式确定混凝土的施工配制强度，以达到95%的强度保证率。

$$f_{cu,0}=f_{cu,k}+1.645\sigma \tag{6-7}$$

式中 $f_{cu,0}$—— 混凝土的施工配制强度（N/mm^2）；

$f_{cu,k}$—— 设计的混凝土强度标准值（N/mm^2）；

σ—— 施工单位的混凝土强度标准差（N/mm^2）。

当施工单位具有近期的同一品种混凝土强度的统计资料时，σ 可按下式计算

$$\sigma=\sqrt{\frac{\sum f_{cu,i}^2-N\mu_{f_{cu}}^2}{N-1}} \tag{6-8}$$

式中 $f_{cu,i}$—— 统计周期内同一品种混凝土第 i 组试件强度（N/mm^2）；

$\mu_{f_{cu}}$—— 统计周期内同一品种混凝土 N 组强度的平均值（N/mm^2）；

N—— 统计周期内相同混凝土强度等级的试件组数，$N\geqslant25$。

当混凝土强度等级为 C20 或 C25 时，如计算得到的 $\sigma<2.5N/mm^2$，则取 $\sigma=2.5N/mm^2$；当混凝土强度等级高于 C25 时，如计算得到的 $\sigma<3.0N/mm^2$，则取 $\sigma=3.0N/mm^2$。

对预拌混凝土厂和预制混凝土的构件厂，其统计周期可取为 1 个月；对现场拌制混凝土的施工单位，其统计周期可根据实际情况确定，但不宜超过 3 个月。

施工单位如无近期同一品种混凝土强度统计资料时，σ 可按表 6-13 取值。表中 σ 值反映我国混凝土施工技术和管理的平均水平，采用时可根据本单位情况做适当调整。

表 6-13 混凝土强度标准值σ

混凝土强度等级/(N/mm^2)	低于 C20	C20～C35	高于 C35
σ	4.0	5.0	6.0

2. 混凝土施工配料以及配合比的换算

混凝土施工配料必须严格加以控制，混凝土所用原材料的计量必须准确，才能保证所拌制的混凝土满足设计和施工提出的要求，确保混凝土的质量。

各种原材料称量的偏差不得超过规范的规定：水泥、混合材料称量的允许偏差为±2%；粗、细集料称量的允许偏差为±3%；水、外加剂称量的允许偏差为±2%。

混凝土强度值对水胶比的变化十分敏感。由于实验室在试配混凝土时的砂、石是干燥的，而施工现场的砂、石均有一定的含水率，其含水率的大小随当时当地气候而异。为保证现场混凝土准确的水胶比，应按现场砂、石实际含水率对用水量予以调整。

设实验室的配合比为：水泥：砂：石子=1：X：Y，水胶比为 W/C。

现场测得的砂、石含水率分别为：W_x，W_y。

则施工配合比为：水泥：砂：石=1：$X(1+W_x)$ ：$Y(1+W_y)$。

水胶比保持不变，则必须扣除砂、石中的含水量，即实际用水量 $=W$（原用水量）$-XW_x-YW_y$。

二、混凝土施工

（一）混凝土制备

1. 基本要求

混凝土制备是指将各种组成材料拌制成质地均匀、颜色一致、具备一定流动性的混凝土拌合物。由于混凝土配合比是按照细集料恰好填满粗集料的间隙，而水泥浆又均匀地分布在粗细集料表面的原理设计的，如混凝土制备得不均匀，就不能获得密实的混凝土，影响混凝土的质量，所以制备是混凝土施工工艺过程中很重要的一道工序。

2. 搅拌机械

混凝土制备的方法，除工程量很小且分散的场合用人工拌制外，皆应采用机械搅拌。混凝土搅拌机按其搅拌原理分为自落式和强制式两类（图6-35）。自落式搅拌机的搅拌筒内壁焊有弧形叶片，当搅拌筒绕水平轴旋转时，弧形叶片不断将物料提高一定高度，然后自由落下而互相混合。因此，自落式搅拌机主要是以重力机理设计的。在这种搅拌机中，物料的运动轨迹如下：未处于叶片带动范围内的物料，在重力作用下沿拌合料的倾斜表面自动滚下；处于叶片带动范围内的物料，在被提升到一定高度后，先自由落下再沿倾斜表面滚下。由于下落时间、落点和滚动距离不同，使物料颗粒相互穿插、翻拌、混合而达到均匀。自落式搅拌机宜搅拌塑性混凝土。

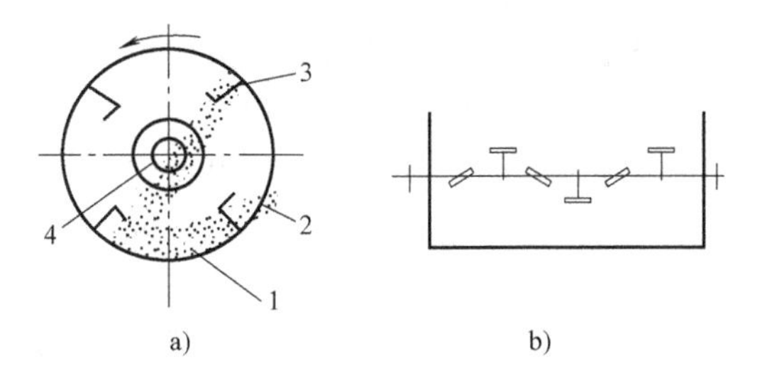

图6-35　混凝土搅拌原理

a）自落式搅拌　b）强制式搅拌

1—混凝土拌合物　2—搅拌筒　3—叶片　4—转轴

双锥反转出料式搅拌机（图6-36）是自落式搅拌机中较好的一种，宜搅拌塑性混凝土。它的搅拌筒由两个截头圆锥组成，搅拌筒每转一周，物料在筒中的循环次数多，效率较高且叶片布置较好，物料一方面被提升后靠自由落下进行拌和，另一方面又迫使物料沿轴向左右窜动，搅拌作用强烈。双锥反转出料式搅拌机正转搅拌，反转出料，构造简易，制造容易。

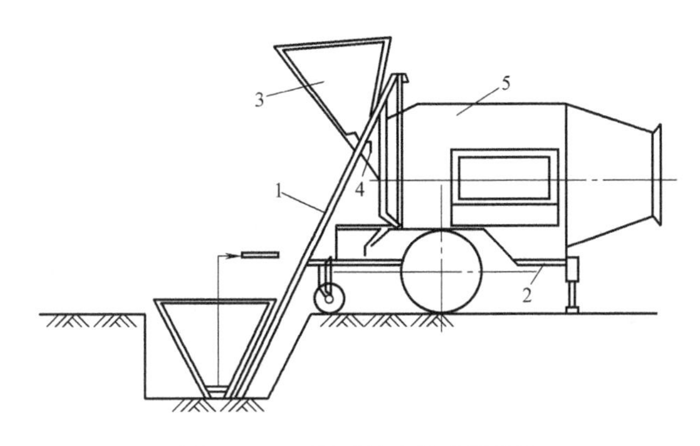

图6-36　双锥反转出料式搅拌机

1—上料架　2—底盘　3—料斗　4—下料口　5—锥形搅拌筒

双锥倾翻出料式搅拌机适用于大容量、大集料、大坍落度混凝土的搅拌，在我国多用于水电工程、桥梁工程和道路工程。

强制式搅拌机（图 6-37）主要是根据剪切机理设计的。在这种搅拌机中有转动的叶片，这些不同角度和位置的叶片转动时通过物料，克服了物料的惯性、摩擦力和黏滞力，强制其产生环向、径向、竖向运动。这种由叶片强制物料产生剪切位移而达到均匀混合的机理，称为剪切搅拌机理。

强制式搅拌机的搅拌作用比自落式搅拌机强烈，宜搅拌干硬性混凝土和轻集料混凝土。但强制式搅拌机的转速比自落式搅拌机高，动力消耗大，叶片、衬板等磨损也大。

强制式搅拌机分为立轴式与卧轴式两类，卧轴式有单轴、双轴之分，而立轴式又分为涡浆式和行星式，见表 6-14。

立轴式搅拌机通过盘底部的卸料口卸料，卸料迅速。但如卸料口密封不好，水泥浆易漏掉，所以立轴式搅拌机不宜搅拌流动性大的混凝土。卧轴式搅拌机具有适用范围广、搅拌时间短、搅拌质量好等优点，是目前国内外在大力发展的机型。

选择搅拌机时，要根据工程量大小、混凝土的坍落度、集料尺寸等而定。既要满足技术上的要求，也要考虑经济效益和节约能源。

我国规定混凝土搅拌机以其出料容量（m^3）×1000 为标定规格，故我国混凝土搅拌机的系列为：50，150，250，350，500，750，1000，1500 和 3000。

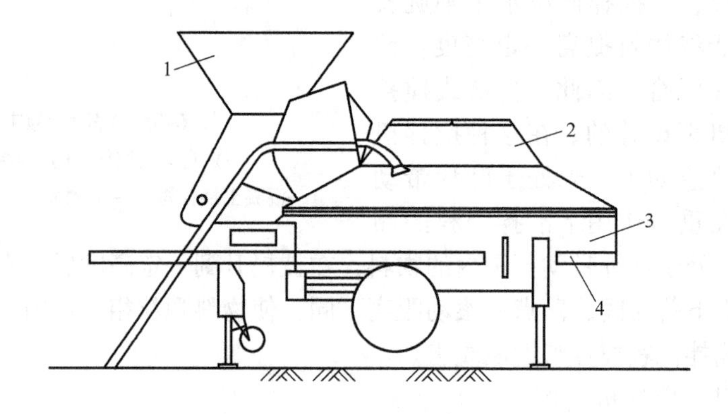

图 6-37　强制式搅拌机

1—进料口　2—拌筒罩　3—搅拌筒　4—出料口

表 6-14　混凝土搅拌机类型

双锥自落式		强制式			
		立轴式			卧轴式（单轴、双轴）
			行星式		
反转出料	倾翻出料	涡浆式	定盘式	盘转式	

3. **搅拌制度**

为了获得质量优良的混凝土拌合物，除正确选择搅拌机外，还必须正确确定搅拌制度，即搅拌时间、投料顺序和进料容量等。

（1）混凝土搅拌时间 搅拌时间是指从原材料全部投入搅拌筒时起，到开始卸料时为止所经历的时间，与搅拌质量密切有关。它随搅拌机类型和混凝土的和易性的不同而变化。在一定范围内随搅拌时间的延长混凝土强度有所提高，但过长时间的搅拌既不经济也不合理。因为搅拌时间过长，不坚硬的粗集料在大容量搅拌机中会因脱角、破碎等而影响混凝土的质量。加气混凝土也会因搅拌时间过长而使含气量下降。为了保证混凝土的质量，应控制混凝土搅拌的最短时间（表6-15）。该最短时间是按一般常用搅拌机的回转速度确定的，不允许用超过混凝土搅拌机规定的回转速度进行搅拌以缩短搅拌延续时间。

表6-15 混凝土搅拌的最短时间 （单位：s）

混凝土坍落度/mm	搅拌机机型	搅拌机出料量/L		
		<250	250~500	>500
≤30	强制式	60	90	120
	自落式	90	120	150
>30	强制式	60	60	90
	自落式	90	90	120

注：1. 当掺有外加剂时，搅拌时间应适当延长。
2. 全轻混凝土、砂轻混凝土搅拌时间应延长60~90s。

（2）投料顺序 投料顺序应从提高搅拌质量、减少叶片和衬板的磨损、减少拌合物与搅拌筒的黏结、减少水泥飞扬、改善工作环境等方面综合考虑确定。常用的有一次投料法和两次投料法。一次投料法是在上料斗中先装石子、再加水泥和砂，然后一次投入搅拌机。对自落式搅拌机要在搅拌筒内先加部分水，投料时石子盖住水泥，水泥不致飞扬，且水泥和砂先进入搅拌筒形成水泥砂浆，可缩短包裹石子的时间。对立轴强制式搅拌机，因出料口在下部，不能先加水，应在投入原料的同时，缓慢均匀分散地加水。

两次投料法经过我国的研究和实践形成了“裹砂石法混凝土搅拌工艺”，它是在日本研究的造壳混凝土（简称SEC混凝土）的基础上结合我国的国情研究成功的，它分两次加水，两次搅拌。用这种工艺搅拌时，先将全部的石子、砂和70%的拌合水倒入搅拌机，拌和15s使集料湿润，再倒入全部水泥进行造壳搅拌30s左右，然后加入30%的拌和水再进行糊化搅拌60s左右即完成。与普通搅拌工艺相比，用裹砂石法搅拌工艺可使混凝土强度提高10%~20%，或节约水泥5%~10%。在我国推广这种新工艺，有巨大的经济效益。此外，我国还对净浆法、净浆裹石法、裹砂法、先拌砂浆法等各种两次投料法进行了试验和研究。

（3）进料容量 进料容量是将搅拌前各种材料的体积累积起来的容量，又称干料容量。进料容量V_j与搅拌机搅拌筒的几何容量V_g有一定的比例关系，一般情况下$V_j/V_g=0.22\sim0.40$。如任意超载（进料容量超过10%），就会使材料在搅拌筒内无充分的空间进行拌和，影响混凝土拌合物的均匀性。反之，如装料过少，则又不能充分发挥搅拌机的效能。

对拌制好的混凝土，应经常检查其均匀性与和易性，如有异常情况，应检查其配合比和搅拌情况，及时加以纠正。

预拌（商品）混凝土能保证混凝土的质量，节约材料，减少施工临时用地，实现文明施工，是今后的发展方向，国内一些大中城市已推广应用，不少城市已有相当的规模，有的城市已规定在一定范围内必须采用商品混凝土，不得现场拌制。

（二）混凝土的运输

1. 基本要求

对混凝土拌合物运输的基本要求是：不产生离析现象、保证浇筑时规定的坍落度和在混凝土初凝之前能有充分时间进行浇筑和捣实。

此外，运输混凝土的工具要不吸水、不漏浆，且运输时间有一定限制。混凝土从搅拌机中卸出后到浇筑完毕的延续时间不宜超过表6-16的规定。

表6-16 混凝土从搅拌机中卸出后到浇筑完毕的延续时间 （单位：min）

混凝土强度等级	气温	
	≤25°C	>25°C
≤C30	120	90
>C30	90	60

2. 机械运输

混凝土运输分为地面水平运输、垂直运输和高空水平运输三种情况。

混凝土地面水平运输，当采用预拌（商品）混凝土且运输距离较远时，多用混凝土搅拌运输车。混凝土如来自工地搅拌站，则多用小型翻斗车，有时还用皮带运输机和窄轨翻斗车，近距离也可用双轮手推车。

混凝土垂直运输多采用塔式起重机、混凝土泵、快速提升斗和井架。用塔式起重机时，混凝土多放在吊斗中，这样可直接进行浇筑。

混凝土高空水平运输时，如垂直运输，则采用塔式起重机，一般可将料斗中混凝土直接卸在浇筑点；如用混凝土泵，则用布料机布料；如用井架等，则以双轮手推车为主。

混凝土搅拌运输车（图6-38）为长距离运输混凝土的有效工具，它有一搅拌筒斜放在汽车底盘上。在混凝土搅拌站装入混凝土后，由于搅拌筒内有两条螺旋状叶片，在运输过程中搅拌筒可进行慢速转动进行拌和，以防止混凝土离析，运至浇筑地点，搅拌筒反转即可迅速卸出混凝土。搅拌筒的容量一般为$2\sim10m^3$。

混凝土泵是一种有效的混凝土运输和浇筑工具。它以泵为动力，沿管道输送混凝土，可以一次完成水平及垂直运输，将混凝土直接输送到浇筑地点，是一种高效的混凝土运输方法。道路工程、桥梁工程、地下工程、工业与民用建筑施工皆可应用，在我国正大力推广，上海目前商品混凝土90%以上是泵送的，已取得较好的效果。

我国目前主要采用活塞泵，活塞泵多用液压驱动，它主要由料斗、液压缸和活塞、混凝土缸、分配阀、Y形输送管、冲洗设备、液压系统和动力系统等组成。图6-39为液压活塞式混凝土泵工作原理图，活塞泵工作时，搅拌机卸出的或由混凝土搅拌运输车卸出的混凝土倒入料斗控制吸入的水平，分配阀开启、控制排出的竖向分配阀6关闭，在液压作用下通过活塞杆带动活塞后移，料斗内的混凝土在重力和吸力作用下进入混凝土缸。然后，液压系统中压力油的进出反向，活塞向前推压，同时水平分配阀关闭，而竖向分配阀开启，混凝土缸中的混凝土拌合物就通过Y形输送管压入输送管。由于有两个缸体交替进料和出料，因而能连续稳定的排料。不同型号的混凝土泵，其排量不同，水平运距和垂直运距也不同，常用

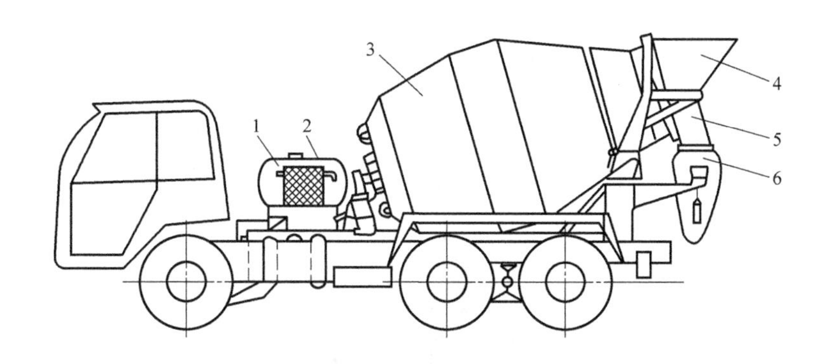

图 6-38　混凝土搅拌运输车

1—水箱　2—外加剂箱　3—搅拌筒　4—进料斗　5—固定卸料溜槽　6—活动卸料溜槽

的混凝土泵，其混凝土排量为 30~90m^3/h，水平运距为 200~900m，垂直运距为 50~300m。目前我国已能一次垂直泵送达 400m。当一次泵送困难时可用接力泵送。

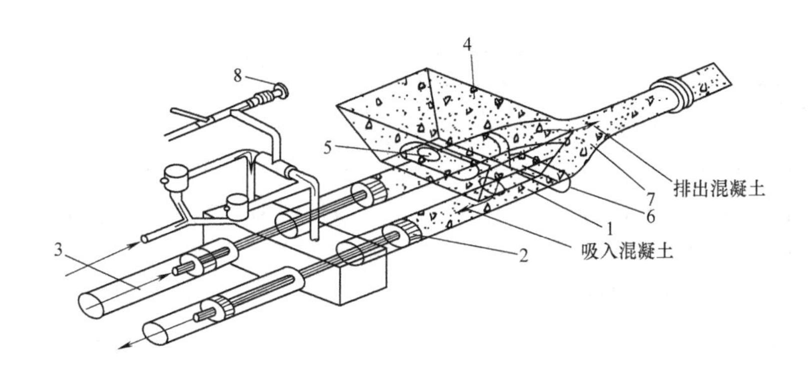

图 6-39　液压活塞式混凝土泵工作原理图

1—混凝土缸　2—活塞　3—液压缸　4—料斗　5—控制吸入的水平分配阀

6—控制排出的竖向分配阀　7—Y 形输送管　8—冲洗系统

常用的混凝土输送管为钢管、橡胶和塑料软管。其直径为 75~200mm、每段长约 3m，还配有 45°、90°等弯管和锥形管。

将混凝土泵装在汽车上便成为混凝土泵车（图 6-40），在车上还装有可以伸缩或屈折的“布料杆”，其末端是一软管，可将混凝土直接送至浇筑地点，使用十分方便。

泵送混凝土工艺对混凝土的配合比提出了以下要求：碎石最大粒径与输送管内径之比一般不宜大于 1∶3（卵石可为 1∶2.5）泵送高度为 50~100m 时宜为 1∶3~1∶4，泵送高度在 100m 以上时宜为 1∶4~1∶5，以免堵塞。如用轻集料，则以吸水率小者为宜，并宜用水预湿，以免在压力作用下强烈吸水，使坍落度降低而在管道中形成阻塞。砂宜用中砂，通过 0.315mm 筛孔的砂应不少于 15%。砂率宜控制在 38%~45%，如粗集料为轻集料，还可适当提高。水泥用量不宜过少，否则泵送阻力增大，最小水泥用量为 300kg/m^3。水胶比宜为 0.4~0.6。泵送混凝土的坍落度根据不同泵送高度可参考表 6-17 选用。

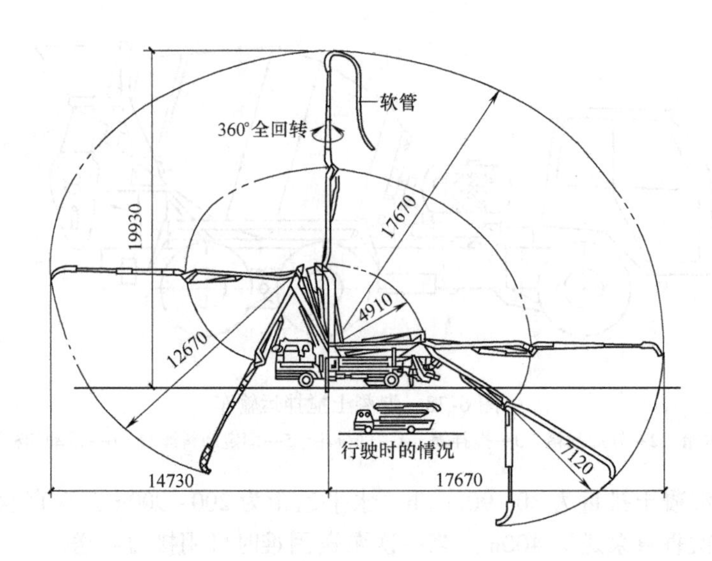

图 6-40　带布料杆的混凝土泵车

表 6-17　不同泵送高度入泵时混凝土坍落度选用值

泵送高度/m	30 以下	30~60	60~100	100 以上
坍落度/mm	100~140	140~160	160~180	180~200

混凝土泵宜与混凝土搅拌运输车配套使用，且应使混凝土搅拌站的供应能力和混凝土搅拌运输车的运输能力大于混凝土泵的泵送能力，以保证混凝土泵能连续工作，保证不堵塞。进行输送管线布置时，应尽可能直，转弯要缓，管段接头要严，少用锥形管，以减少压力损失。如输送管向下倾斜，要防止因自重流动使管内混凝土中断、混入空气而引起混凝土离析，产生阻塞。为减小泵送阻力，用前先泵送适量的水和水泥浆或水泥砂浆以润滑输送管内壁，然后进行正常的泵送。在泵送过程中，泵的受料斗内应充满混凝土，防止吸入空气形成阻塞。混凝土泵排量大，在浇筑大面积混凝土时，最好用布料机进行布料，泵送结束要及时清洗泵体和管道。

（三）混凝土的浇捣

混凝土浇筑要保证混凝土的均匀性和密实性，要保证结构的整体性、尺寸准确和钢筋、预埋件的位置正确，拆模后混凝土表面要平整、光洁。

浇筑前应检查模板、支架、钢筋和预埋件的正确性，并进行验收。由于混凝土工程属于隐蔽工程，因而对混凝土量大的工程、重要工程或重点部位的浇筑，以及其他施工中的重大问题，均应随时填写施工记录。

1. 混凝土浇筑应注意的问题

（1）防止离析　浇筑混凝土时，混凝土拌合物由料斗、漏斗、混凝土输送管、运输车内卸出时，如自由倾落高度过大，粗集料在重力作用下，克服黏着力后的下落动能大，下落速度较砂浆快，因而可能形成混凝土离析。为此，混凝土自高处倾落的自由高度不应超过 2m，在竖向结构中限制自由倾落高度不宜超过 3m，否则应沿串筒、斜槽或振动溜管等下料。

(2) 正确留置施工缝　混凝土结构多要求整体浇筑，当因技术或组织上的原因不能连续浇筑时，且停顿时间有可能超过混凝土的初凝时间，则应事先确定在适当的位置设置施工缝。由于混凝土的抗拉强度约为其抗压强度的1/10，因而施工缝是结构中的薄弱环节，宜留在结构剪力较小而且施工方便的部位。例如，建筑工程的柱子宜留在基础顶面、梁或吊车梁牛腿的下面、吊车梁的上面、无梁楼盖柱帽的下面（图6-41）；和板连成整体的大截面梁应留在板底面以上20~30mm处，当板下有梁托时，留置在梁托下部；单向板应留在平行于板短边的任何位置；有主次梁的楼盖宜顺着次梁方向浇筑，施工缝应留在次梁跨度的中间1/3梁跨长度范围内（图6-42）；楼梯应留在楼梯长度的中间1/3长度范围内；墙可留在门洞口过梁跨中1/3范围内，也可留在纵横墙的交接处；双向受力的楼板、大体积混凝土结构、拱、薄壳、多层框架等及其他结构复杂的结构，应按设计要求留置施工缝。

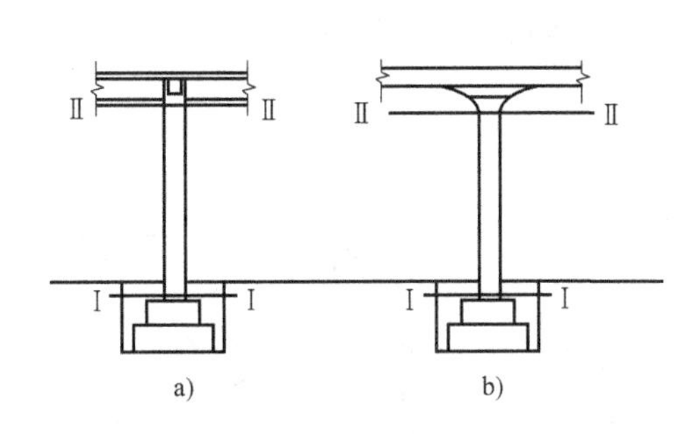

图6-41　施工缝位置（一）

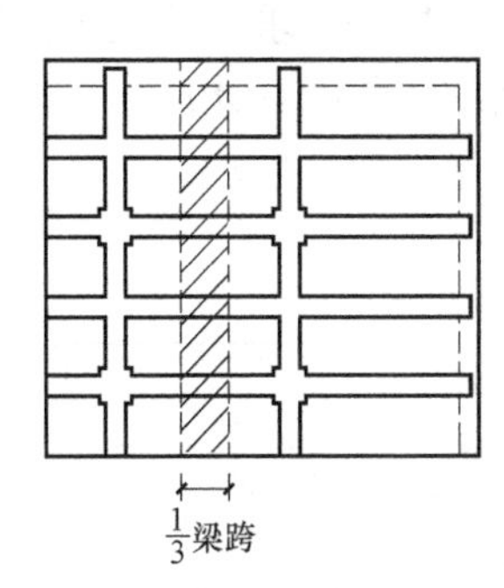

图6-42　施工缝位置（二）

在施工缝处继续浇筑混凝土时，应除掉水泥薄层和松动石子，表面加以湿润并冲洗干净，先铺水泥浆或与混凝土砂浆成分相同的砂浆一层，待已浇筑的混凝土强度不低于$1.2N/mm^2$时才允许继续浇筑。

2. 特殊混凝土结构浇筑

(1) 大体积混凝土的浇筑　大体积混凝土结构在土木工程中比较常见，如工业建筑中的设备基础；高层建筑中的地下室底板、结构转换层；各类结构的厚大桩基承台或基础底板以及桥梁的墩台等。其上有巨大的荷载，整体性要求高，往往不允许留施工缝，要求一次连续浇筑完毕。另外，大体积混凝土结构浇筑后水泥的水化热量大，由于体积大，水化热聚积在内部不易散发，浇筑初期混凝土内部温度显著升高，而表面散热较快，这样形成较大的内外温差，混凝土内部产生压应力，而表面产生拉应力，如温差过大，则易于在混凝土表面产生裂纹。浇筑后期混凝土内部逐渐散热冷却产生收缩时，由于受到基底或已浇筑的混凝土的约束，接触处将产生很大的剪应力，在混凝土正截面形成拉应力。当拉应力超过混凝土当时龄期的极限抗拉强度时，便会产生裂缝，甚至会贯穿整个混凝土断面，由此带来严重的危害。大体积混凝土结构的浇筑，上述两种裂缝（尤其是后一种裂缝）都应设法防止。

要防止大体积混凝土结构浇筑后产生裂缝，就要降低混凝土的温度应力，这就必须减少浇筑后混凝土的内外温差。为此，应优先选用水化热低的水泥，降低水泥用量，掺入适量的粉煤灰，降低浇筑速度和减小浇筑层厚度，浇筑后宜进行测温，采取蓄水法或覆盖法进行降温或进行人工降温措施。控制内外温差不超过25℃，必要时，经过计算和取得设计单位同意后可留施工缝而分段分层浇筑。

如要保证混凝土的整体性，则要求保证使每一浇筑层在初凝前就被上一层混凝土覆盖并捣实成为整体。为此，要求混凝土按不小于下述的浇筑强度（单位时间的浇筑量）进行浇筑

$$Q=\frac{FH}{T} \tag{6-9}$$

式中 Q——混凝土单位时间最小浇筑量（m^3/h）；

F——混凝土浇筑区的面积（m^3）；

H——浇筑层厚度（m），取决于混凝土捣实方法；

T——下层混凝土从开始浇筑到初凝为止所允许的时间间隔（h），一般等于混凝土初凝时间减去运输时间。

大体积混凝土结构的浇筑方案可分为全面分层、分段分层和斜面分层三种（图6-43）。全面分层法要求的混凝土浇筑强度较大，斜面分层法要求的混凝土浇筑强度较小。工程中可根据结构物的具体尺寸、捣实方法和混凝土供应能力，通过计算选择浇筑方案。目前应用较多的是斜面分层法。

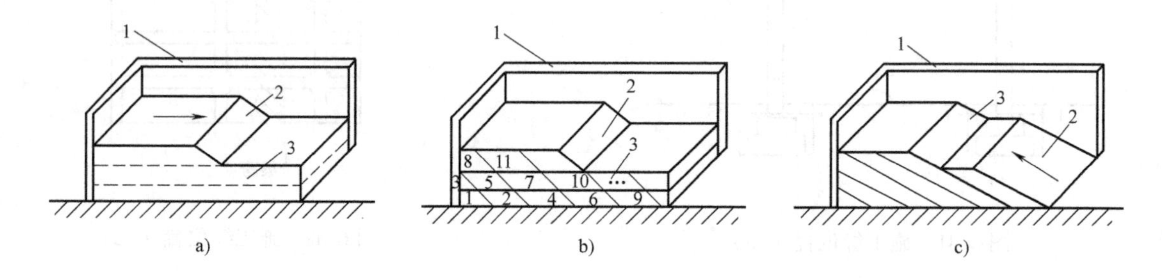

图6-43 大体积混凝土浇筑方案

a）全面分层 b）分段分层 c）斜面分层

1—模板 2—新浇筑的混凝土 3—已浇筑的混凝土

（2）水下浇筑混凝土 深基础、沉井与沉箱的封底等，常需要进行水下浇筑混凝土，地下连续墙及钻孔灌注桩则是在泥浆中浇筑混凝土。水下或泥浆中浇筑混凝土，目前多用导管法（图6-44）。

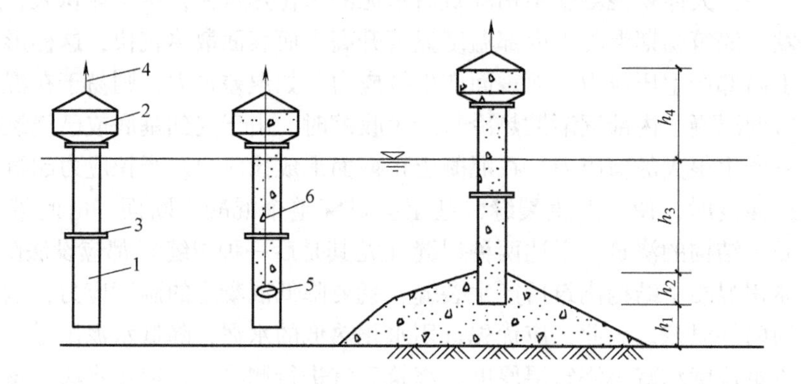

图6-44 导管法水下浇筑混凝土

1—钢导管 2—漏斗 3—接头 4—吊索 5—隔水塞 6—钢丝

导管直径为250~300mm（不小于最大集料粒径的8倍），每节长3m，用快速接头连接，顶部装有漏斗。导管用起重设备吊住，可以升降。浇筑前，导管下口先用隔水塞（混凝土、木头等制成）堵塞，隔水塞用钢丝吊住。然后在导管内浇筑一定量的混凝土，保证开管前漏斗及管内的混凝土量要使混凝土冲出后足以封住并高出管口。将导管插入水下，使其下口距底面的距离 h_1 约300mm时进行浇筑，距离太小易堵管，太大则要求漏斗及管内混凝土量较多。当导管内混凝土的体积及高度满足上述要求后，剪断吊住隔水塞的钢丝进行开管，使混凝土在自重作用下迅速推出隔水塞进入水中。以后一边均衡地浇筑混凝土，一边慢慢提起导管，导管下口必须始终保持在混凝土表面之下1~1.5m。下口埋得越深，则混凝土顶面越平、质量越好，但混凝土浇筑也越难。

在整个浇筑过程中，一般应避免在水平方向移动导管，直到混凝土顶面接近设计标高时，才可将导管提起，换插到另一浇筑点。一旦发生堵管，如半小时内不能排除，应立即换插备用导管。待混凝土浇筑完毕，应清除顶面与水或泥浆接触的一层松软部分。

3. 混凝土密实成型

混凝土拌合物浇筑之后，需经密实成型才能赋予混凝土结构一定的外形和内部结构。其强度、抗冻性、抗渗性、耐久性等皆与密实成型的好坏有关。

混凝土拌合物密实成型的方法有以下三种：一是借助于机械外力（如机械振动）来克服拌合物内部的切应力而使之液化；二是在拌合物中适当多加水以提高其流动性，使之便于成型，成型后用分离法、真空作业法等将多余的水分和空气排出；三是在拌合物中掺入高效能减水剂，使其坍落度大大增加，可自流浇筑成型。此处仅讨论第一种方法。

混凝土振动密实的原理是产生振动的机械将振动能量通过某种方式传递给混凝土拌合物时，受振混凝土拌合物中所有的集料颗粒都受到强迫振动，它们之间原来赖以保持平衡并使混凝土拌合物保持一定塑性状态的黏着力和内摩擦力随之大大降低，受振混凝土拌合物呈现出所谓的“重质液体状态”，因而混凝土拌合物中的集料犹如悬浮在液体中，在其自重作用下向新的稳定位置沉落，排除存在于混凝土拌合物中的气体，消除孔隙，使集料和水泥浆在模板中得到致密的排列。

振动密实的效果和生产率，与振动机械的结构形式和工作方式（插入振动或表面振动）、振动机械的振动参数（振幅、频率、激振力）以及混凝土拌合物的性质（集料粒径、坍落度等）密切有关。混凝土拌合物的性质影响着混凝土的固有频率，它对各种振动的传播呈现出不同的阻尼和衰减，有着适应它的最佳频率和振幅。振动机械的结构形式和工作方式，决定了它对混凝土传递振动能量的能力，也决定了它适用的有效作用范围和生产率。

4. 混凝土振捣

振动机械按其工作方式分为内部振动器、表面振动器、外部振动器和振动台，如图6-45所示。

内部振动器又称插入式振动器（图6-46），其工作部分是一棒状空心圆柱体，内部装有偏心振子，在电动机带动下高速转动而产生高频微幅的振动。多用于振实梁、柱、墙、厚板和大体积混凝土结构等。

用内部振动器振捣混凝土时，应垂直插入，并插入下层尚未初凝的混凝土中50~100mm，以促使上下层结合。插点的分布有行列式和交错式两种（图6-47）。普通混凝土的插点间距不大于1.5R（R为振动器作用半径），轻集料混凝土的插点间距不大于1.0R。

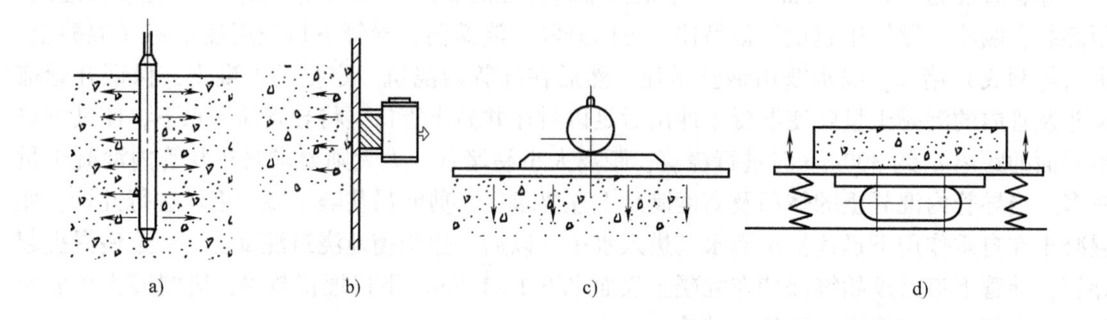

图 6-45 振动机械

a）内部振动器 b）外部振动器 c）表面振动器 d）振动台

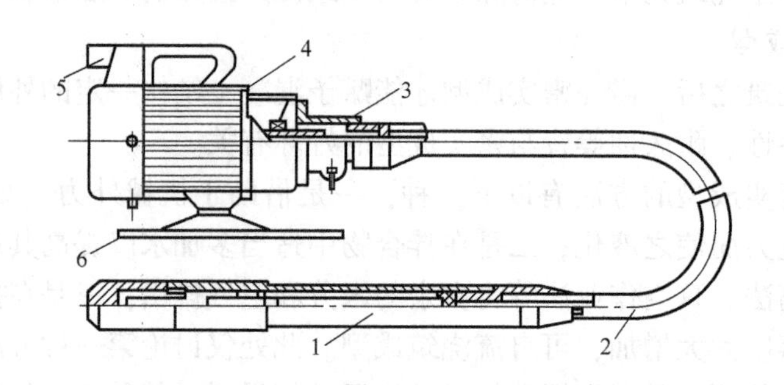

图 6-46 电动软轴行星式内部振动器

1—振动棒 2—软轴 3—防逆装置 4—电动机 5—电器开关 6—支座

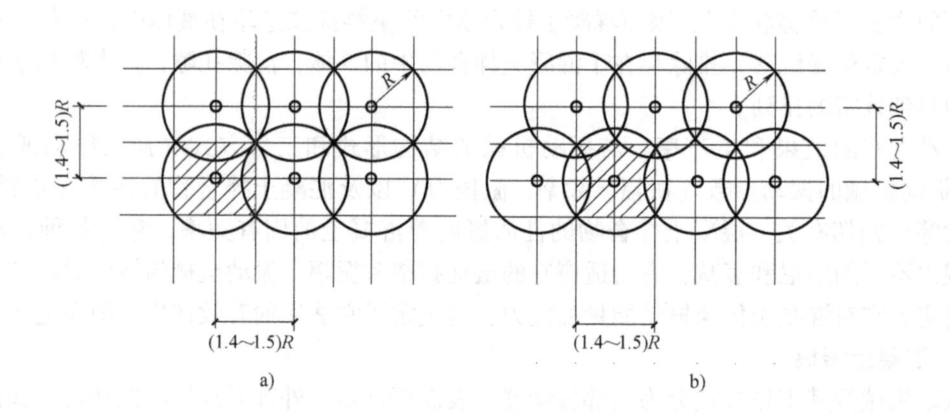

图 6-47 插点的分布

a）行列式 b）交错式

表面振动器又称平板振动器，它由带偏心块的电动机和平板（木板或钢板）等组成。其作用深度较小，多用在混凝土表面进行振捣，适用于楼板、地面、道路、桥面等薄型水平构件。

外部振动器又称附着式振动器，它通过螺栓或夹钳等固定在模板外部，通过模板将振动传给混凝土拌合物，因而模板应有足够的刚度。它适用于振捣断面小且钢筋密的构件（如薄腹梁、箱形桥面梁等）、地下密封的结构，以及无法采用插入式振捣器的场合。其有效作用范围可通过实测确定。

（四）混凝土养护

混凝土养护包括人工养护和自然养护，现场施工多采用自然养护。混凝土浇捣后之所以能逐渐硬化，主要是因为水泥水化作用的结果，而水化作用则需要适当的温度和湿度条件。所谓混凝土的自然养护，即在平均气温高于+5℃的条件下于一定时间内使混凝土保持湿润状态。

混凝土浇筑后，如天气炎热、空气干燥，不及时进行养护，混凝土中的水分会蒸发过快，出现脱水现象，使已形成凝胶体的水泥颗粒不能充分水化，不能转化为稳定的结晶，缺乏足够的黏结力，从而会在混凝土表面出现片状或粉状剥落，影响混凝土的强度。此外，在混凝土尚未具备足够的强度时，其中水分过早的蒸发还会产生较大的收缩变形，出现干缩裂纹，影响混凝土的整体性和耐久性。所以，混凝土浇筑后初期阶段的养护非常重要。混凝土浇筑完毕12h以内就应开始养护，干硬性混凝土应于浇筑完毕后立即进行养护。

自然养护分为洒水养护和喷涂薄膜养生液养护两种。

洒水养护即用草帘等将混凝土覆盖，经常洒水使其保持湿润。养护时间长短取决于水泥品种，普通硅酸盐水泥和矿渣硅酸盐水泥拌制的混凝土不少于7d；掺有缓凝型外加剂或有抗渗要求的混凝土不少于14d。洒水次数以能保证湿润状态为宜。

喷涂薄膜养生液养护适用于不易洒水养护的高耸构筑物和大面积混凝土结构。它是将过氯乙烯树脂塑料溶液用喷枪喷涂在混凝土表面上，溶液挥发后在混凝土表面形成一层塑料薄膜，将混凝土与空气隔绝，阻止其中水分的蒸发以保证水化作用的正常进行。有的薄膜在养护完成后能自行老化脱落，否则，不宜喷洒在要做粉刷的混凝土表面上。在夏季，薄膜成型后要防晒，否则易产生裂纹。

地下建筑或基础，可在其表面涂刷沥青乳液以防止混凝土内水分蒸发。

混凝土必须养护至其强度达到1.2N/mm^{2}以上，方能在其上行人或安装模板和支架。

（五）泵送混凝土施工

泵送混凝土是目前混凝土结构工程施工经常采用的一种技术手段，要求必须满足混凝土的设计强度，还要满足其可泵性要求。应根据混凝土原材料，运输距离，泵与输送管径、输送距离，气温等具体施工条件试配。必要时，通过试泵送确定其配合比。

泵送混凝土的入泵时坍落度应根据不同泵送高度予以选择，可依据表6-18选用。

表6-18　不同泵送高度入泵时混凝土坍落度选用值

泵送高度/m	30以下	30~60	60~100	100以上
坍落度/m	100~140	140~160	160~180	180~200

泵送混凝土宜采用预搅拌混凝土，宜与混凝土搅拌运输车配套使用，并保证混凝土搅拌站的供应能力和混凝土搅拌运输车的输送能力大于混凝土泵送能力，以便混凝土泵连续工作，防止堵塞。

混凝土泵起动后，应先泵送适量水以湿润混凝土泵的料斗、活塞及输送管的内壁等直接与混凝土运输车接触的部位。经泵送水检查，确认混凝土泵和输送管中无异物后，应采用水泥浆或1∶2水泥砂浆，或与混凝土内粗集料以外的其他成分相同配合比的水泥砂浆润滑混凝土泵和输送管内壁。润滑用的水泥浆或水泥砂浆应分散布料，不得集中浇筑在一处。

混凝土泵送应连续进行，受料斗内应有足够的混凝土。当必须中断时，其中断时间不得超过混凝土从搅拌至浇筑完毕所允许的延续时间。

泵送混凝土应按照施工技术方案的要求进行，以保证混凝土的质量。

（六）大体积混凝土养护时的温度控制

大体积混凝土的养护不仅要满足强度增长的需要，还应通过人工的温度控制，防止因温度变形引起结构物的开裂。

在混凝土养护阶段的温度控制应遵循以下几点。

(1) 温差控制　混凝土的中心温度与表面温度之间的差值，以及混凝土表面温度与室外最低气温之间的差值，均应小于20℃；经过计算确认结构物混凝土具有足够的抗裂能力时，其温差可为25~30℃。

(2) 拆模温度控制　混凝土的拆模时间应考虑气温环境等情况，必须有利于强度的正常增长，即拆模时混凝土的温差不超过20℃，其温差应包括表面温度、中心温度和外界气温之间的温差，以及收缩当量温差三者的总和。

(3) 大体积混凝土养护注意事项　大体积混凝土应在浇筑完毕后及早洒水养护，混凝土表面应用草袋等覆盖，以保持混凝土表面经常湿润。模板上也应经常洒水。混凝土养护时间应不少于21d；在干燥、炎热气候条件下，养护时间应不少于28d；对裂缝有严格要求时应再适当延长。

混凝土养护时的温度控制方法可分为降温法和保温法两类。

降温法是在混凝土内部预埋水管，通入冷却水，以降低混凝土内部最高温度。冷却在混凝土刚浇筑完时就开始进行，可以有效地控制因混凝土内外温差而引起的结构物开裂。冷却水管可采用直径为25mm或19mm的钢管或铝管，按蛇形排列，水平管距为1.5~3.0m，垂直管距为1.5~3.0m，并通过立管相连接。通水流量一般为14~20L/min，为了保证水管的降温效果，可将进、出水管的直径加大到50mm，如图6-48所示。

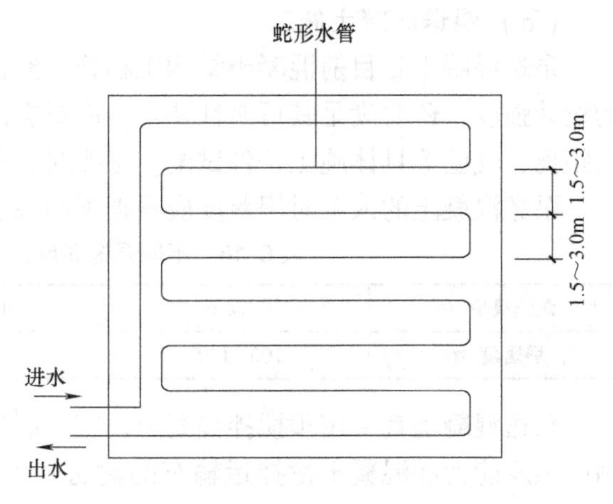

图6-48　冷却水管布置

保温法是在结构物外露的混凝土表面以及模板外侧覆盖保温材料（如草袋、锯末、湿砂等），利用混凝土的初始温度加上水泥水化热的温升，在缓慢地散热过程中，使混凝土获得必要的强度，以控制混凝土的内外温差小于20℃。

除了上述采用降温法和保温法控制混凝土温度外，还可以采用蓄水法和水浴法。

（七）混凝土质量缺陷的防治

1. 缺陷分类及其产生原因

(1) 麻面　麻面是指结构构件表面呈现无数的小凹点，而尚无钢筋暴露的现象。它是由于模板内表面粗糙、未清理干净、润湿不足；模板拼缝不严密而漏浆；混凝土振捣不密实，气泡未排出以及养护不好所致。

(2) 露筋　露筋即钢筋没有被混凝土包裹而外露。它主要是由于绑扎钢筋或安装钢筋骨架时未放垫块或垫块位移、钢筋位移，结构断面较小、钢筋过密等使钢筋紧贴模板，以致混凝土保护层厚度不够所致。有时也因混凝土结构物缺边、掉角而露筋。

(3) 蜂窝　蜂窝是指混凝土表面无水泥砂浆，露出石子的深度大于5mm，但小于保护层厚度的蜂窝状缺陷。它主要是由于混凝土配合比不准确（浆少石多），或搅拌不匀、浇筑方法不当、振捣不合理，造成砂浆与石子分离。模板严重漏浆等原因也会造成蜂窝。

(4) 孔洞　孔洞是指混凝土结构存在着较大的孔隙，局部或全部无混凝土。它是由于集料粒径过大、钢筋配置过密导致混凝土下料中被钢筋挡住；或混凝土流动性差，混凝土分层离析，混凝土振捣不实；或混凝土受冻、混凝土中混入泥块杂物等所致。

(5) 缝隙及夹层　缝隙及夹层是指施工缝处有缝隙或夹有杂物。它是因施工缝处理不当以及混凝土中含有垃圾杂物所致。

(6) 缺棱、掉角 缺棱、掉角是指梁、柱、板、墙以及洞口直角边上混凝土局部残损掉落。它产生的主要原因是混凝土浇筑前模板未充分润湿，使棱角处混凝土中水分被模板吸去而水化不充分，引起强度降低，拆模时则棱角损坏；另外，拆模过早或拆模后保护不善，也会造成棱角损坏。

(7) 裂缝　裂缝有温度裂缝、干缩裂缝和外力引起的裂缝三种。其产生的原因主要有：结构和构件下的地基产生不均匀沉降；模板、支撑没有固定牢固；拆模时混凝土受到剧烈振动；环境或混凝土表面与内部温差过大；混凝土养护不良及其中水分蒸发过快等。

(8) 强度不足　混凝土强度不足的原因是多方面的，主要有原材料不符合规定的技术要求，混凝土配合比不准、搅拌不匀、振捣不密实及养护不良等。

2. 缺陷处理

(1) 表面抹浆修补　对数量不多的小蜂窝、麻面、露筋、露石的混凝土表面，可用钢丝刷或加压水洗刷基层，再用1∶2~1∶2.5的水泥砂浆填满抹平，抹浆初凝后要加强养护。当表面裂缝较细且数量不多时，可将裂缝用水冲洗并用水泥浆抹补；对宽度和深度较大的裂缝，应将裂缝附近的混凝土表面凿毛或沿裂缝方向凿成深为15~20mm、宽为100~200mm的V形凹槽，扫净并洒水润湿，先刷水泥浆一层，然后用1∶2~1∶2.5的水泥砂浆涂抹2~3层，总厚度控制为10~20mm，并压实抹光。

(2) 细石混凝土填补　当蜂窝比较严重或露筋较深时，应按其全部深度凿去薄弱的混凝土和个别凸出的集料颗粒，然后用钢丝刷或加压水洗刷表面，再用比原混凝土强度等级高一级的细石混凝土填补并仔细捣实。

对于孔洞，可在混凝土表面采用施工缝的处理方法：将孔洞处不密实的混凝土和凸出的石子剔除，并将洞边凿成斜面，以避免死角，然后用水冲洗或用钢丝刷刷清，充分润湿72h后，浇筑比原混凝土强度等级高一级的细石混凝土。细石混凝土的水胶比宜在0.5以内，并掺入水泥用量万分之一的铝粉（膨胀剂），用小振捣棒分层捣实，然后进行养护。

(3) 化学注浆修补　当裂缝宽度在0.1mm以上时，可用环氧树脂注浆修补。修补时先用钢丝刷清除混凝土表面的灰尘、浮渣及散层，使裂缝处保持干净，然后把裂缝用环氧砂浆密封表面，做出一个密闭空腔，有控制的留置注浆口及排口，借助压缩空气把浆液压入缝隙，使之充满整个裂缝。压注浆液与混凝土有很佳的黏结作用，使修补处具有很好的强度和耐久性，对0.05mm以上的细微裂缝，可用甲凝修补。

作为防渗堵漏用的注浆材料，常用的有丙凝（能压注入 0.01mm 以上的裂缝）和聚氨酯（能压注入 0.015mm 以上的裂缝）等。

对混凝土强度严重不足的承重构件必须拆除返工。对强度不足、但经设计单位验算同意的承重构件，可不拆除，或根据混凝土实际强度提出加固处理方案，但其所在的分部分项工程验收不得评为优良，只能评为合格。

三、高性能混凝土（High Performance Concrete，缩写为 HPC）

高性能混凝土是一种新型高技术混凝土，是在大幅度提高普通混凝土性能的基础上采用现代混凝土技术制作的混凝土。它以耐久性作为设计的主要指标，针对不同用途要求，对下列性能重点予以保证：耐久性、工作性、适用性、强度、体积稳定性和经济性。为此，高性能混凝土在配置上的特点是采用低水胶比，选用优质原材料，且必须掺加足够数量的矿物细掺料和高效外加剂。高性能混凝土具备如下优点：

① 高性能混凝土具有一定的强度和高抗渗能力，但不一定具有高强度，中、低强度亦可。

② 高性能混凝土具有良好的工作性能，混凝土拌合物应具有较高的流动性，混凝土在成型过程中不分层、不离析，易充满模型；泵送混凝土、自密实混凝土还具有良好的可泵性、自密实性能。

③ 高性能混凝土的使用寿命长，对于一些特护工程的特殊部位，控制结构设计的不是混凝土的强度，而是耐久性。能够使混凝土结构安全可靠地工作 50~100 年，是高性能混凝土应用的主要目的。

④ 高性能混凝土具有较高的体积稳定性，即混凝土在硬化早期应具有较低的水化热，硬化后期具有较小的收缩变形。

概括起来说，高性能混凝土就是能更好地满足结构功能要求和施工工艺要求的混凝土，能最大限度地延长混凝土结构的使用年限，降低工程造价。

（一）质量要求

由于混凝土是一种非均质的材料，其组成质量变化较大，因此全过程质量控制对混凝土的使用性能至关重要。混凝土质量控制的最终目标是得到质量均匀的、体积稳定的、耐久的、满足设计强度而且经济的混凝土。要得到这样的优质混凝土，必须使拌合物有良好的工作性能，便于搅拌、运输、浇筑、振捣密实、充满模型，并且始终均匀。因此，拌合物质量控制的目标是使其具有施工条件要求的流动性、体积稳定性以及尽可能低的温度应力。

对于高性能混凝土拌合物的要求如下：

① 流动性：坍落度在 170mm 以上，坍落流动度在 430mm 以上（不振捣的拌合物坍落度为 240~270mm，坍落流动度为 550~700mm）。

② 体积稳定性：不离析、不泌水，有稳定的表观密度。

③ 温度应力：浇筑的混凝土内外温度差不高于 25℃，浇筑时拌合物温度夏季不高于 35℃，冬季不低于 12℃。

与普通混凝土相比，高性能混凝土的生产和施工并不需要特殊的工艺，但是在工艺各环节中普通混凝土不敏感的因素，高性能混凝土却会很敏感，因而需要严格控制和管理。尤其是在工地现场施工时，包括试配、原材料管理、搅拌、浇筑、振捣成型、拆模养护等问题，需要做特别强调。

(二) 高性能混凝土施工

1. 原材料的计量

高性能混凝土由于其性能的要求，在配制时对原材料的计量精度也比普通混凝土有更高的要求。配料是关系到拌合物和易性和混凝土均匀性的主要环节。整个生产期间每盘混凝土各组成材料计量结果的偏差控制要符合如下规定：水泥与掺合料为±1.5%、粗集料为±2.0%、细集料为±1.5%、水与外加剂为±1.0%，并应保证量具的精确度，在每一班正式称量前，要对量具设备进行零点校核。粉煤灰高性能混凝土对水泥、砂石和水的控制精度要求高，尤其是对砂石的控制精度要求高，在生产中应给予重点保证。

此外，集料含水量的变化也将影响水胶比的变化，进而影响混凝土的施工质量以及性能强度等。雨期施工时更要注意，并在取原材料的时候注意扣除集料中的用水量。

2. 搅拌

高性能混凝土需要的搅拌时间一般稍长，在具体生产和施工中要对搅拌进行严格控制。搅拌混凝土前，应加入与配合比相同水胶比的水泥浆空转数分钟，然后将水泥倒掉，使搅拌筒充分润湿。在加水之前应先将干料拌匀 30s，然后再加水进行搅拌，高效减水剂一般采用同掺法将其溶于水中，与水一同加入，搅拌时间应不少于 2min。对高效减水剂的掺加可采用分次掺加法，做法是在拌合物出机前掺入一部分高效减水剂，到工地卸料前再加入其余高效减水剂，并在加入高效减水剂后继续搅拌至少 1min 后卸料。分次掺加法有利于减小坍落度损失，尤其适用于混凝土运送距离较远的工程。

3. 浇筑

根据施工经验，混凝土的浇筑对混凝土质量的影响很大。首先，浇筑前必须对欲浇筑混凝土的工作性能进行测定，在确保其工作性能时方能浇筑。混凝土拌合物的布料，应尽量垂直落下到浇筑地点中央，尽量避免再次搬动使混凝土产生离析，拌合物下落的高度不大于 1.5m，以防止在下落过程中拌合物离析。混凝土拌合物不可直接落到钢筋和其他预埋件上，以免产生离析。散落在预埋件上的砂浆，如果混凝土浇筑时能够振动密实可不必清除。但疏松的干砂浆在浇筑第二层前必须清除掉。铺设混凝土应尽可能保持大致水平，混凝土分层厚度应在振动棒的合理振捣下使上下层结合成整体，分层厚度控制在 30cm。铺料时采用人工摊铺，避免用振动棒搬移混凝土拌合物产生离析；铺料时四周高中间低，并将靠近模板的粗集料铲到中间；混凝土可以等间距堆积以便易于铺平混凝土拌合物。混凝土浇筑过程要连续进行，尽可能避免中断，上下层浇筑时间不能过长，所有与混凝土接触的物件应充分润湿，建议在浇筑前几个小时提前浸湿基础，也可在浇筑前把结构混凝土的模板和钢筋润湿。

4. 振捣

混凝土搅拌完毕后总是含有相当数量的分散在集料空隙中的空气泡。拌合物布入模板后，又因黏滞性很大而不能在自重下流动，并与模板和钢筋以及早先入模的拌合物相接触，总要留下许多尺寸较大的形状不规则的空洞。因此，振动成为关系到工程质量的主要环节。

混凝土振动方法必须避免粗集料从混凝土中分离出来。个别集料分离出来不一定有害，但粗集料分离出来聚集成堆则会影响混凝土质量。在这种情况下，需要把粗集料重新分散到混凝土中进行捣实，以免产生蜂窝状空隙和麻面。振捣时，振动棒应等间距地垂直插入，均匀地捣实全部范围的混凝土。振动间距一般不大于振动半径的 1.5 倍。

振捣要做到不漏振，不过振，振动时间以混凝土停止下沉、不冒气泡、表面平坦、泛浆为止，混凝土表面用木抹搓毛。振捣时应避免振动棒碰撞模板、钢筋及其他预埋件。

5. 拆模

拆模通常是混凝土在早期阶段最后的一道工序。一方面，较快拆模可使模板周转使用率提高，降低建筑造价；但另一方面，不能在混凝土结构未达到足够强度之前拆模，否则易造成毁坏，导致混凝土面黏模，缺棱掉角。一定要等到混凝土的强度足以承担自重和外加施工荷载所产生的应力时，方能拆模。同时，混凝土还应该具有一定的硬度，以便在拆模或者进行其他施工操作时，表面不致受到损害。因为新拌水化水泥浆体的强度随大气温度和水分的供给情况而变，所以拆模时间还是根据实测的混凝土强度而不要任意选定为宜。

施工过程中要求在混凝土强度达到 2.5MPa 时，或自浇筑后第 5d 开始拆模，并选择天气晴朗、气温较高的时段进行。因为此时气温变化相对较小，不易导致气温相差过大而使混凝土表面产生裂缝。夏季可以自浇筑后第 4d 开始拆模。如果一天未能完成拆模工作，则应在当天对拆除部分进行保温保湿养护。

6. 养护

养护是指混凝土拌合物经密实成型后，保证水泥能正常完成早期水化反应，以使获得预定的物理力学性能和耐久性能所采取的工艺控制措施。养护是获得优质混凝土的关键工艺之一，当表层混凝土迅速干燥到相对湿度 75%以下，水泥水化停止，混凝土各项性能受到损害。做好混凝土成型压光和覆盖浇水养护，防止混凝土出现裂缝。养护一般采用草帘或麻袋覆盖，并经常浇水保持湿润，养护期视水泥品种和气温而定。养护期在最初三天内白天每隔 2h 浇水一次，夜间至少两次，以后每昼夜至少浇水四次，干燥和阴雨天适当增减。大体积混凝土的养护需按照大体积混凝土的专项研究确定方案进行。

四、混凝土冬期施工

混凝土冬期施工是指在寒冷地区日平均气温稳定在 5℃以下或最低气温稳定在-3℃以下，当这种气温连续保持 5d 或多于 5d 时，混凝土的施工就按冬期施工的要求来制作。

（一）技术质量控制

冬期混凝土的拌制应满足下列要求：

① 冬期施工的混凝土宜选用硅酸盐水泥或普通硅酸盐水泥，水泥强度等级不宜低于 32.5 级，每立方米混凝土的水泥用量不宜少于 300kg，水胶比不应大于 0.6，并加入早强剂，必要时还应加入防冻剂。

② 拌制混凝土用的集料必须清洁，不得含有冰雪和冻块，以及易冻裂的物质。在掺有含钾、钠离子的外加剂时，不得使用活性集料。

③ 拌制掺外加剂的混凝土时，如外加剂为粉剂，可与混合料一起放入搅拌；如外加剂为液体，则与水一起加入。

④ 当施工期处于 0℃左右时，可在混凝土中添加早强剂，掺量应符合使用要求及规范规定，对于有关限期拆模要求的混凝土，还得相应提高混凝土设计等级。

⑤ 搅拌掺有外加剂的混凝土时，搅拌时间应取常温搅拌时间的 1.5 倍。

⑥ 混凝土的出机温度不宜低于 10℃，入模温度不得低于 5℃。

（二）混凝土的运输和浇筑

混凝土搅拌场地应尽量靠近施工地点。混凝土浇筑前，应清除模板和钢筋上的冰雪和杂物。当采用商品混凝土时，在浇筑前，应了解掺入防冻剂的性能，并做好相应的防冻保暖措施。现场应留置同条件养护的混凝土试块作为拆模依据。

（三）混凝土的养护

模板应在混凝土冷却到5℃后方可拆除，当混凝土与外界温差大于20℃时，拆模混凝土表面应临时覆盖保温层，使其缓慢冷却。

冬期浇筑的混凝土，转入负温养护前，混凝土的抗压强度不应低于设计强度的40%。采用的保温材料应保持干燥。保温材料不宜直接覆盖在刚浇筑完毕的混凝土层上，可先覆盖塑料薄膜，上部再覆草袋等保温材料。拆模后的混凝土也应及时覆盖保温材料，以防混凝土表面温度的骤降而产生裂缝。

（四）试件留置

每拌制100盘且不超过100m^3的同配合比的混凝土，取样不得少于一次。每工作班拌制的同一配合比的混凝土不足100盘时，取样不得少于一次。当一次连续浇筑超过1000m^3时，同一配合比的混凝土每200m^3不得少一次。每一楼层，同一配合比的混凝土，取样不得少于一次。对有抗渗要求的混凝土结构，其混凝土试件应在浇筑地点随机取样。每次取样应至少留置一组标准养护试件，同条件养护试件的留置组数应根据实际需要确定。

（五）混凝土冬期施工质量通病以及预防措施

1. 质量通病

（1）钢筋的锈蚀与混凝土裂缝　由于钢筋的氧化锈蚀伴生体积膨胀，致使混凝土产生裂缝。水泥的安定性不良、混凝土的水胶比太大、早期强度低和失水太快等也会引起开裂。混凝土内部水分向中心移动，形成压力引起轴向裂缝。

（2）结构疏散与水分转移　混凝土有表面呈冰晶、土黄色，声音空哑等特征。混凝土内部压力差、温度差、湿度差，使水分向中心移动造成空隙。

（3）表面起灰　由于混凝土水胶比太大，使之产生离析，其黏聚性、保水性差，养护温度低，水泥水化趋于停止；混凝土水分迅速外离，导致表面起灰。

（4）结晶腐蚀　混凝土硬化后，外加剂溶液渗到混凝土表面，而混凝土表面水分则逐渐蒸干，此种情况还将影响混凝土与饰面层的结合。

2. 预防措施

严格控制氯盐的掺量，控制水泥质量。适当掺用防冻剂、减水剂、早强剂、引气剂等外加剂，减小水胶比，采取重复振动的方式，提高结构致密性。适当控制外加剂的用量，充分溶解后适当延长搅拌时间。混凝土浇筑后，立即在其表面覆盖1~2层薄膜塑料，严防混凝土水分外移。

第四节　预应力混凝土工程

一、概述

预应力结构是指在结构承受外荷载之前，预先对其在外荷载作用下的受拉区施加压力，

以改善结构的使用性能。它不但在混凝土结构中普遍应用，而且在钢结构中也有所应用。

预应力混凝土结构的截面小、刚度大、抗裂性和耐久性好，在世界各国的土木工程领域中得到广泛应用。近年来，随着高强度钢材及高强度等级混凝土的出现，促进了预应力混凝土结构的发展，也进一步推动了预应力混凝土施工工艺的成熟和完善。

（一）预应力混凝土结构的工作机理

普通钢筋混凝土构件的抗拉极限应变只有0.0001~0.00015。构件混凝土受拉不开裂时，构件中受拉钢筋的应力只有20~30N/mm^2；即使允许出现裂缝的构件，因受裂缝宽度限制，受拉钢筋的应力也仅达150~200N/mm^2，钢筋的抗拉强度未能充分发挥。

预应力混凝土是解决这一问题的有效方法，即在构件承受外荷载前，预先在构件的受拉区对混凝土施加预压应力。当构件在使用阶段的外荷载作用下产生拉应力时，首先要抵消预压应力，这就推迟了混凝土裂缝的出现并限制了裂缝的开展，从而提高了构件的抗裂度和刚度。

对混凝土构件受拉区施加预压应力的方法是张拉受拉区中的预应力筋，通过预应力筋或锚具，将预应力筋的弹性收缩力传递到混凝土构件上，并产生预应力。

（二）预应力混凝土结构

在预应力混凝土结构中，一般要求混凝土的强度等级不低于C30。当采用碳素钢丝、钢绞线、热处理钢筋做预应力筋时，混凝土的强度等级不低于C40。目前，在一些重要的预应力混凝土结构中，已开始采用C50~C60的高强混凝土，并逐步向更高强度等级的混凝土发展。

在预应力混凝土构件的施工中，不能掺用对钢筋有侵蚀作用的氯盐、氯化钠等，否则会发生严重的质量事故。

1. 预应力混凝土的优点及适用性

预应力混凝土能充分发挥钢筋和混凝土各自的特性，提高钢筋混凝土构件的刚度、抗裂性和耐久性，可有效地利用高强度钢筋和高强度等级的混凝土。与普通混凝土相比，预应力混凝土在同样条件下具有构件截面小、自重轻、质量好、材料省（可节约钢材40%~50%、节约混凝土20%~40%）等优点，并能扩大预制装配化程度。虽然，预应力混凝土施工需要专门的机械设备，工艺比较复杂，操作要求较高，但在跨度较大的结构中，其综合经济效益较好。此外，在一定范围内，以预应力混凝土结构代替钢结构，可节约钢材、降低成本，并免去维修工作。

近年来，随着施工工艺不断发展和完善，预应力混凝土的应用范围越来越广。除在传统工业与民用建筑的屋架、吊车梁、托架梁、空心楼板、大型屋面板、檩条、挂瓦板等单个构件上广泛应用外，还成功地把预应力技术运用到多层工业厂房、高层建筑、大型桥梁、核电站安全壳、电视塔、大跨度薄壳结构、筒仓、水池、大口径管道、基础岩土工程、海洋工程等技术难度较高的大型整体或特种结构上。当前，预应力混凝土的使用范围和数量已成为一个国家建筑技术水平的重要标志之一。

预应力混凝土常用的施工工艺有先张法、后张法和电张法。此外，还有自张法，即用膨胀水泥拌制的混凝土来浇筑构件，利用混凝土硬化时的膨胀力使钢筋伸长而获得预应力。

2. 预应力混凝土的分类

预应力混凝土按预应力的大小可分为全预应力混凝土和部分预应力混凝土。全预应力混

凝土是指在全部使用荷载下受拉边缘不允许出现拉应力的预应力混凝土，适用于要求混凝土不开裂的结构；部分预应力混凝土是指在全部使用荷载下受拉边缘允许出现一定的拉应力或裂缝的混凝土，其综合性能较好，费用较低，适用面广。

预应力混凝土按施工方式不同可分为预制预应力混凝土、现浇预应力混凝土和叠合预应力混凝土等；按预加应力的方法不同可分为先张法预应力混凝土和后张法预应力混凝土；按是否粘结又可分为无粘结预应力及有粘结预应力。

3. 预应力混凝土预制构件

目前，我国在房屋建筑、铁路、桥梁等方面的预应力混凝土预制构件已形成以下主要系列。

（1）预应力屋面梁和屋架　预应力屋面梁和屋架包括 12～18m 先张法预应力混凝土屋面大梁；12m 预应力托梁；12～21m 三铰屋架；15～36m 先张法或后张法的整体式或拼装式预应力混凝土屋架，有拱形、折线形、梯形和空腹桁架等形式。

（2）预应力吊车梁　预应力吊车梁包括 6m T 形预应力吊车梁；9～12m 工字形等截面和变截面鱼腹式吊车梁；以及超过 12m 跨的桁架式吊车梁。

（3）预应力屋面板和楼板　在预应力混凝土屋面板中，宽 1.5m、长 6m 的预应力大型（槽形）屋面板应用最广；此外，还有 6～12m 双 T 板、1.5mm×6.0mm 空心板、三合一保温屋面板、1.5m×3.0m×0.022m 的预应力薄板和预应力檩条以及预应力槽瓦等。6～18m 先张预应力多孔板和宽 0.9～1.2m、长 2.7～6.0m 的预应力空心楼板应用最广，也可作屋面板用。而预应力大型屋面板也常用作多层工业厂房的楼板。

（4）板架合一的预应力屋面构件　板架合一的预应力屋面构件包括 15～33m 跨预应力单 T 板梁，9～27m 跨 V 形折板（在板缝中另加无粘结预应力后张束后可做到 30m 跨）和 9～28m 跨马鞍形壳板。

（5）预应力简支梁　预应力简支梁包括用于房屋楼面结构的 9～15m 跨预应力薄腹梁；用于铁路桥梁的 6～32m 先张预应力简支梁、16～32m 跨超低高度预应力梁（比相应跨度的普通高度梁降低高度 0.8m 左右）、40m 分片后张预应力梁和 32～56m 后张预应力箱形梁；用于公路桥梁的 30～50m 跨预应力 T 形简支梁、30m 预应力组合梁，以及用于城市立交桥的 20m 跨以下的先张预应力空心板梁，27m 以下的先张预应力组合箱梁和 25～37m 的后张预应力 T 形梁。

（6）其他预应力预制构件　其他预应力预制构件三种不同承载能力的预应力轨枕，用于房屋地基工程的预应力方桩和 ϕ300～ϕ500mm 预应力管桩，以及用于港口工程的 ϕ1200～ϕ1400mm 预应力管桩等。

4. 预应力结构

（1）整体预应力装配式板柱建筑体系　后张整体预应力装配式抗震结构体系有矩形、六边形和梯形等多种柱网（最大柱距达 11.7m），采用多跨连续折线配筋预应力，将预制整间或拼装（有一间 2 块、3 块、6 块和 9 块）楼板与预制柱（矩形、六边形）拼装在一起，浇筑板缝混凝土后形成大跨度、无梁空间结构，适用于建造办公楼、住宅、多层厂房、商场、书库等建筑。

（2）后张预应力混凝土框架结构　后张预应力混凝土框架结构包括：

① 采用单向预应力框架梁的横向框架结构和纵向框架结构。

② 采用双向预应力框架梁的框架结构。

(3) 高层建筑　由于采用预应力可降低楼面结构高度、扩大梁的支撑跨度和解决大荷载、大悬挑结构的合理设计等突出的优势，使得预应力结构在高层建筑中的应用越来越多。如无梁无柱的框筒结构，带扁梁预应力平板的框筒结构，内框外筒结构，大跨度、大空间预应力混凝土结构等。

(4) 其他特种结构

1) 电视塔。其结构包括竖向预应力混凝土筒体结构；预应力塔身、锥壳基础和裙房大跨度悬挑梁结构；竖向预应力结构和环向预应力结构等。

2) 特种工程。特种工程包括核电站的安全壳；原煤筒仓；炼油厂爆气池；污水处理厂爆气池、浓缩池、污泥消化池等。

3) 大跨度结构。大跨度结构包括预应力主次梁屋盖结构；地下室顶板的整体预应力板柱结构；预制块体预应力拼装梁；索束桁屋盖结构和双曲抛物面薄壳屋盖等。

4) 大悬挑结构。悬挑梁的悬挑长度可达到10m左右。

5) 大型预应力桥梁。大型预应力桥梁的主要结构形式有：

① 简支梁、板桥：高跨比一般为1∶5~1∶20，低高度者可达1∶25，多跨简支桥可采用连续桥面。

② T形刚构桥：上下部结构固结，上部从墩顶向两侧伸出悬壁呈T形，其间设剪力铰形成超静定结构（或设挂梁成静定结构），跨度为50~270m，最适于采用悬臂对称平衡法施工。

③ 连续梁桥：连续箱梁结构跨径可达200m左右，箱梁则有单箱、双箱、单室和多室等。

④ 连续刚构桥：可由多个等跨或不等跨的T形结构固接形成，或由斜腿刚构预制板、现浇混凝土组成，或中部为连续刚构、边部为连续梁。

⑤ 拱桥：由上弦杆、下弦杆、腹杆和中央实腹段组成的拱片与横连接系和桥面组成。桁拱跨度一般为50~80m，由桁式悬臂刚架与桁拱组成的江界河桥的跨度达330m。

⑥ 斜拉桥：采用塔支撑的斜索拉着加劲梁，即由塔、梁、索组成，其经济跨已达900m，边中跨比为0.3~0.5，桥面之上的塔高为0.15~0.3倍的跨度。

⑦ 悬索桥：以主缆为承重主体，加劲梁由等间距的吊杆悬挂在主缆上，主缆受力后呈非线性变形弯曲。

⑧ 弯、坡、斜桥：有板式、梁式和箱式并设置抗扭横梁。

（三）预应力筋

钢筋一般在钢筋车间或工地的钢筋加工棚加工，然后运至现场安装或绑扎。钢筋加工过程取决于成品种类，一般有冷拉、冷拔、调直、剪切、镦头、弯曲、焊接、绑扎等。

为了获得较大的预应力，预应力筋常用高强度钢材，目前较常见的有以下六种。

1. 冷拔低碳钢丝

冷拔低碳钢丝是指经过拔制产生冷加工硬化的低碳钢丝。采用直径为6.5mm或8mm的普通碳素钢热轧盘条，在常温下通过拔丝模引拔而制成直径为3mm、4mm或5mm的圆钢丝。冷拔钢丝强度比原材料屈服强度显著提高，但塑性降低。

建筑用冷拔低碳钢丝分为甲、乙两级。甲级钢丝主要用于小型预应力混凝土构件的预应

力钢材；乙级钢丝一般用作焊接或绑扎骨架、网片或箍筋。冷拔低碳钢丝主要用于小型预应力混凝土构件，如梁、空心楼板、小型电杆，以及农村建筑中的檩条和门框、窗框等。用作预应力混凝土构件的钢丝，应逐盘取样进行力学性能试验，按性能要求判定级别和组别，合理安排使用。

冷拉钢筋是在常温条件下，以超过原来钢筋屈服强度的拉应力，强行拉伸钢筋，使钢筋产生塑性变形后卸荷，再经时效处理而成，这样钢筋的塑性和弹性模量有所降低而屈服强度和硬度有所提高，可直接用作预应力筋，以达到提高钢筋屈服强度和节约钢材的目的。冷拉钢筋需要两次冷拉过程制作完成。

2. 碳素钢丝

碳素钢丝是由高碳钢盘条经淬火、酸洗、拉拔制成的。为了消除钢丝拉拔中产生的内应力，还需经过矫直回火处理。钢丝直径一般为3~8mm，最大为12mm，其中3~4mm直径钢丝主要用于先张法，5~8mm直径钢丝用于后张法。钢丝强度高，表面光滑，用作先张法预应力筋时，为了保证高强钢丝与混凝土粘结可靠，钢丝的表面需经过刻痕处理，如图6-49所示。

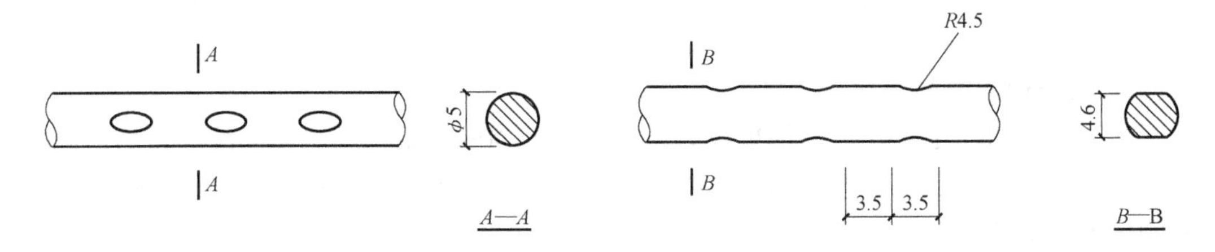

图6-49　刻痕钢丝的外形

3. 钢绞线

钢绞线一般由6根碳素钢丝围绕一根中心钢丝在绞丝机上绞成螺旋状，再经低温回火制成。图6-50为预应力钢绞线截面图。钢绞线的直径较大，一般为9~15mm，且比较柔软，施工方便，但价格比钢丝贵。钢绞线的强度较高，目前已有标准抗拉强度接近2000 N/mm^{2}的高强、低松弛的钢绞线应用于工程中。

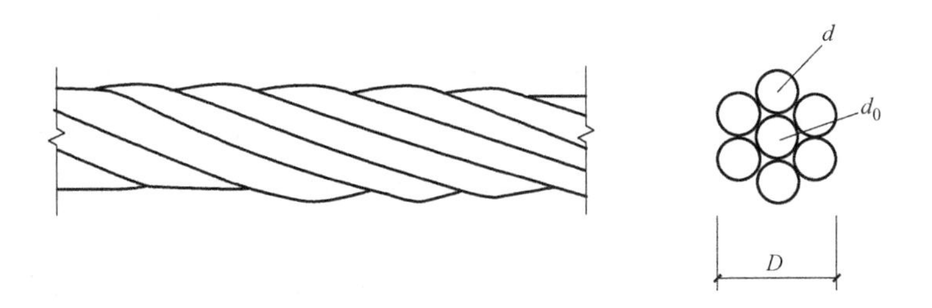

图6-50　预应力钢绞线截面图

D—钢绞线直径　d_0—中心钢丝直径　d—外层钢丝直径

4. 热处理钢筋

热处理钢筋是由普通热轧中碳合金钢筋经淬火和回火调质热处理制成，具有高强度、高韧性和高黏结力等优点，直径为6~10mm。成品钢筋为直径2m的弹性盘卷，开盘后自行伸直，每盘长度为100~200m。

热处理钢筋的螺纹外形有带纵肋和无纵肋两种，如图6-51所示。

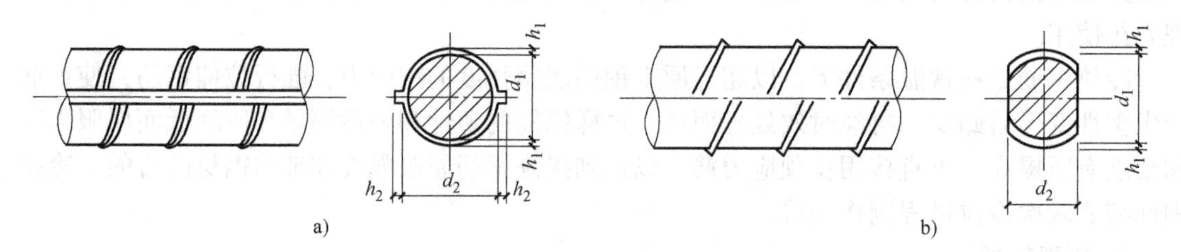

图6-51　热处理钢筋外形
a）带纵肋　b）无纵肋

5. 精轧螺纹钢筋

精轧螺纹钢筋是用热轧方法在钢筋表面上轧出不带肋的螺纹外形，如图6-52所示。

钢筋的接长用连接螺纹套筒，端头锚固用螺母。这种高强度钢筋具有锚固简单、施工方便、无需焊接等优点。目前国内生产的精轧螺纹钢筋品种有ϕ25mm和ϕ32mm，其屈服强度有750MPa和900MPa两种。

6. 无粘结预应力筋

无粘结预应力筋是一种在施加预应力后沿全长与周围混凝土不粘结的预应力筋，它主要由预应力钢材、涂料层、外包层和锚具组成（图6-53）。无粘结预应力筋的高强度钢材和有粘结预应力筋的要求完全一样。

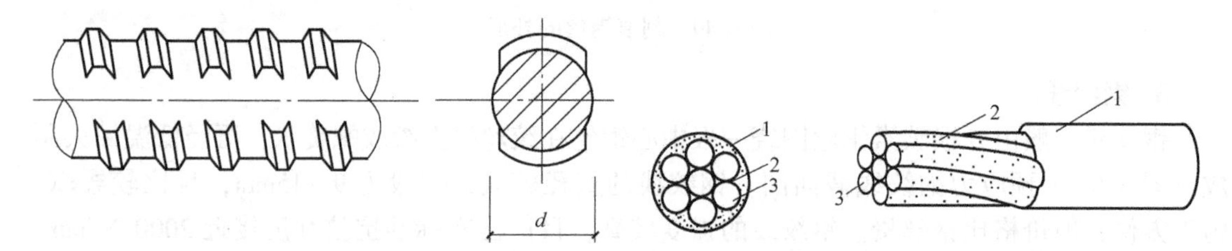

图6-52　精轧螺纹钢筋的外形

图6-53　无粘结预应力筋
1—塑料外包层　2—防腐润滑脂　3—钢绞线（或碳素钢丝束）

除上述六种金属预应力筋外，非金属预应力筋也是预应力结构中得到了采用。非金属预应力筋主要是指用纤维增强塑料（简称FRP）制成的预应力筋，主要有玻璃纤维增强塑料（GFRP）预应力筋、芳纶纤维增强塑料（AFRP）预应力筋及碳纤维增强塑料（CFRP）预应力筋等几种形式。

预应力混凝土结构中的非预应力纵向钢筋宜选用热轧钢筋HRB335以及HRB400，也可采用RRB400，箍筋宜选用热轧钢筋HPB300。

（四）预应力施工设备器具

预应力施工设备器具包括预应力筋的锚具、夹具和连接器。预应力筋用的锚具是在后张法预应力混凝土结构或构件中，为保持预应力筋的拉力并将其传递到混凝土上所用的永久性锚固装置。夹具则是在先张法预应力混凝土构件施工时，为保持预应力筋的拉力并将其固定在生产台座（或设备）上的临时性锚固装置；或在后张法预应力混凝土结构或构件施工时，在张拉千斤顶或设备上夹持预应力筋的临时性锚固装置。

连接器是用于连接预应力筋的装置。此外，还有预应力筋与锚具等组合装配而成的受力单元，如预应力筋—锚具组装件、预应力筋—夹具组装件、预应力筋—连接器组装件等。

预应力施工设备的种类按照锚固方式不同，大致分为支撑式（墩头锚具、螺母锚具等）、锥塞式（钢质锥形锚具等）、夹片式（单孔和多孔夹片锚具）和握裹式（挤压锚具、压花锚具等）四种。

1. 锚具

（1）性能要求　在预应力筋强度等级已确定的条件下，预应力筋—锚具组装件的静载锚固性能试验结果，应同时满足锚具效率系数（η_a）等于或大于0.95和预应力筋总应变（ε_{apu}）等于或大于2.0%两项要求。

锚具的静载锚固性能，应由预应力筋—锚具组装件静载试验测定的锚具效率系数（η_a）和达到实测极限拉力时组装件受力长度的总应变（ε_{apu}）确定。锚具效率系数（η_a）的计算公式为

$$\eta_a=\frac{F_{apu}}{\eta_p F_{pm}} \tag{6-10}$$

式中　F_{apu}——预应力筋—锚具组装件的实测极限拉力；

F_{pm}——预应力筋的实际平均极限抗拉力，由预应力钢材试件实测破断荷载平均值计算得出；

η_p——预应力筋的效率系数，它是指考虑预应力筋根数等因素影响的预应力筋应力不均匀的系数。η_p应按下列规定取用：预应力筋—锚具组装件中预应力钢材为1~5根时，$\eta_p=1$；6~12根时，$\eta_p=0.99$；13~19根时，$\eta_p=0.98$；20根以上时，$\eta_p=0.97$。

当预应力筋—锚具（或连接器）组装件达到实测极限拉力（F_{apu}）时，应由预应力筋的断裂，而不应由锚具（或连接器）的破坏导致试验的终结。预应力筋拉应力未超过$0.8f_{ptk}$时，锚具主要受力零件应在弹性阶段工作，脆性零件不得断裂。

用于承受静、动荷载的预应力混凝土结构，其预应力筋—锚具组装件，除应满足静载锚固性能要求外，尚应满足循环次数为200万次的疲劳性能试验要求。在抗震结构中，预应力筋—锚具组装件还应满足循环次数为50次的周期荷载试验。

锚具尚应满足分级张拉、补张拉和放松拉力等张拉工艺的要求。锚固多根预应力筋的锚具，除应具有整束张拉的性能外，尚宜具有单根张拉的可能性。

除上述者外，锚具尚应具有下列性能：

① 在预应力锚具组装件达到实测极限拉力时，除锚具设计允许的现象外，全部零件均不得出现肉眼可见的裂缝或破坏。

② 除能满足分级张拉及补张拉工艺外，宜具有能放松预应力筋的性能。

③ 锚具或其附件上宜设置灌浆孔道，灌浆孔道应有使浆液畅通的截面面积。

锚具的进场验收同先张法中的夹具。

（2）种类　锚具按锚固性能分为以下两类：

1）Ⅰ类锚具：适用于受动、静荷载的预应力混凝土结构。

2）Ⅱ类锚具：仅适用于有粘结预应力混凝土结构，且锚具处于预应力筋应力变化不大

的部位。

Ⅰ类锚具组装件除必须满足静载锚固性能外，尚须满足循环次数为200万次的疲劳性能试验。如用在抗震结构中，还应满足循环次数为50次的周期荷载试验。

锚具的种类有很多，不同类型的预应力筋所配用的锚具不同。目前，我国常用的有支撑式锚具、夹片式锚具、握裹式锚具和锥塞式锚具。具体介绍如下：

①支撑式锚具。

a. 螺母锚具。螺母锚具由螺钉端杆、螺母和垫板三部分组成，适用于直径为18~36mm的预应力筋，如图6-54所示。锚具长度一般为320mm，当为一端张拉或预应力筋的长度较长时，螺杆的长度应增加30~50mm。

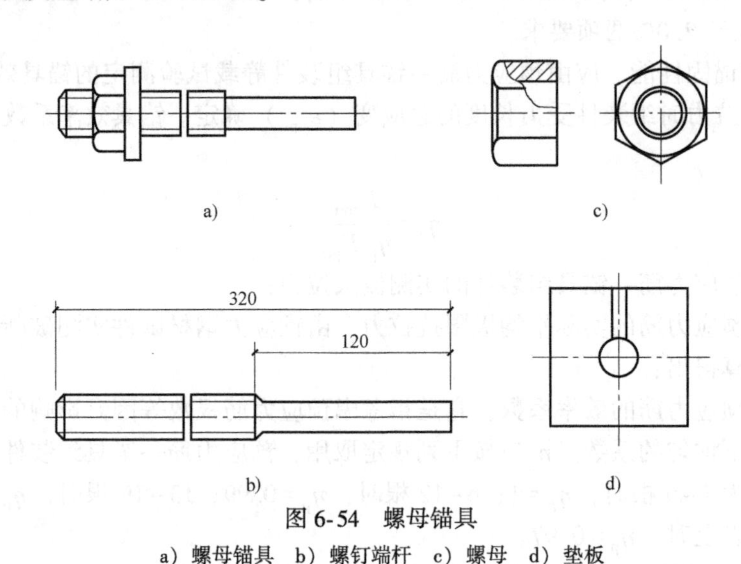

图6-54 螺母锚具

a）螺母锚具 b）螺钉端杆 c）螺母 d）垫板

螺钉端杆与预应力筋用对焊连接，焊接应在预应力筋冷拉之前进行。预应力筋冷拉时，螺母置于端杆顶部，拉力应由螺母传递至螺钉端杆和预应力筋上。

b. 镦头锚具。用于单根粗钢筋的镦头锚具一般直接在预应力筋端部热镦、冷镦或锻打成型。镦头锚具也适用于锚固多根数钢丝束。钢丝束镦头锚具分为A型与B型。A型由锚环与螺母组成，可用于张拉端；B型为锚板，用于固定端，其构造如图6-55所示。

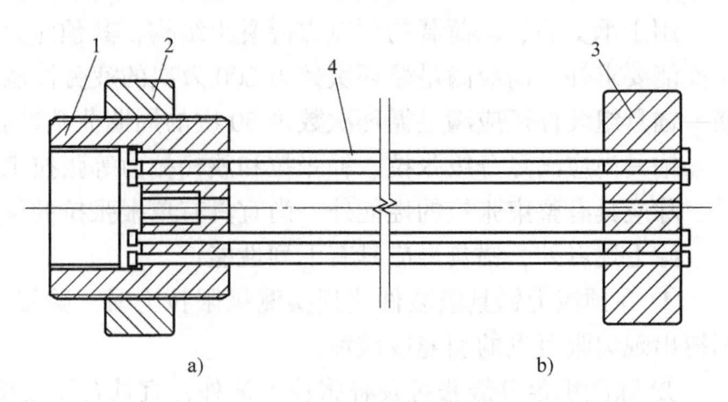

图6-55 钢丝束镦头锚具

a）张拉端锚具（A型） b）固定端锚具（B型）

1—锚环 2—螺母 3—锚板 4—钢丝束

镦头锚具的工作原理是将预应力筋穿过锚杯的蜂窝眼后，用专门的镦头机将钢筋或钢丝的端头镦粗，将镦粗头的预应力束直接锚固在锚杯上，待千斤顶拉杆旋入锚杯内螺纹后即可进行张拉，当锚杯带动钢筋或钢丝伸长到设计值时，将锚圈沿锚杯外的螺纹旋紧顶在构件表面，

于是锚圈通过支撑垫板将预压力传到混凝土上。

镦头锚具的优点是操作简便迅速，不会出现锥形锚易发生的“滑丝”现象，故不发生相应的预应力损失。这种锚具的缺点是下料长度要求很精确，否则，在张拉时会因各钢丝受力不均匀而发生断丝现象。

镦头锚具用 YC—60 千斤顶（穿心式千斤顶）或拉杆式千斤顶张拉。

c. 帮条锚具。帮条锚具由帮条和衬板组成。帮条采用与预应力筋同级别的钢筋，衬板采用普通低碳钢的钢板。帮条锚具的三根帮条应成 120°均匀布置，并垂直于衬板与预应力筋焊接牢固，如图 6-56 所示。帮条焊接也宜在钢筋冷拉前进行，焊接时需防止烧伤预应力筋。

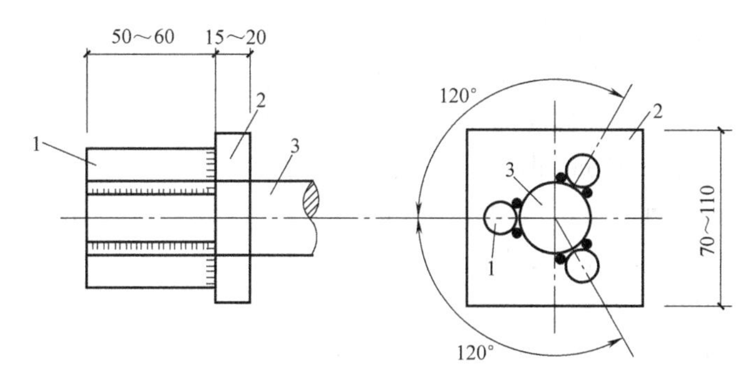

图 6-56 帮条锚具

1—帮条 2—衬板 3—预应力筋

② 夹片式锚具。夹片式锚具包括单孔夹片式锚具和多孔夹片式锚具。单孔夹片式锚具主要以 JM 型锚具为主，多孔夹片式锚具包括 XM 型锚具、QM 型锚具、OVM 型锚具和 BS 型锚具等。多孔夹片锚具是在一块多孔的锚板上，利用每个锥形孔装一副夹片夹持一根钢绞线的一种楔紧式锚具。这种锚具的优点是任何一根钢绞线锚固失效，都不会引起整束锚固失效，并且每束钢绞线的根数不受限制，但构件端部需要扩孔。该锚具广泛应用于现代预应力混凝土工程。

a. JM12 型锚具。JM12 型锚具为单孔夹片式锚具，有光 JM12—3~JM12—6，螺 JM12—3~JM12—6，绞 JM12—5~JM12—6 等十种，分别用来锚固 3~6 根 HRB500 级直径为 12mm 的钢筋和 5~6 束直径为 12mm 的钢绞线。JM12 型锚具由锚环和夹片组成，如图 6-57 所示。

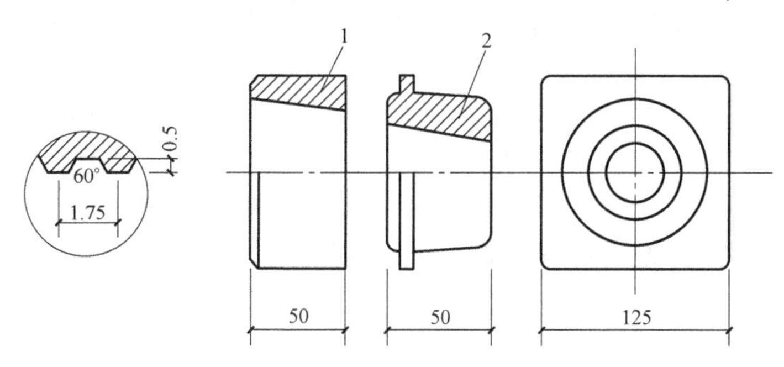

图 6-57 JM12 型锚具

1—圆钳环 2—方锚环

JM12 型锚具性能好，锚固时钢筋束或钢绞线束被单根夹紧，不受直径误差的影响，且预应力筋在呈直线状态下被张拉和锚固，受力性能好。为适应小吨位高强度钢丝束的锚固，近年来还发展了锚固 6~7 根 ϕ5mm 碳素钢丝的 JM5—6 和 JM5—7 型锚具，其原理完全相同。为降低锚具成本，还有精铸 JM12 型锚具。

JM12 型锚具是一种利用楔块原理锚固多根预应力筋的锚具，它既可作为张拉端的锚具，又可作为固定端的锚具，或作为重复使用的工具锚。

JM12 型锚具宜选用相应的 YC—60 型穿心式千斤顶来张拉预应力筋。

b. XM 型锚具。这是一种新型锚具，由锚板与三片夹片组成，如图 6-58所示。它既适用于锚固钢绞线束，又适用于锚固钢丝束；既可锚固单根预应力筋，又可锚固多根预应力筋，适用于锚固 3~37 根 ϕ15mm 钢绞线束或 3~12 根 ϕ5mm 钢丝束。当用于锚固多根预应力筋时，既可单根张拉、逐根锚固，又可成组张拉，成组锚固。另外，它既可用作工作锚具，又可用作工具锚具。近年来，随着预应力混凝土结构和无粘结预应力结构的发展，XM 型锚具已得到广泛应用。实践证明，XM 型锚具具有通用性强、性能可靠、施工方便、便于高空作业的特点。

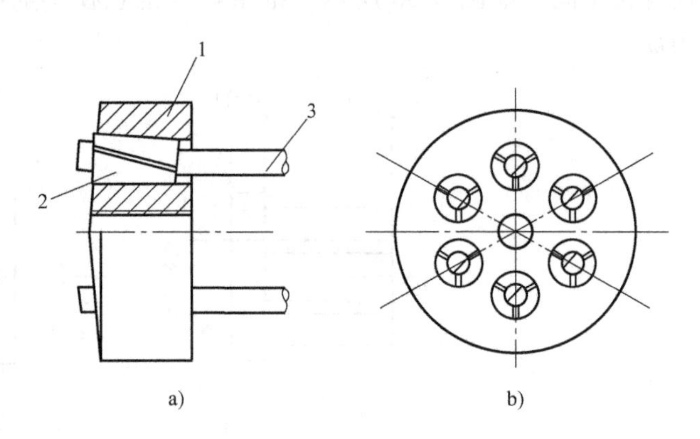

图 6-58　XM 型锚具

a）装配图　b）锚板

1—锚板　2—夹片（三片）　3—钢绞线

XM 型锚具锚板上的锚孔沿圆周排列，间距不小于 36mm，锚孔中心线的倾斜度 1：20。锚板顶面应垂直于钻孔中心线，以利夹片均匀塞入。夹片采用三片式，按 120°均分开缝，沿轴向有倾斜偏转角，倾斜偏转角的方向与钢绞线的扭角相反，以确保夹片能夹紧钢绞线或钢丝束的每一根外围钢丝，形成可靠的锚固。

XM 型锚具在充分满足自锚条件下，夹片的锥面选用了较大的锥角，使 XM 锚具可当工作锚与工具锚使用。当用作工具锚时，可在夹片和锚板之间涂抹一层能在极大压强下保持润滑性能的固体润滑剂（如石墨、石蜡等），当千斤顶回程时，用锤轻轻一击，即可松开脱落；用作工作锚时，具有连续反复张拉的功能，可用行程不大的千斤顶张拉任意长度的钢绞线。

c. QM 型锚具。QM 型锚具适用于锚固 4~31 根直径为 12.7mm 的钢绞线或 3~19 根直径为 15mm 的钢绞线。该锚具由锚板与夹片组成，如图 6-59 所示。QM 型锚固体系配有专门的工具锚，以保证每次张拉后退楔方便，并减少安装工具锚所花费的时间。

OVM 型锚具是在 QM 型锚具的基础上，将夹片改为二片式，并在夹片背部上部锯有一条弹性槽，以提高锚固性能。OVM13 型锚具适用于 0.5″钢绞线，OVM15 型锚具适用于 0.6″钢绞线。

d. BM 型锚具。BM 型锚具是一种新型的夹片式扁形群锚，简称扁锚。它是由扁锚头、扁形垫板、扁形喇叭管及扁形管道等组成的，如图 6-60 所示。

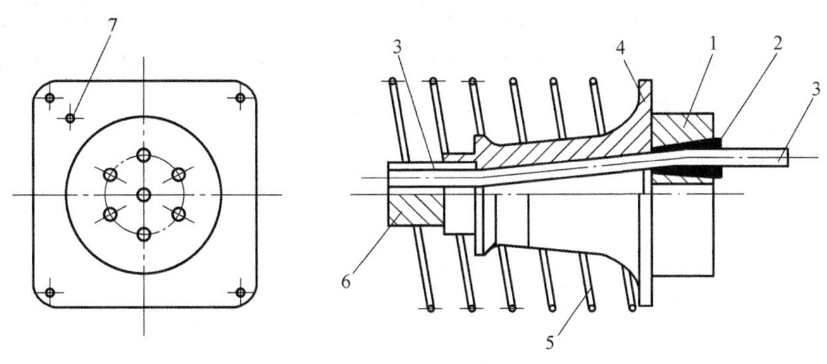

图 6-59　QM 型锚具及配件

1—锚板　2—夹片　3—钢绞线　4—喇叭形铸铁垫板　5—弹簧管　6—预留孔道用的螺旋管　7—灌浆孔

扁锚的优点有：张拉槽口扁小，可减小混凝土板厚，便于梁的预应力筋按实际需要切断后锚固，有利于减少钢材；钢绞线单根张拉，施工方便。这种锚具特别适用于空心板、低高度箱梁以及桥面横向预应力等张拉。

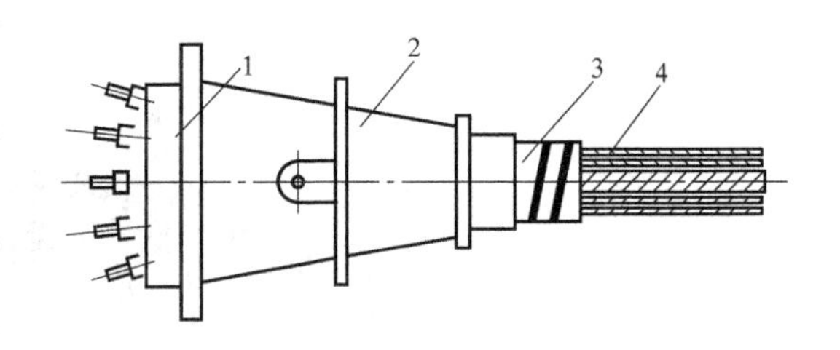

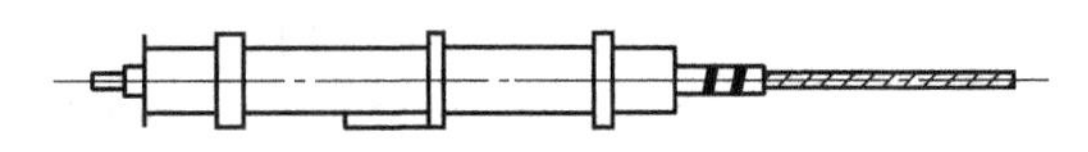

图 6-60　扁锚

1—扁锚板　2—扁形垫板与喇叭管　3—扁形波纹管　4—钢绞线

③ 握裹式锚具。钢绞线束固定端的锚具除了可以采用与张拉端相同的锚具外，还可选用握裹式锚具。握裹式锚具有挤压锚具与压花锚具两类。

a. 挤压锚具。挤压锚具是利用液压压头机将套筒挤紧在钢绞线端头上的一种锚具。套筒内衬有硬钢丝螺旋圈，在挤压后硬钢丝全部脆断，一半嵌入外钢套，一半压入钢绞线，从而增加钢套筒与钢绞线之间的摩阻力。锚具下设有钢垫板与螺旋筋。这种锚具适用于构件端部的设计力大或端部尺寸受到限制的情况。挤压锚具如图 6-61 所示。

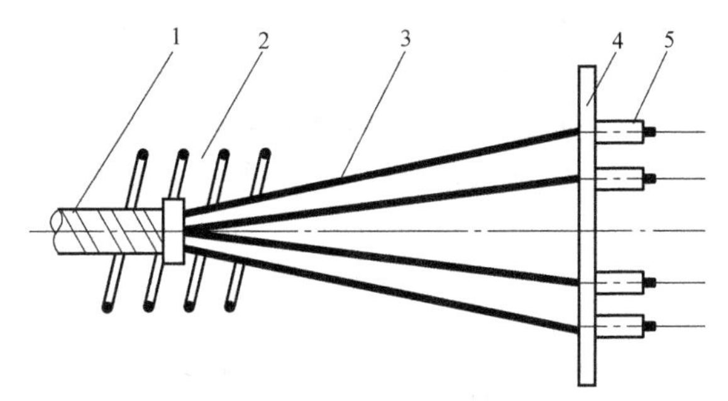

图 6-61　挤压锚具

1—波纹管　2—螺旋筋　3—钢绞线　4—钢垫板　5—挤压锚具

b. 压花锚具。压花锚具是利用液压压花机将钢绞线端头压成梨形散花状的一种锚具（图 6-62）。梨形头的尺寸对于 ϕ15mm 的钢绞线不小于 ϕ95mm×150mm。多根钢绞线梨形头应分排埋置在混凝土内。为提高压花锚具四周混凝土及散花头根部混凝土的抗裂强度，在散花头的头部配置构造筋，在散花头的根部配置螺旋筋，压花锚具距构件截面边缘不小于30cm。第一排压花锚具的锚固长度，对ϕ15mm的钢绞线不小于95cm，每排相隔至少30cm。多根钢绞线压花锚具如图6-63所示。

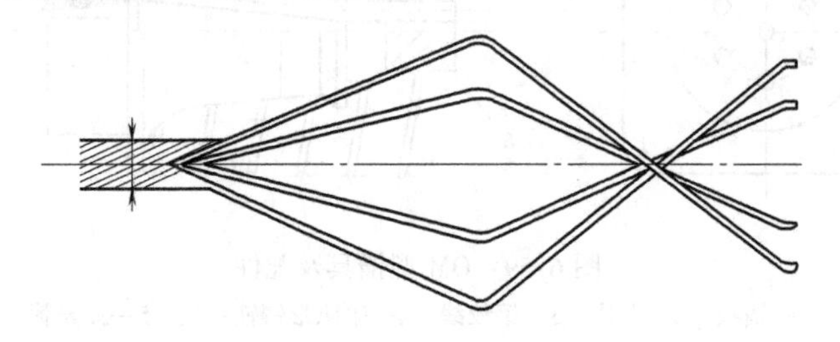

图6-62　压花锚具

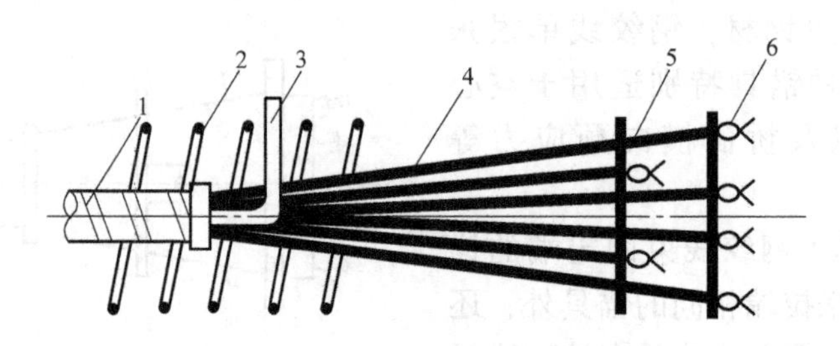

图6-63　多根钢绞线压花锚具

1—波纹管　2—螺旋筋　3—灌浆管　4—钢绞线　5—构造筋　6—压花锚具

④ 锥塞式锚具。

a. KT—Z型锚具。这是一种可锻铸铁锥形锚具，其构造如图6-64所示，可用于锚固钢筋束和钢绞线束。如锚固3~6根直径为12mm的HRB400级钢筋和直径为12mm的HRB500级钢筋束以及锚固3~6根直径为12mm（7ϕ4）的钢绞线束。KT—Z型锚具由锚塞和锚环组成。均用可锻铸铁成型。该锚具为半埋式，使用时先将锚环小头嵌入承压钢板中，并用断续焊缝焊牢，然后共同预埋在构件端部。

使用该锚具时，预应力筋在锚环小口处形成弯折，因而产生摩擦损失，该损失值，对钢筋束约为控制应力σ_{con}的4%；对钢绞线束则约为控制应力σ_{con}的2%。KT—Z型锚具用于螺纹钢筋束时，宜用锥锚式双作用千斤顶张拉；用于钢绞线束时，则宜用YC—60型双作用千斤顶张拉。

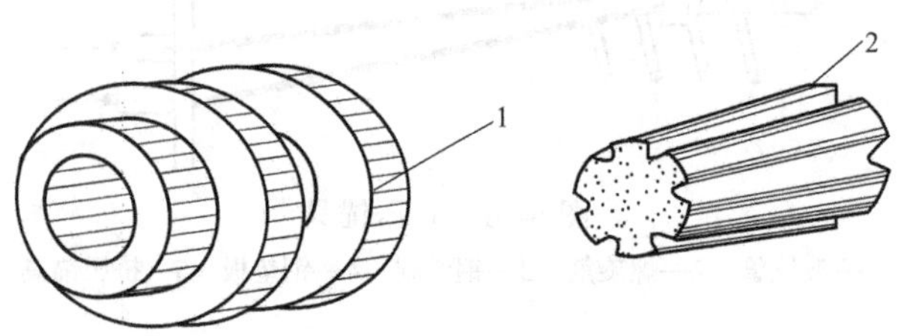

图6-64　KY—Z型锚具

1—锚环　2—锚塞

b. 锥形螺杆锚具。锥形螺杆锚具用于锚固 14~28 根直径为 5mm 的钢丝束。它由锥形螺杆、套筒、螺母等组成（图 6-65）。锥形螺杆锚具与 YL—60，YL—90 拉杆式千斤顶配套使用，也可与 YC—60，YC—90 穿心式千斤顶配套使用。

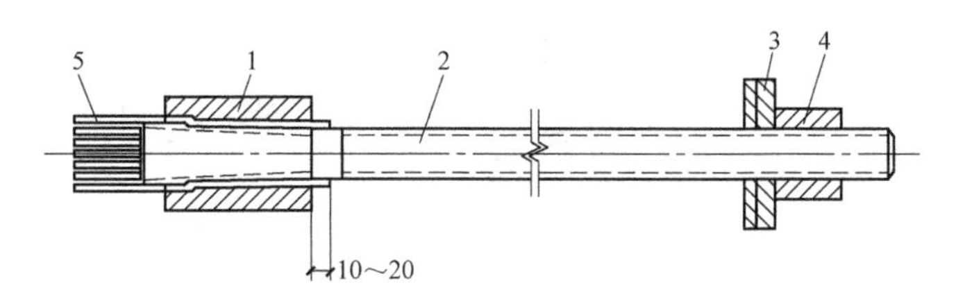

图 6-65　锥形螺杆锚具

1—套筒　2—锥形螺杆　3—垫板　4—螺母　5—钢丝束

c. 钢质锥形锚具。钢质锥形锚具由锚环和锚塞组成，如图 6-66 所示，用于锚固以锥锚式双作用千斤顶张拉的钢丝束。锚环内孔的锥度应与锚塞的锥度一致。锚塞上刻有细齿槽，夹紧钢丝防止滑动。

锥形锚具的主要缺点是：当钢丝直径误差较大时，易产生单根滑丝现象，且滑丝后很难补救，如用加大顶锚力的办法来防止滑丝，过大的顶锚力易使钢丝咬伤。此外，钢丝锚固时呈辐射状态，弯折处受力较大。钢质锥形锚具用锥锚式双作用千斤顶进行张拉。

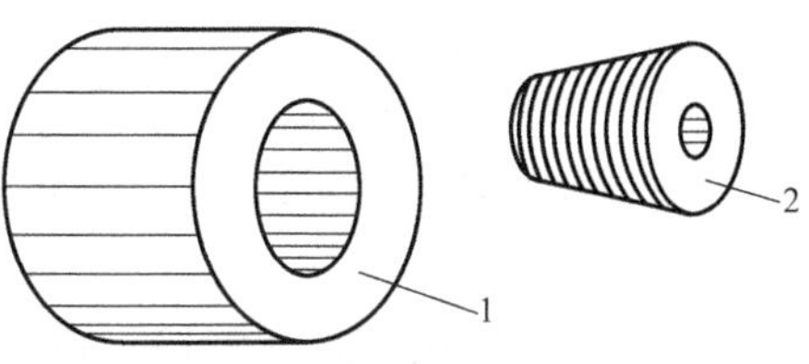

图 6-66　钢质锥形锚具

1—锚环　2—锚塞

2. 夹具

（1）性能　夹具的静载性能，应由预应力筋—夹具组装件静载试验测定的夹具效率系数（η_g）确定。夹具效率系数的计算公式为

$$\eta_g = \frac{F_{gpu}}{F_{pm}} \tag{6-11}$$

式中　F_{gpu}——预应力筋—夹具组装件的实测极限拉力。

试验结果应满足夹具效率系数（η_g）等于或大于 0.92 的要求。

当预应力筋—夹具组装件达到实测极限拉力时，应由预应力筋的断裂，而不应由夹具的破坏导致试验终结。

夹具应具有良好的自锚性能、松锚性能和安全重复使用性能。主要锚固零件宜采取镀膜防锈。

（2）夹具的自锁与自锚　夹具本身须具备自锁和自锚能力。自锁即锥销、齿板或楔块打入后不会反弹而脱出的能力；自锚即预应力筋张拉中能可靠地锚固而不被从夹具中拉出的能力。以图 6-67 为例，锥销在顶压力 Q 作用下打入套筒，由于 Q 的作用，在锥销侧面产生正压力 N 及摩擦力 $\mu_1 N$，根据平衡条件得

$$Q - n\mu_1 N\cos\alpha - nN\sin\alpha = 0 \tag{6-12}$$

式中　n——锚固的预应力筋根数；

μ_1——预应力筋与锥销间的摩擦系数。

因为 $\mu_1 = \tan\phi_1$（ϕ_1 为预应力筋与锥销间的摩擦角），代入式（6-12）中得

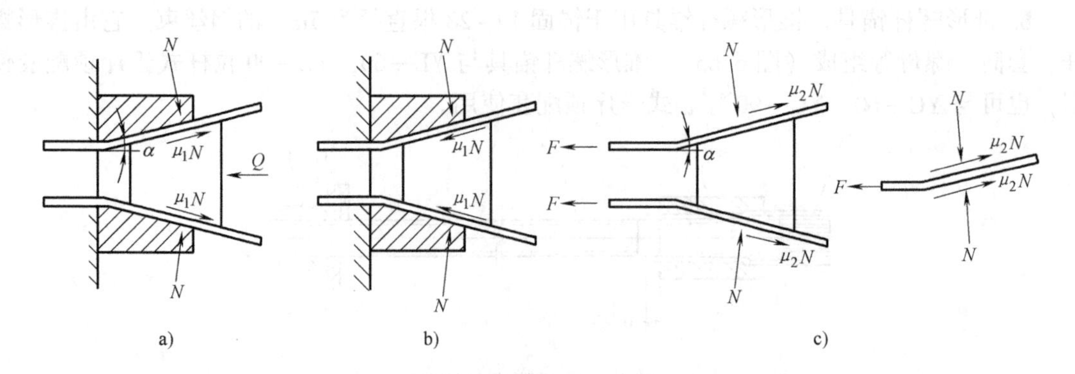

图 6-67 锥销式夹具自锁、自锚计算简图

a）打入锥销 b）自锁状态 c）自锚状态

$$Q=n\tan\phi_1 N\cos\alpha+nN\sin\alpha$$

所以

$$Q=\frac{nN\sin(\alpha+\phi)_1}{\cos\phi_1} \tag{6-13}$$

锚固后，由于预应力筋内缩，正应力变为 N'，由于锥销有回弹趋势，故摩阻力 $N'\mu_1$ 反向以阻止回弹。为使锥销自锁，则需满足下式

$$n N'\mu_1\cos\alpha\geqslant n N'\sin\alpha$$

以 $\mu_1=\tan\phi_1$ 代入式（6-13）得

$$\tan\phi_1\geqslant\tan\alpha$$

即

$$n\tan\phi_1 N'\cos\alpha\geqslant n N'\sin\alpha$$

故

$$\alpha\leqslant\phi_1 \tag{6-14}$$

因此，要使锥销式夹具能够自锁，α 角必须等于或小于锥销与预应力筋间的摩擦角 ϕ。张拉中预应力筋在力 F 的作用下有向孔道内滑动的趋势，由于套筒顶在台座或钢模上不动，又由于锥销的自锁，则预应力筋带着锥销向内滑动，直至平衡为止。根据平衡条件，可知

$$F=\mu_2N\cos\alpha+N\sin\alpha$$

夹具如能自锚，即阻止预应力筋滑动的摩阻力应大于预应力筋的拉力 F，如图 6-67c 所示，即

$$\frac{(\mu_1N+\mu_2N)\cos\alpha}{F}=\frac{(\mu_1N+\mu_2N)\cos\alpha}{\mu_2N\cos\alpha+N\sin\alpha}=\frac{\mu_1+\mu_2}{\mu_2+\tan\alpha}\geqslant1 \tag{6-15}$$

由此可知，α、μ_2越小，μ_1越大，则夹具的自锚性能越好；μ_2小而 μ_1 大，则对预应力筋的挤压效果好，锥销向外滑动少。这就要求锥销的硬度（HRC40~HRC45）大于预应力筋的硬度，而预应力筋的硬度要大于套筒的硬度。α 角一般为 4°~6°，α 过大，则自锁和自锚性能差；α 过小，则套筒承受的环向张力过大。

（3）夹具种类　钢丝张拉与钢筋张拉所用夹具不同。

① 钢丝夹具。先张法中钢丝的夹具分为两类：一类是将预应力筋锚固在台座或钢模上的锚固夹具；另一类是张拉时夹持预应力筋用的夹具。锚固夹具与张拉夹具都是重复使用的工具。夹具的种类繁多，此处仅介绍常用的一些钢丝夹具。图 6-68 为钢丝的锚固夹具，图

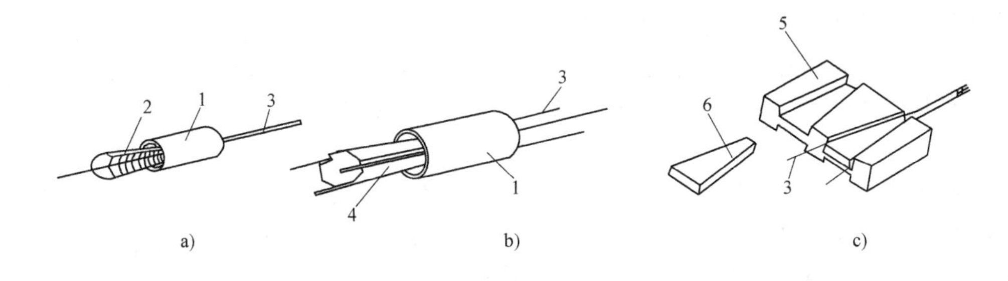

图 6-68　钢丝的锚固夹具

a）圆锥齿板式　b）圆锥槽式　c）楔形

1—套筒　2—齿板　3—钢丝　4—锥塞　5—锚板　6—楔块

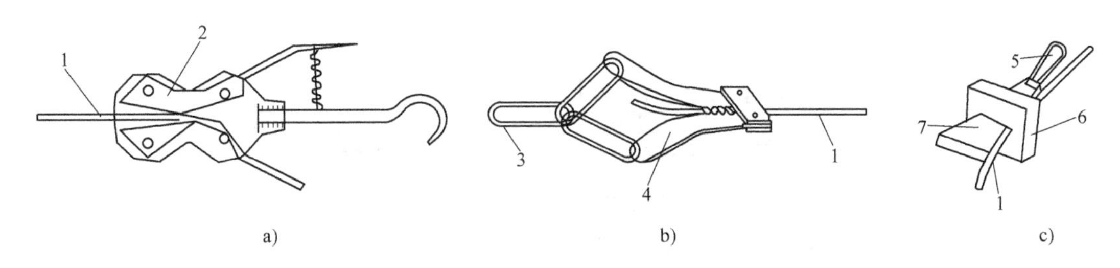

图 6-69　钢丝的张拉夹具

a）钳式　b）偏心式　c）楔形

1—钢丝　2—钳齿　3—拉钩　4—偏心齿条　5—拉环　6—锚板　7—楔块

6-69 为钢丝的张拉夹具。

② 钢筋夹具。钢筋锚固多用螺钉端杆锚具、镦头锚和销片夹具等。张拉时可用连接器与螺钉端杆锚具连接，或用销片夹具等。

钢筋镦头，直径 22mm 以下的钢筋用对焊机熟热或冷镦，大直径钢筋可用压模加热锻打或成型。镦过的钢筋需经过冷拉，以检验镦头处的强度。

销片式夹具由圆套筒和圆锥形销片组成（图 6-70），套筒内壁呈圆锥形，与销片锥度吻合，销片有两片式和三片式，钢筋就夹紧在销片的凹槽内。

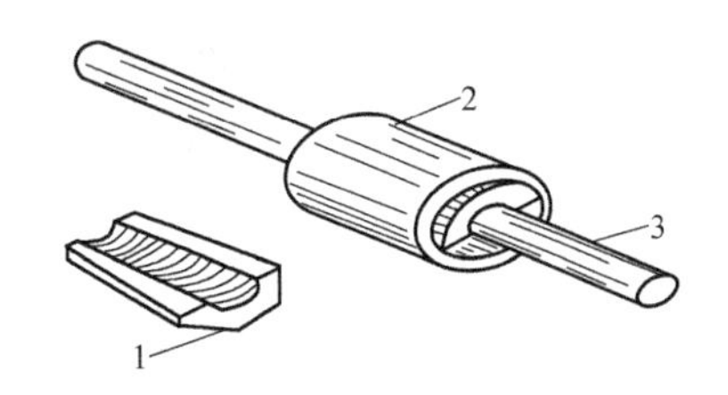

图 6-70　两片式销片夹具

1—销片　2—套筒　3—预应力筋

先张法用夹具除应具备静载锚固性能外，还应具备下列性能：在预应力夹具组装件达到实际破断拉力时，全部零件均不得出现裂缝和破坏；应有良好的自锚性能；应有良好的放松性能。需大力敲击才能松开的夹具，必须证明其对预应力筋的锚固无影响，且对操作人员安全不造成危害。夹具进入施工现场时必须检查其出厂质量证明书，以及其中所列的各项性能指标，并进行必要的静载试验，符合质量要求后方可使用。

3. 连接器

永久留在混凝土结构或构件中的预应力筋连接器，应符合锚具的性能要求；用于先张法施工且在张拉后还将放张和拆卸的连接器，应符合夹具的性能要求。

用于不同预应力筋的连接器有不同的形式。

钢丝束的接长可采用DMC型连接器。它是一个带内螺纹的套筒或带外螺纹的连杆。图6-71为带内螺纹套筒的DMC型连接器。

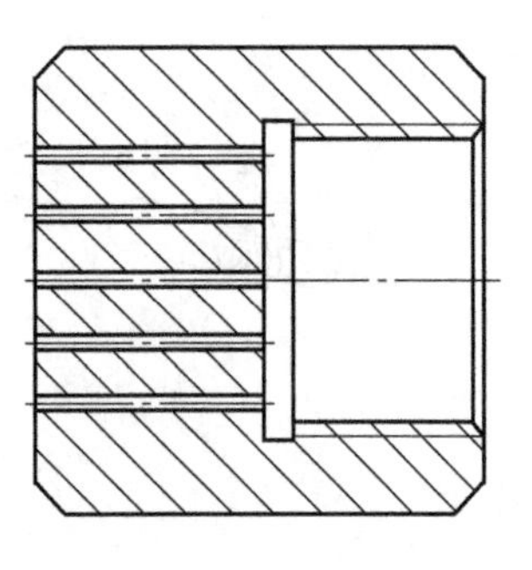

图6-71 带内螺纹套筒的DMC型连接器

钢绞线束连接器按使用部位不同可分为锚头连接器与接长连接器。锚头连接器设置在构件端部，用于锚固前段钢绞线束，并连接后段束。锚头连接器的构造如图6-72所示，其连接体是一块增大的锚板。锚板中部的锥形孔用于锚固前段束，锚板外周边的槽口用于挂住后段束的挤压头。连接器外包喇叭形白铁护套，并沿连接体外圆绕上一圈打包钢条，用打包机打紧钢条固定挤压头。

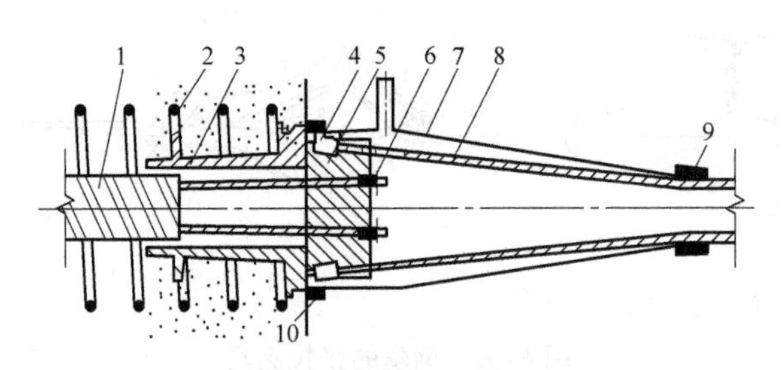

图6-72 锚头连接器的构造

1—波纹管 2—螺旋筋 3—铸铁喇叭管 4—挤压锚具 5—连接体
6—夹片 7—白铁护套 8—钢绞线 9—钢环 10—打包钢条

接长连接器设置在孔道的直线区段，用于接长预应力筋。接长连接器与锚头连接器的不同之处是将锚板上的锥形孔改为孔眼，两段钢绞线的端部均用挤压锚具固定。张拉时连接器应有足够的活动空间。接长连接器的构造如图6-73所示。

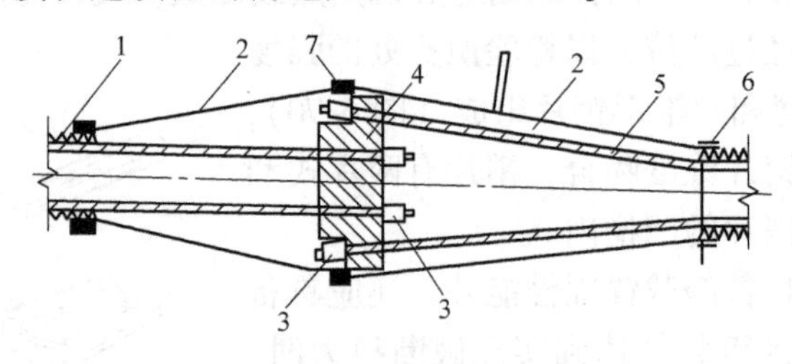

图6-73 接长连接器的构造

1—波纹管 2—白铁护套 3—挤压锚具 4—锚板 5—钢绞线 6—钢环 7—打包钢条

精轧螺纹钢筋的连接器用于连接钢筋使之成为一体共同受力。这种连接器的构造如图6-74所示。

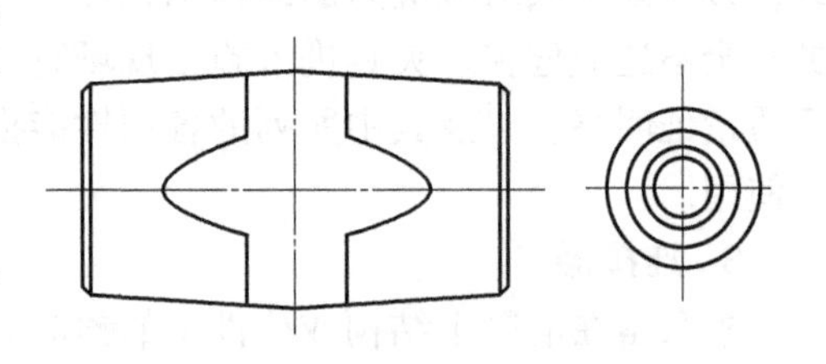

图6-74 YGL连接器的构造

(五) 张拉机具

张拉机具分为电动张拉机具和液压张拉机具两类，前者多用于先张法，后者可用于先张法，也可用于后张法。

1. 电动张拉机具

在先张法台座上生产构件进行单根钢筋张拉时，一般用小型电动螺杆张拉机（图 6-75），以弹簧、杠杆等设备测力。用弹簧测力时宜设置行程开关，以便张拉到规定的拉力时能自行停车。

对于长线台座，由于放置钢筋的长度较大，张拉时伸长值也较大，一般电动螺杆张拉机或液压千斤顶的行程难以满足，故张拉小直径的钢筋可用卷扬机，图 6-76 为卷扬机张拉单根预应力筋示意图。

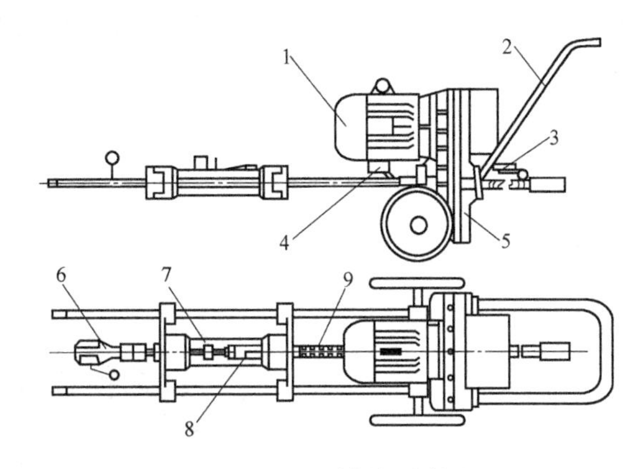

图 6-75　电动螺杆张拉机

1—电动机　2—手柄　3—前限位开关　4—后限位开关　5—减速箱　6—夹具　7—测力器　8—计量标尺　9—螺杆

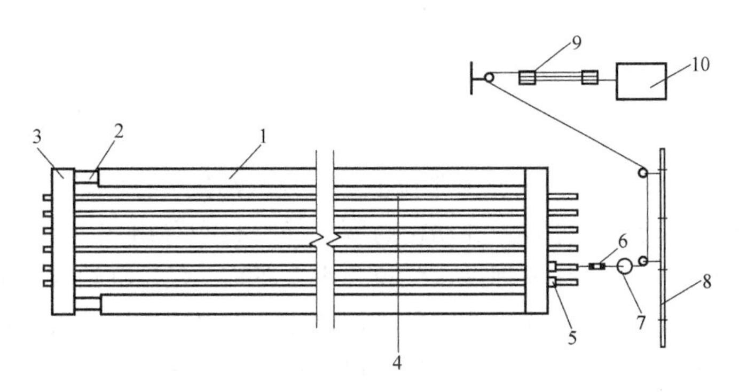

图 6-76　卷扬机张拉单根预应力筋示意图

1—台座　2—放松装置　3—横梁　4—预应力筋　5—锚固夹具　6—张拉夹具　7—测力计　8—固定梁　9—滑轮组　10—卷扬机

2. 液压张拉机具

（1）普通液压千斤顶　先张法施工中常常会进行多根钢筋的同步张拉，当用钢台模以机组流水法或传送带法生产构件时多进行多根张拉，可用普通液压千斤顶进行张拉。张拉时要求钢丝的长度基本相等，以保证张拉后各钢筋的预应力相同。为此，应事先调整钢筋的初应力。图 6-77 为液压千斤顶成组张拉示意图。

（2）穿心式千斤顶　穿心式千斤顶是利用双液压缸张拉预应力筋和顶压锚具的双作用千斤顶。穿心式千斤顶适用于张拉带 JM 型锚具的钢筋束或钢绞线束，配上撑脚与拉杆后，也可作为拉杆式千斤顶张拉带螺钉端杆锚具和镦头锚具的预应力筋。图 6-78 为 JM12 型锚具

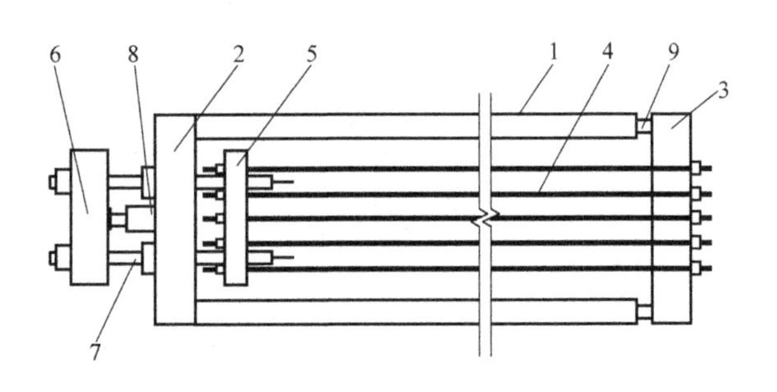

图 6-77　液压千斤顶成组张拉示意图

1—台模　2、3—前、后横梁　4—钢筋　5、6—拉力架横梁　7—大螺钉杆　8—油压千斤顶　9—放松装置

和 YC—60 型千斤顶的安装示意图。穿心式千斤顶的系列产品有 YC20D、YC60 与 YC120 型千斤顶。

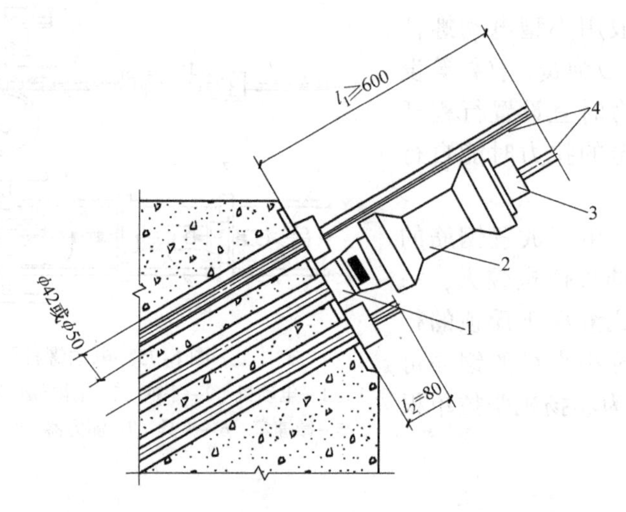

图 6-78 JM12 型锚具和 YC60 型千斤顶的安装示意图

1—工作锚 2—YC60 型千斤顶 3—工具锚 4—预应力筋束

图 6-79 为 YC60 型千斤顶，主要由张拉油缸、顶压油缸、顶压活塞、穿心套、保护套、端盖堵头、连接套、撑套、回弹弹簧和动密封圈、静密封圈等组成。该千斤顶具有双作用，即张拉与顶锚两个作用。其工作原理是：张拉预应力筋时，张拉缸油嘴进油、顶压缸油嘴回油，顶压油缸、连接套和撑套连成一体右移顶住锚环；张拉油缸、端盖螺母及堵头和穿心套连成一体带动工具锚左移张拉预应力筋；顶压锚固时，在保持张拉力稳定的条件下，顶压缸油嘴进油，顶压活塞、保护套和顶压头连成一体右移将夹片强力顶入锚环内；此时张拉缸油嘴回油、顶压缸油嘴进油、张拉缸液压回程。最后，张拉缸、顶压缸油嘴同时回油，顶压活塞在弹簧力作用下回程复位。

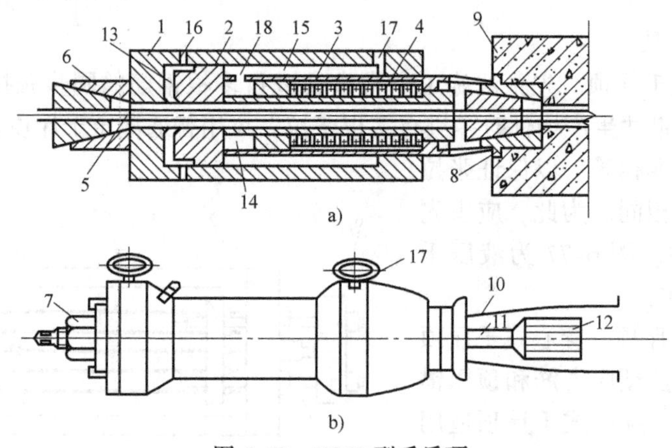

图 6-79 YC60 型千斤顶

a）构造与工作原理 b）加撑脚后的外貌

1—张拉油缸 2—顶压油缸（即张拉活塞） 3—顶压活塞 4—弹簧 5—预应力筋 6—工具锚 7—螺帽 8—锚环 9—构件 10—撑脚 11—张拉杆 12—连接器 13—张拉工作油室 14—顶压工作油室 15—张拉回程油室 16—张拉缸油嘴 17—顶压缸油嘴 18—油孔

大跨度结构、长钢丝束等引伸量大者，用穿心式千斤顶为宜。

（3）锥锚式千斤顶　锥锚式千斤顶是具有张拉、顶锚和退楔功能的千斤顶，用于张拉带钢质锥形锚具的钢丝束。其系列产品有：YZ38、YZ60 和 YZ85 型千斤顶。锥锚式千斤顶由张拉油缸、顶压油缸、退楔装置、楔形卡环、退楔翼片等组成，如图 6-80 所示。其工作原理是：当张拉油缸进油时，张拉缸被压移，使固定在其上的钢筋被张拉；钢筋张拉后，改由顶压油缸进油，随即由副缸活塞将锚塞顶入锚圈中；张拉缸、顶压缸同时回油，在弹簧力的作用下复位。

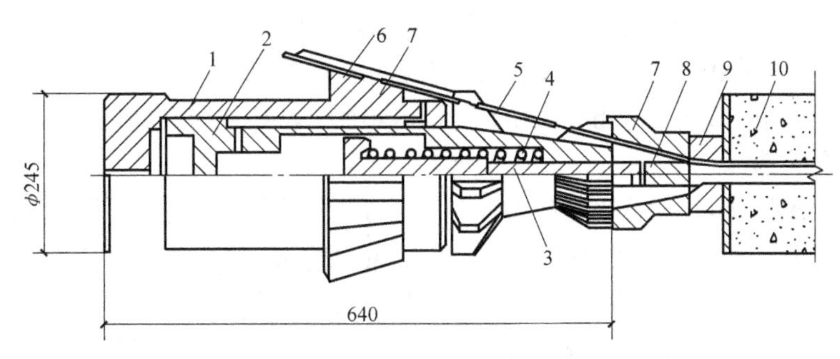

图 6-80　锥锚式千斤顶

1—张拉油缸　2—顶压油缸（张拉活塞）　3—顶压活塞　4—弹簧　5—预应力筋　6—楔块　7—对中套　8—锚塞　9—锚环　10—构件

（4）拉杆式千斤顶　拉杆式千斤顶由主油缸、主缸活塞、回油缸、回油活塞、连接器、传力架、活塞拉杆等组成。图 6-81 为拉杆式千斤顶张拉示意图。张拉前，先将连接器旋在预应力的螺钉端杆上，相互连接牢固。千斤顶由传力架支撑在构件端部的钢板上。张拉时，高压油进入主油缸，推动主缸活塞及拉杆，通过连接器和螺钉端杆，预应力筋被拉伸。千斤顶拉力的大小可由油泵压力表的读数直接显示。当张拉力达到规定值时，拧紧螺钉端杆上的螺母，此时张拉完成的预应力筋被锚固在构件的端部。锚固后回油缸进油，推动回油活塞工作，千斤顶脱离构件，主缸活塞、拉杆和连接器回到原始位置。最后将连接器从螺钉端杆上卸掉，卸下千斤顶，张拉结束。

目前常用的一种千斤顶是 YL60 型拉杆式千斤顶。另外，还有 YL400 型和 YL500 型千斤顶，其张拉力分别为 4000kN 和 5000kN，主要用于张拉力大的钢筋张拉。

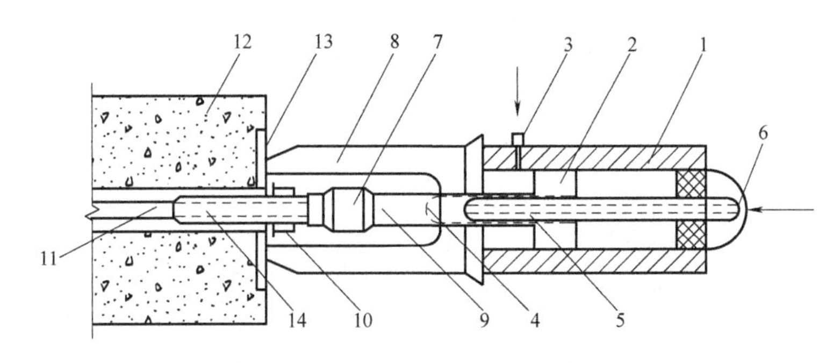

图 6-81　拉杆式千斤顶张拉示意图

1—主油缸　2—主缸活塞　3—进油孔　4—回油缸　5—回油活塞　6—回油孔　7—连接器　8—传力架　9—拉杆　10—螺母　11—预应力筋　12—混凝土构件　13—预埋金属板　14—螺钉端杆

（5）高压油泵　高压油泵是向液压千斤顶各个油缸供油，使其活塞按照一定速度伸出或回缩的主要设备。油泵的额定压力应等于或大于千斤顶的额定压力。高压油泵分为手动和电动两类，目前常使用的有 ZB4—500 型、ZB10/320～4/800 型、ZB0.8—500 与 ZB0.6—630 型等几种，其额定压力为 40～80MPa。

用千斤顶张拉预应力筋时，张拉力的大小是通过油泵上的油压表读数来确定的。油压表的读数表示千斤顶张拉油缸活塞单位面积的油压力。在理论上如已知张拉力 N，活塞面积 A，则可求出张拉时油表的相应读数 P。但实际张拉力往往比理论计算值小，其原因是一部分张拉力被油缸与活塞之间的摩阻力所抵消。而摩阻力的大小受多种因素的影响又难以计算确定，为保证预应力筋张拉应力的准确性，应定期校验千斤顶，确定张拉力与油表读数的关系。校验期一般不超过 6 个月。校正后的千斤顶与油压表必须配套使用。

3. 张拉机具的选择

（1）钢丝的张拉机具　钢丝张拉分为单根张拉和多根张拉。用钢台模以机组流水法或传送带法生产构件时多进行多根张拉，图 6-82 为油压千斤顶成组张拉，要求钢丝的长度相等，应事先调整初应力。

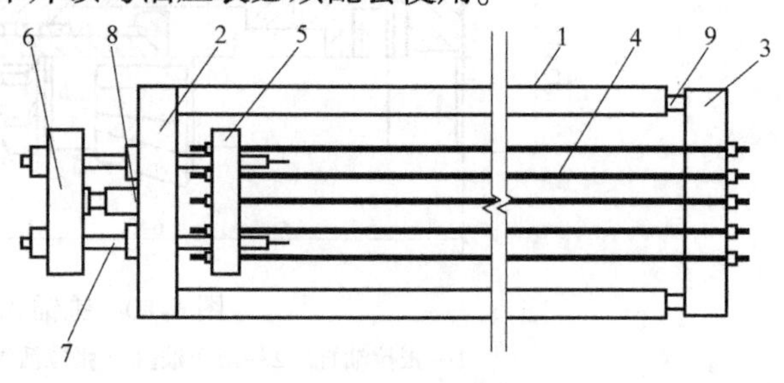

图 6-82　油压千斤顶成组张拉

1—台模　2、3—前、后横梁　4—钢筋　5、6—拉力架横梁　7—大螺钉杆　8—油压千斤顶　9—放松装置

选择张拉机具时，为了保证设备、人身安全和张拉力准确，张拉机具的张拉力应不小于预应力筋张拉力的 1.5 倍；张拉机具的张拉行程应不小于预应力筋张拉伸长值的 1.1～1.3 倍。

（2）钢筋的张拉机具　先张法粗钢筋的张拉分为单根张拉和多根成组张拉。由于在长线台座上预应力筋的张拉伸长值较大，一般千斤顶行程多不能满足，故张拉较小直径钢筋可用卷扬机。此外，张拉直径为 12～20mm 的单根钢筋、钢绞线或钢丝束，可用 YC20 型穿心式千斤顶（图 6-83）。此外，YC18 型穿心式千斤顶张拉行程可达 250mm，也可用于张拉单根钢筋或钢丝束。

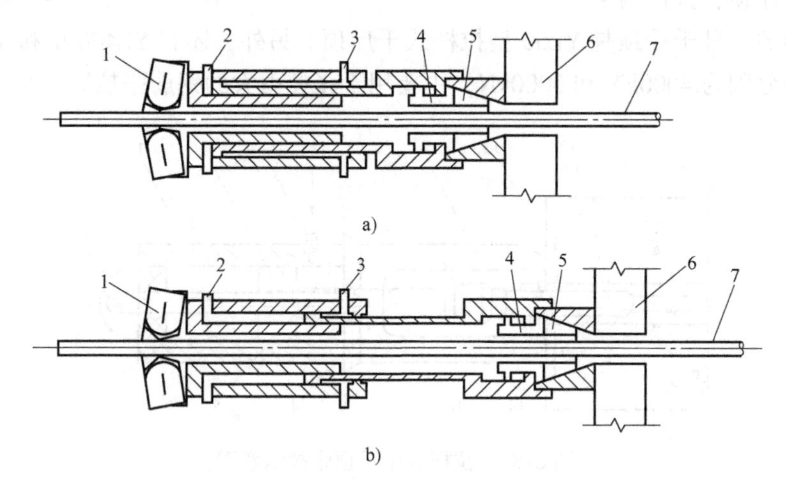

图 6-83　YC20 型穿心式千斤顶

1—偏心夹具　2—后油嘴　3—前油嘴　4—弹性顶压头　5—销片夹具　6—台座横梁　7—预应力筋

（六）预应力筋、机具、设备的配套使用

锚具、夹具和连接器的选用应根据钢筋种类以及结构要求、产品技术性能和张拉施工方法选择，张拉机械则应与锚具配套使用。

（七）预应力的施加方法

预应力的施加方法根据与构件制作相比较的先后顺序分为先张法、后张法两大类；按钢筋的张拉方法又分为机械张拉和电热张拉。后张法中因施工工艺的不同，又可分为一般后张法、后张自锚法、无粘结后张法、电热法等。

二、先张法

先张法的主要施工工序为：在台座上张拉预应力筋至预定长度后，将预应力筋固定在台座的传力架上；然后在张拉好的预应力筋周围浇筑混凝土；待混凝土达到一定的强度后（约为混凝土设计强度的70%左右）切断预应力筋。由于预应力筋的弹性回缩，使得与预应力筋粘结在一起的混凝土受到预压作用。因此，先张法是靠预应力筋与混凝土之间的黏结力来传递预应力的。先张法施工工艺流程如图6-84所示。

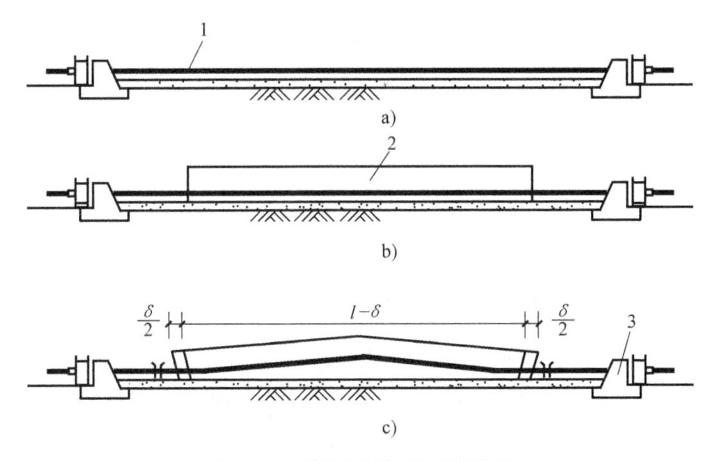

图6-84　先张法施工工艺流程

1—预应力筋　2—混凝土构件　3—台座

（一）先张法施工设备

采用台座法生产预应力混凝土构件时，预应力筋锚固在台座横梁上，台座承受全部预应力的拉力，所以，先张法台座应具有足够的强度、刚度和稳定性，以免因台座变形、倾覆和滑移而引起预应力的损失。

台座通常由台面、横梁和承力结构组成，按构造形式不同可分为墩式台座、槽形台座和钢模台座等。前两种台座一般可成批生产预应力构件，而“定制钢模板”用于预应力构件生产则须将其“定制”，做成具有足够强度与刚度的模板，并开设用于预应力筋张拉的孔（槽），以及用于张拉设备固定的机构，使之适用于预应力构件生产。“定制钢模板”一般用于生产预应力楼板，它多适用于单件板块制作，便于放入养护池或养护窑中进行蒸汽养护。

1. 墩式台座构造

以混凝土墩作为承力结构的台座称为墩式台座，一般用以生产中小型构件。台座长度较大，张拉一次可生产多根构件，从而可减少因钢筋滑动引起的预应力损失。

当生产空心板、平板等平面布筋的小型构件时，由于张拉力不大，可利用简易墩式台座。它将卧梁和台座浇筑成整体，充分利用台面受力。锚固钢丝的角钢用螺栓锚固在卧梁上。

生产中型构件或多层叠浇构件可用墩式台座（图6-85）。台面局部加厚，以承受部分张拉力。

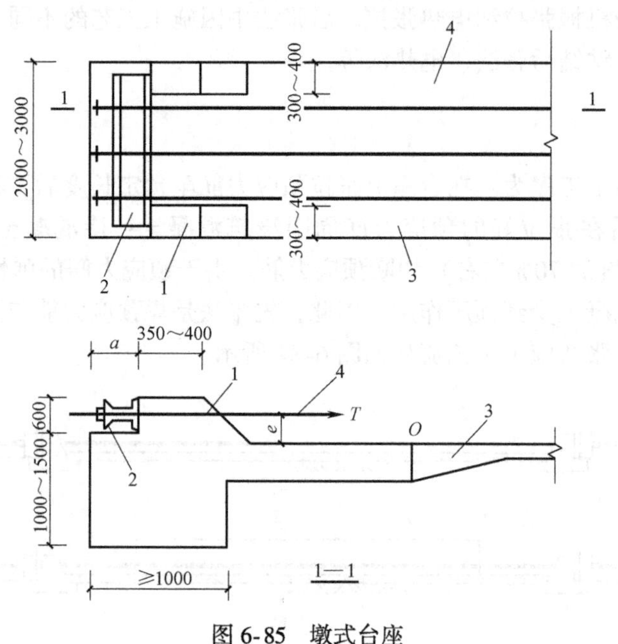

图6-85 墩式台座

1—混凝土墩 2—钢横梁 3—局部加厚的台面 4—预应力筋

设计墩式台座时，应进行台座的稳定性和强度验算。稳定性是指台座抗倾覆的能力。

墩式台座抗倾覆验算简图如图6-86所示，台座的抗倾覆稳定性按下式计算

$$K_0=M'/M \tag{6-16}$$

式中 K_0——台座的抗倾覆安全系数；

M——由张拉力产生的倾覆力矩，$M=Te$；

e——张拉力合力 T 的作用点到倾覆转动点 O 的力臂；

M'——抗倾覆力矩。

如忽略土压力，则 $M'=G_1l_1+G_2l_2$

进行强度验算时，支撑横梁的牛腿，按柱子牛腿计算方法计算其配筋；墩式台座与台面接触的外伸部分，按偏心受压构件计算；台面按轴心受压杆件计算；横梁按承受均布荷载的简支梁计算，其挠度应控制在2mm以内，并不得产生翘曲。

2. 槽式台座

生产起重机梁、屋架、箱梁等预应力混凝土构件时，由于张拉力和倾覆力矩都较大，大多采用槽式台座（图6-87）。由于它具有通长

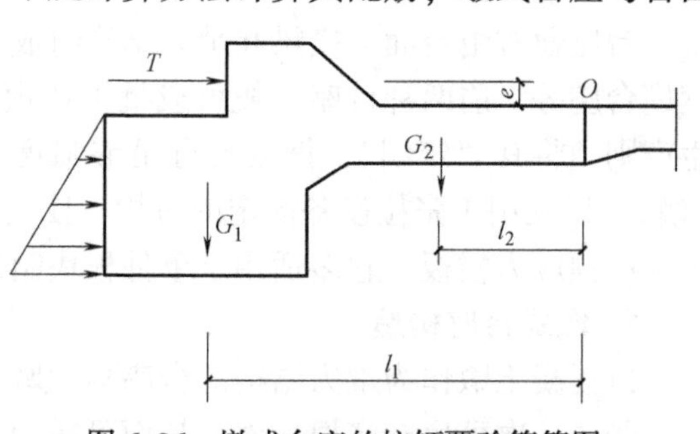

图6-86 墩式台座的抗倾覆验算简图

的钢筋混凝土压杆，可承受较大的张拉力和倾覆力矩，其上加砌砖墙，加盖后还可进行蒸汽养护，为方便混凝土运输和蒸汽养护，槽式台座多低于地面。为便于拆迁，台座的压杆也可分段浇制。

设计槽式台座时，也应进行抗倾覆稳定性和强度验算。

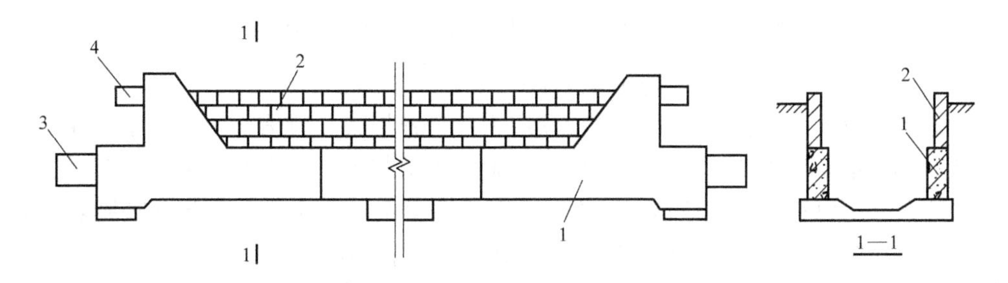

图 6-87　槽式台座

1—钢筋混凝土压杆　2—砖墙　3—上横梁　4—下横梁

3. 钢模台座

钢模台座是将制作构件的模板作为预应力筋的锚固支座的一种台座，主要用于流水线生产中。

（二）先张法施工工艺流程

先张法预应力混凝土构件在台座上生产时，其一般工艺流程如图 6-88 所示，施工中可按具体情况适当调整。

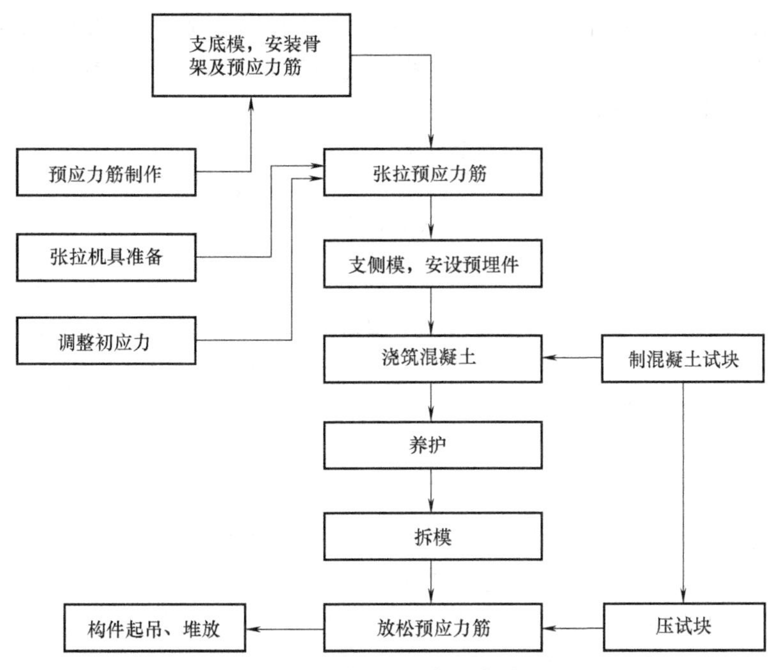

图 6-88　先张法一般工艺流程

（三）预应力筋的张拉程序

预应力筋张拉程序一般可按下列程序之一进行

$$0 \longrightarrow 105\%\sigma_{con} \xrightarrow{\text{持荷 2min}} \sigma_{con} \tag{6-17}$$

或

$$0 \longrightarrow 103\%\sigma_{con} \tag{6-18}$$

式中　σ_{con}——预应力筋的张拉控制应力。

交通运输部规范中对粗钢筋及钢绞线的张拉程序分别取

$$0 \longrightarrow \text{初应力}(10\%\sigma_{con}) \longrightarrow 105\%\sigma_{con} \longrightarrow 90\%\sigma_{con} \longrightarrow \sigma_{con} \tag{6-19}$$

$$0 \longrightarrow \text{初应力 } 105\%\sigma_{con} \xrightarrow{\text{持荷 5min}} 0 \longrightarrow \sigma_{con} \tag{6-20}$$

建立上述张拉程序的目的是为了减少预应力的松弛损失。所谓松弛，即钢材在常温、高应力状态下具有不断产生塑性变形的特性。松弛的数值与控制应力和延续时间有关，控制应力高，松弛大，所以钢丝、钢绞线的松弛损失比冷拉热轧钢筋大；松弛损失还随着时间的延续而增加，但在第 1min 内可完成损失总值的 50%左右，24h 内则可完成 80%。上述张拉程序，如先超张拉 $5\%\sigma_{con}$ 再持荷几分钟，则可减少大部分松弛损失。超张拉 $3\%\sigma_{con}$ 也是为了弥补松弛引起的预应力损失。

用应力控制张拉时，为了校核预应力值，在张拉过程中应测出预应力筋的实际伸长值。如实际伸长值大于计算伸长值的 10%或小于计算伸长值的 5%，应暂停张拉，查明原因并采取措施予以调整后，方可继续张拉。

（四）最大张拉应力的控制

张拉时的控制应力按设计规定。控制应力的数值影响预应力的效果。控制应力高，建立的预应力值则大。但控制应力过高，预应力筋处于高应力状态，使构件出现裂缝的荷载与破坏荷载接近，破坏前无明显的预兆，这是不允许的。此外，施工中为减少由于松弛等原因造成的预应力损失，一般要进行超张拉，如果原定的控制应力过高，再加上超张拉就可能使钢筋的应力超过流限。为此，《混凝土结构工程施工质量验收规范》（GB 50204—2015）规定预应力筋的最大超张拉应力不得超过表 6-19 的规定。

表 6-19　最大张拉控制应力允许值

钢　　种	张拉方法	
	先张法	后张法
碳素钢丝、刻痕钢丝、钢绞线	$0.8f_{ptk}$	$0.75f_{ptk}$
热处理钢筋、冷拔低碳钢丝	$0.75f_{ptk}$	$0.70f_{ptk}$
冷拉钢筋	$0.95f_{pyk}$	$0.90f_{pyk}$

注：f_{ptk} 为预应力筋极限抗拉强度标准值；f_{pyk} 为预应力筋屈服强度标准值。

（五）先张法施工工艺

1. 钢筋的张拉

预应力筋张拉应根据设计要求进行。当进行多根成组张拉时，应先调整各预应力筋的初应力，使其长度和松紧一致，以保证张拉后各预应力筋的应力一致。

台座法张拉中，为避免台座承受过大的偏心压力，应先张拉靠近台座截面重心处的预应力筋。多根预应力筋同时张拉时，必须事先调整初应力，使相互间的应力一致。预应力筋张拉锚固后的实际预应力值与设计规定检验值的相对允许偏差为±5%。

张拉完毕锚固时，张拉端的预应力筋回缩量不得大于设计规定值；锚固后，预应力筋对设计位置的偏差不得大于 5mm，并不大于构件截面短边长度的 4%。

另外，施工中必须注意安全，严禁正对钢筋张拉的两端站立人员，防止断筋回弹伤人。

冬季张拉预应力筋，环境温度不宜低于15℃。

2. 混凝土的浇筑与养护

确定预应力混凝土的配合比时，应尽量减少混凝土的收缩和徐变，以减少预应力损失。收缩和徐变都与水泥品种和用量、水胶比、集料孔隙率、振动成型等有关。

预应力筋张拉完成后，钢筋绑扎、模板拼装和混凝土浇筑等工作应尽快跟上，混凝土应振捣密实。混凝土浇筑时，振动器不得碰撞预应力筋。混凝土未达到强度前，也不允许碰撞或踩动预应力筋。

混凝土可采用自然养护或湿热养护。但必须注意，当预应力混凝土构件在台座上进行湿热养护时，应采取正确的养护制度以减少由于温差引起的预应力损失。预应力筋张拉后锚固在台座上，温度升高预应力筋膨胀伸长，使预应力筋的应力减小。在这种情况下混凝土逐渐硬结，而预应力筋由于温度升高而引起的预应力损失不能恢复。因此，先张法在台座上生产预应力混凝土构件，其最高允许的养护温度应根据设计规定的允许温差（张拉钢筋时的温度与台座养护温度之差）计算确定。当混凝土强度达到7.5N/mm^2（粗钢筋配筋）或10N/mm^2（钢丝、钢绞线配筋）以上时，则可不受设计规定的温差限制。以机组流水法或传送带法用钢模制作预应力构件，湿热养护时钢模与预应力筋同步伸缩，故不引起温差预应力损失。

3. 预应力筋放松

混凝土强度达到设计规定的数值（一般不小于混凝土标准强度的75%）后，才可放松预应力筋。这是因为放松过早会由于预应力筋回缩而引起较大的预应力损失。预应力筋放松应根据配筋情况和数量，选用正确的方法和顺序，否则易引起构件翘曲、开裂和断筋等现象。

当预应力筋采用钢丝时，配筋不多的中小型钢筋混凝土构件，钢丝可用砂轮锯或切断机切断等方法放松。配筋多的钢筋混凝土构件，钢丝应同时放松，如逐根放松，则最后几根钢丝将由于承受过大的拉力而突然断裂，易使构件端部开裂。长线台座上放松后预应力筋的切断顺序，一般由放松端开始，逐次切向另一端。

预应力筋为钢筋时，对热处理钢筋及冷拉HRB500级钢筋不得用电弧切割，宜用砂轮锯或切断机切断。数量较多时，也应同时放松。多根钢丝或钢筋同时放松，可用油压千斤顶、砂箱、楔块等。

采用湿热养护的预应力混凝土构件，宜热态放松预应力筋，而不宜降温后再放松。

4. 先张法预应力施工注意事项

1）在确定预应力筋的张拉顺序时，应尽可能减少倾覆力矩和偏心力，应先张拉靠近台座截面重心处的预应力筋。宜分批、对称进行张拉。

2）预应力筋超张拉时，其最大超张拉力应符合下列规定：冷拉HRB335～HRB500级钢筋为屈服强度的95%；碳素钢丝、刻痕钢丝及钢绞线为强度标准值的80%。

3）控制应力法张拉时，尚应校核预应力筋的伸长值。当实际伸长值大于计算伸长值的10%或小于计算伸长值的5%时，应暂停张拉，查明原因并采取措施予以调整后，方可再行张拉。

4）多根预应力筋同时张拉时，必须事先调整初应力，使应力一致，张拉中抽查应力值的偏差，不得大于或小于一个构件全部钢丝预应力总值的5%。

5）结构中预应力钢材（钢丝、钢绞线或钢筋）断裂或滑脱的数量，对后张法构件，严禁超过结构同一截面钢材总根数的3%，且一束钢丝只允许有一根；对先张法构件，严禁超过结构同一截面钢材总根数的5%，且严禁相邻两根预应力钢材断裂或滑脱。先张法构件在浇筑混凝土前发生断裂或滑脱的预应力钢材必须予以更换。

6）锚固时，张拉端预应力筋的回缩量不得大于施工规范规定。张拉锚固后，预应力筋与设计位置的偏差不得大于5mm，且不得大于构件截面短边尺寸的4%。

7）施工中应注意安全，张拉时，正对钢筋两端禁止站人。

三、后张法

后张法施工分为有粘结后张法预应力施工与无粘结后张法预应力施工。

（一）有粘结后张法预应力施工

1. 施工工序

有粘结后张法预应力施工的主要施工工序为：浇筑混凝土构件，并在构件中预留孔道，待混凝土达到预期强度后（一般不低于混凝土设计强度的75%），将预应力筋穿入孔道；利用构件本身作为受力台座进行张拉（一端锚固一端张拉或两端同时张拉），在张拉预应力筋的同时，使混凝土受到预压。张拉完成后，在张拉端用锚具将预应力筋锚住；最后在孔道内灌浆使预应力筋和混凝土构成一个整体，形成有粘结后张法预应力结构（图6-89）。

有粘结后张法预应力施工不需要专门台座，便于在现场制作大型构件，适用于配直线及曲线预应力筋的构件。但其施工工艺较复杂、锚具消耗量大、成本较高。

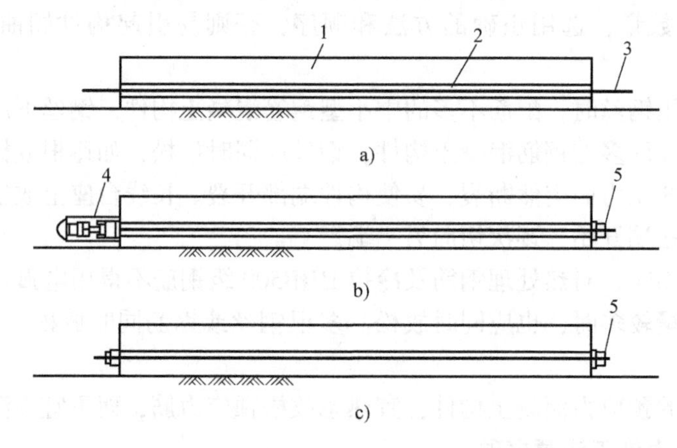

图6-89　有粘结后张法预应力施工工艺流程

1—混凝土构件　2—预留孔道　3—预应力筋　4—张拉千斤顶　5—锚具

2. 有粘结预应力筋施工工艺

后张法施工步骤是：先制作构件，预留孔道；待构件混凝土达到规定强度后，在孔道内穿放预应力筋，进行预应力筋张拉并锚固；最后进行孔道灌浆。

（1）后张法预应力构件的孔道留设　孔道留设是后张法构件制作中的关键工作。孔道留设方法有钢管抽芯法、胶管抽芯法和预埋波纹管法。预埋波纹管法只用于曲线形孔道。在留设孔道的同时还要在设计规定位置留设灌浆孔。一般在构件两端和中间每隔12m处留一个直径20mm的灌浆孔，并在构件两端各设一个排气孔。

① 钢管抽芯法。预先将钢管埋设在模板内孔道位置处，在混凝土浇筑过程中和浇筑之后，每间隔一定时间慢慢转动钢管，使之不与混凝土粘结，待混凝土初凝后、终凝前抽出钢管，即形成孔道。该法只可留设直线孔道。

钢管要平直，表面要光滑，安放位置要准确。一般用间距不大于1m的钢筋井字架固定钢管位置。每根钢管的长度最好不超过15m，以便于旋转和抽管，较长构件则用两根钢管，中间用套管连接。钢管的旋转方向两端要相反。

恰当掌握抽管时间很重要，过早会坍孔，太晚则抽管困难。一般在初凝后、终凝前，当手指按压混凝土不粘浆又无明显印痕时可以抽管。为保证顺利抽管，混凝土的浇筑顺序要密切配合。

抽管顺序宜先上后下，抽管可用人工或卷扬机，且要边抽边转，速度均匀，与孔道成一条直线。

② 胶管抽芯法。胶管有布胶管和钢丝网胶管两种。用间距不大于0.5m的钢筋井字架固定位置，浇筑混凝土前，胶管内充入压力为0.6~0.8N/mm^{2}的压缩空气或压力水，此时胶管直径增大3mm左右，待浇筑的混凝土初凝后，放出压缩空气或压力水，管径缩小而与混凝土脱离，便于抽出。后者质硬，具有一定弹性，其留孔方法与钢管一样，只是浇筑混凝土后不需转动。由于其具有一定弹性，抽管时在拉力作用下断面缩小易于拔出。采用胶管抽芯法留孔，不仅可留直线孔道，还可留曲线孔道。

③ 预埋波纹管法。波纹管为特制的带波纹的金属管，它与混凝土有良好的黏结力。波纹管预埋在构件中，浇筑混凝土后不再抽出，预埋时用间距不宜大于0.8m的钢筋井字架固定。

（2）预应力筋张拉　张拉预应力筋时，构件混凝土的强度应按设计规定；如设计无规定，则不宜低于混凝土标准强度的75%。

（3）预应力筋张拉控制　预应力混凝土施工过程中，引起预应力损失的原因有很多，产生的时间也先后不一。在进行预应力筋的应力计算与施工时，一般应考虑由下列因素引起的预应力损失，即：

① 锚具变形、预应力筋内缩和分块拼装构件接缝压密引起的应力损失σ_{l1}。

② 预应力筋与孔道壁之间摩擦引起的应力损失σ_{l2}。

③ 混凝土加热养护时，预应力筋和张拉台座之间温差引起的应力损失σ_{l3}。

④ 预应力筋松弛引起的应力损失σ_{l4}。

⑤ 混凝土收缩和徐变引起的应力损失σ_{l5}。

⑥ 环形结构中螺旋式预应力筋对混凝土的局部挤压引起的应力损失σ_{l6}。

⑦ 混凝土弹性压缩引起的应力损失σ_{l7}。

后张法施工中，在张拉时应对以上第②、③、④、⑦项预应力筋损失予以注意。

钢筋松弛引起的应力损失仍采用张拉程序控制。后张法预应力筋的张拉程序与所采用的锚具种类有关，其张拉程序一般与先张法相同。

对配有多根预应力筋的构件，应分批、对称地进行张拉。对称张拉是为避免张拉时构件截面呈过大的偏心受压状态。分批张拉要考虑后批预应力筋张拉时产生的混凝土弹性压缩对先批张拉预应力筋的张拉应力产生的影响。为此，先批张拉预应力筋的张拉应力应增加$\alpha_E\sigma_{pc}$，其中

$$\alpha_E = \frac{E_s}{E_c}$$

$$\sigma_{pc} = \frac{(\sigma_{con} - \sigma_{l1})A_p}{A_n} \tag{6-21}$$

式中　E_s——预应力筋的弹性模量；

E_c——混凝土的弹性模量；

σ_{pc}——张拉后批预应力筋时，对已张拉的预应力筋重心处混凝土产生的法向应力；

σ_{con}——张拉控制应力；

σ_{l1}——预应力筋的第一批应力损失（包括锚具变形和摩擦损失）；

A_p——后批张拉的预应力筋的截面面积；

A_n——构件混凝土的净截面面积（包括构件钢筋的折算面积）。

对平卧叠浇的预应力混凝土构件，上层构件的重量产生的水平摩阻力，会阻止下层构件在预应力筋张拉时混凝土弹性压缩的自由变形，待上层构件起吊后，由于摩阻力影响消失会增加混凝土弹性压缩的变形，从而引起预应力损失。该损失值随构件形式、隔离层和张拉方式的不同而有所不同。为便于施工，可采取逐层加大超张拉的办法来弥补该预应力损失，但底层超张拉值不宜比顶层张拉力大 5%，并且要保证底层构件的控制应力不超过张拉控制应力限值中的规定。如隔离层的隔离效果好，也可采用同一张拉应力值。

预应力筋与预留孔孔壁摩擦会引起应力损失。预应力筋与孔壁的摩擦系数见表 6-20。

表 6-20　预应力筋与孔壁的摩擦系数 μ 值

管道成型形式		μ
预埋金属波纹管		0.25
预埋钢管		0.30
橡皮管或钢管抽芯成型		0.55
无粘结筋	7ϕ5 钢丝	0.10
	ϕ15 钢绞线	0.12

为减少预应力筋与预留孔孔壁摩擦而引起的应力损失，对抽芯成型孔道的曲线形预应力筋和长度大于 24m 的直线形预应力筋，应采用两端张拉；长度等于或小于 24m 的直线形预应力筋，可一端张拉，但张拉端宜分别设置在构件两端。对预埋波纹管孔道，曲线形预应力筋和长度大于 30m 的直线形预应力筋宜在两端张拉；长度等于或小于 30m 的直线形预应力筋，可在一端张拉。用双作用千斤顶两端同时张拉钢筋束、钢绞线束或钢丝束时，为减少顶压时的应力损失，可先顶压一端的锚塞，而另一端在补足张拉力后再行顶压。

当采用应力控制方法张拉时，应校核预应力筋的伸长值，如实际伸长值比计算伸长值大或小 6%，应暂停张拉，在采取措施予以调整后，方可继续张拉。预应力筋伸长值 Δl 的计算公式为

$$\Delta l = \frac{F_p l}{A_p E_s} \tag{6-22}$$

式中　F_p——预应力筋的平均张拉力（kN），直线形预应力筋取张拉端的拉力；两端张拉的曲线形预应力筋，取张拉端的拉力与跨中扣除孔道摩阻损失后拉力的平均值；

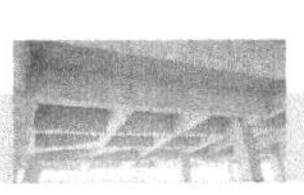

A_p——预应力筋的截面面积（mm^2）；

l——预应力筋的长度（mm）；

E_s——预应力筋的弹性模量（kN/mm^2）。

预应力筋的实际伸长值，宜在初应力为张拉控制应力 10% 左右时开始量测，但必须加上初应力以下的推算伸长值；对后张法，尚应扣除混凝土构件在张拉过程中的弹性压缩值。

（4）最大张拉应力的控制　在预应力筋张拉时，往往需采取超张拉的方法来弥补多种预应力的损失。此时，预应力筋的张拉应力较大，有时会超过表 6-19 的规定值。例如，多层叠浇的最下一层构件中的先批张拉钢筋，既要考虑钢筋的松弛，又要考虑多层叠浇的摩阻力影响，还要考虑后批张拉钢筋的张拉影响，因此，张拉应力往往会超过规定值。此时，可采取下述方法解决：

① 先采用同一张拉值，而后复位补足。

② 分两阶段建立预应力，即全部预应力张拉到一定数值（如 90%），再第二次张拉至控制值。

（5）孔道灌浆　预应力筋张拉后，应随即进行孔道灌浆，尤其是钢丝束，张拉后应尽快进行灌浆，以防锈蚀，增加结构的抗裂性和耐久性。

在浇筑混凝土之前需设置灌浆孔、排气孔、排水孔与泌水管。灌浆孔或排气孔一般设置在构件两端及跨中处，也可设置在锚具或铸铁喇叭管处，孔距不宜大于 12m。灌浆孔用于进水泥浆。排气孔是为了保证孔道内气流通畅以及水泥浆充满孔道，不形成死角。灌浆孔或排气孔在跨内高点处应设在孔道上侧方，在跨内低点处应设在孔道下侧方。排水孔一般设在每跨曲线孔道的最低点，开口向下，主要用于排除灌浆前孔道内冲洗用水或养护时进入孔道内的水分。泌水管应设在每跨曲线孔道的最高点处，开口向上，露出梁面的高度一般不小于 500mm。泌水管用于排除孔道灌浆后水泥浆的泌水，并可二次补充水泥浆。泌水管一般与灌浆孔统一设置。

灌浆前，用压力水冲洗和润湿孔道。灌浆过程中，可用电动或手动灰浆泵进行灌浆，水泥浆应均匀缓慢地注入，不得中断。灌满孔道并封闭气孔后，宜再继续加注至 0.5~0.6 MPa，并稳定一段时间，以确保孔道灌浆的密实性。对不掺外加剂的水泥浆，可采用两次灌浆法来提高灌浆的密实性。

灌浆顺序应先下后上。曲线孔道灌浆宜由最低点注入水泥浆，至最高点排气孔排尽空气并溢出浓浆为止。

灌浆宜用强度等级不低于 32.5 级的普通硅酸盐水泥调制的水泥浆。对空隙大的孔道，水泥浆中可掺适量的细砂，但水泥浆和水泥砂浆的强度等级不低于 M30，且应有较大的流动性和较小的干缩性、泌水性（搅拌后 3h 的泌水率宜控制在 2%）。水胶比一般为 0.40~0.45。

为使孔道灌浆密实，可在灰浆中掺入 0.05‰~0.1‰的铝粉或 0.25%的木质素磺酸钙。

（二）无粘结后张法预应力施工

1. 施工工序

无粘结预应力结构的主要施工工序为：将无粘结预应力筋准确定位，并与普通钢筋一起绑扎形成钢筋骨架，然后浇筑混凝土；待混凝土达到预期强度后（一般不低于混凝土设计强度的 75%）进行张拉（一端锚固一端张拉或两端同时张拉）。张拉完成后，在张拉端用锚具将预应力筋锚住，形成无粘结预应力结构（图 6-90）。

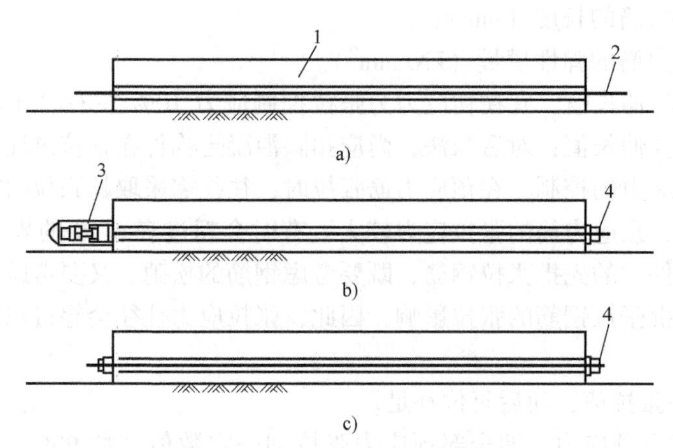

图 6-90　无粘结后张法工艺流程

1—混凝土构件　2—无粘结预应力筋　3—张拉千斤顶　4—锚具

无粘结预应力施工工艺的基本特点与有粘结后张法预应力比较相似，其区别在于无粘结预应力的施工过程较为简单，它避免了预留孔道、穿预应力筋以及压力灌浆等施工工序。此外，无粘结预应力其预应力的传递完全依靠构件两端的锚具，因此对锚具的要求要高得多。

2. 工艺过程

（1）预应力筋铺设　无粘结预应力筋在平板结构中常常为双向曲线配置，因此其铺设顺序很重要。如钢丝束的铺设一般根据双向钢丝束交点的标高差，绘制钢丝束的铺设顺序图，钢丝束波峰低的底层钢丝束先行铺设，然后依次铺设波峰高的上层钢丝束，这样可以避免钢丝束之间的相互穿插。钢丝束铺设波峰的形成是用钢筋制成的“马凳”来架设的。一般施工顺序是依次放置钢筋马凳，然后按顺序铺设钢丝束，钢丝束就位后，进行调整波峰高度及其水平位置，经检查无误后，用铅丝将无粘结预应力束与非预应力钢筋绑扎牢固，防止钢丝束在浇筑混凝土施工过程中位移。

（2）无粘结预应力筋的张拉　无粘结预应力筋的张拉与普通后张法带有螺母锚具的有粘结预应力钢丝束张拉方法相似。张拉程序一般采用 $0 \rightarrow 103\%\sigma_{con}$ 进行锚固。由于无粘结预应力筋多为曲线配筋，故应采用两端同时张拉。无粘结预应力筋的张拉顺序，应根据其铺设顺序，先铺设的先张拉，后铺设的后张拉。

无粘结预应力筋一般长度大，有时又呈曲线形布置，如何减少其摩阻损失值是一个重要的问题。影响摩阻损失值的主要因素是润滑介质、包裹物和预应力筋截面形式。摩阻损失值可用标准测力计或传感器等测力装置进行测定。施工时，为降低摩阻损失值，宜采用多次重复张拉工艺。

（3）锚头端部处理　无粘结预应力筋由于一般采用镦头锚具，锚头部位的外径比较大，因此，钢丝束两端应在构件上预留有一定长度的孔道，其直径略大于锚具的外径。钢丝束张拉锚固以后，其端部便留下孔道，并且该部分钢丝没有涂层，为此应加以处理保护预应力钢丝。

无粘结预应力筋锚头端部处理目前常采用以下两种方法：第一种方法是在孔道中注入油脂并加以封闭，如图 6-91a 所示；第二种方法是在两端留设的孔道内注入环氧树脂水泥砂

浆，其抗压强度不低于35MPa，灌浆的同时将锚头封闭，防止钢丝锈蚀，同时也起一定的锚固作用，如图6-91b所示。

预留孔道中注入油脂或环氧树脂水泥砂浆后，用C30细石混凝土封闭锚头部位。

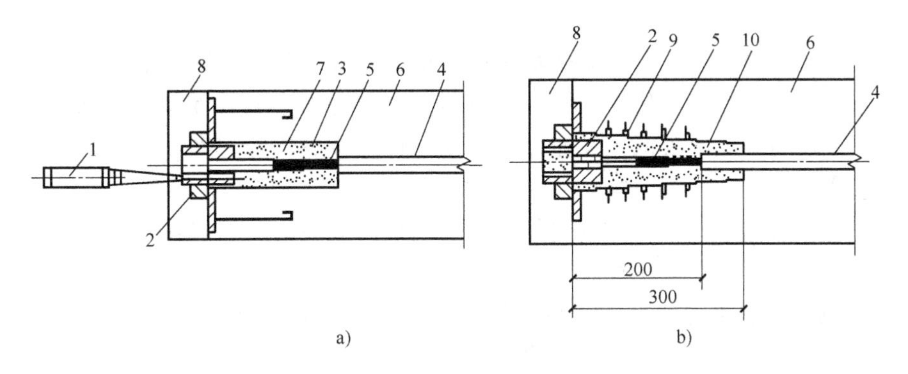

图6-91　锚头端部处理方法

a）油脂封闭　b）环氧树脂水泥砂浆封闭

1—油枪　2—锚具　3—端部孔道　4—有涂层的无粘结预应力筋　5—无涂层的端部钢丝　6—构件　7—注入孔道的油脂　8—混凝土封闭　9—端部加固螺旋钢筋　10—环氧树脂水泥砂浆

第五节　钢筋混凝土预制构件

1. 概念

混凝土用预制构件是指在工厂或工地预先加工制作建筑物或构筑物的混凝土部件，其施工的工艺过程包括加工、运输、堆放、安装等。采用预制混凝土构件进行装配化施工，具有节约劳动力、克服季节影响、便于常年施工等优点。推广使用预制混凝土构件，是实现建筑工业化的重要途径之一。

2. 发展历史

19世纪末至20世纪初，预制混凝土构件就曾少量地用于构筑给水排水管道、制造砌块和建筑板材。第二次世界大战后，欧洲一些国家为解决房荒和技术工人不足的困难，发展了装配式钢筋混凝土结构。苏联为推广预制装配式建筑，建立了一批专业化的预制混凝土构件厂。随着建筑工业化的发展，东欧以及西方一些工业发达国家，相继出现了按照不同建筑体系生产全套混凝土构件的工厂，同时预制混凝土构件的生产技术也有了新的发展。

我国从20世纪50年代开始陆续在全国各地普遍建立了这类混凝土构件加工厂。其中，综合性建筑构件厂根据建筑工地的需要，生产多品种的产品。专业性建筑构件厂是选择一种或数种产品组织大批量生产，作为商品，供应市场。

3. 品种分类

预制混凝土构件的品种是多样的：有用于工业建筑的柱子、基础梁、吊车梁、屋面梁、桁架、屋面板、天沟、天窗架、墙板、多层厂房的花篮梁和楼板等；有用于民用建筑的基桩、楼板、过梁、阳台、楼梯、内外墙板、框架梁柱、屋面檐口板、装修件等。目前，有些工厂还可以生产整间房屋的盒子结构，其室内装修和卫生设备的安装均在工厂内完成，然后作为产品运到工地吊装。

在我国浙江、江苏等地，用先张法冷拔低碳钢丝生产的各种预应力混凝土板、梁类构件，由于重量轻、价格低，可以代替紧缺的木材，是具有中国特色的、有广阔发展前途的商品构件。

4. 混凝土

预制构件混凝土通常在工厂或车间集中搅拌运送到加工工地。混凝土集中搅拌有利于采用先进的工艺技术，实行专业化生产管理。其设备利用率高，计量准确，因而产品质量好、材料消耗少、工效高、成本较低，又能改善劳动条件，减少环境污染。

5. 构件成型

在经过制备、组装、清理并涂刷过隔离剂的模板内安装钢筋和预埋件后，即可进行构件的成型。成型工艺主要有以下几种。

(1) 平模机组流水工艺　其生产线一般建在厂房内，适合生产板类构件，如民用建筑的楼板、墙板、阳台板、楼梯段，工业建筑的屋面板等。在模内布筋后，用起重机将模板吊至指定工位，利用浇灌机往模内灌筑混凝土，经振动梁（或振动台）振动成型后，再用起重机将模板连同成型好的构件送去养护。这种工艺的特点是主要机械设备相对固定，模板借助起重机的吊运，在移动过程中完成构件的成型。

(2) 平模传送流水工艺　其生产线一般建在厂房内，适合生产较大型的板类构件，如大楼板、内外墙板等。在生产线上，按工艺要求依次设置若干操作工位。模板自身装有行走轮或借助辊道传送，不需起重机即可移动，在沿生产线行走过程中完成各道工序，然后将已成型的构件连同钢模送进养护窑。这种工艺机械化程度较高，生产效率也高，可连续循环作业，便于实现自动化生产。平模传送流水工艺有两种布局，一是将养护窑建在和作业线平行的一侧，构成平面循环；二是将作业线设在养护窑的顶部，形成立体循环。

(3) 固定平模工艺　其特点是模板固定不动，在一个位置上完成构件成型的各道工序。较先进的生产线设置有各种机械，如混凝土浇灌机、振捣器、抹面机等。这种工艺一般采用振动成型、热模养护。当构件达到起吊强度时脱模，也可借助专用机械使模板倾斜，然后用起重机将构件脱模。

(4) 立模工艺　其特点是模板垂直使用，并具有多种功能。模板是箱体，腔内可通入蒸汽，侧模装有振动设备。从模板上方分层灌筑混凝土后，即可分层振动成型。与平模工艺比较，可节约生产用地、提高生产效率，而且构件的两个表面同样平整，通常用于生产外形比较简单而又要求两面平整的构件，如内墙板、楼梯段等。

立模通常成组组合使用，称为成组立模，可同时生产多块构件。每块立模板均装有行走轮。能以上悬或下行方式做水平移动，以满足拆模、清模、布筋、支模等工序的操作需要。

(5) 长线台座工艺　长线台座工艺适用于露天生产厚度较小的构件和先张法预应力钢筋混凝土构件，如空心楼板、槽形板、T形板、双T板、工形板、小桩、小柱等。台座一般长100~180m，用混凝土或钢筋混凝土浇筑而成。在台座上，传统的做法是按构件的种类和规格现支模板进行构件的单层或叠层生产，或采用快速脱模的方法生产较大的梁、柱类构件。20世纪70年代中期，长线台座工艺发展了两种新设备——拉模和挤压机。辅助设备有张拉钢丝的卷扬机、龙门式起重机、混凝土输送车、混凝土切割机等。钢丝经张拉后，使用拉模在台座上生产空心楼板、桩、桁条等构件。拉模装配简易，可减轻工人的劳动强度，并节约木材。拉模因无须昂贵的切割锯片，在我国已广泛采用。挤压机的类型有很多，主要用于生产空心楼板、小梁、柱等构件。挤压机安放在预应力钢丝上，以每分钟1~2m的速度沿台座纵向行进，边滑行边灌筑边振动加压，形成一条混凝土板带，然后按构件要求的长度切割成材。这种工艺具有投资少，设备简单，生产效率高等优点，已在中国部分省市采用。

(6) 压力成型法　压力成型法是预制混凝土构件工艺的新发展。其特点是不用振动成型，可以消除噪声。如荷兰、联邦德国、美国采用的滚压法，混凝土用浇灌机灌入钢模后，用滚压机碾实，经过压缩的板材进入隧道窑内养护。又如英国采用大型滚压机生产墙板的压轧法等。

6. 构件养护

为了使已成型的混凝土构件尽快获得脱模强度，以加速模板周转，提高劳动生产率、增加产量，需要采取加速混凝土硬化的养护措施。常用的构件养护方法及其他加速混凝土硬化的措施有以下几种。

(1) 蒸汽养护　蒸汽养护分为常压、高压、无压三类，以常压蒸汽养护应用最广。在常压蒸汽养护中，又按养护设施的构造分为以下四种：

① 养护坑（池）：主要用于平模机组流水工艺。由于其构造简单、易于管理、对构件的适应性强，是主要的加速养护方式。它的缺点是坑内上下温差大、养护周期长、蒸汽耗量大。

② 立式养护窑：1964年使用于苏联。20世纪70年代后，中国也相继建了立窑。窑内分为顶升和下降两行，成型后的制品入窑后，在窑内一侧层层顶升，同时处于顶部的构件通过横移车移至另一侧，层层下降，利用高温蒸汽向上、低温空气向下流动的原理，使窑内自然形成升温、恒温、降温三个区段。立窑具有节省车间面积、便于连续作业、蒸汽耗量少等优点，但设备投资较大，维修不便。

③ 水平隧道窑和平模传送流水工艺配套使用：构件从窑的一端进入，通过升温、恒温、降温三个区段后，从另一端推出。其优点是便于进行连续流水作业，但三个区段不易分隔，温度、湿度不易控制，窑门不易封闭，蒸汽有外溢现象。

④ 折线形隧道窑：这种养护窑具有立窑和平窑的优点，在升温和降温区段是倾斜的，而恒温区段是水平的，可以保证三个养护区段的温度差别，窑的两端开口处也不外溢蒸汽，在我国已推广使用。

(2) 热模养护：热模养护是将底模和侧模做成加热空腔，通入蒸汽或热空气，对构件进行养护。可用于固定或移动的钢模，也可用于长线台座。成组立模也属于热模养护型。

(3) 太阳能养护：太阳能养护是用于露天作业的养护方法。当构件成型后，用聚氯乙烯薄膜或聚酯玻璃钢等材料制成的养护罩将产品罩上，靠太阳的辐射能对构件进行养护。养护周期比自然养护约可缩短1/3~2/3，并可节省能源和养护用水，因此已在日照期较长的地区推广使用。

近年来，世界各国研制和推广一些新的加速混凝土硬化的方法，较常见的有热拌混凝土和掺加早强剂。此外，还有利用热空气、热油、热水等进行养护的方法。

7. 成品堆放

构件经养护后，绝大多数都需在成品场短期储存。在混凝土预制厂，对成品场的要求是：地基平整坚实、场内道路畅通、配有必要的起重和运输设备。起重设备通常用龙门式起重机、桥式起重机、塔式起重机、履带式起重机、轮胎式起重机等。运输设备除卡车外，一

些预制厂还设计了多种专用车辆，既可供厂内运输成品使用，也可将成品运出工厂，送往建筑工地。

8. 质量检验

质量检验贯穿在生产的全过程，主要包括以下六个环节：

① 砂、石、水、水泥、钢材、外加剂等材料检验。

② 模具的检验。

③ 钢筋加工过程及其半成品、成品和预埋件的检验。

④ 混凝土搅拌及构件成型工艺过程检验。

⑤ 养护后的构件检验，并对合格品加检验标记。

⑥ 成品出厂前检验。

尽管部分混凝土构件正在被一些新型建筑材料所代替，但是预制混凝土构件仍被大量采用，并向轻质、高强、大跨度、多功能方向发展。在城市建设中，由于推行工业化建筑体系，对混凝土构件的品种、质量和数量都会提出更高的要求。因此，产品设计必须和工艺设计相结合，使预制混凝土构件在实现标准化的同时，做到品种的多样化，设计和生产出多品种多功能的产品（如既可作为墙、柱，又可作为楼板使用；既是结构构件，又具有装修效果等），以满足经济建设不断发展和人民生活不断提高的需要。

复习思考题

1. 简述模板材料以及构成形式的未来发展方向。
2. 简述模板支撑体系的发展历程。
3. 混凝土工程的质量控制因素主要包括哪些？
4. 如何控制混凝土的温度裂缝？
5. 简述预应力混凝土构件的应用发展。
6. 钢筋工程的工艺过程包括哪些？
7. 钢筋的机械连接有哪些方式？
8. 模板设计应考虑哪些荷载？
9. 简述模板拆除的注意事项和必要条件。
10. 混凝土浇筑时的振捣方式有哪些，振捣时应遵守的操作规程是什么？
11. 混凝土的养护方式包括哪些？
12. 简述预应力混凝土筋的锚具、夹具及连接器的种类及作用。
13. 简述预应力混凝土筋张拉机械的种类。
14. 简述先张法的施工工艺。
15. 简述后张法的施工工艺。
16. 孔道灌浆的作用是什么？对灌浆材料有什么作用？

习　　题

1. 冷拉设备采用 50kN 卷扬机，其卷筒直径 $D=400$mm，转速为 8.7r/min，用 6 门滑轮组，工作线数 $M=13$，$\eta=0.8$，设备阻力 $F=10$kN，求设备能力及冷拉速度。现需采用应力控制法冷拉直径为 32mm 的 HRB335 级钢筋，是否符合要求？

2. 某高层混凝土剪力墙厚200mm，采用大模板施工，模板高为2.6m，已知现场施工条件为：混凝土温度为20℃，混凝土浇筑速度为1.4m/h，混凝土坍落度为6cm（标准值），不掺外加剂，向模板倾倒混凝土产生的水平荷载为6.0kN/m^2，振捣混凝土产生的水平荷载为4.0kN/m^2。试确定该模板设计的荷载及荷载组合。

3. 已知混凝土实验室配合比为1∶2.5∶5.15，水胶比为0.62，每立方米混凝土的水泥用量为275kg，现场砂含水率为4%，石子含水率为2%，试计算施工配合比以及每立方米混凝土材料用量。如果采用JZ250型搅拌机，试计算每搅拌一次所需的各种材料用量。

4. 某基础平面如图6-92所示，混凝土由搅拌站供应，最大供应量为100m^3/h，混凝土由汽车送到现场的时间为0.5h（包括装车、卸车及运输时间）；混凝土初凝时间为2h，加缓凝剂后，初凝时间为3h；混凝土用插入式振捣器振捣，每层混凝土为30cm厚。试拟定该基础的分层分段浇筑方案。

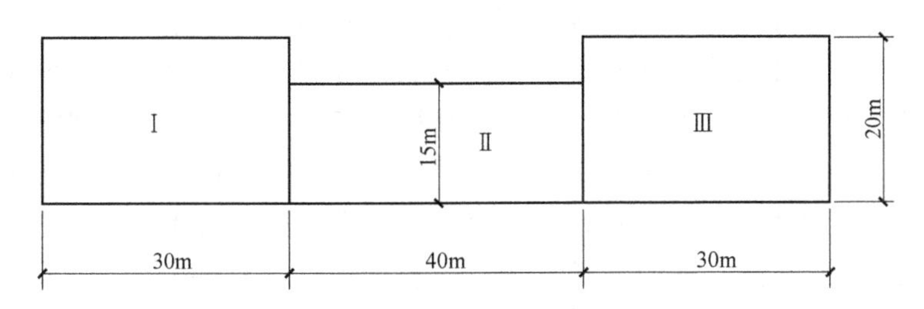

图6-92　某基础平面

第七章 钢结构工程

钢结构在工程中的应用日趋广泛，随着土木工程结构的多样化、钢材性能的提高及品种的增加，今后工程中钢结构的应用会有很大发展。

学习本章内容要求了解钢结构的加工工艺，熟悉放样、号料、下料、矫正、弯卷成型、折边、制孔等工艺的技术要求；重点掌握安装中的连接技术，即焊接与螺栓连接。焊接中电弧焊是最普通的一种形式，要掌握其接头形式及焊接工艺参数的选择。螺栓主要有普通螺栓与高强度螺栓两种。它们的施工要求不同，应掌握两种螺栓的施工方法及质量控制要点。

钢结构工程从广义上讲是指以钢铁为基材，经过机械加工组装而成的结构。一般意义上的钢结构仅限于工业厂房、高层建筑、塔桅、桥梁等，即建筑钢结构。由于钢结构具有强度高、结构轻、施工周期短和精度高等特点，因而在建筑、桥梁等土木工程中被广泛采用。

图 7-1　钢结构吊装施工

但是，随着工程技术的发展，随着装配式住宅的技术发展和需求，以及建筑工业化的技术发展和环保需求，钢结构工程的综合利用也越来越广泛，不仅用于工业建筑，大量的民用建筑也越来越多地采用钢结构工程。图 7-1 为钢结构吊装施工。

第一节　钢结构加工

一、钢结构的下料

放样和号料是整个钢结构制作工艺中的第一道工序，其工作的准确与否将直接影响到整个产品的质量，因此至关重要。为了提高放样和号料的精度和效率，有条件时，应采用计算机辅助设计。

1. 放样

放样是根据产品施工详图或零部件图样要求的形状和尺寸，按照 1∶1 的比例把产品或零部件的实形画在放样台或平板上，求取实长并制成样板的过程。对比较复杂的壳体零部件，还需要作图展开。放样的步骤如下：

1）仔细阅读图样，并对图样进行核对。

2）准备放样需要的工具，包括钢尺、石笔、粉线、划针、圆规、铁皮剪刀等。

3）准备好做样板和样杆的材料，一般采用薄铁片和小扁钢。可先刷上防锈油漆。

4）放样以1：1的比例在样板台上弹出大样。当大样尺寸过大时，可分段弹出。尺寸划法应避免偏差累积。

5）先以构件某一水平线和垂直线为基准，弹出十字线；然后据此逐一划出其他各个点和线，并标注尺寸。

6）放样过程中，应及时与技术部门协调；放样结束，应对照图样进行自查；最后应根据样板编号编写构件号料明细表。

2. 号料

号料就是根据样板在钢材上画出构件的实样，并打上各种加工记号，为钢材的切割下料做准备。号料的步骤如下：

1）根据料单检查清点样板和样杆，点清号料数量。号料应使用经过检查合格的样板与样杆，不得直接使用钢尺。

2）准备号料的工具包括石笔、样冲、圆规、划针、凿子等。

3）检查号料的钢材规格和质量。

4）不同规格、不同钢号的零件应分别号料，并依据先大后小的原则依次号料。对于需要拼接的同一构件，必须同时号料，以便拼接。

5）号料时，同时划出检查线、中心线、弯曲线，并注明接头处的字母、焊缝代号。

6）号孔应使用与孔径相等的圆规规孔，并打上样冲做出标记，便于钻孔后检查孔位是否正确。

7）弯曲构件号料时，应标出检查线，用于检查构件在加工、装焊后的曲率是否正确。

8）在号料过程中，应随时在样板、样杆上记录下已号料的数量；号料完毕，应在样板、样杆上注明并记下实际数量。

3. 切割下料

切割的目的就是将放样和号料的零件形状从原材料上进行下料分离。钢材的切割可以通过切削、冲剪、摩擦机械力和热切割来实现。常用的切割方法有：气割法机械切割法和等离子切割法。

气割法是利用氧气与可燃气体混合产生的预热火焰加热金属表面达到燃烧温度并使金属发生剧烈的氧化，放出大量的热促使下层金属也自行燃烧，同时通以高压氧气射流，将氧化物吹除而引起一条狭小而整齐的割缝。随着割缝的移动，连续切割出所需的形状。除手工切割外，常用的切割机械有火车式半自动气割机、特型气割机等。这种切割方法设备灵活、费用低廉、精度高，是目前使用最广泛的切割方法。气割法能够切割各种厚度的钢材，特别是带曲线的零件或厚钢板。气割前，应将钢材切割区域表面的铁锈、污物等清除干净；气割后，应清除熔渣和飞溅物。

机械切割法可利用上、下两剪刀的相对运动来切断钢材，或利用锯片的切削运动把钢材分离，或利用锯片与工件间的摩擦发热使金属熔化而被切断。常用的切割机械有剪板机、联合冲剪机、弓锯床、砂轮切割机等。其中，剪板机和联合冲剪机速度快、效率高，但切口略粗糙；弓锯床可以切割角钢、圆钢和各类型钢，切割速度和精度都较好。砂轮切割机剪切的零件，其钢板厚度不宜大于12mm，剪切面应平整。

等离子切割法是利用高温高速的等离子焰流将切口处金属及其氧化物熔化并吹掉来完成切割的，所以能切割任何金属，特别是熔点较高的不锈钢及有色金属铝、铜等。

二、钢材加工及构件加工的工程内容

1. 矫正

钢材使用前，由于材料内部的残余应力及存放、运输、吊运不当等原因，会引起钢材原材料变形；在加工成型过程中，由于操作和工艺原因会引起成型件变形；构件连接过程中会存在焊接变形等。为了保证钢结构的制作及安装质量，必须对不符合技术标准的材料、构件进行矫正。钢结构的矫正，就是通过外力或加热作用，使钢材较短部分的纤维伸长，或使较长的纤维缩短，以迫使钢材反变形，使材料或构件达到平直及一定几何形状的要求并符合技术标准的工艺方法。矫正的形式主要有矫直、矫平、矫形三种。矫正按外力来源分为火焰矫正、机械矫正和手工矫正等；按矫正时钢材的温度分为热矫正和冷矫正。

（1）火焰矫正　钢材的火焰矫正是利用火焰对钢材进行局部加热，被加热处理的金属由于膨胀受阻而产生压缩塑性变形，使较长的金属纤维冷却后缩短而完成的。影响火焰矫正效果的因素有三个：火焰加热位置、加热的形式和加热的热量。火焰加热的位置应选择在金属纤维较长的部位。加热的形式有点状加热、线状加热和三角形加热三种。用不同的火焰热量加热，可获得不同的矫正变形的能力。低碳钢和普通低合金结构钢构件用火焰矫正时，常采用600~800℃的加热温度。

（2）机械矫正　钢材的机械矫正是在专用矫正机上进行的。

机械矫正的实质是使弯曲的钢材在外力作用下产生过量的塑性变形，以达到平直的目的。它的优点是作用力大、劳动强度小、效率高。

钢材的机械矫正有拉伸机矫正、压力机矫正、多辊矫正机矫正等。拉伸机矫正适用于薄板扭曲、型钢扭曲、钢管、带钢和线材等的矫正，如图7-2所示；压力机矫正适用于板材、钢管和型钢的局部矫正；多辊矫正机可用于型材、板材等的矫正，如图7-3所示。

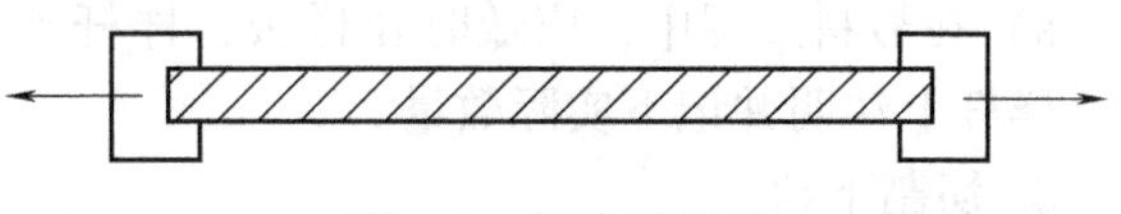
图7-2　拉伸机矫正

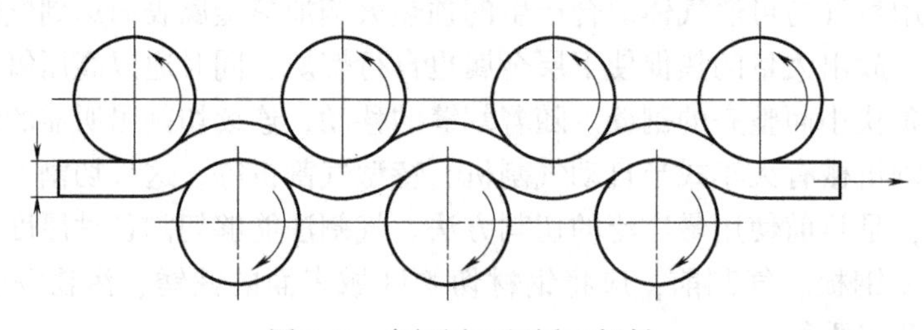
图7-3　多辊矫正机矫正板材

（3）手工矫正　钢材的手工矫正采用锤击的方法进行，操作简单灵活。手工矫正由于矫正力小、劳动强度大、效率低而用于矫正尺寸较小的钢材。有时在缺乏或不便使用矫正设备时也采用手工矫正。

在钢材或构件的矫正过程中，应注意以下几点：

1）为了保证钢材在低温情况下受到外力不至于产生冷脆断裂，碳素结构钢在环境温度低于-16℃时，低合金结构钢在环境温度低于-12℃时，不得进行冷矫正。

2）由于考虑到钢材的特性、工艺的可行性以及成型后的外观质量的限制，规定冷矫正和冷弯曲的最小曲率半径和最大弯曲矢高应符合有关的规定。例如，钢板冷矫正的最小弯曲半径为 $50t$，最大弯曲矢高为 $l^2/400$；冷弯曲的最小弯曲半径为 $25t$，最大弯曲矢高为 $l^2/200t$（其中，l 为弯曲弦长；t 为钢板厚度）。

3）矫正时，应尽量避免损伤钢材表面，其划痕深度不得大于 0.5mm，且不得大于该钢材厚度负偏差的 1/2。

2. 弯卷成型

（1）钢板卷曲　钢板卷曲是通过旋转辊轴对板料进行连续三点弯曲所形成的。当制件曲率半径较大时，可在常温状态下卷曲；当制件曲率半径较小或钢板较厚时，则需在钢板加热后进行卷曲。钢板卷曲按其卷曲类型可分为单曲率卷制和双曲率卷制。单曲率卷制包括对圆柱面、圆锥面和任意柱面的卷制，如图 7-4 所示，其操作简便，比较常用。双曲率卷制可实现球面、双曲面的卷制。钢板卷曲工艺包括预弯、对中和卷曲三个过程。

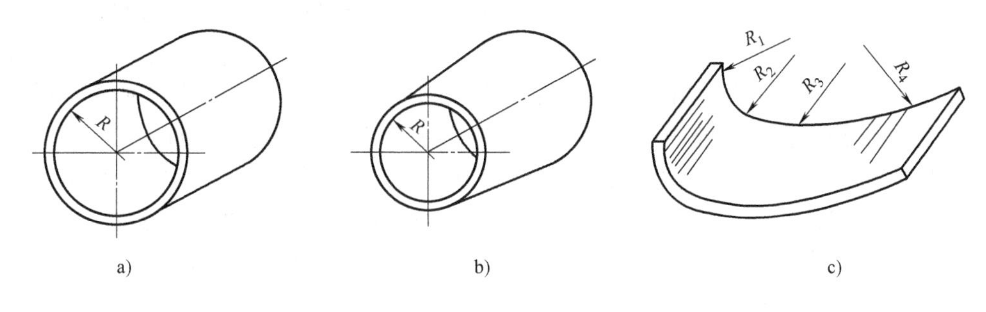

图 7-4　单曲率卷制
a）圆柱面卷制　b）圆锥面卷制　c）任意柱面卷制

1）预弯。板料在卷板机上卷曲时，两端边缘总有卷不到的部分，即剩余直边。剩余直边在矫圆时难以完全消除，所以一般应对板料进行预弯，使剩余直边弯曲到所需的曲率半径后再卷曲。预弯可在三辊、四辊或预弯压力机上进行。

2）对中。将预弯的板料置于卷板机上卷曲时，为防止产生歪扭，应将板料对中，使板料的纵向中心线与滚筒轴线保持严格的平行。图 7-5 是部分四辊卷板机与三辊卷板机的对中方法。在四辊卷板机中，通过调节倒辊，使板边靠紧侧辊对准（图 7-5a）；在三辊卷板机中，可利用挡板使板边靠近挡板对中（图 7-5b）。

3）卷曲。板料位置对中后，一般采用多次进给法卷曲。利用调节上辊筒（三辊机）或侧辊筒（四辊机）的位置使板料发生初步的弯曲，然后来回滚动而卷曲。当板料移至边缘时，根据板边和准线检查板料位置是否正确。逐步压下上辊并来回滚动，使板料的曲率半径逐渐减小，直至达到规定的要求。

（2）型材弯曲

1）型钢的弯曲。型钢弯曲时，由于截面重心线与力的作用线不在同一平面上，同时型钢除受弯曲力矩外还受扭矩的作用，所以型钢断面会产生畸变。畸变程度取决于应力的大

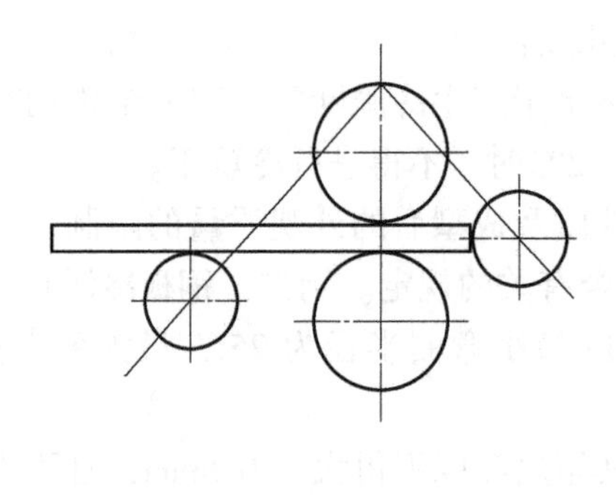
a)

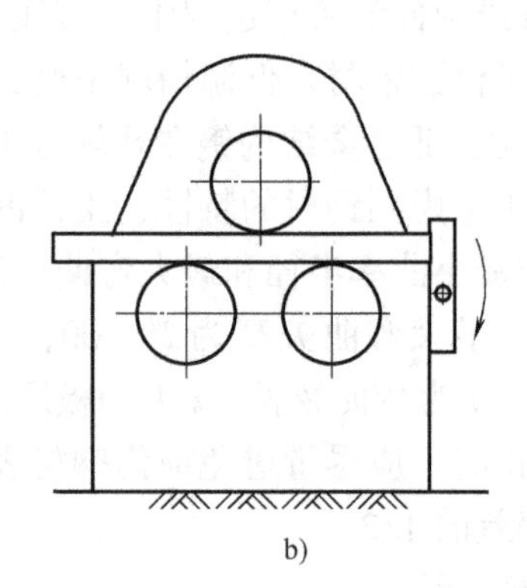
b)

图 7-5 对中方法
a) 四辊卷板机 b) 三辊卷板机

小，而应力的大小又取决于弯曲半径。弯曲半径越小，则畸变程度越大，为了控制应力与变形，应控制最小弯曲半径。如果构件的曲率半径较大，一般采用冷弯；反之则采用热弯。

2）钢管的弯曲。管材在外力的作用下弯曲时，其截面会发生变形，且外侧管壁会减薄，内侧管壁会增厚。在自由状态下弯曲时，截面会变成椭圆形。钢管的弯曲半径一般应不小于管子外径的 3.5（热弯）~4 倍（冷弯）。在弯曲过程中，为了尽可能地减少钢管在弯曲过程中的变形，弯制时通常采用下列方式：在管材中加进填充物（装砂或弹簧）后进行弯曲；用滚轮和滑槽压在管材外面进行弯曲；用芯棒穿入管材内部进行弯曲。

3）边缘加工。在钢结构制造中，经过剪切或气割过的钢板边缘，其内部结构会发生硬化和变态。为了保证桥梁或重型吊车梁等重型构件的质量，需要对边缘进行加工，其刨切量不应小于 2.0mm。此外，为了保证焊缝质量，考虑到装配的准确性，要将钢板边缘刨成或铲成坡口，往往还要将边缘刨直或铣平。

一般需要进行边缘加工的部位包括：吊车梁翼缘板、支座支撑面等具有工艺性要求的加工面；设计图样中有技术要求的焊接坡口；尺寸精度要求严格的加劲板、隔板、腹板及有孔眼的节点板等。常用的边缘加工方法有铲边、刨边、铣边和碳弧电气刨边四种。

3. 其他工艺

（1）折边 在钢结构制造过程中，常把构件的边缘压弯成倾角或一定形状的操作过程称为折边。折边广泛用于薄板构件，它有较长的弯曲线和很小的弯曲半径。薄板经折边后可以大大提高结构的强度和刚度。这类工件的弯曲折边常利用折边机进行。

（2）模具压制 模具压制是在压力设备上利用模具使钢材成型的一种工艺方法。钢材及构件成型的质量与精度均取决于模具的形状尺寸与制造质量。利用先进和优质的模具使钢材成型可以使钢结构工业达到高质量、高速度的发展。

模具按加工工序分，主要有冲裁模、弯曲模、拉伸模、压延模等四种。

（3）制孔 在钢结构制孔中包括铆钉孔、普通螺栓连接孔、高强度螺栓孔、地脚螺栓孔等，制孔通常有钻孔和冲孔两种。

1）钻孔。钻孔是钢结构制造中普遍采用的方法，能用于几乎任何规格的钢板、型钢的孔加工。钻孔的原理是切削，故孔壁损伤较小，孔的精度较高。钻孔在钻床上进行，当构件因受场地狭小限制，加工部位特殊，不便于使用钻床加工时，则可用电钻、风钻等加工。

2）冲孔。冲孔是在冲孔机（冲床）上进行的，一般只能在较薄的钢板和型钢上冲孔，且孔径一般不小于钢材的厚度，也可用于不重要的节点板、垫板和角钢拉撑等小件加工。冲孔生产效率较高，但由于孔的周围产生冷作硬化，孔壁质量较差，有孔口下塌、孔的下方增大的倾向。所以，除孔的质量要求不高或作为预制孔（非成品孔）外，在钢结构中较少直接采用。当地脚螺栓孔与螺栓的间距较大时，即孔径大于50mm时，也可以采用火焰割孔。

第二节　钢结构连接

一、钢结构焊接施工方法

1. 建筑钢结构焊接的一般要求

建筑钢结构焊接时一般应考虑以下问题：

1）焊接构件的材质和厚度、接头的形式和焊接设备。

2）焊接的效率和经济性。

3）焊接质量的稳定性。

2. 焊接施工

电弧焊是工程中应用最普遍的焊接形式，本节主要讨论其施工方法。

（1）焊接接头　建筑钢结构中常用的焊接接头按焊接方法分为熔化接头和电渣焊接头两大类。在手工电弧焊中，熔化接头根据焊件的厚度、使用条件、结构形状的不同又分为对接接头、角接接头、T形接头和搭接接头等形式。在各种形式的接头中，为了提高焊接质量，较厚的构件往往要开坡口。开坡口的目的是保证电弧能深入焊缝的根部，使根部能焊透，以便清除熔渣，获得较好的焊缝形态。焊接接头形式见表7-1。

表7-1　焊接接头形式

序号	名称	图示	接头形式	特点
1	对焊接头		不开坡口，V形、X形、U形坡口	应力集中较小，有较高的承载力
2	角焊接头		不开坡口	适用厚度在8mm以下
			V形、K形坡口	适用厚度在8mm以下
			卷边	适用厚度在2mm以下
3	T形接头		不开坡口	适用厚度在30mm以下的不受力构件
			V形、K形坡口	适用厚度在30mm以上的只承受较小剪应力构件
4	搭接接头		不开坡口	适用厚度在12mm以下的钢板
			塞焊	适用双层钢板的焊接

（2）焊缝形式

1）按施焊的空间位置，焊缝形式可分为平焊缝、横焊缝、立焊缝及仰焊缝四种（图

7-6）。平焊的熔滴靠自重过渡，操作简单，质量稳定（图 7-6a）；横焊时，由于重力作用，熔化金属容易下淌，而使焊缝上侧产生咬边，下侧产生焊瘤或未焊透等缺陷（图 7-6b）；立焊焊缝成形更加困难，易产生咬边、焊瘤、夹渣、表面不平等缺陷（图 7-6c）；仰焊时，必须保持最短的弧长，因此常出现未焊透、凹陷等质量问题（图 7-6d）。

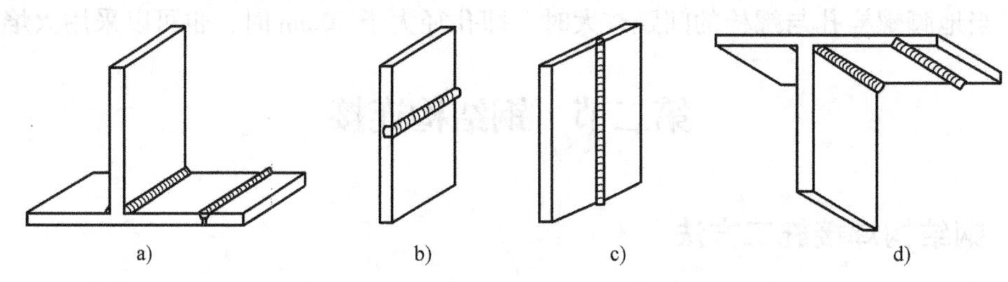

图 7-6　各种位置焊缝形式示意图
a）平焊　b）横焊　c）立焊　d）仰焊

2）按结合形式，焊缝可分为对接焊缝、角焊缝和塞焊缝三种，如图 7-7 所示。对接焊缝的主要尺寸有：焊缝有效高度 s、焊缝宽度 c、余高 h。角焊缝主要以高度 K 表示，塞焊缝常以熔核直径 d 表示。

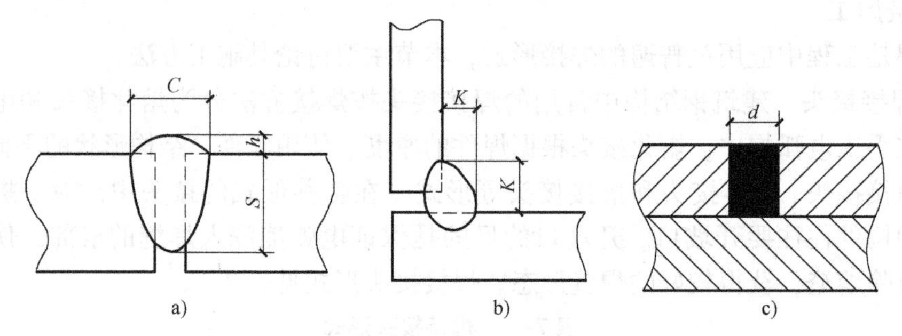

图 7-7　焊缝形式
a）对接焊缝　b）角焊缝　c）塞焊缝

（3）焊前准备　焊前准备包括坡口制备、预焊部位清理、焊条烘干、预热、预变形及高强度钢切割表面探伤等。

（4）引弧与熄弧　引弧有碰击法和划擦法两种。碰击法是将焊条垂直于工件进行碰击，然后迅速保持一定距离；划擦法是将焊条端头轻轻划过工件，然后保持一定距离。施工中，严禁在焊缝区以外的母材上打火引弧。在坡口内引弧的局部面积应熔焊一次，不得留下弧坑。

（5）运条方法　电弧点燃之后，就进入正常的焊接过程，这时焊条有三种方向的运动。

1）焊条被电弧熔化变短，为保持一定的弧长，就必须使焊条沿其中心线向下送进，否则会发生断弧。

2）为了形成线形焊缝，焊条要沿焊缝方向移动，移动速度的快慢要根据焊条直径、焊接电流、工件厚度和接缝装配情况及所在位置而定。移动速度太快，焊缝熔深太小，易造成未透焊；移动速度太慢，焊缝过高，工件过热，会引起变形增加或烧穿。

3）为了获得一定宽度的焊缝，焊条必须横向摆动。在做横向摆动时，焊缝的宽度一般是焊条直径的 1.5 倍左右。

以上三个方向的动作密切配合，根据不同的接缝位置、接头形式、焊条直径和性能、焊接电流、工件厚度等情况，采用合适的运条方式（包括直线形、折线形、正半月形、下斜线形、椭圆形、三角形、反半月形、一字形、斜折线形、圆圈形等），就可以在各种焊接位置得到优质的焊缝。

（6）焊接完工后的处理　焊接结束后的焊缝及两侧，应彻底清除飞溅物、焊渣和焊瘤等。无特殊要求时，应根据焊接接头的残余应力、组织状态、熔敷金属含氢量和力学性能来决定是否需要焊后热处理。

二、钢结构焊接的工艺参数选择

手工电弧焊的焊接工艺参数主要有焊条直径、焊接电流、电弧电压、焊接层数、电源种类及极性等。

1. 焊条直径

焊条直径的选择主要取决于焊件厚度、接头形式、焊缝位置和焊接层次等因素。在一般情况下，可根据表7-2按焊件厚度选择焊条直径，并倾向于选择较大直径的焊条。另外，在平焊时，直径可大一些；立焊时，所用焊条直径不超过5mm；横焊和仰焊时，所用直径不超过4mm；开坡口多层焊接时，为了防止产生未焊透的缺陷，第一层焊缝宜采用直径为3.2mm的焊条。

表7-2　焊条直径与焊件厚度的关系　（单位：mm）

焊件厚度	≤2	3~4	5~12	>12
焊条直径	2	3.2	4~5	≥15

2. 焊接电流

焊接电流过大或过小都会影响焊接质量，所以其选择应根据焊条的类型、直径、焊件的厚度、接头形式、焊缝空间位置等因素来考虑，其中焊条直径和焊缝空间位置最为关键。在一般钢结构的焊接中，焊接电流大小与焊条直径关系可用以下经验公式进行试选

$$I=10d^2 \tag{7-1}$$

式中　I——焊接电流（A）；

　　d——焊条直径（mm）。

另外，立焊时，电流应比平焊时小15%~20%；横焊和仰焊时，电流应比平焊电流小10%~15%。

3. 电弧电压

根据电源特性，由焊接电流决定相应的电弧电压。此外，电弧电压还与电弧长有关，电弧长则电弧电压高，电弧短则电弧电压低。一般要求电弧长小于或等于焊条直径（即短弧焊）。在使用酸性焊条焊接时，为了预热部位或降低熔池温度，有时也将电弧稍微拉长进行焊接（即长弧焊）。

4. 焊接层数

焊接层数应视焊件的厚度而定。除薄板外，一般都采用多层焊。焊接层数过少，每层焊缝的厚度过大，对焊缝金属的塑性有不利的影响。施工中每层焊缝的厚度不应大于4~5mm。

5. 电源种类及极性

直流电源由于电弧稳定，飞溅小，焊接质量好，一般用在重要的焊接结构或厚板大刚度

结构上。其他情况下，应首先考虑交流电焊机。

根据焊条的形式和焊接特点的不同，利用电弧中的阳极温度比阴极高的特点，选用不同的极性来焊接各种不同的构件。用碱性焊条或焊接薄板时，采用直流反接（工件接负极）；而用酸性焊条时，通常采用正接（工件接正极）。

三、普通螺栓的种类、用途及其材料、机械性能

普通螺栓是钢结构常用的紧固件之一，用作钢结构中构件间的连接、固定，或将钢结构固定到基础上，使之成为一个整体。常用的普通螺栓有六角螺栓、双头螺栓和地脚螺栓等。

1. 普通螺栓的种类、用途

（1）六角螺栓　六角螺栓按其头部支撑面大小及安装位置尺寸分为大六角头与六角头两种；按制造质量和产品等级分为A级、B级、C级三种。A级螺栓为精制螺栓，B级螺栓为半精制螺栓。A级、B级适用于拆装式结构或连接部位需传递较大剪力的重要结构的安装中。C级螺栓为粗制螺栓，由未加工的圆杆压制而成，适用于钢结构安装中的临时固定，或只承受钢板间的摩擦阻力。对于重要的连接，采用粗制螺栓连接时必须另加特殊支托（牛腿或剪力板）来承受剪力。

（2）双头螺栓　双头螺栓一般又称螺柱，多用于连接厚板和不便使用六角螺栓连接的地方，如混凝土屋架、屋面梁悬挂单轨梁吊挂件等。

（3）地脚螺栓　地脚螺栓分为一般地脚螺栓、直角地脚螺栓、锤头螺栓和锚固地脚螺栓。一般地脚螺栓和直角地脚螺栓是浇筑混凝土基础时，预埋在基础之中用以固定钢柱的。锤头螺栓是基础螺栓的一种特殊形式，一般在混凝土基础浇筑时将特制模箱（锚固板）预埋在基础内，用以固定钢柱。锚固地脚螺栓是在已成形的混凝土基础上经钻机制孔后，再浇筑固定的一种地脚螺栓。

2. 普通螺栓的材料、机械性能

1）普通螺栓和螺钉可划分为3.6、4.6、4.8、5.6、5.8、6.8、8.8、9.8、10.9、12其十个级别，各级抗拉强度及维氏硬度见表7-3。

2）钢结构用螺栓、螺柱一般用低碳钢、中碳钢、低合金钢制造，其适用钢材参考表见表7-4。

表7-3　螺栓和螺钉的抗拉强度及维氏硬度

性能等级		3.6	4.6	4.8	5.6	5.8	6.8	8.8		9.8	10.9	12
								<M16	>M16			
抗拉强度/(N/mm^2)	公称	300	400	400	500	500	600	800	800	900	1000	1200
	min	330	400	420	500	520	600	800	830	900	1040	1200
维氏硬度	HVmax	220	200	220	220	220	250	300	336	360	382	434

表7-4　钢结构用螺栓、螺柱适用钢材参考表

性能等级	材料和热处理	化学成分(%)				最低回火温度/℃
		C		P	S	
		min	max	max	max	
3.6	低碳钢	—	0.20	0.05	0.06	—

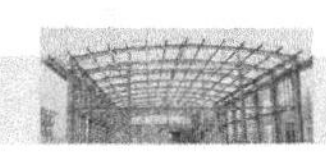

（续）

性能等级	材料和热处理	化学成分(%)				最低回火温度/℃
		C		P	S	
		min	max	max	max	
4.6	低碳钢或中碳钢	—	0.55	0.05	0.06	—
4.8						
5.6	低碳钢或中碳钢	—	0.55	0.05	0.06	—
5.8						
6.8						
8.8	低碳合金钢(如硼或锰或铬),淬火并回火	0.15	0.35	0.04	0.05	425
8.8	中碳钢,淬火并回火	0.25	0.55	0.04	0.05	450
9.8	低碳合金钢(如硼或锰或铬),淬火并回火	0.15	0.35	0.04	0.05	410
9.8	中碳钢,淬火并回火	0.25	0.55	0.04	0.05	410
10.9	低碳合金钢(如硼或锰或铬),淬火并回火	0.15	0.35	0.04	0.05	340
10.9	中碳钢,淬火并回火	0.25	0.55	0.04	0.05	425
	低、中碳合金钢(如硼或锰或铬),淬火并回火	0.20	0.55		0.05	
	合金钢	0.20	0.55	0.035	0.035	
12.9	合金钢	0.20	0.50	0.035	0.035	380

注：1. 用再回火试验检查最低回火温度。

2. 3.6、4.6、4.8、5.8、6.8 级允许采用易切钢制造，其硫、磷及铅的最大含量为：硫 0.34%；磷 0.11%；铅 0.35%。

3. 对于 8.8 级，为保证良好的淬透性，螺纹直径>20mm 的紧固件，必须采用对 10.9 级规定的合金钢。

4. 合金钢应含有一种或几种铬、镍、钼或钒的合金元素。

5. 对 10.9、12.9 级的材料，应具有良好的淬透性，以保证螺纹截面的芯部在淬火后、回火前得到约 90%的马氏体组织。

6. 由低碳马氏体钢制造的产品，应在性能等级代号下加一横线，即 8.8、9.8、10.9。

7. 对于 8.8 级、螺纹直径≥20mm 的紧固件，可以采用 425℃的最低回火温度。

四、普通螺栓连接的施工要求

1. 连接要求

普通螺栓在连接时应符合下列要求：

1）永久螺栓的螺栓头和螺母的下面应放置平垫圈。垫置在螺母下面的垫圈不应多于 2 个，垫置在螺栓头部下面的垫圈不应多于 1 个。

2）螺栓头和螺母应与结构构件的表面及垫圈密贴。

3）对于槽钢和工字钢翼缘之类倾斜面的螺栓连接，则应放置斜垫片垫平，以使螺母和螺栓的头部支撑面垂直于螺杆，避免螺栓紧固时螺杆受到弯曲力。

4）永久螺栓和锚固螺栓的螺母应根据施工图中的设计规定，采用有防松装置的螺母或弹簧垫圈。

5）对于动荷载或重要部位的螺栓连接，应在螺母的下面按设计要求放置弹簧垫圈。

6）各种螺栓连接，从螺母一侧伸出螺栓的长度应保持在不小于两个完整螺纹的长度。

7）使用螺栓等级和材质应符合施工图的要求。

2. 长度选择

连接螺栓的长度可按下述公式计算

$$L=\delta+H+nh+C \tag{7-2}$$

式中 δ——连接板约束厚度（mm）；

H——螺母的高度（mm）；

h、n——垫圈的厚度（mm）、个数；

C——螺杆的余长（mm），取5~10mm。

3. 紧固轴力

考虑到螺栓受力均匀，尽量减少连接件变形对紧固轴力的影响，保证各节点连接螺栓的质量，螺栓紧固必须从中心开始，对称施拧。其施拧时的紧固轴力应不超过相应的规定。永久螺栓拧紧质量检验采用锤敲或用力矩扳手检验，要求螺栓不颤头和偏移，拧紧的真实性用塞尺检查，对接表面高差（不平度）不应超0.5mm。

五、高强度螺栓的种类和类型

高强度螺栓是用优质碳素钢或低合金钢材料制成的一种特殊螺栓，具有强度高的特点。它是继铆接连接之后发展起来的新型钢结构连接形式，已经成为当今钢结构连接的主要手段。高强度螺栓按照连接形式，可分为抗拉连接、摩擦连接和承压连接三种。

高强度螺栓连接具有安装简便迅速、能装能拆和承压高、受力性能好、安全可靠等优点。因此，高强度螺栓普遍应用于大跨度结构、工业厂房、桥梁结构、高层钢框架结构等重要结构。

1. 高强度大六角头螺栓

钢结构用高强度大六角头螺栓为粗牙普通螺纹，分为8.8S和10.9S两种等级，一个连接副为一个螺栓、一个螺母和两个垫圈。高强度螺栓连接副应同批制造，保证扭矩系数稳定，同批连接副扭矩系数平均值为0.110~0.150，其扭矩系数标准偏差应不大于0.010。

扭矩系数按下列公式计算

$$K=\frac{M}{Pd} \tag{7-3}$$

式中 K——扭矩系数；

d——高强度螺栓公称直径（mm）；

M——施加扭矩（N·m）；

P——高强度螺栓预拉力（kN）。

10.9S级结构用高强度大六角头螺栓紧固时轴力（P值）应控制在表7-5规定的范围内。

表7-5 10.9S级高强度螺栓轴力控制

高强度螺栓公称直径 d/mm		12	16	20	（22）	24	（27）	30
10H	最大值/kN	59	113	117	216	250	324	397
9H	最小值/kN	19	93	142	177	206	265	329

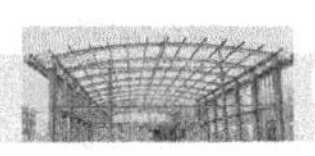

2. 扭剪型高强度螺栓

钢结构用扭剪型高强度螺栓的一个连接副为一个螺栓、一个螺母和一个垫圈，它适用于摩擦型连接的钢结构。其连接副紧固轴力见表7-6。

表7-6 扭剪型高强度螺栓连接副紧固轴力

高强度螺栓公称直径 d/mm		16	20	22	24
每批紧固轴力的平均值/kN	公称	111	173	215	250
	最大	122	190	236	275
	最小	101	157	195	227
紧固轴力变异系数 λ		λ=标准偏差/平均值(<10%)			

3. 高强度螺栓的特点及分类

高强度螺栓具有以下特点：

1）改善结构受力情况。采用摩擦型高强度螺栓连接所受的力靠钢板表面的摩擦力传递，传递力的面积大、应力集中现象得到改善，提高了构件的疲劳强度。

2）螺栓用量少。高强度螺栓承载能力大、一个直径为22mm的40硼钢高强度螺栓的承载能力为

$$S=\frac{mNt}{1.7}=\frac{1\times20\times0.45\times9.80665}{1.7}\text{N}=51.98\times10^3\text{N} \tag{7-4}$$

而一个直径为23mm的普通铆钉的抗剪强度为

$$S=0.55Rf=0.55\times2.0\times\frac{\pi\times2.3}{4}\text{N}=44.13\times10^3\text{N} \tag{7-5}$$

可见高强度螺栓的承载能力比铆钉高约18%，在受力相同的情况下，高强度螺栓的数量相对比铆钉数量少。因此，节点拼接板的几何尺寸就小，可以节省钢材。

3）加快施工进度。高强度螺栓施工简便，对于一个不熟悉高强度螺栓施工的工人，只要经过简单的培训，就可以上岗操作。

4）在钢结构运输过程中不易松动，且在使用中减少维护工作量。如果发生松动即可个别更换，不影响其周围螺栓的连接。

5）施工劳动条件好，而且栓孔可在工厂一次成型，省去二次扩孔的工序。

根据上述特点，高强度螺栓可进行如下分类：

1）摩擦型高强度螺栓：适用于钢框架结构梁、柱连接，实腹梁连接，工业厂房的重型吊车梁连接，制动系统和承受动荷载的重要结构的连接。

2）承压型高强度螺栓：可用于允许产生少量滑动的静载结构或间接承受动荷载的构件中的抗剪连接。

3）抗拉型高强度螺栓：受拉时，疲劳强度较低，在动荷载作用下，其承载能力不宜超过0.6P（P为螺栓的允许轴力）。因此，仅适合在静荷载作用下使用，如受压杆件的法兰对接、T形接头等。

六、高强度螺栓的施工

1. 高强度螺栓的施工机具

（1）手动扭矩扳手 各种高强度螺栓在施工中以手动紧固时，都要使用有示明扭矩值

的扳手施拧，使之达到高强度螺栓连接副规定的扭矩和剪力值。一般常用的手动扭矩扳手有指针式、音响式和扭剪型三种（图7-8）。

1）指针式扭矩扳手。指针式扭矩扳手在头部设一个指示盘配合套筒头紧固六角螺栓，当给扭矩扳手预加扭矩施拧时，指示盘即示出扭矩值。

2）声响式扭矩扳手。这是一种附加棘轮机构预调式的手动扭矩扳手，配合套筒可紧固各种直径的螺栓。音响扭矩扳手在手柄的根部带有力矩调整的主、副两个刻度，施拧前，可按需要调整预定的扭矩值。当施拧到预调的扭矩值时，便有明显的声响和手上的触感。这种扳手操作简单、效率高，适用于大规模的组装作业和检测螺栓紧固的扭矩值。

3）扭剪型手动扳手。这是一种紧固扭剪型高强度螺栓使用的手动力矩扳手。配合扳手紧固螺栓的套筒，设有内套筒弹簧、内套筒和外套筒。这种扳手靠螺栓尾部的卡头得到紧固反力，使紧固的螺栓不会同时转动。内套筒可根据所紧固的扭剪型高强度螺栓直径而更换相适应的规格。紧固完毕后，扭剪型高强度螺栓卡头在颈部被剪断，所施加的扭矩可视为合格。

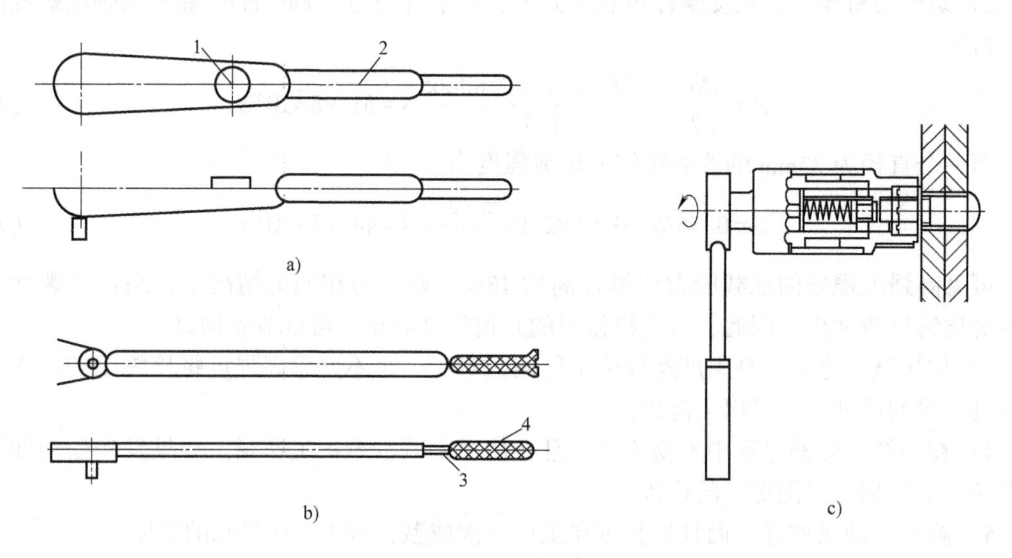

图7-8 手动扳手

a）指针式 b）音响式 c）扭剪型

1—扳手 2—千分表 3—主刻度 4—副刻度

（2）电动扳手 钢结构用高强度大六角头螺栓紧固时用的电动扳手有NR—9000A、NR—12和双重绝缘定扭矩、定转角电动扳手等，是拆卸和安装六角高强度螺栓机械化工具，可以自动控制扭矩和转角，适用于钢结构桥梁、厂房建设、化工、发电设备安装大六角头高强度螺栓施工的初拧、终拧和扭剪型高强度螺栓的初拧，以及对螺栓紧固件的扭矩或轴力有严格要求的场合。

扭剪型电动扳手是用于扭剪型高强度螺栓终拧紧固的电动扳手，常用的扭剪型电动扳手有6922型和6924型两种。6922型电动扳手只适用于紧固M16、M20、M22三种规格的扭剪型高强度螺栓，所以很少选用。6924型扭剪型电动扳手则可以紧固M16、M20、M22和M24

四种规格扭剪型高强度螺栓。

2. 高强度螺栓的施工程序及质量保证

（1）施工程序　钢结构高强度螺栓施工程序如图 7-9 所示。

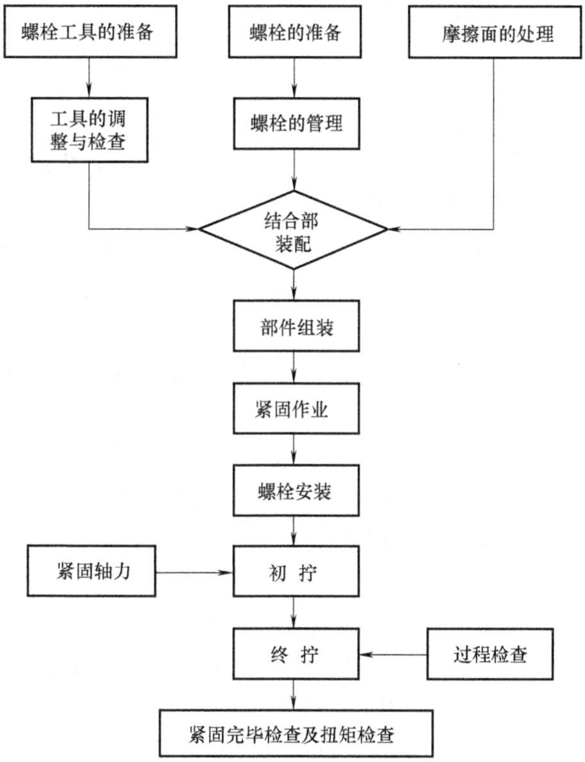

（2）高强度螺栓施工的质量保证

1）螺栓的保管。加强高强度螺栓储运和保管的目的在于防止螺栓、螺母、垫圈组成的连接副的扭矩系数（K）发生变化，这是高强度螺栓连接的一项重要标志。所以，对螺栓的包装、运输、现场保管等过程都要保持它的出厂状态，直到安装使用前才能开箱检查使用。

2）施工质量检验。高强度螺栓检验的依据是相关的国家标准和技术条件。

① 检验取样。钢结构用扭剪型高强度螺栓和高强度大六角头螺栓抽样检验采用随机取样。扭剪型高强度螺栓和高强度大六角头螺栓在施工前，应分别复验扭剪型高强度螺栓的轴力和高强度大六角头螺栓的扭矩系数的平均值和标准偏差，其值应符合国家标准的有关规定。

图 7-9　高强度螺栓施工程序

② 紧固前检查。高强度螺栓紧固前，应对螺孔进行检查，避免螺纹碰伤，检查被连接件的移位，不平度、不垂直度，磨光顶紧的贴合情况，以及板叠摩擦面的处理，连接间隙，孔眼的同心度，临时螺栓的布放等。同时要保证摩擦面不沾污。

③ 紧固过程中检查。在高强度螺栓紧固过程中，应检查高强度螺栓的种类、等级、规格、长度、外观质量、紧固顺序等。紧固时，要分初拧和终拧两次紧固，对于大型节点，可分为初拧、复拧和终拧；当天安装的螺栓，要在当天终拧完毕，防止螺纹沾污和生锈，引起扭矩系数值发生变化。

④ 紧固完毕检查。扭剪型高强度螺栓是一种特殊的自标量的高强度螺栓，由本身环形切口的扭断力扭矩控制高强度螺栓的紧固轴力。所以，复验时，只要观察其尾部被拧掉，即可判断螺栓终拧合格。若某一个局部难以使用电动扳手，则可参照高强度大六角螺栓的检查方法。高强度大六角头螺栓终拧检查项目包括是否有漏拧及扭矩系数检查。

高强度大六角头螺栓复验的抽查量，应为每个作业班组和每天终拧完毕数量的 5%，其允许不合格的数量应小于被抽查数量的 10%，且少于 2 个，方为合格。否则，应按此法加倍抽验。如仍不合格，应对当天终拧完毕的螺栓全部进行复验。

第三节　钢结构工程质量控制

一、钢材变形

1. 号料时钢板或型钢气割的割缝宽度

钢板或型钢采用气割切割时，要放出手动气割或自动气割缝宽度。其宽度可按下列数值考虑：自动气割割缝宽度为3mm；手动气割割缝宽度为4mm。

2. 钢材变形的原因

钢结构材料或构件由于受外力或内应力作用会引起拉伸、压缩、弯曲、扭曲或其他复杂变形。矫正工作的对象就是钢材的变形件。因此需要了解变形及其原因，以便采取合理的矫正方法。

（1）钢材原材料变形　钢材原材料变形是由钢材内部残余应力及存放、运输、吊运等不当引起的。

1）原材料残余应力引起的变形。这类变形产生于钢铁厂轧制钢材的过程中。当钢铁厂用坯料经热轧或冷轧方式在轧辊中沿钢材长度方向轧制时，轧辊的弯曲、间隙调整不一致等原因会导致钢材在宽度方向压缩不均匀而形成钢材内部产生残余应力而引起变形。

例如，热轧薄钢板在轧制时钢板冷却速度较快，轧制结束的薄钢板温度为600～650℃，此时钢材塑性降低，钢板内部由于延伸纤维间的相互作用，延伸较多的部分在压缩应力作用下，失去其稳定性而产生残余应力使薄钢产生曲皱现象。

2）存放不当引起的变形。钢结构使用原材料大部分较长、较大，且量多，钢材堆放时钢材的自重会引起钢材的弯曲、扭曲等变形。特别是长期堆放、地基不平或钢材下面垫块垫得不平会引起钢材产生塑性变形。对于长期露天堆放引起锈蚀严重的钢材不宜进行矫正。

3）运输、吊运不当引起的变形。钢材在运输或吊运过程中，安放不当或吊点、起重工夹具选择不合理会引起变形。

（2）成型加工后变形　钢材在成型加工过程中由于工艺和操作方法等选择不当，极易引起成型件变形。

1）剪切变形。钢材剪切，特别是剪切狭长钢板，由于一般采用斜口剪剪切，会引起钢板弯曲、扭曲等变形。采用圆盘剪剪切会引起钢板扭曲等复杂变形。另外，冲切模具如设计不当也会使冲切后的钢材产生变形。

2）气割变形。目前我国钢材气割大多采用氧气—乙炔，在气割过程中，当钢材被氧气和乙炔气产生的混合预热火焰预热至高温时，立即被高纯度的氧气流喷射，使钢燃烧产生大量的化学热而形成液态渣（FeO、Fe_2O_3、Fe_3O_4）及少量熔化了的铁，被高速氧气流吹走，从而形成切口。气割时切口处形成高温，气割后逐渐冷却，由于金属热胀冷缩特性，在气割时切口边朝外弯曲，冷却后由于内应力作用切口边向里弯曲。这种情况在气割狭长钢板时若只一边有割缝，其变形尤为严重。

3）弯曲加工后变形。当钢材弯曲加工成一定几何形状时，一般采用冷加工或热加工的方法，并对钢材施加外力使其产生永久性变形。冷加工时外力作用过大或过小，热加工时由于钢材内部产生的热应力作用，而使钢材未能达到所需弧度或角度等几何状所要求的范围时

（即变形过大或过小），即产生钢材弯曲加工后的变形。

（3）焊接变形　钢材焊接是一种不均匀的加热过程，焊接通过电弧或火焰热源的高温移动进行。焊接时钢材受热部分膨胀，而周围不受热部分在常温下并不膨胀，相当于刚性固定，它将迫使受热部分膨胀受阻而产生压缩塑性变形，冷却后焊缝及其附近钢材因收缩而造成焊件产生应力变形。

焊接变形因焊接接头形式、材料厚薄、焊缝长短、构件形状、焊缝位置、焊接时电流大小、焊缝焊接顺序等原因会产生不同形式的变形。焊接变形一般可分为整体变形和局部变形。

焊接和焊缝附近钢材收缩主要表现在纵向和横向收缩两方面，因而形成了焊件的压缩、弯曲、角变形等多种形式。

（4）其他变形　在钢结构制作、安装过程中，由于工序较多、工艺繁复、加工时间较长，因此引起变形的其他原因也有很多，如吊运构件时发生碰撞、钢结构工装模具热处理后产生热应力和组织应力超过工装模具材料的屈服强度、钢结构长期承受荷载等，也会引起变形。

二、弯曲加工常见的质量缺陷

弯曲加工时，由于材料、模具以及工艺操作不合理，都会产生各种质量缺陷。其常见质量缺陷及消除方法见表 7-7。

表 7-7　弯曲加工常见质量缺陷及消除方法

序号	名称	图例	产生的原因	消除的方法
1	弯裂		上模弯曲半径过小，板材的塑性过低，下料时毛坯硬化层过大	适当增加上模圆角半径，采用经退火或塑性较好的材料
2	底部不平		压弯时板料与上模底部没有紧靠坯料	采用带有压料顶板的模具，对毛坯施加足够的压力
3	翘曲		由变形区应变状态引起横向应变（沿弯曲线方向）在外侧为压应变，内侧为拉应变，使横向形成翘曲	采用校正弯曲方法，根据预定的弹性变形量，修正上下模
4	擦伤		坯料表面未擦刷清理干净，下模的圆角半径过小或间隙过小	适当增大下模圆角半径，采用合理间隙值，消除坯料表面脏物
5	弹性变形		由于模具设计或材质的关系等原因产生变形	以校正弯曲代替自由弯曲，以预定的弹性回复来修正上下模的角度

（续）

序号	名称	图例	产生的原因	消除的方法
6	偏移		坯料受压时两边摩擦阻力不相等，而发生尺寸偏移；这以不对称形状工件的压变尤为显著	采用压料顶板的模具，坯料定位要准确，尽可能采用对称性弯曲
7	孔的变形		孔边距弯曲线太近，内侧受压缩变形，外侧受拉伸变形，导致孔的变化	保证从孔边到弯曲半径R中心的距离大于一定值
8	端部鼓起		弯曲时，纵向极压缩而缩短，宽度方向则伸长，使宽度方向边缘出现突起，这以厚板小角度弯曲尤为明显	在弯曲部位两端先做成圆弧切口，将毛坯毛刺一边放在弯曲内侧

三、钢结构构件组装的分类及一般规定

1. 钢结构构件组装的分类

钢结构构件的组装是遵照施工图的要求，把已加工完成的各零件或半成品构件，用装配的手段组合成为独立的成品，这种装配方法通常称为组装。组装根据构件的特性及组装程度，可分为部件组装、组装、预总装。

1）部件组装是装配的最小单元的组合，它由两个或两个以上零件按施工图的要求装配成为半成品的结构部件。

2）组装是把零件或半成品按施工图的要求装配成为独立的成品构件。

3）预总装是根据施工总图把相关的两个以上成品构件，在工厂制作场地上，按其各构件空间位置总装起来。其目的是直观地反映出各构件装配节点，保证构件安装质量。目前已广泛使用在采用高强度螺栓连接的钢结构构件制造中。

2. 钢结构构件组装的一般规定

1）组装前，施工人员必须熟悉构件施工图及有关的技术要求，并且根据施工图要求复核其需组装零件质量。

2）由于原材料的尺寸不够，或技术要求需拼接的零件，一般必须在组装前拼接完成。

3）在采用胎模装配时必须遵照下列规定：

① 选择的场地必须平整，而且还应具有足够的刚度。

② 布置装配胎模时必须根据其钢结构构件特点考虑预放焊接收缩余量及其他各种加工余量。

③ 组装出首批构件后，必须由质量检查部门进行全面检查，经合格认可后方可进行继续组装。

④ 构件在组装过程中必须严格按工艺规定装配，当有隐蔽焊缝时，必须先行预施焊，并经检验合格后方可覆盖。当有复杂装配部件不易施焊时，也可采用边装配边施焊的方法来

完成其装配工作。

⑤ 为了减少变形和装配顺序，尽量采取先组装焊接成小件，并进行矫正，尽可能消除施焊产生的内应力，再将小件组装成整体构件。

⑥ 高层建筑钢结构和框架钢结构构件必须在工厂进行预拼装。

四、焊接的效率和经济性

（1）焊接效率 焊接作业的效率通常以熔敷速度和熔敷效率表示。熔敷速度一般以单位时间内（每分钟或每小时）焊接材料熔化成焊接金属的量（单位为 kg/h）来表示；熔敷效率是指所用焊条或焊丝的质量与熔化成熔敷金属的质量之比（%），它表示焊接材料的利用率。图 7-10 是对各种常用焊接方法熔敷速度的比较。如果熔敷速度和熔敷效率高，花费于焊接的时间（或称工时）和焊接成本就大为降低。以工时、焊接成本，再加电焊条或焊丝的价格和电费等，计算出焊接 1m 长焊缝所需的费用，即表示它的经济性。

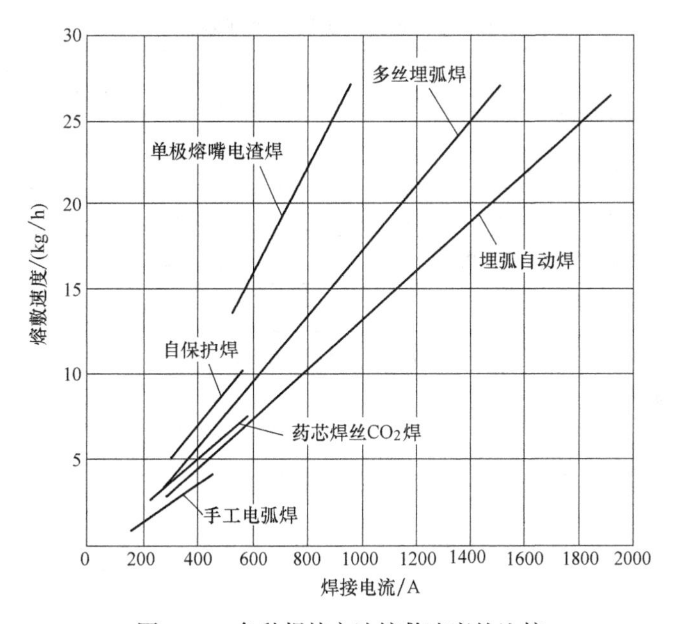

图 7-10 各种焊接方法熔敷速度的比较

（2）焊接的经济性 焊接费用主要包括：焊接材料费、焊接工时、电费、焊接设备的折旧费和利息、设备保养费。

五、钢材的焊接性

各种钢材焊接性能的差异是用焊接性来表示的。钢材的焊接性是指在适当的设计和工作条件下，材料易于焊接和满足结构性能的程度。一般焊接性具体表现在下述几个方面：焊接作业要容易；焊接时不发生裂纹和其他有害缺陷；母材和焊接接头的机械、化学和物理性能好；母材的缺口韧性优良；焊接接头有足够的塑性和韧性。

焊接性常常受钢的化学成分、轧制方法和板厚因素影响。为了评价化学成分对焊接性的影响，一般用碳当量（C_{eq}）表示。C_{eq}是化学成分对焊接热影响区最高硬度的影响，国际焊接学会推荐碳当量的公式为

$$C_{eq}=C+\frac{Mn}{6}+\frac{1}{5}(Cr+Mo+V)+\frac{1}{5}(Ni+Cu) \qquad (7\text{-}6)$$

根据经验：$C_{eq}<0.4\%$时，钢材的淬硬倾向很小，焊接性好，焊接前一般不需要预热；$C_{eq}=0.4\%\sim0.6\%$时，钢材的淬硬倾向逐渐增大；焊接前需要适当预热，并采用低氢型焊接材料进行焊接；$C_{eq}>0.6\%$时，淬硬倾向大，较难焊接，焊接前需慎重地预热，并采取严格控制焊接工艺的措施。

六、钢结构预拼装工艺要求

由于受运输、吊装等条件的限制，有时构件要分成两段或若干段出厂，为了保证安装的顺利进行，应根据构件或结构的复杂程序和设计要求，在出厂前进行预拼装；除管结构为立体预拼装，并可设卡具、夹具外，其他结构一般均为平面拼装，且构件应处于自由状态，不得强行固定。预拼装的允许偏差应符合表7-8的规定。

表7-8 构件预拼装的允许偏差

<table>
<tr><th>构件类型</th><th colspan="2">项目</th><th>允许偏差</th></tr>
<tr><td rowspan="5">多节柱</td><td colspan="2">预拼装单元总长</td><td>±5.0mm</td></tr>
<tr><td colspan="2">预拼装单元弯曲矢高</td><td>l/500 且不大于 10.0mm</td></tr>
<tr><td colspan="2">接口错边</td><td>2.0mm</td></tr>
<tr><td colspan="2">顶面至任一牛腿距离</td><td>±2.0mm</td></tr>
<tr><td colspan="2">预拼装单节柱身扭曲</td><td>h/200 且不大于 5.0mm</td></tr>
<tr><td rowspan="5">梁、桁架</td><td colspan="2">跨度最外端两安装孔或两端支撑面最外侧距离</td><td>+5.0mm；-10.0mm</td></tr>
<tr><td colspan="2">接口截面错位</td><td>2.0mm</td></tr>
<tr><td rowspan="2">拱度</td><td>设计要求起拱</td><td>±l/5000</td></tr>
<tr><td>设计未要求起拱</td><td>±l/2000；0mm</td></tr>
<tr><td colspan="2">节点处杆件连线错位</td><td>3.0mm</td></tr>
<tr><td rowspan="4">构件平面总体预拼装</td><td colspan="2">各楼层柱距</td><td>±4.0mm</td></tr>
<tr><td colspan="2">相邻楼层梁与梁之间距离</td><td>±3.0m</td></tr>
<tr><td colspan="2">各层间框架两对角线之差</td><td>H/2000 且不大于 5.0mm</td></tr>
<tr><td colspan="2">任意两对角线之差</td><td>ΣH/2000 且不大于 8.0mm</td></tr>
</table>

注：l—单元长度；h—截面高度；H—柱高度。

在预拼装时，对螺栓连接的节点板除检查各部位尺寸外，还应用试孔器检查板叠孔的通过率。在施工过程中，错孔的现象时有发生，如错孔在3.0mm以内，一般都用绞刀铣或锉刀锉孔，其孔径扩大不超过原孔径的1.2倍；如错孔超过3.0mm，一般用焊条焊补堵孔或更换零件，不得采用钢块填塞。

预拼装检查合格后，对上下定位中心线、标高基准线、交线中心点等应标注清楚、准确；对管结构、工地焊接连接处，除应标注上述标记外，还应焊接一定数量的卡具、角钢或钢板定位器等，以便按预拼装结果进行安装。

复习思考题

1. 放样和号料是钢结构制作的第一道工序，简述放样和下料的步骤。

2. 钢材的矫正过程中应注意什么问题？

3. 焊接是钢结构连接的一种主要形式，焊缝按施焊的空间位置和结合形式分别分为哪几种？

4. 螺栓连接是钢结构连接的另一种主要形式，普通螺栓在钢结构连接时有哪些要求？

5. 采用高强度螺栓连接钢结构有什么特点？画出高强度螺栓施工程序图。

6. 简述钢材变形的原因。

第八章 防水工程

防水工程是房屋建筑中一项非常重要的组成部分，其质量的优劣不仅关系到建筑物的使用寿命，还直接影响到使用者的生产环境、生活质量，以及卫生条件。因此，防水工程必须在合理设计、合格材料的基础上，严格遵守施工操作规程，才能切实保证工程质量。

防水工程按其部位分为屋面防水、地下防水、卫生间防水和外墙板防水等。防水工程按其构造做法分为结构自防水和防水层防水。结构自防水主要是依靠建筑构件材料自身的密实性，以及某些构造措施，如坡度、埋设止水带等，使结构构件起到防水作用。防水层防水主要是在建筑物构件的迎水面或背水面以及楼缝处，附加防水材料做成防水层，以起到防水作用)。防水工程按其材料性能分为柔性防水（如卷材防水、涂膜防水等）和刚性防水（如细石混凝土、补偿收缩混凝土、结构自防水等）。

柔性防水材料主要有卷材防水和涂膜防水，其特点是抗拉强度高，延伸率大，重量轻，施工工艺简单，工效高；但其操作技术要求较严，耐穿刺性和耐老化性能不如刚性材料。

卷材防水材料厚薄均匀，质量比较稳定，但卷材搭接缝多，接缝处易开裂，对复杂表面和基层不平整的屋面，施工难度较大，不宜保证质量。而涂膜防水材料的特点恰恰可以弥补此方面的不足。

合成高分子卷材、高聚物改性沥青卷材和沥青卷材也有不同的优缺点。对于高聚物改性沥青防水卷材，它的性能决定于胎体种类。目前，这类卷材的施工工艺主要有热熔、自粘和胶粘剂粘结三种。合成高分子防水卷材分为弹性体、塑性体与加筋的合成纤维，三大类防水卷材不仅用料不同，而且性能差异也很大。因此，在设计时要考察选用材料在当地的实际使用效果。传统的沥青防水材料有纸胎沥青油毡、玻纤胎沥青油毡等，其材料性能较差，通常要叠层使用，胶结材料通常有冷沥青胶结材料和热沥青胶结材料。

必须指出，如果选用柔性防水卷材，还应考虑与其配套的胶结材料在材料性能上是否相容，并在设计中指明相应的施工工艺，如空铺、满粘、点粘、条粘等。

判别两种不同防水材料的材性是否相容，主要视其相互接触时能否粘结在一起。否则，就会出现粘结不牢，脱胶开口，甚至发生相互间的化学腐蚀，使防水层遭到破坏。只有当两种不同防水材料的材性相近时，才能做到材料的相容。一般而言，两种防水材料的材性是否相容，主要看溶度参数，其溶度参数相差越小，相容性就越接近；溶度参数相差越大，相容性就越差。

就防水工程而言，卷材防水层的胶结材料必须选用与卷材性质相容的胶粘剂，原则上应由卷材生产厂家配套供应。两种防水材料应具有相容性的情况主要有：基层处理剂的选择应与卷材的材性相容；高聚物改性沥青防水卷材或合成高分子防水卷材的搭接缝，宜用材性相容的密封材料封严；采用两种防水材料复合时，其材性应相容；卷材、涂膜防水层收头及节点部位选用的密封材料，应与防水层的材料相容；采用涂料保护层时，涂料应与防水卷材或防水涂膜的材性相容；基层处理剂应与密封材料的材性相容。

对于地基条件好、结构跨度不大的多层现浇框架建筑，可选用的防水材料较多，但也有一些区别。如 APP 改性沥青防水卷材，其低温柔性就不如 SBS 改性沥青防水卷材，前者在南方地区就比较适用，而后者除南方外，还适用于北方地区。

防水工程要求严格细致，应按照“防排结合，以防为主；刚柔并用，以柔适变；多道设防，节点密封”的思路进行设计和施工。在施工工期安排上宜避开冬期、雨期施工。在选材时还要根据外界气候情况（包括温度、湿度、酸雨、紫外线等）、结构形式（现浇式或装配式）与跨度、屋面坡度、地基变形程度和防水层暴露等情况，选用相适应的材料，才能最终保证防水工程的质量。

第一节　屋面防水工程

屋面防水工程是房屋建筑中的一项重要工作，常用的种类有卷材防水屋面、涂膜防水屋面和刚性防水屋面等。根据建筑物的性能、重要程度、使用功能及防水层合理使用年限等要求，规定将屋面防水划分为四个等级，并规定了不同等级的设防要求，见表 8-1。

表 8-1　屋面防水等级和设防要求

项目	屋面防水等级			
	Ⅰ	Ⅱ	Ⅲ	Ⅳ
建筑物类别	特别重要或对防水有特殊要求的建筑	重要的建筑和高层建筑	一般的建筑	非永久性的建筑
防水层合理使用年限	25 年	15 年	10 年	5 年
防水层选用材料	宜选用合成高分子防水卷材、高聚物改性沥青防水卷材、金属板材、合成高分子防水涂料、细石混凝土等材料	宜选用高聚物改性沥青防水卷材、合成高分子防水卷材、金属板材、合成高分子防水涂料、高聚物改性沥青防水涂料、细石混凝土、平瓦、油毡瓦等材料	宜选用三毡四油沥青防水卷材、高聚物改性沥青防水卷材、合成高分子防水卷材、金属板材、高聚物改性沥青防水涂料、合成高分子防水涂料、细石混凝土、平瓦、油毡瓦等材料	可选用二毡三油沥青防水卷材、高聚物改性沥青防水涂料等材料
设防要求	三道或三道以上防水设防	二道防水设防	一道防水设防	一道防水设防

一、卷材防水屋面

卷材防水屋面是指将沥青防水卷材、高聚物改性沥青防水卷材、合成高分子防水卷材等柔性防水材料，利用胶粘剂粘贴卷材或采用带底面粘结胶的卷材进行热熔或冷贴于屋面基层进行防水的屋面。卷材防水屋面的构造如图 8-1 所示。

（一）卷材防水的材料

1. 基层处理剂

基层处理剂是为了增强防水材料与基层之间的黏结力，在防水层施工前，预先涂刷在基层上的稀质涂料。常用的基层处理剂有冷底子油（是由 10 号或 30 号石油沥青或软化点为 50~70℃的焦油沥青溶解于轻柴油、汽油、煤油、二甲苯或甲苯等溶液中调制而成的溶液，可在基层与卷材沥青胶结料之间形成一层胶质薄膜，以此提高其胶结性能）及高聚物改性沥青卷材和合成高分子卷材配套的底胶（如氯丁胶沥青乳液、改性沥青溶液、聚氨酯煤焦油系的二甲苯溶液等，一般由卷材生产厂家配套供给）。该涂料的选择应与所用防水卷材的材性相容，以避免与卷材发生腐蚀或粘结不良。

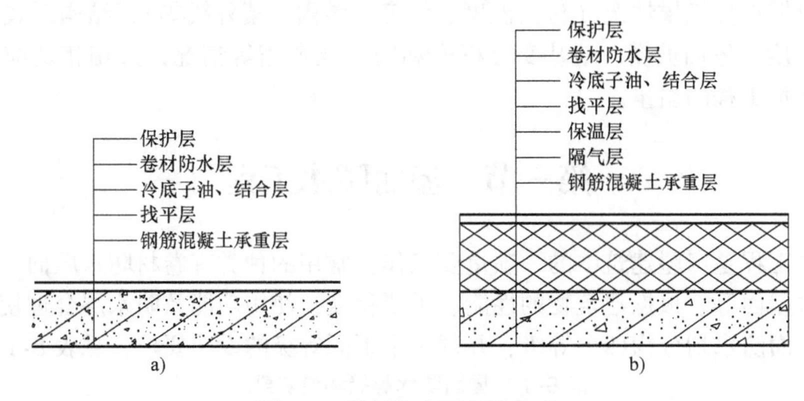

图 8-1　卷材防水屋面的构造

a）不保温卷材屋面　b）保温卷材屋面

2. 胶粘剂

（1）沥青胶结材料　配置石油沥青胶结材料，一般采用两种或三种牌号的沥青按一定配合比熔合，经熬制脱水后，掺入适当品种和数量的填充料，配置成沥青胶结材料。其标号（即耐热度）应根据屋面坡度、当地历年室外极端最高气温按表 8-2 选用。

表 8-2　石油沥青胶结材料标号选用表

屋面坡度（%）	历年室外极端最高温度/℃	沥青胶结材料标号
2~3	小于 38	S—60
	38~41	S—65
	41~45	S—70
3~15	小于 38	S—65
	38~41	S—70
	41~45	S—75
15~25	小于 38	S—75
	38~41	S—80
	41~45	S—85

（2）合成高分子卷材胶粘剂　胶粘剂用于粘贴卷材，主要有以下两种：一种为卷材与基层粘贴的胶粘剂，另一种为卷材与卷材搭接的胶粘剂。合成高分子胶粘剂的粘结剥离强度不应小于 15N/10mm，浸水 168h 后的粘结剥离强度保持率不应小于 70%。常用合成高分子

卷材配套胶粘剂见表 8-3。

表 8-3　部分合成高分子卷材配套胶粘剂

卷材名称	基层与卷材胶粘剂	卷材与卷材胶粘剂	表面保护层涂料
三元乙丙—丁基橡胶卷材	CX—404 胶	丁基粘结胶 A、B 组分(1∶1)	水乳型醋酸乙烯—丙烯酸酯共聚，油溶型乙丙橡胶和甲苯溶液
氯化聚乙烯卷材	BX—12 胶粘剂	BX—12 组分胶粘剂	水乳型醋酸乙烯—丙烯酸酯共混，油溶型乙丙橡胶和甲苯溶液
LYX—603 氯化聚乙烯卷材	LYX—603—3(3 号胶)甲、乙组分	LYX—603—2(2 号胶)	LYX—603—1(1 号胶)
聚氯乙烯卷材	FL—5 型(5~15℃时使用) FL—5 型(15~40℃时使用)		

(3) 粘结密封胶带　粘结密封胶带主要应用于合成高分子卷材与卷材之间的搭接粘结和封口粘结，分为双面胶带和单面胶带。双面胶带剥离状态下的粘结剥离强度不应小于 10N/25mm，浸水 168h 后的粘结剥离强度保持率不应小于 70%。

3. 防水卷材

防水卷材是利用胶结材料粘贴或胶合，将卷材铺贴成一整片，能够防水的柔性薄型片状密封材料，目前我国常用防水卷材的特点和适用范围见表 8-4。

表 8-4　常用防水卷材的特点及使用范围

卷材类别	卷材名称	特点	适用范围	施工工艺
沥青防水卷材	石油沥青纸胎油毡	是我国传统的防水材料，目前在屋面工程中仍占主导地位；其低温柔性差，防水层耐用年限较短，但价格较低	三毡四油、二毡三油叠层铺设的层面工程	热沥青胶、冷沥青胶粘贴施工
	玻璃布沥青油毡	抗拉强度高，胎体不易腐烂，材料柔性好，耐久性比纸胎油毡提高一倍以上	多用作纸胎油毡的增强附加层和凸出部位的防水层	热沥青胶、冷沥青胶粘贴施工
	玻纤毡沥青油毡	有良好的耐水性、耐腐蚀性和耐久性，柔性也优于纸胎沥青油毡	常用作屋面或地下防水工程	热沥青胶、冷沥青胶粘贴施工
	黄麻胎沥青油毡	抗拉强度高、耐水性好，但胎体材料易腐烂	常用作屋面增强附加层	热沥青胶、冷沥青胶粘贴施工
	铝箔胎沥青油毡	有很高的阻隔蒸汽的渗透能力，防水功能好，且具有一定的抗拉强度	与带孔玻纤毡配合或单独使用，宜用于隔气层	热沥青胶粘贴施工
高聚物改性沥青防水材料	SBS 改性沥青防水卷材	耐高温、低温性能有明显提高，卷材的弹性和耐疲劳性明显改善	单层铺设的屋面防水工程或复合使用	热熔法或冷粘法施工
	APP 改性沥青防水卷材	具有良好的强度、延伸性、耐热性、耐紫外线照射及耐老化性能，耐低温性能稍低于 SBS 改性沥青防水卷材	单层铺设，适合于紫外线辐射强烈及炎热地区屋面使用	热熔法或冷粘法施工
	PVC 改性焦油防水卷材	有良好的耐热及耐低温性能，最低开卷温度为-18℃	有利于在冬季负温度下施工	可冷作业和热作业施工

（续）

卷材类别	卷材名称	特点	适用范围	施工工艺
高聚物改性沥青防水材料	再生胶改性沥青防水卷材	有一定的延伸性，且低温柔性较好，有一定的防腐蚀能力，价格低廉，属低档防水卷材	变形较大或档次较低的屋面防水工程	热沥青粘贴
	废橡胶粉改性沥青防水卷材	比普通石油沥青纸胎的抗拉强度、低温柔性均明显改善	叠层使用于一般屋面防水工程，宜在寒冷地区使用	热沥青粘贴
合成高分子防水材料	三元乙丙橡胶防水卷材	防水性能优异、耐候性好、耐臭氧性、耐化学腐蚀、弹性和抗拉强度大，对基层变形开裂的适应性强，重量轻，使用温度范围宽，寿命长，但价格高，黏结材料尚需配套完善	屋面防水技术要求较高、防水层耐用年限要求长的工业与民用建筑，单层或复合使用	冷粘法或自粘法
	丁基橡胶防水卷材	有较好的耐候性、抗拉强度和延伸率，耐低温性能稍低于三元乙丙防水卷材	单层或复合使用于要求较高的屋面防水工程	冷粘法施工
	氯化聚乙烯防水卷材	具有良好的耐候、耐臭氧、耐热老化、耐油、耐化学腐蚀及抗撕裂的性能	单层或复合使用，宜用于紫外线强的炎热地区	冷粘法施工
	氯磺化聚乙烯防水卷材	延伸率较大、弹性较好、对基层变形开裂的适应性较强，耐高温、低温性能好，耐腐蚀性能优良，有很好的难燃性	适合于有腐蚀介质影响及在寒冷地区的屋面工程	冷粘法施工
	聚氯乙烯防水卷材	具有较高的拉伸和撕裂强度，延伸率较大，耐老化性能好，原材料丰富，价格便宜，容易粘结	单层或复合使用于外漏或有保护层的屋面防水	冷粘法或热风焊接法施工
	氯化聚乙烯—橡胶共制防水卷材	不但具有氯化聚乙烯特有的高强度和优异的耐臭氧性、耐老化性能，而且具有橡胶特有的高弹性、高延伸性以及良好的低温柔性	单层或复合使用，尤宜用于寒冷地区或变形较大的屋面	冷粘法施工
	三元乙丙橡胶—聚乙烯共混防水卷材	是热塑性弹性材料，有良好的耐臭氧和耐老化性能，使用寿命长，低温柔性好，可在负温条件下施工	单层或复合使用于外露防水屋面，宜在寒冷地区使用	冷粘法施工

（1）沥青卷材　沥青卷材是用原纸、纤维织物、纤维毡等作为胎体材料，将其两面浸涂沥青胶，表面涂撒粉状、粒状或片状等隔离材料制成的可卷曲片状防水材料。

（2）高聚物改性沥青卷材　高聚物改性沥青卷材是用纤维织物或纤维毡等作为胎体材料，浸涂合成高分子聚合物改性沥青，表面撒布粉状、粒状、片状或薄膜材料为覆面材料制成的可卷曲的片状防水材料。其耐高温性、耐寒冷性、弹性和耐疲劳性都有较好的改善，在一定程度上延长了屋面的使用寿命。目前，国内常用的高聚物改性沥青卷材的品种有 SBS 改性沥青卷材、APP 改性沥青卷材、APAO 改性沥青卷材、再生胶改性沥青卷材等。

（3）合成高分子卷材　合成高分子卷材是用合成橡胶、合成树脂或两者的共混体为基料，加入适量的化学助剂和填充料等，经不同工序加工而成的可卷曲的片状防水材料；或将上述材料与合成纤维等复合形成两层或两层以上的可卷曲的片状防水材料。这类防水材料与传统的石油沥青卷材相比，具有可单层结构防水、冷施工、使用寿命长等优点。目前，国内常用的合成高分子卷材有三元乙丙橡胶防水卷材、丁基橡胶防水卷材、氯化聚乙烯防水卷材、聚氯乙烯防水卷材、氯磺化聚乙烯防水卷材等。

(4) 金属防水卷材（PSS合金防水卷材）　金属防水卷材是以铅、锡、锑等金属材料经熔化、浇筑、辊压成片状可卷曲的防水材料。金属防水卷材采用全金属一体化的封闭覆盖方式来达到防水的目的。接缝处采用同类金属熔化连接的方式，其抗拉强度大于卷材本身的抗拉强度，所以接缝处不像其他卷材，易受接缝媒质影响而使其使用寿命降低。

由于材料的特性，决定了它具有永不腐烂，永久防漏的特点，其防漏年限可与建筑物使用寿命相同，十分适用于种植屋面、养殖屋面、地下室防水和水池防水，可防电磁干扰及核辐射。防漏终止时，其材料还可以100%回收再利用，这是其他防水材料不能做到的。

(5) 膨润土防水毯（纳米毯）　膨润土防水毯是用高密度聚丙烯等合成纤维做底材，用针刺法在其上面织上厚度均匀的、遇水膨胀的天然纳基膨润土，盖上聚丙烯等布纤维后冲压，然后按规格尺寸切割成可卷曲的片状防水材料。

高纳质膨润土具有较强的膨胀特性。在实验室环境中，对一个高纳质膨润土小颗粒进行试验，其自由状态下遇水后，体积膨胀到原来的15~17倍。

因此，膨润土防水毯遇水后能形成一层无缝的高密度浆状防水层，可有效起到防水止水的作用。它适用于屋面防水，地下室防水和人工湖、人工水库防水。

(二) 卷材防水屋面的施工

1. 施工基本要求

(1) 基层的处理（图8-2）　当屋面结构层为预制装配式混凝土板时，板缝间用不小于C20的细石混凝土嵌填密实，并宜适当掺加微膨胀剂。当板缝宽度大于40mm或上窄下宽时，板缝内应设置构造钢筋。

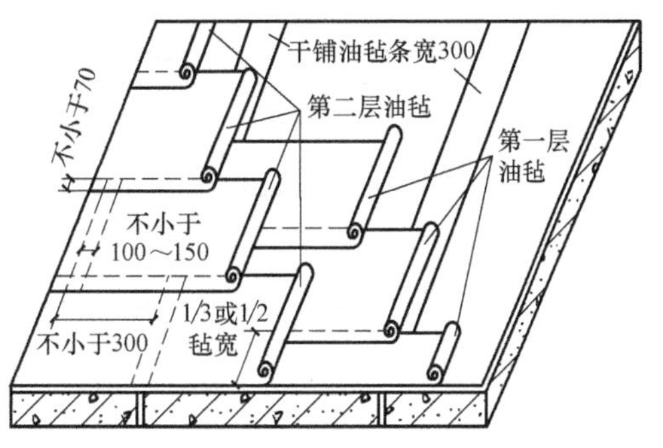

图8-2　基层的处理

在屋面结构层上应做好找平层，找平层的强度、坡度和平整度对卷材防水层施工质量影响很大，必须压实平整，排水坡度必须符合规范规定。找平层要求平缓变化，平整度可用2m靠尺检查，最大空隙不允许大于5mm，且每米长度内不允许多于1处。

采用水泥砂浆找平层时，水泥砂浆抹平收水后应二次压光，充分养护，不得有酥松、起砂、起皮等现象。

铺设防水层或隔气层之前，要求找平层必须充分干燥，并保持清洁。检验干燥程度的一般方法，可将1m² 卷材干铺在找平层上，静置3~4h后掀开，如果覆盖部位与卷材上没有水印，即可开始下一个构造层次的施工。

屋面泛水处和基层的转角处（如雨水口、檐口、天沟、檐沟、屋脊等）均应做成小圆弧或45°斜角，圆弧半径见表8-5。

(2) 卷材的铺贴　卷材铺贴顺序应采取“先高后低、先远后近”的原则，即高低跨屋面，先铺高跨后铺低跨；等高大面积屋面，先铺离上料地点较远的部位，后铺较近部位。这样可以避免已铺屋面因材料运输和施工等原因，遭到人员的踩踏和破坏。

表 8-5　圆弧半径

卷材种类	圆弧半径 /mm
沥青防水卷材	100~150
高聚物改性沥青防水卷材	50
合成高分子防水卷材	20

卷材大面积铺贴前，要求先做好节点、附加层和分格缝的空铺条等处的密封处理，然后由屋面最低标高处向上施工。铺贴天沟、檐沟卷材时，宜顺天沟、檐沟方向铺贴，从雨水口处向分水线方向铺贴，以减少搭接。

施工段的划分宜设在屋脊、天沟、变形缝等处。卷材应根据屋面坡度及屋面是否受振动来确定铺贴方向。当屋面坡度小于3%时，卷材宜平行于屋脊铺贴；当屋面坡度为3%~15%时，卷材可平行或垂直于屋脊铺贴；当屋面坡度大于15%或屋面受振动时，沥青卷材、高聚物改性沥青卷材应垂直于屋脊铺贴。合成高分子卷材可根据实际情况综合考虑，采用平行或垂直于屋脊铺贴，但上下层卷材不得相互垂直铺贴；当屋面坡度大于25%时，卷材宜垂直于屋脊方向铺贴，同时采取相应的固定措施，防止卷材下滑，固定点处要求有良好的密封处理。

（3）卷材的搭接　铺贴卷材应采用搭接法，相邻两幅卷材的接头应相互错开，以避免因多层卷材相重叠而粘结不牢。叠层铺贴时，上下层两幅卷材的搭接缝也应相互错开，如图8-3所示。

高聚物改性沥青防水卷材和合成高分子防水卷材的搭接缝，要注意选用材性相容的密封材料封严，密封材料通常由卷材厂家配套供给。

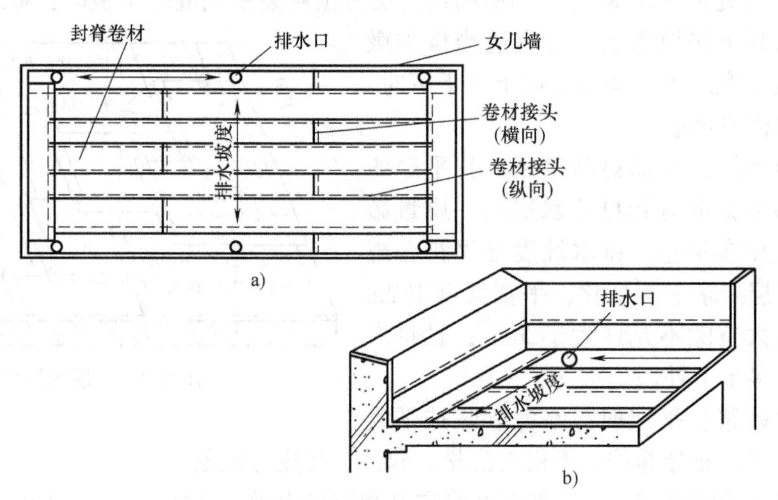

图 8-3　卷材水平铺贴搭接要求示意图
a）平面图　b）剖面图

平行于屋脊的搭接缝应顺水流方向搭接；垂直于屋脊的搭接缝应顺年最大频率风向（主导风向）搭接。

叠层铺设的各层卷材，在天沟与屋面的连接处，应采用叉接法搭接，搭接缝应错开；接缝宜留在屋面或天沟侧面，不宜留在沟底。铺贴卷材时，不得污染檐口的外侧和墙面。

高聚物改性沥青防水卷材采用冷粘法施工时，搭接边部分要求有多余的冷粘剂挤出；热熔法施工时，搭接边应要求溢出少许热熔沥青，以形成一道沥青条。各种卷材的搭接宽度要求见表 8-6。

表 8-6 各种卷材的搭接宽度要求

搭接方向		短边搭接宽度 /mm		长边搭接宽度 /mm	
卷材种类		铺贴方法			
		满粘法	空铺法 点粘法 条粘法	满粘法	空铺法 点粘法 条粘法
沥青卷材		100	150	70	100
高聚物改性沥青卷材		80	100	80	100
合成高分子卷材	胶粘剂	80	100	80	100
	胶粘带	50	60	50	60
	单焊缝	60,有效焊接宽度不小于 25			
	双焊缝	80,有效焊接宽度 10×2+空腔宽			

2. 沥青防水卷材施工

沥青防水卷材施工主要有热沥青胶结料粘贴油毡施工与冷沥青胶结料粘贴油毡施工两种方法。

（1）卷材防水热施工操作　目前，只有传统的石油沥青纸胎油毡叠层施工时采用热粘贴施工。油毡叠层热施工是先在找平层上涂刷冷底子油，将熬制好的热沥青胶结料趁热浇洒，并立即逐层铺贴油毡于屋面的基层，最后在面层上浇洒一层热沥青胶，并及时铺撒热绿豆砂（粒径为 3~5mm 的小豆石）作为保护层。

为使绿豆砂与面层粘结牢固，不易被雨水冲刷掉，绿豆砂要干净、干燥，并预热至 100℃左右，面层热沥青胶浇洒时，随时铺撒热绿豆砂。如果在蓄水试验后铺撒绿豆砂，则要求铺设时，在油毡表面涂刷 2~3mm 厚的沥青胶，同样将绿豆砂预热，趁热铺撒。绿豆砂必须与沥青胶粘结牢固，未粘结的绿豆砂要随时清扫干净。

热粘贴施工工艺流程为：基层清理→涂刷冷底子油→铺贴附加层油毡→铺贴大面油毡→检查验收→蓄水试验。

铺贴大面油毡可采用满铺、花铺等方法。满铺法是在油毡下满刷沥青胶结材料，全部进行粘结。当保温层和找平层干燥有困难时，在潮湿的基层上铺贴油毡可采用花铺法。花铺法是在铺第一层油毡时，不需要满涂沥青胶结材料，而是采用条形、点状、蛇形等方法涂浇油，使第一层油毡与基层之间有若干个互相串通的空隙。花铺第一层油毡时，在檐口、屋脊和屋面的转角处至少应有 800mm 宽的油毡满涂沥青胶结材料，将油毡粘牢在基层上。花铺第一层油毡后往上铺下一层油毡时，应采用满铺法。

油毡卷材的长边及短边各种接缝应互相错开，上下两层油毡不允许垂直铺贴。采用满铺法时，短边油毡搭接宽度为 100mm，长边油毡搭接宽度为 70mm；采用花铺法时，短边搭接宽度为 150mm，长边搭接宽度为 100mm。垂直于屋脊的油毡，应铺过屋脊至少 200mm。

施工过程中，热沥青胶的配比一定要准确，如果耐热度偏高或偏低，会引起油毡流淌。熬制热沥青胶时，加热温度不应高于 240℃，使用温度不宜低于 190℃。加热温度过高，会使沥青碳化变脆；加热温度过低，则脱水不净。使用温度过低，也会造成流淌现象。

热沥青胶厚度要涂刮均匀，不得堆积。粘贴油毡的热沥青胶厚度每层宜为1~1.5mm，面层厚度宜为2~3mm。过厚会造成油毡的流淌和沥青胶的浪费，过薄则不利于粘贴。

天沟、檐沟铺贴油毡时，应从沟底开始，纵向铺贴。如沟底过宽，纵向的搭接缝必须用密封材料封口，以保证防水的可靠。在平面与立面的转角处、雨水口、管道根部铺贴时，要铺贴附加层油毡。

屋面防水层施工时，卷材端部收头处常是易破损的薄弱部位。可将油毡端头裁齐后压入预留的凹槽内，再用压条或垫片压紧、钉牢，并用密封材料将端头封严，最后用聚合物水泥砂浆将凹槽抹平。这样可以有效地避免油毡端头翘边、起鼓。

在无保温层的装配式屋面上，为避免结构变形而将防水层拉裂，在分格缝上必须采取卷材空铺或加铺附加增强层。卷材直接空铺时，只要在分格缝上涂刷200~300mm宽的隔离剂或铺贴隔离纸即可。加铺附加增强层时，要裁剪宽200~300mm的油毡条，单边点贴于分格缝上，然后再大面积铺贴油毡。

（2）卷材防水冷施工操作　卷材叠层冷粘贴工艺是用冷沥青胶粘贴油毡的施工方法。它先将冷沥青胶涂刷于基层，然后铺贴各层油毡，再涂刷面层冷沥青胶，最后均匀地铺撒粒料保护层。其施工工艺要点是：粘贴油毡的每层冷沥青胶厚度宜为0.5~1mm，面层厚度宜为1~1.5mm。冷沥青胶含有溶剂，它的浸润性比较强，找平层上可不涂刷冷底子油，施工时须待涂刷的冷沥青胶中溶剂部分挥发后才能铺贴油毡，否则，会使油毡产生小泡。其他的要点和卷材防水热施工工艺相同。

3. 高聚物改性沥青防水卷材施工

高聚物改性沥青防水卷材的收头处理，雨水口、天沟、檐沟、檐口等部位的施工，以及排汽屋面施工，均与沥青防水卷材施工相同。立面或大坡面铺贴高聚物改性沥青防水卷材时，应采用满粘法，并宜减少短边搭接。

（1）冷粘法施工　冷粘法铺贴高聚物改性沥青防水卷材是指用高聚物改性沥青胶粘剂或冷沥青胶粘贴于涂有冷底子油的屋面基层上。

高聚物改性沥青防水卷材与沥青防水卷材的多层做法不同，通常只是单层或双层防水。因此，要求每幅卷材铺贴的位置必须准确，搭接宽度应符合规范要求。

施工时，根据卷材的配置方案，一边涂刷胶粘剂，一边铺贴卷材。改性沥青胶粘剂涂刷应均匀，不漏底、不堆积。同时用压辊滚压，排除卷材下面的空气，使其粘结牢固。

空铺法、条粘法、点粘法应按规定位置与面积涂刷胶粘剂。

复杂部位（如管根、雨水口、烟囱底部等易发生渗漏的部位）可在其中心200mm左右范围先均匀涂刷一遍改性沥青胶粘剂，厚度为1mm左右；涂胶后随即粘贴一层聚酯纤维无纺布，并在无纺布上再涂刷一遍厚度为1mm左右的改性沥青胶粘剂，使其干燥后形成一层无接缝的整体防水涂膜增强层。

采用冷粘法时，接缝口处要封闭严密，密封材料的宽度不应小于10mm。搭接缝部位最好采用热风焊机、火焰加热器或汽油喷灯加热，以接缝卷材表面熔融至光亮黑色时，即可进行粘合。

（2）热熔法施工　此方法采用的是一种在卷材底面涂有一层软化点较高的改性沥青热熔胶的防水卷材。施工时，将热熔胶用火焰喷枪加热作为胶粘剂，即可直接将卷材铺贴于基层。

热熔法施工的加热器主要有石油液化气火焰喷枪、汽油喷灯、柴油火焰枪等。最常用的是石油液化气火焰喷枪，它由石油液化气瓶、橡胶煤气管、喷枪三部分组成。它的火焰温度高，使用方便，施工速度快。

热熔法施工的关键是卷材底面热熔胶的加热程度一定要满足施工要求。加热不足，卷材表层会熔化不够，热熔胶与基层粘贴不牢；加热过分，会使热熔胶焦化变脆，并易造成胎体老化，严重的会使卷材烧穿，造成粘贴不牢，直接影响防水质量。

热熔卷材施工一般由两人操作，一人加热，一人铺毡。施工时，首先使卷材定位，确定好卷材的铺贴顺序和铺贴方向之后，再重新卷好。点燃火焰喷枪，将加热器喷嘴对准基层和卷材底面，烘烤卷材底面与基层的交接处，使两者同时加热，火焰加热器的喷嘴距卷材面的距离要适中，距离大约为0.5m，具体距离要根据施工时的环境温度及加热器的火焰强度而定，保证卷材幅宽内加热均匀。加热程度以卷材表面刚刚熔化为宜，此时沥青的温度为200~230℃，卷材表面热熔后，应立即向前滚铺卷材，并趁热用压辊进行滚压，卷材要求平展，不得皱折，滚压过程要排净卷材下面的空气，使卷材与基层粘结牢固。

热熔卷材铺贴后，搭接缝口处一般要溢出热熔胶，此时随即趁热刮胶封口。观察搭接部位溢出热熔胶的多少，可初步判断施工质量。如果溢出热熔胶的量适中，说明加热温度合适且均匀，滚压牢固；但如果溢出的热熔胶过多，则说明加热和滚压过度，易产生质量问题。

热熔卷材的基层应干燥，基层个别潮湿处应用火焰喷枪烘烤干燥后再进行施工。在材质允许的条件下，可在-10℃左右的温度下施工。但雨雪天气、五级风及以上时不得施工。

屋面防水层施工完毕后，应做蓄水试验或淋水试验。上人屋面按设计要求做好保护层。不上人屋面可在卷材防水层表面上采用边涂刷橡胶改性沥青胶粘剂边撒石片，作为保护层，石片要撒布均匀，同时用压辊滚压使其粘结牢固。待保护层干透、粘牢后，可将未粘牢的石片扫掉。

(3) 自粘贴施工　自粘贴施工是指自粘型卷材的铺贴施工。这种卷材在工厂生产时底面涂了一层高性能的胶粘剂，并在表面敷有一层隔离纸。使用时将隔离纸剥去，即可直接进行粘贴施工。

自粘贴施工一般可采用满粘、条粘等施工方法。采用条粘时，可在不粘贴的基层部位刷一层石灰水或干铺一层卷材。施工前，基层表面应均匀涂刷基层处理剂，干燥后应及时铺贴卷材。铺贴的卷材要求平整顺直，不得出现扭曲、皱折等现象。铺贴过程中，边铺贴边滚压，排除卷材下面的空气，保证粘结牢固。搭接部位宜用热风焊枪加热，加热后粘贴牢固，随即将溢出的自粘胶刮平封口。接缝口处应用密封材料封严，宽度不应小于10mm。

保护层可采用浅色涂料，也可采用刚性材料。保护层施工前应将卷材表面清扫干净。涂料层应与卷材粘结牢固、厚薄均匀，不得漏涂。如卷材本身采用绿页岩片等覆面时，则防水层可不必另做保护层。

4. 合成高分子防水卷材施工

合成高分子防水卷材的施工方法主要有冷粘法施工、自粘法施工和热风焊接法施工。

三元乙丙橡胶防水卷材、氯化聚乙烯—橡胶共混防水卷材等多采用冷粘法施工；聚乙烯防水卷材、聚氯乙烯防水卷材和氯化聚乙烯防水卷材等热塑性卷材的接缝处理常采用热风焊接法施工；自粘法施工与高聚物改性沥青防水卷材施工基本相同。

(1) 三元乙丙橡胶防水卷材施工

① 涂布基层处理剂。涂布基层处理剂通常是将聚氨酯防水涂料的甲料、乙料和二甲苯

按质量1∶1.5∶3的比例配合，搅拌均匀后，均匀涂刷在基层上，涂刷时不得漏刷，也不得有堆积现象，待基层处理剂固化干燥后，方能铺贴卷材。

② 涂刷基层胶粘剂。基层胶粘剂的施工要求涂刷均匀，不允许胶粘剂出现漏刷和堆积等现象。采用空铺法、条粘法、点粘法时，应按规定的位置和面积涂刷。

③ 铺贴卷材。铺贴卷材时，可根据卷材的配置方案首先弹出基准线，然后将卷材沿长边方向对折，涂胶面相背，将待铺卷材卷首对准已铺卷材短边搭接基准线，待铺卷材长边对准已铺卷材长边搭接基准线，开始铺贴。

每铺完一卷卷材后，应立即用干净松软的长把滚刷从卷材一端开始按横向顺序用力滚压一遍，以彻底排除卷材与基层之间的空气，使其粘结牢固。

④ 卷材搭接施工。已粘贴的卷材应留出80mm的搭接边，卷材接缝处应采用专用的胶粘剂。用油漆刷均匀涂刷在翻开的卷材接头的两个粘结面上，涂胶量一般以0.5kg/m^{2}左右为宜。

因卷材搭接处的胶粘剂不具有立即粘结凝固的性能，施工时尚需静置20~40min，待其基本干燥（用手指按压无粘感）后，方可进行贴压粘结。如果是三层卷材重叠的接头处，还必须嵌填密封膏后再行粘合施工，在接缝的边缘再用密封材料封严。

⑤ 保护层的施工。保护层的施工与高聚物改性沥青防水卷材基本相同。

（2）聚氯乙烯防水卷材施工　聚氯乙烯防水卷材一般采用空铺法施工，但在细部防水节点的附加增强层处，以及在檐口和屋脊、屋面转角部位和泛水等处的800mm范围内，应使用专门的聚氯乙烯胶粘剂，用满粘法施工。

聚氯乙烯防水卷材采用热风焊接法进行铺设施工，是利用电热风焊机产生的高温热风将防水卷材的搭接缝面层熔融，同时施以重压，即可将两片卷材合为一体。电热风焊机主要有自动行进式电热风焊机和手持式电热风焊枪两种。因为受到焊枪端部限位挡板的制约，热风焊接法铺贴卷材的长、短边搭接宽度为50mm。无限位挡板的手持式电热风焊枪，也应按此尺寸留设搭接宽度。

采用自动行进式电热风焊机进行搭接缝焊接处理时，应先进行试焊，确定适合的焊接温度和行走速度（一般为2~6m/min左右）；采用手持式电热风焊枪焊接时，速度不宜过快，焊接速度以1m/min左右为宜。如果焊接、滚压后形成不了PVC熔体凝固后的嵌缝线，则应用PVC密封材料或胶粘剂进行嵌缝处理，或用封口条进行封口处理。

二、涂膜防水屋面

涂膜防水是指将防水涂料均匀涂布在结构物表面上，结成坚韧防水膜的一种防水技术。防水涂料在形成防水层的过程中，既是防水主体，又是胶粘剂，能使防水层与基层紧密相连，并且日后易查找漏点，维修方便。因为防水涂料成液态，在施工基层上经过一定时间的固化后可形成连续、密闭的防水层，不像卷材那样存在很多搭接缝，所以特别适合形状复杂的施工基层。

涂膜防水材料虽然具有较好的防水性能、造价低、施工简便等优点，有些种类的防水涂料也能达到较好的延伸性，但是其拉断强度、抗撕裂强度、耐摩擦、耐穿刺等指标都较同类防水卷材低，因此涂膜防水要注意加强保护，在防水工程设计中需与其他材料配合使用。

不同品种的防水涂料个性区别较大，使用时要特别注意。如聚氨酯类反应型涂料，挥发成分极少，固体含量很高，性能好，但价格高，施工要求工人具有较高的素质和熟练的操作技能；溶剂型涂料成膜相对较致密，耐水性较好，但固体含量低，且溶剂有毒，易燃易爆，施工和存放时要严格按规程操作；水乳型涂料固体含量适中，无毒、不燃、价格低，能用于稍潮湿的基层，但其涂膜的致密性及长期耐泡水性则不如前两者。

防水涂料的组成多以有机高分子化合物和各种复杂的有机物为主，不少成分可能对人体有害，故在饮用水池、游泳池及冷库等防水防潮工程设计中，必须十分慎重地选用。对于含有煤焦油等有害物质的涂料，绝对不能用于上述工程。

（一）防水涂料的种类

防水涂料根据成膜物质的主要成分可分为沥青基防水涂料、高聚物改性沥青防水涂料和合成高分子防水涂料三种。施工时可根据具体情况，在涂膜防水层中增设胎体增强材料。

沥青基防水涂料是以沥青为基料配制而成的水乳型或溶剂型防水涂料，如石灰乳化沥青涂料、膨润土乳化沥青涂料和石棉乳化沥青涂料等。涂膜厚度在Ⅲ级屋面或类似标准要求的防水工程上单独使用时，其厚度应不小于8mm；在Ⅳ级屋面或类似标准要求的防水工程上或是与其他材料复合使用时，其厚度不宜小于4mm。

高聚物改性沥青防水涂料是以沥青为基料，用合成高分子聚合物进行改性配制而成的水乳型、溶剂型或热熔型防水涂料，如氯丁橡胶改性沥青涂料、丁基橡胶改性沥青涂料、丁苯橡胶改性沥青涂料、SBS改性沥青涂料和APP改性沥青涂料等。单独使用时涂膜厚度宜不小于3mm；与其他防水材料（包括嵌缝材料）复合或配合使用时，其厚度宜不小于1.5mm。

合成高分子防水涂料是以合成橡胶或合成树脂为主要成膜物质配制而成的水乳型或溶剂型防水涂料，如丙烯酸防水涂料、聚氨酯防水涂料、硅橡胶防水涂料、聚合物水泥防水涂料等。因其成膜机理不同，分为反应固化型、挥发固化型和聚合物水泥防水涂料三类。单独使用时涂膜厚度应不小于2mm；与其他防水材料复合使用时，其厚度不宜小于1mm。

（二）涂膜防水屋面的施工

1. 涂膜防水常见的施工方法

涂膜防水常见的施工方法见表8-7。

表8-7　涂膜防水常见的施工方法

施工方法	具体做法	适用范围
抹压法	涂料用刮板刮平后，待其表面收水而尚未结膜时，再用铁抹子压实抹光	用于流平性差的沥青基厚质防水涂料施工
涂刷法	用棕刷、长柄刷、圆滚刷蘸防水涂料进行涂刷	用于涂刷立面防水层和节点部位细部处理
涂刮法	用胶皮刮板涂布防水涂料，先将防水涂料倒在基层上，用刮板来回涂刮，使其厚薄均匀	用于黏度较大的高聚物改性沥青防水涂料和合成高分子防水涂料在大面积上的施工
机械喷涂法	将防水涂料倒入设备内通过喷枪将防水涂料均匀喷出	用于黏度较小的高聚物改性沥青防水涂料和合成高分子防水涂料的大面积施工

2. 涂膜防水屋面的使用条件及厚度

涂膜防水屋面的使用条件及厚度见表8-8。

表 8-8 涂膜防水屋面的使用条件及厚度

防水涂料类别	屋面防水等级	使用条件	厚度规定/mm
沥青基防水涂料	Ⅲ级	单独使用	≥8
		复合使用	≥4
	Ⅳ级	单独使用	≥4
高聚物改性沥青防水涂料	Ⅱ级	作为一道防水层	≥3
	Ⅲ级	单独使用	≥3
		复合使用	≥1.5
	Ⅳ级	单独使用	≥3
合成高分子防水涂料	Ⅰ级	只能有一道	≥2
	Ⅱ级	作为一道防水层	≥2
	Ⅲ级	单独使用	≥2
		复合使用	≥1

3. 涂膜防水屋面的施工过程

（1）施工准备工作

① 技术准备。技术准备包括熟悉和会审施工图，掌握和了解设计意图；编制屋面防水工程施工方案，确定质量目标和检验标准；确定施工记录编制内容要求；向施工操作人员进行技术交底或培训；及时掌握天气预报资料，确定施工方法和施工进度计划。

因为各类防水涂料对气候的影响都很敏感，涂料在成膜的过程中最好连续几天无雨、雪、冰冻，尤其是在涂膜干燥前不能遇雨、雪，否则会造成涂膜麻面和空鼓。

涂料施工时，不同的涂料对气温的要求不同。如有些溶剂型防水涂料在5℃以下溶剂挥发慢，成膜时间长；水乳型涂料在10℃以下，水分就不易蒸发干燥；特别是有些厚质涂料，气温降到0℃时，涂层内水分结冰，将使涂膜产生冻胀危害。如果气温过高，涂料中的溶剂很快挥发，则使涂料变稠，施工操作困难，质量也就不易保证。

沥青基防水涂膜和水乳型高聚物改性沥青防水涂膜的施工气温为5~35℃；溶剂型高聚物改性沥青防水涂膜和合成高分子防水涂膜的施工气温为-5~35℃。五级风时会影响涂料施工操作，难以保证防水层质量和人身安全。所以五级风及其以上时不得施工。

② 机具和材料准备。根据不同的施工方法，备好刮板、刷子、喷枪和用于嵌填密封材料的嵌缝枪（目前主要有动力嵌缝枪和骨架嵌缝枪两种）等工具。

材料要求包括现场储料仓库设施要完善，符合规程要求；进场的涂料应出具产品合格证，经抽样复验，技术性能符合质量标准；防水涂料的进场数量能满足屋面防水工程的使用；屋面防水的各种配套材料准备齐全等。

③ 现场施工条件准备。找平层已检查验收，质量合格，含水率符合要求；消防设施齐全，安全设施可靠；劳保用品已能满足施工操作需要；屋面上需安装的设施已施工完毕。

（2）基层处理　防水层的基层通常是指房屋的结构层或找平层。结构层是防水层和整个屋面层的载体。找平层则直接铺抹在结构层或保温层上，一般有水泥砂浆找平层、细石混凝土找平层、配筋细石混凝土找平层和沥青砂浆找平层等。

涂膜防水层的基层一旦开裂，很容易使涂膜拉裂。因此，水泥砂浆的配合比宜为1∶2~1∶2.5，稠度以不大于70mm为宜，并适量掺加减水剂、补偿收缩剂等外加剂。保证水泥砂浆具有较好的强度、平整度和光滑度，砂浆表面不得酥松、起皮、起砂。

为了避免结构变形、温度变形和水泥砂浆干缩等因素导致找平层拉裂，屋面找平层尚应留设分格缝。分格缝的位置应设在板端、屋面转折处和防水层与凸出屋面结构的交接处。其纵横分格缝的最大间距为：水泥砂浆找平层、细石混凝土及配筋细石混凝土找平层不宜大于6m；沥青砂浆找平层不宜大于4m，分格缝的宽度一般为20mm。分格缝内应填嵌密封材料或沿分格缝增设带胎体增强材料的空铺附加层，其宽度宜为200~300mm。

在结构层上直接施工防水层，要求结构层具有较好的平整度和刚度，最好采用整体现浇防水钢筋混凝土板。如果结构层采用预制装配式钢筋混凝土板，板缝应用不小于C20的细石混凝土嵌填密实，并宜掺少量微膨胀剂，以减少混凝土收缩出现裂缝的可能性。对于开间、跨度较大的结构，尚应在板面上增设40mm厚的C20细石混凝土现浇层，并配置钢筋网。

（3）涂刷基层处理剂　除了浸润性和渗透性较强的防水涂料（如油膏稀释涂料）可不涂刷基层处理剂而直接施工外，在施工涂膜防水层之前，还应在基层上涂刷基层处理剂。

基层处理剂不必另行准备，可将防水涂料直接稀释后使用即可。涂刷基层处理剂时，力度要大，涂层要薄，使其均匀渗入基层毛细孔中，将基层毛细孔堵塞，避免基层的潮气蒸发，使防水层起鼓。同时，可将基层上可能留下来的少量灰尘等杂质混入基层处理剂中，使之与基层牢固结合。这样，即使屋面上灰尘不能完全清理干净，也不会影响涂层与基层的牢固粘结。

（4）涂膜防水施工　涂膜防水施工的顺序遵循“先高后低、先远后近”的原则。合理划分施工段，施工段的位置应尽量安排在屋面的变形缝处。合理安排施工顺序，在每个施工段中要先涂布较远部分，后涂布较近部分；先涂布排水较集中的细部节点（如雨水口、天沟、檐沟）等处，再逐步向上涂布至屋脊或天窗下。各遍涂膜的涂刷方向应相互垂直，覆盖严密，避免产生直通的针眼气孔。涂层间的接茬应超过50~100mm，避免在接茬处涂层薄弱，发生渗漏。

确保涂膜防水层的厚度是涂膜防水屋面的技术关键，过薄会降低屋面整体防水效果，缩短防水层耐用年限；过厚将在一定意义上造成浪费。以前常用涂刷遍数或每平方米涂料用量来控制涂膜防水层的质量，但有时因成膜的厚度不够，会影响防水质量。所以，目前直接用涂膜厚度来控制防水层的质量。在涂料涂刷时，做到多遍薄涂，确保厚度。

在涂刷第二遍涂料时，或第三遍涂刷前，可加铺胎体增强材料。胎体增强材料的铺贴方向根据屋面坡度情况而定，屋面坡度小于15%时，可平行于屋脊铺设；屋面坡度大于15%时，应垂直于屋脊铺设。其胎体长边搭接宽度不得小于50mm，短边搭接宽度不得小于70mm，搭接缝应顺流水方向或年最大频率风向（即主导风向）。当采用两层胎体增强材料时，上下层不得互相垂直铺设，搭接缝应错开，其间距不应小于幅度的1/3。

（5）保护层施工　因一些涂膜防水层较薄，易老化，所以在涂膜防水层上应设置保护层，以提高其耐穿刺和抗损伤能力，从而提高涂膜防水层的耐用年限。

保护层材料可采用细砂、云母、蛭石和浅色涂料等，也可采用水泥砂浆或块材等刚性保护层。但当采用水泥砂浆或块材保护层时，应在防水涂膜与保护层之间设置隔离层，防止因刚性材料伸缩变形将涂膜防水层破坏而造成渗漏；另外刚性保护层与女儿墙之间应留设分格缝，并嵌填弹性防水密封材料，防止刚性保护层因温差胀缩使女儿墙产生裂缝。

三、刚性防水屋面

刚性防水屋面主要适用于屋面防水等级为Ⅲ级的工业与民用建筑，在Ⅰ、Ⅱ级防水屋面中，只能作为多道防水设防中的一道防水层，不适用于受较大振动或冲击荷载的建筑，以及屋面设有用松散材料作为保温层的建筑。刚性防水有多种构造类型，选择刚性防水方案时，应根据屋面防水设防要求、地区条件和建筑结构的特点，并经技术经济比较后，选择适宜的刚性防水做法，以获得较好的防水效果。刚性防水方式主要有混凝土防水、水泥砂浆防水和块体防水三种。

刚性防水屋面的主要技术要求如下：

① 刚性防水屋面一般为平屋顶，屋面坡度为2%~3%。

② 刚性防水层的结构层宜为整体现浇混凝土。

③ 刚性防水层的结构层为装配式钢筋混凝土板时，板缝应用C20细石混凝土嵌填密实，细石混凝土内宜适量掺加微膨胀剂。

④ 当板缝宽度大于40mm或上窄下宽时，应在板缝内设置直径为12~14mm的构造钢筋。

⑤ 装配式钢筋混凝土板的板端接缝处应进行密封处理。

⑥ 刚性防水层与山墙、女儿墙及凸出屋面结构的交接处，都应采用柔性密封材料填嵌密实。

⑦ 刚性防水层与基层之间应设置隔离层。

（一）混凝土防水

混凝土防水可用于屋面防水和其他防水工程，应用范围较广。主要用于工业、民用建筑的地下工程（地下室、地下沟道、交通隧道、城市地铁等），储水构筑物（如水池、水塔）和江心、河心的取水构筑物，以及处于干湿交替作用或冻融交替作用的工程（如桥墩、海港、码头、水坝等）。

但是，下述情况不适合使用混凝土防水：构件裂缝开展宽度大于0.2mm的结构；遭受剧烈振动或冲击的结构；单独使用于耐蚀系数小于0.8的受侵蚀防水工程（当在耐蚀系数小于0.8和地下混有酸、碱等腐蚀性介质的条件下应用时，应采取可靠的防腐蚀措施）；混凝土表面温度大于100℃的结构。

混凝土防水主要有细石混凝土防水、补偿收缩混凝土防水、预应力混凝土防水和钢纤维混凝土防水等。

1. 细石混凝土防水

细石混凝土防水层主要通过调整混凝土的配合比、掺外加剂等方法提高其密实性和抗渗性，来达到防水的目的。防水层厚度不宜小于40mm，混凝土强度等级不应低于C20。防水层混凝土内配置直径为4~6mm、间距为150~200mm的双向钢筋网片，钢筋网片在分格缝处应断开。钢筋保护层厚度不宜小于10mm。房屋四角宜加配ϕ6放射筋或ϕ4@100的网片，网片尺寸以不小于800mm×800mm为宜。

防水混凝土的外加剂种类有很多，用于刚性防水层混凝土或防水砂浆的外加剂主要有减水剂、防水剂、膨胀剂和防冻剂等。

（1）减水剂防水混凝土　减水剂防水混凝土是指在混凝土拌合物中掺入适量的减水剂，

以提高其抗渗能力的防水混凝土。减水剂对水泥具有强烈的分散作用，它借助于极性吸附作用，大大降低了水泥颗粒间的吸引力，有效地阻碍和破坏了颗粒间的絮凝作用，并释放出絮凝体中的水，从而提高了混凝土的和易性。

由于拌合用水量的降低，使硬化后混凝土内孔结构的分布情况得以改善，总孔隙及孔径均显著减小。由于毛细孔更加细小，且分散均匀，从而提高了混凝土的密实性和抗渗性。在大体积防水混凝土中，减水剂可推迟水泥水化热峰值出现，这就减少或避免了混凝土在取得一定强度前因温度应力而开裂，从而提高了混凝土的防水效果。

(2) 氯化铁防水混凝土　氯化铁防水混凝是在混凝土拌合物中加入少量氯化铁防水剂拌制而成的具有高抗水性和密实度的混凝土。它是依靠化学反应，产生氢氧化铁等胶体，通过新生的氧化钙对水泥熟料矿物的反应作用，使易溶性物质转化为难溶性物质，降低析水性，从而增加混凝土的密实性和抗渗性。并且，氯化铁防水剂在钢筋周围生成的氢氧化铁胶膜可抑制钢筋腐蚀，对钢筋起到一定的保护作用。但氯离子易引起钢筋腐蚀，在预应力混凝土工程中，要禁止使用。

(3) 三乙醇胺防水混凝土　三乙醇胺防水混凝土是通过在混凝土中掺入的适量三乙醇胺来提高混凝土的抗渗性能。它主要依靠三乙醇胺的催化作用，在施工早期生成较多的水化产物，使部分游离水结合为结晶水，相应地减少了毛细孔隙，从而提高混凝土的抗渗性。并且，还可提高混凝土的早期强度。

当三乙醇胺和氯化钠、亚硝酸钠等无机盐复合时，三乙醇胺不仅能促进水泥本身的水化，还能促进氯化钠、亚硝酸钠等无机盐与水泥的反应，所生成的氯铝酸盐等络合物使其体积膨胀，能堵塞混凝土内部的孔隙，切断毛细管通路，使混凝土的密实性大大提高，达到防水的目的。

2. 补偿收缩混凝土防水

补偿收缩混凝土是利用膨胀水泥或膨胀剂配制的一种具有微膨胀性能的混凝土。自1985年中国建筑材料科学研究院先后成功研制出UEA混凝土膨胀剂（简称U型膨胀剂）、AEA和CEA膨胀剂以来，安徽省建筑科学研究设计院也成功研制出了明矾石膨胀剂（EA—L）。新型防水材料的使用，使刚性防水技术取得了突破性发展。

UEA、AEA和CEA均属于硫铝酸钙型膨胀剂，是用特制的硫铝酸盐熟料或将硫铝酸盐熟料与明矾石、石膏等研磨而成的。它们掺入水泥中水化形成膨胀性结晶体——钙矾石，这种针状和柱状结晶填充于混凝土的毛细孔缝中，改善了孔的结构，从而提高了混凝土的抗渗性。

膨胀剂的用量应经过严格计算，合理确定配比。掺量过大，自由膨胀率大于0.1%时，混凝土内部约束应力较大，易使混凝土产生裂缝；掺量过小，则起不到补偿收缩的作用。在混凝土搅拌投料时，膨胀剂与水泥同时加入，以便充分混合均匀，搅拌时间不少于3min。

膨胀剂具有遇水膨胀的特性，必须及时做好早期养护。根据施工时的外界气候条件，确定养护时间和频率，保证充分浇水或浸水养护，可获得理想的膨胀值。如养护不良，不仅大大降低膨胀率，影响防水效果，其强度也将降低10%左右。

3. 预应力混凝土防水和钢纤维混凝土防水

预应力混凝土防水主要是应用预应力技术增强混凝土的抗裂性，以提高防水层的抗渗能力。预应力筋采用ϕ^{b}_{4}或ϕ^{b}_{5}冷拔低碳钢丝组成的双向钢丝网，钢丝间距一般为150~250mm。防水层采用强度等级不低于C30的细石混凝土。

钢纤维混凝土是将适量的钢纤维掺入混凝土拌合物中而成的一种复合材料，主要用于无保温层的装配式或整体现浇的钢筋混凝土屋面。为加强钢纤维混凝土的防水效果，可掺入适量膨胀剂做成钢纤维膨胀混凝土防水层。膨胀剂的掺量应通过试验确定，膨胀率宜控制为0.02%~0.04%。钢纤维膨胀混凝土防水层与结构层之间可不设隔离层。混凝土中不得掺加含有氯化物的外加剂。

（二）水泥砂浆防水

水泥砂浆防水层适用于小面积屋面防水、墙面防水及水池、地下工程等的防水。

水泥砂浆防水层有普通水泥砂浆防水和聚合物水泥砂浆防水两类。普通水泥砂浆防水层一般要交替抹压两道防水砂浆和一至两道防水净浆，砂浆中宜掺入防水剂（主要有氯化物金属盐类防水剂、金属皂类防水剂、无机铝盐防水剂和氯化铁防水剂等）。聚合物水泥砂浆防水则是在水泥砂浆中掺入氯丁胶乳、丙烯酸酯共聚乳液、有机硅等作为防水层。

1. 普通水泥砂浆防水层施工

当材料准备齐全、基础处理好之后，开始施工。

（1）刷第一道防水净浆　水泥净浆涂刷要均匀，不得漏底或滞留过多，涂抹厚度控制为1~2mm。如基层为现浇钢筋混凝土板，最好在混凝土收水后随即开始施工防水层。否则，应在混凝土终凝前用硬钢丝刷刷去表面浮浆，并将表面扫毛。若基层为预制装配式混凝土板，板缝处要填嵌密实，铺抹前用水冲洗干净、充分湿润，但不得积水。

（2）铺抹底层防水砂浆　涂刷第一道防水净浆后，即可铺抹底层砂浆。底层砂浆分两遍铺抹，每遍厚度为5~7mm。抹头遍时，砂浆刮平后应用力抹压，使之与基层结成整体，在终凝前用木抹子均匀搓成毛面。头遍砂浆阴干后抹第二遍，第二遍也应抹实搓毛。

（3）刷第二道防水净浆　底层砂浆硬结后，涂刷第二道防水净浆，厚度为1~2mm，均匀涂刷。

（4）铺抹面层防水砂浆、压实抹光　面层防水砂浆也要分两遍抹压，每遍厚5~7mm，头遍砂浆应压实、搓毛。头遍砂浆阴干后再抹第二遍，用刮尺刮平后，紧接着用铁抹子拍实、搓平，并压光。砂浆开始初凝时，用铁抹子进行第二次压实压光。砂浆终凝前进行第三遍压光。

（5）养护　砂浆终凝后，表面呈灰白色时即可开始养护。养护方式可采用覆盖草帘、锯末等淋水养护，养护初期宜用喷壶缓慢洒水，防止冲坏砂浆。有条件时宜采用蓄水养护。养护时间不少于14d，养护时环境温度不应低于5℃。

2. 氯丁胶乳水泥砂浆防水层施工

（1）涂刷结合层　在处理好的基层上，用毛刷、棕刷、橡胶刮板或喷枪把氯丁胶乳水泥净浆均匀涂刷在基层表面上，注意不得漏涂。

（2）铺抹氯丁胶乳水泥砂浆防水层　待结合层的胶乳水泥净浆涂层表面稍干后，即可铺抹防水层砂浆。因胶乳成膜较快，胶乳水泥砂浆摊开后，应迅速顺着一个方向，边抹平边压实，一次成活，不得往返多次抹压，以防破坏胶乳砂浆面层胶膜。

铺抹时，按先立面后平面的顺序，一般垂直面抹5mm厚左右，水平面抹10~15mm厚，阴阳角处应加厚，抹成圆角。

（3）养护　氯丁胶乳水泥砂浆采取干湿结合的养护方法，施工完毕后2d内不得洒水，采取干养护，使面层砂浆充分接触空气，较早形成胶膜。如过早浇水养护，养护水会冲走砂浆中的胶乳而破坏胶膜的形成。此时，砂浆发生水化反应所需的水主要从胶乳中获得。2d后进行洒水养护，养护时间为10d左右。

3. 有机硅防水砂浆施工

（1）基层处理　当表面有裂缝、掉角、凹凸不平时，应先用水泥砂浆或参有107建筑胶的聚合物水泥浆进行修补。排除积水，将表面的油污、浮土、泥、砂等杂物清理干净，并用水冲洗干净，使混凝土基层充分湿润。

（2）抹结合层净浆　在基层上抹2~3mm厚的有机硅水泥净浆，使其与底层粘结牢固，待达到初凝后进行下道工序。

（3）铺抹底层防水砂浆　底层防水砂浆厚约为10mm，用木抹子抹平压实。在初凝时，用木抹子将砂浆表面戳成麻面，有利于与下一道构造层结合紧密。

（4）铺抹面层防水砂浆　抹面层防水砂浆厚度约为10mm，在初凝时将防水砂浆抹平压实，戳成麻面后，在其上施工保护层。

（5）保护层施工　通常铺抹不掺防水剂的水泥砂浆2~3mm厚，表面压实、收光，不留抹痕，作为保护层。也可根据设计采用其他保护方法。

（6）养护　按正常方法养护，养护时间不少于14d。

（三）块体防水

块体刚性防水层由底层砂浆、块体垫层、面层砂浆组成。其中，块体垫层通常有普通黏土砖、黏土薄砖、方砖、加气混凝土块等。从环境保护角度出发，目前黏土砖已开始退出建筑市场。

1. 黏土砖块体防水层施工

（1）铺砌砖块体

① 底层砂浆铺设后，应及时铺砌砖块体，防止砂浆凝固，粘结不牢。砖在使用前应浇水湿润或提前一天浸水后取出晾干。

② 首先应试铺，并画出标准点，然后根据标准点挂线，顺线挤砌砖，保证砖的铺砌顺直。

③ 黏土砖应直行平砌，并与板缝垂直，砖的长边一侧宜顺水流方向铺砌。

④ 砖缝宽度为10~15mm，铺砌时应使水泥砂浆挤入砖缝内，挤入高度为1/3~1/2砖厚；砖缝中过高过满的砂浆应及时刮去。

⑤ 砖块表面应平整，铺砌后一排砖时，要与前一排砖错缝1/2砖长。砖块体铺砌应连续进行，中途不宜间断；当必须间断时，继续施工前应将砖侧面的接缝处清理干净，并适当浇水润湿。

⑥ 砖块体铺设后，为防止损坏底层水泥砂浆或使块体松动，在底层砂浆终凝前，严禁上人踩踏。

（2）灌缝、抹水泥砂浆面层、压实、收光

① 面层和灌缝用的水泥砂浆配合比为1∶2，并掺入2%~3%防水剂，拌制时水胶比控制为0.45~0.5，应用机械搅拌，保证搅拌均匀，随拌随用，不留余量。

② 底层砂浆终凝后，先将砖面适当喷水湿润，然后将砂浆刮填入砖缝，要求灌满填实，最后抹面层，面层厚度不小于12mm。抹面层砂浆前必须洒水润湿砖面，以防止面层砂浆空鼓。

③ 面层砂浆分两遍成活：第一遍应将砖缝填实灌满，并铺抹面层，用刮尺刮平，再用

木抹子拍实搓平，并用铁抹子紧跟压头遍；待水泥砂浆开始初凝时，用铁抹子进行第二遍抹压，抹压时要压实、压光，并要消除表面气泡、砂眼，做到表面光滑、无抹痕。

（3）面层砂浆养护　根据气温和水泥品种情况，面层砂浆压光后，应及时进行养护。养护方法可采用铺砂、覆盖草袋洒水保湿的一般方法，有条件时应尽量采用蓄水养护，养护时间不少于7d，养护期间不得上人踩踏。

2. 加气混凝土防水隔热叠合层施工

屋面防水层施工前，先将加气混凝土块浸泡在水中，清除块体表面浮尘，使之吸足水分，以保证加气混凝土块与砂浆粘结牢固。施工前，要做好基层处理，将屋面板冲洗干净、浇水湿润，但不得积水。

在湿润的屋面板上铺抹厚度为30mm左右的防水砂浆，用刮板刮平。边铺浆边铺砌加气混凝土块，各块间留12~15mm间隙，铺砌时适当挤压块体，使砂浆进入块缝内高度达到块厚的1/2~2/3，并保持块体底部的砂浆厚度不小于20mm。

加气混凝土块铺砌1~2d后，用水重新将块体湿透，随即铺一层厚度为12~15mm的防水砂浆。施工时须先将块体接缝处用砂浆灌满填实，再将面层砂浆抹平、压实、收光。面层砂浆压实、收光约10h后，即可覆盖草帘、浇水养护；也可覆盖塑料薄膜，但应注意周边封严、勿使之漏气，养护时间不少于7d。

第二节　地下防水工程

地下防水工程应根据工程的水文地质情况、结构形式、地形条件、防水标准、技术经济指标、施工工艺等情况综合确定，采取以防为主、防排结合、刚柔结合、多道设防的思路进行设计和施工。

地下防水工程按围护结构允许渗漏水量划分为四级。对于受振动、易受到腐蚀介质侵蚀的地下防水工程，应采用防水混凝土自防水结构，并设置柔性防水卷材或涂料等附加防水层。附加防水层通常有防水卷材防水层、防水砂浆防水层和防水涂料防水层等。地下工程防水等级及选用方案见表8-9。

表8-9　地下工程防水等级及选用方案

防水等级	标准	设防要求	适用范围	防水方案	防水选材要求
一级	不允许渗水，结构表面无湿渍	多道设防，其中必有一道主体结构自防水，并根据需要可设附加防水层或其他防水措施	人员长期停留的场所；因有少量湿渍会使物品变质、失效的储物场所及严重影响设备正常运转和危及工程安全运营的部位；极重要的战备工程，如医院、影剧院、商场、娱乐场、餐厅、旅馆、冷库、粮库、金库、档案库、计算机房、控制室、配电间、通信工程、防水要求较高的生产车间、指挥工程、武器弹药库、指挥人员掩蔽部、地下铁道车站、城市人行地道、铁路旅客通道	混凝土自防水结构，根据需要可设附加防水层	优先选用补偿收缩防水混凝土、膨润土板（毯）、厚质高聚物改性沥青卷材；也可用合成高分子卷材、合成高分子涂料、防水砂浆

（续）

防水等级	标准	设防要求	适用范围	防水方案	防水选材要求
二级	不允许漏水，结构表面可有少量湿渍 工业与民用建筑：总湿渍面积不应大于总防水面积（包括顶板、墙面、地面）的 1/1000；任意 100m² 防水面积上的湿渍不超过 1 处，单个湿渍的最大面积不大于 0.1m² 其他地下工程：总湿渍面积不应大于总防水面积的 6/1000；任意 100m² 防水面积上的湿渍不超过 4 处，单个湿渍的最大面积不大于 0.2m²	二道或多道设防，其中必有一道主体结构自防水，并根据需要可设附加防水层	人员经常活动的场所；在有少量湿渍的情况下不会使物品变质、失效的储物场所及基本不影响设备正常运转和工程安全运营的部位；重要的战备工程，如车库、燃料库、空调机房、发电机房、一般生产车间、水泵房、工作人员掩蔽部、城市公路隧道、地道运行区间隧道	混凝土自防水结构，根据需要可设附加防水层	优先选用补偿收缩防水混凝土、膨润土板（毯）、厚质高聚物改性沥青卷材；也可用合成高分子卷材、合成高分子涂料
三级	有少量漏水点，不得有线流和漏泥、砂 任意 100m² 防水面积上的漏水点数不超过 7 处，单个漏水点的最大漏水量不大于 2.5L/d，单个湿渍的最大面积不大于 0.3m²	一道或二道设防，其中必有一道主体结构自防水，并根据需要可采用其他防水措施	人员临时活动的场所；一般战备工程，如电缆隧道、水下隧道、一般公路隧道	混凝土自防水结构，根据需要可采取其他防水措施	宜选用主体结构自防水、膨润土板（毯）、高聚物改性沥青卷材、合成高分子卷材
四级	有漏水点，不得有线流和漏泥、砂 整个工程平均漏水量不大于 2L/(m²·d)；任意 100m² 防水面积的平均漏水量不大于 4L/(m²·d)	一道设防，可采用主体结构自防水或其他防水措施	对渗漏水无严格要求的工程，如取水隧道、污水排放隧道、人防疏散干道、涵洞	混凝土自防水结构或其他措施	主体结构自防水、防水砂浆或膨润土板（毯）、高聚物改性沥青卷材

一、防水混凝土结构

在地下混凝土结构工程的防水设防中，防水混凝土是一道重要的防线，也是做好地下防水工程的基础。在一～三级地下防水工程中，防水混凝土是首选的防水措施。

为确保防水混凝土的防水功能，防水混凝土的最高使用温度不得超过 80℃。因为，在常温下具有较高抗渗性的防水混凝土，其抗渗性随着环境温度的提高而降低。当温度为 100℃时，混凝土的抗掺性降低约 40%，200℃时降低 60%以上；当温度超过 250℃时，混凝土几乎完全失去抗渗能力，而抗拉强度也随之下降为原来强度的 66%。

（一）防水混凝土的种类

防水混凝土是通过调整混凝土配合比或掺入适量的外加剂等方法，提高混凝土自身的密实性、抗裂性和抗渗性能，达到具有一定防水能力的混凝土。目前，常用的防水混凝土有普通防水混凝土、外加剂防水混凝土和膨胀水泥防水混凝土。

防水混凝土中的水泥应按设计要求选用普通硅酸盐水泥、火山灰及矿渣水泥；砂宜选用含泥量不大于3%的中砂；石子宜用40mm粒径以下的卵石，含泥量不大于1%；外加剂和粉煤灰等掺合料要严格根据设计，视具体情况而定。

（二）防水混凝土施工

防水混凝土的配合比应通过试验选定，并采用机械搅拌，搅拌时间不应少于2min。掺外加剂的防水混凝土应根据外加剂的技术要求确定搅拌时间，保证振捣密实。

底板混凝土应连续浇筑，不得留施工缝。如必须留设施工缝，一般只允许留设水平的施工缝，其位置应留在剪力与弯矩最小处。施工缝的位置不应在底板与侧壁的交接处，一般宜留在高出底板上表面不小于200mm的墙身上，其接缝形式如图8-4所示。墙体设有孔洞时，施工缝距孔洞边缘不宜小于300mm。当必须要留设垂直施工缝时，应留在结构的变形缝处。

在施工缝上继续浇筑混凝土前，应将施工缝处混凝土表面的浮粒和杂物清理干净，用水冲洗，保持湿润，再铺上一层20~25mm厚的水泥砂浆。水泥砂浆所用的材料和灰砂比应与混凝土的材料和灰砂比相同。防水混凝土凝结后，应立即进行养护，并充分保持湿润，养护时间不得少于14d。

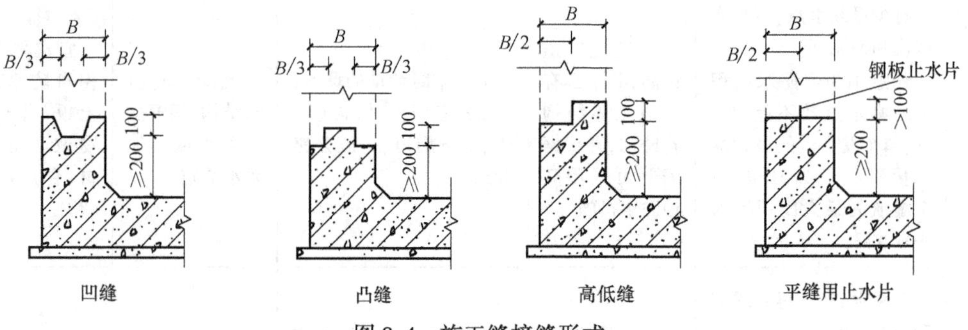

图8-4 施工缝接缝形式

防水混凝土工程应制作混凝土试块，抗渗试块的留置组数根据结构的规模和要求而定，但每单位工程不得少于两组。试块应在浇灌地点制作，其中至少一组应在标准条件下养护，其余试块应在与构件相同的条件下养护。试块养护期不少于28d。

防水混凝土是人为从材料和施工两方面采取措施，提高混凝土本身的密实性，抑制和减少混凝土内部孔隙的生成，改变孔隙的特征，堵塞渗水的通路，从而达到防水的目的。就地下工程结构自防水而言，抗裂比抗渗更为重要。因此在有条件时，应尽可能选用外加剂防水混凝土，并优先采用膨胀剂的防水混凝土。

二、地下卷材防水

地下卷材防水层属于柔性防水，主要采用卷材粘贴在地下结构基层上形成全外包防水层。地下工程在施工阶段长期处于潮湿状态，使用后又受地下水的侵蚀，因此，宜选用抗菌、耐腐蚀的高聚物改性沥青卷材或合成高分子防水卷材。

目前国内外用的主要卷材品种有高聚物改性沥青防水卷材（如SBS、APP、APAO、APO等防水卷材）、合成高分子防水卷材（如三元乙丙、氯化聚乙烯、聚氯乙烯、氯化聚乙烯—橡胶共混等防水卷材）。该类材料具有延伸率较大、对基层伸缩或开裂变形适应性较强的特点，适用于地下防水施工。我国化学建材行业发展很快，卷材及胶粘剂种类繁多、性能各异，胶粘剂有溶剂型、水乳型、单组分、多组分等，各类不同的卷材都应有与之配套相容的胶粘剂及其他辅助材料。不同种类卷材的配套材料不能相互混用，否则有可能发生腐蚀侵害或达不到粘结质量标准。

卷材防水层宜为1~2层。高聚物改性沥青防水卷材单层使用时，厚度不小于4mm，双层使用时，总厚度不小于6mm；合成高分子橡胶防水卷材单层使用时，厚度不小于1.5mm，双层使用时，总厚度不小于2.4mm。施工时注意保证混凝土基面干燥，这样才能使卷材与防水混凝土良好的粘结，否则易出现空鼓、粘贴不牢等质量问题。

建筑工程地下防水的卷材铺贴方法，主要采用冷粘法和热熔法。底板垫层混凝土平面部位的卷材宜采用空铺法、点粘法或条粘法，其他与混凝土结构相接触的部位应采用满铺法。为了保证卷材防水层的搭接缝粘结牢固和封闭严密，规定两幅卷材短边和长边的搭接缝宽度均不应小于100mm。

关于找平层的做法，应根据不同部位分别考虑。对主体结构平面可不做找平层，最好利用结构自身的施工控制，通过多次收水、压实、找坡、抹平达到规定的平整度，在此之上直接施工防水层即可。这样的做法有利于防水层与结构混凝土的结合，有利于防水层适应基层裂缝的出现与开展。对于结构竖向墙的找平，则应在混凝土主体结构立面上涂刷一道界面处理剂，然后采用配合比为1∶2.5~1∶3的水泥砂浆做找平层，避免找平层的空鼓、开裂。

平面卷材防水层的保护层宜采用50~70mm厚C15细石混凝土。侧墙防水层的保护层材料应根据工程条件和防水层的特性具体确定。保护层应能经受回填土或施工机械的碰撞与穿刺，并在建筑物出现不均匀沉降时起到滑移层的作用。对埋置深度较浅，采用人工回填土时，可直接采用6mm厚闭孔泡沫聚乙烯板与卷材表层材料相容的胶粘剂粘贴或采用热熔法点粘；当结构埋置深度达到10m以上时，采用机械回填施工时，其保护层可采用复合做法，如先贴4mm厚聚乙烯板后砌砖或其他砌块以抵抗回填土、施工机械撞击和穿刺。同时避免了防水层的保护层与防水层之间的摩擦作用而损坏防水层。

柔性附加防水层一般设在防水混凝土或砌体结构的外侧（即迎水面一侧），当地下水无压力时，可设在围护结构的内侧。

按防水卷材的铺贴方式不同，可分为外防外贴法和外防内贴法两种。由于外防外贴法的防水效果优于外防内贴法，所以在施工场地和条件不受限制时一般均采用外防外贴法。

外防外贴法是将卷材直接粘贴在结构混凝土立墙的外侧，与混凝土底板下面的卷材防水层相连接，形成整体封闭防水层的施工方法。为便于施工，可在垫层混凝土边缘，先用水泥砂浆砌筑高度为结构混凝土底板厚度加上100mm的永久性保护墙（也称模板墙）和200~300mm高的用石灰砂浆砌筑的临时性保护墙。永久性保护墙用水泥砂浆找平层，临时性保护墙用石灰砂浆找平层。卷材从垫层直接粘贴到临时保护墙顶部，待结构混凝土墙体浇筑完毕，拆模后，拆除临时保护墙，清理出卷材接头，继续将卷材粘贴在立墙结构上（图8-5）的施工方法。

采用外防外贴法施工卷材防水层时，应符合下列规定：

① 铺贴卷材应先铺平面，后铺立面，交接处应交叉搭接。

② 临时性保护墙应采用石灰砂浆砌筑，内表面应用石灰砂浆做找平层，并刷石灰浆。如用模板代替临时性保护墙时，应在其上涂刷隔离剂。

③ 从底面折向立面的卷材与永久性保护墙的接触部位，应采用空铺法施工。与临时性保护墙或围护结构模板接触的部位，应临时贴附在该墙上或模板上，卷材铺好后，其顶端应临时固定。

④ 当不设保护墙时，从底面折向立面的卷材的接茬部位应采取可靠的保护措施。

⑤ 主体结构完成后，铺贴立面卷材时，应先将接茬部位的各层卷材揭开，并将其表面清理干净，如卷材有局部损伤，应及时进行修补。卷材接茬的搭接长度，高聚物改性沥青卷材为150mm，合成高分子卷材为100mm。当使用两层卷材时，卷材应错茬接缝，上层卷材应盖过下层卷材。

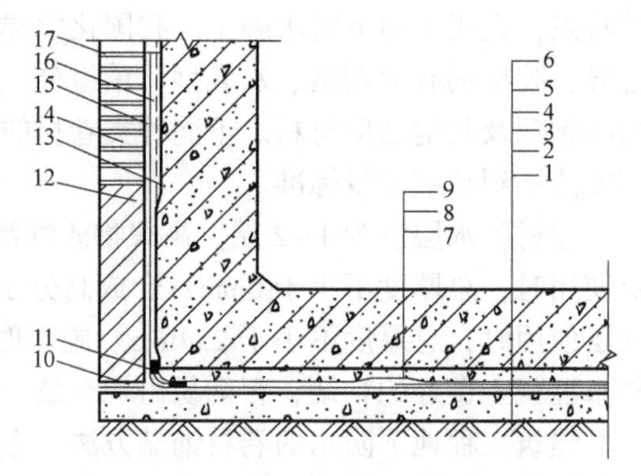

图 8-5　地下室外防外贴法卷材防水构造

1—素土夯实　2—素混凝土垫层　3—水泥砂浆找平层　4—卷材防水层　5—细石混凝土保护层　6—钢筋混凝土结构　7—卷材搭接缝　8—嵌缝密封膏　9—120mm 宽卷材盖口条　10—油毡隔离层　11—附加层　12—永久保护墙　13—满粘卷材　14—临时保护墙　15—虚铺卷材　16—砂浆保护层　17—临时固定

当施工条件受到限制时，也可采用外防内贴法。外防内贴法将卷材直接粘贴在永久性保护墙上，并与垫层混凝土上的防水层相连接，形成整体的卷材防水层（图 8-6）。在防水层上做好保护层，最后浇筑结构混凝土的施工方法。

施工时应注意：基层的转角处是防水层应力集中的部位，因此防水层的转角处应做成小圆弧，圆弧半径为：高聚物改性沥青卷材不应小于 50mm，合成高分子卷材不应小于 20mm，并设置宽度不小于 300mm 的卷材附加层。用胶粘剂粘贴的单层合成高分子卷材防水层，其搭接缝边缘嵌填密封膏后，应粘贴 120mm 宽的卷材盖口条做附加层，附加层两侧用密封膏封严。

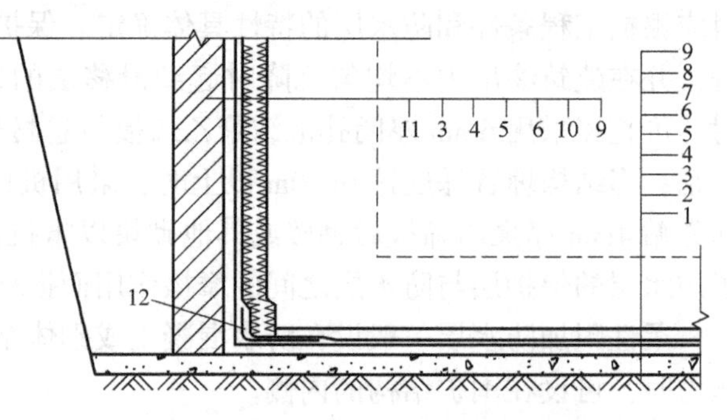

图 8-6　地下室工程外防内贴法卷材防水构造图

1—素土夯实　2—素混凝土垫层　3—水泥砂浆找平层　4—基层处理剂　5—基层胶粘剂　6—卷材防水层　7—油毡保护隔离层　8—细石混凝土保护层　9—钢筋混凝土结构　10—5mm 厚聚乙烯泡沫塑料保护层　11—永久保护墙　12—卷材附加层

三、地下水泥砂浆防水

水泥砂浆防水适用于混凝土或砌体结构的基层上采用多层抹面的水泥砂浆防水层，不适用环境有侵蚀性、持续振动或温度高于 80℃ 的地下工程。

普通水泥砂浆防水层的配合比应按规范选用；掺外加剂、掺合料、聚合物水泥砂浆的配合比应按相关规定，由试验确定。

水泥砂浆防水层所用的材料要求：水泥强度等级根据设计要求采用，不得使用过期或受潮结块的水泥；砂宜采用粒径为 3~5mm 的中砂，含泥量不得大于 1%，硫化物和硫酸盐含量不得大于 1%；水应采用不含有害物质的洁净水；聚合物乳液的外观质量，无颗粒、异物和凝固物；外加剂的技术性能应符合国家或行业标准一等品及以上的质量要求。

水泥砂浆防水层施工时的基层混凝土和砌筑砂浆强度应不低于设计值的 80%。基层表面应坚实、平整、粗糙、洁净。基层表面的孔洞、缝隙应用与防水层相同的砂浆填塞抹平。施工前要求将基层充分润湿，无积水。

水泥砂浆防水层施工应分层铺抹或喷涂，铺抹时应压实、抹平和表面压光；防水层各层应紧密贴合，每层宜连续施工，必须留施工缝时应采用阶梯坡形搓，但离开阴阳角处不得小于 200mm；防水层的阴阳角处应做成圆弧形；水泥砂浆终凝后应及时进行养护，养护温度不宜低于 5℃并保持湿润，养护时间不得少于 14d。

水泥砂浆防水层属刚性防水，适应变形能力较差，不宜单独作为一个防水层，而应与基层粘结牢固并连成一体，无空鼓现象，共同承受外力及压力水的作用。水泥砂浆防水层不同于普通水泥砂浆找平层，在混凝土或砌体结构的基层上应采用多层抹面做法，防止防水层的表面产生裂纹、起砂、麻面等缺陷，保证防水层和基层的粘结质量。

水泥砂浆铺抹时，应在砂浆收水后二次压光，使表面坚固密实、平整；水泥砂浆终凝后，应采取浇水、覆盖浇水、喷养护剂、涂刷冷底子油等手段充分养护，保证砂浆中的水泥充分水化，确保防水层质量。水泥砂浆防水层无论是在结构迎水面还是在结构背水面，都具有很好的防水效果。根据新品种防水材料的特性和目前应用的实际情况，对防水层的厚度做了重新规定，即普通水泥砂浆防水层和掺外加剂或掺合料水泥砂浆防水层，其厚度均定为 18~20mm；聚合物水泥砂浆防水层，其厚度定为 6~8mm。水泥砂浆防水层的厚度测量，应在砂浆终凝前用钢针插入进行尺量检查，不允许在已硬化的防水层表面任意凿孔破坏。

四、地下涂膜防水

地下工程涂料防水层适用于混凝土结构或砌体结构迎水面或背水面的涂刷，防水涂层的设置，根据涂层所处的位置一般分为内防水、外防水和内外结合防水等形式。

地下结构属长期浸水部位，涂料防水层应选用具有良好的耐水性、耐久性和耐腐蚀性的涂料。地下工程防水涂料主要是有机防水涂料和无机防水涂料两种。有机防水涂料主要包括合成橡胶类、合成树脂类和橡胶沥青类。氯丁橡胶防水涂料、SBS 改性沥青防水涂料等聚合物乳液防水涂料，属挥发固化型；聚氨酯防水涂料属反应固化型。无机防水涂料主要包括聚合物改性水泥基防水涂料和水泥基渗透结晶型防水涂料。

需要注意的是，有机防水涂料固化成膜后最终形成的是柔性防水层，与防水混凝土主体组合为刚性和柔性两道防水设防。无机防水涂料是在水泥中掺有一定的聚合物，在一定程度上改变了水泥固化后的物理力学性能。与防水混凝土主体组合后，形成的是两道刚性防水设防。因此，无机防水涂料不适用于变形较大或受振动部位。

涂刷的防水涂料固化后形成具有一定厚度的涂膜，如果涂膜厚度太薄就起不到防水作用，且不易达到合理的使用年限。所以，施工时一定要保证各类防水涂料的涂膜厚度（表 8-10）。防水涂膜在满足厚度要求的前提下，涂刷的遍数越多对成膜的密实度越好，因此施工时应多遍涂刷，不论是厚质涂料还是薄质涂料均不得一次成膜。

每遍涂刷应均匀，不得有露底、漏涂和堆积现象。多遍涂刷时，应待涂层干燥成膜后方可涂刷后一遍涂料；两涂层施工间隔时间不宜过长，否则会形成分层。当地下工程施工出现施工面积较大时，为保护施工搭接缝的防水质量，规定搭接缝宽度应大于 100mm，接涂前应将其甩茬表面处理干净。

为了充分发挥防水涂料的防水作用，对防水涂料主要提出四个方面的要求：一是要有可操作时间，操作时间越短的涂料将不利于大面积防水涂料施工；二是要有一定的黏结强度，特别是在潮湿基面（即基面饱和但无渗漏水）上有一定的黏结强度；三是防水涂料必须具有一定厚度，才能保证防水功能；四是涂膜应具有一定的抗渗性。

地下工程涂料防水层涂膜厚度一般都不小于2mm，如一次涂成，会使涂膜内外收缩和干燥时间不一致而造成开裂，如前层没有干就涂后层，则高部位涂料就会下淌，并且使涂层变薄，低处又会堆积起皱，防水工程质量难以保证。因此，涂膜的平均厚度应符合设计要求，最小厚度不得小于设计厚度的80%。

表 8-10　防水涂料厚度　　（单位：mm）

防水等级	设防道数	有机涂料			无机涂料	
		反应型	水乳型	聚合物水泥	水泥基	水泥基渗透结晶型
一级	三道或三道以上设防	1.2~2.0	1.2~1.5	1.5~2.0	1.5~2.0	≥0.8
二级	二道设防	1.2~2.0	1.2~1.5	1.5~2.0	1.5~2.0	≥0.8
三级	一道设防	—	—	≥2.0	≥2.0	—
	复合设防	—	—	≥1.5	≥1.5	—

复习思考题

1. 地下工程防水方案有几种？如何选择？
2. 简述地下工程卷材防水层的构造及铺贴方法。
3. 简述地下室防水混凝土的施工要点。
4. 试述沥青防水卷材屋面的施工方法。

第九章 装饰装修工程

第一节 概　　述

建筑装饰工程包括抹灰、门窗、吊顶、轻质隔墙、饰面板（砖）、幕墙、涂饰、裱糊与软包及其他细部工程等内容。建筑装饰工程不仅可以体现出建筑物的艺术性，美化环境，满足使用功能要求，还可以保护建筑结构，增强其耐久性，延长建筑物的使用寿命。

按建筑装饰施工的阶段划分，有工程主体结构完工初期时所必须进行的简单装饰装修和主体结构验收合格之后进行的精装修两个阶段。建筑精装修施工阶段要由具有专业装饰施工资质的施工单位来完成。

本章主要介绍工程主体结构完工初期通常需要完成的装饰装修工程，包括抹灰工程、饰面板（砖）工程、涂饰工程和门窗工程等。

一、建筑装饰的历史及展望

建筑装饰行业在我国有着悠久的历史，尤其是数千年延续发展的木构架，反映在亭台楼榭之中的装饰技巧和水平，其精湛的建筑装饰技法，令人无比赞叹。雕梁画栋，飞檐挑角，金碧琉璃，以及制作精美的家具、帷幔、屏风，充分展示着劳动人民的高度智慧和精湛技艺。

随着国民经济的发展和人民生活水平的不断提高，建筑装饰施工技术得到较大的发展。20 世纪 60 年代前后，普通建筑物的装饰一般都是采用清水墙或在基层上做抹灰面层作为装饰，只有少量的高级建筑才使用墙纸、大理石、花岗石、地板和地毯等高级装饰材料。到了 70 年代以后，陆续出现了新的材料和新的施工技术，采用了机械喷涂抹灰饰面，并推广了聚合物水泥砂浆喷涂、滚涂、弹涂饰面做法，干粘石、水刷石、斩假石等饰面手法逐渐出现。80 年代以来，建筑装饰从公共建筑迅速扩展到居民家庭住宅装饰上，各种高档建筑装饰材料和施工技术也应运而生。

装饰材料和施工机具的发展深刻地影响着装饰施工技术的发展。过去的装饰通常采用涂料和刷浆等带有湿作业的施工工艺，现在普遍采用石膏板、胶合板、纤维板、塑料板、钙塑装饰板、铝合金板等作为墙体和顶棚罩面装饰，既增强了装饰效果，又改变了传统的湿作业工艺，并且提高了工效，改善了劳动环境。各种性能优异的内外墙建筑涂料，如丙烯酸涂料、乳胶漆、真石漆面等，既有效地保护了墙面，减少了裂缝的出现，又延长了使用年限，增强了建筑物饰面的修饰效果。各类胶粘剂的使用，改变或简化了装饰材料的施工工艺。装饰施工机具的普遍使用，如电锤、电钻等电动工具代替了人工凿眼；气动或电动射钉枪则取代了手锤作业，能高效率地将钉子打入到基层上，射钉枪的使用给门窗的安装带来了方便，有效地使门窗的施工方式由立框安装转变为塞框安装，促进了施工标准化和工业化的建设；气动喷枪则代替了油漆工的涂刷等。施工机具使用不仅提高了工效，而且保证了建筑装饰施工质量。

由此可见，建筑装饰施工技术将随着当代建筑发展的大潮而日趋复杂化和多元化，多风格、多功能并极尽高档豪华的建筑在全国各地涌现出来，如娱乐城、康体中心，特别是宾馆、酒店、商厦、度假村、旅游业之类的建筑均趋向多功能和装饰的尽善尽美，集休息、购物、游乐、观光、健身、商业业务、办公为一体，要求超豪华的装饰和所谓超值享受，提供完备的服务和舒适方便的起居条件及优雅宜人的共享空间，步入现代社会的世界，促使建筑装饰工程迅速发展，异彩纷呈，不断更新换代。建筑装饰施工不断采用现代新型材料，集材性、工艺、造型、色彩、美学为一体，逐步用干作业代替湿作业，高效率的装饰施工机具的使用，减少了大量的手工劳动；对一切工艺的操作及工序的处理，都严格按规范化的流程实施其操作工艺，已达到较高的专业水准。总之，现代建筑装饰施工行业正步入一个充满生机活力的激烈竞争的时代，具有十分广阔的市场前景。

二、建筑装饰施工的重要性

建筑是人的活动空间，建筑装饰工程所营造的效果每时每刻都与人的视觉、触觉、意识、情感直接接触。不合格的建筑装饰材料，有害气体和放射性物质的释放，在一定程度上损害人们的身体健康。而且，有心理学研究表明，装饰色彩和造型的使用在一定程度上可以影响人的情绪和心情。所以，建筑装饰施工具有综合艺术的特点，其艺术效果和所形成的氛围，强烈而深切地影响着人们的审美情趣，甚至影响人们的意识和行动。

一个成功的装饰设计方案，优质的装饰材料和规范的装饰施工，可使建筑获得理想的艺术价值而富有永恒的魅力。建筑装饰造型的优美，色彩的搭配，装饰线脚与花饰图案的巧妙处理，细部构件的体形、尺度、比例的协调把握，是构成建筑艺术和环境美化的重要手段和主要内容。这些都要通过装饰施工去实现。

建筑装饰施工过程是一项十分复杂的生产活动，它涉及面广，其技术与建材、化工、轻工、冶金、机械、电子、纺织等众多领域密切相关。随着国民经济和建筑事业的稳步而高速发展，建筑装饰已成为独立的新兴学科和行业，并具有较大规模，在美化生活环境、达到改善物质功能和满足精神功能的需求方面发挥着巨大作用。

建筑装饰施工大多是以饰面为最终效果，许多操作工序处于隐蔽部位，但对工程质量起着关键的作用，其质量弊病很容易被表面的美化修饰所掩盖。如大量的预埋件、连接件、铆固件、骨架杆件、焊接件、饰面板下部的基面或基层的处理，防潮、防腐、防虫、防火、防水、绝缘、隔声等功能性与安全牢固性的构造和处理，包括铁件质量、规格、螺栓及各种连接紧固件设置的位置、数量及埋入深度等。如果在施工操作时采取应付敷衍的态度，不按操作程序，偷工减料，草率作业，势必给工程留下质量安全隐患。为此，建筑装饰施工从业人员应该是经过专业技术培训并接受过职业道德教育的持证上岗人员，其技术人员应具备美学知识，审图能力，专业技能和及时发现问题、解决问题的能力，应具有严格执行国家政策和法规的强烈意识，切实保障建筑装饰施工质量和安全。

建筑装饰工程要求从管理者到每一位职工都应树立从事建筑装饰行业的事业心、责任感和严肃态度。在施工中应依靠合格的材料与构配件通过科学合理的构造做法，并由建筑主体结构予以稳固支撑，在施工工艺操作和工序的处理上，必须严格遵守国家颁发的现行的有关施工和验收规范，所用材料及其应用技术应符合国家和行业颁发的相关标准。而不能一味追求表面美化，随心所欲地进行构造造型或简化饰面处理，粗制滥造进行无规范的施工，必然会造成工程质量问题或事故，严重者将会危及人民生命安全。

三、建筑装饰的特点

建筑装饰工程，或称建筑装修工程。装饰与装修，其含义各有不同。建筑装饰是指建筑饰面，即为了满足人们视觉要求和对建筑主体结构的保护作用而进行的艺术处理与加工。建筑装修是指在建筑物主体结构之外，为满足使用功能的需要而进行的装设与修饰。随着科学技术的进步和人类生活水平的提高，建筑艺术的发展和演变，建筑装饰所涉及的范围显得异常宽阔和复杂，尤其是人们对建筑的使用和美化日趋高档化，致使装饰与装修的区别难以准确地进行解释和界定，实际上已经成为不可分割的整体。因此，习惯上将两者统称为建筑装饰工程。

建筑装饰施工是通过装饰施工人员的劳动，来实现设计师设计意图的过程。设计师将成熟的设计构思反映在图样上，装饰施工则是根据设计图样所表达的意图，采用不同的装饰材料，通过一定的施工工艺、机具设备等手段使设计意图得以实现的过程。所以，装饰施工过程中应尽量不要随意更改设计图样，做到按图施工，既是法规的要求，也体现出了对设计师成果的尊重。如果确实有些设计因材料、施工操作工艺或其他原因而不能实现时，应与设计师沟通，找出解决方法，并由设计院出具设计变更手续后，方可对原设计进行修改，按新的设计施工，从而使装饰设计更加符合实际，达到理想的装饰效果。实践证明，每一个成功的建筑装饰工程项目，应该是显示设计师的才华和凝聚着施工人员的聪明才智与劳动。设计是实现装饰意图的前提，施工则是实现装饰意图的保证。

由于设计图样是产生于装饰施工之前，对最终的装饰效果缺乏实感，必须通过施工来检验设计的科学性、合理性。实物样板是装饰施工中保证装饰效果的重要手段。实物样板是指在大面积装饰施工前所完成的实物样品，或称为样板间、标准间。这种方法在高档装饰工程中被普遍采用。通过做实物样品，一是可以检验设计效果，从中发现设计中的问题，从而对原设计进行补充、修改和完善；二是可以根据材料、装饰做法、机具等具体情况，通过试做来确定各部位的节点大样和具体构造做法。这样，一方面将设计中一些未能明确的构造问题加以确认，从而解决了目前装饰设计图样表达深度不一的问题；另一方面，又可以起到统一操作规程，作为施工质量依据和工程验收标准，指导下一阶段大面积施工的作用。因此，在《建筑装饰装修工程质量验收规范》（GB 50210—2001）中明确规定：“高级装饰工程施工前，应预先做样板（样品或标准间），并经有关单位认可后，方可进行”。

建筑装饰施工涉及面广，建筑装饰施工质量决不能掉以轻心，一切施工过程均应按国家有关规范规定操作进行。在装饰施工项目中实行招标投标制，确认建筑装饰施工企业和施工队伍的资质等级和施工能力是保证施工质量的基础。在施工过程中由建设监理机构予以监理，工程竣工后通过质量监督部门及有关方面组织严格的检查验收后方可使用，是保证工程质量的关键。

第二节 抹灰工程

抹灰工程按使用材料和装饰效果不同，分为一般抹灰、装饰抹灰及特种砂浆抹灰三种。

一般抹灰又分为室内抹灰和室外抹灰；按部位分为墙面抹灰、顶棚抹灰和地面抹灰；按等级分为普通抹灰和高级抹灰。抹灰所用的灰浆为石灰砂浆、水泥混合砂浆、水泥砂浆、聚合物水泥砂浆、麻刀灰、纸筋石灰、石膏灰以及玻璃纤维灰和杜拉纤维灰等。

装饰抹灰又分为砂浆装饰抹灰和石渣装饰抹灰。砂浆装饰抹灰，按其所用材料和施工操作方法及装饰效果不同分为拉毛灰、甩毛灰、搓毛灰、扫毛灰、拉条灰、装饰线灰、斩假石、假面砖、喷涂、滚涂和弹涂等。石渣装饰抹灰，按其所用材料和施工操作方法及装饰效果不同，分为水刷石、干粘石、水磨石、假石、仿蘑菇石等石渣装饰抹灰。

特种砂浆抹灰有保温砂浆（珍珠岩保温砂浆、蛭石保温砂浆及硅酸铝保温砂浆）抹灰、防水砂浆抹灰、耐酸砂浆抹灰及重晶石砂浆抹灰等。

随着建筑业的发展及人民生活水平的提高，有些装饰抹灰已不适应今天发展的需要。因此，在本章中只着重介绍一般抹灰工程的施工方法。

一、抹灰饰面的组成

抹灰饰面一般由底层灰、中层灰和面层灰组成，其总厚度一般为 15~35mm。抹灰工程施工需分层操作，以便保证抹灰表面平整，各层之间粘结牢固，避免裂缝出现，抹灰层的组成及作用见表 9-1。

表 9-1　抹灰层的组成及作用

灰层	作用	基层材料	一般做法
底层灰	主要起与基层粘结作用，兼起初步找平作用	砖墙基层	1. 内墙一般采用石灰砂浆、石灰炉渣浆打底 2. 外墙、勒脚、屋檐以及室内有防水、防潮要求，可采用水泥砂浆打底
		混凝土和加气混凝土基层	1. 宜先刷掺加建筑胶的水泥浆一道，采用水泥砂浆或混合砂浆打底 2. 高级装饰工程的预制混凝土板顶棚，宜用聚合物水泥砂浆打底
		木板条、苇箔、钢丝网基层	1. 宜用混合砂浆或麻刀灰、玻璃丝灰打底 2. 须将灰浆挤入基层缝隙内，以加强拉结
中层灰	主要起找平作用		1. 所用材料基本与底层相同 2. 根据施工质量要求，可以一次抹成，这也可分遍进行
面层灰	主要起装饰作用		1. 要求大面平整，无裂痕，颜色均匀 2. 室内一般采用麻刀灰、纸筋灰、玻璃丝灰，高级墙面也有用石膏灰浆和水砂面层等，室外常用水泥砂浆，水刷石、斩假石等

二、抹灰饰面常用材料

根据装饰装修工程使用功能，抹灰工程可以采用不同的抹灰砂浆，例如石灰砂浆、水泥

混合砂浆、水泥砂浆、聚合物水泥砂浆、麻刀灰、纸筋灰、杜拉纤维灰、玻璃纤维灰和石膏灰等抹灰砂浆。组成这些抹灰材料的胶凝材料主要有：水泥、石灰膏、石膏；细骨料有砂、炉渣；加强材料有：麻刀、纸筋、玻璃纤维和杜拉纤维；聚合物主要有：聚乙烯醇缩甲醛胶（107）和聚醋酸乙烯乳液等。

抹灰工程用的水泥宜采用硅酸盐水泥、普通硅酸盐水泥，水泥进场时应对其品种、级别、包装或散装号、出厂日期等进行检查（产品出厂合格证、出厂检验报告），对其强度、安定性及其他必要的性能指标（凝结时间和安定性）进行复验，其质量必须符合现行国家标准的规定。当在使用中对水泥质量有怀疑或水泥出厂超过三个月（快硬硅酸盐水泥超过一个月）时，应进行复验，并按复验结果使用。

砂宜采用中砂，平均粒径1.2~2.6mm，细度模数为2.3~3.0，砂的颗粒坚硬、洁净、无杂质，含泥量不大于3%。

石灰膏用生石灰淋制。淋制时必须用孔径不大于3mm×3mm的筛网过滤，并贮存在沉淀池中熟化，熟化的时间为常温下不小于15~30d。

磨细生石灰粉，使用前用水浸泡使其达到充分熟化，其熟化时间应大于3d 。

炉渣应洁净，不得含有杂质。用前应过筛，粒径不应大于3mm ，并加水闷透。

纸筋通常采用白纸筋，使用前用水浸泡透、捣烂，并洁净，如果是罩面纸筋，还宜用机碾磨细。

麻刀应松散柔韧、干燥，不含杂质，长度一般为10~30mm，用前4~5d用石灰膏调好再用。

玻璃纤维又称玻璃丝，玻璃丝应无碱、无捻、无污染。用时将玻璃丝切成10mm长左右，每10kg石灰膏掺入200~300g，搅拌均匀成玻璃丝灰再使用。

杜拉纤维又称高强聚丙烯纤维，束状单丝，无毒、不吸水、耐酸、碱性好。

聚乙烯醇缩甲醛胶（107胶），是一种无色水溶性胶粘剂，因含过量甲醛，伤害人体健康，已逐渐禁止使用。

三、一般抹灰工程施工质量标准

抹灰工程根据其施工部位可分为墙面抹灰、顶棚抹灰和地面抹灰。因顶棚抹灰容易出现抹灰层脱落等质量问题，目前许多现浇混凝土楼板工程中已取消了顶棚抹灰。采用在现浇混凝土楼板施工时，严格控制楼板模板和混凝土的施工质量，保证楼板底面的光滑度、平整度，然后直接在混凝土楼板底面上做涂饰装饰的方法，既消除了顶棚抹灰易脱落的隐患，又节省了材料，降低了造价。

因各部位抹灰工程的施工质量控制基本相同，本章只介绍墙面抹灰中的内墙抹灰。

1. 施工工艺流程

基层处理→找规矩→贴灰饼→设标筋→做护角→抹底灰→抹中层灰→抹窗台、阳台→踢脚板（或墙裙）→抹罩面灰→清理→保护。

2. 施工操作要点

（1）基层处理　清理基层应将基层表面灰尘、灰渣和油污清除干净。砖墙基层，将墙面上残存的砂浆、污垢、灰尘等清理干净，用水浇墙，将砖缝中的尘土冲掉，将墙面湿润。混凝土基层表面如有蜂窝麻面、孔洞等缺陷的，要剔凿至实处，然后刷素水泥浆（内掺108

胶）一道。如混凝土基层表面尚残留脱模剂等时，应注意清除干净，避免抹灰层与墙体基层粘结不良，产生空鼓和裂缝。混凝土基层表面抹灰施工前，应凿毛、甩毛，也可刷一道界面处理剂。

（2）找规矩　根据设计图样及抹灰质量等级要求，依据+500mm 水平基准线，用房间某一墙面做基准，用方尺规方，房间面积较大时应先在地上弹出十字中心线，然后按基层面平整度弹出阴角线。随即在距阴角 100mm 处吊垂线，并弹出铅垂线，再按地上弹出墙角线往墙上翻引出阴角两面墙上的墙面抹灰层厚度控制线。室内抹灰层的厚度（平均总厚度）不得大于以下规定：普遍抹灰为 18~20mm；高级抹灰为 20~25mm。经检查确定抹灰厚度，但一般最薄处不应小于 7mm；对于墙面凹度较大时应分层抹灰，每遍厚度宜控制在 7~9mm，并压实抹平。

（3）贴灰饼　找规矩做好后，以此为根据做灰饼打墩，操作时先贴上灰饼，再贴下灰饼。操作时注意保证下灰饼的位置准确，要用靠尺板找好垂直与平整。灰饼用 1∶3 水泥砂浆做成，大小为 5cm 左右，方形或圆形均可，如图 9-1 所示。

（4）设标筋　设标筋又称冲筋，是在灰饼间抹灰，厚度、宽度与灰饼相同，设标筋时注意上下、水平的冲筋应在同一铅垂平面内。水平标筋应连起来，并应互相垂直。冲完筋后，待稍干再进行抹墙面底灰。

（5）做护角　窗内墙面、柱面和门洞口的阳角做法应符合设计要求。设计无要求时，应采用 1∶2 水泥砂浆做暗护角，其高度不应低于 2m，每侧宽度不应小于 50mm。护角用阳角抹子推出小圆角，用靠尺板在阳角两边 500mm 以外位置，以 40°斜角将多余砂浆切除，并修整干净，如图 9-2 所示。

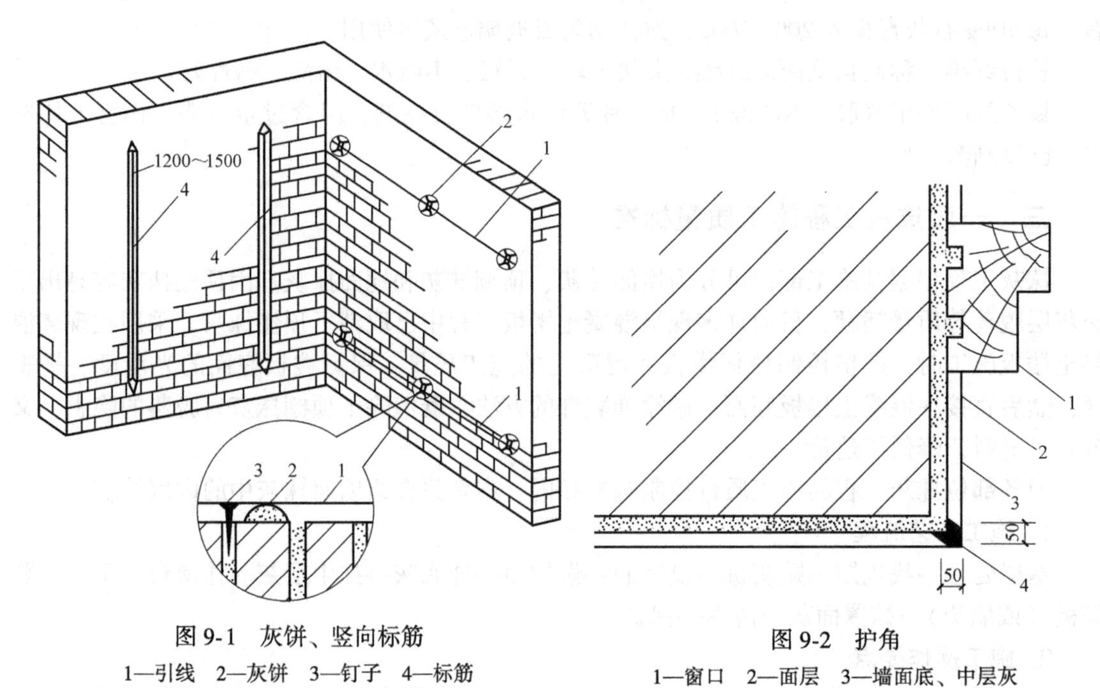

图 9-1　灰饼、竖向标筋

1—引线　2—灰饼　3—钉子　4—标筋

图 9-2　护角

1—窗口　2—面层　3—墙面底、中层灰

4—水泥砂浆扩角

（6）抹阳台、踢脚板（或墙裙）　用 1∶3 水泥砂浆打底分层抹灰，其表面划毛，养护

1d 刷素水泥浆一道，接抹 1∶2.5 水泥砂浆罩面灰，原浆压光。踢脚板（或墙裙）应根据+50mm 水平基准线测准高度，并控制好水平、垂直和厚度，上口切齐，压实抹光。

预留洞、配电箱、槽、盒等部位的抹灰十分重要，这些部位是最易出现空鼓和裂缝的地方。抹灰前应设专人把墙面上的预留孔洞、槽、盒边 5cm 宽的砂浆渣清除干净，并洒水湿透。然后用 1∶1∶4 水泥石灰混合砂浆把孔洞、箱、槽、盒抹方正、光滑、平顺，抹时必须分层分遍压实抹平。

（7）抹罩面灰　当底子灰有六七成干时，开始抹罩面灰，如底灰过于干燥时应充分浇水湿润。罩面灰宜两遍成活，控制灰厚度不大于 3mm，宜两人同时操作，一人先薄抹刮平一遍，另一个人随后抹平压光，按先上后下顺序进行，用钢抹子通压一遍，最后用塑料抹子顺抹纹压光，并随即用毛刷蘸水将罩面灰污染处清理干净。施工时不应甩搓子，但遇到预留的施工洞，宜甩下整面墙，最后处理。

第三节　饰面板（砖）工程

用于建筑主体结构表面装饰的砖、板饰面材料品种很多，一般常用的有陶瓷饰面砖、石材饰面板、金属饰面板和塑料贴面板等。

陶瓷饰面砖分为有釉面饰面砖、外墙饰面砖、陶瓷锦砖、陶瓷壁画砖及劈裂砖等。石材饰面又分为天然石材和人造石材两种。天然石材包括大理石、花岗岩、青石板等；人造石材包括石膏大理石、水泥大理石、不饱和聚酯树脂大理石或花岗岩、硅酸盐复合聚酯大理石或花岗岩、浮印大理石、新型无机大理石和花岗岩等。金属饰面板有彩色不锈钢饰面板、镜面不锈钢饰面板、铝合金板、复合铝板（铝塑板）等。塑料饰面板包括聚乙烯塑料面板、玻璃钢装饰板、塑料板贴面板、聚酯装饰板及复塑中密度纤维板等。

这些砖、板饰面材料具有耐潮湿、耐热、耐腐蚀、抗污染、抗风化、耐磨、耐酸碱等性能，以及易清洗、造型美观、光洁度高、色彩丰富、视觉对比丰富、装饰效果好等优点。

（一）墙面贴陶瓷砖施工工艺

陶瓷面砖是指以陶瓷为原料制成的面砖，主要分为釉面瓷砖、陶瓷锦砖、陶瓷壁画砖及新型材料劈裂砖等。

内墙釉面砖用于室内墙面装饰，属于精陶质制品，吸水率较大，其坯体比较疏松，如果将其用于室外恶劣气候条件下，便易出现釉坯剥落的后果。外墙砖是指能适合外墙装饰使用的陶瓷砖。大体可分为炻器质（半瓷半陶）和瓷质两大类，有有釉和无釉之别。这类饰面砖吸水率较低，耐候性和抗冻性较好。在寒冷地区使用的外墙砖，吸水率以不超过 4%为宜，而瓷化程度越好的产品，造价越高。

内外墙铺贴面砖施工过程基本一致，本章以内墙为例介绍其施工过程。

墙面贴砖的施工工艺流程为：选砖→基层处理→规方、贴标块→设标筋→抹底子灰→排砖→弹线、拉线、贴标准砖→垫底尺→铺贴釉面砖→铺贴边角→擦缝。

1. 选砖

饰面砖铺贴前应开箱验收，发现破碎产品、表面有缺陷并影响美观的均应剔出。必要时，可自做一个检查砖规格的套砖器，外形与砖尺寸一致。将砖从一边插入，然后将砖旋转 90°再插另外两个边，按 1mm 差距分档，将砖分为三种规格，将相同规格的砖镶在同一房间，保证砖大小一致，以免影响镶贴效果。

2. 基层处理

基层为砖墙时，将基层表面多余的砂浆、灰尘清除干净，脚手架等孔洞堵严，墙面浇水润湿。

基层为混凝土时，要剔凿凸出部分，光面凿毛，用钢丝刷子满刷一遍。墙面有隔离剂、油污等，先用10%浓度的火碱水洗刷干净，再用清水冲洗干净，然后浇水润湿。

基层为加气混凝土板时，用钢丝刷将表面的粉末清刷一遍，提前1d浇水润湿板缝，清理干净，并刷25%的107胶水溶液，随后用1∶1∶6的混合砂浆勾缝、抹平。在基层表面普遍刷一道25%的107胶水溶液，使底层砂浆与加气混凝土面层粘结牢固。加气板接缝处，宜钉150~200mm宽的钢丝网，以避免灰层拉裂。

3. 规方、贴标块

贴标块，首先用托线板检查砖墙平整、垂直程度，由此确定抹灰厚度，但最薄不应少于7mm，遇墙面凹度较大处要分层涂抹，严禁一次抹得太厚。一次抹灰超厚，砂浆干缩，易空鼓、开裂。在2m左右高、距两边阴角100~200mm处，分别做一个标块，大小通常为50mm×50mm的方形灰饼（或直径为70mm的圆形灰饼），厚度根据墙面平整和垂直情况决定，一般为10~15mm。标块所用砂浆与底子灰砂浆相同，常用1∶3水泥砂浆（或用水泥∶石灰膏∶砂=1∶0.1∶3的混合砂浆）。根据上面两个标块用托线板挂垂直线做下面两个标块，在两个标块的两端砖缝分别钉上小钉子，在钉子上拉横线，线距标块表面1mm，根据拉线做中间标块。厚度与两端标块一样。标块间距为1.2~1.5m，在门窗口垛角处均应做标块。若墙高度大于3.2m，应两人一起挂线贴标块。一人在架子上吊线垂，另一人站在地面，根据垂直线调整上下标块的厚度。

4. 设标筋

设标筋也称冲筋。墙面浇水润湿后，在上下两个标块之间先抹一层宽度为100mm左右的水泥砂浆，然后再抹第二遍凸起成八字形，应比标块略高，然后用木杠两端紧贴标块左右上下来回搓动，直至把标筋与标块搓到一样平为止。垂直方向为竖筋，水平方向为横筋。标筋所用砂浆与底子灰相同。操作时，应先检查木杠有无受潮变形，若变形应及时修理，以防标筋不平。

5. 抹底子灰

标筋做完后，抹底子灰时应注意两点：一是先薄薄抹一层，再用刮杠刮平，木抹子搓平，接着抹第二遍，与标筋找平；二是抹底灰的时间应掌握好，不宜过早，也不应过晚，底子灰抹早了，筋软易将标筋刮坏，产生凹陷现象；底子灰抹晚了，标筋干了，抹上底子灰虽然看似与标筋齐平了，可待底灰干了，便会出现标筋高出墙面现象。

6. 排砖

排砖应按设计要求和选砖结果以及铺贴釉面砖墙面部位实测尺寸，从上至下按皮数排列。如果缝宽无具体要求时，可按1~1.5mm计算。排在最下一皮的釉面砖下边沿应比地面标高低10mm。铺贴釉面砖一般从阳角开始，非整砖应排在阴角或次要部位。顶棚铺砖，可在下部调整，非整砖留在最下层。遇轻型顶棚铺砖时，可伸入顶棚，一般为25mm，如竖向排列余数不大于半砖时，可在下边铺贴半砖，多余部分伸入顶棚。在卫生间、盥洗室等有洗面器、镜箱的墙面铺贴釉面砖，应将洗面器下水管中心安排在釉面砖中心或缝隙处。墙裙铺砖，上边收口应将压顶条计算在内。水池、浴池等处铺砖，应将阴阳角条等配件砖尺寸计算其中。如遇墙面有管卡、管根等突出物，釉面砖必须进行套割镶嵌处理。装饰要求高的工程，还应绘制釉面砖排砖详图，以保证工程高质量。内墙釉面砖的组合铺贴形式，较为普遍的做法是顺缝铺贴和错缝铺贴。

7. 弹线、拉线、贴标准砖

弹竖线：经检查基层表面符合贴砖要求后，可用墨斗弹出竖线，每隔2~3块弹出一条竖线，沿竖线在墙面吊垂直，贴标准点（用水泥：石灰膏：砂=1：0.1：3的混合砂浆），然后，在墙面两侧贴定位釉面砖两行（标准砖行），大面墙可贴多条标准砖行，厚度一般为5~7mm。以此作为各皮砖铺贴的基准，定位砖底边必须与水平线吻合。

弹水平线：在距地面50mm左右高度处，弹水平线。大墙面每1m左右间距弹一条水平控制线。

拉线：在竖向定位的两行标准砖之间要分别拉出水平控制线，保证所贴的每一行砖与水平线平直，同时也控制整个墙面的平整度。

8. 垫底尺

根据排砖弹线结果，在第一皮砖的下口垫好底尺（木尺板），顶面与水平线相平，作为第一皮釉面砖的下口标准，防止釉面砖在水泥砂浆未硬化前下坠。底尺要求垫平、垫稳，可用水平尺核对。垫点间距应在400mm以内。

9. 铺贴釉面砖

可用1：1水泥砂浆、聚合物水泥砂浆、饰面砖专用胶粘剂和水泥素浆等铺贴釉面砖。铺贴前，要注意将砖浸水不小于2h，晾干表面浮水后，在釉面砖背面均匀地抹满灰浆，以线为标准，贴于润湿的找平层上，用小灰铲的木把轻轻敲实，使灰挤满。

铺贴顺序自下而上。从缝隙中挤流出的灰浆要及时用抹布、棉纱擦净。贴墙裙应凸出墙面5mm，上口线要平直。

10. 铺贴边角

用配件砖和异形配件砖镶嵌转角、边角处，可以达到既实用又美观的目的。釉面砖贴到上口收边或墙裙收口，可贴一面圆砖或用压顶条、压顶阳角、压顶阴角配合使用。贴工作台台面阳转角，可用三块两面圆的配件砖，实现转角圆滑、衔接自然。水池、浴池等阴阳转角较多的环境，常采用异形配件砖镶嵌。目前，也有用倒角的方法，使边角达到衔接自然的效果，即将两块整砖在厚度方向，各切出45°的茬口，将两块砖在转角处垂直铺贴在一起，就看不到砖的侧边，到达衔接平顺的效果。

11. 擦缝

对所铺贴的砖面层，应进行自检，如发现空鼓、不平直的问题，应立即整改。然后用清水将砖面冲洗干净，用棉纱擦净。然后用与砖颜色一致的素水泥擦缝，最后清洁砖面。

（二）墙体饰面板施工工艺

饰面板材料有很多，如石材饰面板（如天然大理石、天然花岗石、花岗石复合板、人造石材等）、金属饰面板（如铝合金板、铝塑板、彩色压型钢板和不锈钢板等）、塑料贴面板等。根据材料、规格和尺寸的不同，施工方法有胶粘剂粘贴法、湿作业法、湿作法改进法和干挂法等。干挂法施工又分为钢针式干挂工艺和卡片式干挂工艺，其施工方法基本相同。相比之下，卡片式干挂工艺的作业工艺较复杂，它是将挂件改为弧形卡片挂件，将石材与挂

件的连接由点式连接改为面式连接，大大提高了外墙饰面的抗震能力，如图9-3所示。

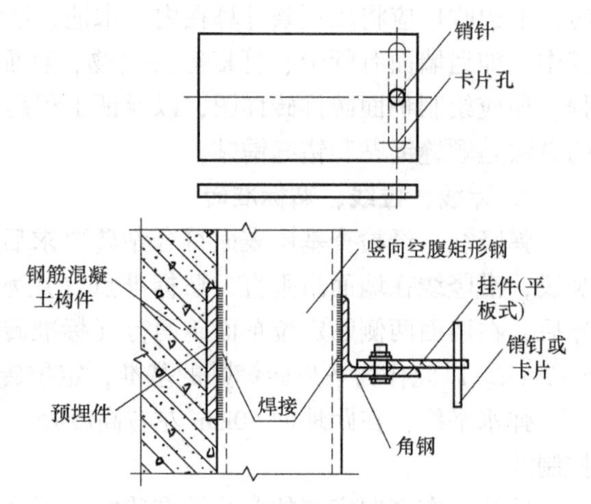

图9-3　卡片式干挂法饰面板构造

大理石、花岗石板饰面是属石材饰面。石材又分为天然石材和人造石材两类。从自然界岩石中开采的，并经加工形成的块材或板材，称为天然石材，常见的有大理石、花岗石和青石板等，它们是我国传统的高级建筑装饰装修材料。仿造天然石材的制品称为人造石材。在建筑工程中应用的有石膏大理石、水泥大理石、不饱和聚酸树脂大理石或花岗石、硅酸盐复合聚酯大理石或花岗石、浮印大理石、新型人造无机大理石和花岗石等。

大理石是一种变质岩，是由石灰岩变质而成，其主要矿物成分为方解石、白云石等，由火成岩和沉积岩在地壳变动中受高温、高压增生熔融再结晶而成，经锯切、研磨抛光与切割而成的饰面板。其特点是，纹理有斑，条理有纹，易分割、质脆、硬度低、抗冻性差。大理石在大气中受二氧化碳、硫化物、水气作用，易于溶解、腐蚀失去表面光泽而风化、崩裂、故一般不宜用在室外装饰工程。故室外耐用年限仅为10~20年，室内可达40~100年。花岗岩是各类岩浆岩（又称火成岩）的统称，如花岗岩、安山岩、辉绿岩、辉长岩、片麻岩等，有良好的抗风化稳定性、耐磨性和耐酸碱性。精磨和磨光饰面板是一种分布最广的大成岩（主要由石英、长石和云母的结晶粒组成），经采制毛料后进行锯切、研磨、抛光与切割而成的细琢面、光面或镜面的饰面板，其特点是岩质坚硬、密实、颗粒分布细而均匀、色泽鲜艳、强度高、耐久性好。

本章主要介绍较为简单的钢针式干挂法石材饰面板的施工。

钢针式干挂工艺是利用高强螺栓和耐腐蚀、强度高的柔性连接件将石材饰面板挂在建筑物主体结构的表面，石材与结构表面之间留出40~50mm的空腔，寒冷地区的外墙饰面板还可填入保温材料，连接挂件具有三维空间的可调性，增强了石材饰面板安装的灵活性，易于使饰面平整，如图9-4所示。

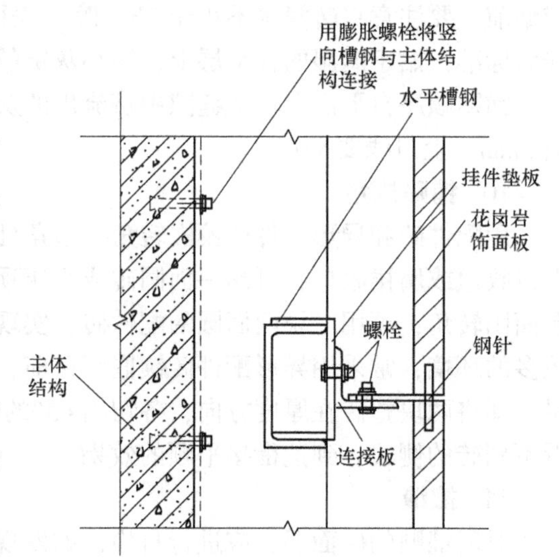

图9-4　钢针式干挂法饰面板构造

1. 安装前准备

依据设计要求及实际结构尺寸完善分格设计、节点设计，并做出翻样详图。按照翻样详图提出加工计划，做挂件（连接件）设计，先做好成品并进行承载破坏性试验及疲劳破坏性试验，合格后方可加工。测量放线，具体做法是在结构各转角处下吊垂线（最好由测量配

合)，用来确定饰面石材板的外轮廓线（尺寸），对结构突出较大的做局部剔凿处理，以轴线及标高线为基线，弹出花岗石饰面板竖向分格控制线，再以各层标高线为基线放出板材横向分格控制线。根据翻样详图及挂件形式，确定钻孔的位置。

2. 工艺操作要点

（1）饰面板钻孔　根据设计详图尺寸，对石材进行钻孔，钻孔时应将钻头对准孔的中心把稳钻柄，并扶直钻身由慢到快以达到孔位准确，孔眼规整。饰面板背面宜刷胶粘剂，并粘贴玻璃纤维网格布增加黏结力，待固化后竖立存放。但要求固化前不得受潮，以免影响黏结强度。

（2）结构面钻孔　根据设计连接件（挂件）与石材和基体结构相互间的尺寸，确定并标出孔的位置用电锤在结构面钻孔，钻头应垂直结构面，如遇到结构面钻孔，钻头应垂直结构面，如遇到结构主钢筋可以左右移动（因挂件设计为三维可调），但需在可调范围以内，固定不锈钢膨胀螺栓及挂件。若采用间接干挂法施工，竖向槽钢用膨胀螺栓固定在结构柱、梁上，水平槽钢与竖向槽钢相焊接，膨胀螺栓孔位置要准确，深度在65mm以内。在下膨胀螺栓前应将孔内粉尘清理干净，并要求螺栓埋设垂直、牢固，连接件要垂直、方正。所用的型钢在安装前应按规定刷两遍防锈漆，焊接时要三面围焊，焊接有效长度≥12cm，焊接高6mm，要求焊缝规整，不准有气孔、咬肉等缺陷。焊后的焊缝应按规定涂刷防锈漆。

（3）挂线　按照大样详图要求，用经纬仪测出大角两个面的竖向控制线，在大角上下两端固定挂线的角钢，用22号钢丝挂竖向控制线，并在控制线的上、下做出标记。

（4）支底层石材板托架　按已确定的水平基准线，支设支撑托架。托架应支设牢固、水平、顺直。然后放置花岗石饰面板（底层板），调节并临时固定。

（5）固定螺栓　将连接螺栓插入已钻好的孔内并固定，镶不锈钢固定件，调整位置，固定牢固。

（6）嵌缝　用嵌缝膏嵌入下层饰面板上部孔眼，并按设计插连接钢针，要拨正插实，然后嵌上层饰面板的下孔，嵌缝要严密、干净，不得污染石材饰面。

（7）固定　临时固定上层饰面板，钻孔，插膨胀螺栓，镶不锈钢固定件。重复上述工序，直至完成全部饰面板的安装，最后镶顶层饰面板。

（8）清理　清理石材饰面，贴防污胶条，嵌缝、刷罩面涂料。

安装饰面板时，应先试挂每块板，对石材板之间缝宽及销钉位置要适当调整。用靠尺板找平后再正式挂板和最后固定；插钢针前先将环氧胶粘剂注入板销孔内，钢针入孔深不宜小于20mm，然后将环氧胶粘剂清除干净，不得污染饰面板。遇到结构面凹陷过多，超出挂件可调的范围时，可采用垫片调整，如果还解决不了，可采用型钢加固处理，但垫片和型钢必须做好防腐处理。经项目质量监理工程师检查合格后，在挂件与膨胀螺连接处点焊或加双帽并拧紧固定，以防挂件因受力松动而下滑。

第四节　涂 饰 工 程

建筑涂料的品种繁多，分类方法也不相同。按施工的部位，可分为内墙涂料、外墙涂料、顶棚涂料、地面涂料等；按用途可分为防火涂料、防水涂料、防锈涂料、防霉涂料、防静电涂料、防虫涂料、发光涂料、耐高温涂料、道路标线涂料、彩色玻璃涂料及仿古建筑涂料等；按涂料的分散介质，可分为溶剂型涂料、水性涂料及无溶剂型（以热固性树脂为成膜物质）涂料；按涂料成膜物质的不同，可分为有机涂料、无机涂料及有机无机复合涂料；按涂料施工后形成的涂膜厚度与表面装饰质感，可分为薄质涂料、厚质涂料和彩色砂壁状涂料等。

虽然各种涂料的组成成分不同，但它们均是由成膜物质、颜料（着色颜料、体质性填充颜料、防锈颜料）、分散介质（稀释剂、溶剂）以及辅助材料（增塑剂、固化剂、催干剂和稳定剂等）所组成。

（一）常用涂料的种类

1. 溶剂型涂料

溶剂型涂料是以有机高分子合成树脂为主要成膜物质，以有机溶剂如脂烃、芳香烃、酯类等为分散介质（稀释剂），加入适当的颜料、填料及辅助材料，经研磨等加工制成，涂装后溶剂挥发而成膜。传统的以干性油为基础的油性涂料（或称油基涂料）——油漆，也属于溶剂型涂料。溶剂型涂料施工后所产生的涂膜细腻坚硬、结构致密、表面光泽度高，具有一定的耐水及耐污染性能。但是，溶剂型涂料有其突出的缺点：一是该类产品所含的有机溶剂易燃且挥发后有损于大气环境和人体健康；二是由于其涂膜的透气性差，故不宜使用在容易潮湿的墙体表面涂装。

2. 水性涂料

水性涂料是指以水为分散介质（稀释剂）的涂料，主要有两种类型的产品，一类是水溶型涂料，另一类是乳液型涂料。为强调二者的区别，人们习惯把前者称为“水性涂料”，将后者称为“乳液涂料”、“乳胶涂料”或“水乳型涂料”。

（1）水溶型涂料　水溶型涂料是以水溶性化合物（高聚物、合成树脂）为基料，加入一定量的填料、颜料和助剂，经研磨、分散后而制成的建筑装饰涂料。此类涂料施工简易、安全，产品价格较为低廉。但其早期产品如聚乙烯醇水玻璃涂料（106 涂料）、醋酸乙烯涂料（108 涂料）等，因防水性能较差而渐被淘汰。目前，其改性产品如“酸改性水玻璃外墙涂料”等新型水性涂料成膜温度低、耐老化、耐紫外线辐射，具有优良的耐水性能而被广泛使用。

（2）乳液型涂料　乳液型涂料即各种“乳胶漆”，是将合成树脂（各种单体聚合或由天然高聚物经化学加工而成）以极细微粒分散于水中形成乳液（加适量乳化剂），以乳液为主要成膜物质并加入适量填料及辅料经研磨加工制成的涂料。此类乳液涂料以水为分散介质，无毒、无异味、不污染环境、施工安全方便，涂层附着力强；特别是其涂膜为开孔式，具有一定的透气性，有利于建筑结构基体内的水汽透过涂膜向外挥发而不会造成装饰涂膜起鼓破坏，有的产品甚至可以在比较潮湿的基层表面施工。

3. 无溶剂型涂料

无溶剂型涂料不使用溶剂作为分散剂、稀释剂，一般是以热固性树脂（在热、光、辐射或固化剂等作用下能固化成具有不熔性物质的聚合物，如聚酯树脂、环氧树脂、酚醛树脂等）作为成膜物质，经交联固化加工生产的涂料，施工后可形成厚度较大的装饰涂膜。此类涂料多用于建筑地面装饰涂布，可形成很厚的涂层。

（二）涂饰工程施工准备

采用建筑涂料施涂后所形成的不同质感、不同色彩及不同性能的涂膜作饰面，在建筑装饰装修施工项目中通常被认为是十分便捷和经济的饰面做法，也正是由于其成膜简易、操作迅速、涂层较薄、见效较快等原因，所以对材料选用、基层处理及工艺技术等多方面的要求也就更应严格，必须精心细致，不忽视任何环节，方可达到预期目的。

涂饰工程质量的优劣，首先取决于涂料产品的品质质量，比如其性能和色泽的稳定性与均匀性、涂膜的附着性、坚韧性、耐候性、耐碱性、耐水性、耐沾污性、耐干擦和湿擦性，以及对于重要工程所要求的透气性和防结露、抗腐蚀、防火、防辐射、耐冻融等性能，要求其品种、型号和性能指标应符合设计要求和现行有关产品国家标准的规定，应有产品合格证书、性能检测报告；工程材料进场要进行复验。

1. 施工环境要求

建筑涂料的施涂以及涂层固化和结膜等过程，均需要在一定的气温和湿度范围内进行。不同类型的涂料都有其最佳成膜条件。涂料产品及其涂膜性能一般是指在室温 23℃±2℃、相对湿度为 60%~70%条件下测试的指标。有些涂料的黏度随环境温度的影响而会发生较大变化，例如聚乙烯醇系涂料，在冬季低温时容易结冻；合成树脂乳液型涂料的最低成膜温度通常要大于 5℃，而且在 10℃以下施工时其涂膜质量可能会受到不良影响；氯乙烯—偏氯乙烯共聚乳液作地面罩面涂布时，在湿度大于 85%的情况下施工会难以干燥，出现聚浆现象而影响工程质量。此外，太阳光、风、污染性物质等因素，也会影响施工后涂膜的装饰质量。

涂饰工程施工的环境条件，应注意以下几个方面。

（1）环境气温的影响　水溶性和乳液型涂料施涂时的环境温度，应按产品说明书中要求的温度予以控制，一般要求其施工环境的温度宜在 10~35℃之间，最低温度不应低于 5℃；冬期在室内进行涂料施工时，应有采暖措施，室温要保持均匀，不得骤然变化。溶剂型涂料宜在 5~35℃气温条件下施工，不能采用现场烘烤饰面的加温方式促使涂膜表干和固化。

（2）环境湿度的影响　建筑涂料所适宜的施工环境相对湿度一般为 60%~70%，在高湿度环境或降雨之前不宜施工。但是，如若施工环境湿度过低，空气过于干燥，会使溶剂型涂料的溶剂挥发过快，水溶性和乳液型涂料固化过快，也会使涂层的结膜不够完全、固化不良，所以也同样不宜施工。

（3）太阳光、风、污染性物质等的影响　建筑涂料一般不宜在阳光直接照射下进行施工，特别是夏季的强烈日光照射之下，会造成涂料的成膜不良而影响涂层质量。在大风中不宜进行涂料涂饰施工，大风会加速涂料中的溶剂或水分的挥（蒸）发，致使涂层的成膜不良并容易沾染灰尘造成饰面污染。汽车尾气及工业废气中的硫化氢、二氧化硫等，均具有较强的酸性，对于建筑涂料的性能会造成不良影响；飞扬的尘埃也会污染未干的涂层。因此涂饰施工中如发觉特殊气味或施工环境的空气不够洁净时，应暂停操作或采取有效措施。

2. 涂料准备和使用要求

一般涂料在使用前须进行充分搅拌，使之均匀。在使用过程中通常也需不断搅拌，以防止涂料厚薄不匀、填料结块或饰面色泽不一致。

涂料的工作黏度或稠度必须加以控制，使其在施涂时不流坠、不显涂刷痕迹；但在施涂过程中不得任意稀释。应根据具体的涂料产品种，按其使用说明进行稠度调整。当涂料出现稠度过大或由于存放时间较久而呈现“增稠”现象时，可通过搅拌降低稠度至成流体状态再用；视涂料品种也可掺入不超过8%的涂料稀释剂（与涂料配套的专用稀释剂），有的涂料产品则不允许或不可以随便调整，更不可以随意加水稀释。

根据规定的施工方法（喷涂、滚涂、弹涂和刷涂等）选用设计要求的品种及相应稠度或颗粒状的涂料，并应按工程施工面积采用同一批号的产品一次备足。应注意涂料的储存时间不宜过长，根据涂料的不同品种具体要求，正常条件下的储存时间一般不得超过出厂日期3~6个月。涂料密闭封存的温度以5~35℃为宜，最低不低于0℃，最高不高于40℃。

对于双组分或多组分的涂料产品，施涂之前应按使用说明规定的配合比分批混合，并须在规定的时间内用完。

3. 基层处理

（1）对基层的一般要求

对于有缺陷的基层应进行修补，经修补后的基层表面平整度及连接部位的错位状况，应限制在涂料品种、涂装厚度及表面状态等的允许范围之内。

基层含水率，应根据所用涂料产品的种类，在允许的范围之内。除非采用允许施涂于潮湿基层的涂料品种，混凝土或抹灰基层施涂溶剂型涂料时的含水率不得大于8%；施涂水溶性和乳液型涂料时的含水率不得大于10%；木材基层的含水率不得大于12%。

基层pH值应根据所用涂料产品的种类，在允许的范围之内（一般要求不大于10）。基层表面修补砂浆的碱性、含水率及粗糙性等，应与其他部位相同，如有不一致时应进行处理并加涂封底涂料。

基层表面的强度与刚性，应高于涂料的涂层。如果基层材料为加气混凝土等疏松表面，应预先涂刷固化封底涂料或合成树脂乳液封闭底漆等配套底涂层，以加固基层表面。新建筑物的混凝土基层在涂饰涂料前应涂刷抗碱封闭底漆；旧墙面在涂饰涂料前应清除疏松的旧装修层，并涂刷界面剂。

涂饰工程基层所用的泥子，应按基层、底涂料和面涂料的性能配套使用，其塑性和易涂性应满足施工要求，干燥后应坚实牢固，不得粉化、起皮和裂纹。泥子干燥后，应打磨平整光滑并清理干净。

在涂饰基层上安装的金属件和钉件等，除不锈产品外均应做好防锈处理。在涂饰基层上的各种构件、预埋件，以及水暖、电气、空调等设备管线或控制接口等，均应按设计要求事先完成。

（2）基层的清理　被涂饰基层的表面不应有灰尘、油脂、脱模剂、锈斑、霉菌、砂浆流痕、溅沫及混凝土渗出物等。清理基层的目的即是去除基层表面的粘附物，使基层洁净，以利于涂料饰面与基层的牢固粘结。有缺陷的基体或基层修补，可采用1∶3水泥砂浆（水泥石屑浆、聚酯砂浆或聚合物水泥砂浆）等材料进行处理。表面的麻面及缝隙，用泥子找平。

（三）建筑涂料涂饰施工

建筑涂料（油漆）的涂饰施工，目前主要有两种情况，一是施工单位根据设计要求和规范规定按所用涂料的具体应用特点进行涂饰施工；二是由提供涂料产品的生产厂家自备或指定的专业施工队伍进行施工，并确保涂饰工程质量的跟踪服务。

鉴于新型涂料产品层出不穷且日新月异，本节只介绍室内涂料涂饰施工的基本技术和施涂要点。

室内装饰装修工程的涂饰施工，主要是指建筑内墙、室内顶棚的抹灰面或混凝土面的涂料涂饰，以及木质材料装饰罩面、装饰造型、固定式家具等的饰面油漆工程。根据设计要求及所用涂料（油漆）品种，分别采用或配合使用喷涂、滚涂和刷涂等不同的涂饰做法。

1. 喷涂施工

喷涂的优点是涂膜外观质量好，工效高，适宜于大面积施工。可通过调整涂料黏度、喷嘴口径大小及喷涂压力而获得不同的装饰质感。喷涂机具主要有空气压缩机、喷枪及高压胶管等，也可采用高压无气喷涂设备。

基层处理后，用稍作稀释的同品种涂料打底，或按所用涂料的具体要求采用其成品封底涂料进行基层封闭涂装。

大面积喷涂前宜先试喷，以利于获得涂料黏度调整、准确选择喷嘴及喷涂压力的大小等施涂数据；同时，其样板的涂层附着力、饰面色泽、质感和外观质量等指标应符合设计要求，并经建设单位（或房屋的业主）认可后再进行正式喷涂施工。喷涂时，空气压缩机的压力控制应根据气压、喷嘴直径、涂料稠度适当调节气门，以将涂料喷成雾状为佳。喷枪与被涂面应保持垂直状态；喷嘴距喷涂面的距离以喷涂后不流挂为度，通常为500mm左右。喷嘴应与被涂面做平行移动，运行中要保持匀速；纵横方向做S形连续移动，相邻两行喷涂面重叠宽度宜控制在喷涂宽度的1/3。当喷涂两个平面相交的墙角时，应将喷嘴对准墙角线。

涂层不应有施工接槎，必须接槎时，其接槎应在饰面较隐蔽部位；每一独立单元墙面不应出现涂层接槎。如果不能将涂层接槎留在理想部位时，第二次喷涂必须采取遮挡措施，以避免出现不均匀缺陷。若涂层接槎部位出现颜色不匀时，可先用砂纸打磨掉较厚涂层，然后大面满涂，不应进行局部修补。

2. 滚涂施工

滚涂是将相应品种的涂料采用纤维毛滚类工具直接涂装于建筑基面；或是先将低层和中层涂料采用喷或刷的方法进行涂饰，而后使用压花滚筒压出凹凸花纹效果，表面再罩面漆的浮雕式施工做法。采用滚涂施工的装饰涂层外观浑厚自然或形成明晰的图案，具有较好的质感。

滚涂施工的首要关键是涂料的表面张力，应适于滚涂做法。要求所用涂料产品具有较好的流平性能，以避免出现拉毛现象。采用滚涂的涂料产品中，填充料的比例不能太大，胶黏度不能过高，否则施涂后的饰面容易出现皱纹。采用直接滚涂施工时，将蘸取涂料的毛滚先按W方式运动，将涂料大致滚涂于基层上，然后用不蘸取涂料的毛滚紧贴基层上、下、左、右往复滚动，使涂料在基层上均匀展开；最后用蘸取涂料的毛滚按一定方向满滚一遍。阴角及上下口等转角和边缘部位，宜采用排笔或其他毛刷另行刷涂修饰和找齐。

浮雕式涂饰的中层涂料应颗粒均匀，用专用塑料或橡胶滚筒蘸煤油或水均匀滚压，注意涂层厚薄一致；完全固化干燥后，间隔时间宜在4h以上，再进行面层涂饰。当面层采用水性涂料时，浮雕涂饰的面层施工应采用喷涂。当面层涂料为溶剂型涂料时，应采用刷涂做法。

3. 刷涂施工

涂料的刷涂法施工大多用于地面涂料涂布或较小面积的墙面涂饰工程，特别是装饰造型、美术涂饰或与喷涂、滚涂做法相配合的工序涂层施工。刷涂的施工温度宜在10℃以上。

建筑涂料的刷涂工具通常为不同大小尺寸的油漆刷和排笔等，前者多用于溶剂型涂料（油漆）的刷涂操作，后者适用于水性涂料的涂饰。必要时，也可采用油画笔、毛笔、海绵块等与刷涂相配合进行美术涂装。采用排笔刷涂时的着力较小，刷涂后的涂层较厚，油漆刷则相反。在施工环境气温较高及涂料黏度小而容易进行刷涂操作时，可选择排笔刷涂操作；在环境气温较低、涂料黏度大而不易使用排笔时，宜用油漆刷施涂。也可以第一遍用油漆刷，第二遍用排笔，使涂层薄而均匀、色泽一致。

一般的涂料刷涂工程两遍即可完成，每一刷（或排笔）的涂刷拖长范围约在20~30cm，反复运刷两三次即可，不宜在同一处过多涂抹，而造成涂料堆积、起皱、脱皮、塌陷等弊病。两次刷涂衔接处要严密，每一单元涂饰要一气刷完。刷涂操作宜按先左后右、先上后下、先难后易、先边后面（先刷涂边角部位后涂刷大面）的顺序进行。

室内装饰装修木质基层涂刷清漆时，木料表面的节疤、松脂部位应用虫胶漆封闭；钉眼处应用油性泥子嵌补。在刮泥子、上色前，应涂刷一遍封闭底漆，然后反复对局部进行拼色和修色。每修完一次，刷一遍中层漆，干燥后打磨，直至色调谐调统一，再施涂透明清漆的罩面涂层。木质基层涂刷调和漆时，应先刷清油一遍，待其干燥后用油性泥子将钉眼、裂缝、凹凸残缺处嵌补批刮平整，干燥后打磨光滑，再涂刷中层和面层油漆。

对泛碱、析盐的基层，应先用3%的草酸溶液清洗，然后用清水冲刷干净或在基层满刷一遍耐碱底漆，待其干燥后刮泥子，再涂刷面层涂料。涂料（油漆）表面的打磨，应待涂膜完全干透后进行；打磨时应注意用力均匀，不得磨透露底。

第五节　门窗工程

门窗造型对建筑物的外部形象有着显著的影响。建筑外立面的门窗，特别是高层建筑的外窗，其制品规格形式、框料和玻璃的色彩与质感，以及采用不同排列方式之后所构成的平面和立体图案，它们的视觉综合特性同建筑外墙（包括屋面）饰面相配合而产生的外观效果，往往是十分强烈地展示着建筑设计所追求的艺术风格。

同时，作为建筑围护结构与构造的可启闭部分，门窗对建筑物的采光、通风、保温、节能和使用安全等诸多方面具有重要意义，因此在门窗设计时，要充分考虑当地的气候环境条件，选用适宜的材料制作门窗。

门窗工程按材料和作用通常分为木门窗、金属门窗（钢门窗、铝合金门窗及涂色镀锌钢板门窗等）、塑料门窗等，以及特种门（防火门、隔声门、保温门、冷藏门、防盗门、自动门、屏蔽门、防射线门、车库门、全玻璃门、旋转门、金属卷帘门等）。

一、门窗安装的一般要求

门窗安装前，应对门窗洞口尺寸进行检验。除检查单个每处洞口外，还应对能够通视的成排或成列的门窗洞口进行目测或拉通线检查。如果发现明显偏差，应采取处理措施后方可安装门窗。

木门窗与砖石砌筑体、混凝土或抹灰层接触处，应进行防腐处理并应设防潮层；埋入砌筑体或混凝土中的木砖，应进行防腐处理。金属门窗和塑料门窗安装应采用预留洞口的方法施工，防止门窗框受挤变形和表面保护层受损。不得采用边安装边砌口或先安装后砌口的方法施工。装饰性木门窗安装也宜采用预留洞口的方法施工，可避免门窗框污染或受挤变形。

当金属窗或塑料窗组合时，其拼樘料的尺寸、规格、壁厚应符合设计要求。组合窗拼樘料不仅具有连接作用，还是组合窗的重要受力部件，故应对其材料严格要求，使组合窗能够承受本地区的瞬时风压值。

建筑外门窗的安装必须牢固。在砌体上安装门窗时严禁用射钉固定。特种门安装除应符合设计要求外，还应符合国家标准及有关专业标准和主管部门的规定。

二、保证门窗工程质量的一般规定

1. 材料复验

门窗工程施工前，应对材料及其性能指标进行复验，如人造木板的甲醛含量、建筑外墙窗（金属窗、塑料窗）的抗风压性能、空气渗透性能和雨水渗漏性能的试验检测。

2. 隐蔽工程验收

门窗工程施工前应对预埋件和锚固件；隐蔽部位的防腐、嵌填等项目进行验收，不合格的要及时处理。

3. 提交文件资料

门窗工程施工后，要及时组织验收，并提交相关的文件和记录，包括：门窗工程施工图、设计说明及其他设计文件；材料的产品合格证书、性能检测报告、进场验收记录和复验报告；特种门及其附件的生产许可文件；隐蔽工程验收记录；施工记录等。

三、门窗工程施工工艺控制

1. 木门窗安装工程

（1）施工准备

① 木门窗型号、品种的选择应符合图样要求，并具有出厂合格证。

② 按安装位置运到现场。

③ 木楔顶杆等提前准备待用。

④ 绷纱，纱扇子装拼准备完毕。

（2）操作工艺

① 按图样要求分窗中线及边线，并按层弹安装位置及标高线。

② 对高出安装线的结构进行剔凿处理。

③ 从上往下逐层安装窗口扇。

④ 内门口按图标要求安装。

⑤ 木门口钉护口薄钢板加以保护。

⑥ 地面抹灰完后再安装门扇。

⑦ 刷浆完成后，再安装纱扇。

⑧ 五金安装。

（3）质量技术标准

① 门窗框安装位置须符合设计要求。

② 门窗框必须安装牢固，固定点符合设计要求。

③ 门窗框与墙体缝填塞饱满均匀。

④ 门窗扇裁口顺直、刨面平整光滑，开关灵活，无回弹和倒翘。

⑤ 门窗小五金安装位置适宜，尺寸准确，小五金安装齐全，规格符合要求。

⑥ 门窗披水、盖口条、压缝条、密封条安装尺寸一致，平整光滑，与门窗结合牢固，严密，无缝隙。

(4) 成品保护措施

① 门口立好后，钉护口薄钢板。

② 架木等不应支搭在门窗口上。

③ 抹灰后及时将灰浆清净。

④ 硬木门窗用塑料薄膜包裹保护。

⑤ 纱扇装后防止污染。

⑥ 五金安装后防止污染、丢失。

2. 钢门窗安装工程

(1) 施工准备

① 钢门窗的型号、品种应符合图样要求并具有出厂合格证，现场抽检符合要求，按其安装位置运到现场，并提前准备安装边线、平线。

② 拼樘扇要求拼好，电焊机、焊工备齐，纱扇拼装绷纱，附件按要求备齐。

(2) 操作工艺

① 按图样要求分出窗边线，并找出安装标高。

② 对高出安装线的结构进行剔凿处理。

③ 从上往下逐层安装。

④ 内门框按图示尺寸装好。

⑤ 地面抹完后再装门扇。

⑥ 刷浆完后再装纱扇。

⑦ 附件安装后要注意保护。

(3) 质量技术标准

① 钢门窗及附件质量必须符合设计要求及有关标准规定。

② 钢门窗安装必须牢固，预埋件的数量、位置及埋设连接方法必须符合设计要求。

③ 钢门窗关闭严密，开关灵活，无阻滞回弹和倒翘。

④ 钢门窗附件齐全，位置正确，安装牢固、端正，启闭灵活。

⑤ 钢门窗与墙体间缝隙填嵌饱满密实，表面平整。

(4) 成品保护措施

① 架木等严禁支搭在门、窗口扇上。

② 抹灰后应及时清理钢门窗。

③ 防止钢门窗在刷浆、油漆施工中污染。

④ 五金附件要防止丢失、损坏。

3. 铝合金门窗安装工程

(1) 施工准备　铝合金门窗的规格、型号应符合设计要求，五金配件配套齐全具有合格证。防腐、保温材料及其他材料应符合图样要求。作业工种之间办好交接手续，按图示尺寸弹中线和水平线，如有问题应提前处理。

安装前应对铝合金门窗进行检查，如有缺损，应处理后再行安装。

（2）操作工艺

① 弹线找规矩。

② 找出墙厚方向的安装位置。

③ 安装铝合金窗披水。

④ 防腐处理。

⑤ 就位和临时固定。

⑥ 与墙体固定。

⑦ 处理窗框与墙体间的缝隙。

⑧ 安装五金配件。

⑨ 安装铝合金门窗玻璃或门窗纱扇。

⑩ 安装门窗五金。

⑪ 门窗框防水密封。

（3）质量技术标准

① 铝合金门窗及附件质量必须符合设计要求和有关标准规定。

② 安装必须牢固，预埋件的数量、位置、埋设、连接方法必须符合设计要求。

③ 门窗安装位置、开启方向必须符合设计要求。

④ 边缝接触面之间必须做防腐处理，严禁用水泥砂浆做填塞材料。

（4）成品保护措施

① 铝合金门窗应入库存放。

② 门窗保护膜要封闭好。

③ 堵缝前应对水泥砂浆接触面涂刷防腐剂进行处理。

④ 抹灰前用塑料薄膜保护铝合金门窗。

⑤ 架子搭拆、室外抹灰时注意铝合金门窗保护。

⑥ 建立严格的成品保护制度。

4. 塑钢门窗安装工程

（1）操作工艺

① 弹线找规矩。

② 找出墙厚方向的安装位置。

③ 防腐处理。

④ 就位和临时固定。

⑤ 与墙体固定。

⑦ 处理窗框与墙体间的缝隙。

⑧ 安装五金配件。

⑨ 安装门窗。

（2）质量技术标准

① 塑钢门窗及附件质量必须符合设计要求和有关标准规定。

② 安装必须牢固，预埋件的数量、位置、埋设、连接方法必须符合设计要求。

③ 门窗安装位置、开启方向必须符合设计要求。

④ 边缝接触面之间必须做防腐处理，严禁用水泥砂浆做填塞材料。

（3）成品保护措施

① 塑钢门窗应入库存放。

② 门窗保护膜要封闭好。

③ 抹灰前用塑料薄膜保护塑钢门窗。

④ 架子搭拆、室外抹灰时应注意塑钢门窗保护。

⑤ 建立严格的成品保护制度。

（4）应注意问题　塑钢门窗组合时，要注意避免拼接头不平、有窜角、五金件安装不规矩、尺寸不准、面层污染、表面划痕等问题。

复习思考题

1. 简述一般抹灰的分层做法、各层作用，其操作要点及质量标准。
2. 简述装饰抹灰的种类。
3. 简述饰面砖的镶贴方法。
4. 简述饰面板的安装方法。
5. 简述常用建筑涂料及施工方法。

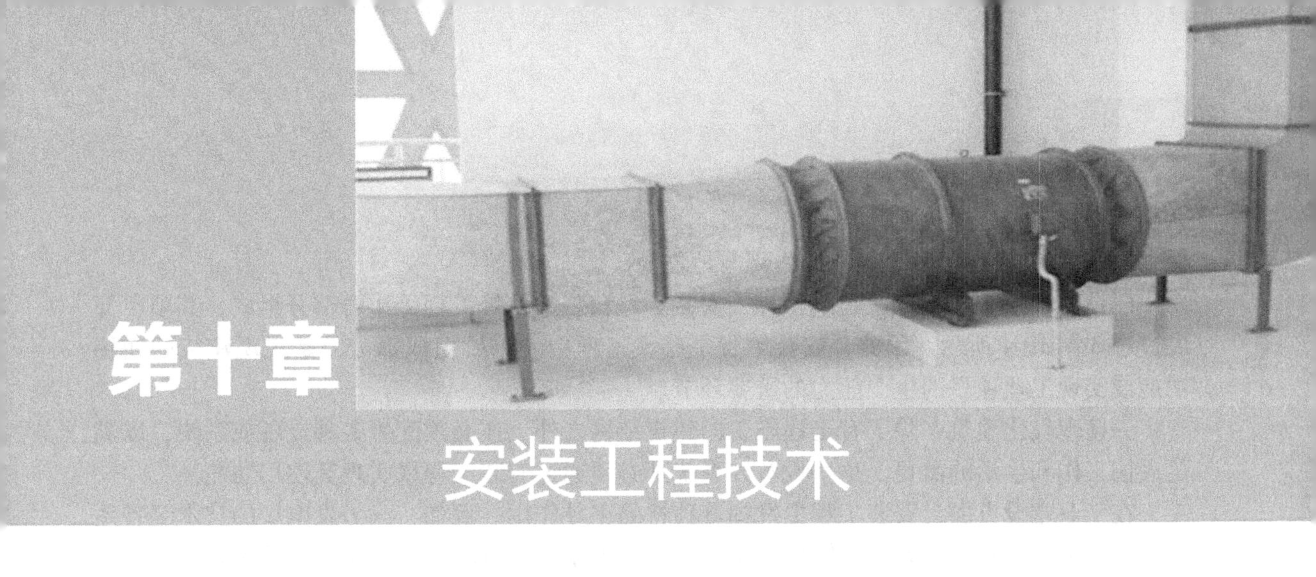

第十章 安装工程技术

第一节　安装工程概述

1. 安装工程的概念

安装工程是一个“安放”和“装配”的过程。或者说，安装工程是基本建设工作中，根据设计文件的要求，将某些设备、零部件，或某些系统、构件、材料等，运用各种技术手段，在特定的场所进行定位、组装（装配）或连接，并使其成为一个有机整体。再通过各种参数的检测和调试，使之符合设计和工艺要求，最终形成生产能力或达到某种使用功能的一系列技术、工艺和管理过程。就这个意义上来说，安装工程是一个涵盖面非常广的概念，几乎涉及国民经济中的所有行业。它是建筑业中不可或缺的重要组成部分。

在一般情况下，人们所说的安装工程往往与这个广义概念并不完全一致，即随着工作的侧重点不同或习惯不同而有所不同。比如，在以建筑工程施工或管理为主导的企业所说的“安装工程”，往往是指建筑设备安装工程；而在以工业设备安装施工或管理为主导的企业所说的“安装工程”，往往是指工业设备安装工程。

在安装工程施工过程中，所应用的各种技术手段即为安装工程施工技术。

2. 安装工程与土建工程的关系

土建工程为各类工业与民用项目提供基础设施、房屋结构、道路桥梁等人们生活、工作、生产、交通所必需的建筑产品；安装工程则为这些建筑产品实现使用功能或生产能力提供设备、管网、系统等必需的安装产品。两者相辅相成，不可分割。在项目建设过程中，土建工程要为安装工程施工创造必要条件，如设备基础、房屋结构等；而安装工程在工程建设过程中也要紧密配合土建工程施工，如预留、预埋等。为了建设工程的顺利进行，双方经常需要相互配合、相互创造工作条件，并根据施工过程中的实际情况协调施工方案和施工进度，共同为建设工程尽职尽责，从而“多、快、好、省”地完成建设任务。

在土建工程施工过程中，尽管各个项目类型可能不同，但所应用的施工技术大致相同。而不同类型的安装工程所应用的施工技术则变化很大，有时需要综合运用多种专业技术以满足项目施工生产的需要。

安装工程在施工管理上与土建工程相似，在技术基础上与土建工程不同，且已逐渐形成了独立的技术学科体系。在高、重、大、新、尖、柔设备与构件的搬运和吊装施工中，有起重技术；在高速、高（低）温、强振动的设备安装精度测量、间隙检测、密封试验、油循环及联动试车等方面，有检测和调试技术；在各种高强钢焊接、低温钢焊接、高温钢焊接、合金钢焊接中，有焊接工艺技术等。

3. 安装工程在建设工程中的作用与地位

建设工程由土木工程、建筑工程、安装工程和装饰装修工程等重要部分组成，其项目开展过程如图 10-1 所示。因此，安装工程是建设工程中的重要组成部分，是实现建筑的使用功能或实现工业项目的生产能力的重要环节。

一幢现代化建筑，除了有土建施工的建筑结构之外，还必须配置各种设备或系统，以满足人们工作和生活的需要，这些设备和系统都必须通过安装工程来实现其使用功能。

在工业建设方面，安装工程更发挥着独特的主导作用。例如，火力发电厂的技术装备系统由燃料系统、水处理系统、锅炉系统、除尘排烟系统、汽轮发电机系统和控制系统等六大系统构成，这些技术装备系统必须通过安装工程来完成。

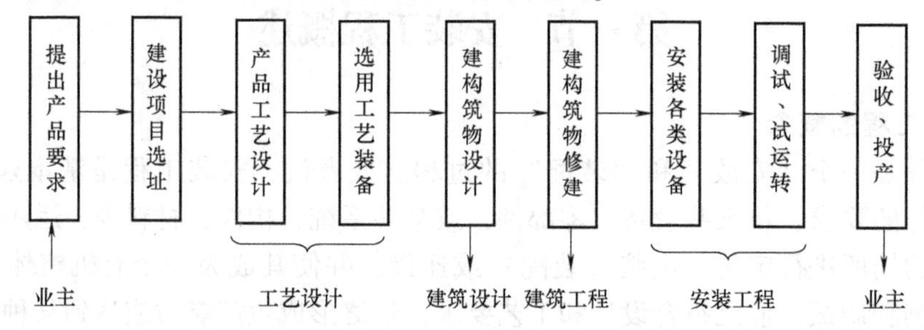

图 10-1　建设工程项目开展过程

随着科技水平和装备能力的发展，安装工程在建设工程中所占的比例有越来越多的趋势。在军工、航天等现代化项目建设中，安装工程占据着越来越重要的地位。

显然，安装工程在建设工程中有着不容忽视的重要地位，它是国民经济各部门所拥有的技术装备系统形成生产能力的重要保证。

第二节　安装工程的分类和特点

一、安装工程的分类

根据工程的特性，安装工程可分为建筑设备安装工程、工业设备安装工程和大型结构安装工程，如图 10-2 所示。

建筑设备安装工程主要包括附属于工业和民用建筑中的给水排水、暖通空调、照明、消防、安防、电梯、电气和智能控制等设备与系统的安装。它是实现建筑使用功能的重要环节。

工业设备主要是指国家基础工业（泛指冶金、石油、煤炭、能源、化工、机械等）和轻工业所涵盖的各种生产装备（设备、装置、管网、系统等）。根据其特性，可分为动荷设备、静置设备、特种设备、电气设备、工艺管线等，它们是保证基础工业和轻工业技术装备系统形成生产能力的重要组成部分。工业设备安装工程是指在这些行业中的设备、装置、管网、系统等的安装过程。

大型结构主要有建筑结构、桥梁结构等，而大型结构安装工程是指这些结构中的模块或结构单元在施工现场的安装活动。

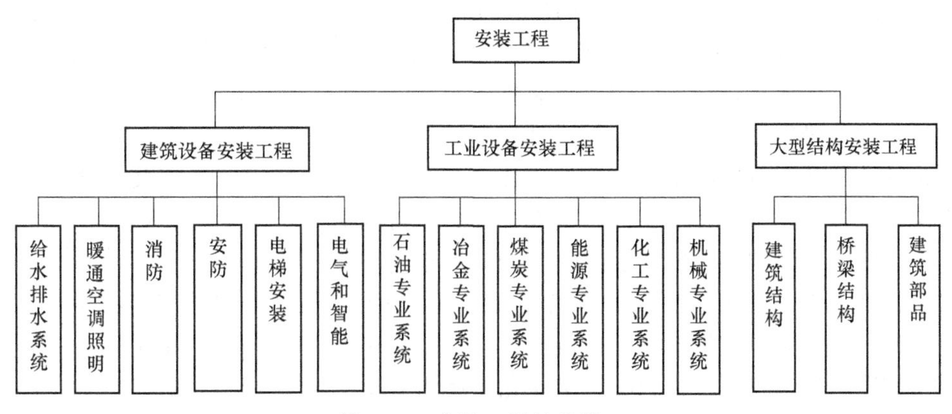

图 10-2　安装工程的分类

二、安装工程的特点

1. 涉及学科专业与工种多

安装工程涉及国民经济的各个领域，安装的对象具有多样性，包括了不同行业的不同类型设备、装置及建筑结构。这些设备、装置和结构从设计、制造到安装后投入生产、运行和使用，其应用的理论和原理分属于不同的学科专业。随着科学技术的不断进步，安装工程涉及的学科专业门类将更多，这将促进安装行业不断研究和推广新技术和新工艺的应用。

安装工程施工技术广泛涉及数学、力学、材料、机械、能源、化工、测绘，以及土木建筑、工程技术、动力电气和管理等多门学科相关专业。安装工程施工涉及焊工、钳工、电工、管工、起重工、冷做工、仪表工、测量工、电调工、筑炉工等诸多专业工种。因此，从事安装工程的技术人员，应具有扎实的基本理论功底、勤奋敬业的精神和严谨求实的科学态度，需要及时更新知识，掌握先进的技术，才能适应安装工程施工技术的发展要求。

2. 工程规模大、组成复杂

大型工业生产装置不但安装工程量大，而且组成复杂。例如，上海石化 30 万 t/a 乙烯装置，安装工程实物量有工艺设备 926 台（件），共重 16376t；各种钢结构制作及现场组装共重 11803.66t；各种管道（不包括电气、仪表配管）共长 375km；电气设备 1137 台（件），电缆 754km；筑炉砌炉 $2283m^3$，设备保湿和保冷 $2938m^3$，设备外包薄钢板 $41138.5m^2$；安装高峰时，施工现场一线工人超过 1000 人。

3. 现场非标制作与安装难度大

非标设备是指国家尚无定型标准，而是根据用户要求按一次订货，单件或小批量设计生产的设备。它可以由制造厂生产，或者由施工单位在现场根据实际情况建造。静置设备中大部分属于非标设备，其中的桁架、管廊、设备框架、单梁及工业钢结构属于非标结构。这些非标设备与非标结构在现场的制作与安装工艺复杂、焊接工作量大。例如，静置设备中的储罐、气柜、塔器等需要在现场制造成形，这类设备常遇到新型钢材或不同钢材间的焊接。因此，保证它们的成形、组装和焊接质量是制作与安装过程中的重点与难点。其中，制作工艺、安装工艺和焊接工艺设计，工装夹具和胎具设计是安装工程中的一项重要技术工作。

4. 施工技术要求高

安装工程施工技术要求高，主要体现在以下几个方面：

(1) 现场复现装配精度的技术要求高受运输条件的限制，多数大型设备在制造厂装配检测合格后（有的设备甚至经试运行调试合格后），将其解体成零部件运往安装现场，再在安装现场重新装配成整台设备。由于安装现场的环境远低于制造厂的生产条件，要恢复设备原有的装配精度难度较大，为了确保设计要求的性能指标，在安装现场往往需要制订更为科学、严格的装配和质量检测工艺。例如，在大型汽轮机的安装中，对安装工艺流程的设计，滑销系统、汽缸、轴承、转子、汽封等部件的装配与测量工艺设计，以及汽缸与转子的同轴度、转子扬度、联轴器同轴度等安装精度的测量与调整工艺设计等。

(2) 起重吊装技术要求高　安装工程中的一项重要工作就是将被安装的对象吊装就位，这对高、大、重、精、柔设备和构件的搬运与吊装具有很大的难度。例如，秦山核电站二期工程核反应堆穹顶钢壳直径为35m、半球壳体重约200t；30万t/a乙烯装置中的丙烯精馏塔直径为4.5m、高76.42m、芯重619.3t，其壳体自重约347.5t。这些设备的吊装需要进行复杂的力学计算和工艺分析，以防止吊装时设备、结构产生不容许的变形和发生安全事故。

(3) 技术创新的要求高　安装工程需要不断适应新材料、新设备、新结构的施工技术要求。例如，国家体育场“鸟巢”的结构有大量的扭曲箱形梁、柱汇交节点，构件的制作和安装难度大，其扭曲构件的制作就应用了无模多点成形新技术。另外，在建造中施工单位需要攻克新型高强度钢的焊接；扭曲箱形构件的高精度制作和现场安装定位；现场合拢焊接后的应力控制；建造后的沉降和变形控制等大量技术难题。这些都充分体现了安装工程施工技术的创新特点。

第三节　安装工程关键施工技术及发展

经过数十年积累和创新，我国安装工程施工技术正走向成熟和兼收并蓄管理科学、系统工程学、计算机科学、制造工程学、社会科学的最新成果，已发展形成包括多种相关专业知识和现代科学知识的技术体系。这些技术体系主要包括以下关键施工技术。

一、安装工程的关键施工技术

1. 施工组织与管理技术

国家大型基本建设工程项目工程量大、工作面宽、工期长，它涉及多专业、多工种的施工协作，大量人力、机械、资金和材料的调度，以及工程的进度、质量、安全、成本等多信息采集与分析，整个施工过程的控制和管理是动态的。需要运用统筹优化与综合集成的方法对施工现场和施工过程进行科学系统的管理；将计算机科学与网络计划技术相结合，对工期、成本进行优化，以合理工期、较低成本保质保量完成工程建设任务。

2. 起重吊装技术

重型设备与大型结构具有重量重、体积大、自身高度高的特，吊装工艺复杂，技术难度大，安全要求高，需要采用先进、合理的吊装工艺和正确选用起重设备，有时还要为其设计制作起重设备、机具，使安装的设备与结构能安全、准确地就位在指定的位置。

3. 精密工程测量技术

精密工程测量的精度一般在毫米级以上，首先需要在施工现场建立安装测量控制网并合理布设施工现场控制点，选择测量基准，利用各种测量器具对设备、结构和构件的安装精度进行测量，并对测量数据进行误差分析与处理，以确定调整方法，使其达到安装精度要求。该技术主要用于精密设备的安装和检校测量、顶管工程的精密导向、桥梁梁段的安装测控等。

目前，GPS精密定位、激光跟踪、摄影测量、电子测量技术、计算机技术等也已广泛应用于精密工程测量中。

4. 特种设备焊接及无损检测技术

安装工程中的锅炉、压力容器、压力管道等都属于特种设备，安装时焊接是其重要工序，需要对不同的母材和焊接制订焊接工艺和焊接工艺评定。焊接需要应用无损检测技术检验焊缝的质量，无损检测方法有渗透检测、射线检测、磁粉检测、超声波检测等。

5. 设备系统联动试车技术

建筑设备系统（如中央空调系统）、生产企业的大型成套生产设备，再投入运行前需要进行联动试车，生产设备系统往往还需要进行投料试运行，以检验设备、系统与装置的设计、制造和安装质量，并通过调试使其实现设计要求的使用功能或生产能力。设计大型设备联动试车程序、检测和分析试车中的数据、确定正确的检修和调试方案是设备安装工程中的一个重要环节。

二、安装工程施工技术的发展

1. 模块化施工技术

目前，我国安装行业已逐渐把设计、加工制作、安装进行集成、整合、一体化，以提高制作、安装施工工业化的技术水平。这样即可在工厂里将大型设备、结构分解成满足模块化要求的功能块，在工厂预组装后，再将它们运到现场，像“搭积木”一样拼装起来，从而缩短工期。这种安装方法称为“模块化施工”。

新喀里多尼亚镍矿项目是世界上第一个采用集成化、模块化设计的工业项目，总投资接近40亿美元。镍矿冶炼生产线一共有18个模块，总重40000t，其中结构重24000t，最重的模块重达5000t，模块最大安装高度为146m。模块化施工如图10-3所示。

a)

b)

图10-3　模块化施工

a）施工现场　b）模块组合

我国三门核电工程压水堆核电机组的安装也已成功应用了模块化施工技术。该机组共有119个结构模块和65个设备模块，全部采用工程预制和现场拼装、组焊、整体吊装。

模块化施工技术也许将成为未来安装工程施工技术的发展方向之一。

2. 虚拟施工技术

虚拟施工技术是通过运用虚拟现实、计算机仿真等技术对实际施工过程进行计算机模拟和分析，达到对施工过程的事前控制和动态管理，以优化施工方案和对风险、成本的控制。

在吊装行业，工程技术人员曾经面临的最大难题是如何事先确定吊装过程的可靠性、合理性及高效性。三维虚拟仿真系统在吊装工程中的应用为这一难题的解决找到了真实的、直观的路径，即在虚拟现场模拟各种吊装工况中，从不同视角观察吊装作业状态，进行场景中任意物体间的距离计算，判断是否出现碰撞，同时显示起重机的立面图、占位图和各项工作参数（如起升高度、作业幅度、回转半径、当前起重量、额定起重量及接地比压等），以获得最有效的吊装方案。

目前，正在发展和推广应用的4D工程管理信息系统，是通过建筑物以及施工场地的3D整体模型与施工进度计划相连接，有效地整合整个工程项目的信息并加以集成，实现施工进度、人力、材料、设备、成本和场地布置的动态管理和优化控制，实现整个施工过程的可视化模拟，为安装工程施工领域探索出新的管理模式和方法。

因此，虚拟施工技术在未来的安装工程施工中将会得到更加广泛的应用。

复习思考题

1. 简述安装工程的概念，并分析建筑设备安装工程与工业设备安装工程的异同。
2. 安装工程是如何分类的？其特点是什么？
3. 安装工程有哪几个关键施工技术？

第四篇 施工组织设计

本篇主要介绍的是关于施工组织控制的相关内容，主要包括流水施工、网络计划技术、施工组织概论和单位工程施工组织设计等内容。

第十一章 流水施工

第一节 流水施工的基本内容

一、流水施工的概念

流水施工是一种诞生较早，在建筑施工中广泛使用、行之有效的科学组织施工的计划方法。在建筑安装工程施工中，可以采用依次施工、平行施工和流水施工等组织方式。由于建筑生产具有与一般工业生产所不同的特点，即产品固定不动而工人和设备在生产过程中依据需要而流动，因而采用合理的生产方式组织施工，对于建筑生产显得尤为重要。下面通过实例对上述三种施工组织方式进行分析、比较，以说明流水施工的基本概念和优越性。

某拟建工程有四幢相同的建筑物，其基础工程都是由挖土方、做垫层、砌基础和回填土四个施工过程组成，每个施工过程的施工天数均为5d，其中挖土方工作队由8人组成，做垫层工作队由6人组成，砌基础工作队由14人组成，回填土工作队由5人组成。试分别采用依次施工、平行施工和流水施工的组织方式组织施工。

（一）依次施工组织方式

依次施工组织方式是将拟建工程项目的整个建造过程分解成若干个施工过程，按照一定的施工顺序，前一个施工过程完成后，后一个施工过程才开始施工；或前一个工程完成后，后一个工程才开始施工。它是一种最基本、最原始的施工组织方式。采用依次施工组织方式，其横道指示图如图11-1“依次施工”栏所示。

由图11-1可以看出，依次施工组织方式具有以下特点：

1）由于没有充分利用工作面去争取时间，所以工期长。

2）工作队不能实现专业化施工，不利于改进工人的操作方法和施工机具，不利于提高工程质量和劳动生产率。

3）如采用专业工作队施工，则工作队及工人不能连续作业。

4）单位时间内投入的资源量比较少，有利于资源供应的组织工作。

5）施工现场的组织、管理比较简单。

（二）平行施工组织方式

在拟建工程任务十分紧迫、工作面允许以及资源保证供应的条件下，可以组织几个相同的工作队，在同一时间、不同的空间上进行施工，这样的施工组织方式称为平行施工组织方

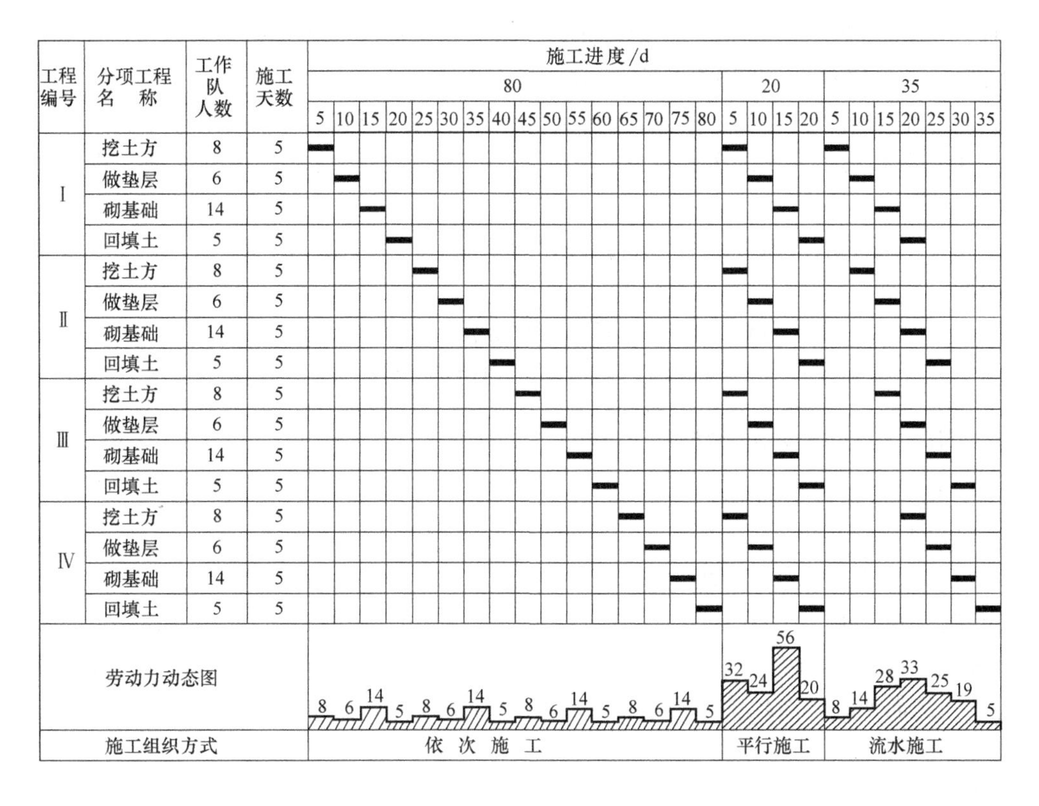

图 11-1　施工组织方式对比图

式。采用平行施工组织方式组织上述工程施工，其横道指示图如图 11-1 中“平行施工”栏所示。

由图 11-1 可以看出平行施工组织方式具有以下特点：

1）充分地利用了工作面，争取了时间，可以缩短工期。

2）工作队不能实现专业化生产，不利于改进工人的操作方法和施工机具，不利于提高工程质量和劳动生产率。

3）如采用专业工作队施工，则工作队及其工人不能连续作业。

4）单位时间投入施工的资源量成倍增长，现场临时设施也相应增加。

5）施工现场组织、管理复杂。

（三）流水施工组织方式

流水施工是指所有的施工过程按一定的时间间隔依次投入施工，各个施工过程陆续开工、陆续竣工，使同一施工班组保持连续、均衡施工，不同施工过程尽可能平行搭接施工的组织方式。流水施工组织方式将拟建工程项目全部建造过程，在工艺上分解为若干个施工过程，在平面上划分为若干个施工段，在竖向上划分为若干个施工层；然后按照施工过程组建专业工作队（或组），专业工作队按规定的施工顺序投入施工，完成第一施工段上的施工过程之后，专业工作人数、使用材料和机具不变，依次地、连续地投入到之后的施工段，完成相同的施工过程，保证工程项目施工全过程在时间和空间上，有节奏、均衡、连续地进行下去，直到完成全部工程任务。这种施工组织方式称为流水施工组织方式。采用流水施工组织方式组织上述工程施工，其横道指示图如图 11-1“流水施工”栏所示。

由图 11-1 可以看出，流水施工组织方式具有以下特点：

1）科学地利用了工作面，争取了时间，使总工期更合理。

2）工作队及其工人实现了专业化生产，有利于改进操作技术，可以保证工程质量和提高劳动生产率。

3）工作队及其工人能够连续作业，相邻两个专业工作队之间，实现了最大限度地、合理地搭接。

4）每天投入的资源量较为均衡，有利于资源供应的组织工作。

5）为现场文明施工和科学管理，创造了有利条件。

二、组织流水施工的条件和效果

（一）组织流水施工的条件

1. 划分施工过程

把工程项目的整个建造过程分解为若干个施工过程，以便使每个施工过程分别由固定的专业工作队实施完成。

划分施工过程的目的，是为了对施工对象的建造过程进行分解，以便于逐一实现局部对象的施工，从而使施工对象整体得以实现。也只有这样合理的分解，才能组织专业化施工和有效的协作。

2. 划分施工段

把工程项目尽可能地划分为劳动量大致相等的施工段（区）。划分施工段是为了把工程项目划分成“批量”的“假定产品”，从而形成流水作业的前提。没有“批量”就不可能也不必要组织任何流水作业。每一个段就是一个“假定产品”。

3. 确定流水节拍

确定各施工专业队在各施工段内的工作持续时间。这个工作持续时间又称为“流水节拍”，代表施工的节奏性。

4. 流水组织

各工作队按一定的施工工艺，配备必要的施工机具，依次、连续地由一个施工段转移到另一个施工段，反复地完成同类工作。

由于工程项目的产品是在固定的地点，所以“流水”的只能是专业工作队。这也是工程项目施工与工业生产流水作业的最重要的区别。

5. 时间搭接

不同工作队完成各施工过程的时间恰当地搭接起来。不同的专业工作队之间的关系，关键是工作时间上有搭接。搭接的目的是为了节省时间，也往往是连续作业或工艺上所要求的。搭接要经过计算，且在工艺上可行。

（二）组织流水施工的效果

1）组织流水施工可以节省工作时间。这里所指的“节省”是相对于“依次施工”而言的，实际“节省”的手段是“搭接”，而“搭接”的前提是分段。

2）组织流水施工可以实现均衡、有节奏的施工。工人在每个施工段上的作业时间尽可能地安排得有规律，这样各个工作队的工作，便可以形成均衡、有节奏的特点。“均衡”是

指不同时间段的资源数量变化较小，它对组织施工十分有利，可以达到节约使用资源的目的；“有节奏”是指工人作业时间有一定的规律性。这种规律性可以带来良好的施工秩序，和谐的施工气氛，可观的经济效益。

3）组织流水施工可以提高劳动生产率。组织流水施工后，使工人能连续作业，工作面被充分利用，资源利用均衡，管理效果好，因而能提高劳动生产率。

三、流水施工分级

根据流水施工组织的范围，流水施工通常可分为以下几种：

1）分项工程流水施工也称细部流水施工，即在一个专业工种内部组织的流水施工。

2）分部工程流水施工也称专业流水施工，是在一个分部工程内部、各分项工程之间组织的流水施工。

3）单位工程流水施工也称综合流水施工，是一个单位工程内部、各分部工厂之间组织的流水施工。

4）群体工程流水施工也称大流水施工。它是在若干单位工程之间组织的流水施工。反映在项目施工进度计划上，是一个项目施工总进度计划。

第二节　流水施工参数

在组织项目流水施工时，用以表达流水施工在施工工艺、空间布置和时间排列方面开展状态的参量，统称为流水参数。它包括工艺参数、时间参数和空间参数三种。

一、工艺参数

在组织工程项目流水施工时，用以表达流水施工在施工工艺上的开展顺序及其特征的参量，均称为工艺参数。它包括施工过程数和流水强度两种。

（一）施工过程数

施工过程数是指一组流水的施工过程个数，以 n 表示。施工过程划分的数目多少、粗细程度一般与下列因素有关。

1. 与进度计划的作用有关

一幢房屋的建造，当编制控制性施工进度计划时，组织流水施工的施工过程划分可粗一些，一般只列出分部工程名称，如基础工程、主体结构工程、装修工程、屋面工程等。当编制实施性施工进度计划时，施工过程可以划分得细一些，将分部工程再分解为若干个分项工程，如将基础工程分解为挖土方、做垫层、砌基础和回填土四个施工过程等。

2. 与施工方案有关

不同的施工方案，其施工顺序和方法也不相同，如框架主体结构采用的模板不同，其施工过程划分的数目就不相同。

3. 与劳动组织及劳动量大小有关

施工过程的划分与施工班组及施工习惯有关。如安装玻璃、油漆施工可合也可分，因为有的是混合班组，有的是单一工种的班组。施工班组的划分还与劳动量有关。劳动量小的施工过程，当组织流水施工有困难时，可与其他施工过程合并。如垫层劳动量较小时可与挖土

合并为一个施工过程，这样可以使各个施工过程的劳动量大致相等，便于组织流水施工。

（二）流水强度

流水强度是每一施工过程在单位时间内所完成的工程量，以 V 来表示。

① 机械施工过程的流水强度按下式计算

$$V = \sum_{i=1}^{x} R_i S_i \tag{11-1}$$

式中 R_i ——某种施工机械台数；

S_i ——该种施工机械台班生产率；

x——用于同一施工过程的主导施工机械种类数。

② 手工操作过程的流水强度按下式计算

$$V = RS \tag{11-2}$$

式中 R——每一工作队工作人数（R 应小于工作面上允许容纳的最多人数）；

S——每一工人每班产量定额。

二、时间参数

（一）流水节拍

流水节拍是指一个施工过程在一个施工段上的作业时间，用 t_i 来表示（$i = 1, 2, \cdots, n$）。

1. 流水节拍的计算

流水节拍的长短直接关系到投入的劳动力，机械和材料量的多少，决定着施工速度和施工的节奏性。因此，流水节拍数值的确定很重要，通常有两种方法：一种是根据工期要求确定；另一种是根据现有能够投入的资源（劳动力，机械台数和材料量）确定，但须满足最小工作面的要求。流水节拍的计算公式为

$$t = \frac{Q}{RS} = \frac{L}{R} \tag{11-3}$$

式中 t ——某施工过程流水节拍；

Q ——某施工过程在某施工段上的工程量；

S ——某施工过程的每个日产量定额；

L ——某施工班组在某施工过程需要的劳动量或机械台数；

R ——某施工班组投入的工作人数或机械台数。

2. 确定流水节拍时应注意的问题

1）流水节拍的取值，必须考虑专业队组织方面的限制和要求，尽可能不改变原劳动组织，以便于领导。专业队的人数应有起码的要求，以具备集体协作的能力。

2）流水节拍的确定，必须保证有足够的施工操作空间，能充分发挥专业队的劳动效率，且保证施工安全。

3）流水节拍的确定，应考虑机械设备的实际负荷能力和可能提供的机械设备数量，并考虑机械设备操作安全和质量要求。

4）有特殊技术限制、安全质量限制的工程，在安排其流水节拍时，应满足相关的限制要求。

5）必须考虑材料和构配件供应能力与水平对进度的影响和限制，合理确定相关施工过程的流水节拍。

6）应首先确定主导施工过程的流水节拍，并依次确定其他施工过程的流水节拍。主导施工过程的流水节拍是各施工过程流水节拍的最大值，并尽可能是有节奏的，以便组织流水节拍。

7）节拍值一般取整数，必要时可保留 0.5d 的小数值。

（二）流水步距

流水步距是指两个相邻的施工过程先后进入同一施工段开始施工的时间间隔，用 $K_{i,\ i+1}$ 表示（i 表示前一个施工过程，i+1 表示后一个施工过程）。

在施工段不变情况下，流水步距越大，工期越长；流水步距越小，则工期越短。

确定流水步距时，应考虑的因素有以下几点：

1）每个专业队连续施工的需要。流水步距的最小长度，必须使专业队进场以后，不发生停工、窝工的现象。

2）技术间隙的需要。有些施工过程完成后，后续施工过程不能立即投入作业，必须有足够的时间间隙，这个间隙时间应尽量安排在专业队进场之前，不然就不能保证专业队工作的连续性。

3）流水步距的长度应保证每个施工段的施工作业程序不乱，不发生前一施工过程尚未全部完成，而后一施工过程便开始施工的现象。有时为了缩短时间，某些次要的专业队可以提前插入，但必须在技术上可行，而且不影响前一个专业队的正常工作。提前插入的现象越少越好。

（三）流水工期

流水施工工期是指从第一个专业工作队投入流水作业开始，到最后一个专业工作队完成最后一段施工过程的工作为止的整个持续时间，用 T 表示。对于全面采用流水施工的工程对象来说，流水施工工期即为工程对象的施工总工期。

三、空间参数

在组织流水施工时，用以表达流水施工在空间布置上所处状态的参数，称为空间参数。空间参数主要有工作面、施工段和施工层三种。

（一）工作面

工作面表明施工对象上可能安置多少工人操作或布置施工机械场所的大小，用 a 表示。

对于某些施工过程，在施工一开始时就已经同时在整个长度或广度上形成了工作面，这种工作面称为完整的工作面（如挖土）。而有些施工过程的工作面是随着施工过程的进展逐步形成的，这种工作面称为部分的工作面（如砌墙）。不论是哪一种工作面，通常前一施工过程的结束就成为后一个（或几个）施工过程提供了工作面。在确定一个施工过程必要的工作时，不仅考虑前一施工过程为这个施工过程所可能提供的工作面的大小，也要遵守安全技术和施工技术规范的规定。主要工种最小工作面可参考表 11-1。

（二）施工段数

施工段是组织流水施工时将施工对象在平面上划分为若干个劳动量大致相等的施工区段，其数目用 m 表示。每个施工段在某一段时间内只供一个施工过程的工作队使用。

表 11-1 主要工种最小工作面参考数据

工作项目	每个技工的工作面
砖基础	7.6m²/人
砌砖墙	8.5m²/人
现浇钢筋混凝土柱	2.45m³/人
现浇钢筋混凝土梁	3.20m³/人
现浇钢筋混凝土楼板	5m³/人
预制钢筋混凝土柱	5.3m³/人
预制钢筋混凝土梁	3.6m³/人
内墙抹灰	18.5m²/人
外墙抹灰	16m²/人
水泥砂浆地面	16m²/人
卷材屋面	18.5m²/人
门窗安装	11m²/人

施工段的作用是为了组织流水施工，保证不同的施工班组在不同的施工段上同时进行施工，并使各施工班组能按一定的时间间隔转移到另一个施工段进行连续施工，既消除等待、停歇现象，又互不干扰。

划分施工段的基本要求有以下几点：

1）施工段的数目要适宜。施工段数过多势必要减少人数，工作面不能充分利用，拖长工期；施工段数过少，则会引起劳动力、机械和材料供应的过分集中，有时还会造成“断流”的现象。

2）以主导施工过程为依据。划分施工段时，以主导施工过程的需要来划分。主导施工过程是指对总工期起控制作用的施工过程，如多层框架结构房屋的钢筋混凝土工厂等。

3）施工段的分解与施工对象的结构界限（温度缝、沉降缝或单元尺寸）或幢号一致，以便保证施工质量。

4）工段的劳动量尽可能大致相等，以保证各施工班组连续、均衡地施工。

5）组织流水施工对象有层次关系时，应使各队能够连续施工，即各施工过程的工作队做完第一段，能立即转入第二段；做完第一层的最后一段，能立即转入第二层的第一段。因而每层最少施工段数目 m 应满足：$m \geqslant n$。

如二层现浇钢筋混凝土工程，有支模板、扎钢筋和浇筑混凝土 3 个施工过程。如流水节拍都是 2d，则组织流水施工时，有以下三种情况：

1）当 $m = n$ 时，工作队连续施工，施工段上始终有施工班组，工作面能充分利用，无停歇现象，也不会产生工人窝工现象，比较理想。其流水施工指示图如图 11-2 所示。

施工过程		施工进度/d							
		1	2	3	4	5	6	7	8
一层	支模板	1	2	3					
	绑扎钢筋		1	2	3				
	浇筑混凝土			1	2	3			
二层	支模板				1	2	3		
	绑扎钢筋					1	2	3	
	浇筑混凝土						1	2	3
		$(n-1)k$		mk			mk		

图 11-2 流水施工指示图（$m=n$）

2）当 $m > n$ 时，施工班组仍是连续施工，虽然有停歇的工作面，但不一定是不利的，有时还是必要的，如利用停歇的时间做养护、备料、弹线等工作。其流水施工指示图如图11-3所示。

3）当 $m < n$ 时，施工班组不能连续施工而窝工。因而，对一个建筑物组织流水施工是不适宜的，但是，在建筑群中可与另一些建筑物组织大流水。其流水施工指示图如图11-4所示。

施工过程		施工进度/d									
		1	2	3	4	5	6	7	8	9	10
一层	支模板	1	2	3	4						
	绑扎钢筋		1	2	3	4					
	浇筑混凝土			1	2	3	4				
二层	支模板					1	2	3	4		
	绑扎钢筋						1	2	3	4	
	浇筑混凝土							1	2	3	4

图11-3　流水施工指示图（$m>n$）

施工过程		施工进度/d						
		1	2	3	4	5	6	7
一层	支模板	1	2					
	绑扎钢筋		1	2				
	浇筑混凝土			1	2			
二层	支模板				1	2		
	绑扎钢筋					1	2	
	浇筑混凝土						1	2

图11-4　流水施工指示图（$m<n$）

第三节　等节拍专业流水

流水施工方式根据流水施工节拍特征的不同可分为等节拍流水、成倍节拍流水和非节奏流水。

等节拍流水施工又叫全等节拍流水施工，是指各个施工过程在各个施工段上的流水节拍均彼此相等，且等于流水步距，即 $t_i = K =$ 常数的一种流水施工方式。因为这种方式能保证工人的工作连续均衡有节奏，在可能的情况下，要尽量采用这种流水方式。根据其间歇与否又可以分为有间歇的等节拍流水和无间歇的等节拍流水。

一、无间歇等节拍流水施工

无间歇等节拍流水施工是指各个施工过程之间没有技术和组织间歇时间且流水节拍均相等的一种流水施工方式，其基本特点有

1）所有流水节拍都彼此相等，即 $t_1 = t_2 = t_3 = \cdots t_{n-1} = t_n$ = 常数，要做到这一点的前提是使各施工段的工程量基本相等。

2）所有流水步距都彼此相等且等于流水节拍，即 $K_{i,\ i+1} = K = t$ 。

3）每个专业工作队都能够连续作业，施工段没有间歇时间。

4）专业工作队数目等于施工过程数目，即 $n_1 = n$ 。

5）无间歇全等节拍流水施工的工期计算公式为

$$T = (n - 1)K + mt \tag{11-4}$$

因 $t = K$ ，所以 $T = (m + n - 1)K$

在这种流水施工中，总工期 T 是施工段数 m 、施工过程数 n 和流水节拍 t 、流水步距 K 等流水参数的函数。当流水参数减小时，工期随之缩短，但需集中较多的人力、物力。故必须合理地确定各流水参数，使总体最优。

【例 11-1】 某分部工程划分为 A、B、C、D 四个施工过程，每个施工过程分为五个施工段，流水节拍均为 3d，试组织全等节拍流水施工。

解： 1）计算工期

$$T=(m+n-1)K=(5+4-1)\times3\text{d}=24\text{d}$$

2）用横道图绘制流水进度计划，如图 11-5 所示。

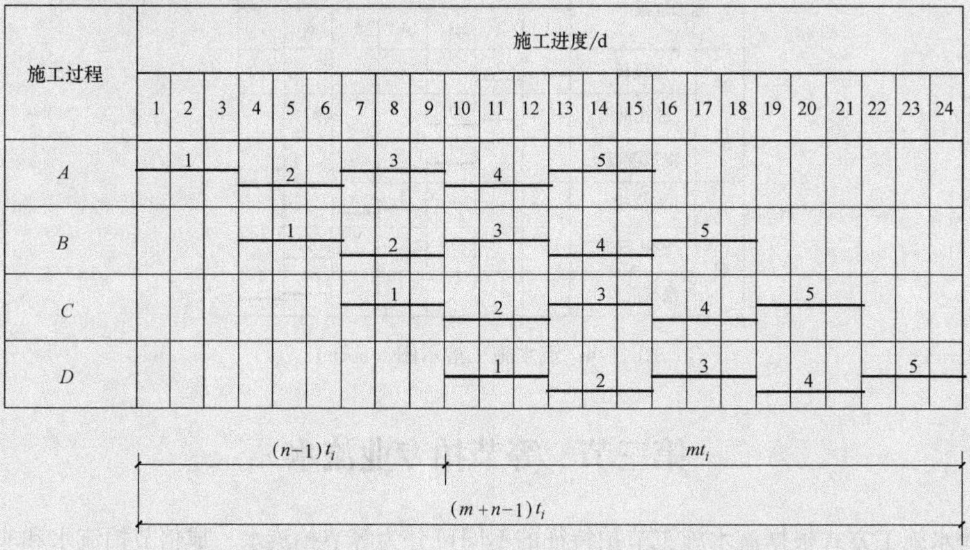

施工过程	施工进度/d																							
	1	2	3	4	5	6	7	8	9	10	11	12	13	14	15	16	17	18	19	20	21	22	23	24
A		1			2			3			4			5										
B					1			2			3			4			5							
C								1			2			3			4			5				
D											1			2			3			4			5	

图 11-5　某分部工程无间歇流水施工进度过计划（横道图）

二、有间歇等节拍流水施工

有间歇等节拍流水施工是指各个施工过程之间有的需要技术或组织间歇时间，有的可搭接施工，其流水节拍均相等的一种流水施工方式。

（一）有间歇等节拍流水施工的特征

1）同一施工过程流水节拍相等，不同施工过程流水节拍也相等。

2）各施工过程之间流水步距不一定相等，因为有技术间歇或组织间歇。

（二）有间歇等节拍流水步距的确定

有间歇等节拍流水步距的计算公式为

$$K_{i,i+1} = t_i + t_j - t_d \tag{11-5}$$

式中　t_i——第 i 个施工过程的流水节拍；

t_j——第 i 个施工过程与第 $i+1$ 个施工过程之间的间歇时间；

t_d——第 i 个施工过程与第 $i+1$ 个施工过程之间的搭接时间。

（三）有间歇等节拍流水施工的工期计算

有间歇等节拍流水施工的工期计算公式为

$$T=(m+n-1)K+\sum t_j-\sum t_d \tag{11-6}$$

式中　$\sum t_j$——所有间歇时间总和；

$\sum t_d$——所有搭接时间总和 。

【例 11-2】　已知某分部工程有三个施工过程，其流水节拍为 $t_1 = t_2 = t_3 = 2d$；在第二施工过程之后，需要技术间歇 $Z = 2d$，试绘出流水指示图表并计算工期 T。

解： 流水施工指示图表如图 11-6 所示。

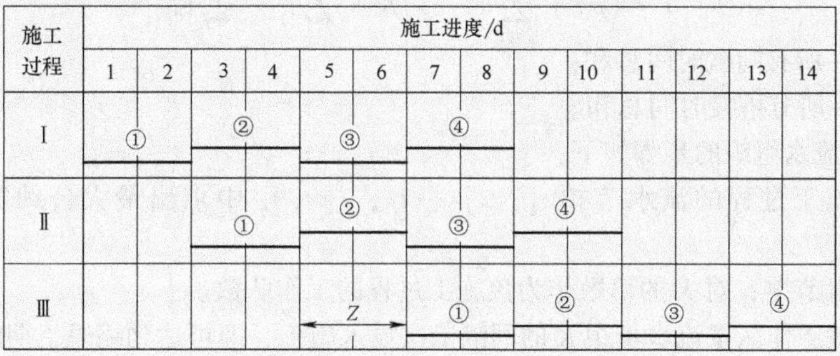

施工过程	施工进度/d													
	1	2	3	4	5	6	7	8	9	10	11	12	13	14
Ⅰ	①		②		③		④							
Ⅱ			①		②		③		④					
Ⅲ					Z		①		②		③		④	

注：①、②、③、④指施工阶段。

图 11-6　有间歇等节拍流水施工指示图

取 $K = 2$，则

$$m = n + \frac{\sum Z}{K} = 3d+\frac{2}{2}d = 4d$$

$$T=(m+n-1)K+\sum Z=(4+3-1)\times 2d+2d=14d$$

第四节　成倍节拍流水

在组织流水施工时，如果同一施工过程在各施工段上的流水节拍相等，不同施工过程在同一施工段上的流水节拍之间存在一个最大的公约数，能使各施工过程的流水节拍互为整倍数，据此组织的流水作业称为成倍节拍流水。即 $t_1 \neq t_2 \neq t_3$，而 t_1、t_2、t_3互为整倍数。

根据组织流水作业的基本要求，就尽量使工作队能连续工作，施工段上能连续地有工作队在工作。当各工作队的流水节拍互不相等而成整倍数时，若仍各以一个工作队组织施工，就不能达到时间和空间都连续的要求。

一、成倍节拍流水施工的特征

1）同一施工过程流水节拍相等，不同施工过程流水节拍等于或为其中最小流水整数倍。

2）各个施工段上的流水步距等于其中最小的流水节拍。

3）每个施工过程的工作队数等于本过程流水节拍与各流水节拍的最大公约数（即流水步距）之比，即

$$b_i = \frac{t_i}{K} \tag{11-7}$$

式中　t_i——各工作队的流水节拍；

K——流水步距，等于各流水节拍的最大公约数。

二、成倍节拍流水施工的工期计算

成倍节拍流水施工的工期计算公式为

$$T = (jm + \sum_{i=1}^{m} b_i - 1)K + \sum t_{\mathrm{j}} - \sum t_{\mathrm{d}} \tag{11-8}$$

式中　$\sum t_{\mathrm{j}}$——所有间歇时间总和；

$\sum t_{\mathrm{d}}$——所有搭接时间总和。

成倍节拍流水组织的步骤如下：

1）从各施工过程的流水节拍 t_1，t_2，$\cdots t_i$，$\cdots$，t_n 中求出最大公约数作为流水步距（K）。

2）以流水节拍 t_i 对 K 的倍数作为该施工过程的工作队数。

3）将这些工作队按流水步距 K 的间隔依次投入施工，即可达到缩短工期的目的。

【例 11-3】 某 12 幢同类型房屋的基础工程，其房屋的挖基槽、做垫层、砌砖基础、回填土的作业时间分别为 $t_1=4\mathrm{d}$，$t_2=2\mathrm{d}$，$t_3=2\mathrm{d}$，$t_4=2\mathrm{d}$。试组织这 12 幢房屋基础工程的流水施工。

解： 确定流水步距 $K=2\mathrm{d}$

确定工作队数

$$b_1 = \frac{t_1}{K} = \frac{4}{2} = 2$$

$$b_2 = \frac{t_2}{K} = \frac{2}{2} = 1$$

$$b_3 = \frac{t_3}{K} = \frac{4}{2} = 2$$

$$b_4 = \frac{t_4}{K} = \frac{2}{2} = 1$$

计算总工期

$$T = (jm + \sum_{i=1}^{n} b_i - 1)K + \sum t_{\mathrm{j}} - \sum t_{\mathrm{d}} = (12 + 6 - 1) \times 2\mathrm{d} + 0\mathrm{d} - 0\mathrm{d} = 34\mathrm{d}$$

绘制流水施工进度图如图 11-7 所示。

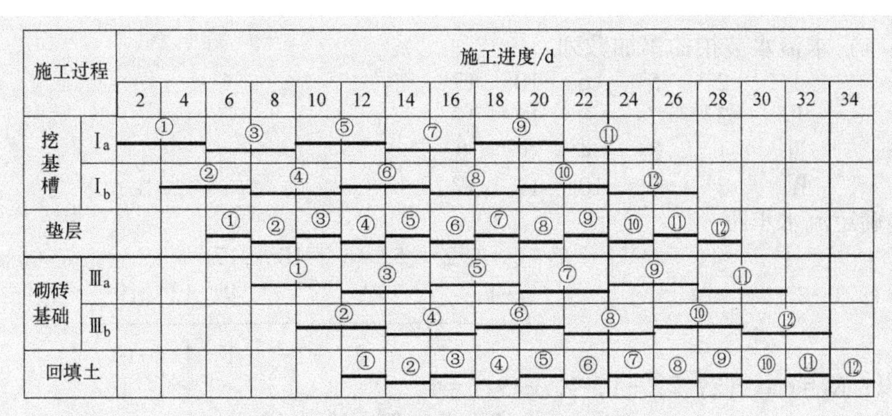

图 11-7 12 幢同类型房屋基础工程流水施工进度

第五节 非节奏流水

在实际工程中，对于建筑外形复杂，结构形式不同的工程，要做到每个施工过程在各个施工段上的工程量相等或相近往往是很困难的，同时，由于各专业队（组）的生产效率相差较大，结果会导致大多数的流水节拍也彼此不相等，不可能组织成等节奏流水或成倍节拍流水，在这种情况下，往往利用流水的基本概念，在保证施工工艺，满足施工顺序要求的前提下，按照一定的计算方法，确定相邻专业工作队之间的流水步距，使其在开工时间上最大限度地、合理地搭接起来，形成每个专业工作队都能连续施工的流水作业方式。这种非节奏专业流水，也称分别流水，它是流水施工的普遍形式。

分别流水施工的特点是：同一施工过程在各个施工段上的流水节拍不等，且不同的施工过程的流水节拍也不相等。为保证各施工队连续施工，关键是确定适当的流水步距，其流水步距的确定一般采用潘特考夫斯基法，即累加错位相减求大数的方法。其计算步骤如下：

1）根据专业工作队在各施工段上的流水节拍，求累加数列。

2）根据施工顺序，对所求相邻的两累加数列、错位相减。

3）根据错位相减的结果，确定相邻专业工作队之间的流水步距，即相减结果中数值最大者。

【例 11-4】 某项目由 4 个施工过程组成，分别由 4 个专业工作队完成，在平面上划分为 5 个施工段，每个专业工作队在各施工段上的流水节拍见表 11-2，试给出流水施工进度表。

表 11-2 某项目每个专业工作队在各施工段上的流水节拍

	①	②	③	④	⑤
Ⅰ	2	3	1	4	7
Ⅱ	3	4	2	4	6
Ⅲ	1	2	1	2	3
Ⅳ	3	4	3	4	3

解：1）求流水节拍的累加数列

Ⅰ	2	5	6	10	17
Ⅱ	3	7	9	13	19
Ⅲ	1	3	4	6	9
Ⅳ	3	7	10	14	17

2）确定流水步距

$$
\begin{array}{rrrrrrr}
K_1 & 2 & 5 & 6 & 10 & 17 & \\
-) & & 3 & 7 & 9 & 13 & 19 \\
\hline
 & 2 & 2 & -1 & 1 & 4 & -19
\end{array}
$$

所以：$K_1=\max\{2,2,-1,4,-19\}=4$

$$
\begin{array}{rrrrrrr}
K_2 & 3 & 7 & 9 & 13 & 19 & \\
-) & & 1 & 3 & 4 & 6 & 9 \\
\hline
 & 3 & 6 & 6 & 9 & 13 & -9
\end{array}
$$

所以：$K_2=\max\{3,6,9,13,-9\}=13\text{d}$

$$
\begin{array}{rrrrrrr}
K_3 & 1 & 3 & 4 & 6 & 9 & \\
-) & & 3 & 7 & 10 & 14 & 17 \\
\hline
 & 1 & 0 & -3 & -4 & -5 & -17
\end{array}
$$

所以：$K_3=\max\{1,0,-3,-4,-5,-17\}=1$

3）各施工过程依次按流水步距的间隔投入施工，即可达到工作队连续施工的目的，其组织形式如图11-8所示。

施工过程	施工进度/d																																		
	1	2	3	4	5	6	7	8	9	10	11	12	13	14	15	16	17	18	19	20	21	22	23	24	25	26	27	28	29	30	31	32	33	34	35
Ⅰ	①			②		③		④						⑤																					
Ⅱ			K_1			①			②				③			④					⑤														
Ⅲ											K_2							①		②	③	④			⑤										
Ⅳ																		K_3			①			②			③			④				⑤	

图11-8　组织形式

综上所述，为完成某一建筑产品的生产，需要组织许多施工过程的活动。在这些活动中，首先要把施工工艺上互相联系的施工过程组成不同的专业组合（如基础工程、钢筋混凝土工程、层面防水工程、装饰工程等），然后对各专业组合及其组合的施工过程的流水节拍特征，分别组织成为独立的流水组。这些流水组的流水参数可能是不相等的，组织流水的方式也可能有所不同。然后将这些流水按照工艺要求和施工顺序依次搭接起来，即成为一个工程对象的工程流水或一个建筑群的工程流水。需要指出，所谓专业组合，是指围绕主导施工过程的组合，其他的施工过程不必都纳入流水组，可作为调剂项目与各流水组依次搭接，这样便有利于计划的实现。任何一种流水施工的组织形式，都仅仅是一种组织管理手段，其最终目的是要实现企业工程质量好、工期短、成本低的目标。

复习思考题

1. 依次施工、平行施工、流水施工各具有哪些特点？
2. 简述流水施工的条件及效果。
3. 简述工艺参数的概念和种类。
4. 简述空间参数的概念和种类。
5. 简述时间参数的概念和种类。
6. 流水施工按节奏特征不同可分为哪几种方式？各有什么特点？
7. 试分析分项工程流水、分部工程流水、单位工程流水三者之间的相互关系。

习　题

1. 某分部工程由 *A*、*B*、*C* 三个分项工程组成；它在平面上划分为 6 个施工段，每个分项工程在各个施工段上的流水节拍均为 4d。试编制等节拍施工方案。

2. 某分部工程由Ⅰ、Ⅱ、Ⅲ三个施工过程组成；它在平面上划分为 6 个施工段。各施工过程在各个施工段上的流水节拍均为 3d。施工过程Ⅱ完成后，其相应施工段至少应有技术间隙时间 2d。试编制流水施工方案。

3. 某 12 栋同类型房屋的基础工程组织流水作业施工，4 个施工过程的流水节拍分别为 6d、6d、3d、6d。规定工期不得超过 60d。试确定流水步距、工作队数并绘制流水指示图表。

4. 某基础工程由挖基槽、做垫层、砌基础和回填土四个分项工程组成；它在平面上划分为 6 个施工段。各分项工程在各个施工段上的流水节拍依次为：挖基槽 6d、做垫层 2d、砌基础 4d、回填土 2d。做垫层完成后，其相应施工段至少应有技术间隙 2d。为加快流水施工速度，试编制工期最短的流水施工方案。

5. 某分部工程由Ⅰ、Ⅱ、Ⅲ、Ⅳ四个施工过程组成；它在平面上划分为 6 个施工段。各分项工程在各个项目段上的持续时间见表 11-3。分项工程Ⅱ完成后，其相应施工段至少有技术间隙时间为 2d；分项工程Ⅲ完成后，它的相应施工段应有组织间隙时间 1d。试组织该工程的流水施工。

6. 某施工项目由挖土方、做垫层、砌基础和回填土四个分项工程组成；该工程在平面上划分为 6 个施工段。各分项工程在各个施工段上的流水节拍见表 11-4。做垫层完成后，其相应施工段至少应有养护时间 2d。试编制该工程流水施工方案。

表 11-3　施工持续时间表

分项工程名称	持续时间/d					
	①	②	③	④	⑤	⑥
Ⅰ	3	2	3	4	2	3
Ⅱ	3	4	2	3	3	2
Ⅲ	4	2	3	2	4	2
Ⅳ	3	3	2	3	2	4

表 11-4 施工持续时间表

分项工程名称	持续时间/d					
	①	②	③	④	⑤	⑥
挖土方	3	4	3	4	3	3
做垫层	2	1	2	1	2	2
砌基础	3	2	2	3	2	3
回填土	2	2	1	2	2	2

第十二章

网络计划技术

本章根据《工程网络计划技术规程》（JGJ/T 121—2015）系统地介绍双代号网络计划、单代号网络计划、双代号时标网络计划、单代号搭接网络计划的基本理论知识，着重介绍各种类型的网络图的绘制、计算和优化。

第一节　概　　述

为了适应生产发展和科技进步的需要，20 世纪 50 年代以来，国外陆续采用了计划管理的新方法。这些方法尽管名目繁多，但内容却大同小异，都是利用网络图的形式来表达各项工作的先后顺序和相互关系的计划安排，我们把它统称为网络计划法。我国从 60 年代开始引进和应用这种方法，经过多年的实践，用来安排施工进度计划，在提高建筑施工企业的管理水平，缩短工期，降低成本，提高劳动生产率等方面，均取得了显著的成效。为了使网络计划在计划管理中遵循统一的技术标准，做到概念、计算规则、表达方式一致，以便于科学管理，住房和城乡建设部于 2015 年颁发了《工程网络计划技术规程》（JGJ/T 121-2015）。网络计划技术是首先应用网络图形来表示一项计划（或工程）中各项工作的开展顺序及其相互之间的关系；通过对网络图进行时间参数的计算，找出计划中的关键工作和关键线路；通过不断改进网络计划，寻求最优方案，以求在计划执行过程中对计划进行有效的控制与监督，保证合理地使用人力、物力和财力，以最小的消耗取得最大的经济效果。

一、横道计划与网络计划的表达形式及特点

横道计划的表达形式是将整个工程任务的每个分部分项施工过程结合时间坐标线，用一系列横向条形线段分别表达各施工过程起止时间和先后或平行搭接的施工顺序。

网络计划是在网络图上加注各项工作的时间参数而成的工作进度计划，按其表达方法不同，可分为双代号网络计划和单代号网络计划两种。双代号网络计划是用一系列注明施工过程延续时间的箭线以及带编号的圆形节点所组成的网状图形表达其进度计划；而单代号网络计划是用一系列注明施工过程延续时间及编号的圆形（或方形）节点以及联系箭线所组成的网状图形表达其进度计划。

例如，某工程项目有 A、B、C 三个施工过程，每个施工过程划分三个施工段，其流水节拍分别为 $t_A=3\text{d}$、$t_B=2\text{d}$、$t_C=1\text{d}$。该工程项目用横道图表示的进度计划（即横道计划）如图 12-1 所示；用网络图表示的网络计划如图 12-2 所示。

从图 12-1、图 12-2 两图中可以看出，其工程计划内容完全相同，但表达形式则完全不

一样，使它们所发挥的作用各有不同的特点。

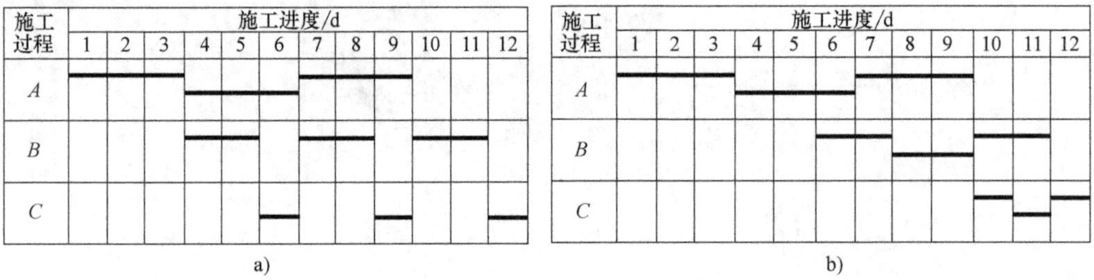

施工过程	施工进度/d											
	1	2	3	4	5	6	7	8	9	10	11	12
A												
B												
C												

a)

施工过程	施工进度/d											
	1	2	3	4	5	6	7	8	9	10	11	12
A												
B												
C												

b)

图 12-1　横道计划图

a）部分施工过程间断施工　b）各施工过程连续施工

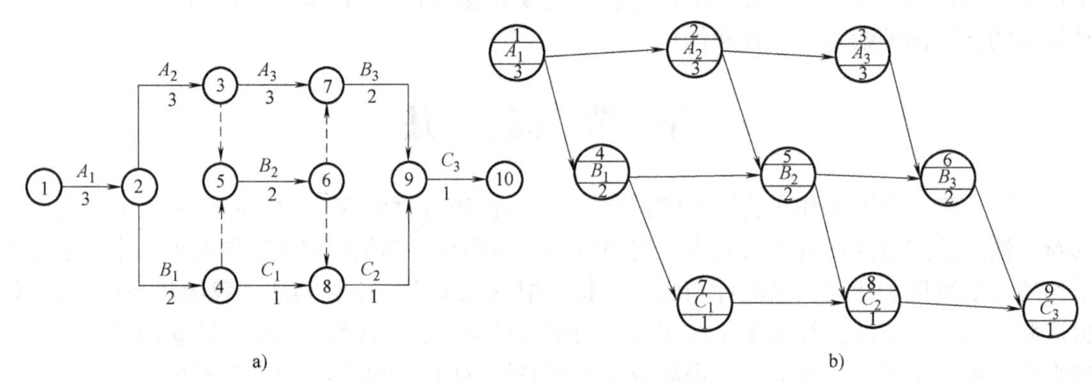

图 12-2　网络计划图

a）双代号网络图　b）单代号网络图

（一）横道计划的优缺点

由图 12-1 可知，横道计划具有编制容易、绘图简便、形象直观的特点。它用时间坐标明确地表示出施工起止时间、作业持续时间、工作进度、搭接方式、总工期，便于统计劳动力、材料、机具的需用量等。但它的缺点是不能全面地反映整个施工活动中各工序之间的联系和相互依赖与制约的逻辑关系，不便于各种时间计算；不能明确反映影响工期的关键工序，使人抓不住工作重点；看不到计划中的潜力所在，不便于电算对计划进行科学的调整和优化。

（二）网络计划的优缺点

由图 12-2 可知，网络计划与横道计划相比，具有以下优点：

1）网络图把施工过程中的各有关工作组成了一个有机的整体，能全面而明确地表达出各项工作开展的先后顺序和反映出各项工作之间的相互制约和相互依赖的关系。

2）能进行各种时间参数的计算。

3）在名目繁多、错综复杂的计划中找出决定工程进度的关键工作，便于计划管理者集中力量抓主要矛盾，确保工期，避免盲目施工。

4）通过优化，能够从许多可行方案中，选出最优方案。

5）在计划的执行过程中，某一工作由于某种原因推迟或者提前完成时，可以预见到它对整个计划的影响程度，而且能根据变化的情况迅速进行调整，保证自始至终对计划进行有效的控制与监督。

6）利用网络计划中反映出的各项工作的时间储备，可以更好地调配人力、物力，以达到降低成本的目的。

7）可以利用电子计算机进行时间参数计算和优化、调整。

网络计划技术可以为施工管理提供许多信息，有利于加强施工管理，既是一种编制计划的方法，又是一种科学的管理方法。它有助于管理人员全面了解、重点掌握、灵活安排、合理组织、多快好省地完成计划任务，不断提高管理水平。

但是，网络计划如果不利用计算机进行计划的时间参数计算、优化和调整，可能因实际计算量大，调整复杂，对于无时标网络图，在计算劳动力、资源消耗量时，与横道图相比较为困难。此外，也不像横道图那样易学易懂，它对计划人员的素质要求较高。因此，网络计划的推广应用，在计算机未普及利用、管理人员素质较低的施工企业，受到一定的制约。

二、网络计划技术的基本原理

网络计划技术的基本原理是用网络计划对任务的工作进度进行安排和控制，以保证实现预定目标的科学的计划管理技术。需要说明的是，这里所说的任务是指计划所承担的有规定目标及约束条件（时间、资源、成本、质量等）的工作总和，如规定有工期和投资额的一个工程项目即可称为一项任务。

在建筑工程计划管理中，可以将网络计划技术的基本原理归纳为：

1）把一项工程的全部建造过程分解为若干项工作，并按其开展顺序和相互制约、相互依赖的关系，绘制出网络图。

2）进行时间参数计算，找出关键工作和关键线路。

3）利用最优化原理，改进初始方案，寻求最优网络计划方案。

4）在网络计划执行过程中，进行有效监督与控制，以最少的消耗，获得最佳的经济效果。

三、工程网络计划的类型

我国《工程网络计划技术规程》（JGJ/T 121—2015）推荐的常用工程网络计划类型包括双代号网络计划、单代号网络计划、双代号时标网络计划、单代号搭接网络计划。

（一）双代号网络图

双代号网络图是以箭线及其两端节点的编号表示工作的网络图，如图 12-2a 所示。

（二）单代号网络图

单代号网络图是以节点及其编号表示工作，以箭线表示工作之间逻辑关系的网络图，如图 12-2 b 所示。

（三）双代号时标网络计划

双代号时标网络计划是以时间坐标为尺度编制的网络计划，如图 12-3 所示。时标网络计划中应以实箭线表示工作，以虚箭线表示虚工作，以波形线表示工作的自由时差。双代号时标网络计划是在双代号网络计划基础上发展的有时间坐标的网络计划。它的优点是容易识别各项目工作何时开始和何时结束。但当一个工程较大且较复杂时，双代号时标网络计划并不是太适用。何况，当前一般都用网络计划的软件进行网络计划时间参数的计算，计算机可

打印网络图和相应的横道图。

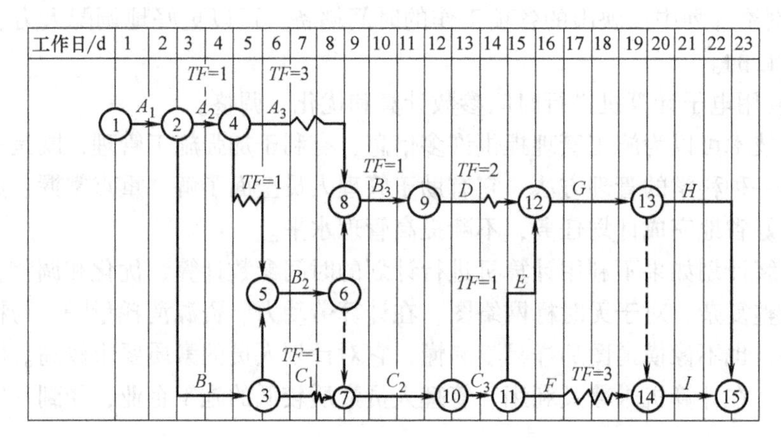

图 12-3 双代号时标网络计划

（四）单代号搭接网络计划

单代号搭接网络计划是前后工作之间有多种逻辑关系的肯定型网络计划，如图 12-4 所示。其前后工作之间的多种逻辑关系包括：

1） STS_{i-j}——i、j 两项工作开始到开始的时距。

2） FTF_{i-j}——i、j 两项工作完成到完成的时距。

3） STF_{i-j}——i、j 两项工作开始到完成的时距。

4） FTS_{i-j}——i、j 两项工作完成到开始的时距。

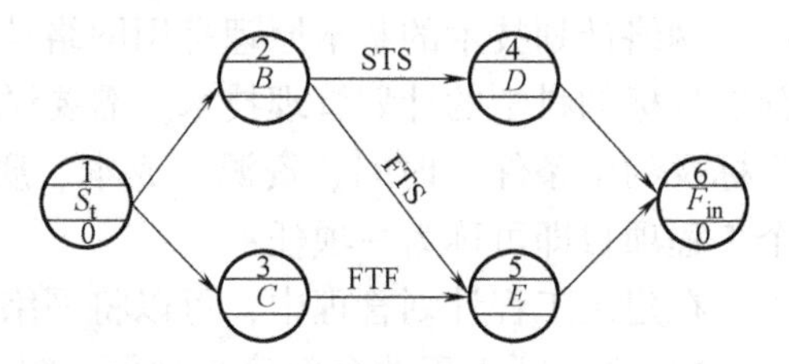

图 12-4 单代号搭接网络计划

（五）工程网络计划的类型

1）工程网络计划按工作持续时间的特点划分为肯定型问题的网络计划、非肯定问题的网络计划、随机网络计划等。

2）工程网络计划按工作和事件在网络图中的表示方法划分为：事件网络——以节点表示事件的网络计划；工作网络以箭线表示工作的网络计划（即双代号网络计划）；以节点表示工作的网络计划（即单代号网络计划）。

3）工程网络计划按计划平面的个数划分为单平面网络计划、多平面网络计划（又称多阶网络计划，分级网络计划）。

第二节 双代号网络计划

双代号网络计划是用双代号网络图表达任务构成、工作顺序，并加注工作时间参数的进度计划。双代号网络图是由若干个表示工作项目的箭线和表示事件的节点所构成的网状图形，是我国建筑业应用较为广泛的一种网络计划表达形式。

一、双代号网络图的组成

双代号网络图由箭线、节点、节点编号、虚箭线、线路五个基本要素组成。对于每一项工作而言，其基本形式如图 12-5 所示。

（一）箭线

1. 作用

在双代号网络图中，一条箭线表示一项工作，又称工序、作业或活动，如砌墙、抹灰等。而工作所包括的范围可大可小，既可以是一道工序，也可以是一个分项工程或一个分部工程，甚至是一个单位工程。

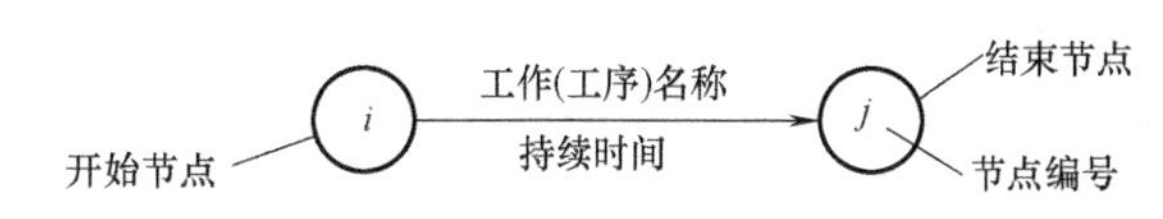

图 12-5　双代号网络图表示一项工作基本形式

2. 特点

每项工作的进行必然要占用一定的时间，往往也要消耗一定的资源（如劳动力、材料、机械设备）。对于不消耗资源，仅占用一定时间的施工过程，也应视为一项工作。例如，墙面刷涂料前抹灰层的“干燥”，这是由于技术上的需要而引起的间歇等待时间，虽然除时间外不消耗其他资源，但在网络图中也可作为一项工作，以一条箭线来表示。

3. 表达形式与要求

1）在无时标的网络图中，箭线的长短并不反映该工作占用时间的长短。箭线的形状可以是水平直线，也可以是折线或斜线，但最好画成水平直线或带水平直线的折线。在同一张网络图上，箭线的画法要统一。

2）箭线所指的方向表示工作进行的方向，箭线的尾端表示该项工作的开始，箭头端则表示该项工作的结束。工作名称应标注在水平箭线的上方或垂直箭线的左侧，工作的持续时间（也称作业时间）则标注在水平箭线的下方或垂直箭线的右侧，如图 12-5 所示。

（二）节点

1. 作用

在双代号网络图中，节点代表一项工作的开始或结束，用圆圈表示。箭线尾部的节点称为该箭线所示工作的开始节点，箭头处的节点称为该箭线所示工作的结束节点。在一个完整的网络图中，除了最前的起点节点和最后的终点节点外，其余任何一个节点都具有双重含义，既是前面工作的结束点，又是后面工作的开始点。

2. 特点

节点仅为前后两项工作的交接点，只是一个“瞬间”概念，因此它既不消耗时间，也不消耗资源。

3. 节点编号

1）作用。在双代号网络图中，一项工作可以用其箭线两端节点内的号码来表示，以方便网络图的检查与计算。

2）编号要求。对一个网络图中的所有节点应进行统一编号，不得有缺编和重号现象。对于每一项工作而言，其箭头节点的号码应大于箭尾节点的号码，即顺箭线方向由小到大，如图 12-5 所示，j 应大于 i。

3）编号方法。编号宜在绘图完成、检查无误后，顺着箭头方向依次进行。当网络图中的箭线均为由左向右和由上至下时，可采取每行由左向右，由上至下逐行编号的水平编号法；也可采取每列由上至下，由左向右逐列编号的垂直编号法。为了便于修改和调整，可隔号编号。

4. 虚箭线

虚箭线又称虚工作，它表示一项虚拟的工作，用带箭头的虚线表示。由于是虚拟的工作，故没有工作名称和工作延续时间。箭线过短时可用实箭线表示，但其工作延续时间必须用“0”标出。

1）特点。由于是虚拟的工作，所以它既不消耗时间，也不消耗资源。

2）作用。虚箭线可起到联系、区分和断路作用，是双代号网络图中表达一些工作之间的相互联系、相互制约关系，保证逻辑关系正确的必要手段。这在后面的绘图中，很容易理解和体会。

5. 线路

在网络图中，从起点节点开始，沿箭线方向连续通过一系列箭线与节点，最后到达终点节点所经过的通路称为线路。线路可依次用该通路上的节点代号来记述，也可依次用该通路上的工作名称来记述。如图 12-6 所示的网络图中，线路有：①→②→④→⑥（8d），①→②→③→④→⑥（10d），①→②→③→⑤→⑥（9d），①→③→④→⑥（14d），①→③→⑤→⑥（13d），共 5 条线路。

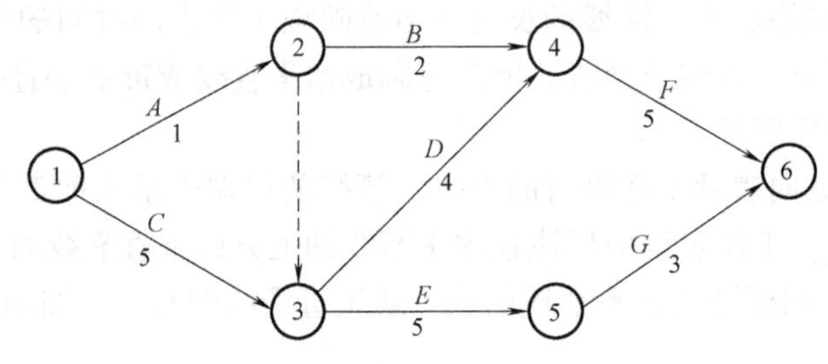

图 12-6　双代号网络图

每条线路都有自己确定的完成时间，它等于该线路上各项工作持续时间的总和，也是完成这条线路上所有工作的计划工期。其中，第四条线路耗时（14d）最长，对整个工程的完工起着决定性的作用，称为关键线路；第五条线路（13d）称为次关键线路；其余的线路均称为非关键线路。处于关键线路上的各项工作称为关键工作，关键工作完成的快慢将直接影响整个计划工期的实现。关键线路上的箭线采用粗箭线、双箭线或其他颜色的箭线表示。

关键线路并不是一成不变的，在一定条件下，关键线路和非关键线路可以互相转化。当采取了一定的技术与组织措施，缩短了关键线路上各工作的持续时间时，就有可能使关键线路发生转移，从而使原来的关键线路变成非关键线路，而原来的非关键线路却变成关键线路。

位于非关键线路上的工作除关键工作外，都称为非关键工作，它们都有机动时间（即时差）；非关键工作也不是一成不变的，它可以转化成关键工作；利用非关键工作的机动时间可以科学地、合理地调配资源和对网络计划进行优化。

二、双代号网络图的绘制

网络计划技术是土木工程施工中编制施工进度计划和控制施工进度的主要手段。因此，在绘制网络图时必须遵循一定的基本规则和要求，使网络图能正确地表达整个工程的施工工艺流程和各项工作开展的先后顺序以及它们之间相互制约、相互依赖的逻辑关系。

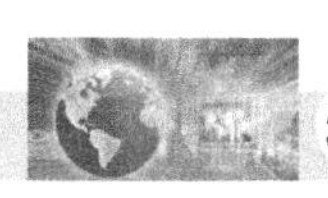

（一）绘制网络图的基本规则

1）必须正确地表达各项工作之间的先后顺序和逻辑关系。在绘制网络图时，要根据施工顺序和施工组织的要求，正确地反映各项工作之间的先后顺序和相互制约、相互依赖的关系。这些关系是多种多样的，常见的几种表示方法见表 12-1 所示。

表 12-1 双代号网络图中各项工作之间逻辑关系的表示方法

序号	工作之间的逻辑关系	网络图中的表示方法	说 明
1	A 工作完成后进行 B 工作		A 工作制约着 B 工作的开始，B 工作依赖着 A 工作
2	A、B、C 三项工作同时开始		A、B、C 三项工作称为平行工作
3	A、B、C 三项工作同时结束		A、B、C 三项工作称为平行工作
4	有 A、B、C 三项工作，只有 A 完成后，B、C 才能开始		A 工作制约着 B、C 工作的开始，B、C 为平行工作
5	有 A、B、C 三项工作。C 工作只有在 A、B 完成后才能开始		C 工作依赖着 A、B 工作，A、B 为平行工作
6	有 A、B、C、D 四项工作，只有当 A、B 完成后，C、D 才能开始		通过中间节点 i 正确地表达了 A、B、C、D 工作之间的关系
7	有 A、B、C、D 四项工作。A 完成后 C 才能开始，A、B 完成后 D 才能开始		D 与 A 之间引入了逻辑连接（虚工作），从而正确地表达了它们之间的制约关系
8	有 A、B、C、D、E 五项工作。A、B 完成后 C 才能开始，B、D 完成后 E 才能开始		虚工作 ij 反映出 C 工作受到 B 工作的制约，虚工作 ik 反映出 E 工作受到 B 工作的制约

（续）

序号	工作之间的逻辑关系	网络图中的表示方法	说　明
9	有 A、B、C、D、E 五项工作，A、B、C 完成后 D 才能开始，B、C 完成后 E 才能开始	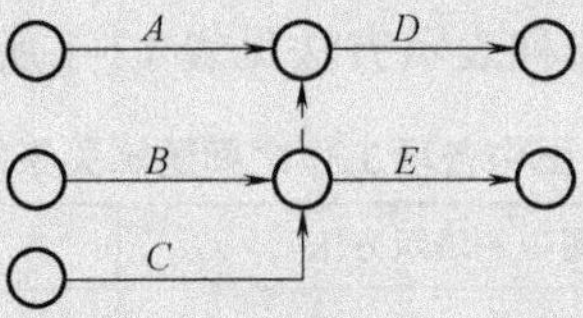	虚工作反映出 D 工作受到 B、C 工作的制约
10	A、B 两项工作分三个施工段，平行施工	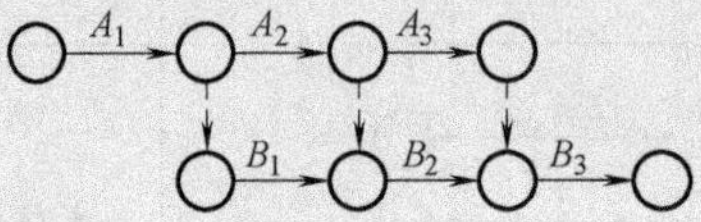	每个工种工程建立专业工作队，在每个施工段上进行流水作业，虚工作表达了工种间的工作面关系

2）在一个网络图中，只能有一个起点节点和一个终点节点。否则，不是完整的网络图。起点节点是指只有外向箭线而无内向箭线的节点，如图 12-7a 所示；终点节点则是只有内向箭线而无外向箭线的节点，如图 12-7b 所示。

3）网络图中不允许出现循环回路。在网络图中，如果从一个节点出发沿着某一条线路移动，又可回到原出发节点，则图中存在着循环回路（又称闭合回路）。图 12-8。中的②→③→④→②即为循环回路，它使得工程永远不能完成。当工作 B 和 D 是多次反复进行时，则每次部位不同，不可能在原地重复，应使用新的箭线表示。

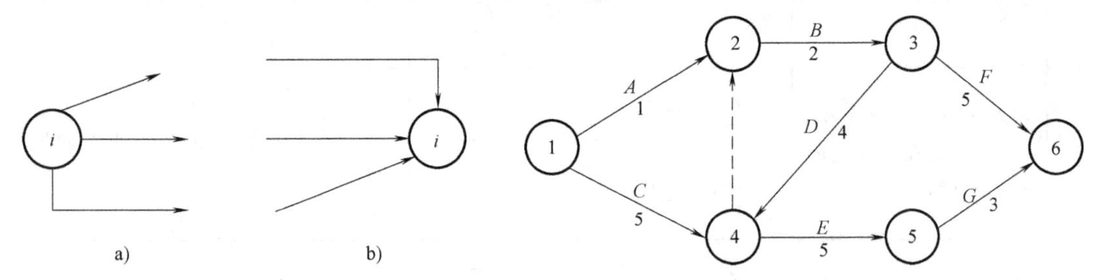

图 12-7　起点节点和终点节点

a）起点节点　b）终点节点

图 12-8　有循环回路错误的网络图

4）网络图中不允许出现相同编号的工作。在网络图中，两个节点之间只能有一条箭线并表示一项工作，以两个节点的编号即可代表这项工作。例如，砌隔墙与埋隔墙内的电线管同时开始、同时结束，在图 12-9a 中，这两项工作的编号均为③→④，出现了重名现象，容

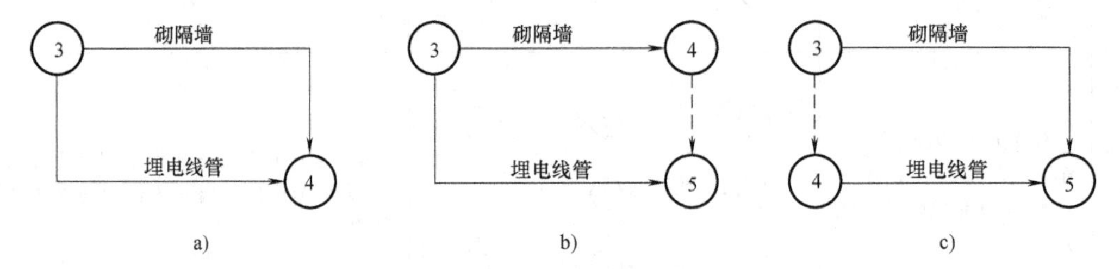

图 12-9　不允许出现相同编号工作示意图

a）错误　b）、c）正确

易造成混乱。遇到这种情况，应增加一个节点和一条虚箭线，从而既表达了这两项工作的平行关系，又区分了它们的代号，如图 12-9b、c 所示。

5）不允许出现无开始节点或无结束节点的工作。如图 12-10a 所示，“抹灰”为无开始节点的工作，其意图是表示“砌墙”进行到一定程度时，开始抹灰。但反映不出“抹灰”的准确开始时刻，也无法用代号代表抹灰工作，这在网络图中是不允许的。其正确的画法是：将“砌墙”工作划分为两个施工段，引入了一个节点，这样，抹灰工作就有了开始节点，如图 12-10b 所示。同理，在无结束节点时，也可采取同样方法进行处理。

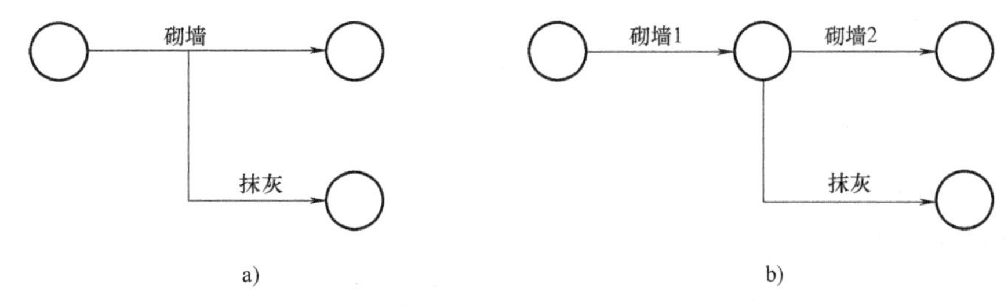

图 12-10　不允许出现无开始节点工作示意图

a）错误　b）正确

以上是绘制网络图的基本规则，在绘图时必须严格遵守。

（二）绘制网络图的要求与方法

1. 布局规整、条理清晰、重点突出

绘制网络图时，应尽量采用水平箭线和垂直箭线而形成网格结构，尽量减少斜箭线，使网络图规整、清晰。其次，应尽量把关键工作和关键线路布置在中心位置，尽可能把密切相连的工作安排在一起，以突出重点，便于使用。

2. 交叉箭线的处理方法

绘制网络图时，应尽量避免箭线交叉，必要时可通过调整布局达到目的，如图 12-11 所示。当箭线交叉不可避免时，应采用“过桥法”或“指向法”表示，如图 12-12 所示。其中“指向法”还可以用于网络图的换行、换页。

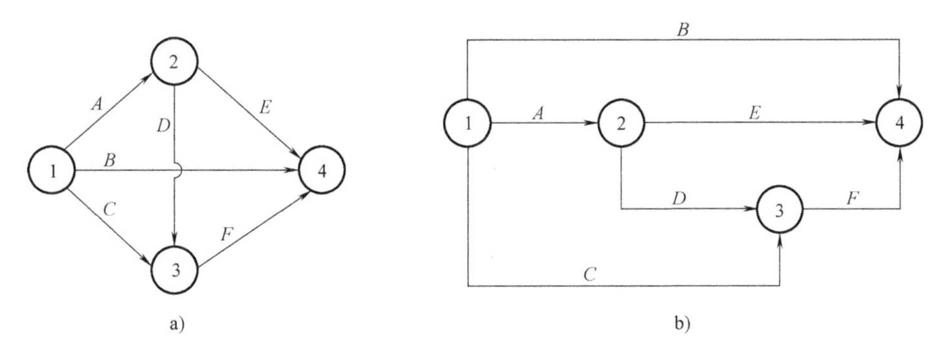

图 12-11　箭线交叉及其调整方法

a）有交叉和斜向箭线的网络图　b）调整后的网络图

3. 起点节点和终点节点的“母线法”

在网络图的起点节点有多条外向箭线、终点节点有多条内向箭线时，可以采用母线法绘图，如图 12-13 所示。对中间节点处有多条外向箭线或多条内向箭线者，在不至于造成混乱

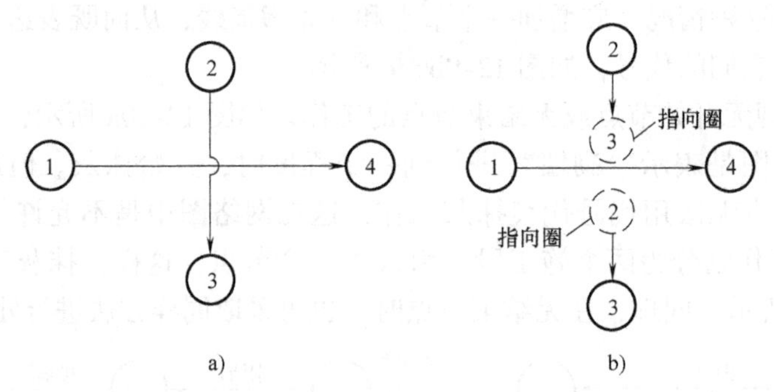

图 12-12　箭线交叉的处理方法

a）过桥法　b）指向法

的前提下也可采用母线法绘制。

4. 网络图的排列方法

为了使网络计划更形象、更清楚地反映出建筑装饰装修工程施工的特点，绘图时可根据不同的工程情况，不同的施工组织方法和使用要求，采用不同的排列方法，使各工作在工艺上及组织上的逻辑关系准确而清楚，以便于计划的计算、调整和使用。

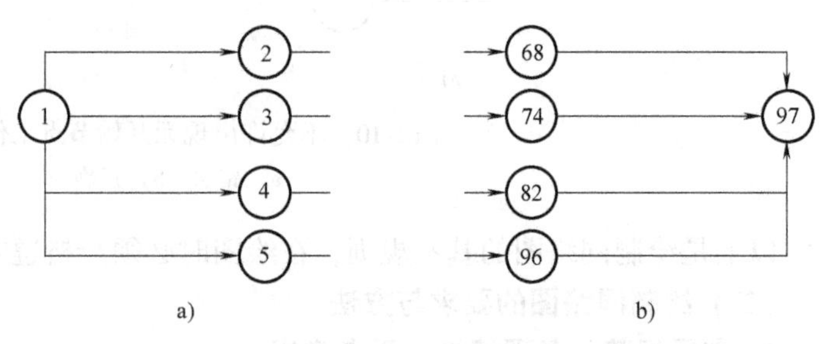

图 12-13　母线法示意图

a）起点节点母线法　b）终点节点母线法

如果为了突出反映各施工层段之间的组织关系，可以把同一个工种或队组作业的不同施工层段排列在同一水平线上，不但施工组织顺序清楚，而且能明确地反映同一工种或施工队组的连续作业状况，如图 12-14a 所示。如果为了突出反映各施工过程之间的工艺关系，可以把在同一个施工层段上的不同施工过程排列在同一水平线上，不但施工工艺顺序清楚，且同一工作面上各工作队之间的关系明确，如图 12-14b 所示。

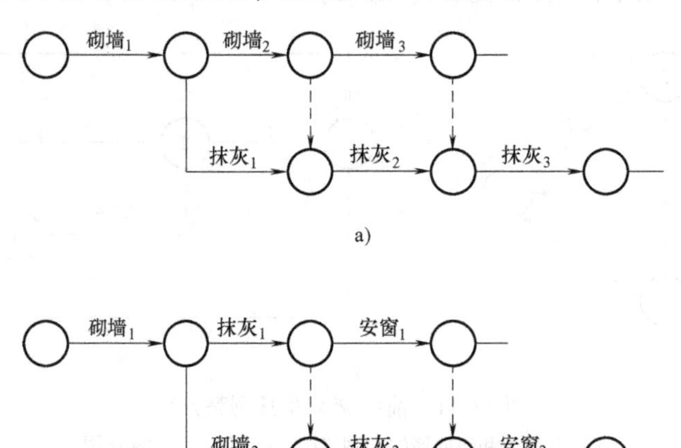

图 12-14　网络图的排列方法

a）水平方向表示组织关系　b）水平方向表示工艺关系

除了以上按组织关系和按工艺关系排列以外，还可以将一个栋号内的各单位工程一个单位工程中的各分部工程、或一个部位的各分项工程排列在同一水平线上。形成按栋号排列的网络计划，按单位工程排列的网络计划，按施工部位排列的网计划。绘制网络图时可以根据使用要求，同时选用以上一种或几种排列方法。一般情况下，应尽量使网络图的水平方向长。

5. 尽量减少不必要的箭线和节点

如图 12-15a 所示，此图在施工顺序、流水关系及网络逻辑关系上都是合理的。但这个网络图过于烦琐。对于只有进出两条箭线且其中一条为虚箭线的节点（如③、⑥节点），在取消该节点及虚箭线不会出现相同编号的工作时，即可大胆地将这些不必要的虚箭线和节点去掉，如图12-15b所示。这既使网络图简单明了，又不会改变其逻辑关系。

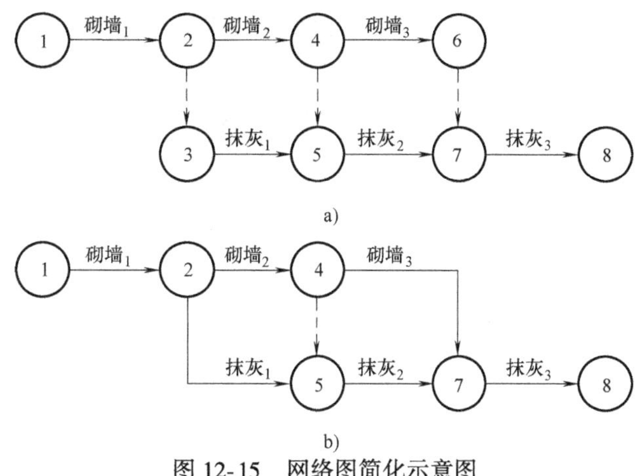

图 12-15　网络图简化示意图

6. 绘制要求

1）绘制步骤：第一步，绘草图，绘制出一张符合逻辑关系的网络计划草图。其步骤是：首先画出从起点节点开始的所有箭线；然后从左到右依次绘出紧接其后的节点和箭线，直到终点节点；最后检查网络图中各施工过程之间的逻辑关系。第二步，整理网络图，使网络图条理清楚，层次分明，排列整齐，便于交流。

2）绘制要求。严格遵循网络图的绘制规则，是保证网络图绘制正确的前提。但为了使网络图图面布置合理，层次分明，重点突出，在绘制时应注意构图形式。

①网络图绘制时，箭线应以水平线为主，竖线和斜线为辅，不应画成曲线，如图 12-16 和图 12-17 所示。

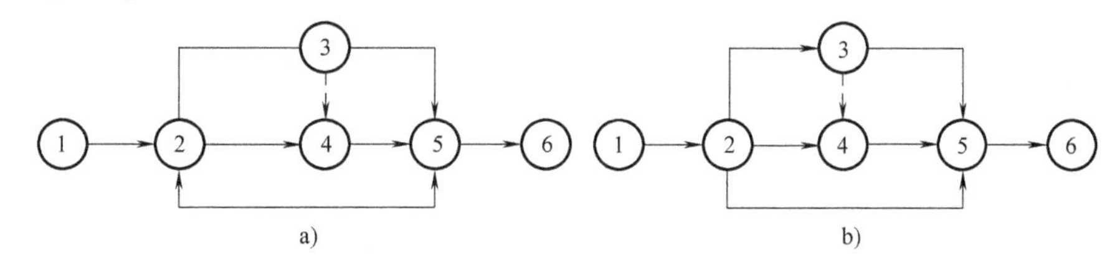

图 12-16　不允许出现双向箭头及无箭头的箭线

a）错误　b）正确

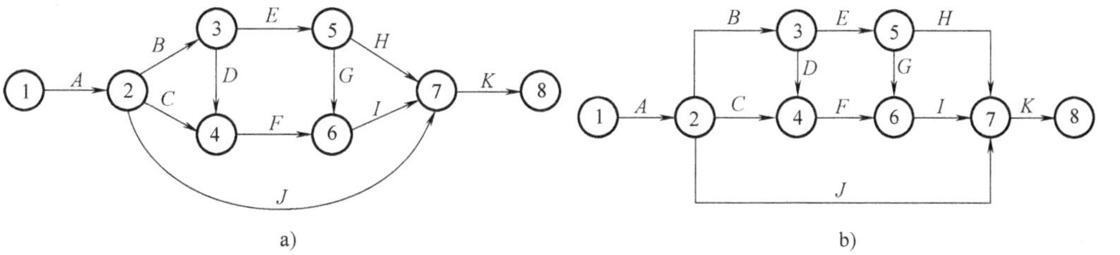

a)　　b)

图 12-17　网络图绘制要求（一）

a）较乱　b）较好

② 在网络图中，箭线应保持从左到右方向进行，尽量避免“反向箭线”，如图 12-18 所示。

③ 在网络图中应正确运用虚箭线，如图 12-19 所示。

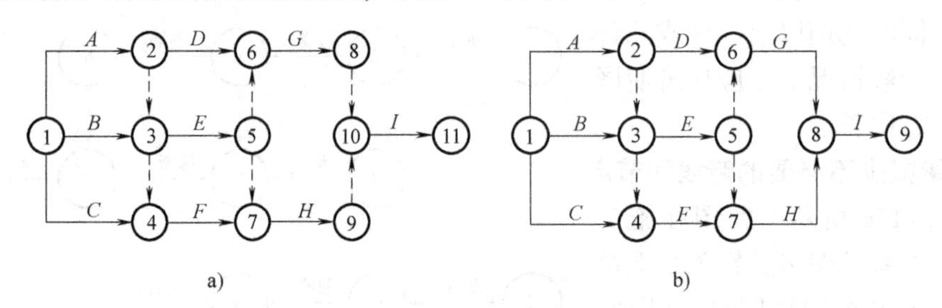

图 12-18 网络图绘制要求（二）

a）较差 b）较好

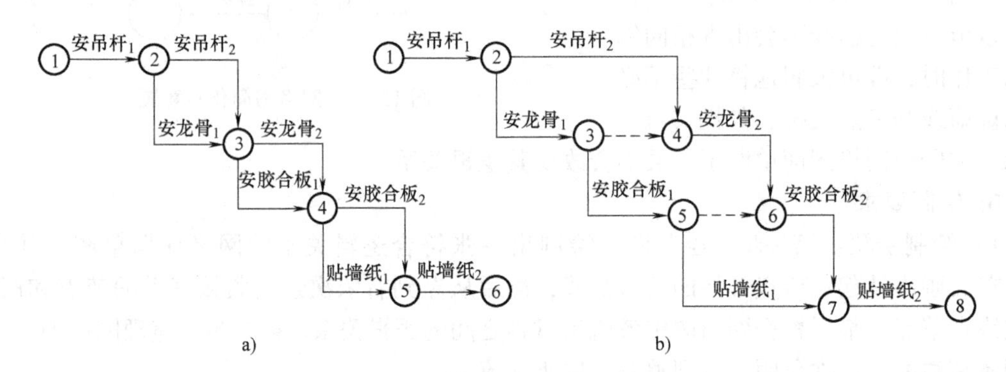

图 12-19 网络图绘制要求（三）

a）错误 b）正确

（三）网络图绘制示例

【例 12-1】 试根据表 12-2 中各施工过程的逻辑关系，绘制出双代号网络图。

表 12-2 某工程各施工过程的逻辑关系

施工过程名称	A	B	C	D	E	F	G	H	I	J	K
紧前施工过程	无	A	A	B	B	E	A	D、C	E	F、G、H	I、J
紧后施工过程	B、C、G	D、E	H	H	F、I	J	J	J	K	K	无

其网络图的绘制步骤如下：

1）从 A 出发绘出其紧后施工过程 B、C、G。

2）从 B 出发绘出其紧后施工过程 D、E。

3）从 C、D 出发绘出其紧后施工过程 H。

4）从 E 出发绘出 F、I。

5）从 F、G、H 出发绘出 J。

6）从 I、J 出发绘出 K。

根据以上步骤绘出草图，认真检查和调整每个施工过程之间的逻辑关系，最后绘制出排列整齐、条理清楚、层次分明、形象直观的双代号网络图，如图 12-20 所示。

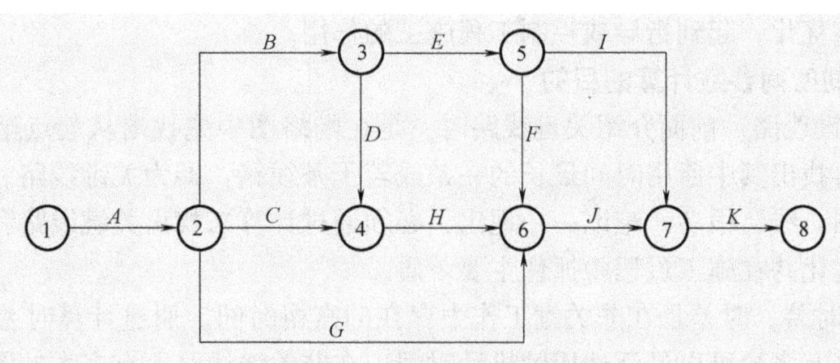

图 12-20　网络图的绘制步骤

【例 12-2】 某基础工程分为三个施工段，四个施工过程，即挖土、垫层、砌基础、回填土。其网络计划如图 12-21 所示，该图则是错误的，因为在进行第三施工段的挖土时，它只与第二施工工段的挖土有关系，而与第一施工段的垫层没有关系，所以图中的逻辑关系是错误的。正确的画法如图 12-22 所示。

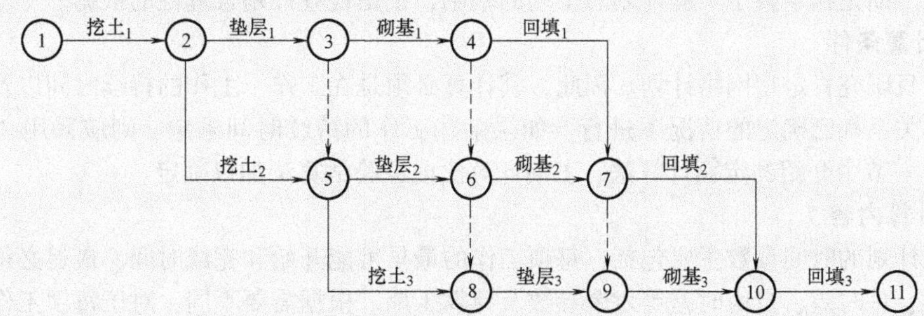

图 12-21　逻辑关系错误的表达图

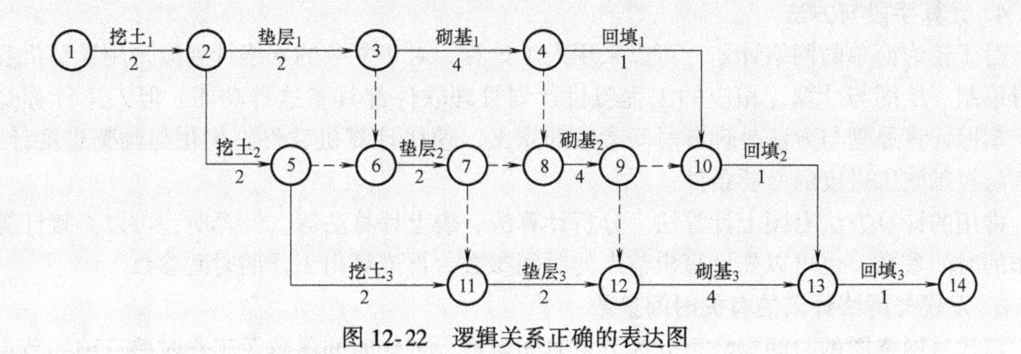

图 12-22　逻辑关系正确的表达图

三、双代号网络计划时间参数计算

(一) 概述

掌握了网络图的绘图方法，就能够根据实际工程的需要做出施工进度计划的网络安排。然而正确地绘制出网络图，只能说明我们已把工作之间的逻辑关系，用网络的形式表达出来了。但这个计划安排得是否经济、合理，是否符合有关部门对这项工程在工期、劳动力、材料指标等方面的具体要求，这些都是画图所解决不了的。我们只是为了安排进度，而是在一定条件下，通过调整计划，达到节约人力、物力，降低工程成本并使工期合理等目的，如果要使工期提前则力求增加的成本最低。因此，画图并不是我们的最终目的，还需要进行时间参数计算、调整优化，起到指导或控制工程施工的作用。

1. 网络计划时间参数计算的目的

1）找出关键线路。前面介绍关键线路时，是在网络图中先找出从起点至终点节点间的各条线路后，再找出其中所用时间最长的一条或若干条线路，即为关键线路。而对于较大或较复杂的网络图，线路很多，难以一一理出，必须通过计算来找出关键线路和关键工作，以便于进行调整优化并在施工过程中抓住主要矛盾。

2）计算出时差。时差是在非关键工作中存在的富裕时间。通过计算时差可以看出每项非关键工作到底有多少可以灵活运用的机动时间，在非关键线路上有多大的潜力可挖，以便向非关键线路去要劳力及资源，调整其工作开始及持续的时间，以达到优化网络计划和保证工期的目的。

3）求出工期。网络图绘制后，需通过计算求出按该计划执行所需的总时间，即计算工期。然后，要结合任务委托合同要求工期，综合考虑可能和需要确定出工程的计划工期。因此，计算工期是拟定整个工程计划总工期的基础，也是检查计划合理性的依据。

2. 计算条件

本节只研究肯定型网络计划。因此，其计算必须是在工作、工作的持续时间以及工作之间的逻辑关系都已确定的情况下进行。如果某些工作的持续时间未定，则应采用“流水施工方法”一节中介绍的定额计算法、工期计算法或经验估算法加以确定。

3. 计算内容

网络计划的时间参数主要包括：每项工作的最早可能开始和完成时间、最迟必须开始和完成时间、总时差、自由时差等六个参数及计算工期。根据需要不同，对于每项工作有时只计算两个参数、四个参数，或者全部算出。

4. 计算手段与方法

对于较为简单的网络计划，可以采用人工计算，对于复杂的网络计划应采用计算机程序进行编制、绘图与计算。相应的工程项目计划管理软件都具备这种功能。但人工计算是基础，掌握计算原理与方法是理解时间参数的意义、使用计算机软件、优化与调整进度计划、检查与控制施工进度的必要条件。

常用的计算方法有图上计算法、分析计算法、表上计算法等。计算时，可以直接计算出工作的时间参数，也可以先计算出节点的时间参数，再推算出工作的时间参数。

5. 双代号网络计划的有关时间参数

双代号网络图的时间参数可分为节点时间参数、工作时间参数及工作时差三种。节点时间参数根据时间的含义又分为节点最早时间（ET_i）和节点最迟时间（LT_i），工作时间参数又分为工作最早开始时间（ES_{i-j}）、工作最早结束时间（EF_{i-j}）、工作最迟完成时间（LF_{i-j}）、工作最迟开始时间（LS_{i-j}），工作时差又分为总时差（TF_{i-j}）和自由时差（FF_{i-j}）。其计算方法有工作计算法和节点计算法。

（二）图上计算法

首先，应明确几个名词，如图 12-23 所示。对于正在计算的某项工作，称为“本工作”。紧排在本工作之前的工作为本工作的紧前工作；紧排在本工作之后的各项工作为本工作的紧后工作。

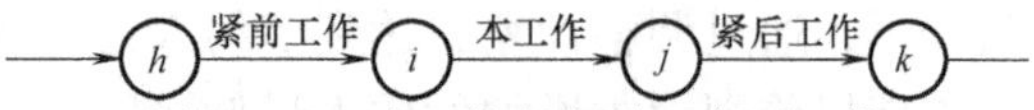

$\rightarrow (h) \xrightarrow{\text{紧前工作}} (i) \xrightarrow{\text{本工作}} (j) \xrightarrow{\text{紧后工作}} (k) -$

图 12-23　本工作的紧前、紧后工作

各工作的时间参数计算后，应标注在水

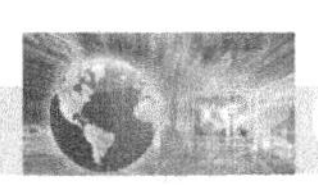

平箭线的上方或垂直箭线的左侧。标注的形式及每个参数的位置，需根据计算参数的个数不同，应分别按图 12-24 的规定标注。

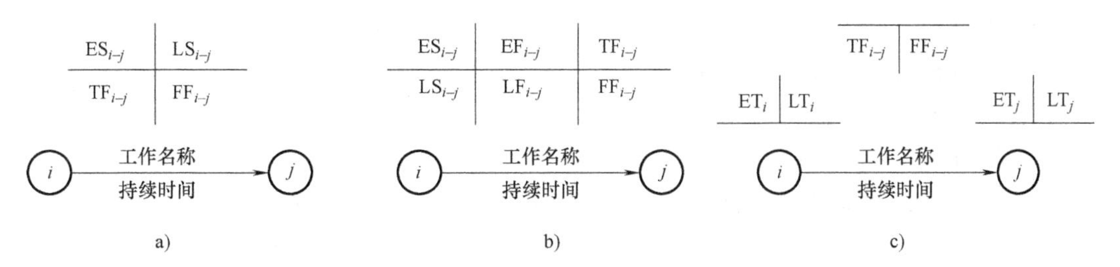

图 12-24　双代号网络时间参数标注形式

a）四参数表示法　b）六参数表示法　c）节点表示法

1. 工作计算法

网络图的工作计算法是按公式计算的，它不需要计算节点时间参数。

1）工作最早开始时间的计算。工作最早开始时间是指在各紧前工作全部完成后，本工作有可能开始的最早时间。工作 $i—j$ 的最早开始时间用 $ES_{i,j}$表示。工作最早开始时间应从网络计划的起点节点开始，顺着箭线方向依次向终点节点方向计算。计算步骤如下：

① 以网络计划的起点节点开始的工作的最早开始时间为零，如网络计划起点节点代号为 1，则

$$\mathrm{ES}_{1—j}=0 \tag{12-1}$$

② 其他工作的最早开始时间等于其紧前工作的最早开始时间加该紧前工作的持续时间所得之和的最大值，即

$$\mathrm{ES}_{i—j}=\{\mathrm{ES}_{h—j}+D_{h—j}\} \tag{12-2}$$

式中　$\mathrm{ES}_{i—j}$——工作 $i-j$ 的最早开始时间；

$\mathrm{ES}_{h—j}$——工作 $i—j$ 的紧前工作 $h—j$ 的最早开始时间；

$D_{h—j}$——工作 $i—j$ 的紧前工作 $h—j$ 的持续时间。

③ 网络计划的计算工期等于以网络计划的终点节点为完成节点的工作的最早开始时间加该工作的持续时间所得之和的最大值，即

$$T_c=\max\{\mathrm{ES}_{i—n}+D_{i—n}\} \tag{12-3}$$

式中　T_c——网络计划的计算工期；

$\mathrm{ES}_{i—n}$——以网络计划的终点节点 n 为完成节点的工作的最早开始时间；

$D_{i—n}$——以网络计划的终点节点 n 为完成节点的工作的持续时间。

为了进一步理解和应用以上公式，现以图 12-25 为例说明计算的各个步骤。图中箭线下面的数字是工作的持续时间，以 d 为单位。

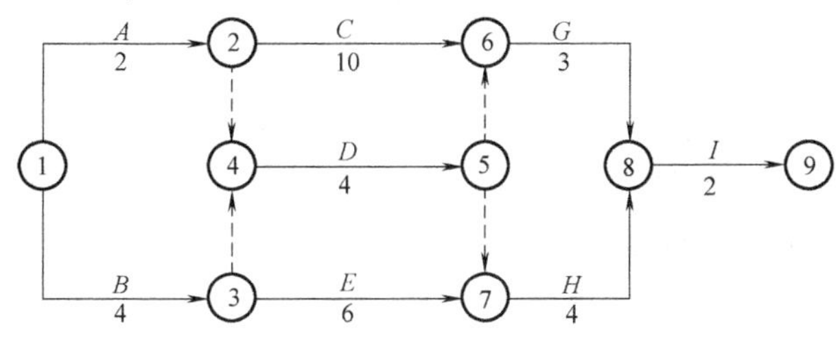

图 12-25　双代号网络图

工作 A：$ES_{1-2}=0$

工作 B：$ES_{1-3}=0$

工作 C：$ES_{2-6}=ES_1+D_{1-2}=2$

工作 D：$ES_{4-5}=\max\{ES_{1-2}+D_{1-2}，ES_{1-3}+D_{1-3}\}=\max\{0+2，0+4\}=4$

工作 E：$ES_{3-7}=ES_{1-3}+D_{1-3}=0+4=4$

工作 G：$ES_{6-8}=\max\{ES_{2-6}+D_{2-6}，ES_{4-5}+D_{4-5}\}=\max\{2+10，4+4\}=12$

工作 H：$ES_{7-8}=\max\{ES_{4-5}+D_{4-5}，ES_{3-7}+D_{3-7}\}=\max\{4+4，4+6\}=10$

工作 I：$ES_{8-9}=\max\{ES_{6-8}+D_{6-8}，ES_{7-8}+D_{7-8}\}=\max\{12+3，10+4\}=15$

计算工期：$T_C=ES_{8-9}+D_{8-9}=15+2=17$

将以上各数字按工作计算法的要求标注在网络图中，如图 12-26 所示。

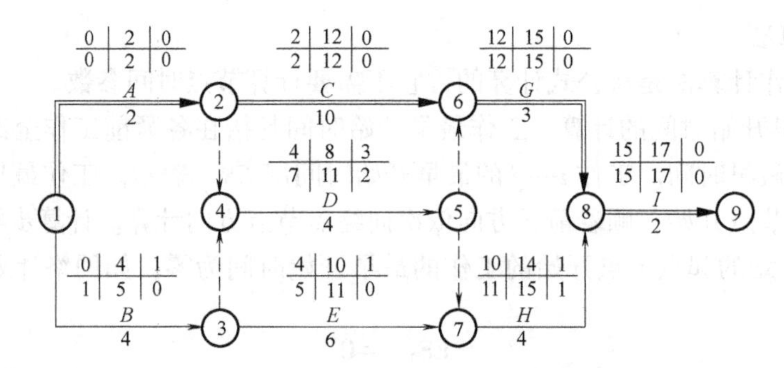

图 12-26 双代号网络图六参数计算图例

2）工作最迟开始时间。工作最迟开始时间是在不影响整个任务按期完成的条件下，本工作最迟必须开始的时刻，工作 $i—j$ 的最迟开始时间用 LS_{i-j} 表示。工作最迟开始时间应从网络计划的终点节点开始，逆着箭线方向依次计算。计算步骤如下：

① 以网络计划的终点节点为完成节点的工作的最迟开始时间等于网络计划的计划工期减该工作的持续时间，即

$$LS_{i-n}=T_p-D_{i-n} \tag{12-4}$$

式中 LS_{i-n}——以网络计划的终点节点 n 为完成节点的工作的最迟开始时间；

T_p——网络计划的计划工期。当已规定了要求工期（合同工期）T_r 时，$T_p\leq T_r$；当未规定要求工期时，$T_p\leq T_c$；

D_{i-n}——以网络计划的终点节点 n 为完成节点的工作的持续时间。

② 其他工作的最迟开始时间等于其紧后工作最迟开始时间减本工作的持续时间所得之差的归小值，即

$$LS_{i-j}=\min\{LS_{j-k}-D_{i-j}\} \tag{12-5}$$

式中 LS_{i-j}——工作 $i—j$ 的最迟开始时间；

LS_{j-k}——工作 $i—j$ 的紧后工作 $j—k$ 最迟开始时间；

D_{i-j}——工作 $i—j$ 的持续时间。

例如图 12-25 所示的网络计划：

工作 I：$LS_{8-9}=T_p-D_{8-9}=17-2=15$

工作 H：$LS_{7-8}=LS_{8-9}-D_{7-8}=15-4=11$

工作 G：$LS_{6-8}=LS_{8-9}-D_{6-8}=15-3=12$

工作 E：$LS_{3-7}=LS_{7-8}-D_{3-7}=11-6=5$

工作 D：$LS_{4-5}=\min\{LS_{7-8}-D_{4-5},\ LS_{6-8}-D_{4-5}\}=\min\{11-4,\ 12-4\}=7$

工作 C：$LS_{2-6}=LS_{6-8}-D_{2-6}=12-10=2$

工作 B：$LS_{1-3}=\min\{LS_{4-5}-D_{1-3},\ LS_{3-7}-D_{1-3}\}=\min\{7-4,\ 5-4\}=1$

工作 A：$LS_{1-2}=\min\{LS_{2-6}-D_{1-2},\ LS_{4-5}-D_{1-2}\}=\min\{2-2,\ 7-2\}=0$

3）工作最早完成时间的计划 。工作最早完成时间是在各紧前工作全部完成后，本工作有可能完成的最早时刻。工作 $i—j$ 的最早完成时间用 EF_{i-j}表示。

工作最早完成时间等于最早开始时间加本工作持续时间，即

$$EF_{i-j}=ES_{i-j}+D_{i-j} \tag{12-6}$$

在网络图上，如果按四时标注法，则不需要计算工作最早完成时间；如果按六时标注法，则直接按工作最早开始时间加该工作持续时间所得的数字填在指定的位置上即可，如图 12-26 所示。

4）工作最迟完成时间的计算。工作最迟完成时间是在不影响整个任务按期完成的条件下，本工作最迟必须完成的时刻，工作 $i—j$ 的最迟完成时间用 LF_{i-j}表示。工作最迟完成时间应等于工作最迟开始时间加本工作持续时间，即

$$LF_{i-j}=LS_{i-j}-D_{i-j} \tag{12-7}$$

在网络图上，如按四时标注法则不需计算；如按六时标注法时则按式（12-7）直接计算后填在指定位置上即可，如图 12-26 所示。

5）总时差计算及关键线路的判定。总时差是在不影响工期的前提下，工作所具有的机动时间。工作 $i—j$ 的总时差用 TF_{i-j}表示。工期总时差等于工作最迟开始时间减工作最早开始时间，即

$$TF_{i-j}=LS_{i-j}-ES_{i-j} \tag{12-8}$$

在网络图上直接计算将数字标注在指定位置上，如图 12-26 所示。

从以上计算可知，工作 A、B、C、I 的总时差为零，即这些工作在计划执行过程中具有机动时间，这样的工作称为关键工作。由关键工作所组成的线路称为关键线路，在网络图上判定关键工作的充分条件是

$$ES_{i-j}=LS_{i-j} \tag{12-9}$$

但必须指出，当工期有规定时，总时差最小的工作为关键工作。关键工作用粗线或双箭线表示在网络图上，如图 12-26 所示。

6）自由时差的计算。自由时差是在不影响其紧后工作按最早开始的前提下，工作所具有机动时间。工作 $i—j$ 的自由时差用 FF_{i-j}表示。

工作自由时差等于该工作的紧后工作的最早开始时间减本工作最早开始时间再减去本工作的持续时间所得之差的最小值。

当工作 $i—j$ 与其紧后工作 $j—k$ 之间无虚工作时

$$FF_{i-j}=\min\{ES_{j-k}-ES_{i-j}-D_{i-j}\} \tag{12-10}$$

当工作 $i—j$ 通过虚工作 $j—k$ 与其紧后工作 $k—l$ 相连时

$$FF_{i-j}=\min\{ES_{k-l}-ES_{i-j}-D_{i-j}\} \tag{12-11}$$

图 12-26 的网络计算如下：

工作 A：$FF_{1-2}=\min\{(ES_{2-6}-ES_{1-2}-D_{1-2}),\ (ES_{4-5}-ES_{1-2}-D_{1-2})\}$

$=\min\{(2-0-2),\ (4-0-2)\}=0$

工作 B：$FF_{1-3}=\min\{(ES_{3-7}-ES_{1-3}-D_{1-3}),\ (ES_{4-5}-ES_{1-3}-D_{1-3})\}$

$=\min\{(4-0-4),\ (4-0-4)\}=0$

工作 C：$FF_{2-6}=ES_{6-8}-ES_{2-6}-D_{2-6}=12-2-10=0$

工作 D：$FF_{4-5}=\min\{(ES_{6-8}-ES_{4-5}-D_{4-5}),\ (ES_{7-8}-ES_{4-5}-D_{4-5})\}$

$=\min\{(12-4-4),\ (10-4-4)\}=2$

工作 E：$FF_{3-7}=ES_{7-8}-ES_{3-7}-D_{3-7}=10-4-6=0$

工作 G：$FF_{6-8}=ES_{8-9}-ES_{6-8}-D_{6-8}=15-12-3=0$

工作 H：$FF_{7-8}=ES_{8-9}-ES_{7-8}-D_{7-8}=15-10-4=1$

工作 I：$FF_{8-9}=T_p-ES_{8-9}-D_{8-9}=17-15-2=0$

将以上计算出的数据按工作计算法的要求标注在网络图中，如图 12-26 所示。

2. 节点计算法

节点计算法就是先计算节点最早时间和节点最迟时间，再据之计算出其他 6 个时间参数。

1）节点最早时间。指该节点前面的各项紧前工作全部完成后，该节点后面各项紧后工作的最早时间。工作 i—j 的 i 节点的最早时间表用 ET_i 表示。节点最早时间是从网络计划的起点开始，顺差箭线方向逐个计算。网络计划的起点节点的最早时间如无规定时，其值等于零，即

$$ET_1=0$$

其他节点的最早时间为

$$ET_j=\max\{ET_i+D_{i-j}\} \quad (i<j\leqslant n) \tag{12-12}$$

式中 ET_j——工作 i—j 的完成节点的最早时间；

ET_i——工作 i—j 的开始节点的最早时间；

D_{i-j}——工作 i—j 的持续时间。

例如图 12-25 所示的网络计划：

$ET_1=0$

$ET_2=ET_1+D_{1-2}=0+2=2$

$ET_3=ET_1+D_{1-3}=0+4=4$

$ET_4=\max\{(ET_2+D_{2-4}),\ (ET_3+D_{3-4})\}=\max\{(0+0),\ (4+0)\}=4$

$ET_5=ET_4+D_{4-5}=4+4=8$

$ET_6=\max\{(ET_2+D_{2-6}),\ (ET_5+D_{5-6})\}=\max\{(2+10),\ (8+0)\}=12$

$ET_7=\max\{(ET_3+D_{3-7}),\ (ET_5+D_{5-7})\}=\max\{(4+6),\ (8+0)\}=10$

$ET_8=\max\{(ET_6+D_{6-8}),\ (ET_7+D_{7-8})\}=\max\{(12+3),\ (10+4)\}=15$

$ET_9=ET_8+D_{8-9}=15+2=17$

将其结果按节点计算法的标注在其规定位置上，如图 12-27 所示。

2）节点最迟时间。指该节点前面所有工作，在不影响计划工期的前提下，最迟完成任务的时间。工作 i—j 的 j 节点的最迟时间用 LT_j 表示。节点最迟时间是从网络计划的终点节点开始，逆着箭线方向逐个计算。网络计划的终点的最迟时间，当无任何要求时，它等于网

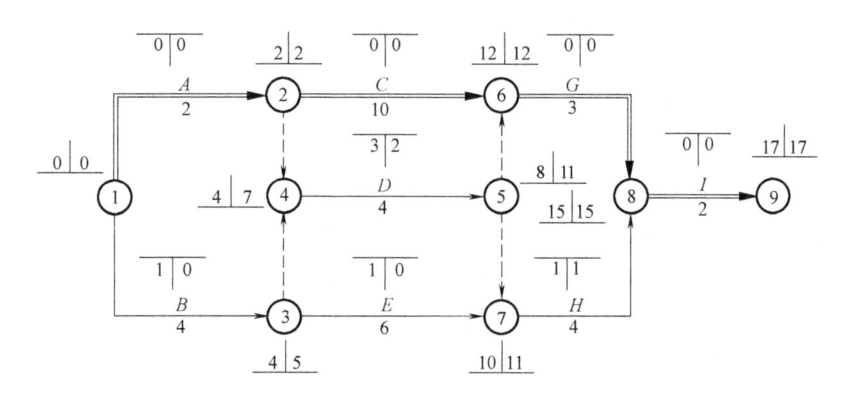

图 12-27　标注有节点时间和时间差的网络图

络计划的计算工期，即

$$LT_n = T_c = ET_n \tag{12-13}$$

当工期有规定时（合同工期），它等于网络计划的计划工期，即

$$LT_n = T_p \tag{12-14}$$

其他节点的最迟时间等于完成节点的最迟时间减其工作的持续时间的最小值，即

$$LT_i = \min\{LT_j - D_{i—j}\} \tag{12-15}$$

式中　LT_i——工作 i—j 开始节点的最迟时间；

LT_j——工作 i—j 完成节点的最迟时间；

T_c——网络图的计算工期；

T_p——网络图的计划工期。

例如图 12-25 所示的网络计划，当无规定工期时，$LT_9 = ET_9 = 17$；当规定工期为 20d 时，则 $LT_9 = T_p = 20$。若本例按无规定工期计算，则以下各节点的最迟时间为

$$LT_8 = LT_9 - D_{8—9}$$

$$LT_7 = LT_8 - D_{7—8} = 15 - 4 = 11$$

$$LT_6 = LT_8 - D_{6—8} = 15 - 3 = 12$$

计算结果按要求填在规定位置上，如图 12-27 所示。

3）工作总时间差的计算。工作总时间差等于该工作完成节点的最迟时间减去该工作的开始节点的最早时间，再减去该工作的持续时间，例如图 12-25 所示的网络计划：

工作 A：$TF_{1—2} = LT_2 - ET_1 - D_{1—2} = 2 - 0 - 2 = 0$

工作 B：$TF_{1—3} = LT_3 - ET_1 - D_{1—3} = 5 - 0 - 4 = 1$

工作 C：$TF_{2—6} = LT_6 - ET_2 - D_{2—6} = 12 - 2 - 10 = 0$

工作 D：$TF_{4—5} = LT_5 - ET_4 - D_{4—5} = 11 - 4 - 4 = 3$

工作 E：$TF_{3—7} = LT_7 - ET_3 - D_{3—7} = 11 - 4 - 6 = 1$

工作 G：$TF_{6—8} = LT_8 - ET_6 - D_{6—8} = 15 - 12 - 3 = 0$

工作 H：$TF_{7—8} = LT_8 - ET_7 - D_{7—8} = 15 - 10 - 4 = 1$

工作 I：$TF_{8—9} = LT_9 - ET_8 - D_{8—9} = 17 - 15 - 2 = 0$

计算结果如图 12-27 所示。

4）工作自由时差的计算。工作自由时差等于该工作的完成节点的最早时间减去该工作

的开始节点的最早时间，再减去该工作的持续时间，即

$$FF_{i-j}=ET_j-ET_i-D_{i-j} \tag{12-16}$$

例如图 12-25 所示网络计划：

工作 A：$FF_{1-2}=ET_2-ET_1-D_{1-2}=2-0-2=0$

工作 B：$FF_{1-3}=ET_3-ET_1-D_{1-3}=4-0-4=0$

工作 C：$FF_{2-6}=ET_6-ET_2-D_{2-6}=12-2-10=0$

工作 D：$FF_{4-5}=ET_5-ET_4-D_{4-5}=8-4-4=0$

但由于工作 D 后有两个虚工作，与其紧后工作相连的两个节点 6、7 为其实际的完成节点，故自由时差的计算还应考虑 7 两个节点，并取算出结果的最小值，即

$FF_{4-5}=\min\{(ET_6-ET_4-D_{4-5}),(ET_7-ET_4-D_{4-7}-D_{4-5})\}=\min\{(12-4-4),(10-4-4)\}=2$

工作 E：$FF_{3-7}=ET_7-ET_3-D_{3-7}=10-4-6=0$

工作 G：$FF_{6-8}=ET_8-ET_6-D_{6-8}=15-12-3=0$

工作 H：$FF_{7-8}=ET_8-ET_7-D_{7-8}=15-10-4=1$

工作 I：$FF_{8-9}=ET_9-ET_{8-9}-D=17-15-2=0$

将计算结果按节点计算法的标注方法在网络图的规定位置上，如图 12-27 所示。按节点计算法的要求，不需要在网络图上标注出工作时间参数，但工作时间参数仍可按如下规定计算：

工作 $i-j$ 的最早开始时间：　$ES_{i-j}=ET_i$　(12-17)

工作 $i-j$ 的最早完成时间：　$EF_{i-j}=ET_i-D_{i-j}$　(12-18)

工作 $i-j$ 的最迟完成时间　$LF_{i-j}=LT_j$　(12-19)

工作 $i-j$ 最迟开始时间　$LS_{i-j}=LT_j-D_{i-j}$　(12-20)

将总时差为零的工作沿箭头方向连接起来，即为关键线路，并用粗线或双箭头表示，如图 12-27 所示。

总时差具有如下性质：当 $LT_n=ET_n$ 时，总时差为零的工作称为关键工作；此时，如果某工作的总时差为零，则自由时差也必然等于零；总时差不为本工作专有而与前后工作都有关，它为一条线路段所共用。由于关键线路各工作的时差均为零，该线路就必然决定计划的总工期。因此，关键工作完成的快慢直接影响整个计划的完成，而自由时差则具有以下一些主要特点：自由时差小于或等于总时差；使用自由时差对紧后工作没有影响，紧后工作仍可按最早开始时间开始。由于非关键线路上的工作都具有时差，因此可利用时差充分调动非关键工作的人力、物力、资源来确保关键工作的加快或按期完成，从而使总工期的目标能得以实现。另外，在时差范围内改变非关键工作的开始和结束，灵活地应用时差也可达到均衡施工的目的。

（三）分析计算法

分析计算法是根据各项时间参数计算公式，列式计算时间参数的方法。

1. 工作持续时间的计算

在肯定型网络计划中，工作的持续时间是采用单时计算法计算的，其公式如下

$$D_{i-j}=\frac{Q_{i-j}}{S_{i-j}R_{i-j}N_{i-j}}=\frac{P_{i-j}}{R_{i-j}N_{i-j}} \tag{12-21}$$

式中　D_{i-j}——工作 $i-j$ 的持续时间；

Q_{i-j}——工作 i—j 的工程量；

S_{i-j}——完成工作 i—j 的计划产量定额；

R_{i-j}——完成工作 i—j 所需工人数或机械台数；

N_{i-j}——完成工作 i—j 的工作班次；

P_{i-j}——工作 i—j 的劳动量或机械台班数量。

在非肯定型网络计划中，由于工作的持续时间受很多变动因素影响，无法确定出肯定数值，因此只能凭计划管理人员的经验和推测，估计出三种时间，据以得出期望持续时间计算值，即按三时估计法计算，其公式如下

$$D_{i-j}^{e}=\frac{a_{i-j}+4m_{i-j}+b_{i-j}}{6} \tag{12-22}$$

式中　D_{i-j}^{e}——工作 i—j 的期望持续时间计算值；

a_{i-j}——工作 i—j 的最短估计时间；

b_{i-j}——工作 i—j 的最长估计时间；

m_{i-j}——工作 i—j 的最可能估计时间。

由于网络计划中持续时间确定方法的不同，双代号网络计划就被分成了两种类型。采用单时估计法时即属于关键线路法（CPM），采用三时估计法时则属于计划评审技术（PERT），这里主要针对 CPM 进行介绍。

2. 事件时间参数的计算

事件时间参数包括事件最早时间 TE 和事件最迟时间 TL。

1）事件最早时间是指该事件所有紧后工作的最早可能开始时刻。它应是以该事件为完成事件的所有工作最早全部完成的时间。

由于起点事件代表整个网络计划的开始，为计算简便，可假定 $\mathrm{TE}_1=0$，实际应用时，可将其换算为日历时间。如一项计划任务开始的日历时间为 5 月 5 日，则第 1 天就代表 5 月 5 日。其他事件的最早时间可用下式计算：

$$\mathrm{TE}_j=\max\{\mathrm{TE}_i+D_{i-j}\} \tag{12-23}$$

式中　TE_j——工作 i—j 的完成事件 j 的最早时间；

TE_i——工作 i—j 的开始事件 i 的最早时间；

D_{i-j}——工作 i—j 的持续时间。

综上所述，事件最早时间应从起点事件开始计算，假定 $\mathrm{TE}_1=0$，然后按事件编号递增的顺序进行，直至终点事件为止。

2）事件最迟时间是指该事件所有紧前工作最迟必须结束的时刻。它是一个时间界限，它应是以该事件为完成事件的所有工作最迟必须结束的时刻。若迟于这个时刻，紧后工作就要推迟开始，整个网络计划的工期就要延误。

由于终点事件代表整个网络计划的结束，因此要保证计划总工期，终点事件的最迟时间应等于此工期。若总工期有规定，则可令终点事件的最迟时间 TL_n 等于规定总工期 T，即 $\mathrm{TL}_n=T$；若总工期无规定，则可令终点事件的最迟时间 TL_n 等于按终点事件最早时间计算出的计划总工期，即 $\mathrm{TL}_n=\mathrm{TE}_n$。而其他事件的最迟时间可用下式计算

$$\mathrm{TL}_i=\min\{\mathrm{TL}_j-D_{i-j}\} \tag{12-24}$$

式中　TL_i——工作 $i—j$ 的开始事件 i 的最迟时间；

TL_j——工作 $i—j$ 的完成事件 j 的最迟时间；

D_{i-j}——工作 $i—j$ 的持续时间。

综上所述，事件最迟时间的计算是从终点事件开始的，首先确定 TL_n，然后按照事件编号递减的顺序进行计算，直到起点事件为止。

3. 工作时间参数的计算

工作的时间参数包括工作最早开始时间 ES 和最早完成时间 EF、工作最迟开始时间 LS 和最迟完成时间 EF。

对于任何工作 $i—j$ 来说，其各项时间参数计算，均受到该工作开始事件的最早时间 TE_i、工作完成事件的最迟时间 TL_j和工作持续时间 D_{i-j}的控制。

由于工作最早开始时间 ES_{i-j}和最早完成时间 EF_{i-j}反映工作 $i—j$ 与前面工作的时间关系，它们受开始事件 i 的最早时间的限制，因此 ES_{i-j}和 EF_{i-j}的计算应以开始事件的时间参数为基础。工作的最迟开始时间 LS_{i-j}和最迟完成时间 LF_{i-j}反映工作 $i—j$ 与其后面工作的时间关系，它们受完成事件 j 的最迟时间的限制。因此，LS_{i-j}和 LF_{i-j}的计算应以完成事件的时间参数为基础。其计算公式如下

$$ES_{i-j}=TE_i \tag{12-25}$$

$$EF_{i-j}=ES_{i-j}+D_{i-j} \tag{12-26}$$

$$LF_{i-j}=TL_j \tag{12-27}$$

$$LS_{i-j}=LF_{i-j}-D_{i-j} \tag{12-28}$$

4. 工作时差的计算

时差反映工作在一定条件下的机动时间范围。通常分为总时差 TF、自由时差 FF、相关时差 IF 和独立时差 DF。

工作的总时差是指在不影响工期和有关时限的前提下，一项工作可以利用的机动时间。具体地说，它是在保证本工作以最迟完成时间完工的前提下，允许该工作推迟其最早开始时间或延长其持续时间的幅度。工作 $i—j$ 的总时差 TF_{i-j}计算公式如下

$$TF_{i-j}=TL_j-TE_i-D_{i-j}=LF_{i-j}-EF_{i-j}=LS_{i-j}-ES_{i-j}$$

由上式看出，对于任何一项工作 $i—j$ 可以利用的最大时间范围为 TL_j-TE_i，其总时差可能有三种情况：

1）$TL_j-TE_i>D_{i-j}$，即 $TF_{i-j}>0$，说明该项工作存在机动时间，为非关键工作。

2）$TL_j-TE_i=D_{i-j}$，即 $TF_{i-j}=0$，说明该项工作不存在机动时间，为关键工作。

3）$TL_j-TE_i<D_{i-j}$，即 $TF_{i-j}<0$，说明该项工作有负时差，计划工期长于规定工期，应采取技术组织措施予以缩短，确保计划总工期。

工作的自由时差是指在不影响其紧后工作最早开始和有关时限的前提下，一项工作可以利用的机动时间。具体地说，它是在不影响紧后工作按最早开始时间开工的前提下，允许该工作推迟其最早开始时间或延长其持续时间的幅度。工作 $i—j$ 的自由时差 FF_{i-j}的计算公式如下

$$FF_{i-j}=TE_j-TE_i-D_{i-j}=TE_j-EF_{i-j}$$

由上式看出，对于任何一项工作 $i—j$ 可以自由利用的最大时间范围为 TE_j-TE_i，其自由时差可能出现下面三种情况：

1）$TE_j-TE_i>D_{i-j}$，即 $FF_{i-j}>0$，说明工作有自由利用的机动时间。

2）$TE_j-TE_i=D_{i-j}$，即 $FF_{i-j}=0$，说明工作无自由利用的机动时间。

3）$TE_j-TE_i<D_{i-j}$，即 $FF_{i-j}<0$，说明计划工期长于规定工期，应采取措施予以缩短，以保证计划总工期。

工作的相关时差是指可以与紧后工作共同利用的机动时间。具体地说，它是在工作总时差中，除自由时差外，剩余的那部分时差。工作 $i—j$ 的相关时差 IF_{i-j}的计算公式如下

$$IF_{i-j}=TF_{i-j}-FF_{i-j}=TL_j-TE_j$$

工作的独立时差是指为本工作所独有而其前后工作不可能利用的时差。具体地说，它是在不影响紧后工作按尽最早开始时间开工的前提下，允许该工作推迟其最迟开始时间或延长其持续时间的幅度。其公式如下

$$DF_{i-j}=TE_j-TL_i-D_{i-j}=FF_{i-j}-IF_{h-i}$$

式中　DF_{i-j}——工作 $i—j$ 的独立时差；

IF_{h-i}——紧前工作 $h—i$ 的相关时差。

对于任何一项工作 $i—j$，它可以独立使用的最大时间范围为 TE_j-TL_i，其独立时差可能有以下三种情况：

1）$TE_j-TL_i>D_{i-j}$，即 $DF_{i-j}>0$，说明工作有独立使用的机动时间。

2）$TE_j-TL_i=D_{i-j}$，即 $DF_{i-j}=0$，说明工作无独立使用的机动时间。

3）$TE_j-TL_i<D_{i-j}$，即 $DF_{i-j}<0$；此时取 $DF_{i-j}=0$。

综上所述，四种工作时差的形成条件及其特点如下：

① 工作的总时差与自由时差、相关时差和独立时差之间具有关联关系，总时差对其紧前工作与紧后工作均有影响，即

$$TF_{i-j}=FF_{i-j}+IF_{i-j}=IF_{h-i}+DF_{i-j}+IF_{i-j}$$

② 一项工作的自由时差只限于本工作利用，不能转移给紧后工作利用，对紧后工作的时差无影响，但对其紧前工作有影响，如动用，将使紧前工作时差减少。

③ 一项工作的相关时差对其紧前工作无影响，但对紧后工作的时差有影响，如动用，将使紧后工作的时差减少或消失。它可以转让给紧后工作，变为其自由时差被利用。

④ 一项工作的独立时差只能被本工作使用，如动用，对其紧前工作和紧后工作均无影响。

5. 关键工作和关键线路的确定

关键工作和关键线路的确定方法有如下几种：

1）通过计算所有线路的线路时间 T 来确定。线路时间最长的线路即为关键线路，位于其上的工作即为关键工作。

2）通过计算工作的总时差来确定。若 $TF_{i-j}=0$（$TL_n=TE_n$ 时）或 TF_{i-j}=规定工期-计划工期（TL_n=规定工期时），则该项工作 $i—j$ 为关键工作，所组成的线路为关键线路。

3）通过计算事件时间参数来确定。若工作 $i—j$ 的开始事件时间 $TE_i=TL_i$，完成事件时间 $TE_j=TL_j$，且 $TE_j-TL_i=D_{i-j}$，则该项工作为关键工作，所组成的线路为关键线路。

通常在网络图中用粗实线或双线箭杆将关键线路标出。

【例 12-3】 试按分析计算法计算图 12-28 所示双代号网络计划的各项时间参数。

解： 1）计算 TE_j。

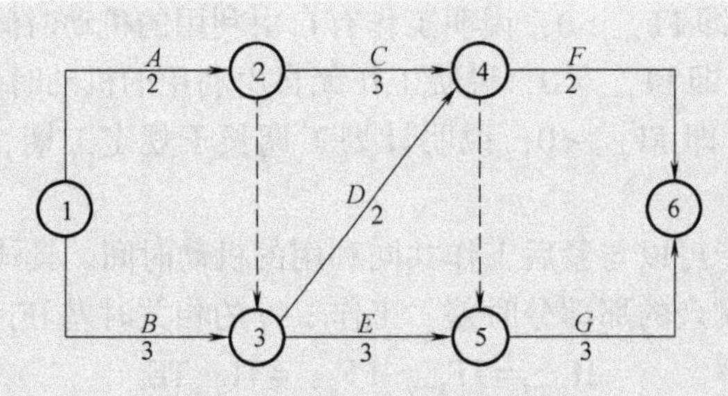

图 12-28　某双代号网络计划图

假定 $TE_1=0$

$TE_2=TE_1+D_{1-2}=0+2=2$

$TE_3=\max\{(TE_1+D_{1-3}),(TE_2+D_{2-3})\}=\max\{(0+3),(2+0)\}=3$

$TE_4=\max\{(TE_2+D_{2-4}),(TE_3+D_{3-4})\}=\max\{(2+3),(3+2)\}=5$

$TE_5=\max\{(TE_3+D_{3-5}),(TE_4+D_{4-5})\}=\max\{(3+3),(5+0)\}=6$

$TE_6=\max\{(TE_4+D_{4-6}),(TE_5+D_{5-6})\}=\max\{(5+2),(6+3)\}=9$

2）计算 TL_i。

假定 $TL_6=TE_6=9$

$TL_5=TL_6-D_{5-6}=9-3=6$

$TL_4=\min\{TL_6-D_{4-6},TL_5-D_{4-5}\}=\min\{9-2,6-0\}=6$

$TL_3=\min\{TL_5-D_{3-5},TL_4-D_{3-4}\}=\min\{6-3,6-2\}=3$

$TL_2=\min\{TL_4-D_{2-4},TL_3-D_{2-3}\}=\min\{6-3,3-0\}=3$

$TL_1=\min\{TL_3-D_{1-3},TL_2-D_{1-2}\}=\min\{3-3,3-2\}=0$

3）计算 ES_{i-j}、EF_{i-j}、LS_{i-j}、LF_{i-j}。

工作①—②：$ES_{1-2}=TE_1=0$

$EF_{1-2}=ES_{1-2}+D_{1-2}=0+2=2$

$LF_{1-2}=TL_2=3$

$LS_{1-2}=LF_{1-2}-D_{1-2}=3-2=1$

工作①—③：$ES_{1-3}=TE_1=0$

$EF_{1-3}=ES_{1-3}+D_{1-3}=0+3=3$

$LF_{1-3}=TL_3=3$

$LS_{1-3}=LF_{1-3}-D_{1-3}=3-3=0$

工作②—④：$ES_{2-4}=TE_2=2$

$EF_{2-4}=ES_{2-4}+D_{2-4}=2+3=5$

$LF_{2-4}=TL_4=6$

$LS_{2-4}=LF_{2-4}-D_{2-4}=6-3=3$

工作③—④：$ES_{3-4}=TE_3=3$

$EF_{3-4}=ES_{3-4}+D_{3-4}=3+2=5$

$LF_{3-4}=TL_4=6$

$LS_{3-4}=LF_{3-4}-D_{3-4}=6-2=4$

工作③—⑤：$ES_{3-5}=TE_3=3$

$EF_{3-5}=ES_{3-5}+D_{3-5}=3+3=6$

$LF_{3-5}=TL_5=6$

$LS_{3-5}=LF_{3-5}-D_{3-5}=6-3=3$

工作④—⑥：$ES_{4-6}=TE_4=5$

$EF_{4-6}=ES_{4-6}+D_{4-6}=5+2=7$

$LF_{4-6}=TL_6=9$

$LS_{4-6}=LF_{4-6}-D_{4-6}=9-2=7$

工作⑤—⑥：$ES_{5-6}=TE_5=6$

$EF_{5-6}=ES_{5-6}+D_{5-6}=6+3=9$

$LF_{5-6}=TL_6=9$

$LS_{5-6}=LF_{5-6}-D_{5-6}=9-3=6$

4）计算 TF_{i-j}、FF_{i-j}、IF_{i-j}、DF_{i-j}。

工作①—②：$TF_{1-2}=LS_{1-2}-ES_{1-2}=1-0=1$

$FF_{1-2}=TE_2-EF_{1-2}=2-2=0$

$IF_{1-2}=TF_{1-2}-FF_{1-2}=1-0=1$

$DF_{1-2}=TE_2-TL_1-D_{1-2}=2-0-2=0$

工作①—③：$TF_{1-3}=LS_{1-3}-ES_{1-3}=0-0=0$

$FF_{1-3}=TE_3-EF_{1-3}=3-3=0$

$IF_{1-3}=TF_{1-3}-FF_{1-3}=0-0=0$

$DF_{1-3}=TE_3-TL_1-D_{1-3}=3-0-3=0$

工作②—④：$TF_{2-4}=LS_{2-4}-ES_{2-4}=3-2=1$

$FF_{2-4}=TE_4-EF_{2-4}=5-5=0$

$IF_{2-4}=TF_{2-4}-FF_{2-4}=1-0=1$

$DF_{2-4}=TE_4-TL_2-D_{2-4}=5-3-3=-1$

工作③—④：$TF_{3-4}=LS_{3-4}-ES_{3-4}=4-3=1$

$FF_{3-4}=TE_4-EF_{3-4}=5-5=0$

$IF_{3-4}=TF_{3-4}-FF_{3-4}=1-0=1$

$DF_{3-4}=TE_4-TL_3-D_{3-4}=5-3-2=0$

工作③—⑤：$TF_{3-5}=LS_{3-5}-ES_{3-5}=3-3=0$

$FF_{3-5}=TE_5-EF_{3-5}=6-6=0$

$IF_{3-5}=TF_{3-5}-FF_{3-5}=0-0=0$

$DF_{3-5}=TE_5-TL_3-D_{3-5}=6-3-3=0$

工作④—⑥：$TF_{4-6}=LS_{4-6}-ES_{4-6}=7-5=2$

$FF_{4-6}=TE_6-EF_{4-6}=9-7=2$

$IF_{4-6}=TF_{4-6}-FF_{4-6}=2-2=0$

$DF_{4-6}=TE_6-TL_4-D_{4-6}=9-6-2=1$

工作⑤—⑥：$TF_{5-6}=LS_{5-6}-ES_{5-6}=6-6=0$

$FF_{5-6}=TE_6-EF_{5-6}=9-9=0$

$$IF_{5-6}=TF_{5-6}-FF_{5-6}=0-0=0$$

$$DF_{5-6}=TE_6-TL_5-D_{5-6}=9-6-3=0$$

5）判断关键工作和关键线路。根据 $TF_{i-j}=0$，工作①—③（B）、工作③—⑤（E）、工作⑤—⑥（G）为关键工作，所组成的线路①—③—⑤—⑥为关键线路。

6）确定计划总工期 $T=TE_6=TL_6=9\text{d}$

（四）表上计算法

表上计算法是采用各项时间参数计算表格，按照时间参数相应计算公式和程序，直接在表格上进行时间参数计算的方法。表上计算法的计算表格有多种形式，表 12-3 所示为其中常用的一种。

下面仍以图 12-28 所示网络图为例，说明表上计算法的计算方法和步骤（表 12-3）。

1）将紧前工作数、工作号码和工作持续时间按网络图事件编号递增的顺序逐一分别填入表 12-3 所示表格的 1、2 列中。

2）自上而下计算各工作的最早开始时间和最早完成时间。

3）自下而上计算各工作最迟完成时间和最迟开始时间。

4）按分析计算法的计算公式计算时差参数，填入相应表格中。

5）标注关键工作。

表 12-3　时间参数计算表

工作名称 $i—j$	持续时间 D_{i-j}	最早开始时间 ES_{i-j}	最早完成时间 EF_{i-j}	最迟开始时间 LS_{i-j}	最迟完成时间 LF_{i-j}	总时差 TF_{i-j}	自由时差 FF_{i-j}	相关时差 IF_{i-j}	关键工作
1—2	2	0	2	1	3	1	0	1	
1—3	3	0	3	0	3	0	0	0	√
2—4	3	2	5	3	6	1	0	1	
3—4	2	3	5	4	6	1	0	1	
3—5	3	3	6	3	6	0	0	0	√
4—6	2	5	7	7	9	2	2	0	

双代号网络计划时间参数计算的方法除上述方法外，还有矩阵法和电算法等。矩阵法是根据网络图的事件数目列出一个矩阵表，再按照各项时间参数的计算公式和程序，直接在矩阵表上计算各项时间参数的方法。它适用于工作逻辑关系复杂，而工作项目不很多的网络计划。通常在矩阵表中仅列出事件时间参数的计算结果，工作最早开始和完成时间、最迟开始和完成时间以及工作的各种时差均根据工作的开始事件和结束事件的时间参数，利用分析计算法的公式推得。

第三节　单代号网络图

单代号网络图是以节点及其编号表示工作，以箭线表示工作之间逻辑关系的网络图，如图 12-29 所示。单代号网络图是网络计划的另一种表达方式。

单代号网络图绘图方便，图面简洁，不必增加虚箭线，因此产生逻辑错误的可能性较小，弥补了双代号网络图的不足，具有容易被非专业人员所理解和易于修改的优点，所以近

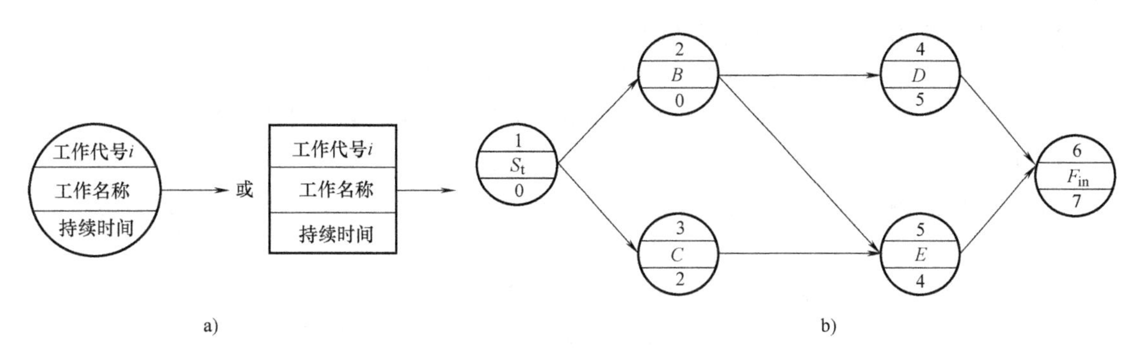

图 12-29　单代号网络图的表达方式

年来被广泛应用。

一、单代号网络图的组成

单代号网络图是由节点、箭线和线路三个基本要素组成的。

1）节点。单代号网络图中每一个节点表示一项工作，宜用圆圈或矩形表示。节点所表示的工作名称、持续时间和工作代号均标注在节点内，如图 12-29a 所示。

2）箭线。单代号网络图中，箭线表示工作之间的逻辑关系，箭线可以画成水平直线、折线或斜线。箭线水平投影的方向自左向右，表示工作进行的方向。在单代号网络图中没有虚箭线。

3）线路。单代号网络图的线路同双代号网络图的线路的含义是相同的。

二、单代号网络图的绘制

（一）单代号网络图的绘图规则

1）单代号网络图各项工作之间逻辑关系的表示方法见表 12-4。

表 12-4　单代号网络图各项工作之间逻辑关系的表示方法

序号	描　　述	单代号表达方法
1	*A* 工序完成后，*B* 工序才能开始	
2	*A* 工序完成后，*B*、*C* 工序才能开始	
3	*A*、*B* 工序完成后，*C* 工序才能开始	
4	*A*、*B* 工序完成后，*C*、*D* 工序才能开始	
5	*A*、*B* 工序完成后，*C* 工序才能开始，且 *B* 工序完成后，*D* 工序才能开始	

2）单代号网络图中严禁出现循环回路。

3）单代号网络图中不允许出现双向箭线或没有箭头的箭线。

4）单代号网络图中不允许出现没有箭尾节点的箭线和没有箭头节点的箭线。

5）单代号网络图中不允许出现重复编号的工作。

6）绘制网络图时，箭线不宜交叉。当交叉不可避免时，可采用断线法、过桥法或指向法绘制。

单代号网络图的绘图规则及注意事项基本同双代号网络图，所不同的是：单代号网络图也只能有一个起点节点和一个终点节点，当网络图中有多项起点节点或多项终点节点时，应在网络图的两端分别设置一个虚拟的节点，作为该网络图的起点节点（S_t）和终点节点（F_{in}），如图 12-29b 所示。

（二）绘图示例

【例 12-4】 根据表 12-5 中各项工作的逻辑关系绘制单代号网络图。

表 12-5 某工程各项工作的逻辑关系表

工作代号	*A*	*B*	*C*	*D*	*E*	*F*	*G*	*H*
紧前工作	—	—	*A*	*AB*	*B*	*CD*	*D*	*DF*
紧后工作	*CD*	*DE*	*F*	*FGH*	*H*	—	—	—
持续时间	3	2	5	7	4	4	10	6

绘图结果如图 12-30 所示。

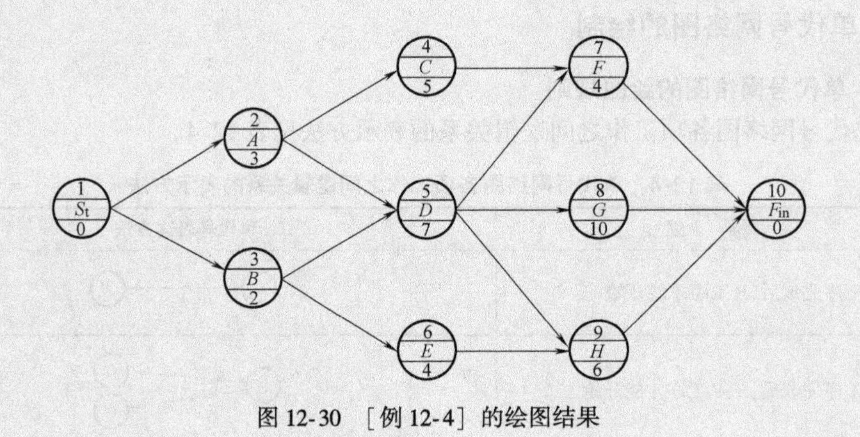

图 12-30 ［例 12-4］的绘图结果

三、单代号网络计划时间参数计算

单代号网络计划与双代号网络计划相似，主要包括以下内容：工作持续时间 D_i、工作最早开始时间 ES_i、工作最早完成时间 EF_i、工作最迟开始时间 LS_i、工作最迟完成时间 LF_i、总时差 TF_i、自由时差 FF_i、计算工期 T_c、要求工期 T_r、计划工期 T_p、时间间隔 $LAG_{i,j}$。

单代号网络计划时间参数的标注形式如图 12-31 所示。

下面以图 12-32 为例，用图上计算法（结合分析计算法）介绍单代号网络计划时间参数的计算方法。

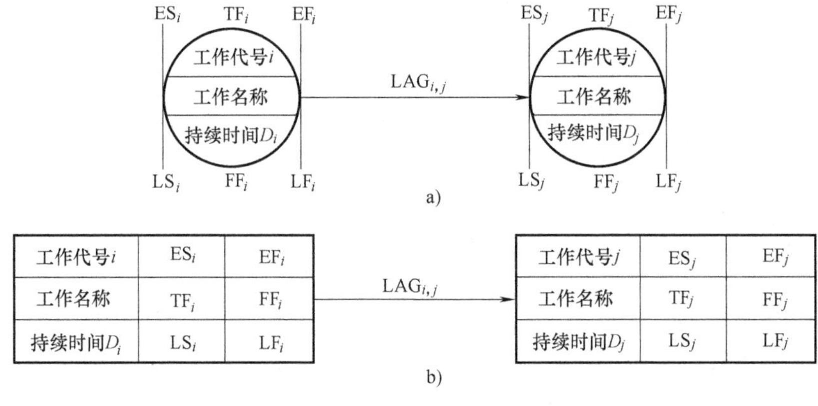

图 12-31　单代号网络计划时间参数的标注形式

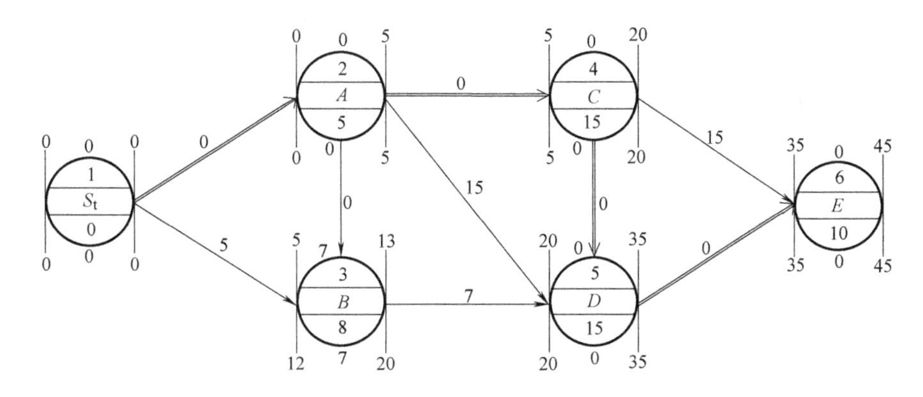

图 12-32　单代号网络计划时间参数的计算图

1）计算工作的最早开始时间和最早完成时间。工作的最早开始时间和最早完成时间，应该从网络计划的起点节点开始，顺着箭线方向自左至右依次逐项进行计算，到终点节点为止。

① 起点节点的最早开始时间。当未规定其最早开始时间时，不论起点节点代表的是实工作还是虚拟的开始节点，其值均应等于零，即

$$ES_i = 0 \quad (i = 1) \tag{12-29}$$

② 其他工作。

a. 当工作 i 只有一项紧前工作 h 时，其最早开始时间应为

$$ES_i = ES_h + D_h \tag{12-30}$$

b. 当工作 i 有多项紧前工作 h 时，其最早开始时间应为

$$ES_i = \max\{ES_h + D_h\} \tag{12-31}$$

③ 工作 i 的最早完成时间。最早完成时间为

$$EF_i = ES_i + D_i \tag{12-32}$$

故式（12-30）和式（12-31）可以变为如下形式

$$ES_i = EF_h \tag{12-33}$$

$$ES_i = \max\{EF_h\} \tag{12-34}$$

式中 ES_i——工作 i 的最早开始时间；

EF_i——工作 i 的最早完成时间；

ES_h——工作 i 的各项紧前工作 h 的最早开始时间；

EF_h——工作 i 的各项紧前工作 h 的最早完成时间；

D_i——工作 i 的持续时间；

D_h——工作 i 的各项紧前工作 h 的持续时间。

按式（12-29）、式（12-32）~式（12-34）计算图 12-32 中各工作的最早开始时间和最早完成时间

$$ES_1=0 \qquad EF_1=ES_1+D_1=0+0=0$$

$$ES_2=EF_1=0 \qquad EF_2=ES_2+D_2=0+5=5$$

$$ES_3=\max\{EF_1,EF_2\}=\max\{0,5\}=5 \qquad EF_3=ES_3+D_3=5+8=13$$

其他工作的计算结果直接写在如图 12-32 所示中的相应位置。

2）网络计划计算工期的计算。网络计划的计算工期应按式（12-35）计算

$$T_c=EF_n \tag{12-35}$$

式中 EF_n——终点节点 n 的最早完成时间。

按式（12-35）计算，则图 12-32 中网络计划的计算工期为

$$T_c=EF_6=45$$

3）网络计划计划工期的计算。网络计划计划工期的确定与双代号网络计划相同。

① 当已经规定了要求工期 T_r时

$$T_p\leqslant T_r \tag{12-36}$$

② 当未规定要求工期时

$$T_p=T_c \tag{12-37}$$

如图 12-32 所示网络计划未规定要求工期，则其计划工期按式（12-37）取其计算工期

$$T_p=T_c=45$$

将计划工期标注在终点节点的右侧，并用方框框起来。

4）计算工作的最迟完成时间和最迟开始时间。计算工作最迟时间，应从网络计划的终点节点开始，逆着箭线方向依次逐项计算，直至起点节点。

① 终点节点 n 所代表工作的最迟完成时间，应该按网络计划的计划工期 T_p确定，即

$$LF_n=T_p \tag{12-38}$$

② 其他工作。

a. 当工作 i 只有一项紧后工作 j 时，其最迟完成时间应为

$$LF_i=LF_j-D_j \tag{12-39}$$

b. 当工作 i 有多项紧后工作 j 时，其最迟完成时间应为

$$LF_i=\min\{LF_j-D_j\} \tag{12-40}$$

③ 工作 i 的最迟开始时间应按下式计算

$$LS_i=LF_i-D_i \tag{12-41}$$

故式（12-39）和式（12-40）可以变为如下形式

$$LF_i=LS_j \tag{12-42}$$

$$LF_i=\min\{LS_j\} \tag{12-43}$$

式中　LF_n——终点节点 n 所代表工作的最迟完成时间；

LF_i——工作 i 的最迟完成时间；

LF_j——工作 i 的紧后工作 j 的最迟完成时间；

LS_i——工作 i 的最迟开始时间；

LS_j——工作 i 的紧后工作 j 的最迟开始时间；

D_j——工作 i 的紧后工作 j 的持续时间。

按式（12-38）、式（12-41）~式（12-43）计算图 12-32 中各工作的最迟开始时间和最迟完成时间

$LF_6 = T_p = 45$　　$LS_6 = LF_6 - D_6 = 45 - 10 = 35$

$LF_5 = LS_6 = 35$　　$LS_5 = LF_5 - D_5 = 35 - 15 = 20$

$LF_4 = \min\{LS_5, LS_6\} = \min\{20, 35\} = 20$　　$LS_4 = LF_4 - D_4 = 20 - 15 = 5$

其他工作的计算结果直接写在图 12-32 中的相应位置。

5）相邻两项工作 i 和 j 之间的时间间隔 $LAG_{i,j}$ 的计算应符合下列规定：

① 当终点节点为虚拟节点时，其时间间隔应为

$$LAG_{i,n} = T_p - EF_i \tag{12-44}$$

② 其他节点之间的时间间隔应为

$$LAG_{i,j} = ES_j - EF_i \tag{12-45}$$

按式（12-44）和式（12-45）计算图 12-32 中相邻工作之间的时间间隔

$$LAG_{5,6} = ES_6 - EF_5 = 35 - 35 = 0 \qquad LAG_{4,6} = ES_6 - EF_4 = 35 - 20 = 15$$

其他工作间的时间间隔的计算结果直接写在图 12-32 中的相应位置。

6）工作总时差的计算。工作总时差可按下式计算

$$TF_i = LS_i - ES_i = LF_i - EF_i \tag{12-46}$$

也可以从网络计划的终点节点开始，逆着箭线方向依次按下列公式计算

$$TF_i = \min\{TF_j + LAG_{i,j}\} \tag{12-47}$$

按式（12-46）计算图 12-32 中各工作的总时差

$$TF_1 = LS_1 - ES_1 = 0 - 0 = 0 \qquad TF_2 = LS_2 - ES_2 = 0 - 0 = 0$$

其他工作的总时差计算结果直接写在图 12-32 中的相应位置。

7）工作自由时差的计算。

① 终点节点 n 所代表工作的自由时差应为

$$FF_n = T_P - EF_n \tag{12-48}$$

② 其他工作 i 的自由时差应为

$$FF_i = ES_j - EF_i = LAG_{i,j} \tag{12-49}$$

或

$$FF_i = \min\{ES_j - EF_i\} = \min\{LAG_{i,j}\} \tag{12-50}$$

按式（12-48）~式（12-50）计算图 11-32 中各工作的自由时差

$$FF_6 = T_P - EF_6 = 45 - 45 = 0 \quad FF_5 = LAG_{5,6} = 0$$

$$FF_4 = \min\{LAG_{4,5},\ LAG_{4,6}\} = \min\{0, 15\} = 0$$

其他工作的自由时差计算结果直接写在图 12-32 中的相应位置。

8）关键工作和关键线路的确定。

① 关键工作的确定。单代号网络计划关键工作的确定方法与双代号网络计划相同，即

总时差最小的工作为关键工作。由此判断图 12-32 中的关键工作为："1" "2" "4" "5" "6" 共五项。

② 关键线路的确定。在单代号网络计划中，从起点节点开始到终点节点均为关键工作，且所有工作之间的时间间隔均为零的线路为关键线路。由此可以判断出，图 12-32 的关键线路为：1—2—4—5—6，并用双箭线标出关键线路。

第四节 双代号时标网络计划

一、概念

时标网络计划是指以时间坐标为尺度编制的网络计划。它是综合应用横道图时间坐标和网络计划的原理，吸取了两者的长处，兼有横道计划的直观性和网络计划的逻辑性，故在工程中的应用较非时标网络计划更广泛。

时标网络计划绘制在时标计划表中（表 12-6），时标计划表中部的刻度线宜为细线，为了使图面清楚，此线也可以不画。时标的时间单位应根据需要在编制网络计划之前确定，可为天、周、旬、月或季等。时间坐标的刻度代表的时间可以是一个时间单位，也可以是时间单位的整数倍，但不应小于一个时间单位。时标可标注在时标计划表的顶部或底部，必要时可以在顶部时标之上或底部时标之下加注日历的对应时间。

表 12-6 时标计划表

日历																			
时间单位	1	2	3	4	5	6	7	8	9	10	11	12	13	14	15	16	17	18	19
网络计划																			
时间单位	1	2	3	4	5	6	7	8	9	10	11	12	13	14	15	16	17	18	19

二、双代号时标网络计划的特点与适用范围

（一）时标网络计划的特点

1）在时标网络计划中，各条工作箭线的水平投影长度即为各项工作的持续时间，它们能明确地表达各项工作的起止时间和先后施工的逻辑关系，使计划表达形象直观，一目了然。

2）能在时标计划表上直接显示各项工作的主要时间参数，并可以直接判断出关键线路。

3）因为有时标的限制，在绘制时标网络计划时，不会出现"循环回路"之类的逻辑错误。

4）可以利用时标网络直接统计资源的需要量，以便进行资源优化和调整，并对进度计划的实施进行控制和监督。

5）因箭线受时标的约束，故用手工绘图不容易，修改也较难。使用计算机编制、修改

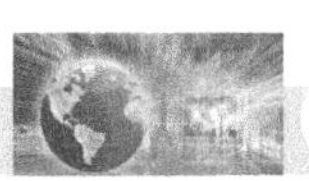

时标网络图则较方便。

(二) 时标网络计划的适用范围

1) 工作项目较少、工艺过程较为简单的工程，能迅速地边绘图、边计算、边调整。

2) 对于大型复杂的工程，可以先绘制局部网络计划，然后再综合起来绘制出比较简明的总网络计划。

3) 实施性（或作业性）网络计划。

4) 年、季、月等周期性网络计划。

5) 使用实际进度前锋线进行进度控制的网络计划。

三、双代号时标网络计划的绘制

(一) 绘制的基本要求

1) 在时标网络计划中，以实箭线表示实工作，以虚箭线表示虚工作，以波形线表示工作的自由时差。

2) 时标网络计划中所有符号在时间坐标上的水平投影位置，都必须与其时间参数相对应。节点中心必须对准相应的时标位置，它在时间坐标上的水平投影长度应视为零。

3) 虚工作必须以垂直方向的虚箭线表示，有自由时差时加波形线表示。

(二) 绘制方法

时标网络计划宜按最早时间编制，不宜按最迟时间编制。在时标网络计划编制前，应该先绘制非时标网络计划草图，绘制方法有间接和直接两种。

1. 间接绘制法

间接绘制法即先计算网络计划的时间参数，再根据时间参数按草图在时标计划表上绘制的方法。现以图 12-33 为例，介绍间接绘制法的步骤。

1) 绘制非时标网络计划草图，如图 12-33 所示。

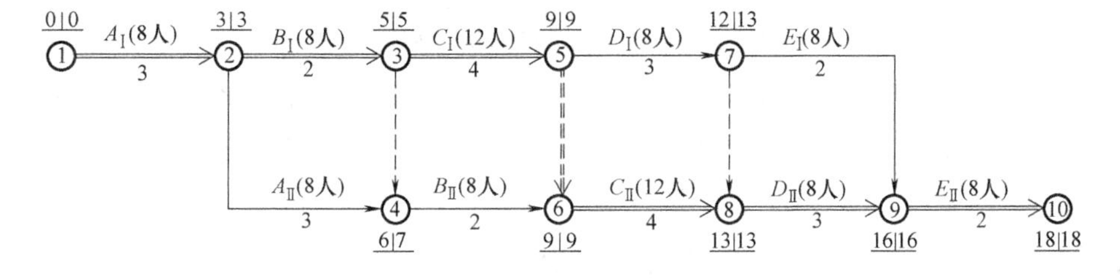

图 12-33　双代号网络图

2) 计算各节点的最早时间（或各工作的最早时间）并标注在图上，如图 12-33 所示。

3) 按节点的最早时间将各节点定位在时标计划表上，图形尽量与草图一致，如图 12-33 所示。

4) 按各工作的持续时间绘制相应工作的实线部分，使其在时间坐标上的水平投影长度等于工作的持续时间；若实线长度不足以到达该工作的结束节点时，用波形线补足，并在末端绘出箭头。

5) 虚工作以垂直方向的虚箭线表示，有自由时差时加波形线表示。绘制完成的时标网络计划，如图 12-34 所示。

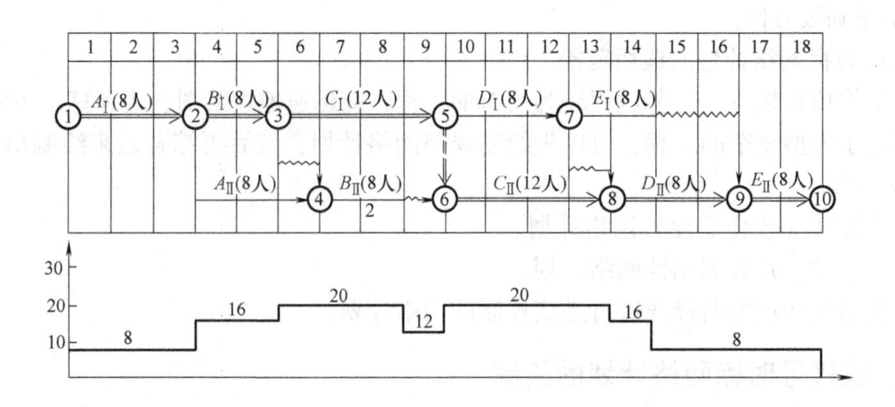

图 12-34　时标网络图

2. 直接绘制法

直接绘制法就是不计算网络计划的时间参数，直接按草图在时标计划表上绘制的方法。其绘制步骤如下：

1）将起点节点定位在时标计划表的起始刻度线上。

2）按工作持续时间，在时标计划表上绘制起点节点的外向箭线。

3）除起点节点以外的其他节点必须在其所有内向箭线绘出以后，定位在这些内向箭线中最早完成时间最迟的箭线末端。其他内向箭线长度不足以到达该节点时，用波形线补足。

4）若虚箭线占用时间，则用波形线表示。

5）用上述方法自左至右依次确定其他节点位置，直至终点节点定位绘完。仍以图 12-33为例，按照上述步骤绘制其相应的时标网络图如下：按照 1）条，将起点节点①定位在图 12-34 所示的时标计划表的起始刻度线上。按照 2）条，绘制①节点的外向箭线①—②。按照 3）、4）、5）条的规定，自左至右依次确定其余各节点的位置；如果②、③、⑤、⑦节点之前只有一条内向箭线，则在其内向箭线绘制完成后即可在其末端将上述节点绘出；④、⑥、⑧节点则必须待其前面的两条内向箭线都绘制完成后，才能定位在这些内向箭线中最晚完成的时刻处；并且这些节点均有长度不足以达到该节点的内向实箭线，故用波形线补足。绘制完成的时标网络计划如图 12-34 所示。

四、双代号时标网络计划时间参数的确定

以图 12-34 的时标网络计划为例，分述双代号时标网络计划时间参数的确定方法。

（一）最早时间的确定

1）每条箭线箭尾节点中心所对应的时标值，即为工作的最早开始时间。

2）箭线实线部分右端或箭尾节点中心所对应的时标值，即为工作的最早完成时间。

3）虚工作的最早开始时间和最早完成时间相等，均为其开始节点中心所对应的时标值。通过观察，将图 12-34 中各工作的最早开始时间和最早完成时间分别填入表 12-7 中。

（二）双代号时标网络计划工期的确定

1. 计算工期的确定

时标网络计划的计算工期应为终点节点与起点节点中心所对应的时标值的差。图 12-34

所示的时标网络计划的计算工期为

$$T_c = 18 - 0 = 18$$

表 12-7　双代号时标网络计划时间参数计算表

工作编号 $i—j$	最早开始时间 ES_{i-j}	最早完成时间 EF_{i-j}	最迟开始时间 LS_{i-j}	最迟完成时间 LF_{i-j}	总时差 TF_{i-j}	自由时差 FF_{i-j}
1—2	0	3	0	3	0	0
2—3	3	5	3	5	0	0
2—4	3	6	4	7	1	0
3—4	5	5	7	7	2	1
3—5	5	9	5	9	0	0
4—6	6	8	7	9	1	1
5—6	9	9	9	9	0	0
5—7	9	12	10	13	1	0
6—8	9	13	9	13	0	0
7—8	12	12	13	13	1	1
7—9	12	14	14	16	2	2
8—9	13	16	13	16	0	0
9—10	16	18	16	18	0	0

2. 计划工期的确定

同非时标网络计划一样，图 12-34 所示的时标网络计划工期（未规定要求）为

$$T_p = T_c = 18$$

（三）自由时差的确定

在时标网络计划中，工作的自由时差值应为表示该工作的箭线中波形线部分在坐标轴上的水平投影长度。将图 12-34 中各工作的自由时差分别填入表 12-7 所示。

（四）总时差的计算

在时标网络计划中，工作的总时差应自右至左逐个进行计算。一项工作只有在其紧后工作的总时差全部计算出来以后，才能计算出其总时差。

1）以终点节点（$j=n$）为结束节点的工作的总时差，应该按网络计划的计划工期 T_p 计算确定，即

$$TF_{i—n} = T_p - EF_{i—n} \tag{12-51}$$

2）其他工作的总时差应为

$$TF_{i—j} = \min\{TF_{j—k}\} + FF_{i—j} \tag{12-52}$$

式中　$TF_{i—n}$——以终点节点 n 为结束节点的工作的总时差；

$EF_{i—n}$——以终点节点 n 为结束节点的工作的最早完成时间；

$TF_{j—k}$——工作 $j—k$ 的总时差。

按式（12-51）和式（12-52）计算图 12-34 时标网络计划中各工作的总时差为

$TF_{9—10} = T_p - EF_{9—10} = 18 - 18 = 0$　　　　$TF_{8—9} = TF_{9—10} + FF_{8—9} = 0+0=0$

$TF_{5—7} = \min\{TF_{7—8}, TF_{7—9}\} + FF_{5—7} = \min\{1, 2\} + 0 = 1+0 = 1$

其他工作的总时差的计算结果直接填入表 12-7 中。

（五）工作最迟时间的计算

时标网络计划中工作的最迟开始时间和最迟完成时间应计算如下

$$LS_{i-j}=ES_{i-j}+TF_{i-j} \tag{12-53}$$

$$LF_{i-j}=EF_{i-j}+TF_{i-j} \tag{12-54}$$

按式（12-53）和式（12-54）计算图12-34时标网络计划中各工作的最迟开始时间和最迟完成时间，分别为

$$LS_{1-2}=ES_{1-2}+TF_{1-2}=0+0=0 \qquad LF_{1-2}=EF_{1-2}+TF_{1-2}=3+0=3$$

其他工作的计算结果直接填入表12-7中。

（六）关键线路的确定

双代号时标网络计划关键线路的确定，应该自终点节点开始逆箭线方向观察，至起点节点为止，自始至终不出现波形线的线路为关键线路。在图12-34时标网络计划中，关键线路为1—2—3—5—6—8—9—10，并用双箭线标出。

第五节　单代号搭接网络计划

一、概念

单代号搭接网络计划是前后工作之间有多种逻辑关系的肯定型网络计划。它是综合了单代号网络与搭接施工的原理，使两者有机结合起来应用的一种网络计划表示方法。

在建设工程实践中，搭接关系是大量存在的，要求控制进度的计划图形能够表达和处理好这种关系。但在前几节所介绍的网络计划中，却只能表示两项工作首尾相接的关系，即一项工作只有在其所有紧前工作完成之后才能开始。遇到搭接关系时，必须将前一项工作进行分段处理，以符合前面工作不完成、后面工作不能开始的逻辑要求，这就使得网络计划变得较为复杂，使绘制、调整、计算都不方便。针对这一问题，各国陆续出现了许多表示搭接关系的网络计划，统称为“搭接网络计划法”。其共同的特点是：当前一项工作开始一段时间能为其紧后工作提供一定的开始条件，紧后工作就可以插入进行，将前后工作搭接起来。这就大大简化了网络计划，但也带来了计算工作的复杂化，应该借助计算机进行计算。

二、相邻工作的各种搭接关系

相邻两个工作之间的搭接关系主要有完成到开始、开始到开始、完成到完成、开始到完成及混合搭接等五种搭接关系，现分别介绍如下。

（一）完成到开始的关系（FTS）

两项工作间的相互关系是通过前项工作的完成到后项工作的开始之间的时距FTS来表达的，如图12-35所示。

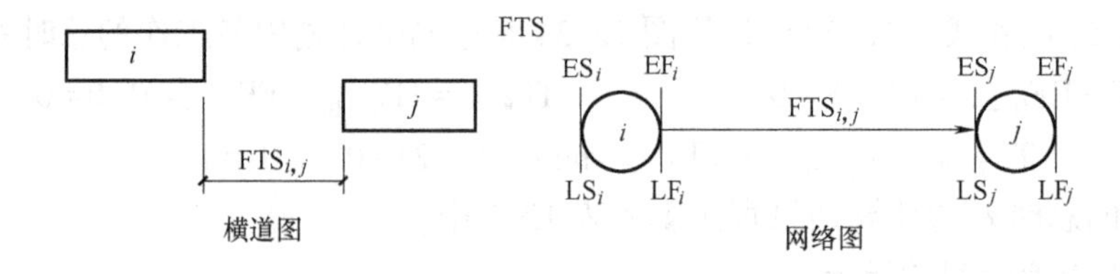

图12-35　完成到开始的关系（FTS）

由图 12-35 可知，两项工作完成到开始之间时间参数的计算关系为

$$ES_j = ES_i + FTS_{i,j} \quad (12\text{-}55)$$

$$LF_i = LS_j - FTS_{i,j} \quad (12\text{-}56)$$

式中　$FTS_{i,j}$——从工作 i 完成到工作 j 开始的时距。

（二）开始到开始的关系（STS）

前后两项工作的关系用其相继开始的时距 STS 来表达。就是说，前项工作开始后，要经过 STS 后，后项工作才能开始，如图 12-36 所示。

由图 12-36 所示可知，两项工作开始到开始之间时间参数的计算关系为

$$ES_j = ES_i + STS_{i,j} \quad (12\text{-}57)$$

$$LS_i = LS_j - STS_{i,j} \quad (12\text{-}58)$$

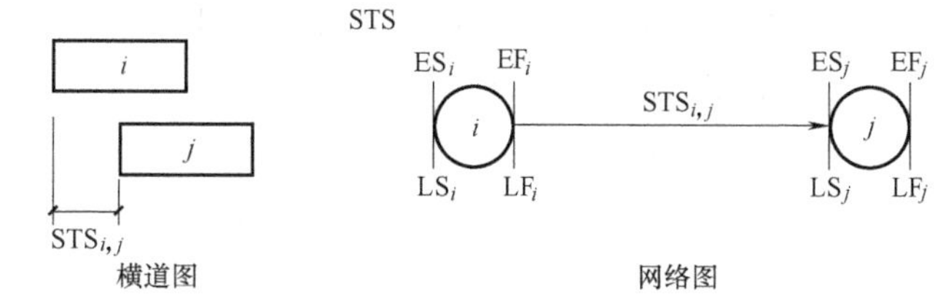

图 12-36　开始到开始的关系（STS）

式中　$STS_{i,j}$——从工作 i 开始到工作 j 开始的时距。

（三）完成到完成的关系（FTF）

两项工作之间的关系用前后工作相继完成的时距 FTF 来表达。就是说，前项工作完成后，经过 FTF 时间后，后项工作才能完成，如图 12-37 所示。

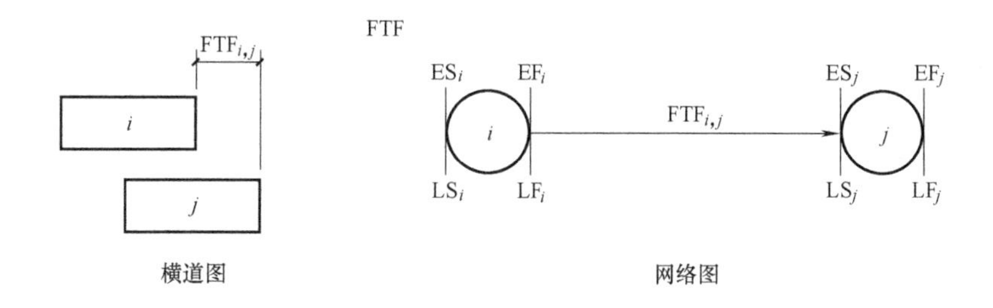

图 12-37　完成到完成的关系（FTF）

由图 12-37 可知，两项工作完成到完成之间时间参数的计算关系为

$$EF_j = EF_i + FTF_{i,j} \quad (12\text{-}59)$$

$$LF_i = LF_j - FTF_{i,j} \quad (12\text{-}60)$$

式中　$FTF_{i,j}$——从工作 i 完成到工作 j 完成的时距。

（四）开始到完成的关系（STF）

两项工作之间的关系用前项工作开始到后项工作完成之间的时距 STF 来表达。就是说，前项工作开始一段时间 STF 后，后项工作才能完成，如图 12-38 所示。

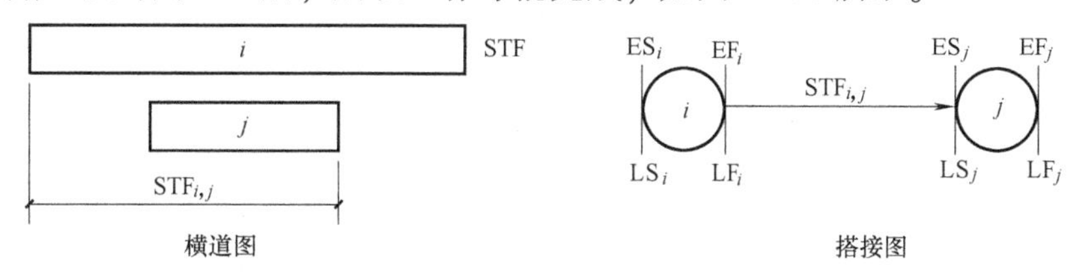

图 12-38　开始到完成的关系（STF）

由图 12-38 可知，两项工作开始到完成之间时间参数的计算关系为

$$EF_j = ES_i + STF_{i,j} \quad (12\text{-}61)$$

$$LS_i = LF_j - STF_{i,j} \quad (12\text{-}62)$$

式中　$STF_{i,j}$——从工作 i 开始到工作 j 完成的时距。

（五）混合搭接关系

当两项工作之间同时存在上述四种关系中的两种关系时，这种具有双重约束的工作关系，就是混合搭接关系。常见的有以下几种。

1. 既有 STS 又有 FTF

两项工作之间要同时符合 STS 和 FTF 两种关系，如图 12-39a 所示。

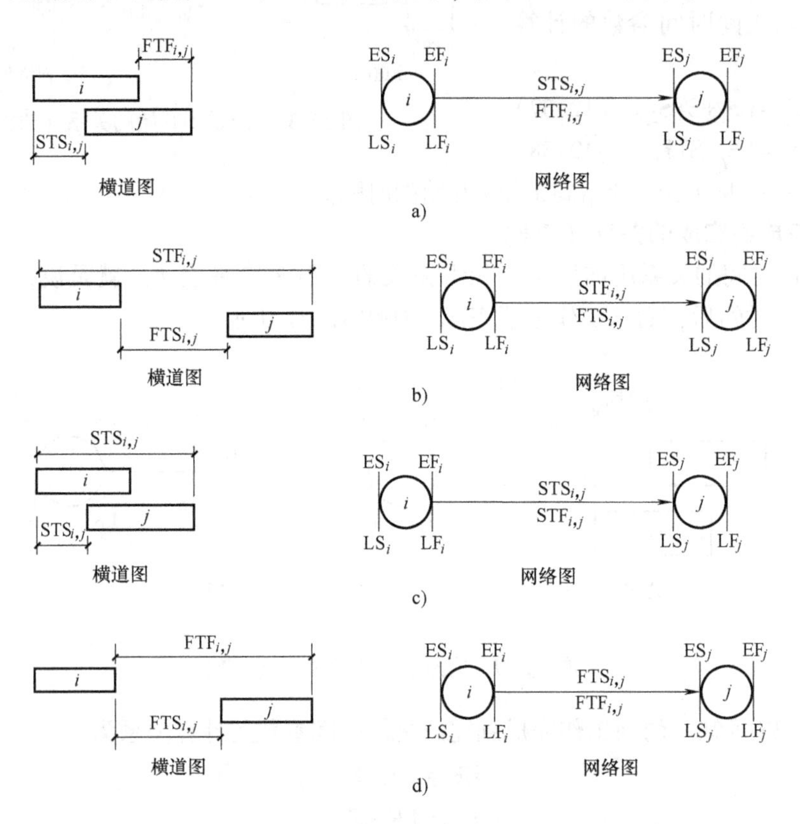

图 12-39　混合搭接关系

a）既有 STS 又有 FTF　b）既有 STF 又有 FTS　c）既有 STS 又有 STF　d）既有 FTS 又有 FTF

由图 12-39a 可知，两项工作之间时间参数的计算关系为

$$ES_j = ES_i + STF_{i,j} \quad (12\text{-}63)$$

$$LS_i = LS_j - STS_{i,j} \quad (12\text{-}64)$$

$$EF_j = ES_i + FTF_{i,j} \quad (12\text{-}65)$$

$$LF_i = LF_j - FTF_{i,j} \quad (12\text{-}66)$$

由式（12-63）和式（12-65）计算所得结果，选其中最大值作为工作 j 的最早时间；由式（12-64）和式（12-66）计算所得结果，选其中最小值作为工作 i 的最迟时间。

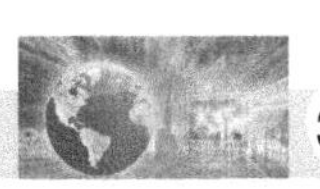

2. 既有 STF 又有 FTS

两项工作之间要同时符合 STF 和 FTS 两种关系，如图 12-39b 所示。

由图 12-39b 可知，两项工作之间时间参数的计算关系为

$$EF_j = ES_i + STF_{i,j} \tag{12-67}$$
$$LS_i = LF_j - STF_{i,j} \tag{12-68}$$
$$ES_j = EF_i + FTS_{i,j} \tag{12-69}$$
$$LF_i = LS_j - FTS_{i,j} \tag{12-70}$$

由式（12-67）和式（12-69）计算所得结果，选其中最大值作为工作 j 的最早时间；由式（12-68）和式（12-70）计算所得结果，选其中最小值作为工作 i 的最迟时间。

3. 既有 STS 又有 STF

两项工作之间要同时符合 STS 和 STF 两种关系，如图 12-39c 所示。

由图 12-39c 可知，两项工作之间时间参数的计算关系为

$$ES_i = ES_i + STS_{i,j} \tag{12-71}$$
$$LS_i = LS_j - STS_{i,j} \tag{12-72}$$
$$EF_j = ES_i + STF_{i,j} \tag{12-73}$$
$$LS_i = LF_j - STF_{i,j} \tag{12-74}$$

由式（12-71）和式（12-73）计算所得结果，选其中最大值作为工作 j 的最早时间；由式（12-72）和式（12-74）计算所得结果，选其中最小值作为工作 i 的最迟时间。

4. 既有 FTS 又有 FTF

两项工作之间要同时符合 FTS 和 FTF 两种关系，如图 12-39d 所示。

由图 12-39d 可知，两项工作之间时间参数的计算关系为

$$ES_j = EF_i + FTS_{i,j} \tag{12-75}$$
$$LF_i = LS_j - FTS_{i,j} \tag{12-76}$$
$$EF_j = EF_i + FTF_{i,j} \tag{12-77}$$
$$LF_i = LF_j - FTF_{i,j} \tag{12-78}$$

由式（12-75）和式（12-77）计算所得结果，选其中最大值作为工作 j 的最早时间；由式（12-76）和式（12-78）计算所得结果，选其中最小值作为工作 i 的最迟时间。

三、搭接网络计划的时间参数计算

单代号搭接网络计划的时间参数的计算内容主要包括：工作最早时间的计算；网络计划工期的确定；工作最迟时间的计算；时间间隔的计算；工作时差的计算；关键线路的确定。时间参数的标注形式如图 12-40 所示。

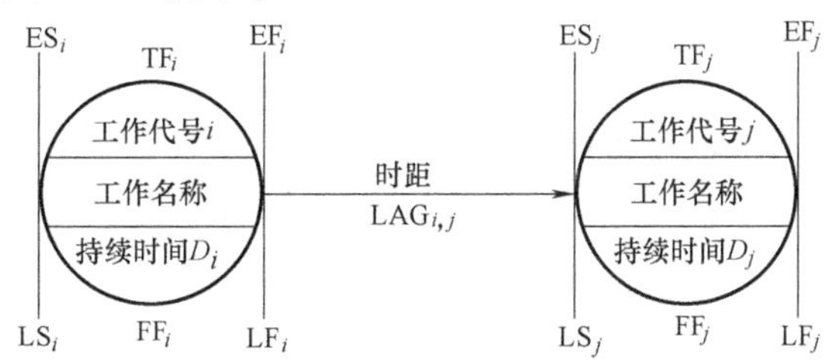

图 12-40 单代号搭接网络计划时间参数的标注形式

下面以图 12-41 为例，说明上述参数的计算过程。

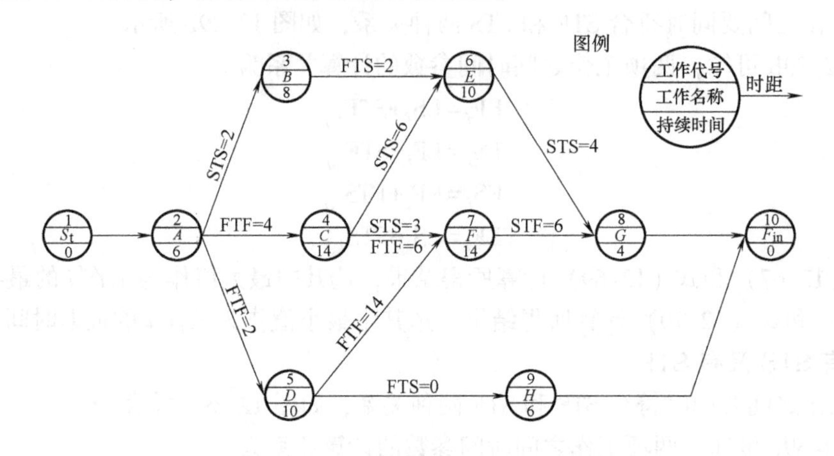

图 12-41 单代号搭接网络计划示例

(一) 工作最早时间的计算

1) 工作最早时间的计算必须从虚拟起点节点开始，顺箭线方向自左至右依次进行。只有紧前工作计算完毕后，才能计算本工作。

2) 计算工作最早时间应按下列步骤进行：

① 凡与起点节点相连的工作其最早开始时间都为零，即

$$ES_i = 0 \tag{12-79}$$

② 其他工作 j 的最早时间按下列公式进行计算

FTS： $$ES_j = EF_i + FTS_{i,j} \tag{12-80}$$

STS： $$ES_j = ES_i + STS_{i,j} \tag{12-81}$$

FTF： $$EF_j = EF_i + FTF_{i,j} \tag{12-82}$$

STF： $$EF_j = ES_i + STF_{i,j} \tag{12-83}$$

$$ES_j = EF_j - D_j \tag{12-84}$$

$$EF_j = ES_j + D_j \tag{12-85}$$

③ 计算工作最早时间，当出现最早开始时间为负值时，应将该工作与起点节点用虚箭线相连接，并确定其时距为

$$STS = 0 \tag{12-86}$$

④ 当有两种以上的时距（或者有两项或两项以上紧前工作）限制工作间的逻辑关系时，应该按不同情况分别进行计算其最早时间，取其最大值。

⑤ 有最早完成时间的最大值的中间工作应该与终点节点用虚箭线相连接，并确定其时距为

$$FTF = 0 \tag{12-87}$$

按上述公式计算本例中各工作的最早时间：

A 工作 $ES_A = 0$ $EF_A = ES_A + D_A = 0+6=6$

B 工作 $ES_B = ES_A + STS_{A,B} = 0+2=2$ $EF_B = ES_B + D_B = 2+8=10$

C 工作 $EF_C = EF_A + FTF_{A,C} = 6+4=10$ $ES_C = EF_C - D_C = 10-14=-4$

D 工作 $EF_D = EF_A + FTF_{A,D} = 6+2=8$ $ES_D = EF_D - D_D = 8-10=-2$

因按时距计算 EF_C、EF_D 均为负值，故应该将 C、D 工作与起点节点相联系，确定时距 STS=0，则 C、D 工作就出现两项紧前工作，计算 ES 值应取最大值，故

$$ES_C=\max(0,-4)=0 \qquad EF_C=ES_C+D_C=0+4=4$$

$$ES_D=\max(0,-2)=0 \qquad EF_D=ES_D+D_D=0+10=10$$

E 工作　$ES_E=\max\{EF_B+FTS_{B,E},ES_C+STS_{C,E}\}=\max\{10+2,0+6\}=12$

$$EF_E=ES_E+D_E=12+10=22$$

F 工作　$ES_F=ES_C+STS_{C,F}=0+3=3$

$$EF_F=EF_C+FTF_{C,F}=14+6=20 \qquad ES_F=EF_F-D_F=20-14=6$$

$$EF_F=EF_D+FTF_{D,F}=10+14=24 \qquad ES_F=EF_F-D_F=24-14=10$$

故

$$ES_F=\max\{3,6,10\}=10 \qquad EF_F=ES_F+D_F=10+14=24$$

G 工作　$ES_G-ES_E+STS_{E,G}=12+4=16$

$$EF_G=ES_F+STF_{F,G}=10+6=16 \qquad ES_G=EF_G-D_G=16-4=12$$

故

$$ES_G=\max\{16,12\}=16 \qquad EF_G=ES_G+D_G=16+4=20$$

H 工作　$ES_H=EF_D+FTS_{D,H}=10+0=10 \qquad EF_H=ES_H+D_H=10+6=16$

根据图的终点有 G、H 两个工作，$EF_G=20$，$EF_H=16$，中间工作 F 的最早完成时间值最大 $EF_F=24$，但未与终点节点相联系，故必须将 F 节点与终点节点用虚箭线连接，其时距确定为 FTF=0，故虚拟终点节点的 $ES_终=EF_终=EF_F=24$。

把以上计算结果标注在图 12-42 的网络图中。

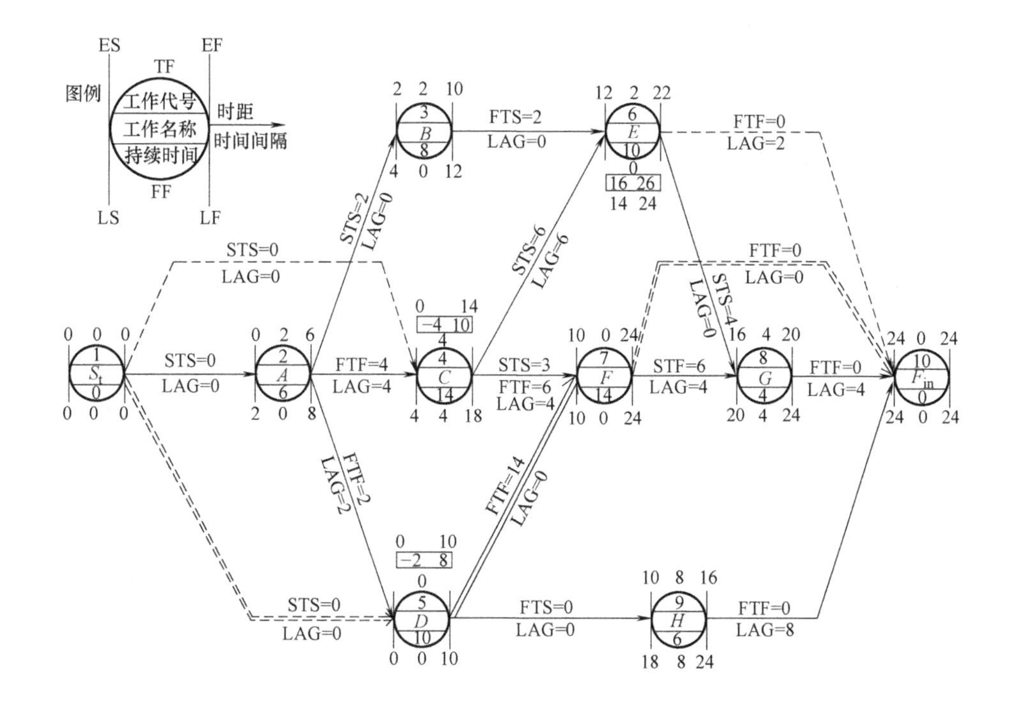

图 12-42　单代号搭接网络计划的时间参数计算图

（二）搭接网络计划计划工期的确定

1）计算工期的确定。搭接网络计划的计算工期是由与虚拟终点节点相联系的工作的最早完成时间的最大值决定，故

$$TC=\max\{EF_F,EF_G,EF_H\}=\max\{24,20,16\}=24$$

2）计划工期的确定。同前几节规定一样，图 12-41 所示的搭接网络计划未规定要求工期，故

$$TP=TC=24$$

（三）工作最迟时间的计算

1）工作最迟时间的计算应该从网络计划的终点节点开始，逆箭线方向自右至左依次进行。

2）虚拟终节点的最迟完成时间应该按网络计划的计划工期确定，即

$$LF_{终}=TP$$

3）凡与虚拟终点节点相连接的工作，其最迟完成时间等于虚拟终点节点的最迟完成时间。

4）其他工作 i 的最迟时间按下列公式进行计算：

FTS： $$LF_i=LS_j-FTS_{i,j} \tag{12-88}$$

STS： $$LS_i=LS_j-STS_{i,j} \tag{12-89}$$

FTF： $$LF_i=LF_j-FTF_{i,j} \tag{12-90}$$

STF： $$LS_i=LF_j-STF_{i,j} \tag{12-91}$$

$$LS_j=LF_i-D_i \tag{12-92}$$

$$LF_i=LS_i+D_i \tag{12-93}$$

5）计算工作最迟时间。当出现最迟完成时间大于计划工期的情况时，应将该工作与终点节点用虚箭线相连接，并确定其时距为

$$FTF=0$$

6）当有两种以上的时距（或者有两项或两项以上紧后工作）限制工作间的逻辑关系时，应按不同情况分别进行计算其最迟时间，并取其最小值。

按上述公式计算本例中各工作的最迟时间

终点　$LF_{终}=TP=24$　　$LS_{终}=LF_{终}=24$

H 工作　$LF_H=LF_{终}=24$　　$LS_H=LF_H-D_H=24-6=18$

G 工作　$LF_G=LF_{终}=24$　　$LS_G=LF_G-D_G=24-4=20$

F 工作　$LF_F=LF_{终}=24$　　$LS_F=LF_G-STF_F,\ G=24-6=18$

$LF_F=LS_F+D_F=18+14=32$

故

$LF_F=\min\{24,\ 32\}=24$　　$LS_F=LF_F-D_F=24-14=10$

E 工作　$LS_E=LS_G-STS_E,\ G=20-4=16$　　$LF_E=LS_E+D_E=16+10=26$

由于 $LF_E=26>TP=24$，这是不符合逻辑的。所以，应该把节点 E 与终点节点用虚箭线连接起来，确定时距为 FTF=0，则有

$LF_E=24$　　$LS_E=LF_E-D_E=24-10=14$

D 工作　$LF_D=LF_F-FTF_{D,F}=24-14=10$

$$LF_D = LS_H - FTS_{D,H} = 18 - 0 = 18$$

故

$LF_D = \min\{10, 18\} = 10$　　$LS_D = LF_D - D_D = 10 - 10 = 0$

C 工作　$LS_C = LS_F - STS_{C,F} = 10 - 3 = 7$　　$LF_C = LF_F - FTF_{C,F} = 24 - 6 = 18$

$LS_C = LF_C - D_C = 18 - 14 = 4$　　$LS_C = LS_E - STS_{C,F} = 14 - 6 = 8$

故

$LS_C = \min\{7, 4, 8\} = 4$　　$LF_C = LS_C + D_C = 4 + 14 = 18$

B 工作　$LF_B = LS_G - FTS_{B,E} = 14 - 2 = 12$　　$LS_B = LF_F - D_B = 12 - 8 = 4$

A 工作　$LS_A = LS_B - STS_{A,B} = 4 - 2 = 2$　　$LF_A = LS_A + D_A = 2 + 6 = 8$

$LF_A = LF_C - FTF_{A,C} = 18 - 4 = 14$　　$LF_A = LF_D - FTF_{A,D} = 10 - 2 = 8$

故

$LF_A = \min\{8, 14, 8\} = 8$　　$LS_A = LF_A - D_A = 8 - 6 = 2$

把以上计算结果标注在图 12-42 的网络图中。

（四）时间间隔的计算

在搭接网络计划中，相邻两项工作 i 和 j 之间在满足时距之外，还有多余的时间间隔 $LAG_{i,j}$存在，如图 12-43 所示。时间间隔因搭接关系不同而其计算也不同，现分述如下：

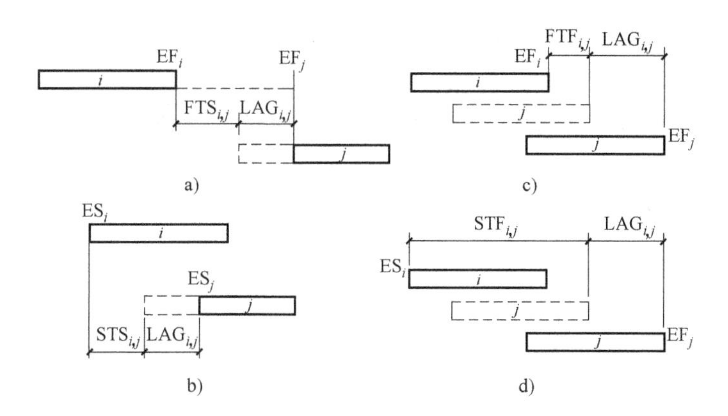

图 12-43　搭接网络计划时间间隔 $LAG_{i,j}$表达示例

1. 完成到开始的关系（FTS）

$$LAG_{i,j} = ES_j - EF_i - FTS_{i,j} \tag{12-94}$$

上述公式的含义可以用横道图表示，如图 12-43a 所示。

2. 开始到开始的关系（STS）

$$LAG_{i,j} = ES_j - ES_i - STS_{i,j} \tag{12-95}$$

上述公式的含义可以用横道图表示，如图 12-43b 所示。

3. 完成到完成的关系（FTF）

$$LAG_{i,j} = EF_j - EF_i - FTF_{i,j} \tag{12-96}$$

上述公式的含义可以用横道图表示，如图 12-43c 所示。

4. 开始到完成的关系（STF）

$$LAG_{i,j} = EF_j - ES_i - STF_{i,j} \tag{12-97}$$

上述公式的含义可以用横道图表示，如图 12-43d 所示。

5. 混合搭接关系

当相邻工作时间是混合搭接关系时，应分别计算 $LAG_{i,j}$，然后取其中的最小值。在以上四种时距连接关系中，可能出现任何组合情况，所以其计算公式为

$$LAG_{i,j}=\min\begin{cases}ES_j-EF_i-FTS_{i,j}\\ES_j-ES_i-STS_{i,j}\\EF_j-EF_i-FTF_{i,j}\\EF_j-ES_i-STF_{i,j}\end{cases}\tag{12-98}$$

按式（12-98）计算本例中各工作之间的时间间隔：

$LAG_{起,A}=LAG_{起,B}=LAG_{起,C}=0$

$LAG_{A,B}=ES_B-ES_A-STS_{A,B}=2-0-2=0$

$LAG_{C,F}=\min\{ES_F-ES_C-STS_{C,F},\ EF_F-EF_C-FTF_{C,F}\}=\min\{10-0-3,\ 24-14-6\}=4$

$LAG_{H,终}=EF_{终}-EF_H-FTF_{H,终}=24-16-0=8$

其他工作之间的时间间隔的计算结果直接标注在图 12-42 的网络图中。

（五）工作时差的计算

1. 工作总时差的计算

搭接网络计划工作总时差的计算同第三节单代号网络计划一样，即

$$TF_i=LS_i-ES_i=LF_i-EF_i\tag{12-99}$$

也可以从网络计划的终点节点开始，逆着箭线方向依次按下列公式计算

$$TF_i=\min\{TF_j+LAG_{i,j}\}\tag{12-100}$$

按式（12-100）计算本例中各工作的总时差：

$TF_{终}=0$

$TF_H=TF_{终}+LAG_{H,终}=0+8=8$

$TF_F=\min\{TF_{终}+LAG_{F,终},\ TF_G+LAG_{F,G}\}=\min\{0+0,\ 4+4\}=0$

$TF_{起}=\min\{TF_A+LAG_{起,A},\ TF_C+LAG_{起,C},\ TF_D+LAG_{起,D}\}=\min\{2+0,\ 4+0,\ 0+0\}=0$

其他工作总时差的计算结果直接标注在图 12-42 的网络图中。

2. 工作自由时差的计算

搭接网络计划工作自由时差的计算同第三节单代号网络计划一样，即

1）终点节点 n 所代表工作的自由时差应为

$$FF_n=TP-EF_n\tag{12-101}$$

2）其他工作 i 的自由时差应为

$$FF_i=ES_j-EF_i=LAG_{i,j}\tag{12-102}$$

或

$$FF_i=\min\{ES_j-EF_i\}=\min\{LAG_{i,j}\}\tag{12-103}$$

按式（12-101）~式（12-103）计算本例中各工作的自由时差：

$$FF_{起}=\min\{LAG_{起,A},LAG_{起,C},LAG_{起,D}\}=\min\{0,0,0\}=0$$

$$FF_H=LAG_{H,终}=8$$

$$TF_{终}=TP=0$$

其他工作自由时差的计算结果直接标注在图 12-42 的网络图中。

（六）关键工作和关键线路的确定

1）在单代号搭接网络计划中，总时差最小的工作为关键工作。

2）在单代号搭接网络计划中，从网络图的起点节点到终点节点的各条线路中，时间间隔 $LAG_{i,j}$全部为零的线路为关键线路。由此判断出图 12-42 所示的关键线路为：S_t—D—F—F_{in}并用双箭线标出关键线路。

第六节 网络计划的优化

网络计划编制完毕并经过时间参数计算后，得出计划的最初方案，但它只是一种可行方案，不一定是比较合理的或最优的方案。为此，还必须对网络计划的初步方案进行优化处理或调整。

网络计划的优化是在满足既定约束的条件下，按某一目标（工期、成本、资源），通过对网络计划的不断调整，寻求相对满意或最优计划方案的过程。网络计划优化的目标，应该按计划任务的需要和条件选定，主要包括工期目标、费用目标、资源目标。因此，网络计划优化的主要内容有工期优化、费用优化、资源优化。

一、工期优化

当网络计划的计算工期不能满足要求工期时，即计算工期小于、等于或大于要求工期时，应该进行工期优化，可以通过延长或缩短计算工期以达到工期目标，保证按期完成任务。

工期优化的条件是：各种资源（包括劳动力、材料、机械等）充足，只考虑时间问题。

（一）计算工期小于或等于要求工期

如果计算工期小于要求工期不多或两者相等，一般不必优化。

如果计算工期小于要求工期较多，则宜优化。优化方法是：延长关键工作中资源占用量大或直接费用高的工作持续时间（通常采用减少劳动力等资源需用量的方法），重新计算各工作计算参数，反复多次进行，直至满足要求工期为止。

（二）计算工期大于要求工期

当计算工期大于要求工期时，可以通过压缩关键工作的持续时间来达到优化目标。

1. 优化步骤

1）计算并找出初始网络计划的计算工期、关键线路及关键工作。

2）按要求工期计算应该缩短的时间 ΔT

$$\Delta T = T_c - T_r \tag{12-104}$$

3）确定各关键工作能缩短的持续时间。

4）在关键线路上，按下列因素选择应优先压缩其持续时间的关键工作：

① 缩短持续时间后对质量和安全影响不大的关键工作。

② 有充足备用资源的关键工作。

③ 缩短持续时间所需增加的费用最少的关键工作。

5）将应该优先压缩的关键工作压缩至最短持续时间，并重新计算网络计划的计算工期，找出关键线路。若被压缩的工作变成了非关键工作，则应该将其持续时间延长，使之为关键工作。

6）若计算工期仍超过要求工期时，则重复以上步骤，直到满足工期要求或工期已经不能再缩短为止。

7）当所有关键工作的持续时间都已达到最短持续时间而工期仍不能满足要求时，应该对计划的原技术、组织方案进行调整，如果仍不能达到工期要求，则应该对要求工期重新审定，必要时可以提出要求改变工期。

2. 缩短网络计划工期的方法

1）改变施工组织安排，往往是缩短网络计划工期的捷径。如重新划分施工段数、最大限度地安排流水施工以及改变各施工段之间先后施工的顺序或相互之间的逻辑关系等。

2）缩短某些关键工作的持续时间来逐步缩短网络计划工期。其方法有以下两种：

① 采用技术措施或改变施工方法，提高工效等。

② 采取组织措施，如增加劳动力、机械设备，当工作面受到限制时可以采用两班制或三班制等。

3）也可以综合采用上述几种方法。当有多种可行方案均能达到缩短工期的目的时，应该对各种可行方案进行技术经济比较，从中选择最优方案。

3. 缩短网络计划工期时应注意的问题

1）在缩短网络计划工期的过程中，当出现多条关键线路时，必须将各条关键线路的持续时间同时缩短同一数值，否则不能达到缩短工期的目的。

2）在缩短关键线路的持续时间时，应逐步缩短，不能将关键工作缩短成非关键工作。

3）在缩短关键工作的持续时间时，必须注意由于关键线路长度的缩短，次关键线路有可能成为关键线路，因此有时需要同时缩短次关键线路上有关工作的持续时间，才能达到缩短工期的要求。

【例 12-5】 已知双代号网络计划如图 12-44 所示。图中箭线下方括号外的数字为正常持续时间，括号内的数字为最短持续时间；箭线上方括号内的数字为考虑各种因素后的优选系数，优选系数越小应该优先选择，若同时缩短多个关键工作，则该对多个关键工作的优选系数之和（称为组合优选系数）最小者也应优先选择。假定要求工期为 100d，试进行工期优化。

解： 1）用标号法求出在正常持续时间下的关键线路及计算工期，如图 12-45 所示。

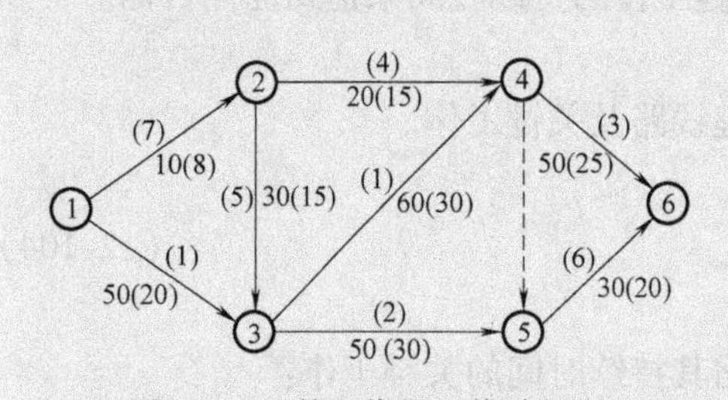

图 12-44　某双代号网络计划图

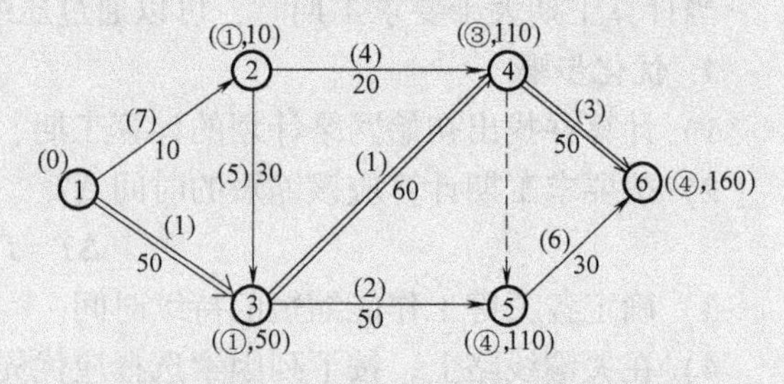

图 12-45　初始双代号网络计划图

2）应缩短的时间

$$\Delta T = T_c - T_r = 160\text{d} - 100\text{d} = 60\text{d}$$

3）应优先压缩关键线路中优选系数最小的工作①—③和工作③—④，并将其压缩至最短持续时间。用标号法找出关键线路，如图 12-46 所示。此时，工作①—③压缩至非关键工作，故需要将其松弛，使之成为关键工作，如图 12-47 所示。

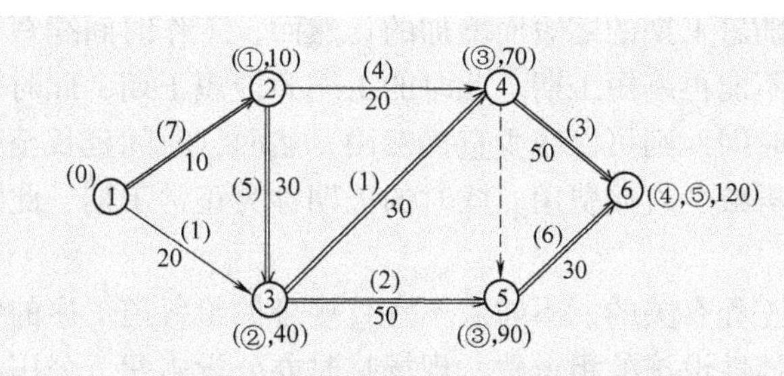

图 12-46　第一次调整后网络计划图

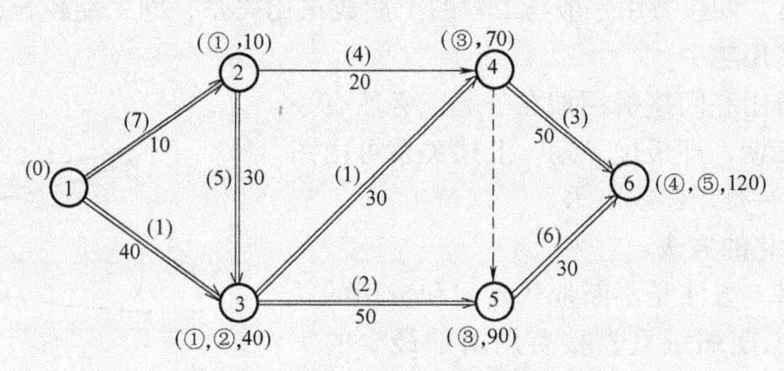

图 12-47　第二次调整后网络计划图

4）由于计算工期仍大于要求工期，故需要继续压缩。如图 12-47 所示，有以下四个压缩方案：

①压缩工作①—②、①—③，组合优选系数为 7+l=8。

②压缩工作②—③、①—③，组合优选系数为 5+l=6。

⑧压缩工作③—⑤、④—⑥，组合优选系数为 2+3=5。

④压缩工作④—⑥、⑤—⑥，组合优选系数为 3+6=9。

决定压缩优选系数最小者，即工作③—⑤、④—⑥。用最短工作持续时间置换工作③—⑤正常持续时间，工作④—⑥缩短 20d，重新计算网络计划工期，如图 12-48 所示。

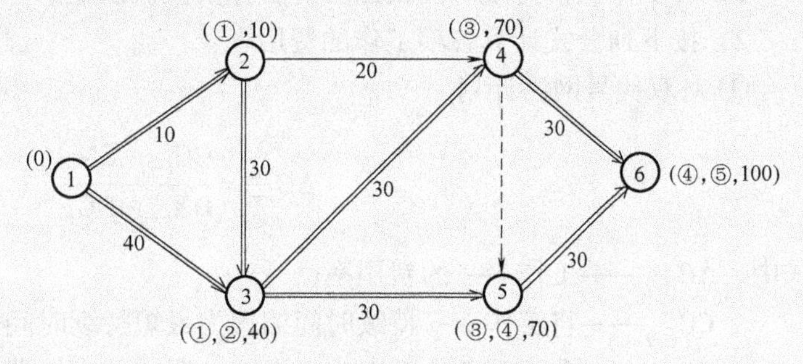

图 12-48　最终优化网络计划图

二、费用优化

费用优化又称成本优化，其优化是寻求最低成本时的最短工期安排，或者按要求工期寻求最低成本的计划安排过程。

（一）工期与费用的关系

工程施工的总费用包括直接费用和间接费用两种。

直接费用是指在工程施工过程中，直接消耗在工程项目上的活劳动和物化劳动，包括人工费、材料费、机械使用费以及冬、雨期施工增加费、特殊地区施工费、夜间施工费等。一般情况下，直接费用是随着工期的缩短而增加的。然而，工作时间缩短至某一极限时，无论增加多少直接费用，也不能再缩短工期。此时的工期为最短工期，此时的费用为最短时间直接费用。反之，若延长时间，则可以减少直接费用。然而，时间延长至某一极限时，无论将工期延至多长，也不能再减少直接费用。此时的工期称为正常工期，此时的费用称为正常时间直接费用。

间接费用是与整个工程有关的、不能或不宜直接分摊给每道工序的费用，它包括与工程有关的管理费用、全工地性设施的租赁费、现场临时办公设施费、公用和福利事业费及占用资金应付的利息等。间接费用一般与工程的工期成正比关系，即工期越长，间接费用越多，工期越短，间接费用越少。

如果把直接费用和间接费用加在一起，必然有一个总费用最少的工期，即最优工期。上述关系可由图12-49所示的工期—费用曲线表示。

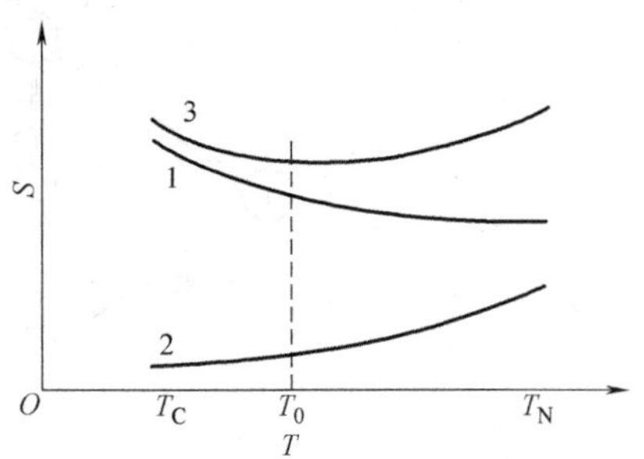

图12-49 工期—费用曲线图

1—直接费用 2—间接费用 3—总费用

T_0—最短工期 T_N—正常工期 T_C—最优工期

（二）费用优化的方法

费用优化的基本方法是不断地从时间和费用的关系中，找出能使工期缩短且直接费用增加最少的工作，缩短其持续时间，同时考虑间接费用叠加，便可以求出费用最低相应的最优工期和工期规定时相应的最低费用。

（三）费用优化的步骤

1）按工作正常持续时间找出关键工作及关键线路。

2）按下列公式计算各项工作的费用率：

① 对双代号网络计划

$$\Delta C_{i-j}=\frac{\mathrm{CC}_{i-j}-\mathrm{CN}_{i-j}}{\mathrm{DN}_{i-j}-\mathrm{DC}_{i-j}} \tag{12-105}$$

式中 ΔC_{i-j}——工作 i—j 的费用率；

CC_{i-j}——将工作 i—j 持续时间缩短为最短持续时间后，完成该工作所需的直接费用；

CN_{i-j}——在正常条件下完成工作 i—j 所需的直接费用；

DN_{i-j}——工作 i—j 的正常持续时间；

DC_{i-j}——工作 i—j 的最短持续时间。

② 对单代号网络计划

$$\Delta C_{i}=\frac{\mathrm{CC}_{i}-\mathrm{CN}_{i}}{\mathrm{DN}_{i}-\mathrm{DC}_{i}} \tag{12-106}$$

式中 ΔC_{i}——工作 i 的费用率；

CC_{i}——将工作 i 持续时间缩短为最短持续时间后，完成该工作所需的直接费用；

CN_{i}——在正常条件下完成工作 i 所需的直接费用；

DN_{i}——工作 i 的正常持续时间；

DC_{i}——工作 i 的最短持续时间。

3）在网络计划中找出费用率（或组合费用率）最低的一项关键工作或一组关键工作，作为缩短持续时间的对象。

4）缩短找出的关键工作或一组关键工作的持续时间，其缩短值必须符合不能压缩成非关键工作和缩短后其持续时间不小于最短持续时间的原则。

5）计算相应增加的直接费用 C_i。

6）考虑工期变化带来的间接费用及其他损益，在此基础上计算总费用。

7）重复3)~6）条的步骤，一直计算到总费用最低为止。

【例 12-6】 已知网络计划如图 12-50 所示，图中箭线上方为工作的正常费用和最短时间的费用（以千元为单位），箭线下方为工作的正常持续时间和最短的持续时间。试对其进行费用优化（已知间接费率为 120 元/d）。

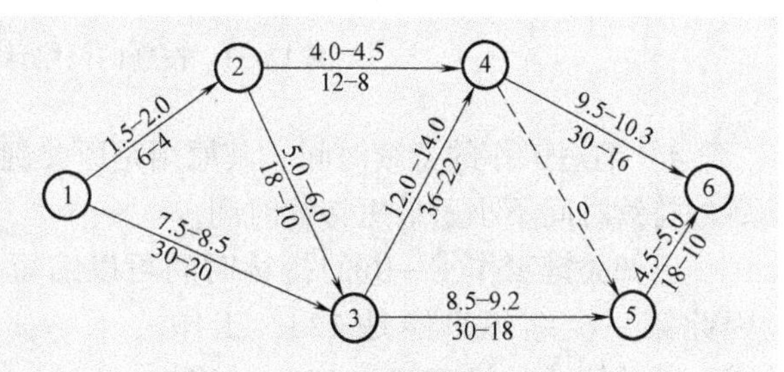

图 12-50　初始网络计划图

解　1）简化网络图。简化网络图的目的是在缩短工期过程中，删去那些不能变成关键工作的非关键工作，使网络图及其计算简化。

首先按持续时间计算，找出关键线路及关键工作，如图 12-51 所示。关键线路为①—③—④—⑥，关键工作为①—③、③—④、④—⑥。用最短的持续时间置换那些关键工作的正常持续时间，重新计算，找出关键线路及关键工作。重复本步骤，直至不能增加新的关键线路为止。

经计算，图 12-51 中的工作②—④不能转变为关键工作，故删去它，重新整理成新的网络计划，如图 12-52 所示。

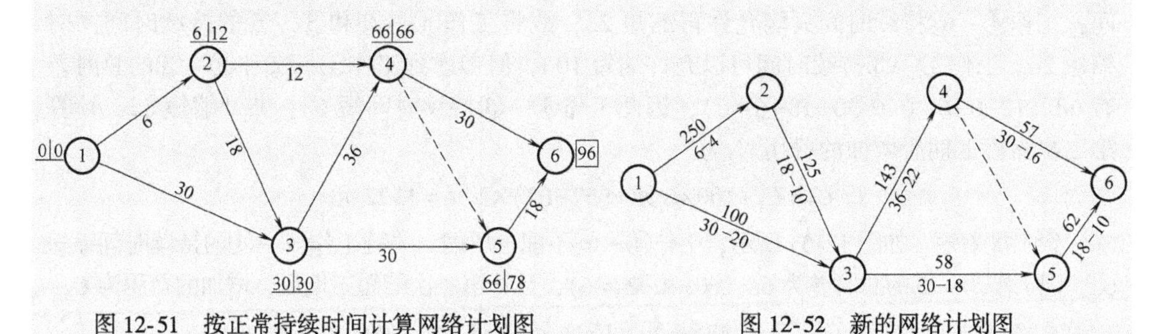

图 12-51　按正常持续时间计算网络计划图　　图 12-52　新的网络计划图

2）计算各工作费用

$$\Delta C_{1-2}=\frac{CC_{1-2}-CN_{1-2}}{DN_{1-2}-DC_{1-2}}=\frac{2000-1500}{6-4}\text{元/d}=250\ \text{元/d}$$

其他工作费用率同理均按式（12-105）计算，将计算结果标注在如图 12-52 所示中的箭线上方。

3）找出关键线路上工作费用率最低的关键工作。在图 12-53 中关键线路为①—③—④—⑥，工作费用率最低的关键工作是④—⑥。

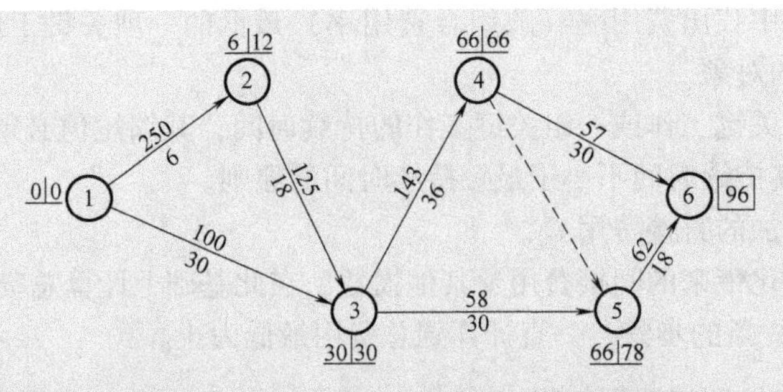

图 12-53 按新的网络计划确定关键线路图

4）缩短工作的持续时间。其原则是原关键线路不能变为非关键线路，并且工作缩短后的持续时间不小于最短持续时间。

已知关键工作④—⑥的持续时间可以缩短 14d，由于工作⑤—⑥的总时差只有 12d，因此第一次缩短只能是 12d，工作④—⑥的持续时间应改为 18d，如图 12-54 所示。计算第一次缩短工期后增加的费用 C_1 为

$$C_1 = 57\times12\ 元 = 684\ 元$$

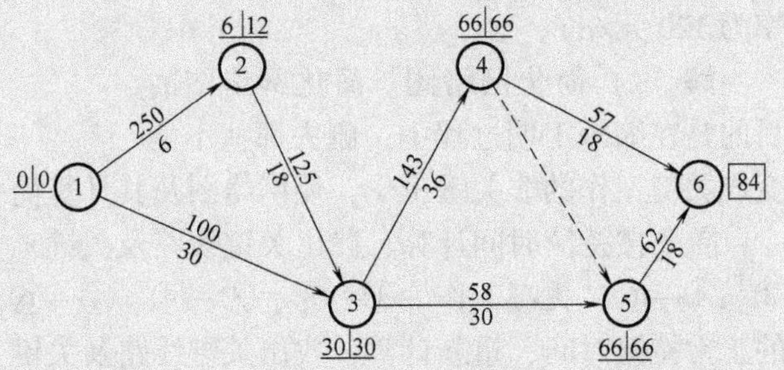

图 12-54 第一次工期缩短的网络计划图

通过第一次缩短后，在图 12-54 中，关键线路变成两条，即①—③—④—⑥和①—③—④—⑤—⑥。若继续缩短，则两条关键线路的长度必须缩短为同一值。为了减少计算次数，关键工作①—③、④—⑥、⑤—⑥都缩短时间，工作④—⑥持续时间只能允许再缩短 2d，故将工作④—⑥和⑤—⑥的持续时间同时缩短 2d。工作①—③持续时间可以允许缩短 10d，但考虑到工作①—②和②—③的总时差有 6d（12-0-6=6 或 30-18-6=6），因此工作①—③持续时间短 6d，共计缩短 8d，计算第二次缩短工期后增加的费用 C_2 为

$$C_2 = C_1 + 100\times6\ 元 + (57+62)\times2\ 元 = 1522\ 元$$

第三次缩短：如图 12-55 所示，工作④—⑥不能再压缩，关键工作③—④的持续时间缩短 6d，因工作③—⑤的总时差为 6d（60-30-24=6），计算第三次缩短工期后，增加的费用为 C_3

$$C_3 = C_2 + 143\times6\ 元 = 1522\ 元 + 858\ 元 = 2380\ 元$$

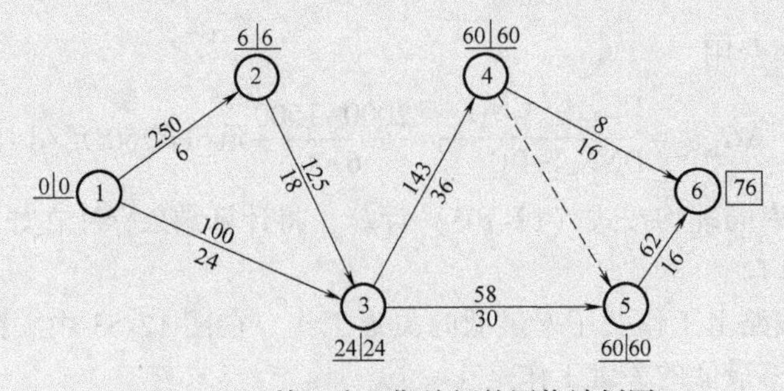

图 12-55 第二次工期缩短的网络计划图

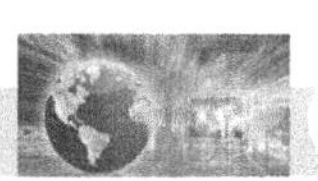

第四次缩短：如图 12-56 所示，因为工作③—④最短的持续时间为 22d，所以工作③—④和③—⑤的持续时间可以同时缩短 8d，则第四缩短工期后增加的费用 C_4 为

$$C_4=C_3+(143+58)\times8\text{ 元}$$
$$=2380\text{ 元}+201\times8\text{ 元}=3988\text{ 元}$$

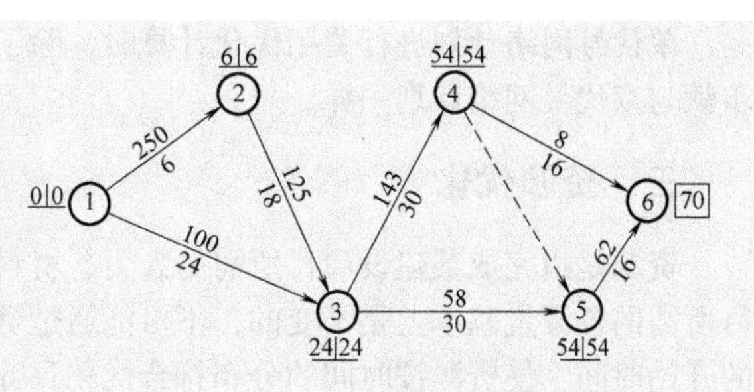

图 12-56　第三次工期缩短的网络计划图

第五次缩短：如图 12-57 所示，关键线路有 4 条，只能在关键工作①—②、①—③、②—③中选择，只有缩短工作①—③和②—③持续时间 4d。工作①—③的持续时间已经达到最短，不能再缩短，经过五次缩短工期，不能再减少了，第五次缩短工期后共增加费用 C_5 为

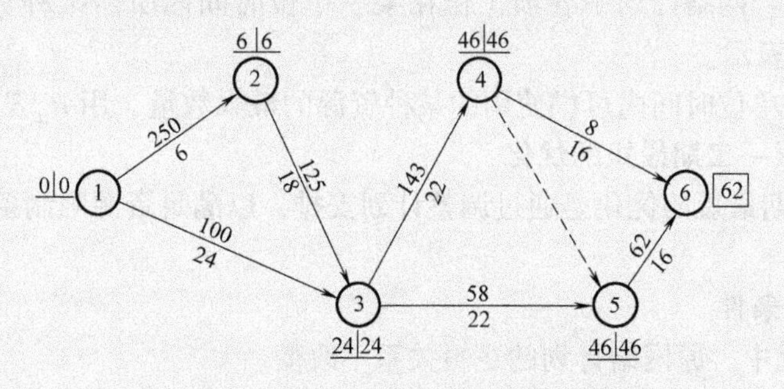

图 12-57　第四次工期缩短的网络计划图

$$C_5=C_4+(125+100)\times4\text{ 元}=3988\text{ 元}+900\text{ 元}=4888\text{ 元}$$

考虑到不同工期增加费用及间接费用（表 12-8）的影响，选择其中费用最低的工期作为优化的最佳方案，如图 12-58 所示。

表 12-8　不同工期组合费用表　　（单位：元）

不同工期	96	84	76	70	62	58
增加直接费用	0	684	1522	2380	3988	4888
间接费用	11520	10080	9120	8400	7440	6960
合计费用	11520	10764	10642	10780	11428	11848

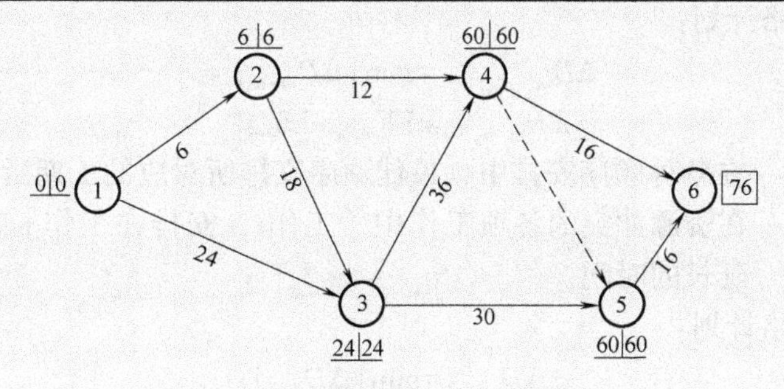

图 12-58　费用最低网络计划图

单代号网络计划进行费用优化计算时，除了各工作费用率按式（12-106）计算外，其他步骤与双代号网络计划一样。

三、资源优化

资源是指完成某建设项目所需的人力、材料、机械设备和资金等的统称。完成某建设项目所需的资源量基本上是不变的，不可能通过资源优化将其减少。资源优化是通过改变工作的开始时间，使资源按时间的分布符合优化目标。如在资源有限时如何使工期最短，当工期一定时如何使资源均衡。

资源优化中的常用术语如下：

① 资源强度：一项工作在单位时间内所需的某种资源数量。工作 i–j 的资源强度用 r_{i-j} 表示。

② 资源需用量：网络计划中各项工作在某一单位时间内所需某种资源数量之和。第 t 天资源需用量用 R_t 表示。

③ 资源限量：单位时间内可供使用的某种资源的最大数量，用 R_a 表示。

（一）资源有限—工期最短的优化

资源有限—工期最短的优化是通过调整计划安排，以满足资源限制条件，并使工期拖延最少的过程。

1. 优化的前提条件

1）在优化过程中，原网络计划的逻辑关系不改变。

2）在优化过程中，网络计划的各工作持续时间不改变。

3）除规定可中断的工作外，一般不允许中断工作，应保持其连续性。

4）各工作每天的资源需要量是均衡、合理的，在优化过程中不予变更。

2. 优化步骤

1）计算网络计划每“时间单位”的资源需用量。

2）从计划开始日期起，逐个检查每个“时间单位”资源需用量是否超过资源限量 R_a，如果在整个工期内都是 $R_t \leqslant R_a$，则可行优化方案就编制完成。若发现 $R_t > R_a$，则必须进行计划调整。

3）分析超过资源限量的时段（每“时间单位”资源需用量相同的时间区段），计算工期增量，确定新的安排顺序。调整计划时，应该对资源冲突的各项工作做新的顺序安排。顺序安排的选择标准是工期延长时间最短，其值应该按下列公式计算：

① 对双代号网络计划：

$$\Delta D_{m'-n',i'-j'} = \min\{\Delta D_{m-n,i-j}\} \tag{12-107}$$

$$\Delta D_{m-n,i-j} = \mathrm{EF}_{m-n} - \mathrm{LS}_{i-j} \tag{12-108}$$

式中 $\Delta D_{m'-n',i'-j'}$——在各种顺序安排中，最佳顺序安排所对应的工期延长时间的最小值；

$\Delta D_{m-n,i-j}$——在资源冲突的各项工作中，工作i，安排在工作 m 之后进行，工期所延长的时间。

② 对单代号网络计划：

$$\Delta D_{m',i'} = \min\{\Delta D_{m,i}\} \tag{12-109}$$

$$\Delta D_{m,i} = \mathrm{EF}_m - \mathrm{LS}_i \tag{12-110}$$

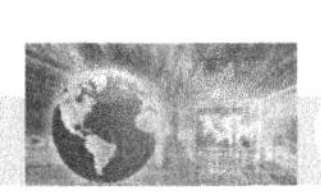

式中　$\Delta D_{m',i'}$——在各种顺序安排中，最佳顺序安排所对应的工期延长时间的最小值；

$\Delta D_{m,i}$——在资源冲突的各项工作中，工作 i 安排在工作 m 之后进行，工期所延长的时间。

4）当最早完成时间 $EF_{m'-i'}$ 或 $EF_{m'}$ 最小值和最迟开始时间 $LS_{i'-j'}$ 或 $LS_{i'}$ 最大值同属一个工作时，应找出最早完成时间为次小、最迟开始时间为次大的工作，分别组成两个顺序方案，再从中选取较小者进行调整。

5）绘制调整后的网络计划，重复以上步骤，直到满足要求。

【例 12-7】　已知网络计划如图 12-59 所示，图中箭线上方为工作资源强度，箭线下方为持续时间。若资源限量为 $R_a=12$，试对其进行资源有限—工期最短的优化。

解：1）计算每日资源需用量，如图 12-60 所示。至第 4 天，$R_4=13>R_a=12$，故需要进行调整。

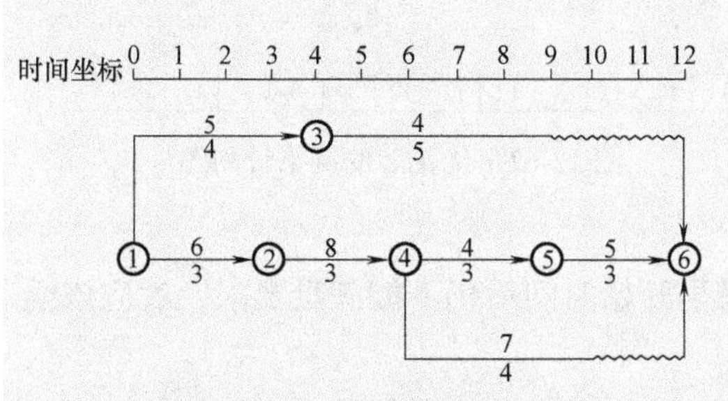

图 12-59　初始网络计划图

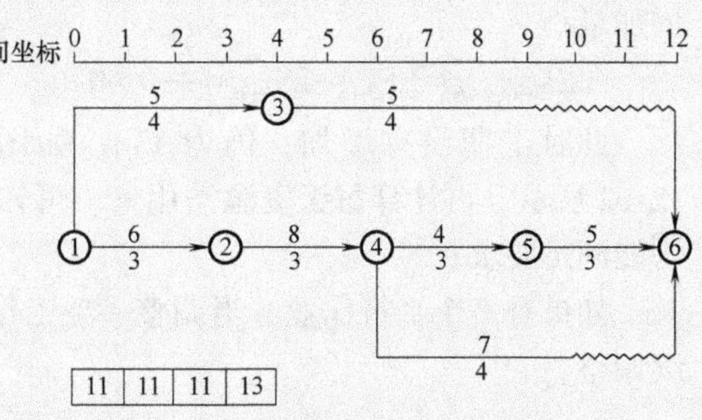

图 12-60　计算 R_1 至 $R_4=13>R_a=12$ 为止

2）第一次调整。资源超限时段内有工作①—③、②—④两项，分别计算 EF、LS，得

$$EF_{1-4}=4 \qquad LS_{1-3}=3$$

$$EF_{2-4}=6 \qquad LS_{2-4}=3$$

方案一：工作①—③移到②—④之后。

$$\Delta D_{2-4,1-3}=EF_{2-4}-LS_{1-3}=6-3=3$$

方案二：工作②—④移到①—③之后。

$$\Delta D_{1-3,2-4}=EF_{1-3}-LS_{2-4}=4-3=1$$

3）决定先考虑工期增加量较小的第二方案，绘出其网络计划如图 12-61 所示。

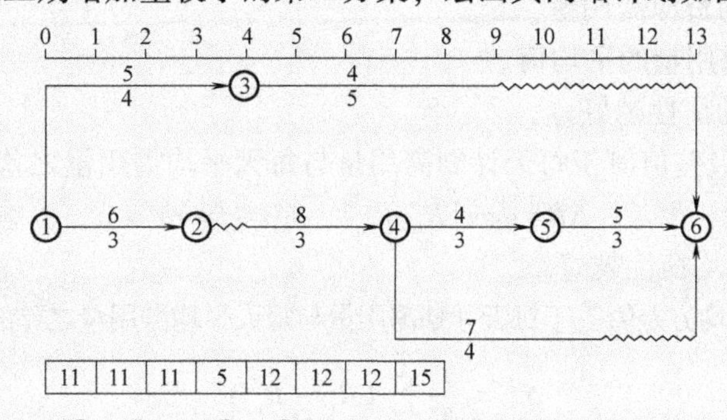

图 12-61　将②—④移到①—③之后，并检查 R_1 至第 8 天，$R_8=15>R_a=12$

4）计算资源需用量至第 8 天，$R_8=15>R_a=12$，故需要进行第二次调整。资源超限时段内的工作有③—⑥、④—⑤、④—⑥三项，分别计算 EF、LS，得

$$EF_{3-6}=9 \quad LS_{3-6}=8$$
$$EF_{4-5}=10 \quad LS_{4-5}=7$$
$$EF_{4-6}=11 \quad LS_{4-6}=9$$

根据式（12-107）和式（12-108），确定 $\Delta D_{m-n,i-j}$ 最小值，只需要找到 min $\{EF_{m-n}\}$ 和 max $\{LS_{i-j}\}$，即为最佳方案。由上面计算结果可知，min $\{EF_{m-n}\}$ 为工作③—⑥，max $\{LS_{i-j}\}$ 为工作④—⑥，则选择工作④—⑥安排在工作③—⑥之后进行，工期增加最小。

$$\Delta D_{3-6,4-6}=EF_{3-6}-LS_{4-6}=9-9=0$$

此时工期没有增加，仍为 13d，如图 12-62 所示。再计算每天资源需用量，可知均能满足要求。

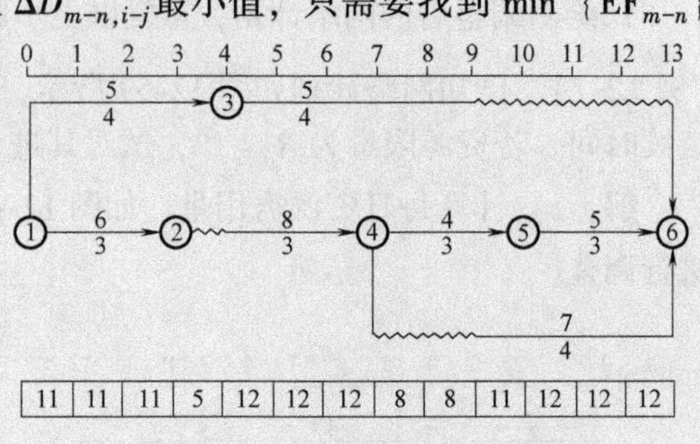

图 12-62 优化后的网络计划图

如果有多个平行作业，当调整一项工作的最早开始时间后仍不能满足要求，就应该继续调整。

（二）工期固定—资源均衡的优化

工期固定资源均衡的优化是调整计划安排，在保持工期不变的条件下，使资源需用量尽可能均衡的过程。

资源均衡也就是使各种资源需用量动态曲线尽可能不出现短时期高峰或低谷，因而可以大大减少施工现场各种临时设施的规模，从而节省施工费用。

1. 资源均衡的指标

1）不均衡系数 K。其计算公式为

$$K=\frac{R_{max}}{R_m} \tag{12-111}$$

式中 R_{max}——最大的资源需用量；

R_m——资源需用量的平均值。

K 值越小，资源均衡性越好。

2）极差值 ΔR。极差值等于每天计划需用量与每天平均需用量之差的最大绝对值，即

$$\Delta R=\max\{R_t-R_m\} \quad (0\leqslant f\leqslant r) \tag{12-112}$$

ΔR 值越小，资源均衡性越好。

3）均方差值 σ^2。均方差值等于每天计划需用量与每天平均需用量之差的平方和的平均值，即

$$\sigma^2=\frac{1}{T}\sum_{t=1}^{T}(R_t-R_m)^2 \tag{12-113}$$

σ^2 值越小，资源均衡性越好。

2. 用均方差值 σ^2 最小进行优化的基本思想

优化的基本思想是：利用网络计划初始方案，计算网络计划的自由时差，通过改善进度计划的安排，使资源动态曲线的均方差值减到最小，从而达到均衡的目的。

将式（12-113）展开

$$\sigma^2 = \frac{1}{T}\sum_{t=1}^{T}(R_t - R_m)^2$$
$$= \frac{1}{T}\sum_{t=1}^{T}(R_t^2 - 2R_tR_m + R_m^2)$$
$$= \frac{1}{T}\sum_{t=1}^{T}R_t^2 - 2\frac{1}{T}\sum_{t=1}^{T}R_tR_m + \frac{1}{T}\sum_{t=1}^{T}R_m^2$$

而 $\frac{1}{T}\sum_{t=1}^{T}R_t = R_m$，则

$$\sigma^2 = \frac{1}{T}\sum_{t=1}^{T}R_t^2 - R_m^2$$

由上式可以看出，T 及 R_m 都是常数，要都使 σ^2 为最小，只需 $\sum_{t=1}^{T}R_t^2$ 为最小值。

3. 优化步骤

1）确定关键线路及非关键工作的总时差。

2）调整顺序。调整宜自网络计划终点节点开始，从右向左逐次进行。按工作的完成节点的编号值从大到小的顺序进行调整，同一个完成节点的工作则先调整开始时间较迟的工作。在所有工作都按上述顺序自右向左进行了一次调整之后，再按上述顺序自右向左进行多次调整，直至所有工作的位置都不能再移动为止。

3）调整移动的方法。设被移动的工作为ⓚ—①，i、j分别表示工作未移动前开始和完成的那一天。如果工作ⓚ—①右移一天，则第 i 天的资源需用量将减少 r_{k-1}，而第 j+1 天的资源需用量增加 rH。这时

$$\Delta W = [(R_i - r_{k-1})^2 + (R_{j+1} + r_{k-1})^2] - [R_i^2 + R_{j+1}^2] = 2r_{k-1}(R_{j+1} - R_i + r_{k-1})$$

显然，$\Delta W<0$ 时，表示 σ^2 减小，即

$$R_{j+1} + r_{k-1} \leqslant R_i, \tag{12-114}$$

工作ⓚ—①可向右移动 1d。

当 $\Delta W>0$ 时，表示 σ^2 增加，不能向右移 1d。此时，还要考虑右移多天（在总时差允许的范围内），计算各天的 ΔW 的累计值 $\sum\Delta W$，如果 $\sum\Delta W\leqslant 0$，则将工作右移至相应天数。

【例 12-8】 已知网络计划如图 12-63 所示，图中箭线上方为资源强度，箭线下方为持续时间。试对其进行工期固定—资源均衡的优化。

解：1）绘出时标网络计划，算出资源需用量，并标注在网络计划的下方，如图 12-64所示。

2）计算初始网络计划的不均衡系数

$$R_m = \frac{3\times14+19+15+8+4\times12+9+3\times5}{14} = 11.14$$

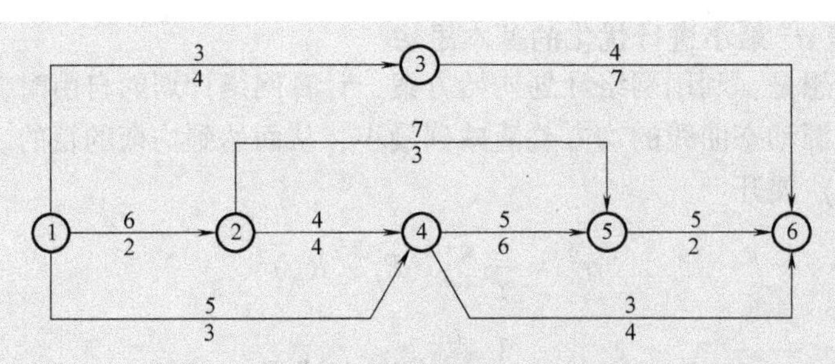

图 12-63　初始网络计划图

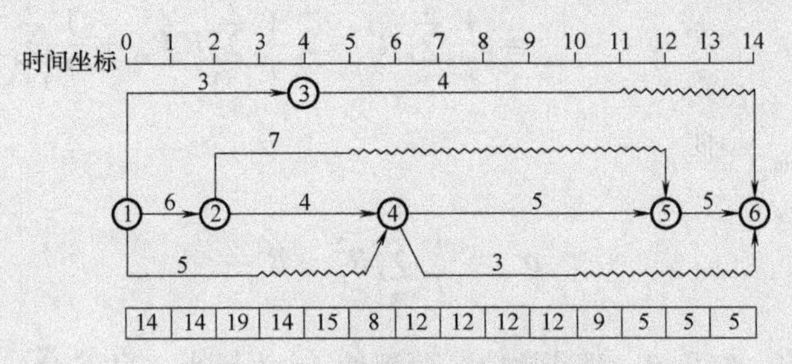

图 12-64　初始时标网络计划图

$$K=\frac{R_{\max}}{R_{\mathrm{m}}}=\frac{19}{11.14}=1.71$$

3）第一次调整

① 以节点⑥为网络计划终点节点的工作有③—⑥、④—⑥、⑤—⑥，而工作⑤—⑥为关键工作，因而只能调整工作③—⑥、④—⑥，又因工作④—⑥的开始时间较工作③—⑥迟，先调整工作④—⑥。

$R_{11}+r_{4-6}=9+3=12=R_7=12$，可右移 1d；

$R_{12}+r_{4-6}=5+3=8<R_8=12$，可右移 1d；

$R_{13}+r_{4-6}=5+3=8<R_9=12$，可右移 1d；

$R_{14}+r_{4-6}=5+3=8<R_{10}=12$，可右移 1d。

至此，工作④—⑥的总时差已经用完，不能再右移。工作④—⑥调整后的网络计划如图 12-65 所示，然后对工作③—⑥进行调整。

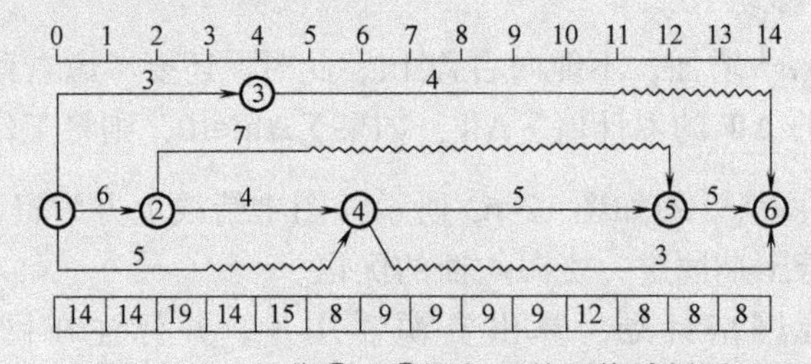

图 12-65　工作④—⑥调整后的网络计划图

$R_{12}+r_{3-6}=8+4=12<R_5=15$，可右移 1d；

$R_{13}+r_{3-6}=8+4=12>R_6=8$，不能右移 1d；

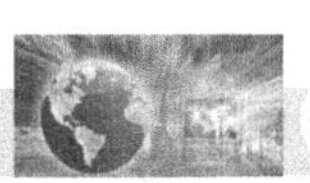

$R_{14}+r_{3-6}=8+4=12>R_7=9$，不能右移。

工作③—⑥调整后的网络计划如图 12-66 所示。

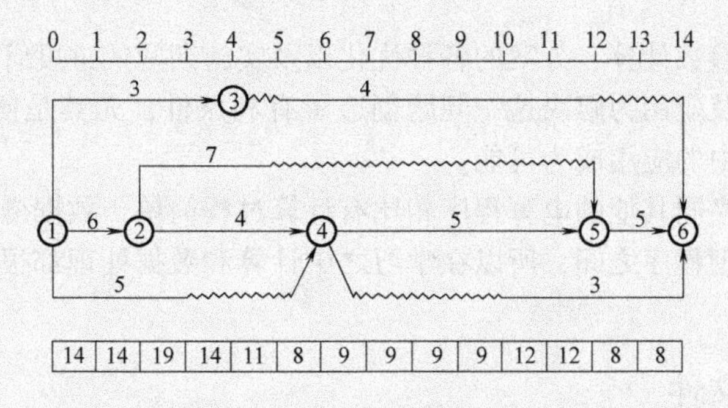

图 12-66　工作③—⑥调整后的网络计划图

② 以节点⑤为完成节点的工作有④—⑤、②—⑤，而工作④—⑤为关键工作，只能调整工作②—⑤。

$$R_6+r_{2-5}=8+7=15<R_3=19,\text{可右移 1d}$$

$$R_7+r_{2-5}=9+7=16>R_4=14,\text{不能右移 1d}$$

$$R_8+r_{2-5}=9+7=16>R_5=11,\text{不能右移 1d}$$

$$R_9+r_{2-5}=9+7=16>R_6=8,\text{不能右移 1d}$$

工作②—⑤调整后的网络计划如图 12-67 所示。

③ 分别对以节点④、③、②为完成节点的工作进行调整，可以看出，都不能右移。

④ 第二次调整。

对以节点⑥为完成节点的工作③—⑥进行调整。

$$R_{13}+r_{3-6}=8+4=12<R_6=15,\text{可右移 1d}$$

$$R_{14}+r_{3-6}=8+4=12>R_7=9,\text{不能右移 1d}$$

至此，工作③—⑥的总时差已经用完，不可能再右移。以其他节点为完成节点的工作都不能右移，因而工作③—⑥调整后的网络计划则为优化后的网络计划，如图 12-68 所示。

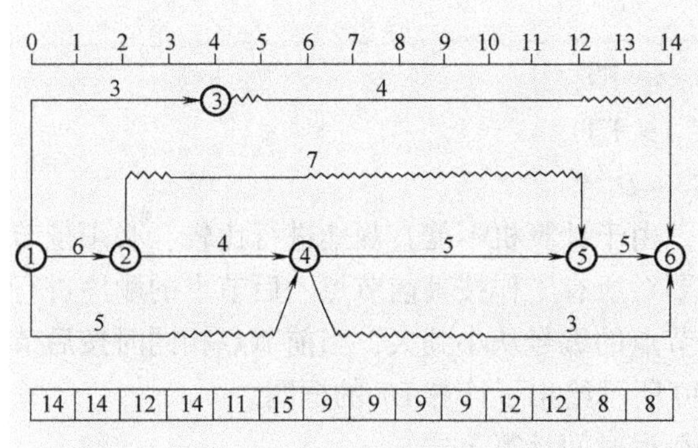

图 12-67　工作②—⑤调整后的网络计划图

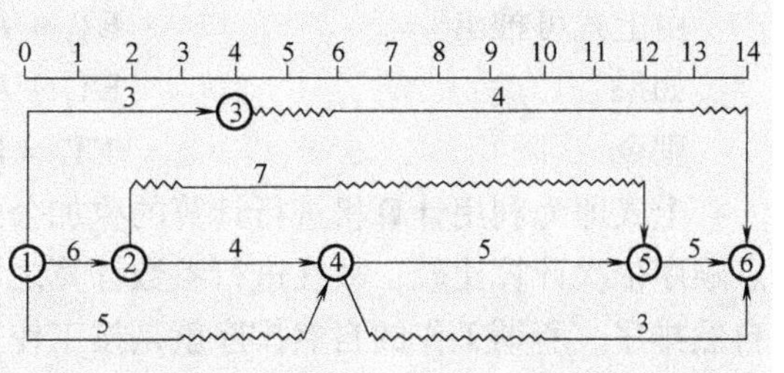

图 12-68　工作③—⑥调整后的优化网络计划图

第七节　网络计划的电算方法

网络计划的时间参数计算、方案的各种优化以及实施期间的进度管理都需要大量的重复计算，而计算机的普及应用为解决这一问题创造了有利条件，尤其是便携式计算机的出现，使得网络电算在企业中的应用成为可能。

网络计划电算程序同其他的电算程序相比有计算过程简单、数据变量较多的特点，它介于计算程序和数据处理程序之间，所以在学习之中计算和数据处理都很重要，希望引起足够的重视。

一、建立数据文件

如前所述，一个网络计划是由多个工作组成的，一个工作又由若干个数据来表示，所以网络计划的时间参数计算过程很大程度是在进行数据处理。为了计算上的方便，也为了便于数据的检查，有必要建立数据文件。数据文件就是用来存放原始数据的。

为了使用上的方便，建立数据文件的程序时，不但要考虑到学过计算机语言的人使用，而且要考虑到没学过计算机语言的人使用，可以利用人机对话的优点，进行一问一答的交换信息。这个过程实现起来并不复杂。其电算过程如图 12-69 所示。

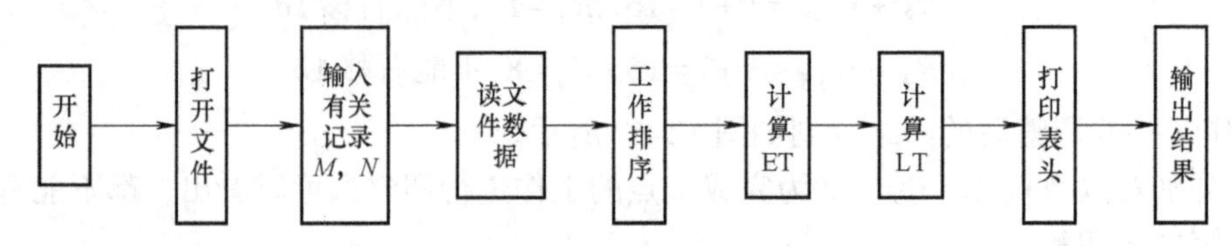

图 12-69　网络计划电算过程

二、计算程序

网络时间参数计算程序的关键就是确定其计算公式，用迭代公式进行计算。由前面网络计算公式可知，尽管网络时间参数较多，但其关键的两个参数 ET、LT 确定之后，其余参数都可据此算出，所以其计算法中关键就是 ET、LT 两个参数的计算。其中

$$\mathrm{ET}_j = \max(\mathrm{ET}_j + D_{i,j})$$

式中，$D_{i,j}$ 为工作 i—j 的持续时间。

由上式可推出　　$\mathrm{ET}_j + D_{i,j} \leqslant \mathrm{ET}_j$

如果　　$\mathrm{ET}_j + D_{i,j} > \mathrm{ET}_j$

则令　　$\mathrm{ET}_j = \mathrm{ET}_i + D_{i,j}$

上式即为利用计算机进行计算的叠加公式。由于计算机不能直观地进行比较，必须依节点顺序依次计算比较，故在进行参数计算之前要对所有工作按其前节点、后节点的顺序进行自然排序。所谓工作的自然排序就是按工作前节点的编号从小到大，当前节点相同时按后节点的编号从小到大进行排列的过程。如图 12-70 所示给出了计算 ET 的框图。

同样，由网络的计算公式可以得出节点的最迟时间计算公式

$$\mathrm{LT}_i = \min(\mathrm{LT}_j - D_{i,j})$$

由上式可推出 $LT_j - D_{i,j} \geqslant LT_i$

如果 $LT_j - D_{i,j} < LT_i$

则令 $LT_j = LT_j - D_{i,j}$

从上述两个公式看出，在迭代过程中，ET 值不断增大，LT 值不断减少，这也正符合其原有的计算规律。值得提出的是，因 LT 值是由小到大，故开始计算时，对所有节点的 ET 值赋初值，都令其等于零。而 LT 是由大到小，故所有节点的 LT 初值都要赋予一个较大的值，为了计算上的方便，一般将后一个节点的 ET 赋值给它，因在网络中，终结点的 LT 值一般都为最大值。图 12-71 和图 12-72 给出了有关网络时间参数计算整个过程的框图。

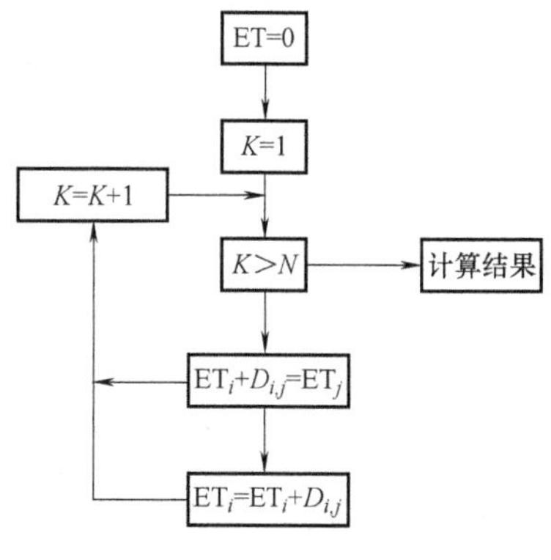

图 12-70　ET 的框图

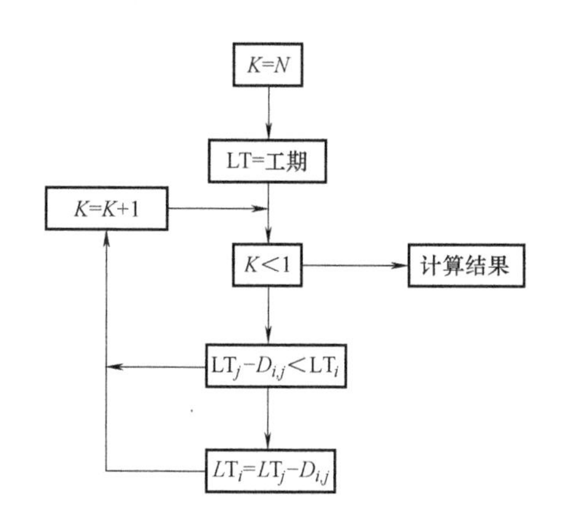

图 12-71　LT 值计算框图

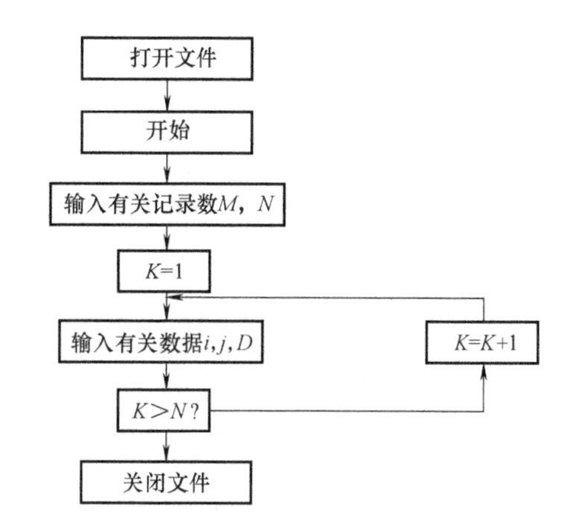

图 12-72　网络时间参数计算过程框图

三、输出部分

计算结果的输出也是程序设计的主要部分。首先要解决输出的表格形式。目前输出的表格形式一种是采用横道图形式，另一种是直接用表格形式，输出相应的各时间参数值。无论什么总是先要设计好格式，用 TAB 语句或 PRINTUSING 语句等严格控制好打印、换行的位置。本节中介绍的输出形式见表 12-9。

表 12-9　计算结果的输出形式

I!	J!	D!	T^{ES}!	T^{EF}!	T^{LS}!	T^{LF}!	F^{F}!	T^{T}!	CP
1	2	3	0	3	1	4	0	1	
1	3	4	0	4	0	4	0	0	!!!
	4	3	3	6	7	10	4	4	
3	4	6	4	10	4	10	0	0	!!!

注：CP 为关键线路；有“!!!”号即为关键线路，否则为非关键线路。

第八节　工程应用案例

【背景材料】

某单位办公楼工程为五层现浇框架结构，建筑面积为4200m^2，建筑总长度为39.20m，宽度为14.80m，层高为3.00m，总高为16.20m。钢筋混凝土条形基础，主体为现浇框架结构，围护墙为空心砖砌筑，室内底层地面为缸砖，标准层地面面层均为地板砖，内墙、顶棚为中级抹灰，面层为涂料，外墙镶贴面砖，屋面采用柔性防水。

一、网络计划技术在土木工程管理中的应用程序

（一）准备阶段

1. 确定网络计划目标

在编制网络计划时，首先应根据需要选择确定网络计划的目标。常见的有以下几种目标：时间目标，时间—资源目标，时间—成本目标。

2. 调查研究

为了使网络计划科学而切合实际，计划编制人员应通过调查研究，拥有足够的、准确的各种资料。其调查研究的内容主要包括：

1）项目有关的工作任务、实施条件、设计数据等资料。

2）有关定额、规程、标准、制度等。

3）资源需求和供应情况。

4）有关经验、统计资料和历史资料。

5）其他有关技术经济资料。

调查研究可使用以下几种方法：实际观察、测量与询问；会议调查；查阅资料；计算机检索；信息传递；分析预测。通过对调查的资料进行综合分析研究，就可掌握项目全貌及其间的相互关系，从而预测项目的发展，变化规律。

3. 工作方案设计

在计划目标已确定和调查研究的基础上，就可进行工作方案设计，其主要内容包括：

1）确定施工（生产）顺序。

2）确定施工（生产）方法。

3）选择需用的机械设备。

4）确定重要的技术政策或组织原则。

5）对施工中的关键问题的技术和组织措施的制订。

6）确定采用网络图的类型。

4. 进行工作方案设计时应遵循的基本要求

1）尽可能减少不必要的步骤，在工序分析基础上，寻求最佳程序。

2）工艺应达到技术要求，并保证质量和安全。

3）尽量采用先进技术和先进经验。

4）组织管理分工合理、职责明确，充分调动全员积极性。

5）有利于提高劳动生产率，缩短工期，降低成本和提高经济效益。

（二）绘制网络图

1. 项目分解

根据网络计划的管理要求和编制需要，确定项目分解的粗细程度，将项目分解为网络计划的基本组成单元——工作。

2. 逻辑关系分析

逻辑关系分析就是确定各项工作开始的顺序、相互依赖和相互制约关系。它是绘制网络图的基础。在逻辑关系分析时，主要应分析清楚工艺关系和组织关系两类逻辑关系，列出项目分解和逻辑关系表。

3. 绘制网络图

根据所选定的网络计划类型以及项目分解和逻辑关系表，就可进行网络图的绘制。

（三）时间参数计算

按照网络计划的类型不同，根据相应的方法，即可计算出所绘网络图的各项时间参数，并确定出工期、关键工作、关键线路。

（四）编制可行性网络计划

1. 检查与调整

上述网络计划时间参数计算完后，应进行检查：工期是否符合要求；资源配置是否符合资源供应条件；成本控制是否符合要求。如果工期不满足要求，则应采取适当措施压缩关键工作的持续时间，当仍不能满足要求时，则需改变工作方案的组织关系进行调整；当资源强度超过供应可能时，则应调整非关键工作使资源降低。在总时差允许范围内，在工艺允许前提下，灵活安排非关键工作，如延长其持续时间、改变开始及完成时间或间断进行等。

2. 编制可行网络计划

对网络计划进行检查与调整之后，必须计算时间参数。根据调整后的网络图和时间参数，重新绘制网络计划，即可行网络计划。

（五）网络计划优化

可行网络计划一般需进行优化，方可编制正式网络计划，当无优化要求时，可行网络计划即可作为正式网络计划。

（六）网络计划的实施

1. 网络计划的贯彻

正式网络计划报请有关部门审批后，即可组织实施。一般应组织宣讲，进行必要的培训，建立相应的组织保证体系，将网络计划中的每一项工作落实到责任单位。作业性网络计划必须落实到责任者，并制订相应的保证计划实施的具体措施。

2. 计划执行中的检查和数据采集

为了对网络计划的执行进行控制，必须建立健全相应的检查制度和执行数据。建立有关数据库，定期、不定期或随机地对网络计划执行情况进行检查并收集和处理有关信息数据。其检查的主要内容有：关键工作的进度、非关键工作的进度及时差利用；工作逻辑关系的变化情况；资源状况；成本状况；存在的其他问题。对检查结果和收集反馈的有关数据应进行分析，抓住关键，及时制订对策。

对网络计划在执行中发生的偏差，应及时予以调整，从而保证计划的顺利实施。计划调整的内容常见的有：工作持续时间的调整；工作项目的调整；资源强度的调整，成本控制。

其调整工作可按以下步骤进行：

1）根据计划执行中检查记录和收集反馈的有关数据的分析结果，确定调整对象和目标。

2）选择适当调整方法，设计调整方案。

3）对调整方案进行评价和决策。

4）确定调整后付诸实施的新的网络计划。

（七）网络计划的总结分析

为了不断积累经验，提高计划管理水平，应在网络计划完成后及时进行总结分析，并形成相应制度。总结分析资料应连同网络计划一起，作为档案资料保存。总结分析的内容一般包括：

1）各项目标的完成情况，包括时间目标、资源目标、成本目标等的完成情况。

2）计划工作中的问题及原因分析。

3）计划工作中的经验总结分析。

4）提高计划工作水平的措施总结等。

二、施工劳动量计算

该办公楼工程的基础、主体结构工程均分为三段组织流水施工，屋面工程不分段，内装修工程按每层划分为一个流水段，外装修工程按自上而下顺序一次完成。其劳动量见表 12-10。

表 12-10　某单位办公楼工程劳动量一览表

分部分项名称		劳动量/工日	工作持续天数	每天工作班数	每班工人数
基础工程	基础挖土	300	15	1	20
	基础垫层	45	3	1	15
	基础现浇混凝土	567	18	1	30
	基础墙（素混凝土）	90	6	1	15
	基础及地坪回填土	120	6	1	20
主体工程	柱筋	178	4.5	1	8
	柱、梁、板模板（含梯）	2085	21	1	20
	柱混凝土	445	3	1.5	20
	梁板筋（含梯）	450	7.5	1	12
	梁板混凝土（含梯）	1125	3	3	20
	砌墙（窗柜）	2596	25.5	1	25
	拆模	671	10.5		20
	搭架子	360			6
屋面工程	屋面防水	105	7.5	1	15
	屋面隔热	240	12	1	20
装饰工程	外墙粉刷	450	15	1	30
	安装门窗扇	60	5	1	12
	顶棚粉刷	300	10	1	30

（续）

分部分项名称		劳动量/工日	工作持续天数	每天工作班数	每班工人数
装饰工程	内墙粉刷	600	20	1	30
	楼地面、楼梯、扶手粉刷	450	15	1	30
	涂料	50	5	1	10
	油玻	75	7.5	1	10
	水电安装		3	1	10
	拆脚手架、井架		2	1	6
	扫尾			1	

三、绘制办公楼工程的网络计划

办公楼工程的网络计划如图 12-73 所示。

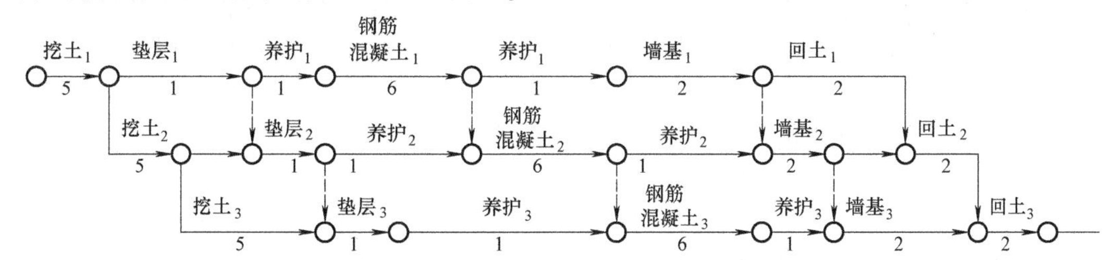

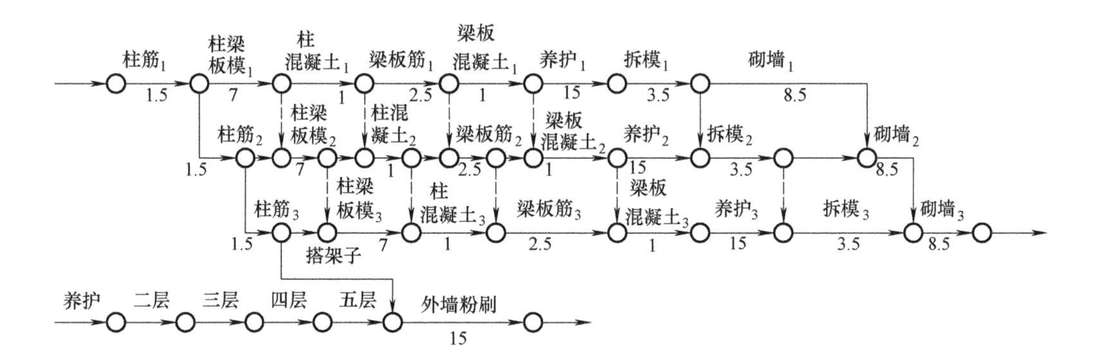

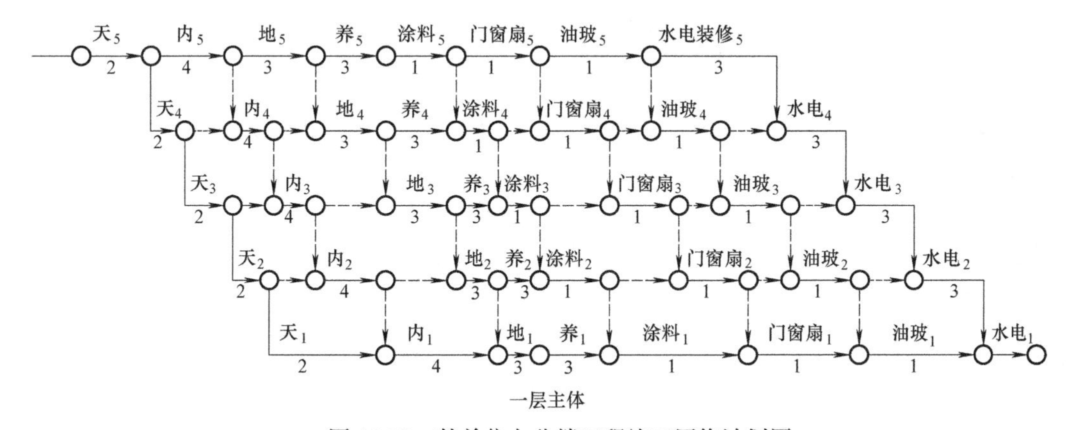

图 12-73　某单位办公楼工程施工网络计划图

注：二~五层主体同一层。

复习思考题

1. 网络图与横道图比较各有哪些优缺点？
2. 在双代号网络计划中虚工作如何表示？有什么作用？
3. 简述绘制双代号网络图的基本规则。
4. 双代号网络图组成基本要素有哪些？简述各要素的含义。
5. 双代号网络计划时间参数计算包括哪些内容？
6. 时差有哪几种？它们各有何作用？
7. 什么是关键工作和关键线路？如何确定？
8. 单代号网络计划如何表示？单代号网络计划时间参数如何计算？
9. 单代号网络图与双代号网络图的区别是什么？
10. 与普通网络计划相比较，双代号时间坐标网络计划有什么优点？如何绘制？
11. 什么是单代号搭接网络计划？有哪些搭接关系？单代号搭接网络计划时间参数如何计算？
12. 什么是网络计划优化？优化内容包括哪些？如何进行优化？

习　题

1. 试指出图 12-74 所示网络图中的错误，并指明错误原因。

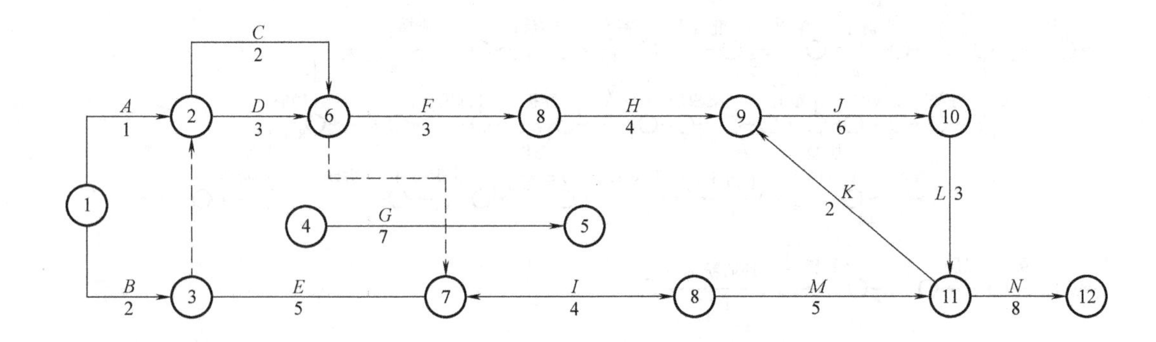

图 12-74　习题 1 图

2. 根据表 12-11 中各项工作之间的逻辑关系绘制双代号网络图，并进行时间参数的计算，标出关键线路。

表 12-11　各项工作之间的逻辑关系（一）

工作名称	A	B	C	D	E	F	G	H	I	J	K	L	M
紧前工作	—	A	A	A	B	C	B、C、D	F、G	E	E、G	I、J	H、I、J	K、L
持续时间	3	5	3	5	4	5	4	3	4	3	2	3	2

3. 根据表 12-12 中各项工作之间的逻辑关系绘制单代号网络图，并进行时间参数的计算，标出关键线路。

表 12-12　各项工作之间的逻辑关系（二）

工作名称	A	B	C	D	E	F	G	H	I	J	K
紧前工作	—	A	A	B	B	E	A	D、C	E	F、G、H	I、J
紧后工作	B、C、G	D、E	H	H	F、I	J	J	J	K	K	—
持续时间	2	3	5	2	4	3	2	5	2	3	1

4. 根据表 12-13 中各项工作之间的逻辑关系，按最早时间绘制双代号时间坐标网络图，并进行时间参数的计算，标出关键线路。

表 12-13　各项工作之间的逻辑关系（三）

工作名称	A	B	C	D	E	F	G	H	I
紧前工作	—	—	A	B	B	A、D	E	C、E、F	G
持续时间	2	5	3	5	2	5	4	5	2

5. 已知双代号网络计划如图 12-75 所示，图中箭线下方括号外的数字为正常持续时间，括号内的数字为最短持续时间，箭线上方括号内的数字为考虑各种因素后的优先选择系数。假定要求工期为 12d，试对其进行工期优化。（工作②—③和④—⑤持续时间都是 1d，不能再压缩。）

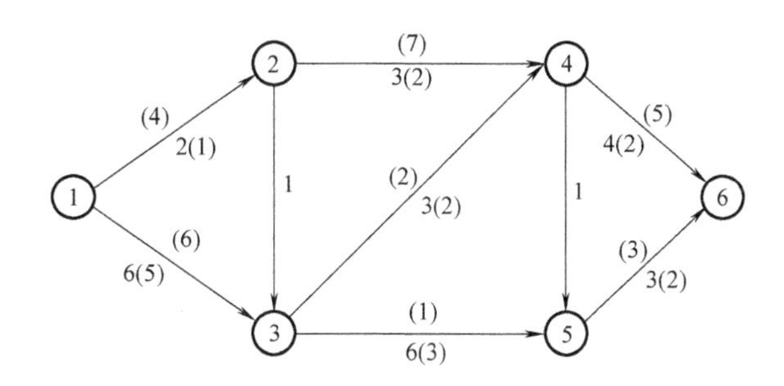

图 12-75　习题 5 图

6. 已知网络计划如图 12-76 所示，图中箭线上方为工作的正常费用和最短时间的费用（以千元为单位），箭线下方为工作的正常持续时间和最短的持续时间。试对其进行费用优化（已知间接费率为 150 元/d）。

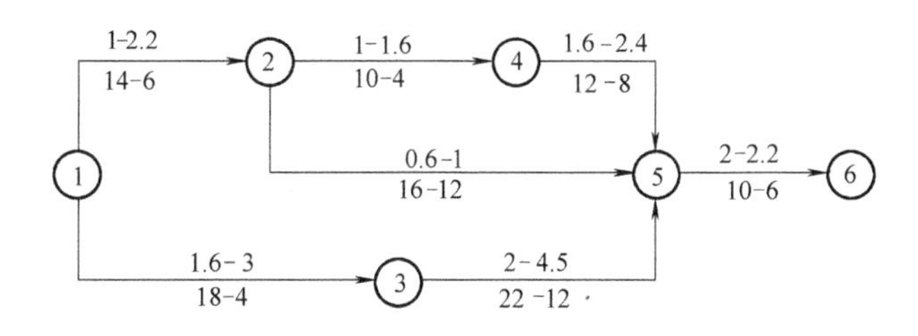

图 12-76　习题 6 图

7. 如图 12-77 所示，图中箭线上方的数据为资源强度，箭线下方的数据为工作持续时间。若资源限量为 $R_a=14$，试对其进行资源有限—工期最短的优化。

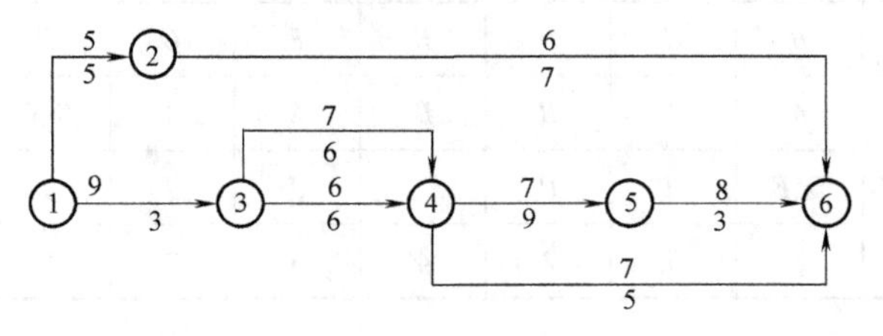

图 12-77　习题 7 图

第十三章

施工组织概论

建筑工程施工组织是研究和编制建筑安装工程施工全过程，使之达到经济、合理的方法和途径。它是根据不同工程施工的复杂程度来研究工程建设的统筹安排和系统管理的客观规律的一门学科。

现代建筑工程是许许多多施工过程的组合体，每一种施工过程都能用多种不同的方法和机械来完成。即使是同一种工程，由于地理位置、气候条件及其他相关因素的影响，所采用的方法也不同。因此，施工组织者要针对不同工程，运用一定的科学方法来解决建筑施工组织的问题，找到最合理的施工方法和组织方法，就必须根据建筑产品生产的技术经济特点，以及国家基本建设方针和各项具体的技术规范、规程、标准，提供各阶段的施工准备工作内容，对人、资金、材料、机械和施工方法等进行统筹安排，协调施工中各专业施工单位、各工种、资源与时间之间的合理关系，使工程达到质量优、成本低、速度快的目标。

第一节　施工准备工作

施工准备工作是指在施工前，为拟建工程的正式施工创造必要的技术、物质、人力、组织等条件而事先必须做好的各项工作，以使工程达到加快工程进度、提高工程质量和降低工程成本的目的。无论是整个建设项目或单项工程，还是其中任何一个单位工程，甚至是单位工程中的分部、分项工程，在开工之前，都必须进行必要的施工准备。

施工准备工作是施工阶段必须经历的一个重要环节，是组织建筑工程施工的客观规律的要求，其根本任务是为正式施工创造良好的条件。没有做好必要的准备就贸然施工，必然会导致施工现场混乱、物资浪费、停工待料、工程质量不符合要求、工期延长等现象的发生，甚至出现安全事故。因此，开工前必须做好必要的施工准备工作，研究和掌握工程特点及工程施工的进度要求，摸清施工的客观条件，合理部署施工力量，从技术上、组织上、人力、物力等各方面为施工创造必要条件。认真细致地做好准备工作，对加快施工速度，保证工程质量与施工安全，合理使用材料，增加工程效益等方面起着重要的作用。

一、施工准备工作的分类

（一）按工程项目准备工作的规模与范围分类

1. 全场性施工准备

全场性施工准备是以整个建筑工地为对象进行的各项施工准备，其目的和内容都是为全场性施工服务的。全场性施工准备也可称为施工总准备，它不仅要为全场性的施工活动创造有利条件，还要兼顾单位工程施工条件的准备。

2. 单位工程施工条件准备

单位工程施工条件准备是以一个建筑物或构筑物为对象而进行的施工准备，其目的和内容都是为该单位工程服务的，它既要为单位工程做好开工前的一切准备，又要为其分部（分项）工程施工进行作业条件的准备。

3. 分部（分项）工程作业条件准备

分部（分项）工程作业条件准备是以一个分部（分项）工程或冬雨期施工工程为对象而进行的作业条件准备。

（二）按工程项目所处的施工阶段分类

1. 开工前的施工准备

开工前的施工准备是在拟建工程正式开工前所进行的一切施工准备，其目的是为工程正式开工创造必要的施工条件。它既包括全场性的施工准备，又包括单位工程施工条件的准备，带有全局性和总体性。

2. 开工后的施工准备

开工后的施工准备是在拟建工程开工后，每个施工阶段正式开始之前所进行的施工准备，带有局部性和经常性。如一般建筑工程的施工，通常分为基础工程、主体结构工程及装饰工程等施工阶段，其各个阶段的施工内容不同，其所需物资设备供应条件、技术条件、组织要求和现场布置等方面也不同。因此，必须做好相应的施工准备。

二、施工准备工作的内容

工程项目施工准备工作的内容，根据工程的规模、建设的地点及相应的具体条件的不同而不同。一般工程项目的施工准备工作内容包括：调查研究收集资料、技术资料准备、施工现场准备、物资准备、施工人员准备和季节性施工准备等。

（一）调查研究收集资料

收集研究与施工活动有关的资料，可使施工准备工作有的放矢，避免盲目性。有关施工资料的调查收集可归纳为自然条件的调查收集和技术经济条件的调查收集两部分内容。自然条件是指通过自然力活动而形成的与施工有关的条件，如地形地貌、工程地质、水文地质及气象条件等。技术经济条件是指通过社会经济活动而形成的与施工活动有关的条件，如工区供水、供电、道路交通能力，地方建筑材料的生产供应能力及建筑劳务市场的发育程度，当地民风民俗、生活供应保障能力等。

（二）技术资料准备

技术准备是根据设计图样、施工地区调查研究收集的资料，结合工程特点，为施工建立必要的技术条件而做的准备工作。

1. 熟悉和会审施工图样

熟悉和会审施工图样的主要目的是使施工单位工程技术管理人员了解和掌握工程项目的设计意图、构造特点和技术要求，为编制施工组织设计提供各项依据。通常，按图样自审、设计交底、图样会审和现场签证等几个阶段进行。图样自审是由施工单位自行组织，并做出自审记录。图样会审则由建设单位主持，设计和施工单位共同参加，形成图样会审纪要，由建设单位正式行文，三方共同会签并加盖公章，作为指导施工和工程结算的依据。现场签证

是在工程施工中，遵循技术核定和设计变更签证制度，对所发现的问题进行现场签证，作为指导施工、竣工验收和结算的依据。

2. 编制施工组织设计

施工组织设计是指导拟建工程进行施工准备和组织施工的基本技术经济文件。它的任务是要对具体的拟建工程（建筑群或单个建筑物）的施工准备工作和整个的施工过程，在人力和物力、时间和空间、技术和组织上，做出一个全面而合理的安排。有了科学合理的施工组织设计和施工准备工作，正式施工活动才能有计划、有步骤地进行。

施工组织设计是技术准备乃至整个施工准备工作的核心内容。由于建筑工程没有一个通用定型的、一成不变的施工方法，所以每个建筑工程项目都需要分别确定施工方案和施工组织方法，也就是要分别编制施工组织设计，作为组织和指导施工的重要依据。

3. 编制施工图预算和施工预算

建筑工程预算是反映工程经济效果的技术经济文件，在我国现阶段也是确定建筑工程预算造价的法定形式。建筑工程预算按照不同的编制阶段和不同的作用，可以分为设计概算、施工图预算和施工预算三种。

施工图预算是按照施工图确定的工程量、施工组织设计所拟定的施工方法、建筑工程预算定额及其取费标准编制的确定建筑安装工程造价和主要物资需要量的技术经济文件。施工预算是根据施工图预算、施工图样、施工组织设计、施工定额等文件进行编制的。它是企业内部经济核算和班组承包的依据，是编制工程成本计划的基础，是控制施工工料消耗和成本支出的依据，是企业内部使用的一种预算。

施工图预算与施工预算存在很大的区别。施工图预算是甲乙双方确定预算造价、发生经济联系的技术经济文件；而施工预算则是施工企业内部经济核算的依据。施工预算直接受施工图预算的控制。

（三）施工现场的准备

施工现场的准备即通常所说的室外准备。它是按照施工组织设计的要求进行的施工现场具体条件的准备工作，其主要内容有清除障碍物、三通一平、测量放线、搭设临时设施等。

1. 清除障碍物

施工场地内的一切障碍物，无论是地上的还是地下的，都应在开工前清除。这些工作一般是由建设单位来完成的，但也有委托施工单位来完成的。

2. 三通一平

在工区范围内，接通施工用水、用电、道路和平整场地的工作简称为“三通一平”。有的工地如果还需要供应蒸汽，架设热力管线，称为“热通”；通压缩空气，称为“气通”；通电话作为联络通信工具，称为“话通”；还可能因为施工中的特殊要求，有其他的“通”，但最基本的、对施工现场施工活动影响最大的还是水通、电通、道路通等“三通”。

平整施工场地清除障碍物后，即可进行场地平整工作。场地平整工作是根据建筑施工总平面图规定的标高，通过测量，计算出填挖土方工程量，设计土方调配方案，组织人力或机械进行平整工作。

3. 测量放线

测量放线的任务是把施工图上所设计好的拟建物及管线等测设到地面上或实物上，并用各种标志表现出来，以作为施工的依据。其工作的进行，一般是在土方开挖之前，通过在施

工场地内设置坐标控制网和高程控制点来实现的。这些网点的设置应视工程范围的大小和控制的精度而定。

在测量放线前，应对测量仪器进行检验和校正，熟悉并校核施工图样，了解设计意图，校核红线桩与水准点，制订出测量、放线方案。建筑物定位放线是确定整个工程平面位置的关键环节，实施施工测量中必须保证精度，杜绝错误，否则其后果将难以处理。建筑物定位、放线，一般通过设计图中平面控制轴线来确定建筑物的四廓位置，测定并经自检合格后，提交有关部门和甲方（或监理人员）验线，以保证定位的准确性。沿红线建筑的建筑物放线后，还要由城市规划部门验线，以防止建筑物压红线或超红线，为正常顺利地施工创造条件。

4. 搭设临时设施

现场生活和生产用的临时设施在布置安排时，要遵照当地有关规定进行规划布置。如房屋的间距、标准是否符合卫生和防火要求，污水和垃圾的排放是否符合环境的要求等。临时建筑平面图及主要房屋结构图，都应报请城市规划、市政、消防、交通、环境保护等有关部门审查批准。为了施工方便和安全，对于指定的施工用地的周界，应用围栏围挡起来，围挡的形式和材料及高度应符合市容管理的有关规定和要求。在主要入口处设标示牌，标明工程名称、施工单位、工地负责人等。各种生产、生活用的临时设施，包括特种仓库、混凝土搅拌站、预制构件场、机修站、各种生产作业棚、办公用房、宿舍、食堂、文化生活设施等等，均应按照批准的施工组织设计规定的数量、标准、面积、位置等要求来组织修建，大中型工程可分批、分期修建。此外，在考虑施工现场临时设施的搭设时，应尽量利用原有建筑物，尽可能减少临时设施的数量，以便节约用地，节约投资。

（四）物资准备

物资准备是项目施工必需的物质基础。在施工项目开工之前，必须根据各项资源需要量制订计划，分别落实货源，组织运输和安排好现场储备，使其满足项目连续施工的需要。

物资准备是一项较为复杂而又细致的工作，它包括机具、设备、材料、成品、半成品等多方面的准备。

建筑材料的准备主要是根据工料分析，按照施工进度计划的使用要求、材料储备定额和消耗定额，分别根据材料名称、规格、使用时间进行汇总，编制出建筑材料需要量计划，为组织备料、确定材料的仓库面积或堆场面积以及组织运输提供依据。

建筑材料的准备包括：“三材”、地方材料、装饰材料的准备。准备工作应根据材料的需要量计划组织货源，确定物资加工、供应地点和供应方式，签订物资供应合同。

材料的储备应根据施工现场分期分批使用材料的特点，按照以下原则进行：

1）应按工程进度分期、分批进行准备。现场储备的材料多了会造成积压，增加材料保管的负担，同时，也多占用流动资金；储备少了又会影响正常生产。所以材料的储备应合理、适宜。

2）做好现场保管工作，以保证材料的原有数量和原有的使用价值。

3）现场材料的堆放应合理。现场储备的材料，应严格按照施工平面布置图的位置堆放，以减少二次搬运，且应堆放整齐，标明标牌，以免混淆。此外，应做好防水、防潮、易碎材料的保护工作。最后，应做好技术试验和检验工作，对于无出厂合格证明和没有按规定测试的原材料，一律不得使用。

各类物资的准备工作如下：

1）构配件及制品加工准备。根据施工预算提供的构件、配件及制品名称、规格、数量和质量，分别确定加工方案和供应渠道，并根据进场后的储存地点和方式，编制出其需要量计划，为组织运输和确定堆场面积提供依据。

2）施工机具设备的准备。施工所需机具设备门类繁多，如各种土方机械，混凝土、砂浆搅拌设备，垂直及水平运输机械，吊装机械、机具，钢筋加工设备，木工机械，焊接设备，打夯机，抽水设备等，应根据施工方案和施工进度计划确定其类型、数量和进场时间，然后确定其供应方法和进场后的存放地点、存放方式，编制出施工机具需要量计划，以此作为组织施工机具设备运输和存放的依据。

3）模板和脚手架的准备。模板和脚手架是施工现场使用量大、堆放占地大的周转材料。模板及其配件规格多、数量大，对堆放场地要求比较高，一定要分规格、型号整齐码放，便于使用及维修。大钢模一般要求立放，并防止倾倒，在现场也应规划出必要的存放场地。钢管脚手架、桥脚手架、吊篮脚手架等都应按指定的平面位置堆放整齐，扣件等零件还应防雨，以防锈蚀。

（五）施工现场人员组织准备

施工现场人员组织准备是指工程施工所必需的人力资源准备。工程项目施工现场人员包括项目经理部管理人员（施工项目管理层）和现场生产工人（施工项目作业层）。人力要素资源是项目施工现场最活跃的因素，人力要素可以掌握管理技能和生产技术，运用机械设备等劳动手段，作用于材料物资等劳动对象，最终形成产品实体。一项工程完成的好坏，很大程度上取决于承担这一工程的施工人员的素质。现场施工人员的选择和组合，将直接关系到工程质量、施工进度及工程成本。因此，施工现场人员的组织准备是工程开工前施工准备的一项重要内容。

（六）冬雨期施工准备工作

冬期施工和雨期施工对项目施工质量、成本、工期和安全都会产生很大影响，为此必须做好冬雨期施工准备工作。在项目冬期施工时，既要合理地安排冬期施工项目，又要重视冬期施工对临时设施的特殊要求，及早做好技术物资的供应和储备，并加强冬期施工的消防和保安措施。在项目雨期施工过程中，既要合理地确定施工项目和施工进度，又要做到晴雨结合，尽量增加有效施工天数，同时要做好现场排水和防洪准备，采取有效的道路防滑和防沉陷措施，并加强施工现场物资管理工作。同时要考虑季节影响，一般大规模土方和深基础施工应避开雨季。寒冷地区入冬前应做好围护结构，冬季以安排室内作业和结构安装为宜。

三、施工准备工作的要求和措施

（一）施工准备工作的要求

工程项目开工前，全场性和首批施工的单位工程的施工准备工作都必须达到以下要求：

1）施工图样经过会审，图样中的问题和错误已经修正。

2）施工组织设计或施工方案已经批准和进行了交底。

3）施工图预算已编制和审定。

4）施工现场的平整，水、电、路以及排水渠道已能满足开工后的要求。

5）施工机械、物资能满足连续施工的需要。

6）工程施工合同已签订，施工组织机构已建立，劳动力已经进场能够满足施工要求。

7）开工许可证已办理。

具备以上要求，便可以正式开工。具备开工条件不等于一切准备工作都已完成，这些准备还是初步的，除此以外还有些准备工作可在施工开始以后继续进行。总之，施工准备工作要在施工之前，同时还要贯穿于整个施工过程之中。

（二）做好施工准备工作的措施

1. 编制施工准备工作计划

施工准备工作计划是施工组织设计的内容之一，其目的是布置开工前的、全场性的及首批施工的单位工程的准备工作，内容涉及施工所必需的技术、人力、物质、组织等各方面，使施工准备工作有计划、有步骤、分阶段、有组织、全面有序地进行。施工准备工作计划应依据施工部署、施工方案和施工进度计划进行编制，各项准备工作应注明工作内容、起止时间、责任人（或单位）等，可根据需要采用横道图或网络图等形式表达。

2. 建立施工准备工作岗位责任制

施工现场准备工作由项目经理部全权负责，依据施工准备工作计划，通过岗位责任制，使各级技术负责人明确施工准备工作的任务内容、时限、责任和义务，将各项准备工作层层落实。

3. 建立施工准备工作检查制度

对准备工作计划提出的工作进行检查，不符合计划要求的项目应及时修正，使施工准备工作按计划要求落到实处。检查工作可按周、半月、月度进行定期检查与随机检查相结合。如果没有完成计划要求，应进行分析，找出原因，排除障碍，协调施工准备工作进度或调整施工准备工作计划。检查的方法可用实际进度与计划进行对比或与相关单位和人员定期召开碰头会，当场分析产生问题的原因，及时提出解决问题的办法。后一种方法见效快，解决问题及时，现场采用的较多。

4. 按施工准备工作程序办事

施工准备工作程序是根据施工活动的特点总结出的施工准备工作的规律。按程序办事，可以摸清施工准备工作的主要脉络，了解施工准备工作各阶段的任务及顺序，使施工准备工作收到事半功倍的效果。

5. 执行开工报告审批制度

当施工准备工作完成达到具备开工条件后，项目经理部应拟定申请开工报告，报请施工企业领导及技术负责人审批。

实行建设监理的工程，施工单位还应将申请开工报告送监理工程师审批，由总监理工程师签发工程开工令。重要或特殊工程应报主管部门审批方可开工。申请开工报告要说明开工前的准备工作情况、具有法律效力的文件的具备情况等。

6. 施工准备工作应贯穿施工全过程

施工准备工作本身具有阶段性，开工前要进行全场性的施工准备，开工后要进行单位工程施工准备及分部、分项工程作业条件的准备。施工准备工作随施工活动的展开，一步一步具体、层层深入、交错、补充地进行。因此，项目经理部应十分重视施工准备工作，并取得企业领导及各职能部门的协作和支持。除做好开工前的准备工作外，应及时做好施工中经常性、交错进行的各项具体施工准备工作，及时做好协调、平衡工作。

7. 注重各方面的支持和配合

由于施工准备工作涉及面广，因此，除了施工单位本身的努力外，还要取得建设单位、监理单位、设计单位、供应单位、银行及其他协作单位的大力支持，分工负责，统一步调，共同做好施工准备工作。

第二节　施工组织设计

施工组织设计是建筑施工组织管理工作的核心。如何以更快的施工速度、更好的施工方法和更低的工程成本完成建筑施工任务，是工程建设者极为关心并不断为之努力追求的工作目标。

施工组织设计就是对工程建设项目在整个施工全过程的构思设想和具体安排，目的是要使工程建设达到速度快、质量好、效益高，使整个工程在建筑施工中获得相对的最优效果。合理的计划、周密的考虑和正确的措施，能使要办的事顺利进行，可以收到事半功倍的效果；反之，无计划、无措施的办事，想到哪里是哪里，计划不周，措施不力，就会使工程建设变得被动，造成事倍功半的后果。

建筑施工是一项十分复杂的组织管理工作，而建筑产品与一般工业产品相比，有以下一些显著的特点：

1）产品地点的固定性。建筑物或构筑物生根于大地，根据使用要求被分散固定于不同的地点，一旦定位，就将永久固定。

2）生产工人、机械设备的流动性。由于产品地点的固定性，所以生产工人、机械设备等要随着每幢建筑物地点的不断变动而不断进行流动。

3）产品的多样性。由于使用功能的不同，各个建筑物或构筑物，从外部形体到内部结构、材料选用等都不同，因而施工准备、施工工艺、施工方法等也都不尽相同。

4）产品体形庞大，生产周期长。建筑产品的形体都比较庞大，耗用的资金、人力、材料、设备也多，生产周期较长，常以月、年计算。

5）产品露天作业、高空作业，受季节性气候影响大，生产环境、生产条件比较艰苦。

现代建筑施工已成为一项十分复杂的生产活动，需要组织各种专业的建筑施工队伍和数量众多的各类建筑材料、建筑机械和设备，有条不紊地投入建筑产品的建造；还要组织种类繁多的、数以百万甚至数以千万吨计的建筑材料、制品和构配件的生产、运输、储存和供应工作；组织好施工机具的供应、维修和保养工作；组织好施工用临时供水、供电、供气、供热以及安排生产和生活所需要的各种临时建筑物，协调好来自各方面的矛盾。总之，现代建筑施工涉及的事情和问题可谓面广量大、错综复杂，只有认真制订好施工组织设计，并认真加以贯彻，才能做到有条不紊地进行施工，并取得良好的效果。

一、施工组织设计的任务和作用

由于建筑产品地点固定性的特点，所以不同的地点，即使建筑同样类型的建筑物或构筑物，由于工程地质情况、气候条件等情况不同，其施工的准备、机具设备、技术措施、施工操作和组织计划等也都不尽相同。

就一幢建筑物或构筑物而言，可采用不同的施工方法和不同施工机具来完成；对某一分项工程的施工操作和施工顺序，也可采用不同的方案来进行；工地现场的临时设施（办公用房、仓库、预制场地以及供水、供电、供气、供热等管线布置）可采用不同的布置方案；工程开工前所必须完成的一系列准备工作，也可采用不同的方法来解决。总之，不论在技术措施方面或是在组织计划方面，通常都有许多个可能的方案供施工技术人员选择，但是，不同的方案，其技术经济效果是不一样的。我们应结合建筑物的性质、规模和工期要求等特点，从经济和技术统一的全局角度出发，综合考虑材料供应、机具设备、构配件生产、运输条件、地质及气候等各项具体情况，从多个可能的方案中，选定最合理、最科学的方案，这是施工技术人员在组织施工前必须要解决的问题。

在对上述各方面情况进行通盘考虑并做技术、经济比较之后，就可以对整个施工过程的各项活动做出全面、科学的部署，书面编写出指导施工准备和具体组织施工的施工组织设计文件，使工程施工在一定时间和空间内，得以有计划、有组织、有秩序地进行，以期在整个工程的施工中达到相对最优的效果，即达到工期短、质量优、成本低、效益好，这就是施工组织设计的根本任务。

施工组织设计是用以指导施工的重要技术经济文件，它把设计和施工、技术和经济、前方和后方、企业的全局活动和工程的施工组织有机的协调一致，对建设单位、设计单位、施工单位、材料供应单位、构配件生产单位的工作都有指导作用和约束作用，它将较好地处理部门与部门之间、人与人之间、人与物之间以及物与物之间的矛盾问题，做到人尽其才、物尽其用，从而达到优质、低耗、高速的完成施工任务，取得最好的经济效益和社会效益。

二、施工组织设计的类型和内容

根据不同的阶段和不同的工程对象，施工组织设计可分为施工组织总设计、单位工程施工组织设计和分部分项工程施工组织设计三大类。

（一）施工组织总设计

施工组织总设计是以整个建设项目或以群体工程为对象编制的，是整个建设项目或群体工程组织施工的全局性和指导性施工技术文件。一般在有了初步设计（或扩大初步设计）和技术设计、总概算或修正总概算后，以负责该项目的总承包单位为主，由建设单位、设计单位和分包单位参与共同编制，它是整个建设项目总的战略部署，并作为修建全工地性大型暂设工程和编制年度施工计划的依据。

施工组织总设计的内容和深度，视工程的性质、规模、建筑结构和施工复杂程度、工期要求和建设地区的自然经济条件的不同而有所不同。适用范围通常是大型建设项目或建筑群，以及有两个以上单位工程同时施工的工程项目。

施工组织总设计一般应包括以下主要内容。

（1）工程概况　工程概况简要叙述工程项目的性质、规模、特点、建造地点周围环境、拟建项目单位工程情况（可列一览表）、建设总期限和各单位工程分批交付生产和使用的时间、有关上级部门及建设单位对工程的要求等已定因素的情况和分析。

（2）施工部署　施工部署主要有施工任务的组织分工和总进度计划的安排意见，施工区段的划分，网络计划的编制，主要（或重要）单位工程的施工方案，主要工种工程的施工方法等。

（3）施工准备工作计划　施工准备工作计划主要是做好现场测量控制网、征地、拆迁

工作，大型临时设施工程的计划和定点，施工用水、用电、用气、道路及场地平整工作的安排，有关新结构、新材料、新工艺、新技术的试制和试验工作，技术培训计划，劳动力、物资、机具设备等需求量计划及做好申请工作等。

(4) 施工总平面图 施工总平面图是对整个建设场地的全面和总体规划，如施工机械位置的布置、材料构件的堆放位置、临时设施的搭建地点、各项临时管线通行的路线以及交通道路等。应避免相互交叉、往返重复，以利于施工的顺利进行和提高工作效率。

(5) 技术经济指标分析 技术经济指标分析用以评价上述施工组织总设计的技术经济效果，并作为今后总结、交流、考核的依据。

(二) 单位工程施工组织设计

单位工程施工组织设计是以一个单位工程（即一幢建筑物或一座构筑物）为施工组织对象而编制的，一般应在施工图设计和施工预算后，由承建该工程的施工单位负责编制，是单位工程组织施工的指导性文件，也是编制月、旬、周施工计划的依据。

单位工程施工组织设计的编制内容和深度，应视工程规模、技术复杂程度和现场施工条件而定，一般有以下两种情况：

1) 单个建设项目或技术较复杂、采用新结构、新技术、新工艺的单位工程。内容比较全面的单位工程施工组织设计，常用于工程规模较大、现场施工条件较差、技术要求较复杂或工期要求较紧以及采用新技术、新材料、新工艺或新结构的项目。其编制内容一般应包括：工程概况及特点、施工程序、施工方案和施工方法、施工进度计划、施工资源需用量计划、施工平面布置图、施工准备工作、主要技术、组织措施和冬雨期施工措施等。

2) 结构较简单的单个建设项目或经常施工的标准设计工程。内容比较简单的施工组织设计，常用于结构较简单的一般性工业与民用建筑工程项目。故其编制内容相对可以简化，一般包括：工程特点、施工进度计划、主要施工方法和技术措施、施工平面布置图、施工资源需用量计划等。

(三) 分部分项工程施工组织设计

分部分项工程施工组织设计主要是针对工程项目中某一比较复杂的或采用新技术、新材料、新工艺、新结构的分部分项工程的施工而编制的具体施工作业计划，如较复杂的基础工程、大体积混凝土工程的施工，大跨度或高吨位结构构件的吊装工程等，它是直接领导现场施工作业的技术性文件，内容较具体详尽。其编制内容一般应包括：分部分项工程特点、施工方法，技术措施及操作要求、工序搭接顺序及协作配合要求、工期进度要求、特殊材料及机具需要量计划。

三、施工组织总设计和单位工程施工组织设计的区别

施工组织总设计和单位工程施工组织设计的区别主要有以下几个方面：

(1) 施工方案指导思想不同 施工组织总设计对应的是施工部署和施工方案，单位工程施工组织设计对应的是施工方案和施工方法。前者的重点是安排，后者的重点是选择。这是解决施工中的组织指导思想和技术方法问题。在编制设计中，应努力在安排和选择上优化。

(2) 施工进度计划编制范围不同 施工组织总设计对应的是施工总进度计划，单位工程施工组织设计对应的是施工进度计划。这是解决时间和顺序问题，应努力做到时间利用合

理，顺序安排得当。巨大的经济效益寓于时间和顺序的组织之中，绝不能忽视。

（3）施工平面图布置内容不同　施工组织总设计对应的是施工总平面图，单位工程施工组织设计对应的是施工平面图。施工平面图是解决空间和施工投资问题，其技术性和经济性都很强，涉及占地、环保、安全、消防、用电、交通和有关政策法规等问题，应做到科学、合理布置。

总之，不论编制哪一类施工组织设计，都必须抓住重点，对施工中的人力与物力、时间与空间、需要与可能、局部与整体、阶段与全过程、前方与后方等给予周密的安排。它不是单纯的技术性文件或经济性文件，而应当是技术与经济相结合的文件，最终目的是提高经济效益。

复习思考题

1. 工程项目施工组织的原则有哪些？
2. 简述建筑产品及其生产的特点。
3. 施工准备工作如何分类？
4. 施工准备工作的主要内容有哪些？
5. 简述技术准备工作的内容。
6. 简述现场准备工作的内容。
7. 施工组织总设计与单位工程施工组织设计的区别有哪些？

第十四章 单位工程施工组织设计

第一节　单位工程施工组织设计的内容和编制程序

单位工程施工组织设计是以单位工程为对象，依据工程项目施工组织总设计的要求和有关的原始资料，并结合单位工程实际的施工条件而编制的指导单位工程现场施工活动的技术经济文件。其目的是策划单位工程的施工部署，协调组织单位工程的施工活动，以达到工期短、质量好、成本低的施工目标。

一、单位工程施工组织设计的内容

单位工程施工组织设计的内容，根据其工程的规模、性质、施工复杂程度和施工条件的不同，其内容的深度、广度要求也各有不同。但是，一般而言应包括以下主要内容：

（1）工程概况和施工特点分析　它主要包括工程概况、施工条件、工程特点、施工特点和施工目标等内容。

（2）施工方案　它主要包括确定施工程序、确定施工起点流向、确定施工顺序、选择施工方案与施工机械等内容。

（3）施工进度计划　它主要包括划分施工段、计算工程量、确定工作量及工作持续时间，确定各施工过程的施工顺序及搭接关系，绘制进度计划表等内容。

（4）施工准备工作计划　它主要包括施工前的技术准备、现场准备、人力资源准备、材料及构件准备、机械设备及工器具准备等内容。

（5）劳动力、材料、构件、施工机械等需要量计划　它主要包括劳动力需要量计划、材料及构件需要量计划、机械设备需要量计划等内容。

（6）施工平面图　它主要包括对施工机械、临时加工场地、材料构件仓库与堆场、临时水网和电网、临时道路、临时设施用房的布置等内容。

（7）主要技术组织措施　它主要包括保证施工质量的措施、保证施工安全的措施、冬雨期施工措施、文明施工措施及降低成本的措施等内容。

（8）各项技术经济指标　它主要包括工期指标、质量和文明安全指标、实物量消耗指标、降低成本指标等内容。

对于一般常见的工业厂房及民用建筑等单位工程，其施工组织设计可以相对精简，内容一般以施工方案、施工进度计划、施工平面图为主，并辅以相应的文字说明。对于技术复杂、规模较大的单位工程或应用新技术、新工艺、新材料没有施工经验的单位工程，则应编

制得详细一些。

二、单位工程施工组织设计的编制依据

(1) 主管部门及建设单位的要求　它主要包括上级主管部门或建设单位对工程的开竣工日期、施工许可证等方面的要求，以及施工合同中的关于质量、工期、费用等方面的规定。

(2) 施工图及设计单位对施工的要求　它主要包括单位工程的全部施工图、会审记录和标准图等有关设计资料，对于复杂的建筑工程还要有设备图样和设备安装对土建施工的要求，以及设计单位对新结构、新材料、新技术和新工艺的要求。

(3) 施工组织总设计　当该单位工程是某建设项目或建筑群的一个组成部分时，应从总体的角度考虑，在满足施工组织总设计的既定条件和要求的前提下编制该单位工程施工组织设计。

(4) 施工企业年度生产计划　应根据施工企业年度生产计划对该工程下达的施工安排和有关技术经济指标来指导单位工程施工组织设计的编制。

(5) 施工现场的资源情况　它主要包括施工中需要的劳动力、材料、施工设备及工器具、预制构件的供应能力和来源情况等。

(6) 建设单位可能提供的条件　它主要包括供水、供电、施工道路、施工场地及临时设施等条件。

(7) 施工现场条件和勘察资料　它主要包括施工现场的地形、地貌、水准点、地上或地下的障碍物、工程地质和水文地质、气象资料、交通运输等资料。

(8) 预算或报价文件和有关规程、规范等资料　它主要包括工程的预算文件、国家的施工验收规范、质量标准、操作规程和有关定额等内容。

三、单位工程施工组织设计的编制程序

单位工程施工组织设计的编制程序如图 14-1 所示。

四、工程概况和施工特点分析

工程概况主要介绍拟建工程的建设单位、工程名称、性质、用途、作用、资金来源及工程投资额、开竣工日期、设计单位、施工单位、施工组织管理结构、施工图情况、施工合同、主管部门的有关文件或要求、组织施工的指导思想等。

施工特点分析主要是概括指出单位工程的施工特点和施工中的关键问题，以便在选择施工方案、组织资源供应、技术力量配备以及施工准备上采取有效措施，保证施工顺利进行。例如，现浇钢筋混凝土高层建筑的施工特点主要有结构和施工机具设备的稳定性要求高，钢材加工量大，混凝土浇筑难度大，脚手架搭设必须进行设计计算，安全问题突出等。

第二节　施工方案设计

施工方案设计是单位工程施工组织设计的核心问题。施工方案合理与否，不仅影响到施工进度计划的安排和施工平面图的布置，而且关系到工程施工的效率、质量、工期和技术经

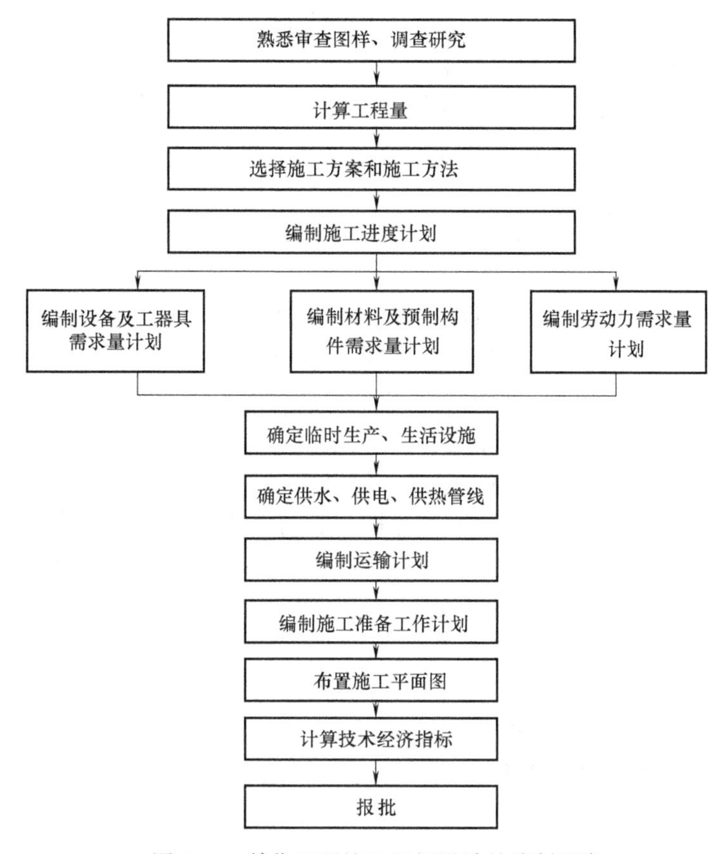

图 14-1　单位工程施工组织设计的编制程序

济效果，所以应予以充分重视。其内容一般包括确定施工程序、施工起点流向、确定施工顺序、主要分部分项工程的施工方法和施工机械选择等。

一、确定施工程序

施工程序是指施工中不同阶段的不同工作内容按照其固有的先后次序及其制约关系循序渐进向前开展的客观规律。单位工程的施工程序一般为接受任务阶段，开工前准备阶段，全面施工阶段，竣工验收阶段。每一阶段都必须完成规定的工作内容，并为下阶段工作创造条件。

（1）接受任务阶段　接受任务阶段是其他各个阶段的前提条件，施工单位在这个阶段承接施工任务，并签订施工合同，明确具体的施工任务。目前，施工单位承接的工程施工任务一般是通过投标方式承接的。签订施工合同前，施工单位需重点检查该项工程是否有正式的批准文件及建设投资是否落实。在签订工程承包合同时，应明确合同双方应承担的技术经济责任及奖励、处罚条款。对于施工技术复杂、工程规模较大的工程，还需选择分包单位，签订分包合同。

（2）开工前准备阶段　开工前准备阶段是继接受任务之后，为单位工程施工创造必要条件的阶段。单位工程开工前必须具备如下条件：施工图设计完成并通过会审；施工预算已编制；施工组织设计已经过批准并完成交底；场地平整、障碍物的清除和场内外交通道路的铺设已经基本完成；施工用水、用电、排水均可满足施工的需要；永久性或半永久性坐标和水准点已经完成设置；临时设施建设基本能满足开工后生产和生活的需要；材料、成品和半成品及施工机械设备能陆续进入现场，保证连续施工；劳动力计划已落实，随时可以进场，并已经过必要的技术安全教育。在此基础上，编写开工报告，并经上级主管部门审查批准后方可开工。

（3）全面施工阶段　施工方案设计中主要应确定此阶段的施工程序。施工中遵循的程序主要有：

1）先地下、后地上。施工时，通常应首先完成管道、管线等地下设施、土方工程和基础工程，然后开始地上工程施工。对于地下工程，应按先深后浅的顺序进行，以免造成施工返工或对上部工程的干扰，影响工程质量，造成浪费。但采用逆作法施工时除外。

2）先主体、后围护。施工时应先进行框架主体结构施工，然后进行围护结构施工。

3）先结构、后装饰。施工时先进行主体结构施工，然后进行装饰工程施工。

4）先土建、后设备。先土建、后设备是指一般的土建与水暖电卫等工程的总体施工程序，施工时某些工序可能要穿插在土建的某一工序之前进行，这是施工顺序问题，并不影响总体施工程序。工业建筑中土建与设备安装工程之间的程序取决于工业建筑的类型，如精密仪器厂房，一般要求土建、装饰工程完成后安装工艺设备；而重型工业厂房，一般要求先安装工艺设备后建设厂房或设备安装与土建工程同时进行。

（4）竣工验收阶段　单位工程完工后，施工单位应首先进行内部预验收，并向建设单位提交竣工验收报告。然后建设单位组织各方参与正式验收，验收合格双方办理交工手续及有关事宜。

二、确定施工起点流向

确定施工起点流向，就是确定单位工程在平面上或竖向上施工开始的部位和进展的方向。对于单层建筑物（如厂房），可按其车间、工段或跨间，分区分段地确定出在平面上的施工流向。对于多层建筑物，除了确定每层平面上的流向外，还应确定沿竖向上的施工流向。对于道路工程，可确定出施工的起点后，沿道路前进方向，将道路分为若干区段，如1km一段进行。

确定单位工程施工起点流向时，一般应考虑如下因素：

1）车间的生产工艺流程。从生产工艺上考虑，影响其他工段试车投产的工段应该先施工。

2）建设单位对生产和使用的需要。生产或使用急的工段或部位先施工。例如，建设单位需先期进入时所需要的办公场所等。

3）施工的繁简程度。一般技术复杂、施工进度慢、工期较长的区段或部位应先施工。例如，高层现浇钢筋混凝土结构房屋，主楼部分应先施工，裙房部分后施工。

4）工程现场条件和施工方案。施工场地的大小，道路布置和施工方案中采用的施工方法和机械是确定施工起点和流向的主要因素。例如，挖土和吊装机械的开行路线或布置位置便决定了基础挖土及结构吊装的施工流向，当土方工程边开挖边余土外运时，施工起点应确定在离道路远的部位并采用由远及近的进展方向。

5）房屋高低层或高低跨。例如，柱子的吊装应从高低跨并列处开始；高低层并列的多

层建筑物中，应从层数多的区段开始。

6）分部分项工程的特点及其相互关系。密切相关的分部分项工程的流水，一旦前导施工过程的起点流向确定，则后续施工过程也随其而定了。如单层工业厂房的挖土工程的起点流向决定桩基础施工过程和吊装施工过程的起点流向。

三、确定施工顺序

施工顺序是指分项工程或工序之间施工的先后次序。它的确定既是为了保证能够按照客观的施工规律组织施工，也是为了解决各分部分项工程之间在时间上的搭接利用问题。在保证质量与安全施工的前提下，实现缩短工期的目的。

合理地确定施工顺序是编制施工进度计划的需要。确定施工顺序时，一般应考虑以下因素：符合施工工艺；与施工方法和施工机械一致；考虑工期和施工组织的要求；考虑施工质量和安全要求；考虑当地气候影响。

（一）多层砖混结构的施工顺序

多层砖混结构的施工一般可划分为基础工程、主体结构工程、屋面及装饰工程等施工阶段，其施工顺序如图 14-2 所示。

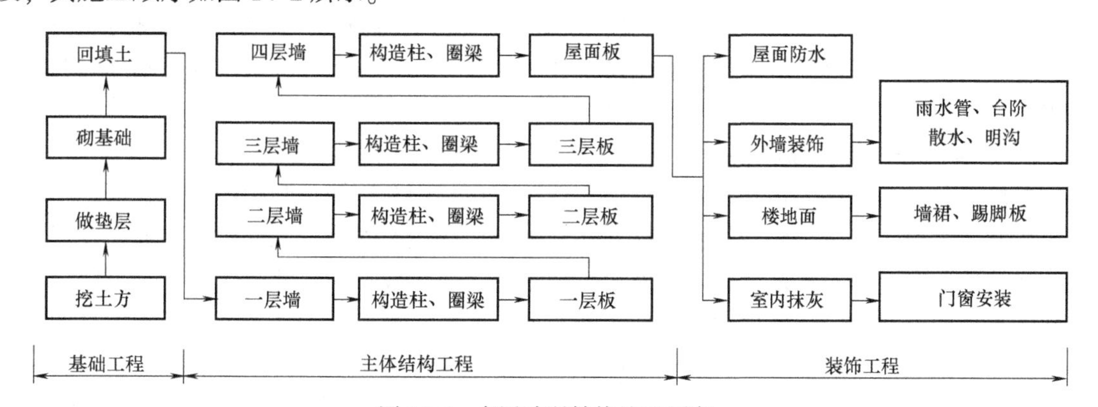

图 14-2　多层砖混结构施工顺序

（二）装配式单层工业厂房的施工顺序

装配式单层工业厂房的施工可分为基础工程、预制工程、结构安装工程、围护工程和装饰工程五个施工阶段，其施工顺序如图 14-3 所示。

1. 基础工程的施工顺序

基础工程的施工顺序通常是：挖土方→做垫层→绑扎钢筋→支模板→浇筑混凝土→养护→拆模→回填土。

单层工业厂房的柱基础一般为现浇钢筋混凝土杯形基础，适宜采用平面流水施工。对于厂房的设备基础，由于与厂房柱基础施工顺序的不同，故常常影响到主体结构的安装方法和设备安装投入的时间。因此，需根据具体情况决定其施工顺序。通常有以下三种方案：

1）当厂房柱基础的埋置深度大于设备基础埋置深度时，采用“封闭式”施工，即厂房柱基础先施工，设备基础后施工。当厂房施工处于雨季或冬季时，或设备基础不大，在厂房结构安装后对厂房结构稳定性并无影响时，或对于较大较深的设备基础采用了特殊的施工方法（如沉井）时，可采用“封闭式”施工。

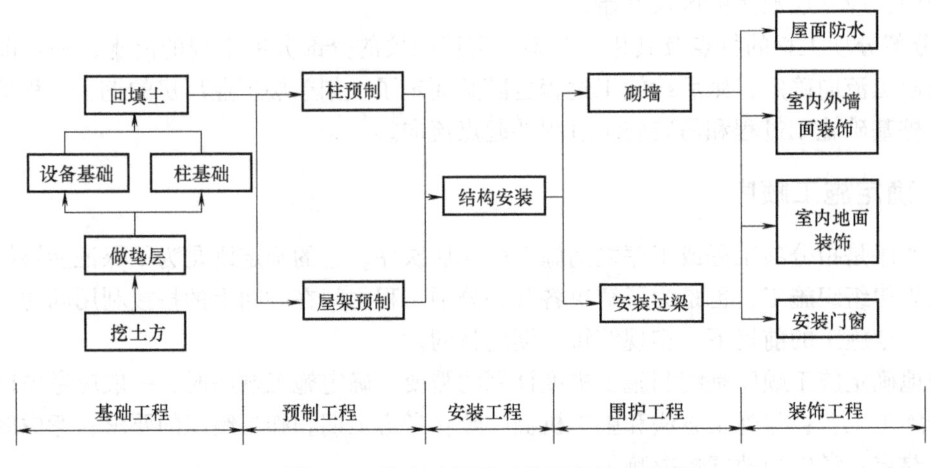

图 14-3　装配式单层工业厂房施工顺序

2）当设备基础埋置深度大于厂房基础的埋置深度时，通常采用“开敞式”施工，即厂房柱基础和设备基础同时施工。

3）当设备基础较大较深，其基坑的挖土范围已经与柱基础的基坑挖土范围连成一片或深于厂房柱基础，以及厂房所在地点土质不佳时，方可采用厂房柱基础与设备基础同时施工的顺序。

2. 预制工程的施工顺序

单层工业厂房构件的预制方式，一般采用加工厂预制和现场预制相结合的方法。在具体确定预制方案时，应结合构件技术特征、当地加工厂的生产能力、工程的工期要求、现场施工及运输条件等因素，经过分析之后确定。通常对于质量较大、尺寸较大、运输不便的大型构件，多采用拟建车间现场预制，如柱、托架梁、屋架、吊车梁等。数量较多的中小型构件可在加工厂预制。一般而言，预制构件的施工顺序根据结构吊装方案确定。

1）场地狭小工期又允许时，构件制作可分别进行。先预制柱和吊车梁，待柱和梁安装完毕后再进行屋架预制。

2）场地宽敞时，可在柱、梁制完后即进行屋架预制。

3）场地狭小工期又紧时，可将柱和梁等构件在拟建车间内就地预制，同时在外进行屋架预制。

3. 结构安装工程的施工顺序

结构安装工程是单层工业厂房施工中的主导工程。结构安装施工的顺序取决于吊装方法。采用分件吊装法时，顺序为第一次开行吊装柱，校正固定，混凝土强度达到 70% 后第二次开行吊装吊车梁、连系梁和基础梁，第三次开行吊装屋盖构件。采用综合法时，顺序依次为吊装第一节间四根柱，校正固定后安装吊车梁及屋盖等构件，如此至整个车间安装完毕。

结构吊装的流向通常应与预制构件制作的流向一致。当厂房为多跨且有高低跨时，构件安装应从高低跨柱列开始，先安装高跨，后安装低跨，以适应安装工艺的要求。

4. 围护工程的施工顺序

围护工程阶段的施工包括内外墙体砌筑、搭脚手架、安装门窗框和屋面工程等。在厂房

结构安装工程结束后，或安装完一部分区段后即可开始内外墙砌筑工程的分段施工。

脚手架应配合砌筑和屋面工程搭设，在室外装饰之后、散水施工前拆除。屋面工程的顺序同混合结构居住房屋的屋面施工顺序。

5. 装饰工程的施工顺序

装饰工程具体分为室内装饰和室外装饰。一般单层厂房的装饰工程通常不占总工期，而与其他施工过程穿插进行。地面工程应在设备基础、墙体砌筑工程完成了一部分和埋入地下的管道电缆或管道沟完成后穿插进行；钢门窗安装一般与砌筑工程穿插进行，也可以在砌筑工程完成后开始安装。

四、施工方法和施工机械选择

施工方法和施工机械选择是施工方案中的关键问题。它直接影响施工进度、施工质量、施工安全以及工程成本。编制施工组织设计时，必须根据工程的建筑结构、抗震要求、工程量大小、工期长短、资源供应情况、施工现场条件和周围环境，制订出可行方案，并进行技术经济比较，确定最优方案。

（一）施工方法的选择

选择施工方法时应着重考虑影响整个单位工程施工的分部分项工程的施工方法，如在单位工程中占重要地位的分部分项工程、施工技术复杂或采用新技术、新工艺对工程质量起关键作用的分部分项工程、不熟悉的特殊结构工程或由专业施工单位施工的特殊专业工程的施工方法。而对于按照常规做法和工人熟悉的分项工程，只要提出应注意的特殊问题即可，不必详细拟定施工方法。

1. 选择施工方法的基本要求

1）要重点解决主要分部分项工程的施工方法。

2）要符合施工组织总设计的要求。

3）要满足施工技术的需要。

4）要争取提高工厂化和机械化程度。

5）要符合先进可行、经济合理的原则。

6）要满足工期、质量和安全的要求。

2. 主要分部分项工程施工方法的选择

（1）土石方工程

① 计算土石方工程量，确定土石方开挖或爆破方法。

② 确定放坡坡度系数或边坡支护形式。

③ 选择排除地面、地下水的方法，确定排水沟、集水井或井点布置。

④ 确定土石方调配方案。

（2）基础工程

① 确定基础中垫层、混凝土基础和钢筋混凝土基础施工的技术要求，以及地下室施工的技术要求。

② 确定桩基础的类型及施工方法。

（3）砌筑工程

① 确定砖墙的砌筑方法和质量要求。

② 确定弹线及皮数杆的控制要求。

③ 确定脚手架搭设方法及安全网的挂设方法。

(4) 钢筋混凝土工程

① 确定模板类型及支模方法，对于复杂的工程还需要进行模板设计及绘制模板放样图。

② 选择钢筋的加工、绑扎和焊接方法。

③ 确定混凝土的类型，选择搅拌、输送、浇筑顺序和方法，确定施工缝的留设位置。

④ 确定预应力混凝土的施工方法。

(5) 结构安装工程

① 确定结构安装方法。

② 确定构件运输及堆放要求。

(6) 屋面工程

① 确定屋面施工的操作要求。

② 确定屋面构件的运输方式。

(7) 装饰工程

① 确定各种装修的操作要求和方法。

② 选择材料运输方式及储存要求。

(二) 施工机械的选择

施工机械的选择应主要考虑以下几个方面：

1) 根据工程特点选择适宜的主导工程施工机械。在选择装配式单层工业厂房结构安装用的起重机械类型时，若工程量大而集中，可以采用生产率较高的塔式起重机；若工程量较小或虽大但较分散时，则采用无轨自行式起重机械；在选择起重机型号时，应使起重机性能满足起重量、安装高度、起重半径和臂长的要求。

2) 各种辅助机械应与直接配套的主导机械的生产能力协调一致。为了充分发挥主导机械的效率，在选择与主导机械直接配套的各种辅助机械和运输工具时，应使其互相协调一致；如土方工程中自卸汽车的选择，应考虑使挖土机的效率充分发挥出来。

3) 在同一建筑工地上的建筑机械的种类和型号应尽可能少。在一个建筑工地上，如果拥有大量同类而不同型号的机械，会给机械管理带来困难，同时增加对于工程机械转移的工时消耗。因此，对于工程量大的工程应采用专用机械；量小而分散的情况，应尽量采用多用途的机械。

4) 尽量选用施工单位的现有机械，以减少施工的投资额，提高现有机械的利用率，降低工程成本。若现有机械满足不了工程需要，且此机械在本工程利用时间长或将来工程经常要用，则可以考虑购置，否则可考虑租赁。

5) 确定各个分部工程垂直运输方案时应进行综合分析，统一考虑。高层建筑施工时，可从下述几种组合情况中选一种，进行所有分部工程的垂直运输：塔式起重机和施工电梯；塔式起重机、混凝土泵和施工电梯；塔式起重机、井架和施工电梯；井架和施工电梯；井架、快速提升机和施工电梯。

五、主要技术组织措施

技术组织措施主要是指在技术、组织方面对保证质量、安全、节约和季节施工所采用的

方法。根据工程特点和施工条件，主要制订以下技术组织措施。

（1）保证工程质量措施　保证质量的关键是对工程施工中经常发生的质量通病制订防治措施，以及对采用新工艺、新材料、新技术和新结构制订有针对性的技术措施，确保基础质量的措施，保证主体结构中关键部位质量的措施，以及复杂特殊工程的施工技术组织措施等。

（2）保证施工安全措施　保证安全的关键是贯彻安全操作规程，对施工中可能发生的安全问题提出预防措施并加以落实。保证安全的措施主要包括以下几个方面：

1）新工艺、新材料、新技术和新结构的安全技术措施。

2）预防自然灾害，如防雷击、防滑等措施。

3）高空作业的防护和保护措施。

4）安全用电和机具设备的保护措施。

5）防火防爆措施。

（3）冬雨期施工措施　雨期施工措施要根据工程所在地的雨量、雨期、工程特点和部位，在防淋、防潮、防淹、防拖延工期等方面，采取改变施工顺序、排水、加固、遮盖等措施。冬期施工措施要根据所在地的气温、降雪量、工程内容和特点、施工单位条件等因素，在保温、防冻、改善操作环境等方面，采取一定的冬期施工措施。例如，暖棚法采用先进行门窗封闭，再进行装饰工程的方法，以及混凝土中加入抗冻剂的方法等。

（4）降低成本措施　降低成本措施包括提高劳动生产率、节约劳动力、节约材料、节约机械设备费用、节约临时设施费用等方面的措施，它是根据施工预算和技术组织措施计划进行编制的。

第三节　单位工程施工进度计划的编制

单位工程施工进度计划是在确定了施工方案的基础上，根据规定工期和各种资源供应条件，按照施工过程的合理施工顺序及组织施工的原则，用图表的形式（横道图或网络图），对一个工程从开始施工到工程全部竣工的各个项目，确定其在时间上的安排和相互间的搭接关系。在此基础上，方可编制月、季计划及各项资源需要量计划。所以，施工进度计划是单位工程施工组织设计中的一项非常重要的内容。

一、单位工程施工进度计划

（一）单位工程施工进度计划的作用

1）安排单位工程的施工进度，保证在规定工期内完成符合质量要求的工程任务。

2）确定单位工程中各个施工过程的施工顺序、持续时间、相互衔接和合理配合关系。

3）为编制各种资源需要量计划和施工准备工作计划提供依据。

4）为编制季度、月、旬生产作业计划提供依据。

（二）单位工程施工进度计划的编制依据

编制单位工程施工进度计划，主要依据下列资料：

1）经过审批的建筑总平面图、地形图、单位工程施工图、工艺设计图、设备基础图、采用的标准图集以及技术资料。

2）施工工期要求及开竣工日期。

3）施工组织总设计对本单位工程的有关规定。

4）主要分部分项工程的施工方案。

5）施工条件，劳动力、材料、构件及机械的供应条件，分包单位的情况等。

6）劳动定额及机械台班定额。

7）其他有关要求和资料。

（三）单位工程施工进度计划的表示方法

施工进度计划一般用图表表示，经常采用的有横道图和网络图两种形式。这两种形式进度计划的编制详见本书前面相关章节。

（四）单位工程施工进度计划的编制方法和步骤

1. 划分施工过程

编制进度计划时，首先应按照图样和施工顺序将拟建单位工程的各个施工过程列出，并结合施工方法、施工条件、劳动组织等因素加以适当调整，使其成为编制施工进度计划所需的施工过程。

通常，施工进度计划表中只列出直接在建筑物或构筑物上进行施工的砌筑安装类施工过程以及占有施工对象空间、影响工期的制备类和运输类施工过程，如装配式单层工业厂房柱预制等施工过程等。

在确定施工过程时，应注意以下几个问题：

1）施工过程划分的粗细程度，主要根据单位工程施工进度计划的客观作用而定。对于起控制性作用的施工进度计划，其施工项目的划分可以比较粗。一般可以按分部工程名称划分施工项目，如基础工程、预制工程、结构安装工程等。而对于实施性的施工进度计划，项目划分得要细一些。例如，上屋面工程应进一步划分为找平层、隔气层、保温层、防水层等分项工程，这样便于掌握施工进度，起到指导的作用。

2）施工过程的划分要结合所选择的施工方案。例如，工业厂房基础工程施工，厂房柱基础和设备基础同时进行施工时，可以合并为一个施工项目；如果组织施工时一个先做，另一个跟着后施工，也可分列为两项。

3）要适当简化施工进度计划内容，避免工程项目划分过细，重点不突出。可将某些穿插性分项工程合并到主导分项工程中，或对在同一时间内，由同一专业工程队施工的过程，合并为一个施工过程。而对于次要的零星分项工程，可合并为其他工程一项。例如，各种油漆施工（包括钢木门窗油漆，铁栏杆、窗栅油漆，钢支撑、抓梯等金属面漆）可合并为一项“油漆工程”列出。

4）水暖电卫工程和设备安装工程通常由专业工作队负责施工。因此，在一般土建工程施工进度计划中，只要反映出这些工程与土建工程相互配合即可。

5）所有施工过程应基本按施工顺序先后排列，所采用的施工项目名称可参考现行定额手册上的项目名称。这样可以增强相关数据的通用性和可比性，提高信息的处理和利用效率。

2. 计算工程量

工程量可以直接采用施工图预算所计算的工程量数据，但应注意，有些项目的工程量应按实际情况做适当调整。如土方工程施工中挖土工程量，应根据土壤的类别及具体的施工方

案进行调整。计算时应注意以下几个问题：

1）各分部分项工程的内容、计算规则和计量单位应与现行定额一致，以避免计算劳动力、材料和机械数量时产生错误。

2）结合选定的施工方法和安全技术要求，计算工程量。

3）结合施工组织要求，分区、分项、分段、分层计算工程量。

4）计算工程量时，尽量考虑编制其他计划时使用工程量数据的方便，做到一次计算，多次使用。

3. 计算劳动量和机械台班量

根据各分部分项工程的工程量、施工方法套用企业定额，计算各分部分项工程的劳动量和机械台班量。计算公式如下

$$P=\frac{Q}{S} \tag{14-1}$$

或

$$P=QH \tag{14-2}$$

式中　P——某施工过程所需的劳动量（工日）或机械台班数量（台班）；

Q——某施工过程的工程量；

S——某施工过程的产量定额；

H——某施工过程的时间定额。

在使用定额时，可能会出现以下几种情况：

1）当施工进度计划所列项目与定额项目内容不一致，且包含几个定额项目时，如某施工项目可能是由同一工种，但材料、做法都不相同的施工过程合并而成的。如果各定额项目所对应工程量相等，则可以计算各定额项目的平均值，然后利用定额平均值计算劳动量，即

$$P=Q\frac{H_1+H_2+H_3+\cdots+H_n}{n} \tag{14-3}$$

式中　H_1，H_2，H_3，…，H_n——各定额项目的时间定额；

n——各定额项目的数量；

其他符号同前。

如果各定额项目所对应的工程量不相等，则需分别计算各定额项目所对应的劳动量，然后汇总得出总的劳动量，即

$$P=Q_1H_1+Q_2H_2+Q_3H_3+\cdots+Q_nH_n \tag{14-4}$$

式中　Q_1，Q_2，Q_3，…，Q_n——各定额项目所对应的工程量；

其他符号同前。

2）在实际施工中，如遇到采用新技术或特殊施工方法的分部分项工程，由于缺乏足够的经验和可靠的资料等，暂时未列入定额，计算时可参考类似项目的定额或经过实际测算，确定临时定额。

3）施工计划中“其他工程”项目所需的劳动量可根据其内容和工地具体情况，以总劳动量的一定百分比计算，一般取10%~20%。

4）水暖电卫、设备安装等工程项目，由专业工程队组织施工，在编制一般土建单位工程施工进度计划时，不考虑其具体进度，只需表示出与一般土建工程进度相配合的关系。

4. 确定各施工过程的施工天数

根据施工条件及施工工期要求不同，有定额法、工期倒推法和经验估计法三种方法。

需要特别注意的是，在应用定额法时，通常先按一班制考虑，当每天所需机械台数或工人人数已超过施工单位现有人力、物力或工作面限制时，应根据具体情况和条件从技术和施工组织上采取积极的措施，如增加工作班次、最大限度地组织立体交叉平行流水施工、加早强剂提高混凝土早期强度等。

5. 编制施工进度计划的初始方案

具体编制方法如下：

(1) 确定主要分部工程并组织其流水施工　应首先确定主要分部工程，组织其中主导分项工程的流水施工，使主导分项工程连续施工。

(2) 安排其他各分部工程流水施工　其他各分部工程施工应与主要分部工程相配合，并用与主要分部工程相类似的方法；组织其内部的分项工程，使其尽可能流水施工。

(3) 按各分部工程的施工顺序编排初始方案　各分部工程之间按照施工工艺顺序或施工组织的要求，将相邻分部工程的相邻分项工程，按流水施工要求或配合关系搭接起来，组成单位工程进度计划的初始方案。

6. 检查与调整施工进度计划的初始方案，绘制正式进度计划

检查与调整的目的在于使初始方案满足规定的计划目标，确定理想的施工进度计划。其内容如下：

1) 检查施工过程的施工顺序以及平行、搭接和技术间歇等是否合理。

2) 检查初始方案的总工期是否满足规定工期。

3) 检查主要工程工人是否连续施工，施工机械是否充分发挥作用。

4) 检查各种资源需要量是否均衡。

经过检查，对不符合要求的部分进行调整。其方法一般有：增加或缩短某些分项工程的施工时间；在施工顺序允许的情况下，将某些分项工程的施工时间前后移动；必要时还可以改变施工方法或施工组织措施。

最后，绘制正式进度计划。

二、资源需要量计划

各项资源需要量计划可用来确定建筑工地的临时设施，并按计划供应材料、构件、调配劳动力和机械，以保证施工顺利进行。在编制单位工程施工进度计划后，就可以编制各项资源需要量计划。

(一) 劳动力需要量计划

它主要是作为安排劳动力、调配和衡量劳动力消耗指标、安排生活福利设施的依据，其编制方法是将施工进度计划表中所列各施工过程每天（或旬、月）劳动量、人数按工程汇总填入劳动力需要量计划表，其格式见表 14-1。

(二) 主要材料需要量计划

它主要作为备料、供料和确定仓库、堆场面积及组织运输的依据。其编制方法是：根据施工预算中工料分析表、施工进度计划表，材料的储备和消耗定额，将施工中需要的材料按品种、规格、数量、使用时间计算汇总，填入主要材料需要量计划表，其格式见表 14-2。

表 14-1　劳动力需求量计划

序号	工种名称	需要量	需要时间						备注
		（工日）	×月			×月			
			上旬	中旬	下旬	上旬	中旬	下旬	

表 14-2　主要材料需要量计划

序号	材料名称	规格	需要量		供应时间	备注
			单位	数量		

（三）构件和半成品需要量计划

它主要用于落实加工订货单位，并按照所需规格、数量、时间组织加工、运输和确定仓库或堆场，可根据施工图和施工进度计划编制，其格式见表 14-3。

表 14-3　构件和半成品需要量计划

序号	构件半成品名称	规格	图号型号	需要量		使用部位	加工单位	供应日期	备注
				单位	数量				

（四）施工机械需要量计划

它主要用于确定施工机具类型、数量、进场时间，据此落实施工机具来源，组织进场。其编制方法是：将单位工程施工进度表中的每一个施工过程，每天所需的机械类型、数量和施工日期进行汇总，即得施工机械需要量计划。其格式见表 14-4。

表 14-4　施工机械需要量计划

序号	机械名称	类型、型号	需要量		使用起止时间	备注
			单位	数量		

第四节　单位工程施工平面图的设计

单位工程施工平面图设计是对一个建筑物的施工现场的平面规划和空间布置。它是根据工程规模、特点和施工现场的条件，按照一定的设计原则，来正确地解决施工期间所需的各种暂设工程和其他业务设施等同永久性建筑物和拟建工程之间的合理位置关系。它是进行现场布置的依据，也是实现施工现场有组织有计划地进行文明施工的先决条件。编制和贯彻合理的施工平面图，可使施工现场井然有序，施工进行顺利；反之，则导致施工现场混乱，直接影响施工进度，造成工程成本增加等不良后果。

单位工程施工平面图的绘制比例一般为1∶500~1∶2000。

一、单位工程施工平面图的设计内容

1）建筑总平面图上已建和拟建的地上地下的一切房屋、构筑物以及其他设施（道路和各种管线等）的位置和尺寸。

2）测量放线标校位置、地形等高线和土方取弃场地。

3）自行式起重机械开行路线、轨道布置和固定式垂直运输设备位置。

4）各种加工厂、搅拌站、材料、加工半成品、构件、机具的仓库或堆场。

5）生产和生活性福利设施的布置。

6）场内道路的布置和引入的铁路、公路和航道位置。

7）临时给水排水管线、供电线路、蒸汽及压缩空气管道等布置。

8）一切安全及防火设施的布置。

二、单位工程施工平面图的设计依据

在进行施工平面图设计前，应认真研究施工方案，并对施工现场做深入细致的调查研究，对原始资料进行周密分析，使设计与施工现场的实际情况相符，从而使其确实起到指导施工现场空间布置的作用。设计所依据的资料主要有以下几种：

1. 建筑、结构设计和施工组织设计时所依据的有关拟建工程的当地原始资料

1）自然条件调查资料：气象、地形、水文及工程地质资料。主要用于布置地表水和地下水的排水沟，确定易燃、易爆及有碍人体健康的设施的布置，安排冬雨期施工期间所需设施的地点。

2）技术经济调查资料：交通运输、水源、电源、物资资源、生产和生活基地情况。它对布置水电管线和道路等具有重要作用。

2. 建筑设计资料

1）建筑总平面图：包括一切地上地下拟建和已建的房屋和构筑物。它是正确确定临时房屋和其他设施位置，以及修建工地运输道路和解决排水等所需的资料。

2）一切已有和拟建的地下、地上管道位置。在设计施工平面图时，可考虑利用这些管道或需考虑提前拆除或迁移，并需注意不得在拟建的管道位置上面建临时建筑物。

3）建筑区域的竖向设计和土方平衡图。它们在布置水电管线和安排土方的挖填、取土或弃土地点时需要用到。

3. 施工资料

1）单位工程施工进度计划。从中可了解各个施工阶段的情况，以便分阶段布置施工现场。

2）施工方案。据此可确定垂直运输机械和其他施工机具的位置、数量和规划场地。

3）各种材料、构件、半成品等需要量计划。据此确定仓库和堆场的面积、形式和位置。

三、单位工程施工平面图的设计原则

1）在保证施工顺利进行的前提下，现场布置尽量紧凑，以节约土地。

2）合理布置施工现场的运输道路及各种材料堆场、加工厂、仓库、各种机具的位置，尽量使得运距最短，从而减少或避免二次搬运。

3）尽量减少临时设施的数量，降低临时设施费用。

4）临时设施的布置应尽量有利于工人的生产和生活，使工人至施工区的距离最近，往返时间最少。

5）符合环保、安全和防火要求。

四、单位工程施工平面图的设计步骤

单位工程施工平面图的设计步骤如图 14-4 所示。

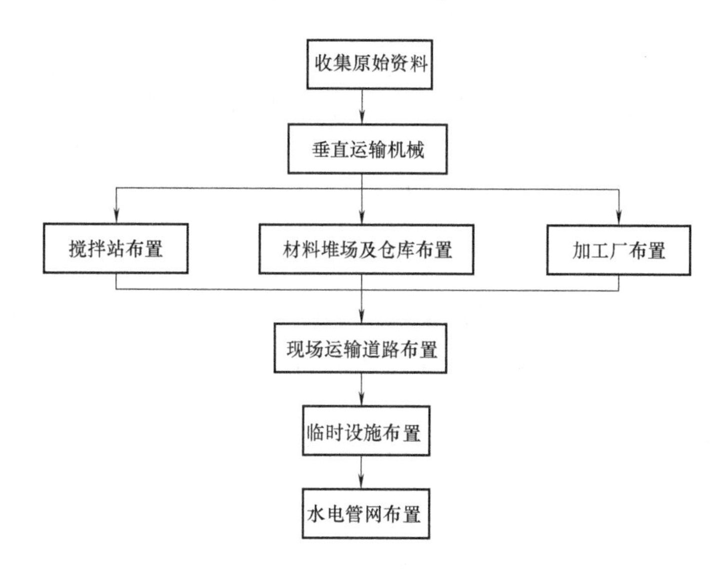

图 14-4　单位工程施工平面图的设计步骤

（一）确定垂直运输机械的布置

垂直运输机械的位置直接影响仓库、搅拌站、各种材料和构件等位置及道路和水电线路的布置等，因此，它是施工现场布置的核心，必须首先确定。由于各种起重机械的性能不同，其布置方式也不相同。

1. 塔式起重机的布置

塔式起重机是集起重、垂直提升、水平输送三种功能为一身的机械设备。按其在工地上使用架设的要求不同可分为固定式、轨行式、附着式、内爬式四种。

轨行式塔式起重机可沿轨道两侧全幅作业范围内进行吊装，但占用施工场地大，路基工作量大，且使用高度受一定限制，通常只用于高度不大的高层建筑。一般沿建筑物长向布置，其位置、尺寸取决于建筑物的平面形状、尺寸、构件重量、起重机的性能及四周的施工场地的条件等。通常，其轨道有以下四种布置方案，如图 14-5 所示。

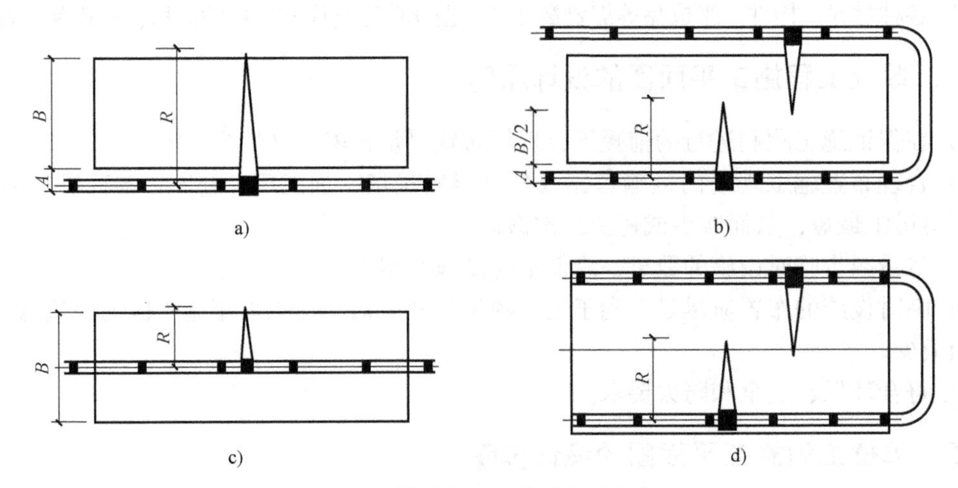

图 14-5 塔式起重机轨道布置方案

a）单侧布置 b）双侧布置 c）跨内单行布置 d）跨内环行布置

（1）单侧布置 当建筑物宽度较小、构件重量不大、选择起重力矩在 450kN · m 以下时，可采用单侧布置方案。其优点是轨道长度较短，且有较为宽敞的场地堆放构件和材料。此时，起重半径应满足下式要求

$$R \geqslant B+A \tag{14-5}$$

式中 R——塔式起重机的最大回转半径（m）；

B——建筑物平面的最大宽度（m）；

A——建筑外墙皮至塔轨中心线的距离（m），一般当无阳台时，A=安全网宽度+安全网外侧至轨道中心线距离；当有阳台时，A=阳台宽度+安全网宽度+安全网外侧至轨道中心线距离。

（2）双侧布置或环形布置 当建筑物宽度较大、构件重量较重时，应采用双侧布置或环形布置。此时，起重半径应满足下式要求

$$R>B/2+A \tag{14-6}$$

式中符号意义同前。

（3）跨内单行布置 当建筑物周围场地狭窄，不能在建筑物外侧布置轨道，或建筑物较宽、构件较重时，塔式起重机应采用跨内单行布置才能满足技术要求，此时最大起重半径应满足下式要求

$$R>B/2 \tag{14-7}$$

式中符号意义同前。

（4）跨内环行布置 当建筑物较宽，构件较重，塔式起重机跨内单行布置不能满足构件吊装要求，且塔式起重机不可能在跨外布置时，应选择这种布置方案。

塔式起重机的位置及尺寸确定之后，应当复核起重量、回转半径、起重高度三项工作参数是否能够满足建筑物吊装技术要求。若复核不能满足要求，则应调整式（14-5）~式（14-7）中 A 的距离。若 A 已是最小安全距离，则必须采取其他的技术措施。最后，绘制出塔式起重机的服务范围。以塔轨两端有效端点的轨道中点为圆心，以最大回转半径画出两个半圆，连接两个半圆，即为塔式起重机的服务范围，如图 14-6 所示。

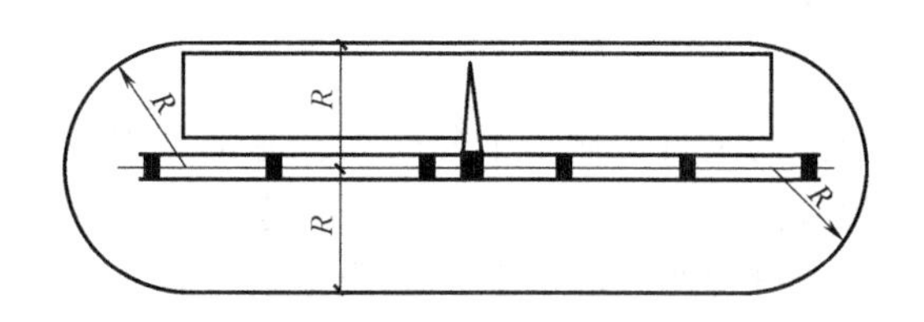

图 14-6　塔式起重机的服务范围示意图

固定式塔式起重机不需铺设轨道，其作业范围较小；附着式塔式起重机占地面积小，且起重高度大，可自升高，但对建筑物作用有附着力；而内爬式塔式起重机布置在建筑物中间，且作用的有效范围大。它们均适用于高层建筑施工，并且可用与轨行式相类似的方法绘制出服务范围。

在确定塔式起重机的服务范围时，最好将建筑物平面尺寸包括在塔式起重机的服务范围内，以保证各种构件与材料直接吊运到建筑物的设计部位上，尽可能不出现死角；若实在无法避免，则要求死角越小越好，同时在死角上应不出现吊装最重、最高的预制构件，且在确定吊装方案时，提出具体的技术和安全措施，以保证这部分死角的构件顺利安装。例如，将塔式起重机和龙门架同时使用，以解决这个问题，如图 14-7 所示。但要确保塔式起重机回转时不能有碰撞的可能，确保施工安全。

此外，在确定塔式起重机的服务范围时，应考虑有较宽的施工用地，以便安排构件堆放并使搅拌设备出料斗能直接挂钩起吊。同时，也应将主要道路安排在塔式起重机的服务范围之内。

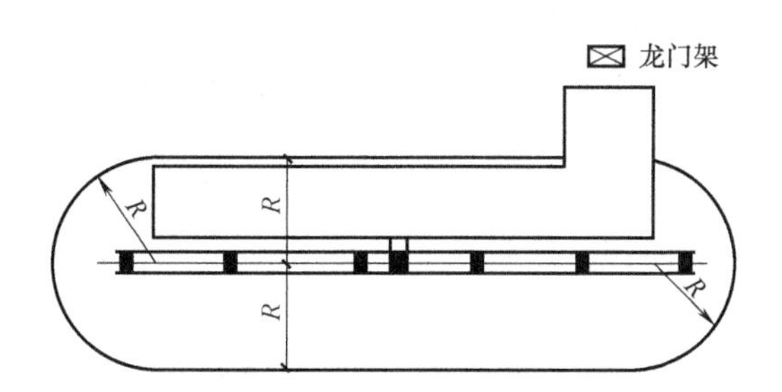

图 14-7　塔式起重机与龙门架配合示意图

2. 固定式垂直运输机械

固定式垂直运输机械有钢井架、龙门架、桅杆式起重机等。布置时应充分发挥设备能力，使地面或楼面上运距短。故应根据超重机械的性能、建筑物的平面尺寸、施工段的划分、材料进场方向及运输道路而确定。

井架、龙门架一般布置在窗口处，以避免砌墙留槎和减少拆除井架后的修补工作。应特别注意固定式起重运输设备中的卷扬机位置，不应距离起重机过近，阻挡操作员视线，应使操作员可观测到起重机的整个升降过程，以保证安全生产。

3. 自行无轨式起重机械

自行无轨式起重机械分为履带式、轮胎式和汽车式三种起重机。它一般不作为垂直提升和水平运输之用，适用于装配式单层工业厂房主体结构和吊装，也可用于混合结构（如大梁等）较重构件的吊装方案等。

4. 混凝土泵和泵车

高层建筑施工中，混凝土的垂直运输量十分巨大，通常采用泵送方法进行。混凝土泵是在压力推动下沿管道输送混凝土的一种设备，它能一次连续完成水平运输和垂直运输，配以布料杆或布料机还可以有效地进行布料和浇筑。混凝土泵布置时宜考虑设置在场地平整、道路畅通、供料方便且距离浇筑地点近，便于配管、排水、供水、供电的地方，并且在混凝土泵作用范围内不得有高压线。

（二）确定搅拌站、仓库、材料和构件堆场以及加工厂的位置

搅拌站、仓库、材料和构件堆场的布置应尽量靠近使用地点或在起重机服务范围以内，并应考虑运输和装卸料方便等因素。

根据起重机械的类型，材料和构件堆场的布置有以下几种情况：

1）当采用固定式垂直运输机械时，首层、基础和地下室所有的砖、石等材料宜沿建筑物四周布置，并距坑、槽边不小于0.5m，以免造成坑、槽土壁的坍塌事故。二层以上的材料、构件布置时，对大宗的、重量大的和先期使用的材料，可布置稍远一点。混凝土、砂浆搅拌站、仓库应尽量靠近垂直运输机械。

2）当采用塔式起重机时，材料和构件堆场位置以及搅拌站出料口的位置应布置在塔式起重机有效服务范围内。

3）当采用自行无轨式起重机械时，材料、构件的堆场和仓库及搅拌站的位置应沿着起重机开行路线布置，且其位置应在起重臂的最大起重半径范围内。

4）任何情况下，搅拌机应有后台上料的场地，所有搅拌站所用材料（水泥、砂、石子以及水泥罐等）都应布置在搅拌机后台附近。当混凝土基础的体积较大时，混凝土搅拌站可以直接布置在基坑边缘附近，待混凝土浇筑完成后再转移，以减少混凝土的运输距离。

5）混凝土搅拌机每台需要有25m^2左右面积，冬期施工时，应有50m^2左右面积。砂浆搅拌机每台需有15m^2左右的面积，冬期施工需要30m^2左右的面积。

（三）现场运输道路的布置

现场运输道路分为单行道路和双行道路，单行道路宽为3~3.5m，双行道路为5.5~6m，为保证场内道路畅通，便于调车，按材料和构件运输的需要，沿着仓库和堆场成环行线路布置，布置时应尽量利用永久性道路。

（四）临时设施的布置

临时设施分为生产性临时设施（如钢筋加工棚和水泵房、木工加工房等）和非生产性临时设施（如办公室、工人休息室、开水房、食堂、厕所等），布置的原则就是有利于生产，方便生活，安全防火。通常采用以下布置方法：

1）生产性设施（如木工加工棚和钢筋加工棚）的位置，宜布置在建筑物四周稍远位置，且有一定的材料、成品堆放场地。

2）石灰仓库、淋灰池的位置应靠近搅拌站，并设在下风向。

3）沥青堆放场及熬制锅的位置应离开易燃品仓库或堆放场，并宜布置在下风向。

4）办公室应靠近施工现场，设在工地入口处；工人休息室应设在工人作业区；宿舍应布置在安全的上风向一侧；收发室宜布置在入口处等。

（五）水电管网的布置

1. 施工水网的布置

一般从建设单位的干管或自行布置的干管接到用水地点，应力求管网总长度最短。管径的大小和出水龙头的数目及设置位置，应视工程规模的大小通过计算确定。管道可埋于地下，也可敷设于路上，以当地的气候条件和使用期限的长短而定。在工地内要设置消防栓，消防栓距建筑物应不小于5m，也不应大于25m，距路边不宜大于2m，条件允许时，可利用已有消防栓。

有时为了防止水的意外中断，可在建筑物旁布置简易的蓄水池，以储备一定的施工用水，高层建筑还应在水池边设泵站。

2. 施工供电布置

施工临时用电线路的布置应尽量利用已有的高压电网或已有的变压器进行布线，线路应架设在道路一侧，且距建筑物水平距离大于1.5m，电杆间距为25～40m，分支线及引入线均由电杆处接出，在跨越道路时应根据电气施工规范的尺寸要求进行配置与架设。

在进行单位工程施工平面图设计时，必须强调指出，建筑施工是一个复杂的施工过程。各种施工设备、施工材料及构件均是随工程的进展而逐渐进场的，但又随工程的进展不断变动。因此在设计平面图时，要充分考虑到这一点，应根据各单位工程在各个施工阶段中的各项要求，将现场平面合理划分，综合布置，使各施工过程在不同的施工阶段具有良好的施工条件，指导施工顺利进行。

复习思考题

1. 单位工程施工组织设计的编制依据有哪些？
2. 单位工程施工组织设计由哪些内容组成？
3. 确定施工顺序时应考虑哪些因素？
4. 单位工程施工方案由哪些内容组成？
5. 单位工程施工进度计划的编制依据有哪些？
6. 简述单位工程施工进度计划的编制步骤。
7. 全面施工阶段通常应遵循的基本程序主要有哪些？
8. 单位工程施工平面图的设计内容有哪些？
9. 在单位工程施工组织设计中应编写的主要技术组织措施有哪些？

第五篇　工程专项技术

本篇主要结合目前行业的发展，介绍目前土木工程专项技术，主要包括高层建筑施工技术、建筑工业化及信息化技术、BIM 工程技术、绿色施工技术等。

第十五章 高层建筑施工技术

第一节　高层建筑施工概述

随着我国社会经济的蓬勃发展，建筑科学和建筑技术也有了高速发展。我国基础建设不断加快，同样也给我国建筑领域带来蓬勃生机。城市建设离不开建筑业的发展，经济的发展同样离不开城市规模的建设。随着城市建筑规模日益扩大，高层建筑的发展也迅速加快。

高层建筑作为城市化、工业化和科技发展的产物，由于高层建筑的投入相对于多层大，且施工周期长，混凝土浇筑量大，工程质量及安全等方面有其特殊性。高层建筑施工技术是完成工程的保障。我国近年来建筑业发展迅速，建筑工程规模逐渐增大，建筑体型较为复杂，施工作业面比较窄，结构也复杂多变，施工技术越来越复杂；高层建筑的层数较多，高度较大，施工工艺技术要求较高，施工工期较长，专业性较强，设计依据又与一般多层建筑有所不同，因而对结构的安全性要求较高，对工程结构的施工质量要求较高。因此，对高层建筑施工技术有必要进行了解和学习。

一、现代高层建筑的类型

在城市中，随着土地资源的紧张及进一步充分发挥土地的综合利用率，高层建筑正在日益成为城市建设的主体。

一般而言，9~16 层（<50m）为一类高层，17~25 层（<75m）为二类高层，26~40 层（<100m）为三类高层，>40 层（>100m）为超高层。

二、现代高层建筑施工的特点

从我国整个建筑施工要求来看，就主体结构的施工而言，高层建筑与多层建筑的施工技术有相同之处，也有不同的一面。从逐层施工的方法来看，基本相同；但从整个建筑来看，并不相同。其主要原因是由高度增高、体量增大带来了施工的差异。高层建筑的施工概括起来有“高、深、大、长”四个特点，具体而言，我国高层建筑有地基深度深、施工技术高、高空作业多、工程工期长、工程量大等特点。

1. 地基深度深

因为高层建筑的高度增高，为了保证整体建筑的稳定性，需要加深地基深度。《钢筋混凝土高层建筑结构设计与施工规程》规定：基础埋置深度，天然地基时应为建筑高度的 1/12，桩基不宜小于建筑物高度的 1/15，桩长不计在埋置深度以内，还至少要有一层地下室，

埋深一般要在5m以上，超高层建筑的基础埋深要在20m以上。且充分利用地下空间，高层建筑一般将地下室建成3~4层，所以深基础工程已成为建造高层建筑的条件。

另外，正确处理好主楼与裙房的基础关系也是地基处理的关键。高层建筑往往设置主楼与裙房，并必须连接在一起，主楼高裙房低，沉降不同。因此在设计与施工时，必须防止两者间产生较大的差异沉降。高层建筑常用的基础形式有十字交叉条形基础、筏板基础、箱形基础、桩基础和复合基础。为了保证基础的稳定性，防止基础滑移，高层建筑基础工程施工时，必须解决人工地基、降低地下水位、支护工程、基础混凝土浇筑以及防止基础施工影响邻近建筑和地下管道等问题。高层建筑的基础施工主要有降水及土方开挖，基坑的支护，基础混凝土浇筑等工作。

因为较深的地基深度，地基问题处理复杂困难，在软土地基，基础设计方案就有多种选择，对工期和造价的影响比较大。因此，对深基础开挖技术的研究解决便是高层建筑施工的一大重点。

2. 施工技术高

我国的高层建筑以钢筋混凝土为主，还在发展钢混结构和钢结构。钢筋混凝土一般以现浇为主，因此，需要注重研究钢筋连接、建筑制品、工业化模板、高性能混凝土等施工技术。同时，我国高层建筑的防水、消防、装饰、设备等要求也很高，在立面造型、平面布局、使用功能方面有较高的要求，消防设施的要求比较高，地下室、厨房、屋面、卫生间的防水也比多层建筑要求高。这些都给施工提出了更高的技术要求。

3. 高空作业多

高层建筑的自身高度比较大，导致垂直运输的工作量较大，因此，在高空作业中要处理大量的制品、材料、器具和人员的垂直运输。在施工过程中，要做好高空作业的用水、用电、安全保护、防水、通信等问题的工作，防止物体坠落发生事故。

4. 工程工期长

高层建设施工周期比较长，在冬、雨期施工不可避免，一般高层建筑的施工周期高达2年左右。在施工过程中，一般通过缩短装饰和结构施工工期来缩短施工周期。因为现浇混凝土是高层建筑施工的主导工序，因此，可通过合理选择模板体系缩短施工周期，降低成本。

5. 工程量大

我国高层建筑工程量比较大，工程项目较多，对一些大型的高层建筑，经常是边设计边施工，工程涉及很多单位和部门。这些导致了高层建筑施工管理、组织和协调的难度加大，因此，要精心施工，加强施工的集中管理。

三、国内高层建筑的施工

1. 高层建筑的建筑体系

高层建筑的建筑体系涉及结构材料、结构类型和施工工艺的选择问题，既取决于不同建筑产品的功能要求和建筑层数的高低，也决定于物质技术基础和施工条件。

2. 高层建筑的施工机具

高层建筑施工机具的选择必须满足工期少、机械费用低和综合经济效益好的要求，合理进行起重运输体系的组合。高层建筑要着重解决好垂直运输和吊装的施工机械。塔式起重机既能垂直运输，又能水平运输，工作范围大，是高层建筑的关键施工设备。最近国内一些厂家与国外合作，生产出一些新的机型，并已开始国产化。目前采用的有钢管扣件脚手架、门形脚手架、桥式脚手架、悬挑架和各种吊篮等。

3. 高层建筑深基础施工

高层建筑的深基础施工对于整个工程项目以及周边建筑物、设施影响都非常大，在施工过程中，采用先进的施工技术和措施，确实保证施工质量，逆作法是高层建筑深基础施工采用的一种施工方法。

4. 高层建筑装修施工

同一般多层建筑相比，高层建筑的装修标准较高，设备复杂。高层建筑的外墙饰面要求与基层结合牢固，耐久性好，立面丰富多彩，施工操作方便，宜着重发展以下一些做法：混凝土外墙无论预制或现浇都宜发展各种装饰混凝土，使装修与结构合一，不再抹灰，并以各种有机或无机的高分子涂料饰面。

5. 高层建筑的施工组织管理

高层建筑由于层数多、结构工程量大、地下工程和装修设备较复杂，在施工组织管理上必须遵循保证重点，统筹安排，按期按质交付使用，合理安排施工顺序，尽量采用流水作业法及网络计划技术组织施工，提高机械化施工水平，采用先进的科学技术，合理安排施工现场。通过合理的施工组织，解决好各施工阶段的问题，保证质量与工期，降低成本和提高效益。

总之，对高层建筑各个阶段的施工及整个过程的施工技术，都要严格依据国家施工规范技术标准及施工设计方案进行，并对之予以全面、认真、科学、切实的组织和管理，以期按时、优质地完成高层建筑的施工任务。

第二节　高层建筑施工

一、高层建筑施工技术内容

1. 高层建筑的混凝土施工

因为高层建筑施工周期较长，混凝土易因工作和气候条件的影响产生质量问题，有时会发生混凝土强度离散性太大等问题，因此需要在施工过程中控制好混凝土的强度。

1）在混凝土工程开工前，应根据设计的要求做配合比试验和级配试验，在试验过程中要采取相应的措施对混凝土严格控制，配置不同强度等级的混凝土，进行强度试验，在试验结果出来后，要对混凝土的配合比进行调节，使之达到高层建筑的施工标准。

2）测定混凝土的坍落度、温度等符合规定要求后，可进行混凝土的浇筑。一般情况下，浇筑按混凝土的斜面分层、自然流淌坡度、一次到顶、连续逐层推移的方法进行，要保证厚度符合设计要求。同时，要保证上下层浇筑间隔不超过混凝土初凝时间，保证混凝土初凝前被上层混凝土覆盖，避免出现施工冷缝问题。

3）高层建筑多采用泵送混凝土，缩短施工周期，改善混凝土施工性能。当采用这种形式时，要严格控制浇筑和振捣，同时要严格执行养护制度。要按照混凝土和不同水泥品种的要求确定养护时间进行养护，同时要根据气候条件按施工方案采取控温措施。

2. 高层建筑的钢结构施工

1）一般来说，在进行高层建筑的钢结构施工时，是根据建筑自身的特点进行安装施工的。因为钢结构的吊装、安装、焊接、拆除和测控都有严格的要求，对于较高的高层建筑，要以全钢结构为外框框架，通过核心墙、斜撑和钢梁的连接保持建筑结构，并通过混凝土的浇筑和楼面钢板的铺设加固整体的建筑结构。

2）高层建筑的核心墙内一般都有钢结构柱，其高度要达到一定的比例，数量应在24根以上，以保证整体结构的稳定。钢结构的吊装决定了整体工程的施工质量和施工速度，因此可以通过分区吊装和一机多吊提高工作效率。

3）要注重钢结构的焊接技术，因为高层建筑的钢结构焊接技术内容相对复杂，质量要求比较高，施工任务较重，在施工过程中要使用良好的焊接工艺保证工程的质量，一般情况下，工程采用二氧化碳气体保护焊，使用斜立焊、立焊的方法进行焊接，在焊接的过程中要注意焊缝层间的清理、焊丝的伸出长度等问题，要形成完整的焊接操作方法，确保工程钢结构的焊接工作。

3. 高层建筑的裂缝控制

1）设计措施。

① 避免结构断面突变带来应力集中，要注重构造钢筋的配置；砌体无约束端应增设构造柱；对轻质墙体，应增设间距小于3m的构造柱，在墙高的中部增设和墙同宽的混凝土腰梁；屋面隔气层和保温层要合理设置；预留的门窗洞口要采用钢筋混凝土框加强；注意梁底的砌筑要求。

② 外墙面的适当位置要留分隔缝，要设置永久性的伸缩缝。

2）对新浇混凝土的早期养护在混凝土裂缝预防中非常重要，在早期为减少收缩，要避免表面水分蒸发过快，控制好构件的湿润养护。对于大体积的混凝土，应注意控制混凝土的温升，尽可能地延长混凝土的降温速率，提高混凝土的极限拉伸值，减少混凝土的收缩，在完善构造设计和改善约束方面采取适当措施。例如，可以利用混凝土的后期强度，选用中低水化热的水泥，添加粉煤灰、减水剂等，通过选用较好级配的粗细集料，控制混凝土的浇筑温度和出机温度，通水排热，避免集中出现水化热高峰的现象。

二、高层建筑施工技术要点

1. 模板

模板安装的工艺流程包括：剪力墙模板：钢筋验收→墙内止水条安置→安装限位撑筋→安装内侧膜→用满堂架校正→安装外模及对拉杆→校正加固；柱模板：柱钢筋验收→安装柱模板→加设柱间剪力撑→校正加固；梁板模板：按起拱要求安置梁底→安装柱头、墙头模板→安装侧梁模板→安装板模→校正加固；楼梯模板：墙体拆模→弹好踏步及梯梁下口线→搭设满堂支撑架→安装梯梁模板→安装楼梯模板底及梁模板→绑扎楼梯钢筋→安装踏步侧模板→校正加固。

模板施工时应注意以下几个问题：在梁底模的两端支座处应开设清扫口，待底模通过风机吹或水冲洗等措施清理干净后再进行二次补缺；当上层楼板混凝土施工时，下层楼板的模板及其支撑系统不得拆除，再下层楼板的模板及其主支撑架可视混凝土的强度决定；有些对拉杆可能无法穿越墙体或柱体，不得采用对拉杆绕弯穿墙的安装形式，更严禁使用切割钢筋的形式，应在其旁边另外进行穿孔设置；模板验收时，除进行垂直度校核外，还应对剪力墙的顶口边、梁侧边、建筑物外缘边进行通线检查。

2. 钢筋

1）进场检验。钢筋进场时，钢筋的品种、级别、规格和数量必须符合设计要求，并按规定抽取试件做力学性能检验以保证其质量符合有关标准的规定。

2）拼接安装。对柱、梁安装时要检查柱底板下的垫铁是否垫平、垫实；检查柱是否垂直及有无位移情况；检查主次梁的垂直度、平直度和侧向弯曲，螺栓的拧紧程度以及是否对摩擦面进行清理等。

3）螺栓连接。高强螺栓应自由传入，紧固时须按一个方向进行；普通螺栓连接，则要求每个螺栓一端不得垫两个以上垫片，螺栓孔不得用气割扩孔，对于拧紧的螺栓，外露螺纹不得少于两个螺距。

4）焊接涂刷。钢筋工程需焊接，必须保证焊缝表面无裂纹、焊瘤，一、二级焊缝无气孔、夹渣、弧坑裂纹；涂刷时，则要做到构件表面无毛刺、焊渣、水、油污等异物，遍数和厚度符合设计要求。

3. 混凝土

高层建筑由于混凝土用量大，施工周期长，气候及工作条件影响因素多，有时会发生混凝土强度离散性大，甚至不合格。通常采用以下几种方法来克服和控制混凝土的强度。

（1）配合比的选定　工程开工前，一般均要按设计要求配制不同强度等级的混凝土，并要到法定试验机构做级配试验，待级配报告出来后，根据级配做配合比试验（实验室配比），在实际施工时照此执行。但问题就在于级配与现场施工过程中是否相符。有资料统计显示，若因砂的含水量增多，砂率下降2%~3%，混凝土强度将下降15%~20%，而水泥数量的影响为5%~20%，石子及砂的级配影响为5%~20%；水胶比的影响为：多增1%，强度降低5%~10%。既然影响如此之大，那就应该采取相应措施进行控制。

① 根据地区市场原材料情况进行不同配比的试验，以确保在施工过程中配比的及时调整，如5~40mm石子、$M \leqslant 2.3$细砂做一组，5~40mm石子、$M \geqslant 2.3$中粗砂做一组等。

② 对实验室配比结合原材料的含水量、含泥量进行施工配合比调整，以确保实验室配比的实际通用性。在实际施工中要加强原材料把关工作，砂石级配不良时，采取相应措施调整等。

（2）严格养护制度　高层建筑多采用泵送混凝土。泵送混凝土不仅能缩短施工周期，还能改善混凝土的施工性能。但在某些工程上的使用表明，在配合比、原材料、振捣控制严格的情况下，仍会出现混凝土强度不足的问题。分析其原因，多为抢工期、养护时间严重不足所造成的。根据有关专家的测试结果，全湿养护28d、全湿养护3d、空气中养护28d的强度比为2∶1.5∶1。由此可见养护的重要性。

① 对大体积浇筑量大的混凝土应有养护方案，从养护开始至养护结束应有专人负责，从主观意识上要对养护有足够的认识。养护方案中应从人员、水源、昼夜、覆盖等多方面措施进行考虑，不漏主要关键细节。

② 加强养护期的督查。对养护所采取的措施及现场养护情况进行跟踪记录，及时发现问题，确保养护的有效性。

（3）加强混凝土强度评定　《混凝土强度检验评定标准》（GB/T 50107—2010）规定，

混凝土强度应分批进行检验评定。一个验收批的混凝土应由强度等级相同、龄期相同以及生产工艺条件和配合比基本相同的混凝土组成。

根据相应条件选定其中一种方法，但这其中都涉及一个标准差问题。高层建筑由于施工周期、混凝土的浇筑、养护等气候条件相差大，混凝土试验值的离散性也较大（即标准差过大），如笼统地作为一批来评定，很可能不合格。因此，应按条件基本相同的划为一批进行分批评定，这样做既符合国家规范要求，也符合现场实际情况。

三、高层建筑“三线”控制

轴线、标高、垂直度类似于建筑物的经络。对高层建筑来说，由于涉及面广，操作难度大，经常会发生位移或不准现象。“三线”的控制是高层建筑的一大难点。

1. 垂直度的控制

1）控制垂直度是保证高层建筑的质量基础，也是关键的环节之一。为了控制建筑大楼的垂直度，首先应根据大楼柱网布置情况，先将大楼四个边角柱的位置确定。在安装四个边角柱的模板时，沿柱外层上弹出厚度线，立模、加支撑，采用吊线的方法测定立柱的垂直度；在保证垂直度100%后，对准模板外边线加固支撑、浇筑混凝土。待四角柱拆模后，其他各列柱以该四柱为基线，拉条钢线，控制正面的平整度和垂直度。

2）过程中的垂直度控制，应用激光仪加重锤进行双重校验，这样更能增添垂直度的准确性，同时加上内、外双控使高层建筑的竖向投测误差减小到最低限度。

2. 轴线的控制

（1）轴线传递　高层建筑施工过程中，脚手架与施工层同步向上，导致从外围一些基准点无法引测。因此，在±0.00结构施工复核轴线无误后，以一层楼面为基准在最长纵横向预埋多块200mm×200mm×8mm钢板，在钢板上标出控制轴线或主轴线控制点；二层及以上施工时，以一层楼面为基准在每层楼面相应位置留设200mm×200mm方洞，采用大线锤引测下层楼面的控制点，再用经纬仪及钢卷尺进行轴线校正，放出各层轴线和细部尺寸线。

（2）过程线的控制　挂起两条线，浇好剪力墙，这是过程线控制的关键。浇筑剪力墙，宜用18mm厚优质胶合夹板，外墙外围组合固定大模板，内墙散装散拆进行组合模板编号。这样，墙体平整度得到了保证，但更要注意的是墙体的垂直度。为此，模板支撑时应严格控制好剪力墙的四角，确保四个角的垂直度偏差在最小范围内：浇筑混凝土时，在剪力墙外平面的腰部和顶部挂双线，确保线和模板始终保持一致，发现问题及时调整，从而达到线性控制的目的。

3. 标高线的控制

1）在每层预控轴线的至少四个洞口（一般高层至少要由3处向上引测）进行标高的定位，同时辅以多层标高总和的复核，然后辅以水准仪抄平，复核此四点是否在同一水平面上，以确保标高的准确性。

2）这其中对四个洞口标高自身的准确性要求提高，因施工过程中模板、浇筑、加载等原因，洞口标高可能失去基准作用。为此，必须确保引测点的可靠性，加强洞口处模板支撑，同时辅以直径为12mm的钢筋控制该部位楼面厚度，确保标高的准确性。

3）在大楼四角、四周具备条件处设立层高、累计层高复核点，每层向上都附以该位置进行复核，防止累计误差过大。层面标高复核过程中，必须实现每层面的四个洞口控制点与外层高复核点在同一水平面上方能确认标高的准确性，达到标高控制的目的。

4. 建筑裂缝的控制

从《混凝土结构设计规范》（GB 50010—2010）中可以看出，裂缝宽度在不同的环境下，不同的混凝土结构其裂缝宽度也有不同的控制标准，允许裂缝最大为0.2~0.4mm。但作为裂缝控制来说，应以预控为主，尽量不要等到裂开了、缝增大了再补救。裂缝分为运动、不稳定、稳定、闭合、愈合等几大类型。虽说集料内部凝固时产生的微观裂缝不可避免，但从质量角度考虑应尽可能减少。由于高层建筑混凝土强度普遍较高、混凝土量较大且带有地下室，所以裂缝产生的可能性更大。下面主要叙述有关对裂缝的“放”“抗”相关措施。

所谓“放”，就是结构完全处于自由变形无约束状态下，有足够变形余地时所采取的措施；所谓“抗”，就是处于约束状态下的结构，在没有足够的变形余地时，为防止裂缝所采取的措施。

5. 设计措施

（1）“放”的措施　其措施有设置永久性伸缩缝，外墙面适当位置留分隔缝等。

（2）“抗”的措施　其措施有避免结构断面突变带来的应力集中，重视对构造钢筋的配置；对采用混凝土小型空心砌块等轻质墙体，增设间距≤3m的构造柱，每层墙高的中部增设厚度为120mm与墙等宽的混凝土腰梁；砌体无约束端增设构造柱；预留的门窗洞口采用钢筋混凝土框加强；两种不同基体交接处，用钢丝网（每边搭接≥150mm）进行处理；合理设置屋面保温层与隔气层等。

（3）“放”“抗”相结合的措施　其措施有合理设置后浇带，采取相应补偿收缩混凝土技术，混凝土中多掺纤维素类等。

6. 施工措施

（1）“放”的措施　其措施有砌筑填充墙至接近梁底，留一定高度，砌筑完后间隔至少一周，宜15d后补砌挤紧；合理分缝分块施工；在柱、梁、墙板等变截面处分层浇捣等。

（2）“抗”的措施

① 尽量避免使用早期强度高的水泥，积极采用掺合料和混凝土外加剂，降低水泥用量（宜<450kg/m^3）。实践经验表明，每立方米混凝土的水泥用量增加10kg，其水化热将使混凝土的温度升高1℃。高层混凝土用量大，有时还有大体积混凝土，从经济、实用角度考虑宜掺入外加剂。当然掺入外加剂后，要预计对早期强度的影响程度。据此可提请设计科研部门予以探讨和评定。

② 选择合理的最大粒径砂石，这样可减少水和水泥用量，减少泌水、收缩和水化热。有资料显示：用5~40mm碎石与用5~25mm碎石相比，可减少用水量6~8kg/m^3，降低水泥用量15kg/m^3；用M=2.8的中粗砂与用M=2.3的中粗砂相比，可减少用水量20~25kg/m^3，降低水泥用量20~25kg/m^3。

③ 在施工工艺上，应避免过振和漏振，提倡二次振捣、二次抹面，尽量排除混凝土内部的水分和气泡。

④ 现浇板中的线盒置于上、下层筋中间，交叉布线处采用线盒，沿预埋管线方向增设直径为6@150，宽度≥450mm的钢筋网带。

（3）“放”“抗”相结合的措施　在混凝土裂缝的预防中，对新浇混凝土的早期养护尤为重要。为使早期尽可能减少收缩，需主要控制好构件的湿润养护，避免表面水分蒸发过快，产生较大收缩的同时，受到内部约束而易开裂。对于大体积混凝土而言，应采取必要的措施（埋设散热孔、通水排热），避免水化热高峰的集中出现；同时在养护过程中对表面、中间、底部温度进行跟踪监测（尤其在3d）。对混凝土浇筑后的内部最高温度与气温宜控制在25℃以内，否则会因温差过大而产生混凝土裂缝。

第三节　高层建筑施工管理

一、工程项目管理

工程建设项目的施工管理包括成本控制、进度控制和质量控制。工程项目的三个控制指标相辅相成，同等重要并有机结合。

1. 成本控制

项目施工的成功与否，利润率是一个重要指标。利润=收入-成本，若使利润增长，就要增加收入、减少成本。收入在施工单位竞标以后是相对固定的，而成本在施工中则可以通过组织管理进行控制。因此，成本控制是建设项目施工管理的关键工作。在进行成本控制时，应注意以下几点原则：

（1）成本最低化原则　施工单位应根据市场价格编制施工定额。施工定额要求成本最低化，同时还应注意成本降低的合理性。施工定额还应根据市场价格的变动，经常地进行调整。

（2）全面成本控制原则　成本控制是“三全”控制，即全企业、全员和全过程的控制。项目成本的全员控制有一个系统的实质性内容，包括各部门、各单位的责任网络和班组经济核算等，应防止“成本控制人人有责，但又人人不管”现象。

（3）目标管理原则　项目施工开始前，应对项目施工成本控制确立目标。目标的确定应注意其合理性，目标太高则易造成浪费。太低又难以保证质量。如果目标成本确定合理，项目施工的实际成本就应该与目标成本相差不多。若相差太多，不是目标成本确定有问题，就是项目施工有不完善的地方（如有偷工减料或者出现材料质量不合格的情况）。

2. 进度控制

首先，编制进度计划应在充分掌握工程量及工序的基础上进行。其次，确定计划工期。一般情况下，建设单位在招标时会提供标底工期。施工单位应参照该工期，同时结合自己所能调配的最大且合适的资源，最终确定计划工期。再次，实时监控进度计划的完成情况。编制完进度计划不是将它束之高阁，不按计划进行施工，而应按照所编制的进度计划对实际施工进行适时监控。其正确做法是每周总结工程进度，监控其是否与计划有偏差，若工期滞后，寻找原因，落实赶工计划。在每周监控的基础上，每月、每季或者每年进行一次工程进度总结。最后，应尽量减少赶工期现象。进度计划一经确定，应严格按照计划进行施工，原则上不提倡赶工期。进度计划是在施工单位所能获取的最大且合适的资源的基础上进行编制的，赶工期无疑将增大资源的投入。而投标报价是在施工成本的基础上形成的，增大资源投入将提高施工成本、减少利润。

3. 质量控制

项目施工的质量控制主要应从人、材、机几个方面着手控制。由于任何项目都是由人来完成的，所以人的控制是质量控制中最为关键的工作，是其他控制的基础。

项目管理中最难最基本的管理就是人的管理。人的控制首先是要选好人、用好人。人的能力在不同的时间、不同的地点是有所不同的，但它的变化应该是围绕一个基点变动的，这个基点每个人是不同的，选择人才时应该挑选基点比较高的。不同的工作对基点的高低要求是不同的，要人尽其才，用好人。另外，应尽量做到一人多能，这样就能精减人员，事半功倍。其次，应充分调动人的能动性。再次，绩效评估是调动主观能动性的有效方法。另外，绩效评估对简单的工作相对容易一些，像一个工人砌砖的质量、钢筋绑扎的速度是很容易进行衡量和比较的。而对于复杂的工作，绩效评估就显得作用不大，例如，解决一个工程难题就很难用时间、质量等指标进行评估。综上所述，人的控制不能生搬硬套，应因人而异，采取不同的方法。

二、高层施工安全管理

由于高层建筑施工周期长、露天高处作业多、工作条件差，以及在有限的空间要集中大量人员密集工作，相互干扰大，因此安全问题比较突出，在此对安全管理综述以下主要控制点。

1. 基坑支护

1）基坑开挖前，要按照土质情况、基坑深度及环境确定支护方案。

2）深基坑（$h \geqslant 2m$）周边应有安全防护措施，且距坑槽1.2m范围内不允许堆放重物。

3）基坑边与基坑内应有排水措施。

4）在施工过程中加强坑壁的监测，发现异常及时处理。

2. 脚手架

1）高层建筑的脚手架应经充分计算，根据工程的特点和施工工艺编制的脚手架方案应附计算书。

2）架体与建筑物结构拉结：二步三跨，刚性连接或柔性硬顶。

3）脚手架与防护栏杆：施工作业层应满铺，密目式安全网全封闭。

4）材质：钢管Q235（3#钢）钢材，外径48mm，内径35mm，焊接钢管、扣件采用可锻铸铁。

5）卸料平台应有计算书和搭设方案，有独立的支撑系统。

3. 模板工程

1）施工方案应包括模板及支撑的设计、制作、安装和拆模的施工程序，同时还应针对泵送混凝土、季节性施工制订针对性措施。

2）支撑系统应经过充分的计算，绘制施工详图。

3）安装模板应符合施工方案，安装过程应有保持模板临时稳定的措施。

4）拆除模板应按方案规定的程序进行先支的后拆，先拆非承重部分。拆除时要设警戒线，由专人监护。

4. 施工用电

1）必须设置电房，两级保护，三级配电，施工机械实现“四个一”；施工现场专用的中心点直接接地的电力线路供电系统中心采用 TN—S 系统，即三相五线制电源电缆。

2）接地与接零保护系统：确保电阻值小于规范的规定。

3）配电箱、开关箱采取三级配电、两级保护，同时两级漏电保护器应匹配。

三、高层施工项目验收

高层建筑施工项目在竣工验收合格后才开始工程结算。因此，验收工作应在施工工作结束后尽快完成。有的施工单位进行施工验收过程相当缓慢，其大部分原因是施工资料不齐全，到施工工作结束后才开始后补资料。对工程资料的整理，尤其是现场施工工序资料（含隐蔽工程验收记录）、管理技术类资料、材料质保资料，必须要在平时的施工过程中进行整理归档，并随时接受工程监管单位的检查，也就是说，施工验收工作应从工程项目开工就开始着手进行。另外，尤其关键的是施工单位应与施工各建设主体单位、兄弟单位以及工程监督主管部门保持良好的沟通。建筑工程施工过程是一个程序化的过程，最终将是通过验收，才能交付使用。施工单位作为一个建设工程核心单位，处理好这种相互结合的立体多维关系，离不开沟通。这样才能保证建设项目的顺利施工和验收。

四、高层工程项目保修施工

验收结束后，施工单位并不是就此结束对建设项目的管理工作，还应按合同要求继续履行工程的保修义务，负责保修期内的工程维修工作。主要做好以下工作：

1）施工单位应根据施工合同中的保修范围实施保修工作，保修完成后组织建设方验收。

2）对保修范围外的项目，对于紧急抢修事故，应立即组织抢修，抢修完成后组织建设方验收。

3）对涉及结构安全的质量问题，施工方应组织相关建设单位进行现场会诊，提出保修方案后再实施保修工作，保修完成后组织建设方验收。

综上所述，工程施工技术和管理是有效控制建筑质量的重要环节，而搞好工程管理是一项复杂的系统工程。在实践中，管理人员必须与设计、监理、施工等有关各方密切配合，总结经验，共同把关，通过坚持不懈的努力，不断提工程的质量，使其达到预期的效果。

复习思考题

1. 现代高层建筑施工有何特点？
2. 查阅相关文献，简述高层建筑混凝土施工应特别注意哪些问题？
3. 简述模板安装的工艺流程。
4. 高层建筑的“三线”如何控制？
5. 成本控制是高层建筑施工项目管理的三大目标之一，实际工作中应注意哪几条原则？

第十六章 建筑工业化及信息化技术

第一节　建筑工业化技术

建筑工业化是指通过现代化的制造、运输、安装和科学管理的大工业的生产方式，来代替传统建筑业中分散的、低水平的、低效率的手工业生产方式。它的主要标志是建筑设计标准化，构配件生产施工化，施工机械化和组织管理科学化。

一、建筑工业化概述

以工业化的方式重新组织建筑业是提高劳动效率、提升建筑质量的重要方式，也是我国未来建筑业的发展方向。建筑工业化的基本内容是：采用先进适用的技术、工艺和装备，科学合理地组织施工，发展施工专业化，提高机械化水平，减少繁重复杂的手工劳动和湿作业；发展建筑构配件、制品、设备生产并形成适度的规模经营，为建筑市场提供各类建筑使用的系列化的通用建筑构配件和制品；制定统一的建筑模数和重要的基础标准（模数协调、公差与配合、合理建筑参数、连接等），合理解决标准化和多样化的关系，建立和完善产品标准、工艺标准、企业管理标准、工法等，不断提高建筑标准化水平；采用现代管理方法和手段，优化资源配置，实行科学的组织和管理，培育和发展技术市场和信息管理系统，适应发展社会主义市场经济的需要。图 16-1 为建筑工业化工艺关系图。

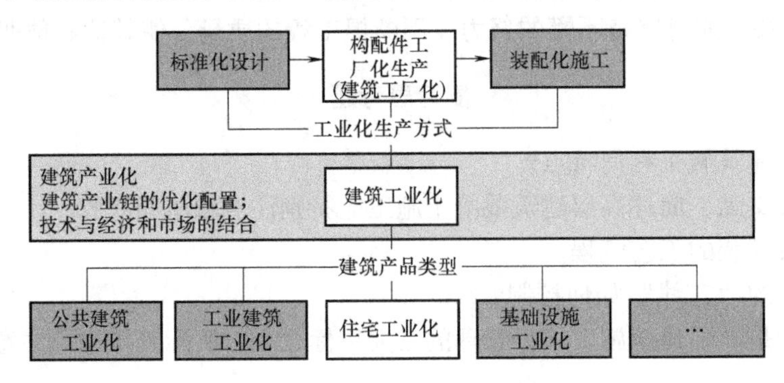

图 16-1　建筑工业化工艺关系图

1. 建筑工业化的特征

1）设计和施工的系统性。在实现一项工程的每一个阶段，从市场分析到工程交工都必须按计划进行。

2）施工过程和施工生产的重复性。构配件生产的重复性只有当构配件能够适用于不同规模的建筑、不同使用目的和环境才有可能。构配件如果要进行批量生产就必须具有一种规定的形式，即定型化。

3）建筑构配件生产的批量化。没有任何一种确定的工业化结构能够适用于所有的建筑营造需求，因此，建筑工业化必须提供一系列能够组成各种不同建筑类型的构配件。

2. 建筑工业化生产方式与传统建筑方式的对比

建筑工业化生产方式与传统建筑方式的对比见表 16-1。

表 16-1　建筑工业化生产方式与传统建筑方式的对比表

阶　段	传统生产方式		建筑工业化生产方式		
	设　计	施　工	设计生产施工一体化		
主要完成内容	仅从建筑体设计结构出发，不考虑施工方法、施工技术和规范等	现场建造	设计：标准化设计，考虑构配件标准制定，设计成果考虑建筑体系的配套技术和规模	生产：根据设计方案，将构配件部分或全部进行工厂化生产	施工装配：根据设计方案将构配件进行现场装配

传统建筑生产方式是将设计与建造环节分开，设计环节仅从目标建筑体及结构的设计角度出发，而后将所需建材运送至目的地，进行露天施工，完工交底验收的方式；而建筑工业化生产方式是设计施工一体化的生产方式，即标准化设计至构配件工厂化生产，再进行现场装配的过程。

根据对比可以发现，传统方式中设计与建造分离，设计阶段完成蓝图、扩初至施工图交底即目标完成，实际建造过程中的施工规范、施工技术等均不在设计方案之列。建筑工业化颠覆了传统的建筑生产方式，其最大特点是体现全生命周期的理念，将设计施工环节一体化，使设计环节成为关键，该环节不仅是设计蓝图至施工图的过程，还需要将构配件标准、建造阶段的配套技术、建造规范等都纳入设计方案中，从而设计方案作为构配件生产标准及施工装配的指导文件。除此之外，PC 构件生产工艺也是关键，在 PC 构件生产过程中需要考虑到诸如模具设计及安装、混凝土配比等因素。与传统建筑生产方式相比，建筑工业化具有不可比拟的优势。

建筑工业化采取设计施工一体化的生产方式，从建筑方案的设计开始，建筑物的设计就遵循一定的标准，如建筑物及其构配件的标准化与材料的定型化等，为大规模重复制造与施工打下基础，提升工程的建设效率、此外，建筑工业化遵循工艺设计及深化设计标准，构配件可以实现工厂化的批量生产及后续短暂的现场装配过程，其建造过程大部分时间是在工厂采用机械化手段、由一定技术工人操作完成的。

与传统的现场混凝土浇筑及缺乏培训的低素质劳务工人手工作业对比，建筑工业化将极大提升工程的建设效率。据资料显示，发达经济体预制装配建造方式与现场手工方式相比节约工期可达 30%以上。

3. 建筑工业化的措施

1）建筑工业化首先应从设计开始，从结构入手，建立新型结构体系（包括钢结构体系、预制装配式结构体系），要让大部分的建筑构件（包括成品、半成品）实行工厂化作

业。一是要建立新型结构体系，减少施工现场作业。多层建筑应由传统的砖混结构向预制框架结构发展；高层及小高层建筑应由框架向剪力墙或钢结构方向发展；施工上应从现场浇筑向预制构件、装配式方向发展；建筑构件、成品、半成品以后场化、工厂化生产制作为主。二是要加快施工新技术的研发力度，主要是在模板、支撑及脚手架施工方面有所创新，减少施工现场的湿作业。三是要加快“四新”成果的推广应用力度，减少施工现场手工操作。在积极推广住建部十项新技术的基础上，加快这十项新技术的转化和提升力度，其中包括提高部品件的装配化、施工的机械化能力。

2）在新型结构体系中，应尽快推广建设钢结构建筑，应用预制混凝土装配式结构建筑，研发复合木结构建筑。在我国，进行钢结构建设的时机已比较成熟，我国已连续 8 年世界钢产量第一，一批钢结构建筑已陆续建成，相应的设计标准、施工质量验收规范已出台；同时，钢结构以其施工速度快、抗震性能好、结构安全度高等特点，在建筑中应用的优势日显突出；钢结构使用面积比钢筋混凝土结构增加面积 4%以上，工期大大缩短；在工程建设中采用钢结构技术有利于建筑工业化生产，促进冶金、建材、装饰等行业的发展，促进防火、防腐、保温、墙材和整体厨卫产品与技术的提高，况且钢结构可以回收再利用，节能环保，符合国民经济可持续发展的要求。

3）应积极提倡预制装配式结构。基本上所有的混凝土结构都是现场浇筑的，不仅污染环境，制造噪声，还增加了工人的劳动强度，又难以保证工程质量。南京大地建筑公司从法国引进的预制装配式结构体系（简称“世构体系”），是采用预制钢筋混凝土柱，预制预应力混凝土梁、板，通过钢筋混凝土后浇部分将梁、板、柱及节点连成整体的框架结构体系。它具有减少构件截面，减轻结构自重，便于工厂化作业、施工速度快等优点，是替代砖混结构的一种新型多层装配式结构体系。该结构体系已在南京多个工程中应用，效果明显。

4）应尽快研发复合木结构。复合木结构不仅适用于大跨度的建筑中，还可适用于广大村镇建筑和二至三层的别墅中。与混凝土结构不同，复合木结构作为今后新型结构形式之一，极具人性化和环保的特点。针对杨树快速生长和再生的特点，应着力开发杨树木材的深加工技术，包括木材的处理、复合、成型等，制作成建筑用的柱、梁、板等构件，并使其具有防虫、防火、易组合的能力。大量使用复合木结构，可减少对钢材、水泥、石子等建材的需求，这对资源是一种保护；同时，也为广大种植杨树的农民提供了一个优越的市场，不仅提升了杨树的使用价值，而且还为广大农民脱贫致富寻找到一个新途径。可谓是一举多得。可以预见，复合木结构的潜在能量将随着技术的成熟日益显现出来，必将会对我国的建筑业带来一场革命。

二、建筑方式

工业化建造方式是指采用标准化的构件，并用通用的大型工具（如定型钢板）进行生产和施工的方式。根据住宅构件生产地点的不同，工业化建造方式可分为工厂化建造和现场建造两种。

1. 工厂化建造

工厂化建造（图 16-2）是指采用构配件定型生产的装配施工方式，即按照统一标准定型设计，在工厂内成批生产各种构件，然后运到工地，在现场以机械化的方法装配成房屋的施工方式。采用这种方式建造的住宅称为预制装配式住宅，主要有大型砌块住宅、大型壁板住宅、框架轻板住宅、模块化住宅等类型。预制装配式住宅的主要优点是构件工厂生产效率高，质量好，受季节影响小，现场安装的施工速度快。其缺点是需以各种材料、构件生产基地为基础，一次投资很大；构件定型后灵活性小，处理不当易使住宅建筑单调、呆板；结构整体性和稳定性较差，抗震性不佳。日本为克服预制装配式住宅抗震性差的缺点，在预制混凝土构件连接时采用节点现浇的方式，以加强其整体的强度和结构的稳定性，取得了很好的效果。这类结构被称为预制混凝土结构（PC），目前我国的万科公司正在进行相关的试验和改进。长沙远大住宅工业有限公司则已经运用国际最先进的 PC 构件进行工业化住宅生产。

图 16-2　工厂化建造

2. 现场建造

现场建造（图 16-3）是指直接在现场生产构件，生产的同时就组装起来，生产与装配过程合二为一，但是在整个过程中仍然采用工厂内通用的大型工具和生产管理标准。根据所采用工具模板类型的不同，现场建造的工业化住宅主要有大模板住宅、滑升模板住宅和隧道模板住宅等。采用工具式模板在现场以高度机械化的方法施工，取代了繁重的手工劳动。与预制装配方式相比，它的优点是一次性投资少，对环境适应性强，建筑形式多样，结构整体性强。其缺点是现场用工量比预制装配式大，所用模板较多，施工容易受季节的影响。

图 16-3　现场建造

3. 建筑工业化的发展

1900 年，美国创制了一套能生产较大的标准钢筋混凝土空心预制楼板的机器，并用这套机器制造的标准构建组装房屋，实现了建筑工业化。工业化建筑体系是从建造大量的建筑（如学校、住宅、厂房等）开始的。建筑工业化明显加快了建设速度，降低了工人的劳动强度，并使效益大幅度提高。但建筑物容易单调一致，缺乏变化。为此，工业化建筑体系发展将房屋分成结构和装修两部分，结构部分用工业化建筑手段组成较大的空间，再按照不同的使用要求，用装修手段，灵活组织内部空间，以使建筑物呈现出不同的面目和功能，满足各种不同的要求。

建筑工业化是我国建筑业的发展方向。随着建筑业体制改革的不断深化和建筑规模的持续扩大，建筑业发展较快，物质技术基础显著增强；但从整体看，劳动生产率提高幅度不大，质量问题较多，整体技术进步缓慢。为确保各类建筑最终产品（特别是住宅建筑）的质量和功能，应优化产业结构，加快建设速度，改善劳动条件，大幅度提高劳动生产率，使建筑业尽快走上质量效益型道路，成为国民经济的支柱产业。其发展应考虑以下几点：吸取我国几十年来发展建筑工业化的历史经验，以及国外的有益经验和做法；考虑我国建筑业技术发展现状、地区间的差距，以及劳动力资源丰富的特点；适应发展建筑市场和继续深化建筑业体制改革的要求；重点是房屋建筑，特别是量大面广、对提高人民居住水平直接相关的住宅建筑。

第二节　建设工程管理信息化概述

信息化是人类社会发展过程中的一种特定现象，表明人类对信息资源的依赖程度越来越高。信息化最初是从生产力发展的角度来描述社会形态演变的综合性概念，信息化和工业化一样，是人类社会生产力发展的新标志。

在建设工程管理领域，信息化管理早期体现在建设工程管理软件应用，如在建设工程管理的各个阶段使用的各类软件，包括项目管理软件，这些软件主要用于收集、综合和分发建设工程管理过程的输入和输出信息。但一个软件不可能包含建设工程全过程的所有功能，一般来说，每个软件都有自己的主要功能，因此，将这些软件的功能集成、整合在一起，即构成了建设工程管理信息系统。

目前，国内外建设项目规模不断扩大，科技含量不断增加，研究、开发、建设、运行各环节逐渐相结合，建设项目越来越需要全过程的控制。建设项目管理模式和管理理念也在不断发展变革，项目管理越来越呈现出信息化、集成化和虚拟化的特点，全寿命周期集成管理将成为建设工程管理的重要发展方向之一。

一、信息技术对建设工程管理的影响

信息技术的高速发展和不断应用，其影响已波及传统建筑业的方方面面。随着信息技术（尤其是计算机软硬件技术、数据存储与处理技术及计算机网络技术）在建筑业中的应用，建设工程管理的手段不断更新和发展。建设工程的手段与建设工程思想、方法和组织不断互动，产生了许多新的管理理论，并对建设工程的实践起到了十分深远的影响。项目控制、集成化管理、虚拟建筑都是在此背景下产生和发展的。具体而言，信息技术对工程项目管理的影响表现在如下几个方面：

1）建设工程系统的集成化。它包括各方建设工程系统的集成以及建设工程系统与其他管理系统（项目开发管理、物业管理）在时间上的集成。

2）建设工程组织虚拟化。在大型项目中，建设工程组织在地理上分散，但在工作上协同。

3）在建设工程的方法上，由于信息沟通技术的运用，项目实施中有效的信息沟通与组

织协调使工程建设各方可以更多地采用主动控制，避免了许多不必要的工期延迟和费用损失，目标控制更为有效。

建设工程任务的变化，使信息管理更为重要。甚至产生了以信息处理和项目战略规划为主要任务的新型管理模式——项目控制。

二、建设工程管理信息化的意义

建设工程管理信息化是近年来顺应工程项目日趋扩大，技术日趋复杂，对工程质量、工期、费用的控制日益严格的形势而发展起来的一门新兴学科。其研究对象可以是项目决策阶段的宏观管理，也可以是项目实施阶段的微观管理。在工程建设项目管理中引入现代信息技术，是促进建设工程项目管理现代化、科学化的基本保证。

1. 促进了工程管理变革

现代信息技术作为当代社会最具活力的生产力要素，其广泛应用而引发的信息化和全球化正在迅速地改变着传统建筑业的面貌。信息技术在工程管理中的应用以工程管理信息系统的出现为标志，大大提高了工程管理中信息的处理、存储的效率，也极大地提高了工程管理工作的有效性。

（1）工程管理手段的变革　现代信息技术在工程管理中的应用直接改变了工程管理的手段，工程管理信息系统已经成为工程管理专业人士的基本工作手段。现代工程管理中的许多问题是由于信息无法正确、及时地在项目参与各方中传递造成的。为了解决这些问题，需要对传统的工程管理手段进行改革。现代信息技术的出现有力地促进了这一变革的实现。目前许多大型项目中，在地域上分布的项目参与各方通过 Internet/Intranet 技术联系在一起，使用电子邮件系统、视频会议系统等进行信息传递和沟通。许多公司开发的商品化工程管理信息系统软件都实现了与 Internet/Intranet 的无缝集成，网络化、集成化已成为工程管理的发展趋势。

（2）工程管理组织的变革　现代信息技术的应用引起了工程管理组织中信息传递方式的变化（图 16-4），组织内部更多地通过水平、对等的信息传递方式来沟通、协调项目各参与方之间的关系。大型项目中地理上相距遥远的参与各方通过计算机网络联系起来，组成在业务过程中相互协助的虚拟工作团队。这样的虚拟工作团队突破了传统组织结构的有形界限，按照共同的目标来建立柔性、灵活、动态的工程管理组织，使工程管理组织具有较强的目标一致性和更合理的资源配置。

（3）工程管理思想方法的变革　传统工程管理的方法基于动态控制原理，是一种被动控制的方法，它是在问题发生后才采取控制措施。信息技术的广泛应用使这一切发生了根本性的变化。工程管理者借助先进的信息处理和沟通工具，可以提高项目实施前的决策科学性。工程管理正经历着由以被动控制为主向以风险管理为主的方式转变，风险管理理论和辅助工具将在工程管理中发挥更大的作用。

信息时代工程管理的思想也发生了深刻的变化。发达的数字化信息网络平台、集成化的工程管理信息系统不仅使项目参与各方能方便地沟通，还实现了项目信息的共享，使项目参与各方在信息透明的环境中协同工作，那种由于“信息不对称”而产生的片面压价、高估冒算、弄虚作假，甚至是欺骗等道德败坏的现象从根本上得到好转。工程管理的思想将突破以往的时空观，从传统的狭隘利益观中解放出来，“项目利益高于一切”的思想将统一项目

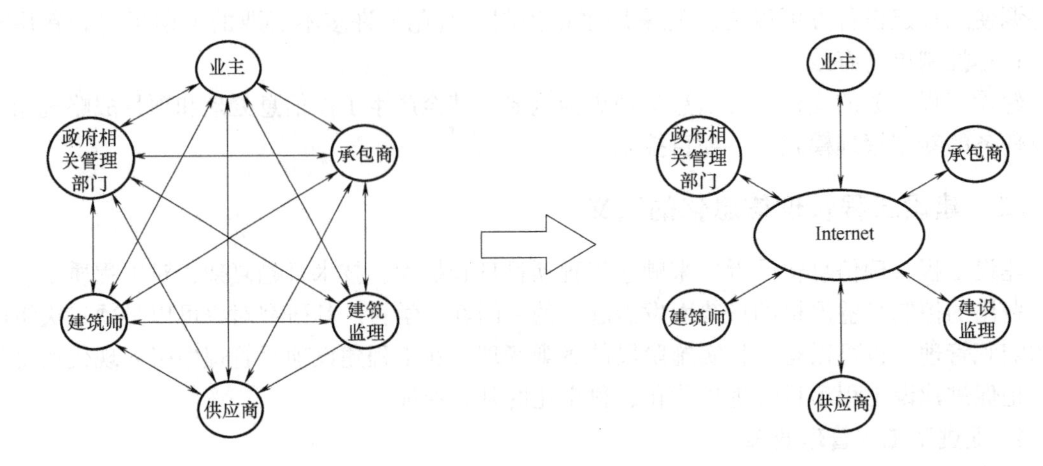

图 16-4 信息传递方式的变化

参与各方的传统项目管理目标，信任、合作、平等、协商、风险共担、利益共享等高尚的管理理念将在强大的信息技术支撑下成为现实。

（4）新的工程管理理论 信息技术对工程管理的变革作用只是信息时代工程管理发展的大趋势，其变革不可能是自然实现的，它需要一系列的理论、技术和工具作为支持。其中新的工程管理理论支持尤为重要。目前，由于现代信息技术在建筑业中的应用，产生了一些新的工程管理理论和方法，主要有：

① 项目控制。它是工程管理咨询与信息技术相结合的产物，主张在大型工程项目中设立独立的业主方咨询者，咨询者的工作内容超脱日常项目管理业务，重点着手工程项目的信息处理和战略规划，从战略高度指导项目的整个实施过程。

② 集成化管理。它主要通过建立集成化的工程管理信息系统来实现工程管理系统与其他管理系统的协同工作，提高整个工程项目的综合效益。

③ 基于 Internet 的项目管理。它是在 Internet 平台上，通过现代化的通信手段，实现工程管理信息的电子数据交换，从而全面提高工程项目中的信息沟通效率。

2. 改变了传统的设计观念、手段和方式

勘察设计行业是在我国建设领域中率先应用计算机技术，信息化建设起步早、发展快、效益高的先进行业。工程设计自 20 世纪 80 年代后期开始推广 CAD 应用，目前全行业 CAD 出图率已接近 100%，不仅彻底把工程设计人员从传统的绘图中解放出来，而且大大缩短了设计周期，提高了设计质量，经济效益十分显著。一些先进单位正在开发建设设计与管理集成化、智能化应用系统，与国际接轨。采用 BIM 技术，可以实现由二维（2D）到三维（3D），由图形到建筑信息模型过渡，彻底改变建筑工程设计信息的创建过程。使传统的设计观念、手段和方式发生了根本的变化，使方案的比选、优化更为直观，对提高设计质量和水平发挥了重要作用。

3. 实现了建筑业从纵向一体化向横向一体化生产模式的转变

（1）纵向一体化生产模式 所谓纵向一体化生产模式，是指承包公司对承包的大型工程项目的所有环节，即可行性分析与立项、融资与投资、规划与设计、采购与施工、现场组织与管理、技术培训、试运行、售后服务等都亲自参与并完成，或以控股、兼并等方式直接控制其他企业来完成承包项目的所有环节。在过去相当长的一段时间里，我国的建筑企业在纵向一体化方面发展很快，大而全、中而全、小而全的企业越来越多。纵向一体化的信息流主要在企业内部流动，企业内部有效的生产控制与调配成为完成承包工程的关键。

（2）横向一体化生产模式　随着社会化大生产的发展，生产专业化的发展，特别是信息技术所创造的条件，使建筑生产的横向一体化生产模式得到了迅速发展。所谓横向一体化生产模式，是指众多的承包商在进行充分的外部环境和内部条件分析的基础上，确定出各自在完成承包工程所必须进行的若干环节中拥有的相对竞争优势、可以获得超出行业水平平均利润率的战略环节，然后彼此结成动态的战略联盟，共同完成承包工程。横向联合生产模式的信息流主要在战略联盟企业间流动。基于企业之间信息沟通的项目实施的有效控制与协作是完成承包工程的关键。横向一体化的优势体现在如下几个方面：

1）经营领域中承揽工程的优势。信息技术，特别是基于 Internet 的电子商务，使业主、承包商、分包商、供应商之间及内部能够实现几乎实时而且廉价的信息沟通，不仅加快了信息发布与收集、盟友选择、工程控制等过程，而且大大降低了交易成本。另外，完善的电子商务系统可以实现历史上所有的“盟友”进行超大容量的存储，并通过竞争性信息挖掘技术，在现实的及历史的数据海洋中挖掘出承包商所需要的决策背景信息，并通过决策支持系统，辅助承包商迅速完成“盟友”的选择，以实现承包工程中的战略联盟。

2）生产领域中施工组织与管理方面的优势。多媒体的通信手段，可以使异地监控成为可能；电子货币、数字签名、电子结算方式的应用使异地控制与支付及横向联合模式下的总分包更为方便和有效。承包商可以凭借信息流对工程进行科学管理，电子商务提供了物流向信息流转换的平台，使大型项目的生产优化成为可能。各联盟企业可在优化的施工方案的指导下，科学合理地并行施工，以大大缩短工期。这不仅减少了投资的不确定性，也提高了战略联盟作为更有效的生产组织模式在国际承包市场中的竞争优势。另外，战略联盟中的各承包商由于只涉及自己具有相对竞争优势的生产环节，只承担自己最拿手的部分工程任务，从而保证了工程的质量。

3）风险及效益优势。在横向联盟中，由于承包商只需负担自己承包部分工程所需的投资，大大减少了大型项目带来的风险。

4. 加速信息化施工的进程

所谓信息化施工，简单地说，就是指将信息技术应用于施工，以便于缩短工期、降低成本、提高工程质量的过程，其重点是对施工过程进行信息化控制，主要表现在如下几个方面：

（1）传感技术、分析计算以及控制技术在具体施工过程中的应用　例如，计算机用于大体积混凝土施工中的温度控制监测，大型隧道、边坡施工监测与快速分析，预应力混凝土斜拉桥拉索式长挂篮悬臂施工控制，大型桥梁时域模态识别，大型桥梁损伤识别及最优监测点布置，混凝土中氯离子扩散系数的快速测定，正常大气环境下混凝土中钢筋腐蚀的预测，高拱坝有无限地基动力相互作用的时域分析，高拱坝横隧结构非线性响应分析及横裂控制等。在上述的某些方面中，我国已经取得了国际领先的成果。

（2）施工过程中使用虚拟仿真技术　虚拟仿真技术是用计算机生成一种模拟现实环境，用户可以通过视觉和听觉与虚拟环境进行交互对话。例如，中建三局三公司与华中科技大学有关专家和工程技术人员采用基于 CAD 数据的快速三维建模、多边形和纹理造型、快速精

确地创建地貌特征、三维实时动态仿真、有限元分析等关键技术，联合开发了一套施工虚拟仿真系统。该系统被成功地应用于上海正大广场项目，实现了虚拟显现建筑物建成后的环境，在计算机上完成了模拟各种构件装配、吊装方案的安装演示，预知了最优的设计方案，并将该设计方案在施工中可能出现的问题及时进行纠正，确保了正式施工的万无一失。

(3) 一批成熟的单项软件产品的应用　这些软件产品的种类包括工程投标报价系统，建筑工程概预算软件，工程量、钢筋自动计算软件以及针对某些特殊施工过程的管理系统等。

5. 推进了建筑企业信息化

工程项目管理信息化要求工程项目各参与方均实现信息化，客观上对建筑企业信息化产生了巨大的需求，进而推进了建筑企业信息化的进程。目前，建筑系统的企业正在进行以优化结构、提高经济效益为目标的企业改组和改造，各建筑企业充分利用信息技术提升企业的技术、管理水平，达到提高产品质量、提高服务水平、提高企业效率、提高企业竞争力的目的。一般上档次的建筑企业内各职能部门大多拥有计算机和配有相应的应用软件，拥有自己的服务器，联成内部网络，并在国际互联网上注册公司域名。有些基层单位的办公基地内的计算机也连成了小型网络。大多数计算机能通过调制解调器拨号上网。应该说，硬件配置已基本具备了信息化实施的条件。

另外，现在已经有各种各样的应用软件投入使用。就施工管理软件而言，有钢筋混凝土结构施工项目管理信息系统、钢结构施工项目管理信息系统、网络计划软件、工程量计算软件、投标报价软件、施工详图绘制软件等。这些软件都可以很好地用于解决企业内的局部信息化问题。

第三节　建设工程管理信息化的实施

为了真正实现工程建设项目信息化管理，必须使工程项目生命周期管理按数字化设计所有产品，通过分享内容，共同合作。通过协同作业，改善信息的创建、管理和共享，从而达到提高决策准确度、提高运营效率、提高项目质量和提高用户获利能力的目标。基于互联网的工程项目信息管理系统，是实现现代工程建设项目管理信息化的基本途径。

基于 Internet 的工程建设项目信息管理系统不是某一个具体的软件产品或信息系统，而是国际上工程建设领域基于 Internet 技术标准的项目信息沟通系统或远程协同工作系统的总称。该系统可以在项目实施的全过程中，通过共用的文档系统和共享的项目数据库，对项目参与各方产生的信息和知识进行集中式管理，主要是项目信息的共享和传递，而不是对信息进行加工和处理。项目参与各方可以在其权限内，通过 Internet 浏览、更新或创建统一存放于中央数据库的各种项目信息。因此，它是一个信息管理系统，而不是一个管理信息系统，其基本功能包括文档信息和数据信息的分类、存储、查询。该系统通过信息的集中管理和门户设置为项目各参与方提供一个开放、协同，个性化的信息沟通环境。

一、基于 Internet 的工程建设项目信息管理系统的特点

以 Internet 作为信息交换工作的平台，其基本形式是项目主题网。与一般的网站相比，它对信息的安全性有较高的要求。

采用B/S结构，用户在客户端只需要一台装有浏览器的电脑即可。浏览器界面是通往全部项目授权信息的唯一入口，项目参与各方可以不受时间和空间的限制，通过定制来获得所需的项目信息。

系统的核心功能是项目信息的共享和传递，而不是对信息进行加工、处理。但这方面的功能可通过与项目信息处理系统或项目管理软件系统的有效集成来实现。

该系统不是一个简单的文档管理系统和群件系统，它可以通过信息的集中管理和门户设置，为项目参与各方提供一个开放、协同、个性化的信息沟通环境。

二、系统的逻辑结构

一个完整的基于互联网的建设工程信息管理系统的逻辑结构应具有八个层次，从数据源到信息浏览界面分别为：

1）基于Internet的项目信息集成平台，可以对来自不同信息源的各种异构信息进行有效集成。

2）项目信息分类层，对信息进行有效的分类编目以便于项目各参与方的信息利用。

3）项目信息搜索层，为项目各参与方提供方便的信息检索服务。

4）项目信息发布与传递层，支持信息内容的网上发布。

5）工作流支持层，使项目各参与方通过项目信息门户完成一些工程项目的日常工作流程。

6）项目协同工作层，使用同步或异步手段使项目各参与方结合一定的工作流程进行协作和沟通。

7）个性化设置层，使项目各参与方实现个性的界面设置。

8）数据安全层，通过安全保证措施，用户一次登录就可以访问所有的信息源。

三、系统的功能结构

基于Internet的建设工程信息管理系统的功能分为基本功能和拓展功能两部分，基本功能是大部分商业和应用服务所具备的功能，是核心功能；拓展功能是部分应用服务商在其应用平台上所提供的服务，如基于工程项目的B to B（Business to Business）电子商务，这些服务代表了未来的发展趋势。基于Internet的建设工程信息管理系统的功能结构如图16-5所示。在应用中应结合工程实际情况进行适当的选择和扩展。

四、基于Internet的工程项目信息管理系统的实现方式

基于Internet的工程项目信息管理系统主要有如下三种实现方式：

1）自行开发。用户聘请咨询公司和软件公司针对项目的特点自行开发，完全承担系统的设计、开发及维护工作。

2）直接购买。业主或总承包商等项目的主要参与方出资购买（一般还需要二次开发）商品化的项目管理软件，安装在公司的内部服务器上，并供所有的项目参与方共同使用。

3）租用服务。租用服务即ASP（Application Service Provider，应用服务供应商）模式。租用ASP已完全开发好的项目信息管理系统，通常按租用时间、项目数、用户数、数据占用空间大小收费。

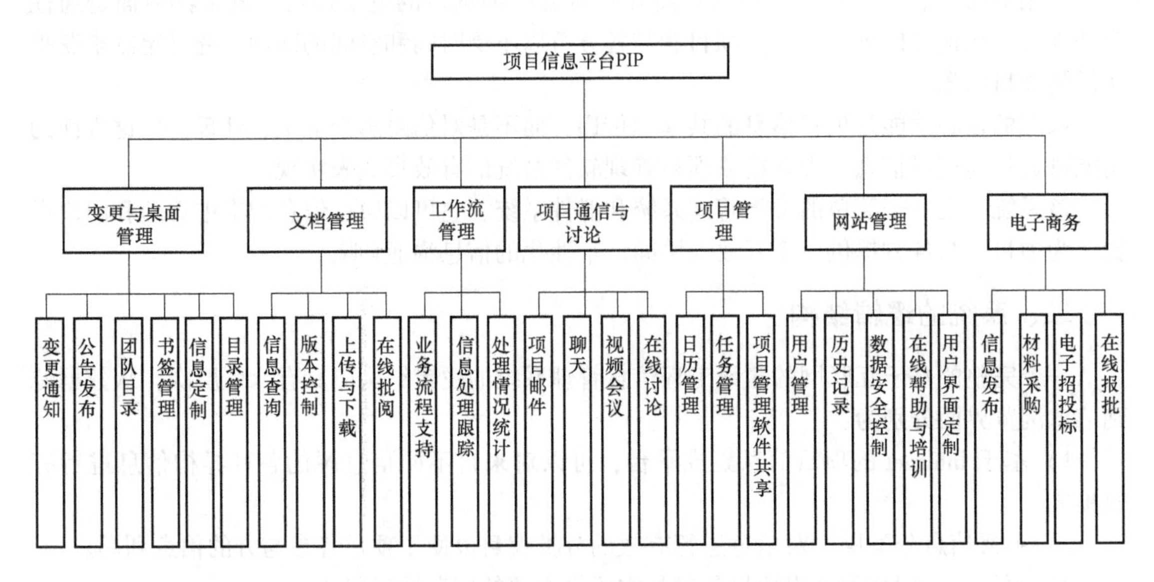

图 16-5 基于 Internet 的建设工程信息管理系统的功能结构

以上三种实现方式的比较如表 16-2 所示。

表 16-2 基于 Internet 的工程项目信息管理系统实现方式的比较

	自行开发	直接购买	租用服务(ASP 模式)
优点	对项目的针对性最强,安全性和可靠性最好	对项目的针对性最强,安全性和可靠性最好	实施费用最低,实施周期最短,维护工作量最小
缺点	开发费用最高,实施周期最长,维护工作量较大	购买费用较高,维护费用较高	对项目的针对性最差,安全性和可靠性较差
适用范围	大型工程项目,复杂性程度高的工程项目,对系统要求高的工程项目	大型工程项目	中小型工程项目,复杂性程度低工程项目,对系统要求低的工程项目

五、ASP 模式

ASP 作为一种业务模式，是指在共同签署的外包协议或合同的基础上，企业客户将其部分或全部与业务流程的相关应用委托给服务提供商，由服务商通过网络管理和交付服务并保证质量的商业运作模式。服务商将保证这售业务流程的平稳运转，即不仅要负责应用程序的建立、维护与升级，还要对应用系统进行管理。所有这些服务的交付都是基于 Internet 的，客户则是通过 Internet 远程获取这些服务。

1. ASP 与传统 IT 模式的比较

参与立体发生了比较大的变化，随之各主体负责的内容或承担的责任也发生了非常大的变化。传统 IT 模式下，企业除了需要向软件厂商采购应用软件外，还需采购系统运行所需数据库（如 DB2、Oracle、Sybase、MS SQL 等）、服务器（一般包括应用服务器 App Server、数据库服务器 DB Server、Web 服务器、Mail 服务器等）、网络设备（如路由器、交换机等）、防火墙防病毒软硬件。此外企业还得进行日常运行维护（包括数据的备份与恢复等）。软件厂商则主要是开发提供应用软件、进行系统的使用培训、系统安装和实施，并提供升级服务。在ASP模式下，企业不再需要购买应用软件，也不需要采购服务器、数据库、网络设备、防火墙防病毒的软硬件，更不需要关心日常的维护，而是全交给合作伙伴。由于ASP模式基于Internet运行，基础设施需经过电信部门，这样就引入了第三方主体——电信部门。但对用户而言，一切是透明的，用户需要做的只是输入相应的网址登录系统并使用系统，而不用管服务器放在哪儿、数据存放在何地。一般电信部门提供网络、服务器和防火墙防病毒软硬件等，而ASP厂商则提供数据库和针对每个客户配置的如ERP、CRM等应用系统及应用系统和数据库的升级和维护。系统可以做到按需要变换组织、自选模块、自定义流程和自由制定数据格式。图16-6给出了传统IT运作模式与ASP运作模式的比较。

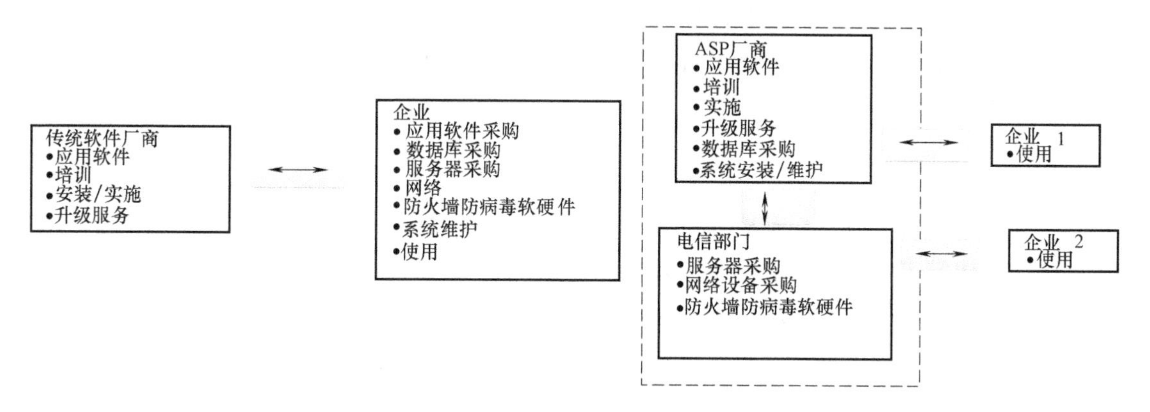

图16-6　传统IT运作模式与ASP运作模式的比较

2. 面向工程项目管理的ASP

由于工程项目的一次性、单件性、流动性的特点，ASP模式越来越受到大多数业主、项目管理公司、建筑工程公司等的欢迎。在美国，目前已经有超过200家的ASP服务供应商提供面向项目管理的ASP服务。典型的如Autodesk公司的Buzzsaw（www.buzzsaw.com）等。

3. 面向项目管理的ASP使用功能

根据选择的应用模式和厂商的不同，ASP提供的功能也会有所差异。综合起来看，成功的面向工程项目管理的ASP一般提供如下功能：

1）文档管理。集中存放工程项目相关文档，如工程项目图样、合同、工程照片、工程资料、成本数据等。允许项目成员集中管理和跟踪文档资料。

2）工作流程自动化。允许项目成员按照事先定义好的工作流程自动化处理业务流程，如业务联系单、提交单、变更令等。

3）项目通讯录。集中存放项目成员的通讯录，方便项目参与人员查找。

4）集中登录和修改控制。使用个人用户名和密码集中登录信息门户，跟踪文档的上传、下载和修改。

5）高级搜索。允许项目成员根据关键字、文件名和作者等查找文件。

6）在线讨论。为项目成员提供了一个公共的空间，项目参与者可以就某个主题进行讨论。项目成员可以发布问题、回复和发表意见。

7）进度管理。在线创建工程进度计划，发送给项目相关责任方，并根据项目进展进行实时跟踪、比较和更新。如果项目出现延误，可以自动报警。

8）项目视频。通过设在现场的网络摄像机，可以通过 Internet 远程查看项目现场，及时监控项目进度，远程解决问题。

9）成本管理。项目预算和成本的分解和跟踪，进行预算和实际费用的比较，控制项目的变更。

10）在线采购和招投标。在线浏览产品目录和价格，发出询价单和订单，在线比较和分析投标价格。

11）权限管理。根据项目成员的角色设定访问权限。

基于 Internet 的建设工程信息管理系统在工程实践中有着十分广泛的应用，国外有的研究机构将其列为未来几年建筑业的发展趋势之一。在工程项目中应用基于 Internet 的建设工程信息管理系统，可以降低工程项目实施的成本，缩短项目建设时间，降低项目实施的风险，提高业主的满意度。

复习思考题

1. 什么是建筑工业化？画出建筑工业化工艺关系图。
2. 实现建筑工业化可采取哪些措施？
3. 简述建筑工程管理信息化的意义。

第十七章 BIM工程技术

第一节　BIM 概述

一、BIM 定义

建筑信息模型（Building Information Modeling）是以建筑工程项目的各项相关信息数据作为模型的基础，进行建筑模型的建立，通过数字信息仿真模拟建筑物所具有的真实信息。它具有可视化、协调性、模拟性、优化性和可出图性五大特点。

从 BIM 设计过程的资源、行为、交付三个基本维度，给出设计企业的实施标准的具体方法和实践内容。BIM（建筑信息模型）不是简单地将数字信息进行集成，而是一种数字信息的应用，并可以用于设计、建造、管理的数字化方法。这种方法支持建筑工程的集成管理环境，可以使建筑工程在其整个进程中显著提高效率、大量减少风险。

BIM 技术是一种应用于工程设计建造管理的数据化工具，通过参数模型整合各种项目的相关信息，在项目策划、运行和维护的全生命周期过程中进行共享和传递，使工程技术人员对各种建筑信息做出正确理解和高效应对，为设计团队以及包括建筑运营单位在内的各方建设主体提供协同工作的基础，在提高生产效率、节约成本和缩短工期方面发挥重要作用。

美国国家 BIM 标准（NBIMS）对 BIM 的定义由三部分组成：

1）BIM 是一个设施（建设项目）物理和功能特性的数字表达。

2）BIM 是一个共享的知识资源，是一个分享有关设施的信息，为该设施从建设到拆除的全生命周期中的所有决策提供可靠依据的过程。

3）在项目的不同阶段，不同利益相关方通过在 BIM 中插入、提取、更新和修改信息，以支持和反映其各自职责的协同作业。

二、BIM 概述

1975 年，“BIM 之父”——佐治亚理工学院的 Chunk Eastman 教授创建了 BIM 理念至今，BIM 技术的研究经历了三大阶段：萌芽阶段、产生阶段和发展阶段。BIM 理念的启蒙，受到了 1973 年全球石油危机的影响，美国全行业需要考虑提高行业效益的问题。1975 年，“BIM 之父” Eastman 教授在其研究的课题“Building Description System”中提出“a computer-based description of-a building”，以便于实现建筑工程的可视化和量化分析，提高工程建设效率。

建筑信息的数据在 BIM 中的存储，主要以各种数字技术为依托，从而以这个数字信息模型作为各个建筑项目的基础，去进行各个相关工作。

在建筑工程整个生命周期中，建筑信息模型可以实现集成管理，因此，这一模型既包括建筑物的信息模型，同时又包括建筑工程管理行为的模型。将建筑物的信息模型同建筑工程的管理行为模型进行完美的组合。因此，在一定范围内，建筑信息模型可以模拟实际的建筑工程建设行为，如建筑物的日照、外部维护结构的传热状态等。

当前建筑业已步入计算机辅助技术的引入和普及，例如 CAD 的引入，解决了计算机辅助绘图的问题。而且这种引入受到了建筑业业内人士大力欢迎，良好地适应建筑市场的需求，设计人员不再用手工绘图了，同时也解决了手工绘制和修改易出现错误的弊端。在“对图”时也不用再将各专业的硫酸图样进行重叠式的对图了。这些 CAD 图形可以在各专业中进行相互利用，给人们带来便捷的工作方式，减轻劳动强度。所以，计算机辅助绘图一直在受到人们的热烈欢迎。其他方面的特点，在此就不再列举了。

第二节　BIM 价值

一、BIM 特点

BIM 符合以下五个特点。

1. 可视化

可视化即“所见所得”的形式。对于建筑行业来说，可视化的真正运用在建筑业的作用是非常大的。例如，经常拿到的施工图只是各个构件的信息在图样上的采用线条绘制表达，但是其真正的构造形式就需要建筑业参与人员去自行想象了。对于一般简单的东西来说，这种想象也未尝不可，但是近几年建筑业的建筑形式各异，复杂造型在不断地推出，那么这种光靠人脑去想象的东西就未免有点不太现实了。所以 BIM 提供了可视化的思路，让人们将以往的线条式的构件形成一种三维的立体实物图形展示在人们的面前；建筑业也有设计方面出效果图的情况，但是这种效果图是分包给专业的效果图制作团队进行识读设计制作出的线条式信息制作出来的，并不是通过构件的信息自动生成的，缺少了同构件之间的互动性和反馈性，然而 BIM 提到的可视化是一种能够在同构件之间形成互动性和反馈性的可视，在 BIM 建筑信息模型中，由于整个过程都是可视化的，所以可视化的结果不仅可以用来进行效果图的展示及报表的生成，更重要的是，项目设计、建造、运营过程中的沟通、讨论、决策都在可视化的状态下进行。

2. 协调性

这个方面是建筑业中的重点内容，不管是施工单位还是业主及设计单位，无不在做着协调及相配合的工作。一旦项目在实施过程中遇到了问题，就要将各有关人士组织起来开协调会，找出各施工问题发生的原因及解决办法，然后做变更及相应补救措施等进行问题的解决。那么这个问题的协调真的就只能在出现问题后进行协调吗？在设计时，往往由于各专业设计师之间的沟通不到位，而出现各种专业之间的碰撞问题，如暖通等专业中的管道在进行布置时（图 17-1），可能在布置管线时正好在此处有结构设计的梁等构件妨碍着管线的布置，这种就是施工中常遇到的碰撞问题，像这样的碰撞问题，其协调解决就只能在问题出现之后再进行解决吗？BIM 的协调性服务就可以帮助处理这种问题，也就是说，BIM 建筑信息模型可在建筑物建造前期对各专业的碰撞问题进行协调，生成协调数据，提供出来。当然 BIM 的协调作用也并不是只能解决各专业间的碰撞问题，它还可以解决以下几种问题：电梯井布置与其他设计布置及净空要求的协调，防火分区与其他设计布置的协调，地下排水布置与其他设计布置的协调等。

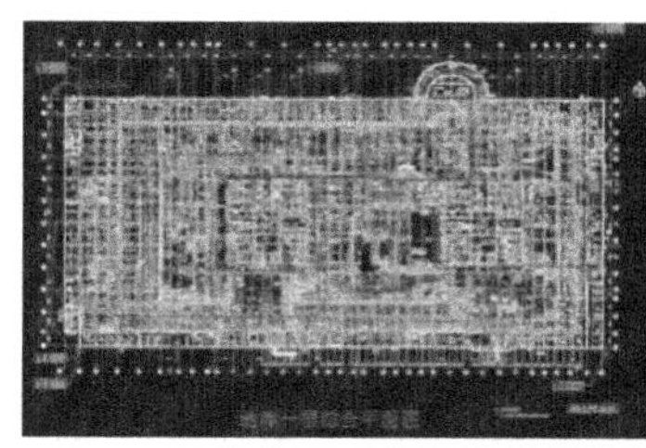

CAD对管线的描述

BIM中的管线描述

现实中的管线

图 17-1 管道布置问题

3. 模拟性

模拟性并不是只能模拟设计出的建筑物模型，还可以模拟不能够在真实世界中进行操作的事物。在设计阶段，BIM 可以对设计上需要进行模拟的一些东西进行模拟实验，如节能模拟、紧急疏散模拟、日照模拟、热能传导模拟等；在招投标和施工阶段可以进行 4D 模拟（三维模型加项目的发展时间），也就是根据施工的组织设计模拟实际施工，从而来确定合理的施工方案来指导施工。同时还可以进行 5D 模拟（基于 3D 模型的造价控制），从而来实现成本控制；后期运营阶段可以模拟日常紧急情况处理方式的模拟，如地震人员逃生模拟及消防人员疏散模拟等。

4. 优化性

事实上，整个设计、施工、运营的过程就是一个不断优化的过程，当然优化和 BIM 也不存在实质性的必然联系，但在 BIM 的基础上可以做更好的优化。优化受三种因素的制约：信息、复杂程度和时间。没有准确的信息做不出合理的优化结果，BIM 模型提供了建筑物的实际存在的信息，包括几何信息、物理信息、规则信息，还提供了建筑物变化以后的实际存在。复杂程度高到一定程度，参与人员本身的能力无法掌握所有的信息，必须借助一定的科学技术和设备的帮助。现代建筑物的复杂程度大多超过参与人员本身的能力极限，BIM 及与其配套的各种优化工具提供了对复杂项目进行优化的可能。基于 BIM 的优化可以做以下工作：

（1）项目方案优化　把项目设计和投资回报分析结合起来，设计变化对投资回报的影响可以实时计算出来。这样业主对设计方案的选择就不会主要停留在对形状的评价上，而更多的可以使得业主知道哪种项目设计方案更有利于自身的需求。

（2）特殊项目的设计优化　裙楼、幕墙、屋顶、大空间等到处可以看到异型设计，这些内容看起来占整个建筑的比例不大，但是占投资和工作量的比例和前者相比却往往要大得多，而且通常也是施工难度比较大和施工问题比较多的地方，对这些内容的设计施工方案进行优化，可以带来显著的工期和造价改进。

5. 可出图性

BIM并不是为了出大家日常多见的建筑设计院所出的建筑设计图样及一些构件加工的图样，而是通过对建筑物进行可视化展示、协调、模拟、优化以后，可以帮助业主出如下图样：

1）综合管线图（经过碰撞检查和设计修改，消除了相应错误以后）。

2）综合结构留洞图（预埋套管图）。

3）碰撞检查侦错报告和建议改进方案。

由上述内容，我们可以大体了解BIM的相关内容。BIM在世界很多国家已经有了比较成熟的BIM标准或者制度。BIM在中国建筑市场内要顺利发展，必须将BIM和国内的建筑市场特色相结合，才能够满足国内建筑市场的特色需求，同时BIM将会给国内建筑业带来一次巨大变革。

二、BIM应用

建立以BIM应用为载体的项目管理信息化，提升项目生产效率、提高建筑质量、缩短工期、降低建造成本。具体体现在以下几个方面。

1. 三维渲染，宣传展示

三维渲染动画给人以真实感和直接的视觉冲击。建好的BIM模型可以作为二次渲染开发的模型基础，大大提高了三维渲染效果的精度与效率，给业主更为直观的宣传介绍，提升中标率。

2. 快速算量，精度提升

BIM数据库的创建，通过建立5D关联数据库，可以准确快速计算工程量，提升施工预算的精度与效率。由于BIM数据库的数据粒度达到构件级，可以快速提供支撑项目各条线管理所需的数据信息，有效提升施工管理效率。BIM技术能自动计算工程实物量，这个属于较传统的算量软件的功能，在国内此项应用案例非常多。

3. 精确计划，减少浪费

施工企业精细化管理很难实现的根本原因在于海量的工程数据无法快速准确获取以支持资源计划，致使经验主义盛行。而BIM的出现可以让相关管理条线快速准确地获得工程基础数据，为施工企业制订精确人、材、机计划提供有效支撑，大大减少了资源、物流和仓储环节的浪费，为实现限额领料、消耗控制提供技术支撑。

4. 多算对比，有效管控

管理的支撑是数据，项目管理的基础就是工程基础数据的管理，及时、准确地获取相关工程数据就是项目管理的核心竞争力。BIM数据库可以实现任一时点上工程基础信息的快速获取，通过合同、计划与实际施工的消耗量、分项单价、分项合价等数据的多算对比，可以有效了解项目运营是盈是亏，消耗量有无超标，进货分包单价有无失控等问题，实现对项目成本风险的有效管控。

5. 虚拟施工，有效协同

三维可视化功能再加上时间维度，可以进行虚拟施工。随时随地直观快速地将施工计划与实际进展进行对比，同时进行有效协同，施工方、监理方，甚至非工程行业出身的业主领导都对工程项目的各种问题和情况了如指掌。通过BIM技术结合施工方案、施工模拟和现场视频监测，可以大大减少建筑质量问题、安全问题，减少返工和整改。

6. **碰撞检查，减少返工**

BIM最直观的特点在于三维可视化，利用BIM的三维技术在前期可以进行碰撞检查，优化工程设计，减少在建筑施工阶段可能存在的错误损失和返工的可能性，而且优化净空，优化管线排布方案。最后施工人员可以利用碰撞优化后的三维管线方案，进行施工交底、施工模拟，提高施工质量，同时也提高了与业主沟通的能力。

7. **冲突调用，决策支持**

BIM数据库中的数据具有可计量（Computable）的特点，大量工程相关的信息可以为工程提供数据后台的巨大支撑。BIM中的项目基础数据可以在各管理部门进行协同和共享，工程量信息可以根据时空维度、构件类型等进行汇总、拆分、对比分析等，保证工程基础数据及时、准确地提供，为决策者制订工程造价项目群管理、进度款管理等方面的决策提供依据。

三、成本核算

1. 工程建设成本核算困难的原因

1）数据量大。每一个施工阶段都牵涉大量材料、机械、工种、消耗和各种财务费用，每一种人、材、机和资金消耗都统计清楚，数据量十分巨大。工作量如此巨大，实行短周期（月、季）成本在当前管理手段下，就变成了一种奢侈。随着进度进展，应付进度工作自顾不暇，过程成本分析、优化管理就只能搁在一边。

2）牵涉部门和岗位众多。实际成本核算，当前情况下需要预算、材料、仓库、施工、财务多部门多岗位协同分析汇总提供数据，才能汇总出完整的某时点实际成本，往往某个或某几个部门不能实行，整个工程成本汇总就难以做出。

3）对应分解困难。一种材料、人工、机械，甚至一笔款项往往用于多个成本项目，拆分分解对应好专业要求相当高，难度非常高。

4）消耗量和资金支付情况复杂。材料方面，有的进了库未付款，有的先预付款未进货，有的用了未出库，有的出了库未用掉；人工方面，有的先干未付，有的预付未干，有的干了未确定工价，机械周转材料租赁也有类似情况；专业分包方面，有的项目甚至未签约先干，事后再谈判确定费用。情况如此复杂，成本项目和数据归集在没有一个强大的平台支撑情况下，不漏项做好三个维度（时间、空间、WBS）的对应很困难。

2. 解决方案

BIM技术在处理实际成本核算中有着巨大的优势。基于BIM建立的工程5D（3D实体、时间、WBS）关系数据库，可以建立与成本相关数据的时间、空间、WBS维度关系，数据粒度处理能力达到了构件级，使实际成本数据高效处理分析有了可能。其解决方案如下。

（1）创建基于BIM的实际成本数据库　建立成本的5D（3D实体、时间、WBS）关系数据库，让实际成本数据及时进入5D关系数据库，成本汇总、统计、拆分对应瞬间可得。以各WBS单位工程量人、材、机单价为主要数据进入实际成本BIM中。未有合同确定单价的项目，按预算价先进入。有实际成本数据后，及时按实际数据替换掉。

（2）实际成本数据及时进入数据库　一开始实际成本BIM中成本数据以采取合同价和企业定额消耗量为依据。随着进度进展，实际消耗量与定额消耗量会有差异，要及时调整。每月对实际消耗进行盘点，调整实际成本数据。化整为零，动态维护实际成本BIM，大幅减少一次性工作量，并有利于保证数据准确性。

① 材料实际成本。要以实际消耗为最终调整数据，而不能以财务付款为标准，材料费的财务支付有多种情况（未订合同进场的、进场未付款的、付款未进场的），按财务付款为成本统计方法将无法反映实际情况，会出现严重误差。仓库应每月盘点一次，将入库材料的消耗情况详细列出清单向成本经济师提交，成本经济师按时调整每个 WBS 材料实际消耗。

② 人工费实际成本。人工费实际成本同材料实际成本，按合同实际完成项目和签证工作量调整实际成本数据，一个劳务队可能对应多个 WBS，要按合同和用工情况进行分解落实到各个 WBS。

③ 机械周转材料实际成本。要注意各 WBS 分摊，有的可按措施费单独立项。

④ 管理费实际成本。由财务部门每月盘点，提供给成本经济师，调整预算成本为实际成本，实际成本不确定的项目仍按预算成本进入实际成本。按本文方案，过程工作量大为减少，做好基础数据工作后，各种成本分析报表瞬间可得。

(3) 快速实行多维度（时间、空间、WBS）成本分析　建立实际成本 BIM 模型，周期性（月、季）按时调整维护好该模型，统计分析工作就很轻松，软件强大的统计分析能力可轻松满足用户各种成本分析需求。

基于 BIM 的实际成本核算方法较传统方法具有以下优势：

① 快速。由于建立基于 BIM 的 5D 实际成本数据库，汇总分析能力大大加强，速度快，短周期成本分析不再困难，工作量小、效率高。

② 准确。基于 BIM 的实际成本核算方法比传统方法准确性大为提高。因成本数据动态维护，准确性大为提高。消耗量方面仍会有误差存在，但已能满足分析需求。通过总量统计的方法，消除累积误差，成本数据随进度进展准确度越来越高。另外通过实际成本 BIM 模型，很容易检查出哪些项目还没有实际成本数据，监督各成本条线实时盘点，提供实际数据。

③ 分析能力强。可以多维度（时间、空间、WBS）汇总分析更多种类、更多统计分析条件的成本报表。

总部成本控制能力大为提升。将实际成本 BIM 模型通过 Internet 集中在企业总部服务器。总部成本部门、财务部门就可共享每个工程项目的实际成本数据，数据粒度也可掌握到构件级。实行了总部与项目部的信息对称，总部成本管控能力大能加强。

第三节　BIM 应用推广

一、BIM 技术与绿色建筑技术结合

BIM 建筑信息模型的建立是建筑领域的一次革命。它将成为项目管理强有力的工具。BIM 建筑信息模型适用于项目建设的各阶段，可应用于项目全寿命周期的不同领域。掌握 BIM 技术，才能在建筑行业更好地发展。建造绿色建筑是每一个从业者的使命，也是建筑行业的责任。

麦格劳-希尔将 BIM 定义为“创建并利用数字模型对项目进行设计、建造及运营管理的过程”。BIM 基于最先进的三维数字设计解决方案所构建的“可视化”的数字建筑模型，为

设计师、建筑师、水电暖工程师、开发商乃至最终用户等各环节人员提供“模拟和分析”的科学协作平台，帮助他们利用三维数字模型对项目进行设计、建造及运营管理。

报告还展示了BIM在实现绿色设计、可持续设计方面的优势：BIM方法可用于分析包括影响绿色条件的采光、能源效率和可持续性材料等建筑性能的方方面面；可分析、实现最低的能耗，并借助通风、采光、气流组织以及视觉对人心理感受的控制等，实现节能环保；采用BIM理念，还可在项目方案完成的同时计算日照、模拟风环境，为建筑设计的“绿色探索”注入高科技力量。

二、BIM 技术工程应用

1. BIM 在复杂型建筑中的应用

南京青奥会议中心（图17-2）占地4万m^2，总建筑面积达到19.4万m^2，地上6层，地下2层，主要包括一个2181座大会议厅以及一个505座多功能音乐厅，可作为会议、论坛、大型活动及戏剧、音乐演出等活动的举办场所。

青奥会议中心出自著名设计师扎哈·哈迪德之手。青奥中心的施工难度大，“南京青奥中心是没有标准化单元的，没有一个部分是相同的。”，“异形建筑如何施工，以及复杂形建筑内部大空间的合理运用是青奥会议中心项目的两大难题”。这显然挑战了建造者们的智慧。一般来说，建筑在施工时按照平面图搭建即可，而由于会议中心造型复杂，施工难度大，在施工前必须要借助BIM的三维模型，根据模型能看出放大后的每个细节，包括构件样子、螺栓的位置、角度、构件尺寸等。由于受造型限制，管线的施工也必须在BIM模型里面进行排布，之后再现场施工，这样才能确保施工的质量并避免反复更改。

图17-2 南京青奥会议中心

isBIM提供的3D建筑模型，协调了各个专业，并利用isBIM大数据整合将多专业不同格式模型整合在同一个平台，解决了青奥会议中心的复杂造型；利用BIM手段解决传统的二维设计手段较难解决的复杂区域管线综合问题。在isBIM打造的可视化平台中解决了多专业协调问题（如复杂外立面、钢结构、内装空间等），并对其进行了合理的分配。如此一来，青奥会议中心项目的两大难题迎刃而解。

2. BIM 在古建筑中的应用

（1）何东夫人医局概况　何东夫人医局（图17-3）始建于1932年至1933年间，并于1934年正式启用，主要服务于附近金钱村及河上乡的居民，是最早成立的新界乡村医局之一。医局建筑独特，是两座中西合璧的单层建筑物，以西式工艺风格设计再配以中式瓦屋顶，这在香港相当罕见。

何东夫人医局是香港“第四期活化历史建筑伙伴计划”中四个建筑之一，作为香港活化历史建筑伙伴计划中的一部分，需要的是完整、

图17-3 何东夫人医局

准确的数据，只有这样，历史建筑才得以原貌保留。因此，这个项目面临着一个最核心的问题，即历史建筑如何100%保留，同时准确记录信息。

传统的2D绘图存在着误差，这对历史建筑数据的采集很困难，既不准确，也不能复核，会导致设计的错误以及工期的延误。而在这个项目中，房屋署决定应用BIM技术，与独立第三方BIM顾问——香港isBIM合作，把古建筑“活化”起来。

（2）BIM技术传承文物建筑DNA　在这个项目中，应用三维相片测量技术与BIM，帮助建筑物出图；同时运用BIM技术实现动画漫游，将建筑物呈现在众人的面前。如此一来，不仅加强各方的沟通，提高沟通效率，而且还可助于记录历史建筑物。

历史建筑信息不仅是保育计划中不可或缺的一部分，即使在保育后仍必须维持长时间准确和更新。毫无疑问，如果缺乏对现场和历史建筑的深入了解，那么未来发展的时候就很有可能会损害用地，最终将会破坏建筑文物的价值和可持续性。

在考察历史建筑后，isBIM为香港建筑署提供了一个互动的3D模型。以BIM制作出来的模型不但可免除传统2D绘图的误差，进一步视像化，更可维持所需的标准，以加强建筑署与持份者之间的信息交流。

（3）从BIM到HIM　HIM即历史信息模型，当三维照片测量技术和BIM技术相结合时，就成为HIM。将BIM的B改变为H，这就意味着把历史建筑物的数据、大数据放在模型里面，从而方便出图和维护，有助于更好地保存历史建筑物的原貌。从BIM到HIM，BIM的应用不仅是新的建筑，也可以是历史建筑，采用HIM技术更有效地保护古建文物，从而将这些文物更好地传承给下一代。

何东夫人医局历史数字信息模型已于2013年11月顺利完成。

3. BIM在慈溪大剧院的应用

慈溪大剧院（图17-4）立面造型新颖、线条流畅，晶莹剔透的幕墙与绵延弯曲的结构浑然一体，宛如一架水晶钢琴耸立在明月湖畔。该工程结构复杂，标高多、跨度大，错综交替的混凝土结构与曲折多姿的钢结构有机结合，使得施工极具挑战性。项目部积极推动BIM技术在工程中的应用，保证了项目的快速、高质量建设，在施工总承包管理中初具成效。

（1）三维建模实现项目可视化　慈溪大剧院项目结构复杂，总包管理难度大；工程专业分包多，包括土建、幕墙、钢结构、机电安装、弱电智能化、舞台机械设备、舞台声光电、外围景观及附属工程等，各专业工序交替施工，协调难度大。如何有效推动总承包管理朝向更精细化、信息化的施工主流模式，是一项重大难题。

图17-4　慈溪大剧院

慈溪大剧院项目利用Revit软件进行BIM建模，并经过对建筑、结构模型不断修改完善，指导现场施工。将传统设计的平面施工图，由2D的平面视图转化为可视化的3D模型。这种可视化的三维视图，不仅让管理人员快速了解项目的建筑功能、结构空间和设计意图，而且其任意的模型剖切及旋转，使得复杂的工程结构一目了然。在项目初期，能够快速实现对流程以及重难点的深入了解，为项目施工做好决策。

（2）碰撞检查提高工作效率　4D即以BIM三维建筑模型为基础，利用进度时间轴，实现进度管理从传统的网络计划、横道图等平面静态分析管理转变为更加直观形象的、虚拟建造的可视化与动态控制，使工程进度管理精细化、信息化，同时让业主和监理对计划进度与实际进度一目了然。该工程通过4D进度分析，计算出各分区所需的各种材料，实现了对模板、脚手架等周转材料的合理调配，降低了材料成本，保障了项目效益。

利用BIM软件平台的碰撞检测功能，实现了建筑与结构、结构与暖通、机电安装以及设备等不同专业图样之间的碰撞，同时加快了各专业管理人员对图样问题的解决效率。正是利用BIM软件平台这种功能，预先发现图样问题，及时反馈给设计单位，避免了后期因图样问题带来的停工以及返工，提高了项目管理效率，也为现场施工及总承包管理打好了基础。在第一版BIM模型中，慈溪大剧院共发现图样问题164处。

（3）方案优选　慈溪大剧院主舞台坑中坑位于潮间带冲淤积的海涂地，地下水系丰富，地质情况复杂，面积为1400m²，开挖深度达15m。针对这种特点，为确保基坑安全，项目部事先通过BIM技术的施工模拟，对多种方案进行分析比较，最终选用最优的支护体系。同时，通过相关的软件配合BIM模型，输出直观的施工方案模拟动画，对施工管理人员及操作人员进行视频交底，提高认知度，加快施工速度，提高效率。

慈溪大剧院功能特殊，设有众多的高大空间结构，其中主舞台高支模凌空高度达49.2m，凌空面积达1235m²。支模架难以选择，项目创新性地选用西班牙屋玛T60塔式支架支撑体系之后，通过BIM技术分别对T60塔式支架及满堂脚手架进行建模并优化，精确计算出各脚手架的用钢量，发现T60塔式支架总用钢量仅为普通钢管架的60%，仅此一项钢管用量就减少60t。大剧院结构复杂、标高多，项目部对混凝土工程量分别采取了手算及BIM计算，计算结果显示，两者工程量接近度为99%。

项目部通过对BIM模型整合，将钢结构与土建、机电、幕墙、装修等深化模型集成起来，进行多专业协调优化调整，并直观展示给各分包方，减少项目沟通时间，提高深化设计的准确性。利用高精度全站仪对主体关键部位点进行坐标测量，根据实际坐标点对BIM模型进行调整，然后再来调整钢结构、幕墙等构件的尺寸，最后输出精细的明细表及构件图、节点图、加工图，不但使预制构件有据可依，而且保证了各个构件现场安装的高精度。

BIM给建筑施工企业带来的不仅是一个高效的工具，更多的是提供一种建筑施工的全新理念。综合BIM技术在慈溪大剧院项目应用情况及成果，其在总承包管理方面发挥着无可比拟的作用。随着对BIM技术的不断深入研发，将更加凸显其巨大的作用，进一步提高项目管理的精细化水平，逐步实现项目管理信息化。

4. BIM在水电工程施工总布置设计中的应用

（1）BIM模型概况　水电站工程设计涉及多个不同专业，包括地质、水工、施工、建筑、机电等。黄登水电站施工总布置以AutoCAD Civil 3D、Autodesk Revit、Autodesk Inventor等为各专业建模基础，以Autodesk Navisworks Manage为模型观测与碰撞检查工具，以AIM为总布置可视化和信息化整合平台开展BIM协同设计。

（2）总体规划　AutoCAD Civil 3D的强大地形处理功能可帮助实现工程三维枢纽方案布置以及立体施工规划，结合AIM快速直观的建模和分析功能，则可轻松、快速帮助布设施工场地规划，有效传递设计意图，并进行多方案比选。

（3）枢纽布置建模　枢纽布置、厂房机电等需由水工、机电、金属结构等专业按照相关规定建立基本模型与施工总布置进行联合布置。

① 基础开挖处理。结合 AutoCAD Civil 3D 建立的三角网数字地面模型，在坝基开挖中建立开挖设计曲面，可帮助生成准确施工图和工程量。

② 建结构。水工专业利用 Autodesk Revit Architecture 进行大坝及厂房三维体型建模，实现坝体参数化设计，协同施工组织实现总体方案布置。

③ 机电及金属结构。机电及金属结构专业在土建 BIM 模型的基础上，利用 Autodesk Revit MEP 和 Autodesk Revit Architecture 同时进行设计工作，完成各自专业的设计，在三维施工总布置中则可以起到细化应用的目的。

(4) 施工导流　导流建筑物（如围堰、导流隧洞及闸阀设施等）及相关布置由导截流专业按照规定进行三维建模设计，AutoCAD Civil 3D 帮助建立准确的导流设计方案，AIM 利用 AutoCAD Civil 3D 数据进行可视化布置设计，可实现数据关联与信息管理。

(5) 场内交通　在 AutoCAD Civil 3D 强大的地形处理能力以及道路、边坡等设计功能的支撑下，通过装配模型可快速动态生成道路挖填曲面，可准确计算道路工程量，通过 AIM 可进行概念化直观表达。

(6) 渣场与料场布置　在 AutoCAD Civil 3D 中，以数字地面模型为参照，可快速实现渣场、料场三维设计，并准确计算工程量，且通过 AIM 实现直观表达及智能信息管理。

(7) 施工工厂　施工工厂模型包含场地模型和工厂三维模型，Autodesk Inventor 帮助参数化定义造型复杂施工机械设备，联合 AutoCAD Civil 3D 可实现准确的施工设施部署，AIM 则帮助三维布置与信息表达。

(8) 营地布置　施工营地布置主要包含营地场地模型和营地建筑模型，其中营地建筑模型可通过 AutoCAD Civil 3D 进行二维规划，然后导入 AIM 进行三维信息化和可视化建模，可快速实现施工生产区、生活区等的布置，有效传递设计意图。

(9) 施工总布置设计集成　BIM 信息化建模过程中将设计信息与设计文件进行同步关联，可实现整体设计模型的碰撞检查、综合校审、漫游浏览与动画输出。其中，AIM 将信息化与可视化进行完美整合，不仅提高了设计效率和设计质量，而且大大减少了不同专业之间协同和交流的成本。

(10) 施工总布置面貌　在进行施工总布置设计中，通过 BIM 模型的信息化集成，可实现工程整体模型的全面信息化和可视化，而且通过 AIM 的漫游功能可从坝体到整个施工区，快速全面了解项目建设的整体和细部面貌，并可输出高清效果展示图片及漫游制作视频文件。

第四节　BIM 软件简介

BIM 软件较多，BIM 核心建模软件主要有以下四种：

1) Autodesk 公司的 Revit 建筑、结构和机电系列在民用建筑市场借助 AutoCAD 的天然优势，有相当不错的市场表现。

2) Bentley 建筑、结构和设备系列。Bentley 产品在工厂设计（石油、化工、电力、医药等）和基础设施（道路、桥梁、市政、水利等）领域有无可争辩的优势。

3) 2007 年 Nemetschek 收购 Graphisoft 以后，ArchiCAD、AllPLAN、VectorWorks 三个产

品就被归到同一个门类里面了。其中，国内同行最熟悉的是 ArchiCAD，属于一个面向全球市场的产品，应该可以说是最早的一个具有市场影响力的 BIM 核心建模软件，但是在我国由于其专业配套的功能（仅限于建筑专业）与多专业一体的设计院体制不匹配，很难实现业务突破。Nemetschek 的另外两个产品：AllPLAN 的主要市场在德语区，VectorWorks 则是其在美国市场使用的产品名称。

4）Dassault 公司的 CATIA 是全球最高端的机械设计制造软件，在航空、航天、汽车等领域具有接近垄断的市场地位，应用到工程建设行业无论是对复杂形体还是超大规模建筑，其建模能力、表现能力和信息管理能力都比传统的建筑类软件有明显优势，而与工程建设行业的项目特点和人员特点的对接问题则是其不足之处。Digital Project 是 Gery Technology 公司在 CATIA 基础上开发的一个面向工程建设行业的应用软件（二次开发软件），其本质还是 CATIA，就跟天正的本质是 AutoCAD 一样。

BIM 方案设计软件主要有 Onuma、Planning、System 和 Affinity 等。BIM 结构分析软件主要有 ETABS、STAAD、Robot 等国外软件及 PKPM 等国内软件。常用的 BIM 可视化软件包括 3DS Max、Artlantis、AccuRender 和 Lightscape 等。常见的 BIM 模型综合碰撞检查软件有鲁班软件、Autodesk Navisworks、Bentley Projectwise Navigator 和 Solibri Model Checker 等。国外的 BIM 造价管理软件有 Innovaya 和 Solibri。鲁班软件是国内 BIM 造价管理软件的代表。美国运营管理软件 Archi BUS 是最有市场影响的软件之一。

复习思考题

1. 何谓建筑信息模型？它有什么特点？
2. 查阅相关文献，了解 BIM 在实际工程中的应用。

第十八章 绿色施工技术

一、绿色施工的概念

绿色施工是指工程建设中，在保证质量、安全等基本要求的前提下，通过科学管理和技术进步，最大限度地节约资源与减少对环境负面影响的施工活动，实现“四节一环保”（节能、节地、节水、节材和环境保护）。

绿色施工作为建筑全寿命周期中的一个重要阶段，是实现建筑领域资源节约和节能减排的关键环节。绿色施工是指工程建设中，在保证质量、安全等基本要求的前提下，通过科学管理和技术进步，最大限度地节约资源并减少对环境负面影响的施工活动，实现节能、节地、节水、节材和环境保护（“四节一环保”）。实施绿色施工应依据因地制宜的原则，贯彻执行国家、行业和地方相关的技术经济政策。绿色施工应是可持续发展理念在工程施工中全面应用的体现，并不仅仅是指在工程施工中实施封闭施工，没有尘土飞扬，没有噪声扰民，在工地四周栽花、种草，实施定时洒水等这些内容，它涉及可持续发展的各个方面，如生态与环境保护、资源与能源利用、社会与经济的发展等内容。

二、绿色施工的现状

绿色施工是可持续发展思想在工程施工中的应用体现，是绿色施工技术的综合应用。绿色施工技术并不是独立于传统施工技术的全新技术，而是用“可持续”的眼光对传统施工技术的重新审视，是符合可持续发展战略的施工技术。

绿色施工并不是很新的思维途径，承包商以及建设单位为了满足政府及大众对文明施工、环境保护及减少噪声的要求，为了提高企业自身形象，一般均会采取一定的技术来降低施工噪声、减少施工扰民、减少环境污染等，尤其在政府要求严格、大众环保意识较强的城市进行施工时，这些措施一般会比较有效。但是，大多数承包商在采取这些绿色施工技术时是比较被动、消极的，对绿色施工的理解也是比较单一的，还不能够积极主动地运用适当的技术、科学的管理方法以系统的思维模式、规范的操作方式从事绿色施工。真正的绿色施工应当是将“绿色方式”作为一个整体运用到施工中去，将整个施工过程作为一个微观系统进行科学的绿色施工组织设计。绿色施工技术除了文明施工、封闭施工、减少噪声扰民、减少环境污染、清洁运输等外，还包括减少场地干扰、尊重基地环境，结合气候施工，节约水、电、材料等资源或能源，采用环保健康的施工工艺，减少填埋废弃物的数量，以及实施科学管理、保证施工质量等。

大多数承包商注重按承包合同、施工图、技术要求、项目计划及项目预算完成项目的各

项目标，没有运用现有的成熟技术和高新技术充分考虑施工的可持续发展，绿色施工技术并未随着新技术、新管理方法的运用而得到充分的应用。施工企业更没有把绿色施工能力作为企业的竞争力，未能充分运用科学的管理方法采取切实可行的行动做到保护环境、节约能源。

三、绿色施工的原则

1. 减少场地干扰、尊重基地环境

绿色施工要减少场地干扰，工程施工过程会严重扰乱场地环境，这一点对于未开发区域的新建项目尤其严重。场地平整、土方开挖、施工降水、永久及临时设施建造、场地废物处理等均会对场地上现存的动植物资源、地形地貌、地下水位等造成影响；还会对场地内现存的文物、地方特色资源等带来破坏，影响当地文脉的继承和发扬。因此，施工中减少场地干扰、尊重基地环境对于保护生态环境、维持地方文脉具有重要的意义。业主、设计单位和承包商应当识别场地内现有的自然、文化和构筑物特征，并通过合理的设计、施工和管理工作将这些特征保存下来。可持续的场地设计对于减少这种干扰具有重要的作用。就工程施工而言，承包商应结合业主、设计单位对承包商使用场地的要求，制订满足这些要求的、能尽量减少场地干扰的场地使用计划。计划中应明确以下几点：

1）场地内哪些区域将被保护、哪些植物将被保护，并明确保护的方法。

2）怎样在满足施工、设计和经济方面要求的前提下，尽量减少清理和扰动的区域面积，尽量减少临时设施、减少施工用管线。

3）场地内哪些区域将被用作仓储和临时设施建设，如何合理安排承包商、分包商及各工种对施工场地的使用，减少材料和设备的搬动。

4）各工种为了运送、安装和其他目的对场地通道的要求。

5）废物将如何处理和消除，如有废物回填或填埋，应分析其对场地生态、环境的影响。

6）怎样将场地与公众隔离。

2. 施工结合气候

承包商在选择施工方法、施工机械，安排施工顺序，布置施工场地时应结合气候特征。这可以减少因为气候原因而带来施工措施的增加、资源和能源用量的增加，有效地降低施工成本；可以减少因为额外措施对施工现场及环境的干扰；可以有利于施工现场环境质量品质的改善和工程质量的提高。

承包商要能做到施工结合气候，首先要了解现场所在地区的气象资料及特征，主要包括：降雨、降雪资料，如全年降雨量、降雪量、雨季起止日期、一日最大降雨量等；气温资料，如年平均气温，最高、最低气温及持续时间等；风的资料，如风速、风向和风的频率等。

施工结合气候的主要体现有以下几点：

1）承包商应尽可能合理安排施工顺序，使会受到不利气候影响的施工工序能够在不利气候来临时完成。如在雨季来临之前，完成土方工程、基础工程的施工，以减少地下水位上升对施工的影响，减少其他需要增加的额外雨期施工保证措施。

2）安排好全场性排水、防洪，减少对现场及周边环境的影响。

3）施工场地布置应结合气候，符合劳动保护、安全、防火的要求。产生有害气体和污染环境的加工场（如沥青熬制、石灰熟化）及易燃的设施（如木工棚、易燃物品仓库）应布置在下风向，且不危害当地居民；起重设施的布置应考虑风、雷电的影响。

4）在冬季、雨季、风季、炎热夏季施工中，应针对工程特点，尤其是对混凝土工程、土方工程、深基础工程、水下工程和高空作业等，选择适合的季节性施工方法或有效措施。

3. 绿色施工要求节水节电环保

节约资源（能源）建设项目通常要使用大量的材料、能源和水资源。减少资源的消耗，节约能源，提高效益，保护水资源是可持续发展的基本观点。施工中资源（能源）的节约主要有以下几方面内容：

1）水资源的节约利用。通过监测水资源的使用，安装小流量的设备和器具，在可能的场所重新利用雨水或施工废水等措施来减少施工期间的用水量，降低用水费用。

2）节约电能。通过监测利用率，安装节能灯具和设备、利用声光传感器控制照明灯具，采用节电型施工机械，合理安排施工时间等降低用电量，节约电能。

3）减少材料的损耗。通过更仔细的采购，合理的现场保管，减少材料的搬运次数，减少包装，完善操作工艺，增加摊销材料的周转次数等降低材料在使用中的消耗，提高材料的使用效率。

4）可回收资源的利用。可回收资源的利用是节约资源的主要手段，也是当前应加强的方向。它主要体现在以下两个方面：一是使用可再生的或含有可再生成分的产品和材料，这有助于将可回收部分从废弃物中分离出来，同时减少了原始材料的使用，即减少了自然资源的消耗；二是加大资源和材料的回收利用、循环利用，如在施工现场建立废物回收系统，回收或重复利用在拆除时得到的材料，这可减少施工中材料的消耗量或通过销售来增加企业的收入，也可降低企业运输或填埋垃圾的费用。

4. 减少环境污染，提高环境品质

绿色施工要求减少环境污染。工程施工中产生的大量灰尘、噪声、有毒有害气体、废物等会对环境品质造成严重的影响，也将有损于现场工作人员、使用者以及公众的健康。因此，减少环境污染，提高环境品质也是绿色施工的基本原则。提高与施工有关的室内外空气品质是该原则的最主要内容。施工过程中，扰动建筑材料和系统所产生的灰尘，从材料、产品、施工设备或施工过程中散发出来的挥发性有机化合物或微粒均会引起室内外空气品质问题。许多这些挥发性有机化合物或微粒会对健康构成潜在的威胁和损害，需要特殊的安全防护。这些威胁和损伤有些是长期的，甚至是致命的。而且在建造过程中，这些空气污染物也可能渗入邻近的建筑物，并在施工结束后继续留在建筑物内。这种影响尤其对那些需要在房屋使用者在场的情况下进行施工的改建项目更需引起重视。常用的提高施工场地空气品质的绿色施工技术措施有以下几种：

1）制订有关室内外空气品质的施工管理计划。

2）使用低挥发性的材料或产品。

3）安装局部临时排风或局部净化和过滤设备。

4）进行必要的绿化，经常洒水清扫，防止建筑垃圾堆积在建筑物内，储存好可能造成污染的材料。

5）采用更安全、健康的建筑机械或生产方式，如用商品混凝土代替现场混凝土搅拌，可大幅度地消除粉尘污染。

6）合理安排施工顺序，尽量减少一些建筑材料（如地毯、顶棚饰面等）对污染物的吸收。

7）对于施工时仍在使用的建筑物而言，应将有毒的工作安排在非工作时间进行，并与通风措施相结合，在进行有毒工作时以及工作完成以后，用室外新鲜空气对现场通风。

8）对于施工时仍在使用的建筑物而言，将施工区域保持负压或升高使用区域的气压会有助于防止空气污染物污染使用区域。

对于噪声的控制也是防止环境污染，提高环境品质的一个方面。当前我国已经出台了一些相应的规定对施工噪声进行限制。绿色施工也强调对施工噪声的控制，以防止施工扰民。合理安排施工时间，实施封闭式施工，采用现代化的隔离防护设备，采用低噪声、低振动的建筑机械（如无声振捣设备等）是控制施工噪声的有效手段。

5. 实施科学管理、保证施工质量

实施绿色施工，必须要实施科学管理，提高企业管理水平，使企业从被动适应转变为主动响应，使企业实施绿色施工制度化、规范化。这将充分发挥绿色施工对促进可持续发展的作用，增加绿色施工的经济性效果，增加承包商采用绿色施工的积极性。企业通过ISO14001认证是提高企业管理水平，实施科学管理的有效途径。

实施绿色施工，尽可能减少场地干扰，提高资源和材料利用效率，增加材料的回收利用等，但采用这些手段的前提是要确保工程质量。好的工程质量，可延长项目寿命，降低项目日常运行费用，利于使用者的健康和安全，促进社会经济发展，本身就是可持续发展的体现。

四、绿色施工的要求

1）在临时设施建设方面，现场搭建活动房屋之前应按规划部门的要求取得相关手续。建设单位和施工单位应选用高效保温隔热、可拆卸循环使用的材料搭建施工现场临时设施，并取得产品合格证后方可投入使用。工程竣工后一个月内，选择有合法资质的拆除公司将临时设施拆除。

2）在限制施工降水方面，建设单位或者施工单位应当采取相应方法，隔断地下水进入施工区域。因地下结构、地层及地下水、施工条件和技术等原因，使得采用帷幕隔水方法很难实施或者虽能实施，但增加的工程投资明显不合理的，施工降水方案经过专家评审并通过后，可以采用管井、井点等方法进行施工降水。

3）在控制施工扬尘方面，工程土方开挖前施工单位应按《绿色施工规程》的要求，做好洗车池和冲洗设施、建筑垃圾和生活垃圾分类密闭存放装置、沙土覆盖、工地路面硬化和生活区绿化美化等工作。

4）在渣土绿色运输方面，施工单位应按照要求选用已办理“散装货物运输车辆准运证”的车辆，持“渣土消纳许可证”从事渣土运输作业。

5）在降低声、光排放方面，建设单位、施工单位在签订合同时，注意施工工期安排及已签合同施工延长工期的调整，应尽量避免夜间施工。因特殊原因确需夜间施工的，必须到工程所在地区县建委办理夜间施工许可证，施工时要采取封闭措施降低施工噪声并尽可能减少强光对居民生活的干扰。

五、绿色施工的措施和途径

1）建设单位和施工单位要尽量选用高性能、低噪声、少污染的设备，采用机械化程度高的施工方式，减少使用污染排放高的各类车辆。施工区域与非施工区域间设置标准的分隔设施，做到连续、稳固、整洁、美观。硬质围栏或围挡的高度不得低于2.5m。

2）易产生泥浆的施工须实行硬地坪施工；所有土堆、料堆须采取加盖防止粉尘污染的遮盖物或喷洒覆盖剂等措施。

3）施工现场使用的热水锅炉等必须使用清洁燃料。不得在施工现场熔融沥青或焚烧油毡、油漆以及其他产生有毒、有害烟尘和恶臭气体的物质。

4）建设工程工地应严格按照防汛要求，设置连续、通畅的排水设施和其他应急设施。

5）市区（距居民区1000m范围内）禁用柴油冲击桩机、振动桩机、旋转桩机和柴油发电机，严禁敲打导管和钻杆，控制高噪声污染。

6）施工单位须落实门前环境卫生责任制，并指定专人负责日常管理。施工现场应设密闭式垃圾站，施工垃圾、生活垃圾分类存放。

7）生活区应设置封闭式垃圾容器，施工场地生活垃圾应实行袋装化，并委托环卫部门统一清运。

8）鼓励建筑废料、渣土的综合利用。

9）对危险废弃物必须设置统一的标识分类存放，收集到一定量后，交有资质的单位统一处置。

10）合理、节约使用水、电。大型照明灯须采用俯视角，避免光污染。

11）加强绿化工作，搬迁树木必须手续齐全；在绿化施工中科学、合理地使用与处置农药，尽量减少对环境的污染。

复习思考题

1. 什么是绿色施工？查阅相关资料，了解我国绿色施工现状。
2. 简述绿色施工的原则。
3. 查阅相关文献，了解我国绿色施工的实现途径及措施。

参 考 文 献

[1] 郭正兴. 土木工程施工 [M]. 2 版. 南京：东南大学出版社，2013.

[2] 应惠清. 土木工程施工 [M]. 2 版. 北京：高等教育出版社，2013.

[3] 李书全. 土木工程施工 [M]. 2 版. 上海：同济大学出版社，2013.

[4] 石海均，马哲. 土木工程施工 [M]. 北京：北京大学出版社，2009.

[5] 邓寿昌，李晓目. 土木工程施工 [M]. 北京：北京大学出版社，2006.

[6] 陈金鸿，杜春梅. 土木工程施工 [M]，武汉：武汉理工大学出版社，2012.

[7] 李钰. 建筑施工安全 [M]. 4 版. 北京：中国建筑工业出版社，2012.

[8] 中国建筑科学研究院. GB 50021—2001 岩土工程勘察规范 [S]. 北京：中国建筑工业出版社，2004.

[9] 中国建筑科学研究院. GB 50007—2011 建筑地基基础设计规范 [S]. 北京：中国建筑工业出版社，2012.

[10] 中国建筑科学研究院. GB 50203—2011 砌体工程施工质量验收规范 [S]. 北京：中国建筑工业出版社，2011.

[11] 中国建筑科学研究院. GB 50010—2010 混凝土结构设计规范（2015 年版） [S]. 北京：中国建筑工业出版社，2016.

[12] 中国建筑科学研究院. GB 50204—2010 混凝土结构工程施工质量验收规范 [S]. 北京：中国建筑工业出版社，2015.

[13] 中国建筑科学研究院. JGJ 3—2010 高层建筑混凝土结构技术规程 [S]. 北京：中国建筑工业出版社，2011.

参考文献

[1] [illegible][M]. 2版. [illegible], 2013.

[2] [illegible], 2013.

[3] [illegible]土木工程施工[M]. 2版. [illegible], 201[illegible].

[4] [illegible]. 2009.

[5] [illegible]土木工程施工[M]. 北京: 北京大学出版社, 2006.

[6] [illegible]土木工程施工[M]. [illegible], 2012.

[7] [illegible][M]. 4版. 北京: [illegible]出版社, 201[illegible].

[8] [illegible]. GB 50621—2010 [illegible][S]. 北京: [illegible], 201[illegible].

[9] [illegible]. GB 50007—2011 [illegible][S]. 北京: [illegible], 201[illegible].

[10] [illegible]. GB 50202—[illegible][S]. 北京: [illegible], 2011.

[11] [illegible]. GB 50010—2010 [illegible](2015年版)[S]. 北京: [illegible]出版社, 2016.

[12] [illegible]. GB 50204—2015 [illegible][S]. 北京: [illegible]出版社, 201[illegible].

[13] [illegible]. JGJ [illegible]—2010 [illegible][S]. 北京: [illegible], 2011.